"十二五"国家重点出版规划项目

现代舰船导航、控制及电气技术丛书

赵琳 主编

现代舰船动力定位

■ 付明玉 王元慧 朱晓环 著

国防工业出版社
National Defense Industry Press

内 容 简 介

本书全面讲述了现代舰船动力定位技术及其应用，总结了推动船舶动力定位技术进步和工程应用的若干关键技术和优秀成果。主要内容包括现代舰船动力定位系统、动力定位系统总体设计技术、动力定位船电力推进、半实物仿真技术、动力定位船测量信息处理技术、现代动力定位船的先进控制技术、动力定位船的冗余设计和容错控制、推力分配、故障诊断和报警、动力定位在现代舰船中的应用等。

本书可以作为国防现代化和武器装备现代化船舶动力定位设计和操作人员、船舶与海洋工程领域的科学工作者和工程技术人员的重要参考书，也可供自动控制类及海洋工程专业的高校师生选用，同时也可供对动力定位技术感兴趣的专业人员参考。

图书在版编目（CIP）数据

现代舰船动力定位 / 付明玉等著. —北京：国防工业出版社，2019.5
（现代舰船导航、控制及电气技术丛书/赵琳主编）
ISBN 978-7-118-10705-0

Ⅰ.①现… Ⅱ.①付… Ⅲ.①航海导航-导航系统
Ⅳ.①U666.11

中国版本图书馆 CIP 数据核字（2016）第 022747 号

※

国防工業出版社出版发行
（北京市海淀区紫竹院南路 23 号　邮政编码 100048）
涿州宏轩印刷服务有限公司
新华书店经售
*
开本 787×1092　1/16　**印张** 25½　**字数** 580 千字
2019 年 5 月第 1 版第 1 次印刷　**印数** 1—2000 册　**定价** 158.00 元

国防书店：(010)88540777　　发行邮购：(010)88540776
发行传真：(010)88540755　　发行业务：(010)88540717

丛书编委会

PREFACE | 丛书序

随着海洋世纪的到来，海洋如今越来越成为人类新的希望，也越来越成为世界各国争夺的目标。当今世界强国，无一例外都是海洋大国，海洋战略已成为具有重要意义的国家战略。现代舰船，是保卫国家海上安全、领土主权，维护海洋权益，防止岛屿被侵占、海域被分割和资源遭掠夺的重要工具。伴随着我国"海洋强国"战略目标的提出，现代舰船对操纵性、安全性、可靠性及航行成本，适应现代条件下的立体化海战，及与其他军种、兵种联合作战等提出了更高的需求，必然要求在核心领域出现一大批具有自主知识产权的现代舰船装备。

要提升我国舰船行业竞争力，实现由造船大国向造船强国转变，首先要培养一大批具有国际视野和民族精神的创新人才，突破制约舰船装备性能的瓶颈技术，进而取得具有自主知识产权的研究成果，应用于船舶工程和海军装备。而创新人才的培养，一直是科技教育工作者的历史使命。

新形势下，我国海洋安全面临着前所未有的严峻威胁和挑战。确立"海洋国土"观念，树立海洋意识，提升海军装备水平，是捍卫我国国土安全必不可少的内容。为此，我们邀请业内知名专家，联合开展"现代舰船导航、控制及电气技术丛书"编撰工作，就舰船控制、舰船导航、舰船电气以及舰船特种装备的原理、应用及关键技术展开深入探讨。

本丛书已列入"十二五"国家重点出版规划项目。它的出版不仅能够完善和充实我国海洋工程人才培养的课程体系，促进高层次人才的培养，而且能为从事舰船装备设计研制的工业部门、舰船的操纵使用人员以及相关领域的科技人员提供重要的技术参考。这对于加速舰船装备发展，提升我国海洋国防实力，确立海洋强国地位将起到重要的推动作用。

FOREWORD | 前言

随着世界海洋纷争的愈演愈烈，以及能源短缺等问题日趋严重，国防和武器装备现代化的需求也不断升级。舰船动力定位技术作为一项高、精、尖技术，已成为提高我国海军舰船战斗力、海洋油气田的深海开采能力的必备手段。本书体现了控制科学与工程学科中的最新控制理论的研究进展在具体舰船工程中的应用。作者是国内动力定位领域首屈一指的研发团队的重要成员，承担了许多舰船动力定位相关设备的科研生产任务，本书是作者多年来在动力定位方面科研、教学的一线实践的结晶，是精辟而夯实的理论基础和丰富的科研生产实践的产物。书中融合了大量的现代舰船的动力定位技术应用案例，可操作性强。

1984 年，M. J. 摩根教授所著的《近海船舶动力定位》中文版在国内出版，该书的特点是侧重介绍了该技术的科普性知识，有些技术内容现在已显陈旧，不合时宜。随着人们对海洋的探索日益加大，船舶动力定位成为海洋工程的研究热点，其技术的发展也日新月异。

2011 年作者出版的《船舶动力定位》一书，是国内首部动力定位技术的专著。本书在继承前书部分理论基础上，作了更系统、更全面的补充。本书侧重于实际设计和应用，具有很强的可操作性。着重从总体设计、工程应用、现代研究角度对现代舰船动力定位进行全面的、系统性的阐述。本书是作者近 20 年来有关船舶动力定位方面的教学和科学研究经验的积累和总结，同时吸收了国内外相关的重要参考文献的精华，并融入作者的切身体会和独到见解，力求反映当今该领域的新思想、新观点、新动态和新技术及学术水平，具有实用性、系统性和前沿性。全书由浅入深，脉络清晰，结构严谨，图文并茂，实例丰富，生动地向读者展现了动力定位技术的精髓。

本书旨在从全新的角度论述动力定位技术及其应用，以及前沿科学研究问题，不仅吸收了国外的研究成果，还融入了我国科技人员的优秀研究成果，使其成为该领域科学工作者和工程技术人员的重要参考书籍，以促进我国科学技术进步和国民经济发展，加速国防现代化和武器装备现代化进程和满足海洋工程作业的需求。

本书在撰写和出版过程中，得到了哈尔滨工程大学自动化学院海洋装置与控制技术研究所同事、博士和硕士研究生们的大力帮助和支持，在此一并表示感谢。同时，对书中引用文献的作者深表敬意。特别感谢合作单位海洋石油工程股份有限公司各级领导的鼓励和支持，他们给作者提供了多次的实船调研机会，同时感谢“海洋石油 201 船”的船长、总监及全体船员，他们为本书提供了一手写作素材和现场经验，作者感激和怀念在“海洋石油 201 船”上我们共同工作、相处的愉快岁月，感谢你们！

CONTENTS | 目录

第1章　概述

第2章　现代舰船动力定位系统

第3章 动力定位系统总体设计技术

第4章　动力定位船电力推进

第5章　半实物仿真技术

第6章 动力定位船测量信息处理技术

第7章 现代动力定位船的先进控制技术

第8章 动力定位船的冗余设计和容错控制

第9章 推力分配

第10章 故障诊断和报警

第11章 动力定位在现代舰船中的应用

参考文献

第1章 概述

1.1 动力定位的定义

随着世界经济的发展,能源和资源问题日趋尖锐,过去不为人们重视的海洋,现在已成为各国激烈争夺的领域。由于海洋环境复杂多变,如果没有先进的技术和设备来装备船舶,即使面对丰富的海洋资源,人们也只能望洋兴叹。因而,对于许多海上作业船来说,动力定位系统(Dynamic Positioning System,DPS)已成为必不可少的支持系统。

下面给出动力定位的几个定义。

1. 国际海事组织(IMO)的相关定义

(1) 动力定位船舶(Dynamic Positioning Vessel):表示只通过推进器推力能够自动地保持位置(固定位置或预设航迹)的装备或船舶。

(2) 动力定位系统(Dynamic Positioning System):表示动力定位船舶需要装备的全部设备,包括动力系统、推进系统、动力定位控制系统。

(3) 动力定位控制系统(Dynamic Positioning Control System):表示船舶动力定位需要的所有控制系统和部件、硬件和软件。动力定位控制系统包括计算机系统/操纵杆系统、传感器系统、显示系统(操作面板)、位置参考系统、相关的电缆布线和电缆路径。

2. 挪威船级社(DNV)的船级规范中相关定义

(1) 动力定位船舶:表示只依靠推进器推力、能够自动保持位置和航向(固定位置或者预设航迹)的船舶。

(2) 动力定位系统:表示船舶动力定位所必需装备的全部设备,必须包括动力系统、推进系统、动力定位控制系统、独立操纵杆系统(适用时)。

(3) 动力定位控制系统:表示船舶动力定位所必需的所有控制系统和部件、硬件和软件。动力定位控制系统组成包括计算机系统、传感器系统、显示系统、操作面板、位置参考系统、相关的电缆布线及线路选择。

3. 中国船级社(CCS)的船级规范中相关定义

(1) 动力定位船舶:表示仅用推力器的推力保持其自身位置(固定位置或预设航迹)的船舶。

(2) 动力定位系统:表示使动力定位船舶实现动力定位所必需的一整套系统,包括动力系统、推力器系统、动力定位控制系统和测量系统。

(3) 动力定位控制和测量系统:由计算机系统、推力器手操控制单元、推力器操纵杆控制单元、推进器自动控制单元、位置参考系统、传感器系统、显示和报警、通信等设备组成。

根据动力定位系统的不同冗余度,经船东申请,授予下列附加标志:

DP-1:安装有动力定位系统的船舶,可在规定的环境条件下,自动保持船舶的位置和艏向,同时还应设有独立的集中手动船位控制和自动艏向控制。

DP-2:安装有动力定位系统的船舶,在出现单个故障(不包括一个舱室或几个舱室的损失)后,可在规定的环境条件下,在规定的作业范围内自动保持船舶的位置和艏向。

DP-3:安装有动力定位系统的船舶,在出现任一故障(包括由于失火或进水造成一个舱室的完全损失)后,可在规定的环境条件下,在规定的作业范围内自动保持船舶的位置和艏向。

1.2 动力定位的发展史

1.2.1 动力定位产生的背景

石油产品在人类的现代文明中扮演着非常重要的角色,甚至在诺亚时期,沥青就被用于防止船舶的渗漏。后来人类发明了越来越多利用石油产品的方法。

石油首先是在里海(Caspian Sea)附近的陆地上发现的,但随着时间的推移,人们发现油田延伸到了海中。早在18世纪初期,巴库(阿塞拜疆共和国首都)附近海岸线就曾经钻过一口30m深的油井。虽然这不是一个成功的例子,但它标志了一个时代的开始。1925年,第一个油井在里海投产。

以下历史事件说明了钻井平台的发展过程:

1869年,美国人Thomas发明了自升式平台,Samuel开发了自升式船舶的项目。

1897年,在加利福尼亚的萨姆兰德,产生了从码头连接到海岸的木制的石油钻探设备。

1906年,200个海上生产用井在萨姆兰德海岸建成,如图1-1所示。同期,路易斯安那州、得克萨斯州等地出现了11口天然气井。

图1-1 加利福尼亚的萨姆兰德海岸

1924年,在委内瑞拉西北部马拉开波湾湖,出现了第一口油井。

1934 年，在阿泰母岛附近的里海，出现了第一口钢结构的石油钻井平台。

1947 年，在水深达 6m 的墨西哥湾建成了石油钻井平台，该平台与路易斯安那州海岸距离已超出了人在岸上的相距。

1963 年，出现了钻探深度达 75m 的自升式平台。

1976 年，在南加利福尼亚海，出现了安装深度达 260m 的钻井平台。

1978 年，在南密西西比海岸，出现了安装深度达 312m 的钻井平台，所用钢铁重达 59000t。在北海的尼尼安油田，水深为 138m 处安装了由混凝土浇筑建造的钻井平台。

1988 年，在墨西哥湾出现了安装深度为 411m 的自升式平台，平台重达 77000t。

钻井平台的造价非常高，而且将其从一处迁移到另一处所用的费用将更加昂贵，因此短期试探性钻井是没有意义的。平台自身对水深（通常 300m 左右）的限制使得有必要寻找其他的海中采油的方法。工业上也迫切需要深海开采石油和更加简单低廉的移动式钻井作业方法，这导致了锚泊钻井船和可移动钻井平台的出现。常采用一些锚泊系统或重物用来固定船或钻塔，使其海上定位，如图 1－2 所示。

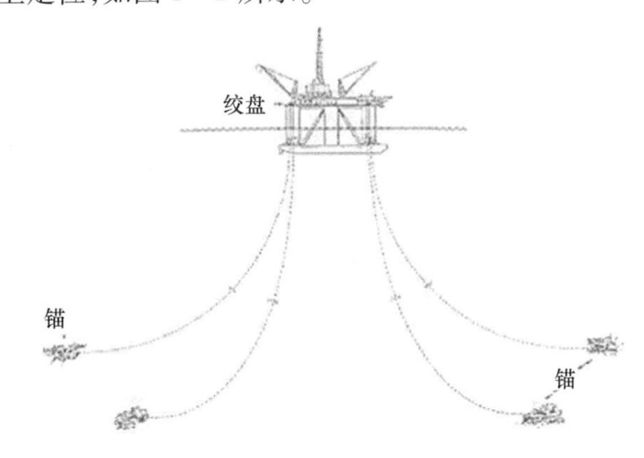

图 1－2　四点锚泊系统示意图

1953 年，出现了第一艘采用锚泊系统的钻井船——Submarex 号，可在远离加利福尼亚海岸，水深为 120m 的海上作业。

1954 年，在墨西哥湾出现了第一艘钻井船。

1962 年，第一个半潜式钻井平台在美国建成。

1970 年，Wodeco 4 号钻井平台可以在水深达 456m 的海上进行石油钻探。

1976 年，泰国建造出了 Discoverer 534 号锚泊船，可在 1055m 处完成深水钻探作业，打破了世界纪录。

1984 年，在锚泊系统的辅助下，西方国家在 300m 作业水深处建成了大约 30 口油井。

1987 年，Discoverer 534 号锚泊船的钻井深度达到 1085m，刷新了深水钻探世界纪录。

抛锚泊位是将锚抛出去，沉于海底，利用锚爪抓住海底，来抵抗外界对船舶的干扰。它的优点是：锚是任何船舶都有的定位设备，不需要另外加装定位设备。它的缺点是：定位不准；抛锚和起锚费时费力；机动性能差，最重要的是它还受到水深的限制。

因此，作为 1957 年美国“莫霍深钻计划”的一部分，人们开始研制一种能够满足深水作业需求的位置保持系统来取代锚泊系统。这项工程的目的是钻到地壳与地幔间的界限层，就是打穿地球的外壳。为了成功完成这项工程，人们选择了最薄的区域进行钻探，即大洋的最深处。深度大概是 4500m，这对于一般的锚泊系统来说太深了。CUSS 1 号船通过在驳船上携带4个可手动操纵的推进器解决了这个问题。在海床放下一个传送器用来确定驳船与海床的相对位置,传送器将信号传回驳船,传送器给出的位置信息能够在随船的一个显示系统上读到。另外,试用了4个围绕在船周围的锚泊浮标,用于向随船雷达发送无线电信号。1961年3月9日,在加利福尼亚的La Jolla,CUSS 1号船在动力定位系统的辅助下,实现了948m钻探深度处的位置保持(图1-3),在3560m钻探深度打了5口钻井,CUSS 1号船的位置可以保持在半径为180m的圆周范围内。

发展一个自动控制单元来完成动力定位功能的想法逐渐产生了。1961年,美国壳牌石油公司的钻探船Eureka号下水,很快自动控制推进器的设备就成功装船。1964年,另一艘有相似设备的船Caldrill1号船交付给了美国的Caldrill Offshore公司,Eureka号船和Caldrill 1号船的钻探工程都很成功。Eureka号船在6m高浪和21m/s风速下可达到1300m钻探深度。Caldrill 1号可以达到最大钻探深度2000m,并装备4个可操纵推进器,每个推进器为221kW。船的位置由2个张紧索参考系统确定。

图1-3　1961年,首次出现可进行动力定位的船舶——CUSS 1号

与此同时,法国对在地中海区域的铺设管道产生了兴趣,而动力定位可以使这些操作更安全、更有效。在1963年,法国的首批动力定位船舶——Salvor和Tèrèbel开始在地中海铺设管道。

几年以后,随着北海石油探险的开始,挪威和英国也开始对动力定位产生兴趣。英国通用电气有限工程公司在1974年的货轮Wimpey Sealab装备动力定位。1977年,法国在半潜式钻井平台Uncle John装备了动力定位设备。

Honeywell公司在20世纪70年代早期几乎占据了全部的动力定位市场。由于在北海作业时由Honeywell提供的服务存在相关问题,挪威的船东们迫切希望拥有自己国家生产的动力定位系统。于是在Trondheim开始研究,并且提出了新一代动力定位概念。Kongsberg Våpenfabrikk(KV)被选中来完成这个项目,Stolt Nielsen采购了其第一套动力定位系统。1977年5月17日出现了第一艘安装有挪威自主研制的动力定位系统的船SEA-WAY EAGLE。

自从1961年CUSS 1号船以来,动力定位系统已经做了很多改进。从最开始为试探性钻探和铺设管路而设计,到现在动力定位已经被用于各种作业中,从地质规划、军事应用,到湖中游艇的操纵。从1961年到现在,动力定位的基本原理是相同的,计算机技术、传感器技术、控制技术、先进制造技术等领域的迅猛发展促进了动力定位系统的发展,在设备操纵和工程技术方面都有了长足的进步。

1.2.2　动力定位技术研究现状

动力定位技术作为一种复杂的船舶控制技术,涉及船舶结构、船舶流体力学、信号处理、状态估计、导航制导与控制、数学模型仿真、计算机技术和多变量优化等众多学科领域。随着计算机技术和相关理论技术的发展,动力定位技术也在不断地完善。动力定位系统基本组成包括控制系统、测量系统、推进系统、电力系统等四个部分。下面分别介绍一下动力定位系统各个组成部分的技术发展历程与研究现状。

1. 测量系统

测量系统是动力定位舰船的"眼睛"，是专用的高、精、尖设备，目前世界市场份额主要被一些知名的专业公司垄断，如挪威康士伯公司、英国雷尼绍公司等。测量系统提供了动力定位控制器所需船的运动及环境信息，动力定位控制器依据测量信息输出控制信号，由推进系统完成船的定位控制任务，因此，连续、准确、可靠的系统测量是动力定位系统的安全性及控制性能的有力保证。

船舶运动状态的测量信息受船舶波频运动和测量噪声等因素的影响，为此需要采用观测器或滤波器来重构船舶的低频运动状态信息用于DP(dynamic positioning)控制系统，这种方法也称为海浪滤波。早期的动力定位系统，在各控制回路中采用死区方法、陷波滤波器或其他常规模拟滤波器来消除海浪干扰。针对波频运动峰值频率随海况等级变化而改变这一客观事实，出现了诸如将多个高阶Butterworth滤波器和低通滤波器串联的自适应海浪滤波方法。R. E. Kalman于1960年提出著名的卡尔曼滤波(Kalman Filter, KF)理论，随后被广泛应用于航空、航天等领域并取得巨大成功。挪威的Balchen和英国的Grimble等人于1976年分别将卡尔曼滤波技术和最优控制理论引入动力定位控制系统的设计中，由此促进了第二代DP系统的产生。该方法将船舶运动建模分为高、低频运动，利用卡尔曼滤波实现对船舶运动低频分量的估计进而实现海浪滤波。卡尔曼滤波这种最优估计方法的引入标志着基于状态估计方法的海浪滤波技术的开端。同样，针对滤波器中波频运动部分参数受海况因素影响的问题，各种针对波频运动的参数估计方法被运用到海浪滤波中用以实现自适应滤波。通过上述两类不同海浪滤波方法的性能对比研究表明，常值卡尔曼滤波具有与陷波滤波器串联低通滤波器组合方式相似的滤波性能，中低海况条件下两者性能差距较小，高海况时卡尔曼滤波方法具有更好的效果，但其受低频运动模型失配因素影响较大，且需要对非线性船舶运动模型在工作点处进行线性化处理。为了解决基于卡尔曼滤波的海浪滤波方法在全局稳定性，参数设置和调试方法等方面存在的不足，挪威的Fossen和Strand于1999年提出了一种基于无源性理论的非线性观测器方法，并给出了相应的自适应海浪滤波器设计方法，Schei对上述三种类型的海浪滤波方法进行了对比分析。之后，针对操纵性和耐波性统一模型的提出，流体记忆效应项被引入无源非线性观测器的设计中。随着非线性滤波理论的发展，如扩展卡尔曼(EKF)、无迹卡尔曼(UKF)、容积卡尔曼(CKF)、粒子滤波(PF)等各种新的非线性估计方法被应用于DP系统的海浪滤波和数据融合功能的研究中。为了应对船舶模型和环境干扰中的参数时变问题并提高观测器系统的稳定性和鲁棒性，人们逐渐将变结构滑模理论、收缩理论、H_∞鲁棒理论、结构奇异值鲁棒理论等方法应用于观测器设计和稳定性分析的研究中，提出了一系列应用于DP系统的新型观测器设计方法，诸如基于李雅普诺夫稳定性理论和滑模思想的鲁棒观测器，应用收缩理论和增益定序方法实现的自适应观测器，基于变结构理论的继电观测器，基于鲁棒控制H_∞范数的H_∞滤波器等。随着惯性测量单元(Inertial Measurement Unit, IMU)成本的降低和精度的提高，其也被越来越多的应用于DP系统的导航功能模块中，加速度测量值被引入非线性观测器的设计来进一步改善系统性能。此外，还衍生出将基于模型的观测器估计值作为惯性导航系统(Inertial Navigation Systems, INS)辅助测量的新型应用。

可见，国内、外学者的研究主要关注于根据测量系统获得的数据信息进行的滤波和状态估计技术，即观测器的设计。观测器具有对高频信号干扰进行滤除和对不可测状态进行估计的双重功能。它的发展经历了低通—陷波滤波器、固定增益观测器、卡尔曼滤波器、扩展卡尔曼滤波器、非线性无源观测器、捷联惯导系统积分滤波器等历程，国内研究动力定位方面的一些学者开展了数据处理技术、非线性观测器设计、联邦滤波器设计、多传感器信息融合等技术的研究应用。

2. 控制系统

控制系统是动力定位舰船的“大脑”，是动力定位系统的核心。DP 作为船舶运动控制范畴内的一种类型，各国研究人员围绕 DP 船舶的运动控制问题进行了大量深入的研究，控制理论中的众多方法均被应用其中。基本和控制理论的发展历程同步，动力定位产品大致经历了以下三代控制算法的变革：第一代为经典 PID 控制方法；第二代为最优控制和卡尔曼滤波理论相结合的控制方法；第三代为先进控制、智能控制方法。

20 世纪 60 年代早期，DP 控制所采用的是 PID 控制方法，其对解耦后的单个自由度运动予以控制。随着最优控制理论和卡尔曼滤波理论的提出，70 年代末期，卡尔曼滤波方法和线性二次高斯（Linear Quadratic Gaussian, LQG）控制方法开始应用于 DP 控制器的设计中。80 年代初期，自适应控制方法中的自校正控制开始出现在 DP 控制的相关研究中。90 年代末期，出现了基于李雅普诺夫稳定性理论和反步方法的非线性观测器和控制方法。随后满足各种稳定性要求的线性、非线性控制方法大量涌现，可满足如全局一致渐进稳定（GUAS）、全局指数稳定（GES）和全局渐进稳定（GAS）等要求。基于确定性等价原理和分离原理，DP 系统中状态观测器和控制器的设计问题可以分别独立进行，这在一定程度上降低了处理控制问题的难度。H_∞ 鲁棒理论也在同期开始被应用于 DP 控制问题的研究中。进入 21 世纪，随着控制理论各分支领域的发展完善，利用神经网络、模糊控制、遗传算法等智能控制方法的 DP 控制技术开始涌现；模型参考自适应控制（MRAC）和滑模控制等方法也被运用到 DP 控制领域；采用 H_∞ 鲁棒理论和结构奇异值理论的鲁棒控制方法进一步深化了早期的 H_∞ 鲁棒理论在 DP 中的应用；过程工业中被广泛采用的模型预测控制方法因为特有的优点被引入 DP 控制方法的研究中。此外。为了解决不同海况下 DP 控制系统的适用性，基于切换策略的混杂控制方法也引起 DP 控制方法研究人员的关注。

迄今为止，国内以哈尔滨工程大学为主以及一些高等院校和科研院所开展了动力定位系统相关技术的研究工作。研究目的是使动力定位系统趋向于高可靠、智能化、自适应。同时，动力定位控制算法的研究也被扩展应用到水下机器人作业、深潜救生艇作业、作业船位置控制、海底管线检修、铺管作业、起重作业、系泊船的动力定位控制、欠驱动水面船作业、多海况下的动力定位混杂控制、多船的编队与避碰任务等。另外，模型参数辨识技术、自抗扰技术、自适应技术、嵌入式技术等也被应用到了动力定位控制研究领域。

3. 推进系统

推进系统是动力定位舰船的“手脚”，是操纵船舶的具体执行机构。一般的动力定位舰船采用主推进器、槽道推进器、喷水推进器、全回转推进器等配置。

对于 DP 船舶而言，控制系统利用反馈和前馈等控制方法最终给出针对纵荡、横荡和艏摇三个自由度运动方向上的虚拟控制力和力矩。考虑到 DP 船舶通常在船体的不同位置安装有多个不同种类的推进器，其类型包括主推进器、槽道推进器、全方位推进器、平旋推进器、喷水推进器、舵等。船舶的执行机构数量多于被控运动的自由度维数，是典型的过驱动系统问题。需要在控制器和执行机构间引入控制分配功能，即采用控制分配技术将控制系统给出的虚拟控制矢量以转速、螺距、方位角等指令形式分配给各个推进器单元，以此确保推进器系统中各单元协调工作，并产生与控制系统需求相符的推力和力矩。控制分配问题也称为推力分配，存在于航空、航天、水下航行器、水面船舶、陆地车辆、移动机器人等诸多领域。早期的DP系统采用基于逻辑的控制分配方法，其根据作业需要设计相应的分配策略并通过各种组合逻辑规则来确定各个推进器的控制指令以满足DP船舶的控制需求。此方法的不足之处体现在很难给出最优控制分配结果，需要设计复杂的逻辑关系来体现各种约束问题，但能够保证在各个控制频率给出一组分配解。随着最优化理论和优化计算方法的不断发展，基于最优化理论的控制分配方法已成为解决该类问题的最佳选择。其优点在于可将功率消耗、指令误差、推进器最大输出、全方位推进器方位角变化速率、奇异值避免等因素以特定的形式引入性能指标函数中予以考虑，同时通过各种等式和(或)不等式条件考虑推进器的输出范围、方位角度旋转范围、方位角旋转速率范围等约束，由此形成多种形式的线性或非线性规划问题。考虑到DP船舶中的控制分配问题需要在规定的控制频率内给出分配结果，而众多的最优化求解方法所需的寻优时间不尽相同，研究中需要在运算实时性和求解最优性两个方面进行折中考虑。此外，针对推进器系统中各个执行机构可能出现的故障情况，将参数估计方法引入控制分配问题的研究中，可使控制分配方法具有容错功能。

作为动力定位系统的执行机构，推进器是系统中至关重要的组成部分，其性能和精度将直接影响动力定位船的控制精度和控制能力。实际应用中由于受到各种干扰因素的影响，推进器常发生推力损失，使输出推力偏离期望值，给船舶的控制，特别是推力分配造成很大困难。然而，推进器的实际推力很难被测量，为了使推进器输出期望的推力，必须采取适当的方法对推进器的实际推力进行估计。另外，推进器的推力指令来自推力分配单元，该模块是高层控制器的一部分，负责动力定位控制器的三自由度合力指令到各推进器的推力的映射。推力分配方法的选择关系着动力定位船的控制精度和控制能力，合理的分配方法不仅能降低功率消耗、减少推进器的磨损，还能提高动力定位系统的位置保持能力。

目前，国内外越来越重视对底层推进器控制器、推进器推力估计和推力分配方法的研究。为了提高动力定位船的控制精度和控制能力，实现高精度动力定位控制，推进器推力估计和推力分配方法等关键技术研究至关重要，将对提高动力定位系统的整体性能，实现高精度定位具有重要意义。

4. 电力系统

电力系统是动力定位舰船的"心脏"，为动力定位系统提供电能，对电力进行分配和可靠的管理。主要包括船舶电力系统以及电站监控和运行管理系统。

现代船舶自动化程度越来越高，各类达到24h无人机舱要求的船舶基本都采用了船舶电站功率管理系统。船舶电站的功率管理系统，不同的厂家做法不一，基本可以分为基于主配电板为平台和基于机舱监控系统为平台两种模式。机舱监控系统为平台的典型代表是Konsberg公司的DC－C20型机舱监控系统中的功率管理系统。

需要强调的是，在动力定位系统的设计阶段，必须对推进器系统需求的电站功率负载进行计算。船舶电力负载计算是根据全船用电设备的数量、负载和使用情况进行的，其计算结果是作为选择发电机容量和台数的依据。因此，电力负载计算在整个船舶电气设备系统设计中是一项较重要的工作，如果计算不正确，选择发电机不恰当，必将直接影响到全船用电设备的运行，危及船舶航行安全和人员生命安全。

电力负载计算又是一项较困难的工作,这是因为全船用电设备的实际负载和具体使用工况受多种因素影响,难以准确地定量计算,有些数据是根据统计计算或由经验获得的。目前,船舶电力负载计算方法较多,各种方法略有不同,即使是同一方法在不同用途的船舶上使用也有些差别。尽管方法千差万别,但其基本构思是一样的,即计算船舶各工况下用电设备所需的功率。目前,常用的方法有系数法、三类负载法、日夜负载法、概率分析计算法、算式计算法、以某项特重负载为基数的计算方法等,应用较多的是系数法和三类负载法。如果需要系数、负载系数或同时系数等选取恰当,那么能够得到较准确的计算结果。

现在动力定位系统已变得更为尖端、复杂,而且更加可靠。随着计算机技术的迅猛发展,有些船已经采用了最新的动力定位系统,位置参考系统和其他的外围设备也都在不断的改进,而且所有为执行高危险作业设计的船舶都应用了冗余技术。世界经济的高速发展,必然要消耗大量能源,而石油、天然气等化石能源则是最重要的能源种类之一。我国近海石油开发逐步由浅水渤海区域转向东中国海和南中国海深水区域。因此,目前迫切需要考虑环境更为友好的技术向深海和恶劣海洋环境进军,这就给现代舰船的动力定位技术带来了广阔的发展前景。

1.2.3 动力定位控制系统研究现状

目前,世界上主要的动力定位系统制造商有康斯伯格海事(Kongsberg Maritime)、科孚德机电(Converteam,法国知名企业阿尔斯通(Alstom)机电部)、L-3 通信公司(前身是美国诺成海洋技术公司(Nautronix)、劳斯莱斯船舶(Rolls-Royce Marine)、芬兰诺蒂克商务服务有限公司(Navis Engineering OY)等。

挪威对于动力定位技术的探索始于 1975 年,如今,Kongsberg Maritime 已经成为世界最大的 DP 系统制造商。Kongsberg 公司在 1500 个动力定位系统的开发经验的基础上,研制的 Kongsberg K-Pos 系统,将动力定位系统的鲁棒性、灵活性、功能性与操作的简易性上升到了一个新的标准。除了拥有种类繁多的标准模式和功能,还有一系列的定制功能来辅助某些特定的操作。该系统有一个开放的系统结构,因此具有良好的结合性。

Converteam 公司是油轮/商船用电力推进系统、船用发电机系统和动力定位系统的全球第一大供应商,特别是油轮、海上平台和铺缆船、半潜式平台以及海军应用领域。多年以来,Converteam 一直处于动力定位技术的前沿。在这期间,Converteam 为全球各类船舶和应用系统安装了 450 多种动力定位系统。Converteam 的动力定位系统基于模块化方式构建,能够灵活地使用 Converteam 一流的工作站设计,或者在第三方的控制台配置 Converteam 系统。目前的产品具备更大的显示屏、更高分辨率的图形、更大的控制按钮和滑鼠垫操作,后者取代了传统的跟踪球。工作站的设计满足单人控制桥接的要求。

L-3 动力定位与控制系统公司(L-3 Communications Dynamic Positioning & Control Systems, Inc.)自 1992 年成立至今,已生产销售 JSDP4000/5000、ASK4000/5000、NMS6000 等系列动力定位与船舶控制系统 600 多套。美国海军(US Navy)和海岸警卫队(US Coast Guard)已连续多年订购 L-3 动力定位和船舶控制系统,迄今共计 80 多套。美国 L-3 动力定位与控制系统公司于 2004 年推出第六代产品 NMS6000。由于采用模块化部件,L-3 公司可以快捷有效地根据客户的不同需要对 NMS6000 动力定位系统与船舶控制系统进行灵活配置。NMS6000 可以单独作为动力定位系统,也可以根据客户需要,把报警与监控系统、推进器控制系统、动力监控系统等整合为一体,组成一套完整的船舶控制系统。

Rolls - Royce 公司是一家专门为陆地、海上、空中交通提供动力的跨国公司。公司主要专注于动力、推进和运动控制解决方案，为2300多家船舶客户提供服务，在世界各地运行的20000多艘船上安装有该公司生产的设备。Rolls - Royce 动力定位产品包括 Icon DP 和 Poscon Joystick 两大系列。“简洁、易用”是 Icon DP 系列产品的设计理念，其目的是简化 DP 系统操作，使产品更加符合人体工程学，以便增强控制效果和操作的安全性。

Navis Engineering OY 成立于1992年，到目前为止，Navis 的动力定位系统已经应用在超过400艘船舶上。Navis 致力于成为高水平的动力定位方案提供商。现阶段，Navis 的动力定位产品为 NavDP 4000 系列。NavDP 4000 系列可以针对每个用户的不同要求灵活定制，无论是新建造的船舶还是翻新的旧船都适用。

1.3 技术图谱

根据动力定位系统的背景知识梳理了现代舰船动力定位系统的技术图谱，适用于取得了附加标志的船舶或海上移动平台（以下简称船舶）上安装的动力定位系统，技术图谱如表1-1所列。

表1-1 动力定位系统技术图谱

一级	二级	三级	中文关键词	英文关键词
海工装备动力定位系统	测量系统	位置参考系统、传感器	全球定位系统、水声定位系统、微波位置参考系统、张紧索系统、激光定位系统；垂直面运动参考系统、电罗经、风速风向仪等	Global Positioning System(GPS), Hydro - acoustic Positioning Reference (HPR), Microwave position reference system, Taut Wire(LTW), laser positioning system; Motion Reference Unit (MRU), Gyrocompass, wind senser
	控制系统	自动控制、手动控制、带自动定向的人工操纵、各推力器的单独手柄控制	PID控制、线性二次最优控制、状态反馈线性化、积分反步控制、滑模控制、模型预测控制、鲁棒控制、模糊控制、神经网络控制；自动控制、手动控制、带自动定向的人工操纵、各推力器的单独手柄控制	PID Control, Linear Quadratic Control, State Feedback Linearization, Integrator Backstepping, Sliding - Mode Control, Robust Control, Fuzzy Control, ArtificialNeural Network Control, Model Predictive Control; automatic control, amanual control, joustick with auto heading, single handle of each thruster
	推进系统	推进器、推力分配	敞式螺旋桨、槽道推进器、全回转推进器、吊舱推进器、喷水推进器、推进器布置、推力(控制)分配	openpropeller, bowthruster, azimuth thruster, podded propulsor, water - jet Propeller, thruster arrangement, thruster (control) allocation
	动力系统	发动机、原动机、电力系统	发电机、原动机、主配电板、功率管理系统	generators, prime mover, main swithchboard, power management system

第2章 现代舰船动力定位系统

2.1 动力定位系统工作原理

动力定位系统作为一个几乎涵盖全船设备的系统,其复杂程度随着动力定位等级的升高而增大。构成动力定位系统的四大子系统包括电力系统、推进系统、测量系统和控制系统,各子系统间通过全船网络进行数据通信。为了在海洋环境中风、浪、流的共同影响下实现各种动力定位功能,上述各子系统需要各司其职。整个系统的工作原理可大致描述为:电力系统负责提供全船设备工作所需的电能,完成燃料化学能到电能的转变;推进系统则负责根据动力定位控制器给出的转速、螺距等指令,完成电能到力/力矩的转变;作为船舶对环境的感知系统,位置参考及传感器系统负责完成对船舶位置和姿态等运动状态和风速、风向等环境参数的测量;而作为整个系统的神经中枢,动力定位控制系统负责利用位置参考及传感器系统所感知到的外界环境和船舶状态信息,根据系统中设定的控制功能和控制规律协调指挥推进器系统中的各个推进器进行工作,从而最终实现动力定位功能。

图2-1给出了动力定位系统的一个典型原理框图。

计算机组成的控制系统是动力定位系统的核心部分。船舶的位置和艏向通过船舶模型、位置参考系统和电罗经的测量以及作用在船舶上的力经过状态观测器估计获得。控制器给出的推进器指令是基于当前估计状态与期望状态的偏差计算得到的,最终由推进器系统为船舶提供抵抗外界环境力所需的推力和转矩。对于传感器测量获得的信号,由于其测量值中含有因测量噪声(由传感器类型和测量方法决定)和船舶纵横摇所引入的干扰,因此需要经过信号预处理来剔除相应的错误信号值并进行纵横摇补偿。船舶状态观测器除给出船舶状态的估计值(如位置、航向、速度、流向、流速等)外,还兼具滤除海浪高频干扰的作用。动力定位系统综合利用传感器(电罗经、风传感器和垂直运动参考系统)、位置参考系统以及船舶模型的相关信息进行运动控制。通常采用的控制方法是进行位置和艏向的反馈控制,为了补偿静态环境干扰,可以引入适当的积分作用,对于风作用力可以采用前馈控制方法。对于控制器给出的合力/力矩指令则通过推力分配以转速、方向角、舵角以及螺距等控制设定量映射到各个推进器单元。

按照船舶动力定位系统控制三个层次划分,通常动力定位系统可被分为导航和制导顶

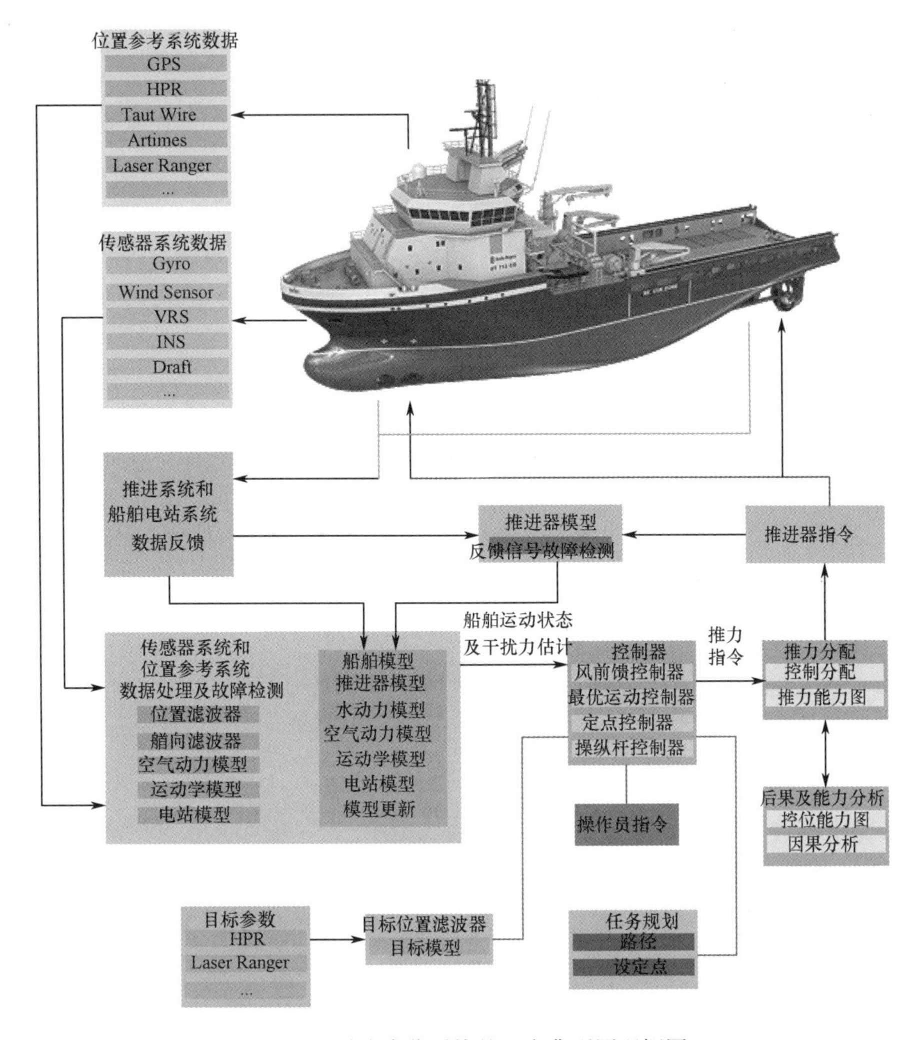

图 2－1　动力定位系统的一个典型原理框图

层单元(The guidance and navigation system)、中层动力定位控制器(The middle－level controller)和底层控制器(The low－level controllers)三个部分,如图 2－2 所示。

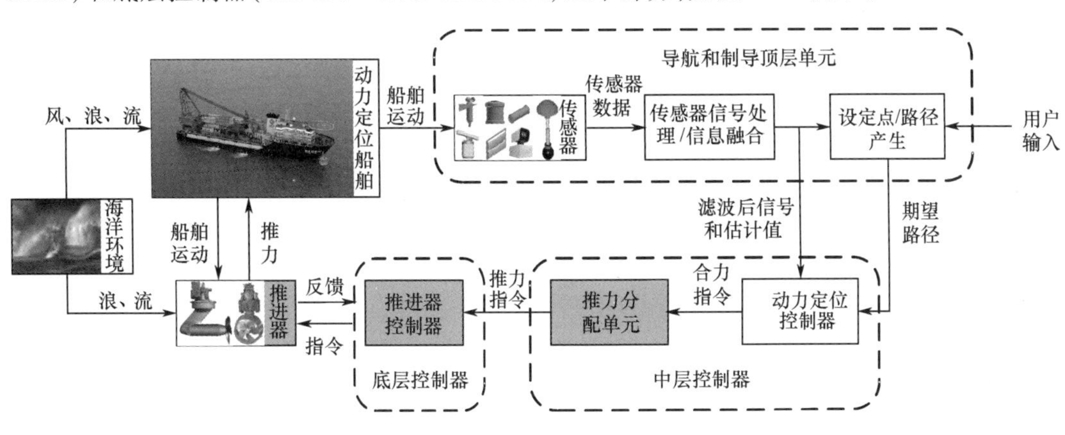

图 2－2　动力定位系统结构框图

导航和制导单元的功能为测量船舶相对于参考点的位置、艏向、姿态和计算所受的环境力;导航模块通常以滤波器和观测器的形式从测量信息中将波浪引起的船舶高频运动滤除,确定应用于控制的船舶当前位置和艏向信息,制导模块通过用户输入或任务需要来产生参考航迹或定位点,确定每个控制周期控制器的设定位置和艏向。参考航迹或定位点的计算需综合考虑船舶的当前位置、期望精度、船舶参考模型和滤波后的测量信息。导航、制导系统的功能通常包含获取设定点和最优艏向、航迹跟踪以及避碰等。

中层控制器包括动力定位控制器和推力分配单元。动力定位控制器为三自由度运动控制器,其功能为计算抵抗环境干扰和跟踪期望航迹所需要的纵向力、横向力和艏摇力矩。动力定位控制器为闭环控制系统,对位置测量信息进行反馈控制,并通常采用风前馈补偿风力对船舶运动的影响。推力分配单元的基本任务为分配动力定位控制器输出的三自由度合力指令给不同的推进器,使之输出期望大小和方向的推力。推力分配通常采用最优化的方法,依据给定的优化目标和约束条件分配推力,根据各推进器的推力指令计算推进器控制器的底层设定指令。

底层控制器即推进器控制器,其功能为根据各推进器的设定指令,依赖推进器内置控制器,使之达到期望的设定指令。

2.2 动力定位系统的基本组成

2.2.1 控制系统

1. 计算机组

运行动力定位控制软件的处理机通常被称为动力定位计算机。对操作员来说,主要的区别是在计算机的数目、操作的方法和冗余的级别。在所有的动力定位船中,动力定位控制计算机主要负责动力定位功能,而不负责其他任务。

动力定位系统控制器的主要功能是:

(1) 处理传感器信息,求得实际位置与艏向;

(2) 将实际位置与艏向与给定值相比较,产生误差信号;

(3) 计算力和力矩的三个坐标指令(两个位置指令和一个艏向指令),使误差的平均值减小到零;

(4) 计算风力和力矩,提供风变化的前馈信息;

(5) 将前馈的风力和力矩信息叠加到误差信号所代表的力和力矩信息上,形成总的力和力矩指令;

(6) 按照推力逻辑将力和力矩指令分配给各个推进器;

(7) 将推力指令转换成推进器指令,如转速和螺距等。

以上这些功能每秒要完成 2 ~4 次。因此,计算机必须具备高速运算的能力。

控制器除了发出推进器指令来抗衡环境因素的干扰外,还要起下列重要作用:

(1) 补偿动力定位系统所固有的滞后,以免造成不稳定的闭环动作(稳定性补偿);

(2) 消除传感器的偏差信号,防止推进器作不必要的运转(推进器调制)。

系统滞后包括计算滞后、船舶惯性、推进器滞后和传感器滞后。波浪运动和电子噪声可使传感器产生错误信号。

综合考虑稳定性补偿、推进器调制以及动力定位系统对环境因素干扰的响应时间,这就是对控制器的设计折衷考虑。这种折衷涉及如何在推进器调制量的范围内,获得最优的响应时间,并以足够的稳定裕度去补偿系统的不稳定性和非线性。

在动力定位系统的整个生产和交货的过程中,这种设计折衷是重要的一部分,而且它应该在交货之前提供相应的论证,确保预期的结果,否则在系统安装以后,往往要花很多调整时间,并且难以达到预期的系统性能。

2. DP 操纵台

DP 操纵台是供操作人员发送和接收数据用的设备,设有控制输入端、按钮、转换开关、指示器、报警器和显示器。在一艘设计精良的船上,位置参考系统控制面板、推进器面板和通信设备就位于动力定位控制台附近。

DP 操纵台不总是位于艏驾驶室的,对于许多船,包括大多数近海供应船的动力定位操纵台都是位于尾驾驶室,对着船尾。穿梭油轮的动力定位系统可能位于船首位置,尽管大多数新建的油轮都将动力定位系统并装到驾驶台上。DP 操纵台最不理想的位置是在不透光的隔间里,一些老式的钻井平台就属于这种情况。

2.2.2 测量系统

测量系统是船舶传感器和导航系统的重要组成部分,对于动力定位系统来说,具体指位置参考系统和传感器。位置参考系统,也称为位置参照系统(Position Reference Sysem, PME),根据作用的区域范围可分为局域位置参考系统和全局位置参考系统。局域位置参考系统的典型代表是水声位置参考系统(Hydro - acoustic Positioning Reference ,HPR)和张紧索系统(Taut wire);全局位置参考系统的典型代表是欧洲的 Galileo, 美国的 Navstar GPS, 俄罗斯的 GLONASS (Global Orbiting Navigation Satellite System)和中国的北斗卫星导航系统,它们的主要区别是导航卫星不同。根据位置测量的原理不同,也可将动力定位船的位置参考系统分为卫星定位系统、水声定位系统、微波位置参考系统、张紧索系统和激光定位系统等五种主要类型。动力定位船舶用于测量其位置以外的其他传感器,统称为传感器。包括艏向传感器(如罗经)、风传感器(如风速风向仪、风压计)、垂直运动传感器(如 Montion Reference Unit, MRU)等。

1. 位置参考系统

位置参考系统能以一定的速率和精度提供所需的信息,以便控制器计算出推进器指令,去抗衡环境因素的作用,使船舶完成预定的任务。控制系统所需的信息包括船舶的位置、艏向以及外部干扰力的信息。对动力定位系统来说,一个特别的要求是需要有一个合适的位置参考系统能够在船工作的所有时间提供所需要的全部测量值。

位置参考系统的数目取决于很多因素,包括作业的危险程度、冗余等级、测量系统的实用性和一个或多个位置参考系统发生故障时的影响等。动力定位系统使用的位置参考系统有很多种,最常用的有差分全球定位系统(DGPS)、声学定位系统(HPR)、张紧索等。

差分全球定位系统(DGPS):由空间卫星系统、地面监控系统和用户接收系统组成,能够迅速、准确、全天候地提供定位导航信息,是目前应用比较广泛、精度也比较高的定位系统。

声学定位系统:将一组发射器或接收器按一定几何形状形成基阵布置在船上,也可以布置在作为动力定位基准坐标的海底上。前者为短基线系统,后者为长基线系统。系统依靠声信号从发射器经过水传播给接收器,然后根据接收到的信号计算出船体的位置。因此,声波在水中的传播特性在很大程度上影响着声学定位系统的性能。声学定位系统在较长的一段时间内有比较好的精确度,但会有瞬时或短时间的干扰。

张紧索:在船体和海底之间装一根钢索,测量其在恒张力情况下的倾斜度,然后根据船体、钢索以及海底所构成的几何图形求解船体所在的位置。由于流的存在,将会导致张紧索在长时间段的偏移,因此精度不如声学系统。

位置参考系统的可靠性是测量系统主要考虑的因素。每一种测量系统都有其优缺点,因此,为达到高可靠性,将它们结合起来使用是很有必要的。

2. 艏向传感器

动力定位船舶的艏向信息由一个或多个陀螺罗经测量得到的,并将数据传递给动力定位控制系统。对于存在冗余的船舶,要配备 2 个或 3 个陀螺罗经。陀螺罗经是一种利用陀螺特性,自动找北并跟踪地理子午面的精密导航仪器,已被广泛地应用在各类船舶上。

目前,艏向测量系统一般都选用电罗经。电罗经的寿命长,而且其海上使用技术成熟,完全适用于近海船舶动力定位系统。

3. 环境测量系统

引起船偏离其设定位置/艏向的力主要来自于风、浪和海流的作用。海流测量仪可以为动力定位控制系统提供前馈信息,但由于它造价高,尤其是在有较高的可靠性要求时,因此很少使用。流的作用力一般变化缓慢,故可以用控制器相关项来补偿。

动力定位控制系统没有为海浪提供专门的补偿器。实际上,波浪的发生频率太快,对个别海浪提供补偿是不可行的,而且作用力也太大了。波浪产生的波浪漂移力变化缓慢,在控制系统中以流或海洋力的形式出现。

有必要提供给动力定位控制系统精确的横摇和纵摇量;作为所有不同类型的位置参考系统的输入,补偿它们相对船舶重心的偏移量。测量这些值的仪器有垂直参考系统(VRS)、垂直测量单元(VRU)或运动参考单元(MRU)。MRU 可通过线性加速计测量出加速度并计算出倾角。

动力定位系统都装有风传感器。风传感器的作用是测出风速和风向,以便控制器计算出风前馈的推进器指令。换言之,测得的数据用来估算风对船的作用力,并允许在它们引起船的位置和艏向改变之前就对其进行补偿。

风传感器很重要,因为较大的风速或风向变化是定位中的主要干扰因素。风前馈可以迅速产生推力来补偿监测到的风速/风向的变化。很多动力定位控制系统还配备有手动控制功能(操纵杆)的风补偿设备,为操作员提供了一个环境补偿操纵杆控制的选择方式。

2.2.3 推进系统

推进系统是动力定位系统的执行机构,船的实际动力定位能力是由它的推进器提供的。在船舶或平台的动力定位过程中,接受控制器发出的推力指令产生推力,来抵消外界的各种环境荷载,抗衡作用在船上的干扰力和干扰力矩,使船保持设定的位置和艏向。

推进器的型式和制造厂商很多。选择推进器时要推敲的因素很多,其中有些是以特定制造厂商的经验为依据的。

动力定位系统中所用的推进器,除了一般船舶上的主推进器外还有以下几种形式:

(1) 槽道推进器。将螺旋桨安装在贯穿船体两侧的槽道中,槽道一般垂直于船体的中心平面，因此只能提供横向力，同时为获得更大的回转力矩，安装位置要尽量靠近艏尾两端。

(2) 全回转推进器。它是一个可以改变螺旋桨轴在水平面内方位的推进器，能够为定位提供任意方向上的推力，使用灵活方便。

(3) 吊舱推进器。它是把电机置于流线型吊舱内，并直接和螺旋桨连接，形成一个独立的模块，整个模块也能全方位旋转，可提供任意方向上的推力。

(4) 喷水推进器。喷水推进装置是一种新型的特种动力装置，与常见的螺旋桨推进方式不同，喷水推进的推力是通过推进水泵喷出的水流的反作用力来获得的，并通过操纵舵及倒舵设备分配和改变喷流的方向来实现船舶的操纵。在滑行艇、穿浪艇、水翼艇、气垫船等中、高速船舶上得到了应用。

典型的喷水推进装置结构主要由原动机及传动装置、推进水泵、管道系统、舵及倒舵组合操纵设备等组成的。

喷水推进装置最常见的原动机及传动装置有燃气轮机与减速齿轮箱驱动、柴油机与减速齿轮箱驱动、燃气轮机或柴油机直接驱动等形式。在采用全电力综合推进的舰船上则一般采用电动机直接驱动推进水泵的形式。推进水泵是喷水推进装置的核心部件，通常选用叶片泵中的轴流泵和导叶式混流泵，特殊情况下也可以采用离心泵。管道系统主要包括进水口、进水格栅、扩散管、推进水泵进流弯管和喷口等，管道系统的优劣在很大程度上决定了喷水推进系统效率的高低。采用喷水推进的船舶是通过使喷射水流反折来实现倒航。由于经喷口喷出的水流相对舵有较大的流速，因此一般采用使喷射水流偏转的方法来实现船舶的转向。常见的舵及倒舵综合操纵设备有外部导流倒放斗、外接转管倒放罩等。

喷水推进装置在加速和制动性能方面具有和变距螺旋桨相同的性能，喷水推进船舶具有卓越的高速机动性，在回转时喷水推进装置产生的侧向力可使回转半径减小。但在舰船航速较低时，喷水推进的效率比螺旋桨要低一些，并且由于增加了管路中水的重量，导致舰船的排水量增大，效率有所降低。由于推力矢量化程度低，特别在转弯时推力会丧失，同时缺乏操作灵敏、水动力学性能优异的倒车装置，这些都会降低操纵控制性能。

(5) 摆线推进器。它的最初想法是出自于海豚非常自由活动的尾鳍与鸟类的翅膀，即将推进的力和方向的控制融为一体。

美国和德国分别研制出 Kirsten - Boeing 推进器与 Voith - Schenider 推进器(Voith - Schenider Propeller, VSP)，它能够完成无级变速，并可以快速、准确地发出所有方向的推力。根据它外在的特征，摆线推进器还可称为直翼(桨)推进器、平旋推进器、竖轴推进器、直叶推进器、VSP 等。

摆线推进器是一类特别形式的推进器，通过一组从船体表面向外伸出，而且和船体表面都垂直的叶片来形成，如图 2-3 所示。通常装有 4~6 个叶片垂直于船体脊线直插在水里，而且在水平转盘的圆周中均匀分布。一般摆线推进器包括动力系统、传动系统、回转箱(转盘)、控制杆和叶片装置。转盘转动的时候，叶片跟着转盘一起转动，翼片也可设计成围绕自身的轴转动，随着叶片和水的不同的角度，能产生不同方向的推力。推进器在运行时，转盘围绕传动系统的主轴进行回转运动，叶片相对叶片轴做摆动运动，叶片中心的运行轨迹是一条摆线，可利用叶片的运动规律控制推进器的推力大小和方向。决定叶片轴的轨迹的因素有船舶运动方向和叶片在转盘上产生的回转运动，不一样的运动方向与回转速度能够形成不同的摆线轨迹。

不过由于摆线推进器结构复杂，造价不菲，效率不高，因此一般应用在对船舶作业有高

图 2-3 摆线推进器

精度要求的小型舰船上,如扫雷舰、拖船、平台供应船等。第一艘配备摆线推进器的拖船于1950 年生产。

2.2.4 电力系统

动力定位系统还有一个重要的支持系统,但是这个系统往往受到忽视,这就是电力系统。实际上电力系统可以和推进器一并考虑。电力系统关系到推进器原动机的型式,从而影响推进器的选择。例如,电力系统是使用交流电的,则推进器将由交流电动机驱动,这意味着推进器将采用可调螺距结构。但是如果电力系统是直流的,则推进器和钻探系统可趋于一致,此时推进器采用定距结构而且转速可调。

动力定位船舶的中枢是功率生成、供应和分配的电力系统。不但需要给推进器和所有辅助系统提供功率,还要给动力定位控制元件和测量系统提供功率。

推进器往往是动力定位船上消耗功率最高的部件。由于天气条件的迅速变化,动力定位控制系统将需要较大的功率变化。功率生成系统必须在必要时灵活地迅速提供功率,而避免不必要的燃料消耗。许多动力定位船安装了柴—电动力装置,所有的推进器和耗功部件都通过柴油机驱动交流发电机而产生的电来推动。柴油机和交流发电机就是所谓的柴油发电机装置。

一些动力定位船由部分柴油直驱推进器和部分柴电装置和发动机驱动的推进器组成。一艘船可以有两台螺旋桨作为主推进器直接由柴油发动机驱动,船首和船尾的推进器由电力驱动,功率可以从与主柴油机连接的轴流式交流发电机或从离心式柴油发电机装置中获得。

动力定位控制系统通过配备一个不间断电源(UPS)来预防干线电力故障。系统还具有一个不受船舶的交流电的短期中断或波动影响的稳压电源,为计算机、控制台、显示器、警报器和测量系统供电。当船的主交流电供应中断时,不间断电源能为所有这些用电系统供电至少 30 分钟。

2.3　动力定位系统的基本功能模式

动力定位系统一般具有以下基本功能:

(1) 艏向控制。在当前艏向和设定艏向存在偏差时,系统自动改变船舶的当前艏向,将船舶的艏向精确控制在给定值。

(2) 定点控位。船舶控制的指令为大地坐标系上的某一点,一般设定为坐标系原点。对于水面船来说,可以设定为北东位置(或东经、北纬值)。对于水下潜器来说,可以设定为北东位置、深度位置,或纵向位置、横向位置、高度位置。

(3) 航迹控制。船舶在作业或航行过程中,往往需要沿一预定轨迹前进。典型的应用是海洋调查船的循迹(梳子形轨迹)控制,以及用于海洋石油管线的铺设与检修。航迹控制需要人或机器给定航迹指令及速度指令,由动力定位系统来自动控制船舶沿预定的路线前进,直到终点。

结合以上基本功能,动力定位系统可以采用几种不同的模式对船舶进行控制。这些模式的不同点在于其位置和速度设定点的产生方式不同。

(1) 手动模式:允许操作员使用操纵杆手动控制船舶的位置和艏向。

(2) 自动定位模式:自动地保持要求的位置和艏向。

(3) 自动区域定位模式:在最小能耗条件下自动将船舶保持在允许区域内,并将艏向保持在允许艏向范围内。

(4) 自动跟踪模式(低速和高速):可用使船舶跟踪由一组航迹点描述的指定航迹。

(5) 自动舵模式:可以使船舶自动沿预设航向行驶。

(6) 目标跟踪模式:可以使船舶自动跟踪一个连续变化的位置设定点。

2.3.1　准备模式

准备模式是动力定位系统处于准备就绪状态但不能对船舶进行控制时的一种等待和复位模式。

2.3.2　手动模式

在手动模式中,操作员使用操纵杆控制船舶的位置。操纵杆指令可以使船舶沿纵向和横向运动(沿纵荡轴和横荡轴),以及进行转艏运动(绕艏摇轴)。

在手动模式下可以使用下述功能:

(1) 操纵杆增益选择;

(2) 环境力补偿;

(3) 船艏/船艉旋转。

在手动模式下可以单独使用自动定位来控制纵荡轴方向或横荡轴方向的运动。这一特征通常与自动艏向控制相结合,这样操作员可以手动控制纵荡或横荡轴方向运动中的一个,同时系统可以稳定其他两个轴向的船舶运动。

2.3.3 自动定位模式

1. 艏向控制(图 2–4)

系统将船舶的艏向精确地控制在给定值。操作员可以使用下述标准功能列表中的一种来进行船舶的艏向控制：

(1) 当前艏向；

(2) 设定艏向；

(3) 最小能耗(最佳艏向角)。

若操作员重新选择了一个艏向值,系统将自动改变船舶的当前艏向。同样还可使用下述功能：

(1) 设定转艏速度；

(2) 艏向警报位置控制。

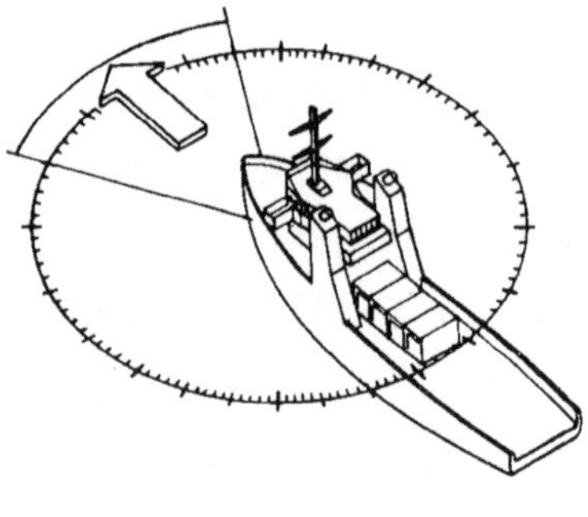

图 2–4 艏向控制

2. 位置控制(图 2–5)

系统将船舶准确地定位在指定位置。若操作员选定了另外一个定位位置(设定点),系统将自动改变船舶的位置。操作员可以使用下述标准功能列表中的任意一个来控制船舶的位置：

(1) 当前位置；

(2) 标记位置；

(3) 设定位置；

(4) 前一位置。

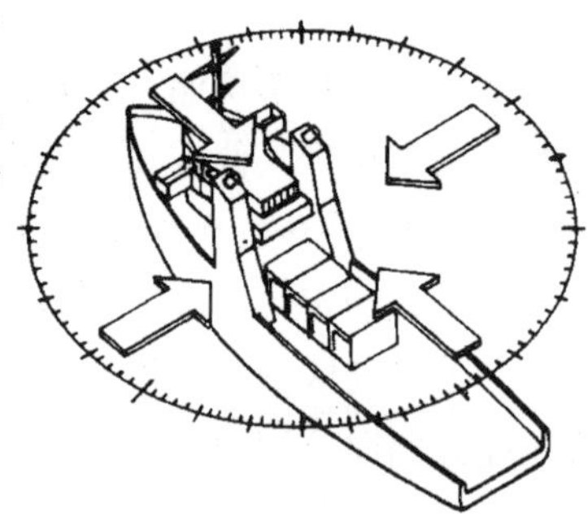

图 2–5 位置控制

2.3.4 自动区域定位模式

在自动区域定位模式中系统以最小能耗将船舶保持在一个允许的区域内。这种模式是针对待命操作,要求将船舶保持在一个特殊的地理区域内。动力定位系统允许船舶因环境力漂离区域中心和偏离最佳艏向。只有当船舶位置或艏向超出要求的操作界限后才启动推进器。对于位置和艏向,可单独设定相应的操作界限：

(1) 预警界限；

(2) 激活界限；

(3) 警报界限。

当超出上述界限时,推进器产生的稳定偏置力将在最小功耗变化情况下获得平稳的定位效果。

2.3.5 自动航迹模式

自动航迹模式使船舶能以较高精度跟踪由一系列航迹点描述的预设航迹运动。这类模式以不同的控制策略进行低速和高速的操作,系统根据要求的速度自动在两种策略间切换。另外,操作员也可用手动选择需要的控制策略。

在低速自动航迹模式下,利用全部三个轴向的位置和艏向控制来控制船舶的运动。这种策略具有很高的控制精度且允许自由选择船舶的艏向值。此时航速限定在 3 节以下。

在高速自动航迹模式下,通过保持预期速度(利用舵或推进器方向控制)来使得船舶的艏向交叉跟踪误差最小。这种策略适用于一般的巡航速度。

1. 自动航迹模式——低速(图2-6)

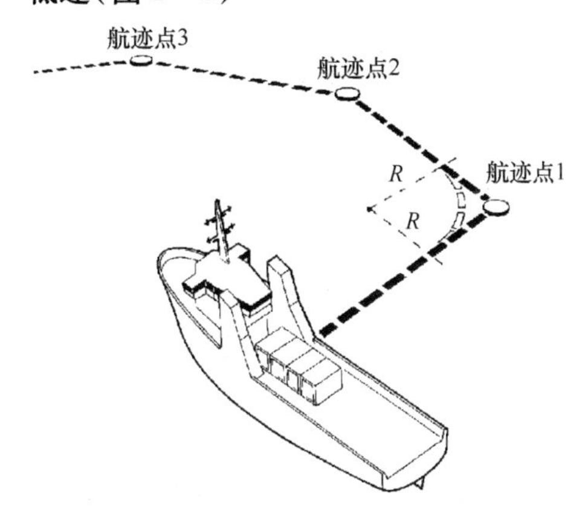

图2-6　自动航迹模式——低速

在低速自动航迹模式下,船舶沿航迹的速度被精确控制,还可以以每秒几厘米的速度来保证跟踪精确。

在每一个跟踪航迹段上的航迹点位置、船舶的艏向值和速度由操作员设定,并存储在航迹点表中。航迹点可以根据需要进行插入、修改和删除。

船舶的艏向可用下述功能进行控制:

(1) 当前艏向;

(2) 设定艏向;

(3) 系统选定艏向。

船舶沿每个跟踪航迹段的速度可以通过航迹点表获得或者由操作员通过速度设定功能在线设定。

根据船舶的设计和推进器的安装位置,并考虑高速情况下横向推进器会出现推力减额的情况,故要求低速自动航迹模式下的船舶最大速度应小于3kn。

表2-1为低速自动航迹模式下,船舶将要跟踪的航迹。

表2-1　船舶航迹点信息

航迹点序号	北东坐标	航速	艏向
1	1501060/503710	0.3 m/s	270°
2	1501060/503770	0.5 m/s	270°
3	1501140/503790	0.5 m/s	270°
4	1501170/503910	0.3 m/s	335°

在低速自动航迹模式下还可以使用下述功能:

(1) 停在航迹上;

(2) 反向跟踪;

(3) 航迹段偏置;

(4) 设定交叉跟踪速度;

(5) 航迹偏离报警;

(6) 由外部计算机导入航迹点。

2. 自动航迹模式——高速(图2-7)

每个航迹段上的船舶速度可通过航迹点表获得或者由操作员使用船速设定功能设定。此外,在任何时刻操作员都可去除对船舶前进速度的自动控制,而使用手动模式来控制船舶的速度。图2-7中给出了在高速自动航迹模式下,船舶按照航迹点表提供的信息进行的操作。经过航迹点时,船舶保持恒定速度通过扇形区域。

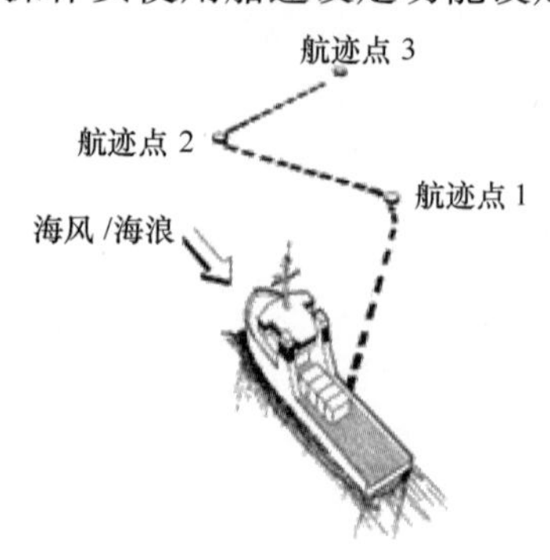

图2-7　自动航迹模式——高速

高速自动航迹模式允许船舶以最大航速跟踪航迹。为了将船舶保持在预设航迹之上,系统根据船舶速度和方向以及环境力的大小连续计算期望艏向值。如果船舶将要漂离航迹系统,那么将连续对艏向加以控制,使得船舶回到航迹之上。操作员可设定船舶艏向与航迹向之间的界限(漂角)。

表2-2所列信息为高速自动航迹模式下船舶将要跟踪的航迹信息。

表2-2　船舶航迹点信息

航迹点序号	北东坐标	船速/(m/s)
1	1501060/503710	2.0
2	1506060/509710	3.0
3	1508060/514710	3.0
4	1513060/517710	2.0

在高速自动航迹模式下还可以使用下述功能:

(1) 停在航迹上;

(2) 反向跟踪;

(3) 航迹段偏置;

(4) 设定交叉跟踪速度;

(5) 航迹偏离报警;

(6) 舵/全回转推进器角度限制;

(7) 由外部计算机导入航迹点。

2.3.6　自动驾驶仪模式

自动驾驶仪模式通过在预定航向上利用自动控制舵来精确地控制船舶的艏向。该模式使用船舶的主推进器、舵或全回转推进器,并且补偿海风对船舶产生的力,如图2-8所示。

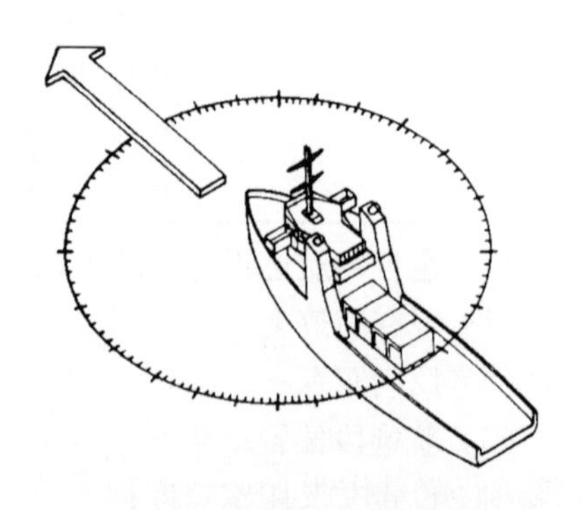
图2-8　自动驾驶仪模式

船舶的艏向通过如下功能进行控制:

(1) 当前艏向;

(2) 设定艏向。

在自动驾驶仪模式下可使用如下功能:

（1）设定回转速度；

（2）舵/全回转推进器角度限制；

（3）偏离航迹警报。

2.3.7　目标跟踪模式

目标跟踪模式(图2－9)用来使船舶自动跟踪目标并与目标保持恒定的距离。移动目标需要安装移动式应答器以便动力定位系统监视其位置。例如,若移动目标为一台遥控水下机器人(ROV),此时船舶需要安装水声位置参考系统(HPR),以便动力定位系统监视ROV的位置。

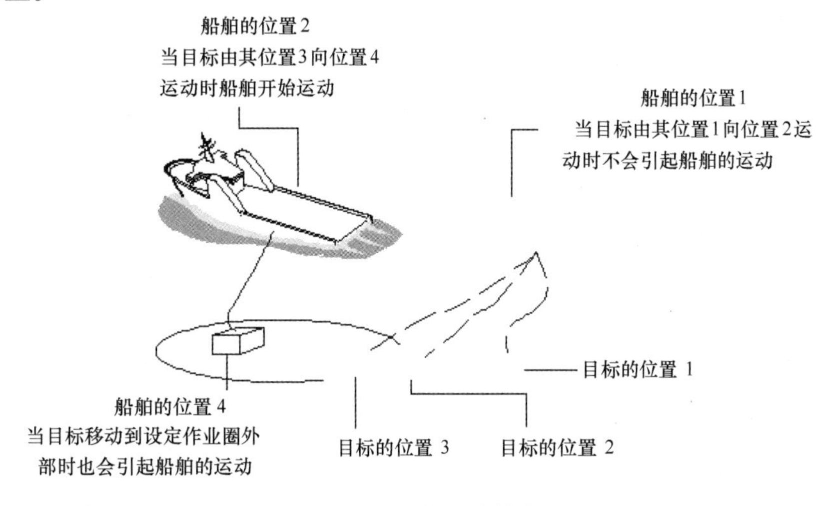

图2－9　目标跟踪模式

船舶的艏向可通过下述的一种功能实现：

（1）设定艏向；

（2）系统选定艏向。

操作员可以定义目标运动但不引起船舶运动的作业圈。只有当目标超出作业圈时船舶才会运动。作业圈通过“反应半径”功能设定。

除了目标上的一个参考应答器外,在海底还需要安装另外一个应答器或者在船舶上安装其他的位置参考系统。

2.4　面向作业的现代动力定位系统特种功能

2.4.1　起重作业功能

起重作业船的作业任务不同于常规船型,其主要任务是进行船舶或者海上平台设备的安装、卸载工作。因此,起重作业船必须到达目标船舶或平台的指定作业点,并在指定作业点作业。在浅海操作时,作业船通过锚来保持船舶位置和艏向以及作业船舶的稳定性,之后才能进行起重作业。但是在深水工程中,采用传统的锚泊系统耗时长且定位精度低,已经不能满足定位要求,这时就必须采用动力定位技术。另外,在海上与移动作业船(如驳船)配合完成起重作业的过程,移动作业船需要起重作业船拥有较高的动力定位能力,同时要求起重作业船与驳船之间的相对位置能够测量得足够精确,这样就可以保证起重船起重作业的安全性。

动力定位系统能够在任意深的水域中,不借助锚泊系统的条件下,保持船舶位置和艏向。为了保证起重船完成起重作业时的定点定向,必须在起重船上安装动力定位系统。起重船动力定位系统的最大作用是能够节省施放和回收系泊工具的时间,避免系泊工具对附近管道和其他建筑物造成损坏,辅助起重机在很短时间内完成起重作业任务。

2.4.2 铺管作业功能

将动力定位船应用于铺管施工虽然可以不受水深的影响、提供更好的船体定位精度,但也存在一定的问题,与常规船动力定位系统相比,铺管船动力定位系统面临的问题如下:第一,铺管船在海上的作业周期通常较长,燃油消耗巨大,针对带有未知海洋环境干扰的非线性动力定位铺管船系统设计最优控制算法,使其能达到工程上性能指标的最优化是一个对铺管施工经济性有深刻影响的问题。第二,铺管船沿设定路径进行移船铺管作业时,要循环进行管道焊接和放管,船舶处于行进—航停不断循环的模式下;在船舶直线行进时,为了避免过大的速度或瞬时加速度导致管道与张紧器间出现滑动摩擦,保障铺管施工的顺利进行,船舶需要处于匀加速—匀速—匀减速运动状态。这就要求动力定位系统在控制船舶跟踪期望路径的同时,对船体速度和加速度也要进行控制,并能够实时调节船舶的期望速度和期望加速度,但常规动力定位只能控制船舶按照设定路径以一定速度循迹航行,缺少加速度控制功能。第三,常规动力定位船作业时只需直接对船体设置期望路径,但在铺管过程中却是要对所铺设管道设置期望路径,并通过动力定位系统控制船舶间接将管道铺设于设定路径,如何解决此问题是铺管施工成败的关键。另外,动力定位系统的滤波和状态估计、船舶运动的非线性、复杂海洋环境干扰也是铺管船动力定位控制研究的重要问题。由此可见,铺管船动力定位系统控制策略的研究对于改进管道铺设施工水平具有重要意义,对提高我国海洋石油输送和开发能力有巨大帮助。

当铺设刚性管时,管道分段运输并在铺设过程中进行焊接。当船舶静止时,分段的管道在甲板上被焊接起来,而后焊接后的管道被位于船艉的托管架吊起。托管架被设计用来在管道离开船舶过程中支持管道。如图 2-10 所示。

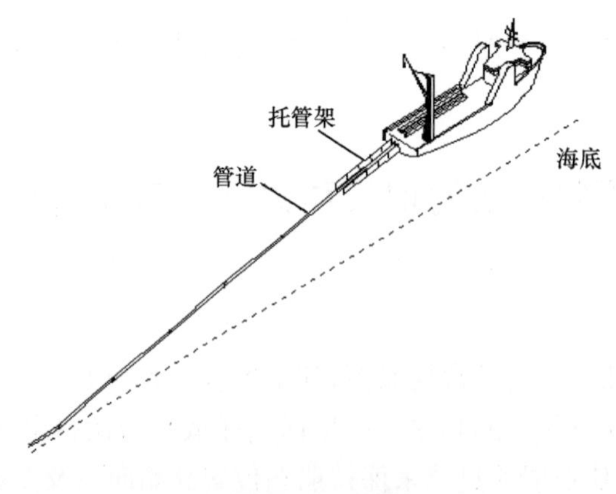

图 2-10 铺管

在铺管过程中,动力定位系统控制船舶的运动,“管道张力补偿”功能补偿管道的张力以此保证最佳的定位效果。

2.4.3　铺缆作业功能

电力和通信电缆以卷轴形式加以运输，可用通过船艉和船侧两种方式铺设，当船舶向前运动时采用船艉铺设，当船舶横向运行时采用船侧铺设（图 2－11）。

在电缆的铺设过程中，为确保电缆不被损坏，常采用多种不同的张力系统。张力系统被设计用来控制铺设到海底的电缆与船上待铺设电缆间的张力。因此，针对电缆铺设作业一般设计电缆张力监测与张力补偿功能。在铺设电缆时，该功能与用于控制船舶运动的自动航迹模式一起使用，可提高安全性和定位性能。

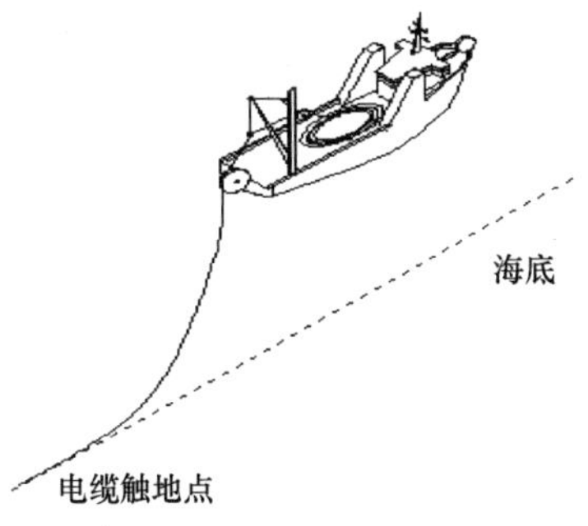

海底
电缆触地点

图 2－11　铺缆

2.4.4　海上装载作业的风标操作功能

当进行海上装载时，可以利用作用于船体上的海风和海浪所产生力的稳定效应，在减小推进器/主推力的情况下来保持船舶与海上装载浮筒间的相对位置。为了实现上述这种能耗的减少，船舶的船艏必须朝向环境力的方向（图 2－12）。故动力定位系统中包括一种特殊的“风标操作”模式，其可使船舶始终朝向环境力的方向。

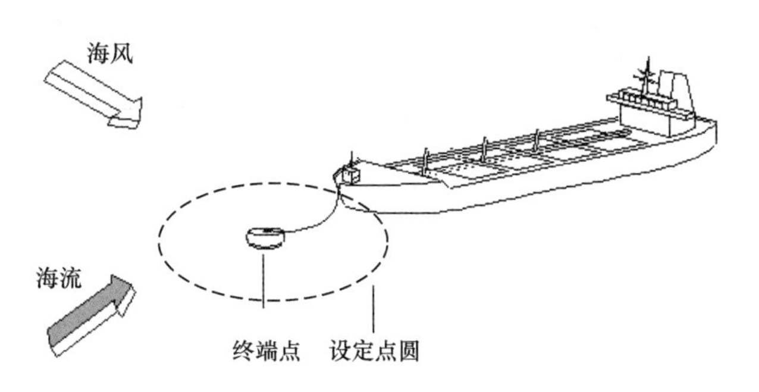

图 2－12　海上装载

风标操作模式使得船舶如风向标一样运动。船舶可用随海风和海浪绕固定点（称为终端点）进行旋转，此时船舶的位置和艏向都不是固定的。船舶的艏向被控制为朝向终端点，而位置则被控制跟踪一个围绕终端点的圆（称为设定点圆）。风标操作模式如图 2－13～图 2－17所示。

根据不同类型的海上装载操作，还可选用如下功能：

（1）终端点选择；

（2）设定点圆半径；

（3）接近风标操作特定区域的方法；

（4）主推进器偏差；

（5）系船缆张力补偿；

（6）手动偏差；

（7）偏移均值。

根据装载的概念，可使用不同的风标操作模式：

1. 单点系泊(图2-13)

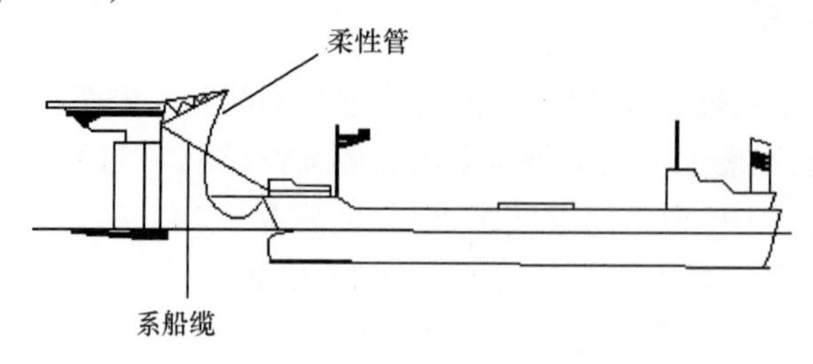

图2-13 单点系泊

2. 无锚泊装载浮筒(图2-14)

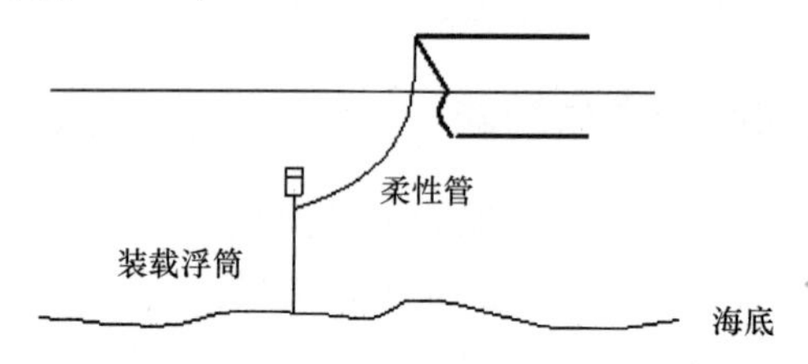

图2-14 无锚泊装载浮筒

3. 浮式装载塔(图2-15)

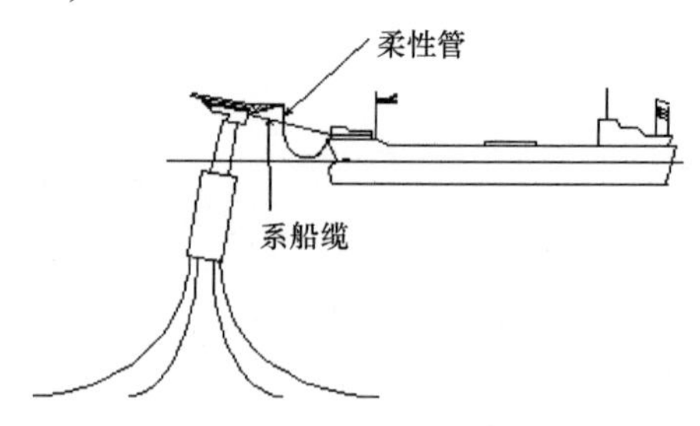

图2-15 浮式装载塔

4. 浮式存储单元(图2-16)

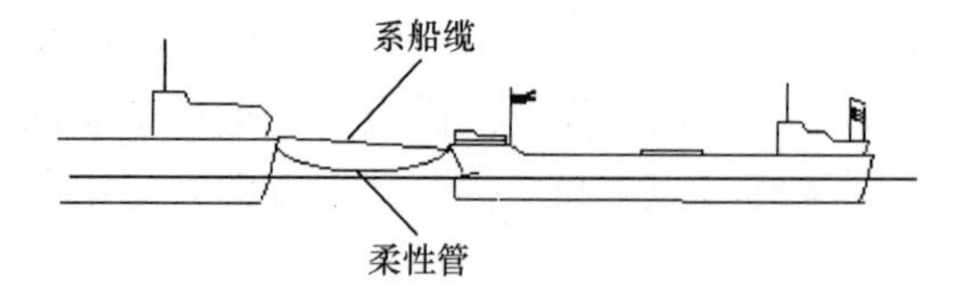

图2-16 浮式存储单元

5. 水下转塔装载(图2-17)

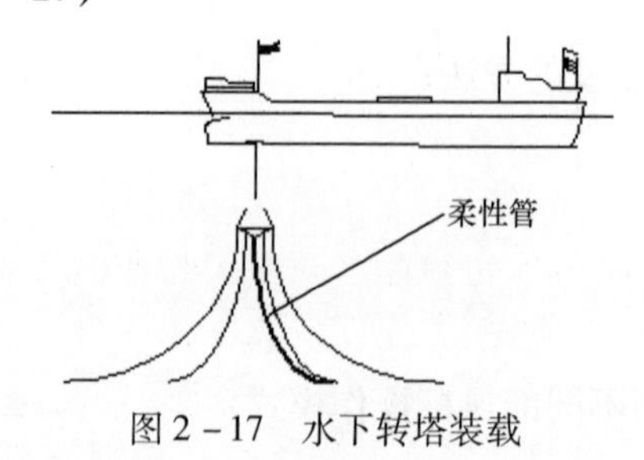

图2-17 水下转塔装载

2.4.5 挖沟作业功能

电缆沟/管沟可以在铺缆/管之前挖掘,其可以用来确保安装后管道或电缆的安全。电缆沟/管沟由自动式挖沟机挖掘或者由船舶拖带犁进行挖掘。犁本身没有驱动机械,拖带犁的动力来源于船舶的推进器系统。

在挖掘电缆沟/管沟时,动力定位系统利用目标跟踪操作模式来控制挖沟机的运动。当使用犁来挖掘电缆沟/管沟时,采用自动航迹操作模式来控制船舶的运动。在挖掘过程中,可使用犁张力监测与补偿功能来确保最佳的定位效果。

2.4.6 挖泥作业功能

挖泥的目的是为了转移海底的物质。这对于港口和河流入海口这样的淤泥堆积区域具有特别重要的意义。一艘挖泥船装备有两条吸入管,其被沿着海底方向牵引。海底的物质(如淤泥和沉积物)由吸入管吸入船内。

图2-18为挖泥船的示意图。

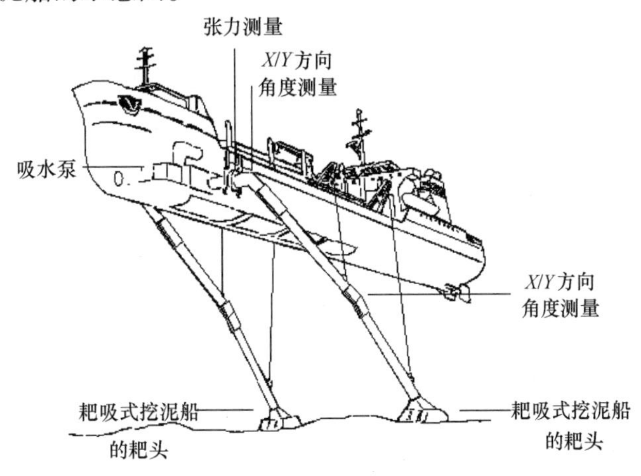

图2-18 挖泥船示意图

挖泥船沿平行航迹运动,这样可以确保覆盖整个工作区域,航迹彼此间离得很近,有些会彼此重叠。但是,为了提高挖泥作业的效率,动力定位系统的各种功能和操作模式可以确保重叠作业区域达到最小。

动力定位系统的挖泥作业功能测量挖泥力、吸入管高程和角度,并自动补偿这些耙头力。此外,当耙头力测量出现故障时,动力定位系统还可以避免出现船舶运动失控和对耙头的损坏。当耙头位置和张力监测传感器出现永久性故障时,操作员可以指定合适的耙头数据,继续进行挖泥作业。

2.4.7 系泊动力定位作业功能

20世纪80至90年代,结合动力定位和传统系泊定位的优势,产生了一种新型位置控制功能——系泊动力定位,也可称作锚泊辅助动力定位。不同于动力定位,系泊动力定位的推进器主要用于纵荡、横荡和艏摇的阻尼运动以及保持期望的艏向,锚泊缆线将船舶控制在可接受的区域内。因此,在普通的低海况下,靠系泊系统就可以实现船舶定位,由推进器产生推力仅用于控制船舶艏向。但是如果在恶劣的海洋环境中,仅依靠系泊系统是很难实现定位,而且恶劣的海洋环境会造成系泊缆断裂,发生重大安全事故,所以需要推进器提供推力来实现辅助定位,并且有效避免系泊缆的损坏。

系泊动力定位作业功能一般应用于海洋持续作业的海洋结构物,例如,海洋钻井平台,浮式生产、储油、卸油船(FPSO,Floating Production Shortage and Offloading),浮式储油、卸油船(FSO,Floating Shortage and Offloading)等,它们是未来海洋资源开发和生产的重要平台。FPSO 并不是一种真正意义上用于运输的船,它有生产、储油、卸油的功能,是目前海洋工程船舶中的高技术产品,如图 2-19 和图 2-20 所示。

图 2-19 海洋石油、天然气开发系统

图 2-20 典型 FPSO 系泊动力定位形式

2.5 国际海事组织设计规范中对动力定位系统的功能要求

国际海事组织(International Maritime Organization,IMO)是联合国主管海上安全和防止船舶造成海洋污染及其法律问题的专门机构。1948 年 2、3 月间,联合国在日内瓦召开了海运会议,经讨论并于 1948 年 3 月 17 日通过了《政府间海事协商组织公约》,该公约于 1958 年 3 月 17 日生效。据此,各缔约国于 1959 年 1 月 13 日在伦敦召开了第一届大会,该组织正式成立。当时其名称为"政府间海事协商组织"(Intergovernmental Maritime Consultative Organization,IMCO)。根据 1975 年 11 月召开的第 Ⅸ 届大会公约修正案,于 1982 年 5 月 22

日起更名为现今的国际海事组织。

IMO的宗旨是:在与从事国际贸易和航运的各种技术问题有关的政府规章和惯例方面,为各国政府提供合作机构;并在与海上安全、航行效率和防止及控制船舶对海洋污染的有关问题上,鼓励各国普遍采用最高可行的标准等。此外,它还有权处理与这些宗旨有关的行政和法律问题。

随着我国对外贸易和远洋航运事业的发展,1973年3月1日我国正式参加IMCO活动,并在1975年当选为IMO理事国,至2009年10月28日,IMO已有169个会员国和3个联系会员。

IMO于1994年颁布的《DP - Classification Guidelines. 6 June 1994》(编号为MSC/Circ. 645)是目前国际比较权威的DP系统和船舶设计和建造所依据的规范,为各类新建船舶上的动力定位系统提供一个国际标准。

这个规范的目的是对设计要求、必须配备的设备、操作要求和试验程序和文件要求做出建议,以减少动力定位作业中对人员、船舶、水下作业和海洋工程施工的风险。

下面,我们给出IMO设计规范中对动力定位系统功能的要求。

2.5.1 一般规定

1. 定义

动力定位船舶(DP船舶)表示只通过推进器推力自动保持位置(固定位置或预设航迹)的设备或船舶。

动力定位系统(DP系统)表示动力定位船舶需要的全部设备,包括如下的子系统:电力系统、推进器系统、DP控制系统。

位置保持表示在正常环境条件和控制系统偏差下保持船舶的期望位置。

电力系统表示为DP系统提供电力所必需的各种部件和系统、电力系统包括:具有包括管道系统在内的必须辅助系统的原动机、发电机、配电盘、分配系统(电缆和电缆路径)。

推进器系统表示为DP系统提供推力和转矩的所有部件和系统。推进器系统包括:具有驱动单元和包括管道系统在内的必须辅助系统的推进器、DP系统控制下的主推进器和舵、推进器控制电子设备、手动推进器控制器和相关的电缆和电缆路径。

DP控制系统表示动力定位船舶需要的所有控制部件和系统、硬件和软件。DP控制系统包括:计算机系统/操纵杆系统、传感器系统、显示系统(操作员面板)、位置参考系统和相关的电缆和电缆路径。

计算机系统表示由几台带有软件和彼此接口的计算机所组成的系统。

冗余表示当发生单点故障时部件或系统保持或恢复功能的能力。冗余可以通过如安装多个部件、系统或一种功能的选择的方式来实现。

2. 设备等级

一套DP系统包括用于实现可靠位置保持能力的整套工作的部件和设备。需要的可靠性由失去位置保持能力后导致的结果决定。导致的结果越严重,要求的可靠性越高。

为了到达这种要求,设备被分成三个等级。设备等级根据如下的最坏情况下的故障模式定义:

对于1级设备,当发生单点故障时可以丢失位置。

对于2级设备,当任何运动部件或系统发生单点故障时,不能发生丢失位置的情况。由

于静态部件已经过足够的保护以防止损坏,其可靠性经过主管部门的认可,一般不考虑静态部件发生故障。单点故障的标准包括:

(1) 任何运动部件或系统(发电机、推进器、配电盘、遥控阀门等)。

(2) 任何未经适当保护和可靠性证明的一般静止的部件(电缆、管线、手动阀门等)。

对于3级系统,单点故障包括:

(1) 上述2级系统所列情况,以及任何可能故障的静止部件。

(2) 处于任意水密舱室内的所有部件,发生火灾或进水。

(3) 任意消防子区域内的所有部件,发生火灾或进水。

对于2级、3级设备,经过合理论证的孤立存在的无意误操作可视为单点故障。

基于定义的单点故障,可以定义最恶劣故障并用于因果分析的标准。

当一艘DP船舶被指定设备等级后这表示该DP船舶适用于指定级别和更低设备等级的所有类型的DP操作。

指导原则的一条规定为DP船舶工作在以上情况,当任何时刻发生最恶劣故障时不会导致严重的位置丧失。

为了符合单点故障标准,一般需要冗余的部件要求如下:

对于2级设备,所有运动部件需要冗余。

对于3级设备,所有部件需要冗余并且部件间需要物理隔离。

对于3级设备,不可能全部系统都冗余。在给出明确的安全性保证文档并且可以证明其可靠性,并满足主管部门的要求,可用允许部分冗余部件和隔离系统间的非冗余连接。应确保尽量将这种连接保持在最少,并将故障保持在最安全的情况下。一个系统的故障不应影响其他的冗余系统。

冗余部件和系统应能迅速启用,并保证作业进行中的DP操作具有持续到作业被安全终止的能力。应自动、快速地切换到冗余部件或系统,切换过程中应将人为干涉降低到最低。切换应平滑,且在操作允许限度之内。

由于海上作业船舶对可靠性的要求越来越高。IMO和各国船级社对DP系统提出了严格的要求,除在各种环境条件下都具有的手动控制和自动控制的基本要求外,制定了3个等级标准,目的是对动力定位系统的设计标准、必须安装的设备、操作要求和试验程序及文档给出建议,以降低动力定位系统控制下的作业施工时对人员、船舶、其他船舶和结构物、水下设备以及海洋环境造成的风险。

表2-3为IMO组织1994年制定的动力定位系统的基本要求。

表2-3 IMO组织制定的动力定位系统的基本要求

动力定位系统				
子系统和单元		各级别的最低要求		
		1级	2级	3级
电站系统	发电机和原动机	非冗余	冗余	冗余,并且物理隔离
	主配电盘	1	2个汇流排	2个在A60隔离舱室中,通常为打开的汇流排
	配电盘汇流排开关	0	1	2
	配电系统	非冗余	冗余	冗余,通过隔离舱室
	功率管理系统	无	有	有

（续）

<table>
<tr><td colspan="7">动力定位系统</td></tr>
<tr><td colspan="4">子系统和单元</td><td colspan="3">各级别的最低要求</td></tr>
<tr><td colspan="4"></td><td>1 级</td><td>2 级</td><td>3 级</td></tr>
<tr><td>推进系统</td><td colspan="3">推进器布置</td><td>非冗余</td><td>冗余</td><td>隔离舱室</td></tr>
<tr><td rowspan="8">控制系统</td><td rowspan="3">控制单元</td><td colspan="2">控制柜与操纵台</td><td>1</td><td>2</td><td>2 +1(备用)
其中 1 个位于隔离舱室</td></tr>
<tr><td colspan="2">具有自动艏向的独立操纵杆系统</td><td>有</td><td>有</td><td>有</td></tr>
<tr><td colspan="2">可单独手动操纵每个推进器的操纵台</td><td>有</td><td>有</td><td>有</td></tr>
<tr><td rowspan="5">测量子系统</td><td colspan="2">位置参考系统</td><td>1</td><td>3</td><td>2 +1 其中 1 个位于隔离控制站
直接连接到备用控制系统</td></tr>
<tr><td rowspan="4">外部传感器</td><td>风传感器</td><td>1</td><td>2</td><td>2 +1 其中 1 个位于隔离控制站</td></tr>
<tr><td>VRS</td><td>1</td><td>2</td><td>2 +1 其中 1 个位于隔离控制站</td></tr>
<tr><td>罗经</td><td>1</td><td>3</td><td>2 +1 其中 1 个位于隔离控制站</td></tr>
<tr><td>其他需要的传感器</td><td></td><td></td><td></td></tr>
<tr><td colspan="4">UPS</td><td>1</td><td>2</td><td>2 +1 隔离舱室</td></tr>
<tr><td colspan="4">备用单元可选择的控制站</td><td>无</td><td>无</td><td>有</td></tr>
<tr><td colspan="4">因果分析</td><td>无</td><td>有</td><td>有</td></tr>
<tr><td colspan="4">FMEA</td><td>无</td><td>有</td><td>有</td></tr>
<tr><td colspan="4">电力和控制电路电缆要通过认可</td><td>否</td><td>是</td><td>是</td></tr>
<tr><td colspan="4">单一故障不应导致 50% DP 能力丧失</td><td>否</td><td>是</td><td>是</td></tr>
</table>

2.5.2　控制系统

1. 一般要求

一般的 DP 控制系统应安排在一个 DP 控制站中，操作员应对船舶的外围限度和周围区域具有良好的视野。

DP 控制站应显示来自电力系统、推进器系统的信息，并确保这些系统工作正常。保持 DP 系统安全的必备信息应始终可见，其他信息在操作员需要时可以获得。

显示系统和 DP 控制系统应基于人机工程学原则进行设计。DP 控制系统应能提供操纵模式的简单选择，如推进器的手动、操纵杆或计算机控制，并且当前所处的工作模式应予以清晰显示。

对于 2 级和 3 级系统，操作员的控制应预先设计，以保证面板上孤立的无意识的误操作不会导致严重后果。

DP 控制系统控制的和/或相衔接的系统故障的报警和警告应为声音和视觉两种。有关故障发生和状态的变化应该记录在数据文件中，辅之以必要的解释。

DP 控制系统应防止故障由一个系统传递到另一个系统中。冗余部件的布置应可以实现对一个部件故障的隔离,并使得其他部件处于正常状态。

当DP控制系统发生故障时,应可以通过一个独立的手操杆和一个普通的操纵杆对推进器进行手动控制。

系统的软件应按照主管部门认可的合适的国际质量标准进行设计。

2. 计算机

对于1级设备,DP控制系统不需要冗余。

对于2级设备,DP控制系统应由至少两套独立的计算机系统构成。普通的设备,如自检电路、数据传输配置,以及设备接口不应导致两套或全部系统的故障。

对于3级设备,DP控制系统应由至少两套独立的具有自诊断和同步设备的计算机系统组成。普通的设备,如自检电路、数据传输配置,以及设备接口不应导致两套或全部系统的故障。此外,应配置一套备用DP控制系统。当出现任何计算机故障或系统未准备好进行控制时会发出报警。

对于2级或3级设备,DP控制系统应具有一种称为"结果分析"的软件,其可以连续判定当最坏故障方式时船舶能否保持位置。这种分析应能判定在发生最坏故障方式时推进器依然可以操作,可以产生如故障之前一样的合力和力矩。若发生的最坏情况故障将导致由于推力不足以抵消主导环境影响从而出现位置丢失时,结果分析系统应发出报警。对于操作将需要较长一段时间的安全终止操作,结果分析应包含一种功能,在人工输入天气变化趋势的情况下可以仿真出最坏情况下故障发生后剩余的推力和电力。

当在一套计算机系统中检测到故障后,冗余计算机系统应能自动切换控制。从一套计算机系统切换到其他计算机系统的过程应该平滑,并且符合操作要求的限制。

对于3级设备,后备DP控制系统应布置在与主DP控制站具有A60等级隔离的舱室内。在DP作业过程中,该后备系统应根据传感器、位置参考系统、推进器反馈等输入不断进行更新,并且随时准备接管控制权。切换到后备控制系统应由手动完成,其应位于后备计算机上,并不应受到主DP控制系统故障的影响。

每一套DP计算机系统应配备一个不间断电源(UPS),以确保任何电力故障不会造成对多套计算机系统的影响。UPS电池的电量应能满足主供电故障后最少30min的操作需要。

2.5.3 测量系统

1. 位置参考系统

位置参考系统的选择应适当考虑作业要求,包括采用的作业方式涉及的限制和作业环境中期望的性能。

对于2级和3级设备,至少需要安装3套位置参考系统,并且在作业过程中DP控制系统可以实时获得其输入。

当需要两套或更多套位置参考系统时,这些位置参考系统不应为同种类型,而应为基于不同原理并适用于作业条件的类型。

位置参考系统应能为进行的DP作业提供具有足够精度的数据。

位置参考系统的性能应加以监测,当位置参考系统的信号发生错误或质量显著下降时应给出警告。

对于3级设备,至少一套位置参考系统应直接连接到后备控制系统上,该套位置参考系统应与其他位置参考系统到达 A60 等级隔离。

2. 船舶传感器

船舶传感器应至少可以测量船舶的艏向、姿态运动、风速、风向。

当一套2 级或3 级设备的 DP 控制系统完全依赖船舶传感器的正确信号时,这些信号应基于同种用途的3 套系统(如至少需要安装3 台电罗经)。

用于同种用途的传感器与冗余系统的连接应独立布置,确保一套系统的故障不会影响到其他系统。

对于3 级系统,每一种类型的传感器系统中的一套都应直接连接到后备控制系统上,并且该套系统应与其他系统采用 A60 等级进行隔离。

2.5.4 推进系统

推进系统应能够提供船舶纵向和横向足够的推力,以及用于艏向控制的转艏力矩。

对于2 级和3 级设备,推进系统应与电力系统进行适当的连接,保证在即使电力系统的一个组成部分发生单点故障且推进器连接到该系统时能够满足使用要求。

用于因果分析中的推进器推力值应对推进器和其他影响有效推力的效果间的干扰加以校正。

推进系统包括螺距、回转角或速度控制的故障,应不会导致推进器旋转或导致推进器失控变为全螺距或速度失控。

2.5.5 电力系统

电力系统应对电力需求变化具有充足的响应时间。

对于1 级设备,不要求具有冗余的电力系统。

对于2 级设备,应将电力系统划分为两个或更多子系统,以此保证当一个系统出现故障时,至少有另外一个系统仍处于工作状态。电力系统在运行中可以作为一个整体运转,但应通过汇电板断电器进行安排,当发生可能由一个系统传播到另一个系统类型的故障时,或者系统发生过载或短路时,能够自动隔离。

对于3 级设备,应将电力系统划分为两个或更多子系统,以此保证当一个系统出现故障时,至少有另外一个系统仍处于工作状态。划分的电力系统应位于隔离的满足 A60 级别要求的不同空间内。当电力系统位于作业水线以下时,隔离空间应为水密舱室。当处于3 级系统操作时,汇电板断电器应断开,除非能够接收前述的等价的完整性电力操作。

对于2 级和3 级设备,当发生最坏情况故障时,电力系统应能为保持船舶位置提供足够的电力。

如果安装的电力管理系统,应证明相关的冗余性或可靠性满足主管部门的要求。

对电缆和管线系统的要求如下:

对于3 级设备,冗余设备或系统的电缆不应集中布线穿过相同的舱室。当这些电缆不可避免交汇到一处时,应通过 A60 级别电缆管线,除电缆本身标志防火性能外,电缆管线的末端都应加以有效的防火保护。在电缆管线中不允许使用电缆连接盒。

对于2 级设备,燃料、润滑油、液压油、冷却液和电缆的管线系统应位于考虑到火灾和机械损伤的位置。

对于3 级系统,冗余管线系统(如燃料、冷却液、润滑油、液压油等的管线)不应集中布线穿过相同的舱室。当不可避免交汇情况时,应通过 A60 级别管线,除管线本身标志防火性能外,管线的末端都应加以有效的防火保护。

2.6 中国船级社设计规范中对动力定位系统的功能要求

中国船级社(CCS)成立于1956年,是中国唯一从事船舶入级检验业务的专业机构。中国船级社通过对船舶和海上设施提供合理和安全可靠的入级标准,通过提供独立、公正和诚实的入级及法定服务,为航运、造船、海上开发及相关的制造业和保险业服务,为促进和保障人命和财产的安全、防止水域环境污染服务。

中国船级社是国际船级社协会(IACS)10家正式会员之一,并先后于1996年至1997年、2006年至2007年担任IACS理事会主席。CCS最高船级符号被伦敦保险商协会纳入其船级条款,享受保费优惠待遇。截至2008年年底,CCS接受28个国家或地区的政府授权,为悬挂这些国家或地区旗帜的船舶代行法定检验。CCS还是国际独立油轮船东协会(INTERTANKO)和国际干散货船东协会(INTERCARGO)的联系会员。CCS在国内外设有逾60家检验网点,形成了覆盖全球的服务网络。2008年,中国船级社入级船舶总吨位达到2907万总吨,总艘数为2077艘。

中国船级社视风险管理为其业务的基本属性,业务范围围绕入级船舶检验、国内船舶检验、海洋工程检验和工业服务四条业务主线展开,已取得了令人瞩目的成绩。

下面,我们给出中国船级社设计规范中对动力定位系统功能的要求。

2.6.1 一般规定

1. 一般要求

(1) 本规范适用于在船舶或海上移动平台(以下简称船舶)上安装的动力定位系统。除本规范的规定外,本规范所涉及的部件和系统还应满足主船级的相关规定。

(2) 船舶按本规范设置动力定位系统者,可取得一个适当的附加标志。

(3) 对具有动力定位系统的船舶,如不申请附加标志,其设计、设备等可参照本规范适用部分的要求。

(4) 对于不满足附加标志要求的设备或系统,CCS可根据申请发给一份表明船舶/系统的整体或部分符合本规范的声明。发放符合声明后,CCS将不对船舶状态进行监控或跟踪。

(5) CCS将对动力定位船舶或相关设备的一些新颖设计和特殊功能给予适当考虑,如这些新颖设计和特殊功能符合本规范的意图,应给予接受。

(6) 本规范的规定是基于动力定位系统的操作和维护是由合格的船员进行的。

(7) 当动力定位系统除用于船位保持目的外,还用于跟踪等目的时,则应给予专门考虑。

2. 附加标志

(1) 根据动力定位系统的不同冗余度,经船东申请,授予下列附加标志:

DP-1:安装有动力定位系统的船舶,可在规定的环境条件下,自动保持船舶的位置和艏向,同时还应设有独立的联合操纵杆系统。

DP-2:安装有动力定位系统的船舶,在出现单个故障(不包括一个舱室或几个舱室的损失)后,可在规定的环境条件下,在规定的作业范围内自动保持船舶的位置和艏向。

DP-3:安装有动力定位系统的船舶,在出现单个故障(包括由于失火或进水造成一个舱室的完全损失)后,可在规定的环境条件下,在规定的作业范围内自动保持船舶的位置和艏向。

(2) 动力定位系统的入级,包括下列分系统及其备用系统:

① 动力系统;

② 推进器系统;

③ 测量系统;

④ 动力定位控制系统(包括控制器、控制板和推力遥控系统);

⑤ 独立的联合操纵杆(joystick)系统。

3. 定义

本规范所适应的定义如下:

(1) 动力定位:系指凭借自动和/或手动控制的水动力系统,使船舶在其作业时,能够在规定的作业范围和环境条件下保持其船位和艏向。

(2) 规定的作业范围:系指规定的允许船位偏离某一设定点的范围。

(3) 规定的环境条件:系指规定的风速、水流和浪高,在这种环境条件下船舶能进行预期的操作。抗冰载荷可不予考虑。

(4) 动力定位船舶:系指仅用推进器的推力自动保持其自身船位(固定的位置或预先确定的航迹)和艏向的船舶。

(5) 动力定位系统:系指使动力定位船舶实现动力定位所必需的一整套系统,包括下列分系统:

① 动力系统;

② 推进器系统;

③ 动力定位控制系统和测量系统;

④ 独立的联合操纵杆系统。

(6) 动力系统:系指向动力定位系统提供动力的所有部件和系统,包括下列部件或系统:

① 原动机,包括必要的辅助系统和管路;

② 发电机;

③ 配电板;

④ 不间断电源 UPS 和蓄电;

⑤ 配电系统(包括电缆敷设及线路选择);

⑥ 对于 DP-2 和 DP-3 附加标志:功率管理系统。

(7) 推进器系统:系指用于动力定位的推进器及其控制装置,包括:

① 具有驱动设备和必要的附属系统(包括管路)的推进器;

② 在动力定位系统控制下的主推进器和舵;

③ 推进器电子控制设备;

④ 手动推进器控制器;

⑤ 相关的电缆和电缆布线。

(8) 动力定位控制系统:即动力定位船舶所必需的所有的控制元件和/系统、硬件和软件。由下列组成：

① 计算机系统和控制器；

② 传感器系统；

③ 显示系统（操作面板）/自动驾驶仪；

④ 位置参照系统；

⑤ 相关的电缆和电缆布线。

(9) 计算机系统：系指由一台或多台计算机组成的系统，配备软件、外围设备和接口、计算机网络及其协议。

(10) 位置参照系统：系指测量船舶位置和艏向的系统。

(11) 船位保持：在控制系统正常的操作范围和环境条件下维持想要的船位。

(12) 控制器：系指船舶实现动力定位所必需的一切集中控制的硬件和软件。控制器一般应由一台或几台计算机组成。

(13) 可靠性：系指系统或部件在一个规定的时间间隔内执行其自身任务而无故障的能力。

(14) 冗余：系指当发生单个故障时，单元或系统保持或恢复其功能的能力。它可通过设置多重单元、系统或其他实现同一功能的装置来实现。

(15) 单个故障：系指部件或系统出现的一个故障，可能会造成下列影响中的一个或两个：

① 部件或系统的功能损失；

② 功能的退化达到了明显降低船舶、人员或环境的安全的程度。

(16) 联合操纵杆：一个易于调整矢量推力（包括转矩）的装置。

(17) 操作模式：控制的模式，在此模式下动力定位系统可被操作，例如：

① 自动模式（自动船位和艏向控制）；

② 独立的联合操纵杆模式（手动船位控制且具有可选择的自动或手动艏向控制）；

③ 手动模式（对每个推进器的螺距和速度、方位、起动和停止的单个控制）。

4. 图纸资料

1) 对动力定位船舶，除主船级要求送审的图纸外，还应将下列图纸资料提交批准

(1) 动力定位系统技术说明，应包括下列内容：

① 测量系统和控制器的性能，推进器的型式、推进器控制模式和推力配置方案；

② 对于 DP-2 和 DP-3 附加标志，要送审在线“结果分析”的原理说明。

(2) 船位保持性能分析，包括环境（风速、流和波浪）极限状况图表（或文字说明）及对于 DP-2 和 DP-3 附加标志最大单个故障出现后船舶的定位能力。

(3) 传感器和参照系统框图。

(4) 控制系统的功能图。

(5) 各设备单元（动力、控制、显示）间电缆单线图和说明。

(6) 动力定位所要求总的最大电力负荷计算书。对于 DP-2 和 DP-3 附加标志，应反映出现最大单个故障后的用电情况。

(7) 对于 DP-2 和 DP-3 附加标志，故障模式与影响分析（FMEA）报告。

(8) 控制站的布置。

(9) 控制台显示和报警项目表。

(10) 系泊及航行试验大纲,包括 DP-2 和 DP-3 附加标志的冗余度试验程序(由现场验船师审查)。

(11) 对 DP-3 标志,防火和浸水的隔离布置,包括动力定位系统相关电缆的布线图。

2) 应将下列图纸资料提交备查

(1) 定位系统的操作手册,至少包括设备说明和维护说明。

(2) 对于 DP-2 和 DP-3 附加标志,功率管理系统说明。

5. 故障模式与影响分析(FMEA)

(1) FMEA 的目的在于说明与动力定位系统功能有关设备的不同故障模式。对于系统中的某一设备可能有多种故障模式,从而对动力定位系统产生多种不同影响,在分析时应特别注意。

(2) 对整个动力定位系统应进行故障模式与影响分析。故障模式与影响分析应尽可能详细地包括所有系统的主要部件,一般应包括但不局限于下列内容:

① 所有系统主要部件的描述以及表示它们相互之间作用的功能框图;

② 所有严重故障模式;

③ 每一故障模式的主要可预测原因;

④ 每一故障对船位的瞬态影响;

⑤ 探测故障的方法;

⑥ 故障对系统能力的影响;

⑦ 对可能的公共故障模式的分析。

(3) 在编制 FMEA 报告时,应对每一单个故障模式对系统内其他部分的影响以及对整个动力定位系统的影响进行说明。

(4) 应对所有技术功能的独立性进行考虑,当认为系统的某些部件无须冗余或无法进行冗余时,要进一步考虑这些部件的可靠性和机械保护,如果这些部件的可靠性足够高或故障的影响足够低,可以接受相应的布置。

(5) 应对每一种故障模式下的系统冗余度进行试验,冗余度的试验程序应以模拟故障模式为基础,应尽可能在实际情况下进行试验。详细的冗余度试验程序应提交审查。

(6) 船上应放置 FMEA 和冗余度试验程序。若 DP 系统的硬件或软件有改变,根据实际情况,FMEA 和冗余度试验程序应更新。

2.6.2 系统布置

1. 一般要求

(1) 本规范规定一般类型的系统布置要求,除另有明文规定者外,这些要求适用于所有具有动力定位附加标志的船舶。对各个分系统的特殊要求将在分系统中规定。

(2) 根据不同的附加标志,动力定位布置的设计应至少满足表2-4的要求。

(3) 部件的冗余通常对如下是必要的:

① 对于 DP-2 附加标志,所有活动部件应冗余;

② 对于 DP-3 附加标志,所有部件包括电缆布线和管路应冗余,并进行 A-60 级物理隔离。

表 2－4 动力定位系统的布置

<table>
<tr><th colspan="2">附加标志
设备</th><th>DP－1</th><th>DP－2</th><th colspan="2">DP－3</th></tr>
<tr><td rowspan="3">动力系统</td><td>发电机和原动机</td><td>无冗余</td><td>有冗余</td><td colspan="2">有冗余，舱室分开</td></tr>
<tr><td>主配电板</td><td>1</td><td>1</td><td colspan="2">2，舱室分开</td></tr>
<tr><td>功率管理系统</td><td>无</td><td>有</td><td colspan="2">有</td></tr>
<tr><td>推进器</td><td>推进器布置</td><td>无冗余</td><td>有冗余</td><td colspan="2">有冗余，舱室分开</td></tr>
<tr><td rowspan="3">控制</td><td>自动控制，计算机系统数量</td><td>1</td><td>2</td><td colspan="2">3（其中之一在另一控制站）</td></tr>
<tr><td>独立的联合操纵杆系统</td><td>1</td><td>1</td><td colspan="2">1</td></tr>
<tr><td>各推进器的单独手柄</td><td>有</td><td>有</td><td colspan="2">有</td></tr>
<tr><td rowspan="4">传感器</td><td>位置参考系统</td><td>2</td><td>3</td><td>2＋1</td><td rowspan="4">其中之一在另一控制站</td></tr>
<tr><td>垂直面参考系统</td><td>1</td><td>2</td><td>2＋1</td></tr>
<tr><td>陀螺罗经</td><td>1</td><td>2</td><td>2＋1</td></tr>
<tr><td>风速风向</td><td>1</td><td>2</td><td>2</td></tr>
<tr><td colspan="2">UPS 电源</td><td>1</td><td>2</td><td colspan="2">2＋1，舱室分开</td></tr>
<tr><td colspan="2">备用控制站</td><td>没有</td><td>没有</td><td colspan="2">有</td></tr>
<tr><td colspan="2">打印机</td><td>要求</td><td>要求</td><td colspan="2">要求</td></tr>
</table>

（4）冗余单元和系统应能立即投入运行（即要求热备用），并能保证动力定位操作的持续进行。向冗余单元或系统的操作转换应尽实际可能自动进行，并将操作者的干预减到最小，转换应平稳，其变化应在可接受的操作范围内。

（5）在特殊作业环境条件下，如在近海平台附近，当使用定位系泊设备帮助主动力定位时，动力定位系统应设计成能遥控单个锚链的长度和张力。根据操作情况，需对锚链断裂或推进器失效的后果进行分析。

2. 动力定位控制站

（1）在动力定位船舶上应设有进行动力定位操作和控制的动力定位控制站，相关的指示器、报警器、控制板和通信系统应安装在该控制站。

（2）动力定位控制站的位置应能适应船舶的主要业务活动，并对船舶的外界和周围区域都有良好的视野，也应能知道任何动力定位操作的相关动作。

（3）对于 DP－3 附加标志，应设置包含备用计算机的备用动力定位控制站，该控制站与主控制站之间的分隔应达到 A－60 级的要求。在紧急情况下，操作人员应能十分方便地从主动力定位控制站到达备用动力定位控制站。备用动力定位控制站应与主动力定位控制站一样，对外界和周围区域具有同样良好的视野。

（4）应对动力定位控制站的环境条件进行考虑，如需要采取必要的措施才能维持动力定位正常工作，对于 DP－2 和 DP－3 附加标志，这些措施应具有冗余。

3. 控制系统的布置

（1）控制系统应包括自动和手动控制两种方式，自动控制模式应包括船位和艏向控制，应能独立地选择船位和艏向的设置点;手动控制模式包括用单独的控制器来控制各个推进器的螺距/转速和方向,以及使用联合操纵杆进行组合推力遥控。

(2) 对于 DP-1 附加标志,应设置动力定位自动控制系统和独立的带自动艏向控制的备用联合操纵杆系统。

(3) 对于 DP-2 附加标志,应设置两个独立的动力定位自动控制系统和带一个自动艏向控制的联合操纵杆系统。一个自动控制系统的故障后,控制应自动转换到另一系统。如果自动控制系统失效,可以手动集中控制。

(4) 对于 DP-3 附加标志,应装设三个独立的动力定位自动控制系统和带一个自动艏向控制的联合操纵杆系统。其中的两个自动控制系统中若一个系统发生故障,则控制权自动转移到另一个系统。第三个自动控制系统位于应急备用控制站,控制转移至该控制系统采用手动方式。如果两个主自动控制系统失效,可以手动集中控制。

(5) 备用控制系统应通过位于备用控制站的开关来选择。如在主控制站也设置一个与此功能相同的开关,只要在主控制站受损时不妨碍备用控制站,选择备用控制系统则是允许的。

(6) 如果同时使用两个及以上的定位控制系统,应设有自检和系统之间的比较功能,以便在探测到推进器或船位或艏向指令出现明显差别时,发出运行报警。这种技术应不危及每个系统的独立性或引起公共故障模式的风险。

(7) 在主控制站和备用控制站,均应设有各个推进器的单独的手动控制器。

4. 控制板的布置

(1) 显示器和指示器的信息应便于使用,操作者应能立即获得动作后的信息。一般情况下,既要显示发出的指令,还应显示反馈信息或动作的确认信息。

(2) 操作方式之间的转换应方便,而且应清楚地显示目前操作方式。不同分系统的操作状态也应显示出来。

(3) 对不同的指示器和控制器应进行逻辑分组,当这些指示器和控制器与其相关的设备在船上的相对位置有关时,应与之相协调。

(4) 如分系统的控制可从其他控制站上进行时,在每个控制站应指示正在实施控制的控制站。

(5) 如控制器的误操作可能导致危险状态时,则应采取预防措施来避免这种控制操作。这些预防措施可以是将手柄等置于适当位置,采用凹进的或有盖的开关,或按一定的逻辑进行操作。

(6) 如操作次序的错误会导致危险状态或设备损坏时,则应采取联锁措施。

(7) 安装在驾驶室内的控制器和指示器应有充分的照明,并可调光。

5. 电缆和管系的布置

(1) 对于 DP-2 附加标志,对动力定位系统至关重要的燃油、滑油、液压油、冷却水和气动管路以及电缆的布置,应充分考虑火灾和机械损伤对这些设备的影响。

(2) 对于 DP-3 附加标志,冗余设备或系统的电缆不应与主系统一起穿越同一个舱室。当不可避免时,电缆安装在 A-60 级电缆通道内,这种方式仅适用于布置在非高度失火危险区处所的电缆。电缆的接线箱不允许设置在电缆管道内。

(3) 对于 DP-3 附加标志,冗余管系(燃油、滑油、液压油、冷却水和气动管路)也应尽实际可能满足(2)的要求。

(4) 对于 DP－2 和 DP－3 附加标志,那些不直接属于动力定位系统,但其发生故障会导致动力定位系统故障的系统(如普通灭火系统、发动机通风系统、停车系统等)也应满足本规范的相关要求。

2.6.3 控制系统

1. 控制器和测量系统的组成

控制器和测量系统包括下列设备:

(1) 计算机系统;

(2) 推进器手动控制;

(3) 推进器的联合操纵杆控制;

(4) 推进器的自动控制;

(5) 位置参照系统;

(6) 传感器系统;

(7) 显示和报警;

(8) 通信。

2. 计算机系统

(1) 对于 DP－1 附加标志,动力定位控制系统的计算机不需要冗余。

(2) 对于 DP－2 附加标志,动力定位控制系统至少由两套独立的计算系统组成。共用设备,如自检程序、数据传输及接口应不引起两个/所有系统失效。

(3) 对于 DP－3 附加标志,动力定位控制系统至少由两套带自检程序和校准设备的独立计算机系统组成。共用设备,如自检程序、数据传输及接口不应引起两个/ 所有系统失效。另外,应设置一套备用的计算机控制系统。如计算机出现故障或未准备好就进行控制,应发出报警。

(4) 对于 DP－2 和 DP－3 附加标志,动力定位控制系统中应包括一项软件功能,即"结果分析",该功能应能连续验证在出现最严重的故障时,船舶也可保持其位置。该分析可以证明当最严重的故障发生后,后续工作推进器可产生与故障前所要求的相同的合力和力矩。当最严重的故障会导致船位偏移(由于在当时的环境条件推力不足)时,结果分析应发出报警。对于需长时间才能安全终止的操作,结果分析应包括一项在人工输入气候趋势的基础上模拟当最严重故障发生后剩余推力及动力的能力。

(5) 对于 DP－2 和 DP－3 附加标志,当一套计算机系统失效时,应能自动转换至冗余计算机系统控制。当控制从一个计算机系统向另一个计算机系统切换时,动力定位操作应保持平稳,其变化应保持在可接受的操作范围内。

(6) 对于 DP－3 附加标志,备用动力定位控制系统应设置在与主动力定位控制系统以 A－60 级分隔隔开的舱室内。在定位操作时,这套备用控制系统将由传感器、位置参照系统、推力反馈等输入而不断地更新,并且随时准备进行控制。

(7) 每个 DP 计算机系统应配备一个 UPS,来保证任何动力故障不会影响多于一台的计算机。UPS 蓄电池的容量应在主电源失电后至少提供系统 30min 的运转。

3. 推进器的手动控制

(1) 应在动力定位控制站设置各个推进器的手动操作控制器,用以完成起动、停车、方位和螺距/ 转速控制(可不包括高压电动机的起动/ 停止)。

（2）在动力定位手动控制台上，应连续显示各推进器的运行/停车、螺距/转速和方位。

（3）推进器的手动控制应在任何时候都能起作用，包括在自动控制和联合操纵杆控制出现故障的情况下。

（4）在动力定位控制站，每一推进器应设有独立的应急停止装置。每个推进器的应急停止装置应有单独的电缆。

（5）对于 DP-2 和 DP-3 附加标志，应急停止系统中回路故障应报警，如连接断开或短路。

4. 独立的联合操纵杆控制

（1）独立的联合操纵杆控制系统是由推进器和舵（如适用时）等组成的综合控制系统，联合操纵杆应能实现纵向推力、横向推力、转向力矩和这些推力分量的一切组合的控制。

（2）独立的联合操纵杆控制系统可以不包括那些对在所有方向得到一个足够推力水平不是必要的推进器或舵。

（3）独立的联合操纵杆控制系统应包括可选择的自动艏向控制。

（4）独立的联合操纵杆控制系统出现任一故障时应报警。

（5）在独立操纵杆系统中，如出现任一故障会导致操作人员对推进器失去控制时，应将推进命令自动归零。如果故障仅影响一部分有限的推进器，对这些受影响的推进器其控制命令应自动归零，而此时保持其他未受影响的推进器仍处于操纵杆控制下。

5. 动力定位自动控制

（1）推进器的自动控制由计算机系统组成，包括一台或多台带有处理装置、输入/输出设备和存储器的计算机。

（2）对于 DP-1 附加标志，应满足下列要求：

① 执行推进自动控制的计算机应向所有推进器发出有关螺距/转速和方位的指令，应把这些指令通过电路送到各个推进器控制装置；

② 计算机系统应执行自检程序，当探测出严重故障时，应停止计算机系统工作；

③ 当计算机停止时，应通过自动或手动方法将转速/螺距归零。

（3）对于 DP-2 附加标志，应满足下列要求：

① 计算机系统应满足（2）中对 DP-1 附加标志的要求。

② 在计算机系统或其辅助设备出现任何个别故障后，执行推进自动控制的计算机系统应能控制推进器，这个要求可通过两个或两个以上并行工作的计算机系统来完成，可选择一个计算机系统在线工作，其他的计算机系统作为热备用。计算机系统的转换应能通过手动和（或）自动完成。如果检测到在网系统的故障，并完成了自动转换，则被替换下来的系统只有修复以后，并手动重新选择为在线系统或备用系统后才可用。

③ 计算机系统应执行探测故障的自检程序。

④ 如备用系统或与备用系统相连的传感器或位置参照系统中的任何一个出现故障时，应发出报警。

⑤ 在操作面板上应显示正在实施控制的控制系统的标志。

（4）对于 DP-3 附加标志，应满足下列要求：

① 计算机系统应满足（3）对 DP-2 附加标志的要求；

② 应设有一个自动备用系统,该备用系统所在控制站与主系统所在控制站之间的分隔应为 A-60 级;

③ 如主系统选用的是一个三联计算机系统,并满足备用系统的独立条件,则这些计算机中的1台可作为备用计算机;

④ 至少应有一个位置参照系统和1台罗经与备用系统相连接,并独立于主控制系统;

⑤ 备用系统应由操作者在主动力定位控制站或备用控制站起动,这种转换应确保任何单个故障不会造成主控制系统和备用控制系统同时失效。

6. 推进器控制模式的选择

(1) 推进器控制模式应能通过动力定位控制站的一个简单的设备来选择,控制模式选择器可以是一个选择开关,或者为每个推进器设置独立的选择开关。

(2) 控制模式的选择应布置成当动力定位控制模式出现故障后,总是能够选择手动控制。

(3) 对于 DP-2 和 DP-3 附加标志,模式选择器应保证单个故障不会导致所有推进器脱离自动控制模式。

(4) 对于 DP-3 附加标志,如模式选择开关会因失火或其他危险而损坏,但仍能选择使用备用计算机系统的话,模式选择开关也可以由单独一个开关组成。

7. 显示和报警

(1) 动力定位控制站应显示从动力系统、推进器系统和动力定位控制系统传来的信息,以确保这些系统正常运行。动力定位系统安全操作所必需的信息应在任何时候均可获得。

(2) 显示系统,尤其是位于动力定位控制站的显示系统,应符合人体工程学原理。动力定位控制系统应易于选择控制模式,如手动、推进器的计算机控制等,并应清晰显示运行中的控制模式。显示系统应符合下列原则:

① 隔离冗余设备以降低共同故障产生的可能性;

② 易于维护;

③ 防止来自环境和电磁干扰的负面影响。

(3) 对于具有 DP-2 和 DP-3 附加标志的船舶,操作员控制装置应设计成操作屏的任何误操作都不会导致极限状况。

(4) 当动力定位系统及其控制的设备发生故障时,应发出听觉和视觉报警,对这些故障的发生及状态应进行永久的记录。

(5) 动力定位系统应防止故障从一个系统传至另一个系统。冗余元件应布置成可隔离一个元件,而启用另一个元件。

(6) 在实际可行的情况下,在每一动力定位控制站内应设置表 2-5 规定的报警和显示/状态显示。

(7) 如按(6)的要求设置报警和显示项目不合实际或不必要或具有等效设置时,经 CCS 同意,可根据实际情况减少报警和显示项目。

(8) 如果动力定位控制站的报警是其他报警系统的从动信号,应有本地的接受和消音装置。消音装置不应抑制新的报警。

(9) 显示应和推进器控制系统独立。

表2-5 控制站的报警和显示

系统	被监控参数	报警	显示
推进器的动力系统	发动机滑油压力低	√	
	发动机冷却液温度高	√	
	可调桨液压油压力低和高	√	
	可调桨液压油温度高	√	
	可调桨螺矩		√
	推进器转速		√
	推力方向		√
	推进器电动机/可控硅变流器冷却液泄漏	√	
	推进器电动机可控硅变流器温度		√
	推进器电动机短路(内部短路)		√
	推进器电动机有励磁电源		√
	推进器电动机有供电电源		√
	推进器电动机过载	√	
	推进器电动机高温	√	
动力分配系统	自动控制断路器的状态		√
	汇流排电压		√
	汇流排频率		√
	功率因数		√
	汇流排功率		√
	大功率用电设备的电流		√
	可用的后备功率		√
系统性能	超过作业范围	√	
	控制系统故障	√	
	位置传感器故障	√	
	船舶的目标点及目前船位和艏向		√
	风速和风向		√
	使用的参照系统		√
DP-2和DP-3附加标志的要求	推进器位置(图形显示)		√
	推力百分比		√
	经“结果分析”给出的备用推进器的报警	√	√
	连接的各个位置参照系统的位置信息		√

8. 数据通信的布置

(1) 当两个或两个以上的推进器及其手动控制器采用同一数据通信链路时,这一链路应布置成在技术上具有冗余。

(2) 当动力定位自动控制系统采用数据通信链路时,应与手动控制的数据通信链路独立。

(3) 对于DP-2和DP-3附加标志,数据通信链路应布置成在技术上冗余。

（4）独立的联合操作杆系统可与手动控制共用数据链路，但应与动力定位自动控制系统的数据链路独立。

9. 内部通信系统

（1）在动力定位控制站和下列位置之间应设有一个双向的通信设施：

① 驾驶室；

② 主机控制室；

③ 有关操作控制站。

（2）通信系统的供电应独立于船舶主电源。

10. 不间断电源（UPS）

（1）控制和测量系统应由 UPS 供电，UPS 的布置和数量应满足本规范表 2－4 的要求。对于 DP－1 附加标志，应至少设置 1 个 UPS。对于 DP－2 和 DP－3 附加标志，UPS 的数量应依据 FMEA 分析的结果来定。除非有其他的证明，一般 DP－2 附加标志的船舶，应至少配备 2 个 UPS；对于 DP－3 附加标志，应至少设置 3 个 UPS，其中一个设置在独立的舱室并与其他的 UPS 以 A－60 进行分隔。

（2）每个不间断电源电池的容量应至少支持 30min 的操作。

（3）独立联合操纵杆系统的电源应与动力定位自动控制系统的 UPS 独立。

（4）对于 DP－2 附加标志，冗余的 UPS 的供电电源，应来自主配电板不同部分。对于 DP－3 附加标志，主动力定位控制系统冗余的 UPS 的供电电源，应来自主配电板不同部分。

2.6.4 测量系统

1. 位置参照系统

（1）一套动力定位系统通常应至少包括 2 个独立的位置参照系统。对于 DP－2 和 DP－3附加标志，至少应安装 3 套位置参照系统，并且在操作中可同时使用。当使用两个或更多的位置参照系统时，这些系统不应采用同一工作原理。对于 DP－1 附加标志，允许采用两个工作原理相同的位置参照系统。

（2）位置参照系统应根据运行条件、调度方式的限制和工作条件下期望的性能进行选择。不同的位置参照系统可相互校准，参照系统间的传输应无波动。应向操作人员指示运行中的参照系统。

（3）位置参照系统应能为动力定位操作提供足够精确的数据，当船舶偏离设定的航向或操作者决定的工作区域将发出听觉和视觉报警，应对位置参照系统进行监测；当提供的信号不正确或明显降低时，应发出报警。

（4）对于 DP－3 附加标志，一套位置参照系统应连接至备用控制站，并且用 A－60 级分隔与其他位置参照系统分开。

（5）当使用声学位置参照系统时，应将水声监测器传输通道上的机械和水声干扰减至最小。

（6）当使用张紧索系统时，绳索和张力设备应适合海上环境。

（7）当来自位置参照系统的信号被船舶运动（横摇、纵摇）改变时，应对船位进行自动修正。

（8）位置参照系统应满足主船级规范对电气、机械、气动元件和子系统相关要求。

(9) 应对位置参照系统的电气和机械功能,如能源、压力和温度等进行监测。

(10) 位置参照系统应随时更新船位数据并提供适合预期动力定位操作的准确性。

2. 传感器系统

(1) 传感器的配备应满足本规范的要求。

(2) 应尽可能监测传感器故障(断线、过热、失电等)。

(3) 为了发现可能的故障,应对来自传感器的输入信号进行监测,尤其是信号的暂时变化。对于模拟传感器,当发生接线断开、短路或低阻时应发出报警。即使传感器处于备用或在故障时离线状态下,也应对传感器的故障发出报警。

(4) 传感器间自动转换出现故障时,应在控制站发出听觉和视觉报警。

(5) 为了相同目的连接到冗余系统的传感器要独立设置,以防止一个传感器故障影响到其他传感器。

(6) 对于 DP－3 附加标志,每类传感器的一个应直接和备用控制系统连接,并通过 A－60级分隔与其他传感器分开。

(7) 当某一规定的功能需要一个以上传感器时,每个传感器应在电源、信号传输和接口上独立。对 DP－2 和 DP－3 附加标志说,电源的布置应符合冗余度的要求。

(8) 传感器的监控应包括对电气和机械功能的报警,如相关的电源、压力、温度等。

2.6.5　推进系统

1. 一般要求

(1) 本规范所述的推进器为管隧推进器、全回转推进器、固定或可调螺距螺旋桨推进器,其驱动方式可为电动、柴油机或液压传动。对其他型式的推进器,应进行特殊考虑。

(2) 除本规范另有明文规定者外,推进器系统包括原动机、齿轮箱、轴系和螺旋桨的设计和制造应符合本规范对轮机的适用要求。

(3) 动力定位所用的推进器,应能满足长期运转的要求。

(4) 推进器的控制和监控应满足“控制器与测量系统”的要求。

2. 推进器的布置

(1) 推进器位置应尽可能减小推进器与船壳之间、推进器与推进器之间的干扰。

(2) 推进器的浸没深度应足以降低吸入漂浮物或形成旋涡的可能性。

(3) 推进器的数量和容量应满足下列要求:

① 在规定的环境条件下,推进器系统应提供足够的横向和纵向推力以及控制艏向的转向力矩。

② 对于 DP－2 和 DP－3 附加标志,在有冗余的推进器布置中,任意一个推进器发生故障后,仍应有足够的横向和纵向推力以及控制艏向的转向力矩。

(4) 用于“结果分析”的推进器的推力值,应考虑推进器间的干扰以及其他会降低有效推力的因素,必要时应加以修正。

(5) 当主操舵系统在动力定位控制之下,操舵装置应设计成连续运行。

(6) 推进器系统的故障,包括螺矩、方位或速度控制,不应造成推进器旋转和(或)其他对螺矩和速度不可控的操作。

2.6.6 电力系统

1. 一般要求

除本规范有明文规定者外,电力系统应符合本规范对电气装置的适用要求。

2. 发电机的台数和容量

(1) 在起动推进器的电动机时,尤其是在一台发电机不能工作时,起动期间引起的主汇流排上的瞬态电压降不应超过额定电压的15%。

(2) 如安装推进器的总功率超出所配置发电机的总功率,则应采取联锁或推力限制措施来防止动力装置的过载。

(3) 在选择发电机的台数和类型时,应考虑可能在动力定位推进器操作中出现的高电抗负载。

(4) 对于DP-2和DP-3附加标志,发电机的数量应满足单一故障后的冗余要求。

3. 功率管理系统

(1) 对于具有DP-2和DP-3附加标志的船舶,应至少设置一个自动的功率管理系统,此系统应使发电机随负荷的变动而启动和停止。当没有足够的功率起动大功率的负载时,应阻止大功率设备的起动,并按要求起动备用发电机,然后再起动所需要的负载。功率管理系统应具有充足的冗余或适当的可靠性。

(2) 当总的电力负载超过运转中发动机总容量的预定百分比时应发出报警,该报警的设定值应在运转容量50%~100%之间可调,并应按运行发电机的数量和任一台发电机失灵的影响加以确定。

(3) 对于电力驱动的推进器系统,应采取措施在负载达到(2)规定的报警值之前,使未运行的发电机自动起动、并车和分配负载。

(4) 因一台或几台发电机的停止而引起的突然过负荷不应造成电源的全部中断,在起动一台备用的发电机并使其开始发电的过程中应减小螺距或/和降低转速以减小推进器的负载。如动力定位系统的计算机系统能完成这一功能,则应与功率管理系统相协调。

(5) 功率管理系统的故障应不引起在网发电机的替换,且应在动力定位控制站报警。

(6) 断开功率管理系统后,配电板应能手动操作。

(7) 应对功率管理系统进行FMEA分析。

4. 主配电板的布置

(1) 对于具有DP-2和DP-3附加标志,主配电板应布置成不因单个故障造成电源的全部中断,这里的单个故障是指任何系统或部件的技术特性的破坏。对于DP-3附加标志的船舶,单个故障也包括进水和失火事故引起的故障,所以应对冗余部件/系统进行隔离,以便防止进水和失火故障的影响。

(2) 当考虑配电板的单个故障时,应考虑主汇流排直接短路的可能性。

(3) 主汇流排应至少由两个分段(或部分)组成,如断路器能分断系统中的最大短路电流,则可以将这些分段用断路器相连,在此断路器上应设置相应的保护,并满足选择性要求。

(4) 对于DP-2附加标志,允许将汇流排的分段放在一个配电板中,汇流排任一段因任何原因失电都应有充足的可用功率向船舶基本的日用负载和重要的操作负载供电,同时并能在规定的环境条件下在规定的作业范围内保持船舶位置。

发电机和其原动机的重要系统,如冷却水系统和燃油系统,应在出现任何单一故障后,系统仍有充足的可用功率向重要的负载供电，同时并能在规定的环境条件下在规定的作业范围内保持船位。

(5) 对于具有 DP－3 附加标志的船舶，每一个配电板要以 A－60 进行分隔，如果各配电板之间需要连接起来工作，则应在配电板连接线上的每端设置断路器，并设置相关的保护。如配电板安装在水线以下，还应满足水密分隔的要求。

(6) 对于 DP－3 附加标志，发电机和配电系统应大小适当，至少在两个舱室合理布局，如果任何舱室由于火灾或浸水造成功能完全丧失，应有充足的功率在规定的作业范围内来保持船舶位置，也能在不引起相关的电压降低的情况下起动任何没有运行的负载。发电机和其原动机的重要系统，如冷却水系统和燃油系统，应在系统中出现任何单一故障或任一单个舱室功能完全丧失后，系统仍有充足的功率向重要的负载供电，同时并能在规定的环境条件下在规定的作业范围内保持船位。

(7) 对于 DP－2 和 DP－3 附加标志的船舶，应能使用独立的汇流排分段进行供电。在独立的汇流排分段中应防止由于推进器的过载而造成断电现象。

(8) 在起动大型电动机时为了满足电压降的要求，可以将各汇流排分段连在一起。

(9) 在动力定位控制站，应连续显示发电机的在线功率储备，即在线发电机的容量与消耗的功率之差。对于分段式汇流排，每一分段要设置这种指示器。如推进器的操作不会引起电站的过载，可不要求设置储备功率指示器。

第3章 动力定位系统总体设计技术

3.1 动力定位系统的方案设计步骤

船舶一旦作出了安装动力定位的选择,需进行动力定位系统的方案设计,才能采购动力定位系统设备。动力定位系统方案设计的参考步骤如图3-1所示。

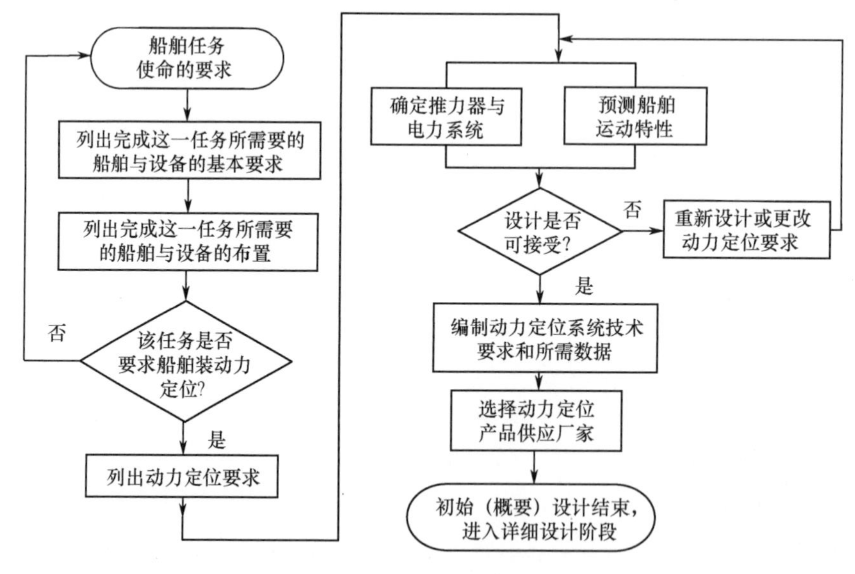

图3-1 动力定位系统方案设计的参考步骤

1. 根据船舶的使命和任务,提出对动力定位的要求

例如:对动力定位钻井船的典型要求。

定位的基本任务:确保船舶位置在井口上方。

定位精度:以井口中心半径为水深的6%的圆内。

作业区水深范围:60~2000m。

最恶劣的作业环境条件：

（1）均匀风速40kn；

（2）阵风风速50kn；

（3）海流2kn；

（4）有义波高5m。

连续作业日数：150天。

2. 电力（电站）与推进器系统的配置确定

船舶装备动力定位系统的最重要的步骤是校核及确定电力与推进系统的配置（功率和布置）。动力定位系统没有足够的推力和电力，就不能在设计环境条件下保持所需要的定位要求。

在确定电力与推进器系统配置的过程中，船舶的尺度与形状可能偏离初步设计，这样将会影响电力与推进器的配置。因此，确定电力与推进器系统配置与船舶设计是一个互相关联的过程。

在确定电力与推进系统时，设计人员可能面临下列选择：

（1）加大船舶尺度，以满足增加推力和功率的要求；

（2）减小设计的舱室尺寸，为增大电力与推进器系统腾出空间；

（3）降低定位作业时设计环境条件的要求；

（4）将推进器或发电机组安装在其他舱室中，或将推进器安置在船体的特殊附加结构中。

确定电力与推进器系统的配置工作中，包括确定动力定位系统作业时的极限条件。

确定极限条件可从以下两方面入手：

（1）根据环境条件、动力定位级别要求和定位作业要求，确定满足这一要求所需的推力和电力；

（2）根据预估的推力与发电量，考虑动力定位级别要求，确定在何种环境条件下船舶尚能进行定位作业。

动力定位能力计算能够达到上面两方面要求。所以，因此电力与推进系统的配置的确定均采用动力定位能力计算进行校核。

在进行动力定位能力计算中，设计人员可根据经验给出多组推进器的布置，由动力定位能力计算给出分析。

3. 对电力系统、推进器、控制系统以及传感器系统等动力定位系统各组成提出技术要求

由生产厂家直接提供能够满足船舶作业要求的成套设备。如果有什么特殊的要求，应在技术要求中予以说明，像如采用某种优先或冗余控制方案，优先采用水声位置参考系统还是优先采用卫星位置参考系统等，则需要列出比较详细的技术要求。

提供动力定位控制系统需要的原始数据。

1）提供船舶几何参数

（1）吃水及其与作业的变化；

（2）船舶总布置；

（3）排水量及其与吃水的关系；

（4）旋转中心、旋转半径及其与吃水的关系。

2）船舶模型特性

（1）附加质量；

（2）风阻力；

（3）海流阻力；

（4）波浪漂移力；

（5）船舶运动。

3）推进器系统特性

（1）推力器形式、参数与数目。

（2）推力器布置。

（3）推力器控制与接口。

（4）时间响应特性。

（5）推力器的推力减额。

4）动力定位设备的空间布置

（1）动力定位舱。

（2）位置参考系统。

（3）传感器。

4. 选择动力定位系统设备厂家

根据船东及船舶任务需求，选取动力定位产品供应厂家。虽然国外如挪威康斯伯格等公司的动力定位产品占据世界主要市场份额，但由于产品造价高昂，技术服务受限等方面的原因，国内如哈尔滨船海智能装备科技有限公司自主研制生产的 HSI－DP1/DP2/DP3 系列动力定位产品已受到国内船东的广泛关注和认可。

3.2 推进器布置

3.2.1 简单的推进器布置

动力定位船舶要求施加在船舶纵轴和横轴方向的力以及产生的力矩来平衡掉外界的干扰力。因此，在不考虑冗余、功耗以及禁区等问题时，给出三种最基本的推进器布置。通过它们可以控制船舶的纵轴和横轴方向的作用力及回转力矩，实现船舶的动力定位。

这三种推进器布置实现是：

（1）2 个槽道推进器和 1 个螺旋桨推进器；

（2）1 个槽道推进器和 1 个全回转推进器；

（3）2 个全回转推进器。

图 3－2 给出了三种最小规模推进器布置图，此三种推进器布置都能够在控制系统控制下独立的控制船舶在纵轴和横轴方向的推力与回转力矩大小。相应的推力分配方程如下：

第一种布置分配方程：

纵轴方向力：

$$F_x = T_3 \tag{3-1}$$

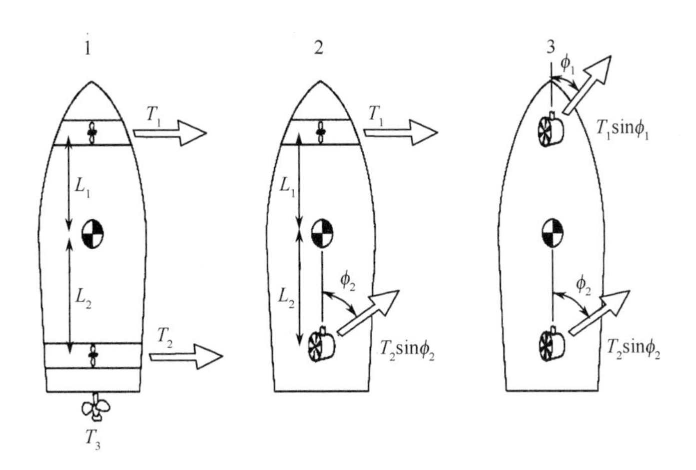

图3－2　最小规模推进器布置图

横轴方向力：

$$F_y = T_1 + T_2 \tag{3-2}$$

回转力矩：

$$M_z = T_1 L_1 - T_2 L_2 \tag{3-3}$$

第二种布置分配方程：

纵轴方向力：

$$F_x = T_2 \cos\phi_2 \tag{3-4}$$

横轴方向力：

$$F_y = T_1 + T_2 \sin\phi_2 \tag{3-5}$$

回转力矩：

$$M_z = T_1 L_1 - T_2 L_2 \sin\phi_2 \tag{3-6}$$

第三种布置分配方程：

纵轴方向力：

$$F_x = T_1 \cos\phi_1 + T_2 \cos\phi_2 \tag{3-7}$$

横轴方向力：

$$F_y = T_1 \sin\phi_1 + T_2 \sin\phi_2 \tag{3-8}$$

回转力矩：

$$M_z = T_1 L_1 \sin\phi_1 - T_2 L_2 \sin\phi_2 \tag{3-9}$$

在前两种布置下，推力分配方程为三个未知量对应三个等式方程，可以解得唯一解。在第三种布置下未知量数多于方程数，会出现多种解的情况。此时，又称该系统为过驱系统。实际上，对于动力定位系统来说，系统往往都是过驱的，推进器个数往往超过5个。这三种布置是能够满足动力定位要求下的所需推进器最少的情况。

当动力定位需要2个可转向的推进器（或可达到相同效果的推进器组合，如前两种布置），最好1个在旋转中心之前，另1个在该中心之后。此外，最好将推进器布置得与旋转中心有一定的距离，以便利用足够的力矩，在设计环境下，保持船舶艏向。

3.2.2 推进器布置规则

根据中国船级社2002年发布的《海洋工程动力定位系统检验指南》中对推进器布置提出了通用规则。规则如下：

（1）推进器位置应尽可能的减小推进器与船壳之间、推进器之间及传感器之间的干扰。

（2）推进器的浸没深度应足以降低吸入漂浮物或形成旋涡的可能性。

（3）推进器的数量与功率应满足下列要求：

① 在规定的环境条件下，推进器系统应提供足够的横向和纵向推力以及控制艏向的转向力矩；

② 对于DP-2和DP-3附加标志，在有冗余的推进器布置中，任意1个推进器发生故障后应有足够的横向和纵向推力以及控制艏向的转向力矩。

（4）用于"结果分析"的推进器推力值，应考虑推进器间的干扰以及其他降低有效推力的因素，必要时要加以修正。

推进器在船上的安装位置，对推进器的设计有很大影响。此外，动力定位船舶不仅要求推进器来定位，还要作为航行推进装置，这对动力定位推进器的设计也有很大的影响。

大多数船舶都用普通螺旋桨推进装置来满足推进要求。这种推进装置一般由2只螺旋桨组成，与船舶中心对称的布置在船艉。通常这种螺旋桨是敞式的，可以是调距型，也可以是调速型。

侧向推进器的布置问题要比主螺旋桨复杂得多。根据对各种动力定位船舶的综合考虑，得出了两种基本形式的推进器布置方案：一种是将螺旋桨安装在船体的槽道内；另一种是将螺旋桨安装在龙骨下的导管中。不管是哪一种方案，总是要求在指令相同时正、反两个方向上所产生的推力应尽可能相等。

船体形状对槽道推进器位置有强烈的影响。槽道长度影响推进器的效率，槽道越长，效率越低。这意味着要布置在尽量靠近船艏或船艉处。

对船艉槽道推进器而言，由于有纵向推进器，布置问题就变得复杂。但是通常以艉柱底侧作为布置侧向推进器的地方。将槽道推进器布置的靠近主螺旋桨会产生一个问题，那就是槽道推进器和主螺旋桨的推力之间有相互的影响。如果这种正交耦合的影响十分严重，会使得控制系统的设计更复杂。

为了减小船舶航行时的阻力和进港时推进器不受损伤，不提供主推功能的全回转导管螺旋桨布置时尽可能设计成能缩进的，而且整套装置要与船舶完全隔离，以保证水密安全性。为了水密安全性，可以将推进器系统放在一个水密筒体内，而将导管螺旋桨装在导管内，为了保证导管螺旋桨的自由转动，可利用筒体来改变螺旋桨的方位。

3.3 推进器需求负载估算

进行推进器需求负载估算时，估算只涉及推进器系统的用电设备，而不考虑船体其他用电设备，即只对推进器的需求负载做合理的估算。

本节中的推进器需求负载估算以某大型深水铺管起重船为例。估算设计给出了推进器电动机所需的额定功率,各推进器的电机设备型号和参数,可参考所需的额定功率选取。

电力系统中推进器需求负载估算方案如图 3－3 所示。

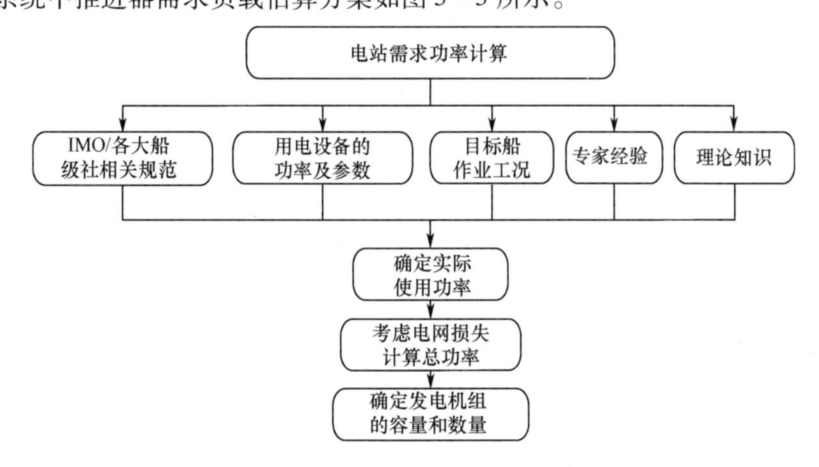

图 3－3　电力系统中推进器需求负载估算方案

3.3.1　推进器电机功率估计

根据各个推进器的需要额定功率,推进器电机一般选择常用的三相异步电动机,电机类型及一些参数如表 3－1 所列。

表 3－1　推进器电机选型及额定功率数据表

序 号	推进器类型	电机类型	电机额定功率 P_1	效率 η	功率因素 $\cos\varphi$
1	全回转推进器	YR1000－10 三相交流异步电动机	5600 kW	95.6	0.82
2	全回转推进器	YR1000－10 三相交流异步电动机	5600 kW	95.6	0.82
3	全回转推进器	YR1000－12 三相交流异步电动机	3550 kW	94.8	0.79
4	全回转推进器	YR1000－12 三相交流异步电动机	3550 kW	94.8	0.79
5	全回转推进器	YR1000－12 三相交流异步电动机	3550 kW	94.8	0.79
6	全回转推进器	YR1000－12 三相交流异步电动机	3550 kW	94.8	0.79
7	全回转推进器	YR1000－12 三相交流异步电动机	3550 kW	94.8	0.79

由于大型深水铺管起重船主要用于起重和铺管作业,从负载计算的意义和目的出发,只有动力定位(DP)工况下起重和铺管作业时的负载计算对选择发电机容量和台数有实际意义。

3.3.2　DP 工况下的负载计算过程

DP 工况下船舶起重和铺管作业时,推进器的需求估算采用三类负载法来估算推进器的总需要负载。

DP 工况进行推进器的需求计算分析如下:

(1) 在 DP 工况下所有推进器皆为连续工作的,属于第Ⅰ类负载。同时,因为每个推进器只有单个电机进行驱动,所以每个推进器的同时系数 $K_0=1.0$。

(2) 选取该工况下推进器的负载系数为 K_2(K_2 的选取通常根据该工况下的负载情况来选取,但也可参照其他同类型船选取,如果能在最大综合推力分析的同时给出每个方向各自需要的功率,则 K_2 可以计算得相对更准确),选取第Ⅰ类负载的总同时系数为 $K_{0\mathrm{I}}$。

（3）计算各类负载的有功、无功需求功率。

$$K_1=\frac{P_2}{P_1} \tag{3-10}$$

$$P=K_3\cdot K_0\cdot P_4=K_1K_2\frac{P_1}{\eta} \tag{3-11}$$

$$Q=\tan(\arccos(\cos\phi))P \tag{3-12}$$

（4）计算 DP 工况下需要发电机供给的总有功、无功功率，考虑电网损耗 5%，得

总有功功率 $$P_{\Sigma}=(K_{0\mathrm{I}}\cdot p_{\mathrm{I}}+K_{0\mathrm{II}}\cdot P_{\mathrm{II}})\times 1.05 \tag{3-13}$$

总无功功率 $$Q_{\Sigma}=(K_{0\mathrm{I}}\cdot Q_{\mathrm{I}}+K_{0\mathrm{II}}\cdot Q_{\mathrm{II}})\times 1.05 \tag{3-14}$$

3.3.3 DP 工况下的负载估算结果

在现有资料的基础上，对某些系数进行估计，完成某大型深水起重铺管船 DP 工况下的负载估算，结果如表 3－2 所列。

表 3－2 DP 工况下的负载计算

<table>
<tr><th colspan="4">设备分组</th><th colspan="4">电机参数</th><th rowspan="2">所需机械总功率/kW</th><th rowspan="2">电动机利用效率 K_1</th><th colspan="6">DP 状态</th></tr>
<tr><th>设备序号</th><th>类型</th><th>功率/kW</th><th>台数</th><th>型号</th><th>额定功率</th><th>效率 η</th><th>功率因数</th><th>机械负荷系数 K_2</th><th>电机负荷系数 $K_3=K_1*K_2$</th><th>同时系数 K_0</th><th>设备类型</th><th>所需有功功率 P</th><th>所需无功功率 Q</th></tr>
<tr><td rowspan="7">1,2,3,4,5,6 7</td><td rowspan="7">全回转推进器</td><td rowspan="2">4500</td><td rowspan="2">2</td><td rowspan="2">YR1000－10 三相交流异步电动机</td><td rowspan="2">5600</td><td rowspan="2">95.6</td><td rowspan="2">0.82</td><td>4500</td><td>0.982</td><td>1.00</td><td>0.982</td><td>1.00</td><td>Ⅰ</td><td rowspan="2">11504.6</td><td rowspan="2">8030.3</td></tr>
<tr><td>4500</td><td>0.982</td><td>1.00</td><td>0.982</td><td>1.00</td><td>Ⅰ</td></tr>
<tr><td rowspan="5">3200</td><td rowspan="5">5</td><td rowspan="5">YR1000－12 三相交流异步电动机</td><td rowspan="5">3550</td><td rowspan="5">94.8</td><td rowspan="5">0.79</td><td>3200</td><td>0.941</td><td>1.00</td><td>0.941</td><td>1.00</td><td>Ⅰ</td><td rowspan="5">17619</td><td rowspan="5">13674</td></tr>
<tr><td>3200</td><td>0.941</td><td>1.00</td><td>0.941</td><td>1.00</td><td>Ⅰ</td></tr>
<tr><td>3200</td><td>0.941</td><td>1.00</td><td>0.941</td><td>1.00</td><td>Ⅰ</td></tr>
<tr><td>3200</td><td>0.941</td><td>1.00</td><td>0.941</td><td>1.00</td><td>Ⅰ</td></tr>
<tr><td>3200</td><td>0.941</td><td>1.00</td><td>0.941</td><td>1.00</td><td>Ⅰ</td></tr>
<tr><td colspan="14">P_{Σ} $K_{0\mathrm{I}}=0.9$</td><td>27521.8</td><td>20510.5</td></tr>
<tr><td colspan="14">P_{Σ}考虑电网损耗 5%</td><td>28897.8</td><td>21536</td></tr>
</table>

3.4 推进器干涉禁区计算

3.4.1 桨—桨干扰概述

螺旋桨之间的干扰，其本质即前置螺旋桨的尾流直接冲击后置螺旋桨，使后置螺旋桨来流速度加大，进速系数 J 增大，从而效率、推力或扭矩下降，影响螺旋桨的正常工作。

桨—桨干扰的发生主要有以下两种情况导致：

(1) 一个螺旋桨的排出流击打另一个螺旋桨,产生的作用力。

(2) 一个螺旋桨的排出流影响了另一个螺旋桨的吸入流,导致的螺旋桨效率下降。

通常,这两种情况是同时发生的。针对桨—桨干扰问题,国外学者 Nienhuis、Lehn 和 Deng 等分别进行了深入的试验研究,给工程应用提供了重要指导。

DP 控制系统中通常通过在推力分配单元中设定推力禁区的方式,控制各螺旋桨的方位角,避免一螺旋桨的排出流接近另一螺旋桨,减小由于桨—桨干扰而引起的推进器效率下降,降低推力减额。

3.4.2 螺旋桨尾流

一般应用横向距离 x 和纵向距离 y 与螺旋桨直径 D 的比值 x/D 和 y/D 为标度,衡量尾流速度的变化趋势,如图 3-4 所示。

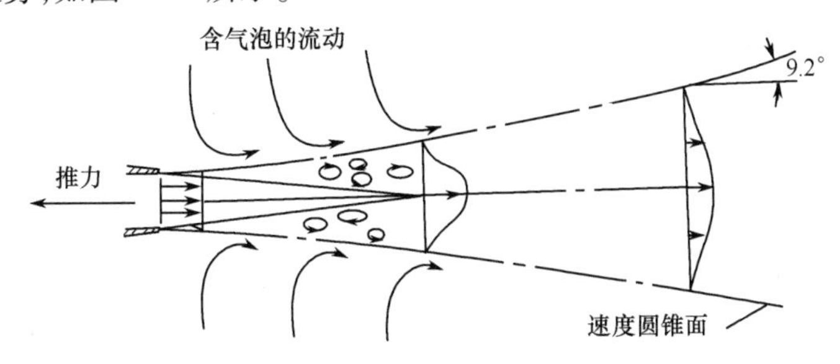

图 3-4 导管螺旋桨尾流分布示意图

螺旋桨的尾流变化比较有规律,表现为尾流速率由内而外迅速递减,如图 3-5 所示。

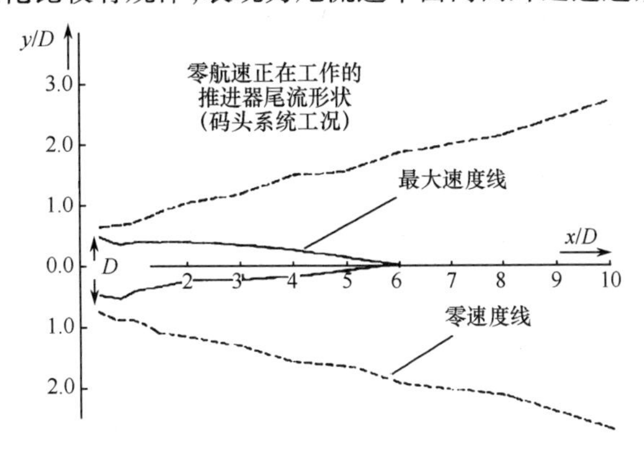

图 3-5 导管螺旋桨尾流最大速度与零速分布图

3.4.3 桨—桨干扰的影响估算

国外关于桨—桨干扰影响的研究开始较早,1980 年 Lehn 就对桨—桨干扰展开了详尽的研究。试验表明,螺旋桨之间干扰很大程度上取决于螺旋桨的安装位置即两桨之间的距离。

从导管螺旋桨尾流分布示意图中可以看出,螺旋桨尾流的最大速度比较集中,尾流速度的变化比较有规律,表现为尾流速率由内而外迅速递减。因此,动力定位推进系统的布置工作中,如通过合理的布置螺旋桨,能有效避免上游螺旋桨的最大尾流,能在很大程度上降低桨—桨干扰。

2004 年,Jie Dang 将桨—桨干扰的影响估算主要分为三种主要形式:无平板相对位置 x

的变化对干扰影响、有平板相对位置 x 的变化对干扰的影响,以及方位角对干扰的影响。

1. 无平板相对位置 x 的变化对干扰影响

两螺旋桨串联安装在敞水条件下,两螺旋桨中心间距离为 x。在该试验条件下对比了 Lehn 和 Moberg 的试验结果,结果基本吻合,如图 3-6 所示。

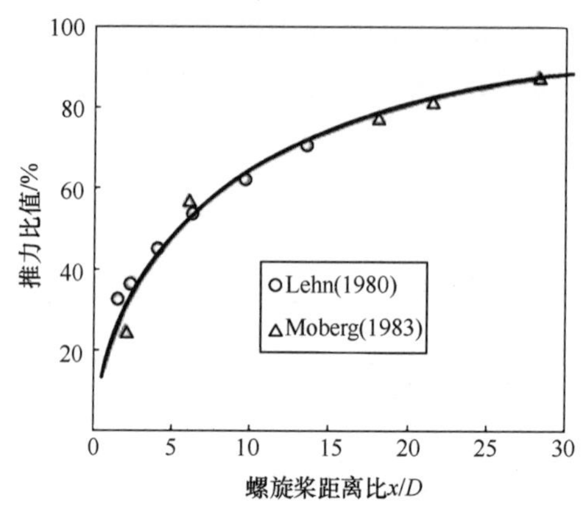

图 3-6 敞水条件下桨—桨干扰对下游桨的影响

从结果中可以看出:当两螺旋桨距离越靠近,干扰问题越严重;尾流会在相当大的范围内对下游螺旋桨产生影响,在 15 倍直径距离处推力损失仍达 25% 左右。

为在实际工程应用中能对下游螺旋桨推力减额进行估算,Dang 等总结出如下推力减额公式:

$$t = T/T_0 = 1 - 0.8^{(x/D)\frac{2}{3}} \tag{3-15}$$

式中:T_0为敞水中的系柱推力;x 为两螺旋桨间的距离;D 为推进器直径;T 为下游螺旋桨所产生的推力;t 为推力减额因数。

2. 有平板相对位置 x 的变化对干扰影响

两螺旋桨串联安装在一平板下,两螺旋桨中心间距离为 x,位置安装如图 3-7 所示。

在该试验条件下对比了 Nienhuis 和 Blaurock 的试验结果,结果基本吻合,如图 3-8 所示。

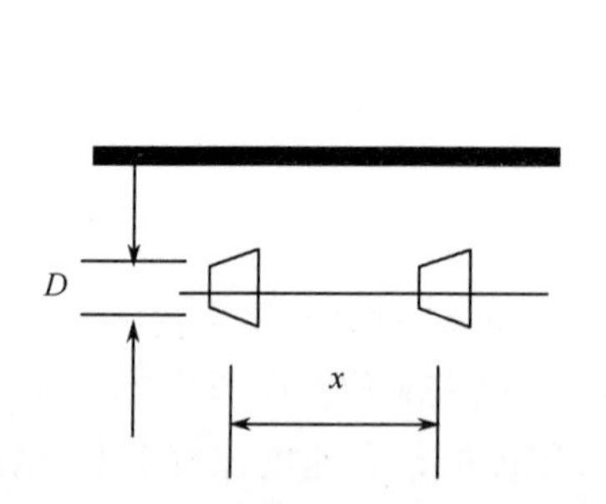

图 3-7 平板下螺旋桨串联安装示意图

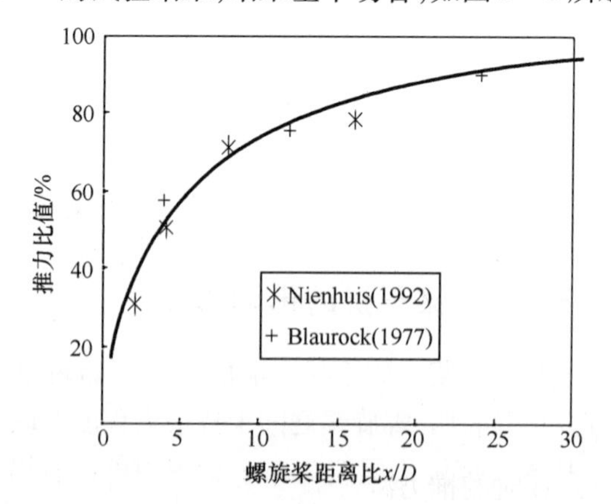

图 3-8 平板下桨—桨干扰对下游桨的影响

从结果中可以看出:当两螺旋桨距离越靠近,干扰问题越严重;尾流会在相当大的范围内对下游螺旋桨产生影响,在 15 倍直径距离处推力损失仍达 15% 左右。

为在实际工程应用中能对下游螺旋桨推力减额进行估算，Dang 等总结出如下推力减额公式：

$$t = T/T_0 = 1 - 0.75^{(x/D)\frac{2}{3}} \tag{3-16}$$

式中：T_0为敞水中的系柱推力；x 为两螺旋桨间的距离；D 为推进器直径；T 为下游螺旋桨所产生的推力；t 为推力减额因数。

3. 方位角对干扰影响

两螺旋桨桨轴夹角为 ϕ，两螺旋桨中心间距离为 x，位置安装如图 3-9 所示。

在该试验条件下对比了 Nienhuis 和 Lehn 的试验结果，如图 3-10 所示。从结果中可以看出。改变方位角可以降低桨—桨干扰，两螺旋桨桨轴间夹角 ϕ 越大，干扰越小；当两螺旋桨距离越靠近，干扰问题越严重；改变两螺旋桨桨轴间夹角 ϕ，会在相当大的范围内对下游螺旋桨产生影响，与 ϕ 为 0°时的两桨完全串联安装相比，在 ϕ 为 10° ~ 15°时可以在不改变两桨间距离 x 的情况下，减小推力损失达 20% 左右。

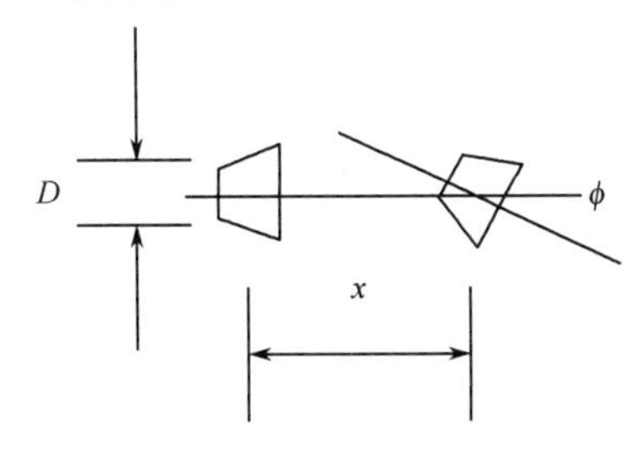

图 3-9 螺旋桨桨轴夹角为 ϕ 时安装示意图

为在实际工程应用中能对下游螺旋桨推力减额进行估算，Dang 等总结出如下推力减额公式：

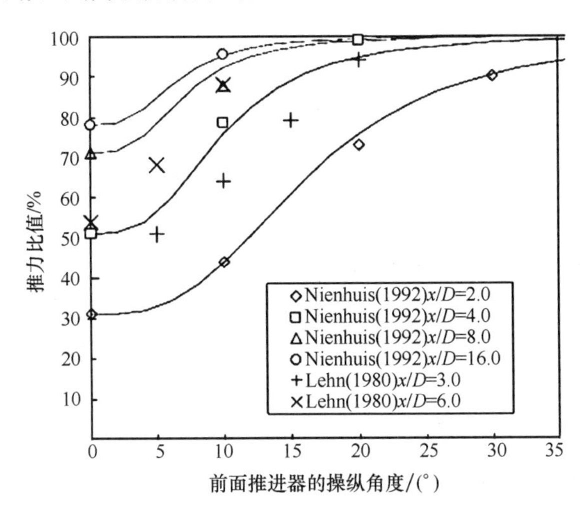

图 3-10 改变两桨间夹角时桨—桨干扰对下游桨的影响

$$t_\phi = t + (1 + t)\frac{\phi^3}{130/t^3 + \phi^3} \tag{3-17}$$

式中：ϕ 为两螺旋桨桨轴间的夹角；t 为 $\phi = 0$ 时的推力减额因数；t_ϕ为两螺旋桨—桨轴间的夹角为 ϕ 时的推力减额因数。

如果已知推进器的配置，并设定相应的推力减额系数 t_ϕ，根据式(3-17)可以得到推进器的干涉角度。针对如图 3-11 所示的推进器序号示意图，利用该方法计算得到的某船推进器的干涉区域如表 3-3 所列。

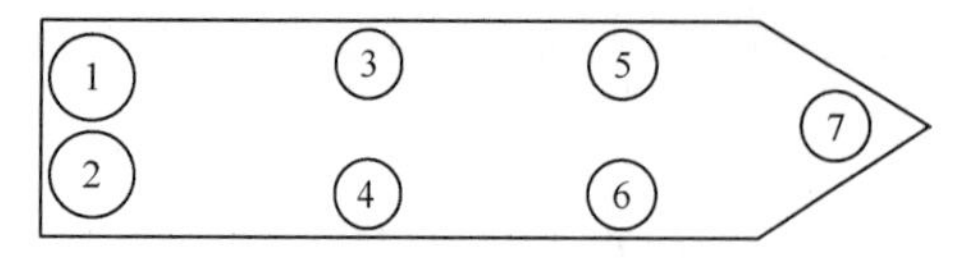

全回转推进器序号

图3-11 推进器序号示意图

表3-3 推进器干涉区域计算表

推进器序号	受干涉推进器序号	干涉中心角/(°)	干涉区域/(°)
1	2	-90.0	±15.9
2	1	90.0	±15.9
3	4	-90.0	±12.0
4	3	90.0	±12.0
5	6	-90.0	±12.6
	7	-162.4	±8.9
6	5	90.0	±12.6
	7	162.4	±8.9
7	5	17.6	±8.9
	6	-17.6	±8.9

3.5 故障模式分析

根据动力定位系统的不同冗余度,经船东申请,可授予下列附加标志:

DP-1:安装有动力定位系统的船舶,可在规定的环境条件下,自动保持船舶的位置和艏向,同时还应设有独立的联合操纵杆系统。

DP-2:安装有动力定位系统的船舶,在出现单个故障(不包括一个舱室或几个舱室的损失)后,可在规定的环境条件下,在规定的作业范围内自动保持船舶的位置和艏向。

DP-3:安装有动力定位系统的船舶,在出现单个故障(包括由于失火或进水造成一个舱室的完全损失)后,可在规定的环境条件下,在规定的作业范围内自动保持船舶的位置和艏向。

DP-2以上的系统通常称为冗余动力定位系统。

CCS关于冗余和单一故障的定义:

冗余指当发生单个故障时,单元或系统保持或恢复其功能的能力。它可通过设置多重单元、系统或其他实现同一功能的装置来实现单一故障指部件或系统出现的一个故障,可能会造成下列影响中的一个或两个:

(1) 部件或系统的功能损失;

(2) 功能的退化达到了明显降低船舶、人员或环境的安全的程度。

国际海事承包商协会(IMCA)的操作指南要求动力定位系统设计时,要保证动力定位系统发生最恶劣故障后,动力定位系统要有足够的能力保持其位置在安全范围内。最恶劣故障依船动力定位系统配置不同而不同,通常通过FMEA给出。对大多数船来说,最恶劣故障为一个机舱或一个主配电板丧失功能,结果就是与一个主配电板连接的推进器不能工作,对于安装DP-2以上的船,通常相当于两个以上的推进器不能工作。每个船的动力定位系统在设计时都应给出最恶劣故障，它是确定动力定位操作环境条件的基础。设计时还要时刻注意，最恶劣故障模式会随着船的艏向变化而变化。

综合考虑所有最恶劣故障可给出的动力定位能力图，通过动力定位能力图的包络线，可给出DP操作的最低海洋环境条件。

由中压电力系统单线图，可得出推进器和中压配电板之间的连接情况。由推进器与配电板间的连接关系图，及推进器在船的位置分布图，依据动力定位系统附加标志可进行故障模式分析。

例如某大型深水起重铺管推进器和中压配电板之间的连接情况如图3-12所示。

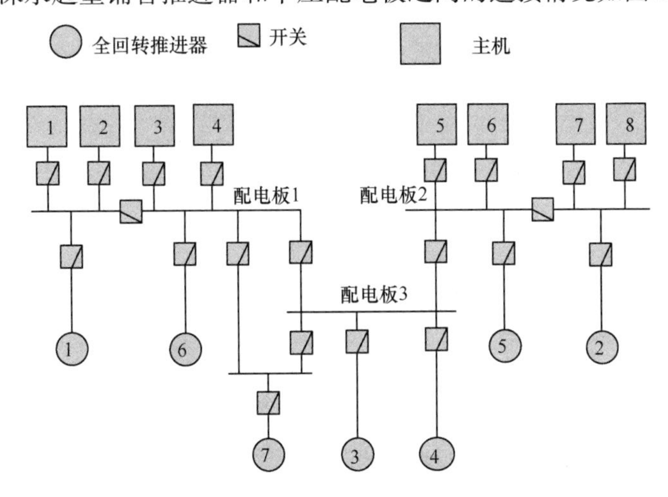

图3-12　推进器位置分布图及推进器与中压配电板之间的连接图

动力定位系统附加标志为DP-3，即船舶动力定位系统设计为DP-3，即要求任意舱室发生损坏情况下，作业船舶在要求的海洋环境下应具有一定的定位能力。根据中压配电板单线图，对应于单个舱室损坏的情况，最恶劣的故障为一个配电板失效，根据一个配电板失效，可得到推进器最恶劣故障模式，推进器最恶劣故障有如下三种模式：

(1) 故障模式1：#1 和 #6 推进器故障。

(2) 故障模式2：#3 和 #4 推进器故障。

(3) 故障模式3：#5 和 #2 推进器故障。

如DP系统设计为DP-2，作业船舶在要求的海洋环境下，在单点故障下应具有一定的定位能力，推进器最恶劣故障模式应为每个推进器失效，不存在两个推进器同时故障的情况。

3.6　动力定位能力计算

动力定位船舶的定位能力是指船舶在一定环境条件（风、浪、流）作用下的定位能力。为了在船级符号上表明动力定位系统的能力，动力定位系统的定位能力在动力定位船舶设计阶段必须考虑。对于无限航区作业的动力定位系统，可采用一套标准的北海环境条件；对于有限航区作业的动力定位系统，应考虑船舶作业区主要环境状况的长期分布。环境力（风、浪、流）和推力应通过风洞和水池试验或其他公认的方法评估。在航行时，可选择典型的环境条件进行试验。

动力定位能力计算，主要应用在船舶设计阶段，针对IMO对DP的要求，根据动力定位船的使命和 DP 作业特点,对船的动力定位能力进行计算分析,给出设计船舶在给定推进器配置、海洋环境条件下保持船位的能力。船舶动力定位能力计算,在指船舶动力定位系统进行船舶总体设计时,可进行推进器配置方案选择与优化,及船舶作业海洋环境确定,为优化推进器的配置和极限环境确定提供依据。

动力定位能力图通常如图 3-13 所示。

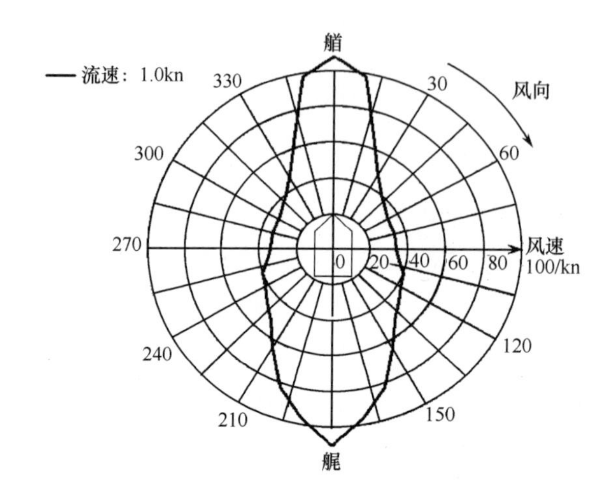

图 3-13　动力定位能力图

从动力定位能力图中可以看出,在特定的推进器故障设定情况下,对于整体的外界环境,船舶在 0°~360°范围内能保持位置的能力。

用于动力定位能力计算中的海洋环境条件一般采用动力定位船作业要求的最恶劣的天气条件。定位能力计算过程中,风、浪、流的方向一般都看作来自同一方向,计算过程中,不断增加海洋环境力和力矩,直到力和力矩能准确地与推进器提供的最大可用推力平衡。能力计算中的海洋环境是由平均风速、有义波高和流速结合起来的有限海洋环境。在极坐标内,海洋环境绕船舶在 0°~360°范围内逐步变化,根据一系列的风遭遇角,环境限值之间的关系,定位能力计算可以给出船舶控位能力,即在特定的推进器配置情况下,对于特定的海洋环境船舶在 0°~360°范围内保持其位置的能力。

从定位能力曲线图中可以看出,船舶在特定的推进器故障设定情况下,对于整体的外界环境,在 0°~360°范围内能保持住其位置的能力。在研究定位能力过程中,船舶推进器的不同配置方案,以及天气情况会对船舶的动力定位能力产生影响。

3.6.1　关于动力定位系统能力计算的相关指南

2000 年 6 月,IMCA 发表了关于动力定位能力的说明(IMCA 140),给出了能力计算中的环境力、推进器、故障情况的一些说明。主要内容如下:

1. 环境力

环境力的组成为风、浪、流。动力定位能力计算时,如可以通过船舶模型试验来获取环境力系数,就采用试验数据进行计算,如果没有模型试验数据,那么环境力计算时应考虑因素如下。

1) 风

计算时采用的受风面积应考虑风力对船体、主甲板以下、主甲板以上的上层建筑的作用。对于非传统船形,如半潜式船,作业吃水区域如受到时变风力作用,也应算作是风力作用的区域。风速在10m高处应当是取每分钟的平均值。推荐每分钟平均风速可为每小时平均风速的1.15倍。

2）浪

DP能力计算时可只考虑二阶波浪力。计算时,可以通过比例缩放参考文献 *Simulation of Low Frequency Motions of Dynamically Positioned Offshore Structures* 提出的波漂力系数。小单体船波漂力系数可参考文献 *Hydrodynamic Aspects of Dynamic Positioning*。如果没有模型试验数据的话,也可以通过水动力计算程序得到相关的波浪力。

有义波高、周期和平均风速的关系随船所处海域不同而不同。推荐使用北海数据的平均值。

3）流

作用在船上的流可认为是相对稳定的。流力可以根据参考文献 *Simulation of Low Frequency Motions of Dynamically Positioned Offshore Structures* 计算,或采用模型试验结果。

2. 推进器

计算时假设的推进器效率和推进器模型可能是能力计算产生重大偏差的因素。推进器推力由船的系泊试验得到才是合理的。但进行能力计算时通常没有这方面数据,所以推进器推力和效率不得不进行假设。推荐用以下方式代替系泊试验结果,如果推进器的效率特别差,文中提到的数字可以相应地降低。

1）槽道推进器

槽道推进器的效率可假设为15kgf/kW(考虑槽道损失)。除非厂家特殊说明,槽道推进器可以假设为在正负方向推力相同,推力减额可以忽略。

2）全回转推进器

回转推进器的效率可假定为18kgf/kW(正螺距)和11kgf/kW(负螺距),动力定位能力计算时需考虑推进器模型和应用的推力分配算法。必须考虑全回转推进器的角度禁区,因为角度禁区可能导致能力图不同。动力定位推力分配逻辑应采用禁区来防止桨—桨干扰和桨与位置参考系统,特别是水声和张紧索之间的干扰。

3）舵

如果舵是DP系统的一部分,可以等效为在舵轴位置安装了一个槽道推进器。该推进器的最大推力依赖于舵的最大升力,如果没有参考数据可用,一般按主推向后最大推力的30%来估计(可假设其他的推进器提供了同样的向前推力以使船不动),也可参照实船试验结果。

4）主螺旋桨推进器

主螺旋桨推进器通常都有很高效率,并且几乎不受位置参考系统或其他推进器的影响。对于主螺旋桨推进器可假设18kgf/kW的效率,螺旋桨倒车时的推力小于正车的70%。

5）功率/推力关系

如果没有推进器和功率之间的关系曲线,则可假设推进器推力和推进器转速的平方成正比,对于可调螺距螺旋桨可假设推进器推力和螺距的1.7次方成正比。

3.6.2　海洋环境力计算

1. 风力计算

作用在船体上的平均风压力和力矩计算采用的公式为

$$X_w = \frac{1}{2}\rho_a A_T U_w^2 C_{xw}(\beta_w) \tag{3-18}$$

$$Y_w = \frac{1}{2}\rho_a A_L U_w^2 C_{yw}(\beta_w) \tag{3-19}$$

$$N_w = \frac{1}{2}\rho_a A_L L_{BP} U_w^2 C_{nw}(\beta_w) \tag{3-20}$$

式中:ρ_a为空气密度;A_T为水线以上正投影面积;A_L为水线以上侧投影面积;L_{BP}为船垂线间长;U_w为作用在船体上的相对风速;β_w为作用在船体上的相对风向;$C_{xw}(\beta_w)$、$C_{yw}(\beta_w)$、$C_{nw}(\beta_w)$分别为船纵向、横向的摇艏方向的无因次风力和力矩系数。

2. 流力计算

作用在船体上的流力和流力矩计算采用的公式为

$$X_c = \frac{1}{2}\rho_w L_{BP} T U_c^2 C_{xc}(\beta_c) \tag{3-21}$$

$$Y_c = \frac{1}{2}\rho_w T L_{BP} U_c^2 C_{yc}(\beta_c) \tag{3-22}$$

$$N_c = \frac{1}{2}\rho_w L_{BP} T L_{BP} U_c^2 C_{nc}(\beta_c) \tag{3-23}$$

式中:ρ_w为海水密度;T 为吃水深度;B 为船宽;L_{BP}为船垂线间长;U_c为作用在船体上的流速;β_c为作用在船体上的流向;$C_{xc}(\beta_c)$、$C_{yc}(\beta_c)$、$C_{nc}(\beta_c)$分别为船纵向、横向的摇艏方向的无因次流力和流力矩系数。

3. 浪力计算

作用在船体上的波浪力和力矩计算采用的公式为

$$F = 2\int_0^\infty S(\omega)C(\theta,\omega)\,\mathrm{d}\omega \tag{3-24}$$

式中:ω 为波浪的频率;$S(\omega)$为波浪的谱密度;$C(\theta,\omega)$为波浪与船作用不同方位时的无因次系数。

3.6.3 动力定位能力图

动力定位能力图是对船舶定位能力的一种极坐标描述，常用的定位能力图有两种形式,即极坐标描述的包络线能力图和推进器使用状态的蝴蝶图。根据输入和输出的不同,能力图能够给出在某种推进器配置下的船舶维持其位置和艏向时所能够抵抗的极限海洋环境,也能够给出在某种海洋环境条件下船舶推进器的使用情况。在前一种描述形式,在设定的推进器配置下,定位能力分析系统将有限海洋环境的风速、流速、浪高和指定的波浪谱按照一定步长的旋转角度围绕船舶旋转,得到船舶在 0°～360°能够抵抗的极限风速,以风速包络线的形式表示;在后一种描述形式中,根据用户定义的风速、流速浪高和波浪谱围绕船舶 360°旋转,定位能力分析系统计算出船舶推进器在不同方向的使用百分比,以使用百分比包络线的形式表示。

3.6.3.1 计算流程图

定位能力算法流程图如图 3－14 所示。

为了得到 0°～360°内连续的定位能力曲线,需要对风阻系数、流阻系数和波浪力系数进行插值计算。插值法主要分为线性插值、抛物线插值、分段曲线拟合法和实验曲线的自动

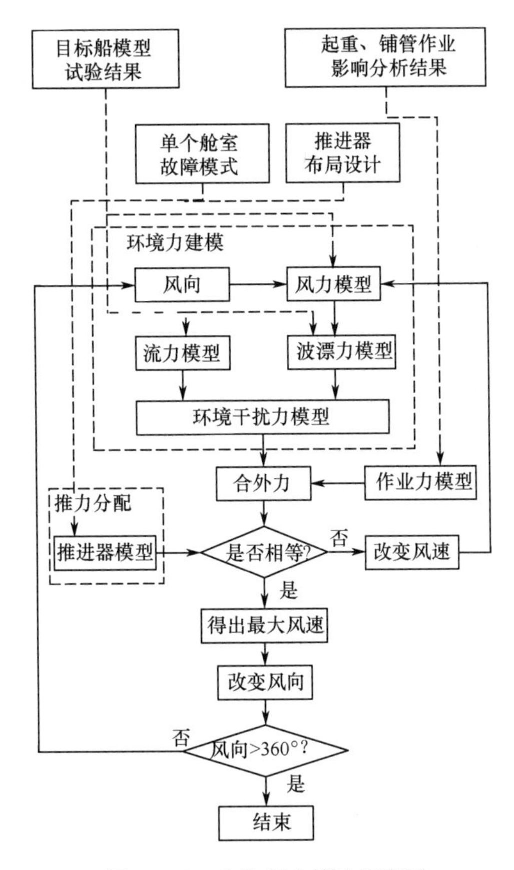

图3-14　定位能力算法流程图

拟合法等。

3.6.3.2　动力定位能力图

定位能力图的标准化描述是很重要的,因为它使船舶之间可以进行直接比较。这也保证了船舶的能力在相似海洋环境条件和等效的故障模式下都可绘制。

关于能力图应遵循以下几点:

(1)图应采用极坐标描述,风速规模介于0~50m/s之间。

(2)假定风、浪和流的方向一致。

(3)应至少围绕船每15°绘制极限风速,点之间的线性插值是可以接受的。

(4)在相同的天气条件下,取定位能力较小的图。

图3-15和图3-16分别为动力定位能力图的两种表示形式。

操纵人员在实施海上作业前,可利用动力定位控制系统中的"动力定位能力"功能模块,进行分析,为下一步的作业是否安全提供参考。动力定位控制系统中的"动力定位能力"功能模块有时又称为在线动力定位能力计算。在线动力定位能力计算功能模块能预测出,当前推力器使用状态下,继续DP操作的极限环境条件,或给出在当前海洋环境条件下,船舶能够保持定位,推进器的最大推力需求情况,以及最恶劣故障情况下,船舶能够保持定位的能力等。

船舶的在线定位能力可自动输入作业时所处于海洋环境、推进器状态,也可由操纵员输入所要预测的海洋环境或推进器故障状态,给出船舶的定位能力,推力分配方法采用动力定

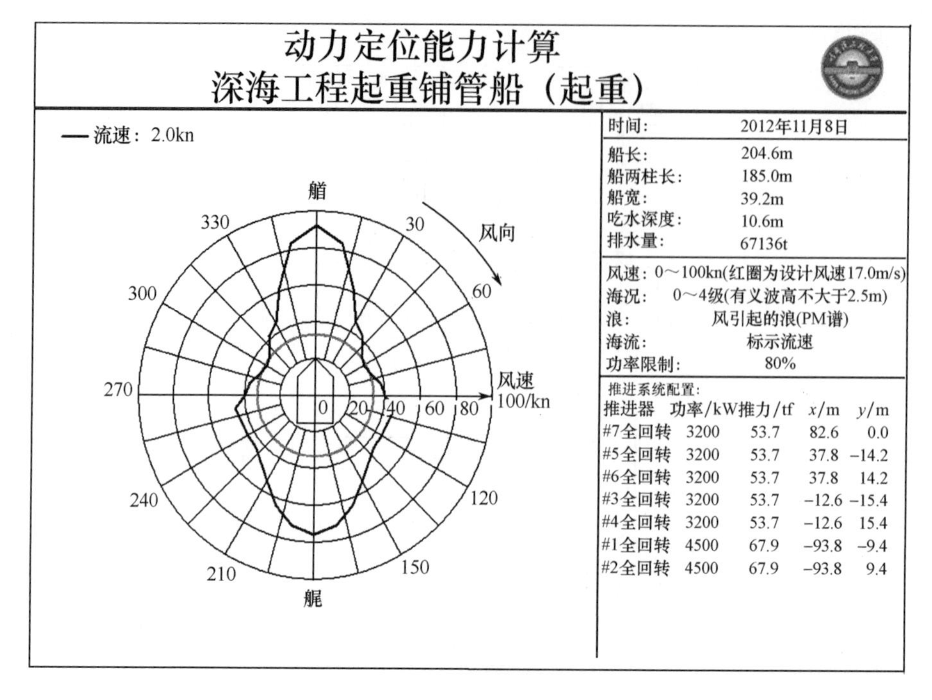

图 3-15　动力定位能力图(一)

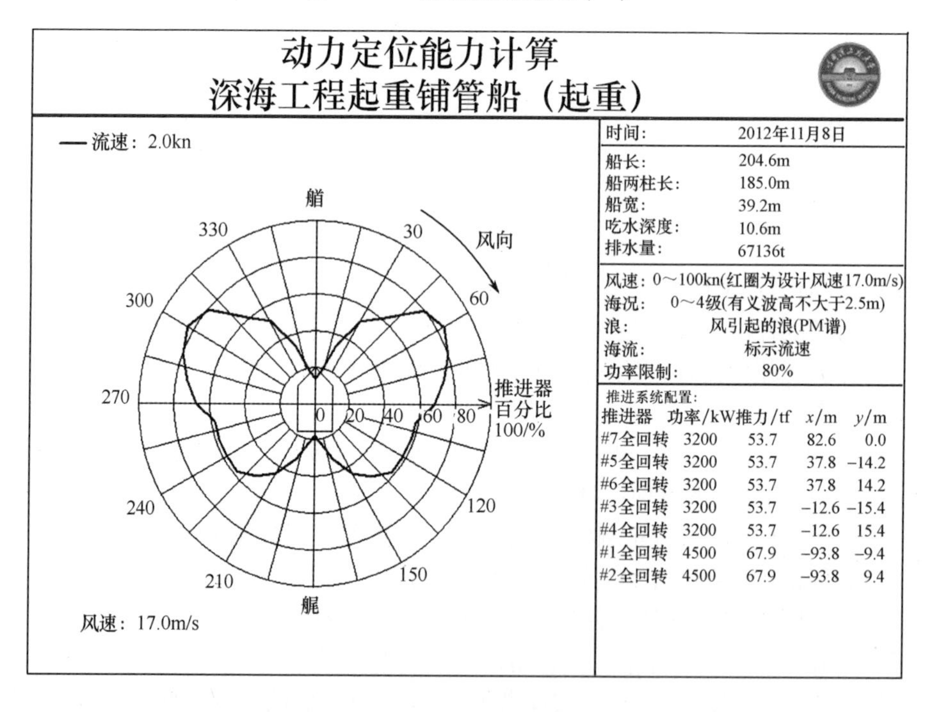

图 3-16　动力定位能力图(二)

位控制系统的实时推力分配方法。

3.6.4 基于遗传算法的定位能力计算方法

1. 推进器配置

推进器配置方案为艏部 3 个侧推，艉部 2 个全回转推进器。某船的推进器配置如

图 3－17所示，图中，XY 为随船坐标系坐标轴。

推力分配的功能就是将控制器算出的纵向、横向推力指令和艏向的力矩指令分配给各推进器，使它们产生推力能够抗衡外界低频环境对船的作用。依据推力器配置，得到的推力分配系统具体描述如下：

$$F_1 \cdot \cos a_1 + F_2 \cdot \cos a_2 = F_X \tag{3-25}$$

$$F_b + F_1 \cdot \sin a_1 + F_2 \cdot \sin a_2 = F_Y \tag{3-26}$$

$$F_b \cdot l_b - F_1 \cdot \sin a_1 \cdot l_x - F_1 \cdot \cos a_1 \cdot l_y - F_2 \cdot \sin a_2 \cdot l_x + F_2 \cdot \cos a_2 \cdot l_y = T_Z \tag{3-27}$$

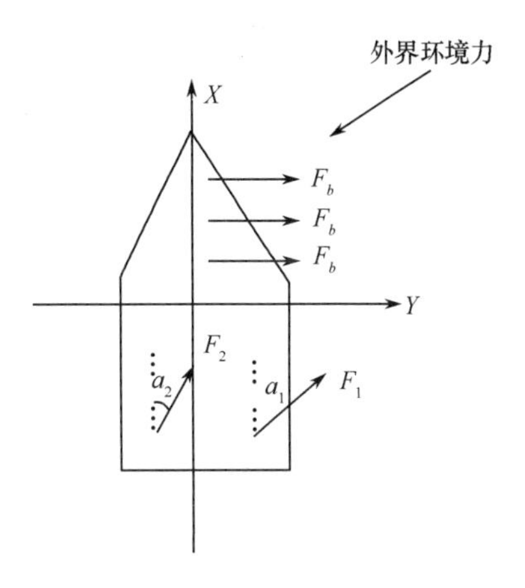

图 3－17　某船推进器配置示意图

式中：F_1为船舶的艉推 1 产生的推进器力；F_2为船舶的艉推 2 产生的推进器力；a_1为艉推进器 1 与船中线夹角；a_2为艉推进器 1 与船中线夹角；l_x为艉推进器 1 产生的推力距船舶重心的距离；l_y为艉推进器 1 产生的推力距船舶重心的距离；F_b为所有首推进器的力；l_b为船舶重心距离 3 个艏推进器的平均距离；F_X为外界环境力（包括风、浪、流）在 X 方向产生的力；F_Y为外界环境力（包括风、浪、流）在 Y 方向产生的力；T_Z为外界环境力（包括风、浪、流）产生的艏摇力矩。

推力分配的 3 个方程实际上是含有 6 个未知量的方程组，对于这种非线性方程组的求解，遗传算法具有无可替代的优势。

在设计遗传算法时，先要对一些参数进行选择，包括种群的大小、适应度函数的选取、交叉率、变异率和最大进化代数等。这些参数的选择对遗传算法的性能有很大的影响。

2. 遗传算法中的编码与适应度

上面讨论的船舶定位能力算法中推力分配的数学模型式（3－25）～式（3－27），它是由包含 6 个未知量的 3 个方程组成的方程组，在包络线能力图中，只有风速变量是需要输出的数据，所以在遗传算法中对未知变量风速 U_w 采用浮点编码使得输出结果更精确。

结合遗传算法适应度的说明，将当前风速下，作用于船上时各个推进器的实际使用情况占各自最大推进器力的百分比之和作为适应度函数，用数学描述为 $F_b/F_{b\max} + F_1/F_{1\max} + F_2/F_{2\max}$，其中，$F_b$表示当前风速下艏推进器力的实际大小；$F_1$、$F_2$分别表示艉部全回转推进器使用的力的大小；$F_{b\max}$表示船舶艏侧推的最大值；$F_{1\max}$、$F_{2\max}$分别表示船舶艉部全回转 1 和艉部全回转推进器 2 的最大值，此时的 $c_{\min}$取值为 0，因为无论如何分配船舶各个推进器的推力，其占各自最大值的百分比也不会出现负数。

3. 遗传算法中主要算子选择

1）初始解的产生

基于利用浮点编码，采用上述的第一种产生初始解的方法将待求解的变量风速 U_w 表示为 $U_w = rU_{w\min} + k \cdot \delta$，$rU_{w\min}$表示当前解的最小，$k \in [0, N]$为整数，$N = \mathrm{int}[(U_{\max} - U_{\min})/\delta]$。这里选 50 个解作为初始种群中的各染色体。

2）选择

适应度函数用于对个体进行评价，也是优化过程发展进化的重要依据。适应度函数取上面提到的适应度函数的取法，即认为该船在当前推进器配置情况下，抵抗外界环境力的推进器推力越接近于最大值，则认为当前的风速越接近于定位点的风速，然后根据轮盘赌的选择策略进行选择操作。

根据浮点遗传算法收敛性定理,该算法中将当前进化代中的最优个体直接保留到下一代中,保证了算法的收敛性。

3）交叉

由于采用了实数编码,在这里用到的交叉操作是实值重组中的线性重组。

$$Uw_i(k+1) = \text{randt} \cdot Uw_j(k) + (1-\text{randt}) \cdot Uw_s(k) \tag{3-28}$$

式中:$i=1,2,\cdots,N$;$j=1,2,\cdots,N$;$s=1,2,\cdots,N$; 其中 randt ∈ [0,1] 之间的随机数;其中 $Uw_i(k+1)$ 表示第 $k+1$ 代中第 i 个染色体;$Uw_j(k)$、$Uw_s(k)$ 分别为第 k 代遗传操作中染色体 j 和染色体 s。

4）变异

由于采用实数编码,故采用实数变异,采用如下的变异算子:

$$Uw_i(k+1) = Uw_i(k) \pm 0.5 \cdot L \cdot \Delta \tag{3-29}$$

式中:L 为变量的取值范围,$\Delta = \sum_{i=1}^{m} \frac{Q(i)}{2^i}$, $a(i)$ 以概率 $1/m$ 取 1,以 $(L-1)/m$ 取 Δ,这里 m 取 20。

5）算法终止条件

将最大进化代数作为终止条件,代数一般需要视具体情况而定,在这里取 $N=100$ 代。

4. 动力定位能力遗传算法

遗传算法中包含了 5 个基本要素:参数编码、初始群体的设定、适应度函数的设计、遗传操作的设计以及相关参数的设定。

根据遗传算法的主要步骤,结合船舶的定位能力计算原理,下面给出基于遗传算法的定位能力计算的算法流程图(图 3-18):

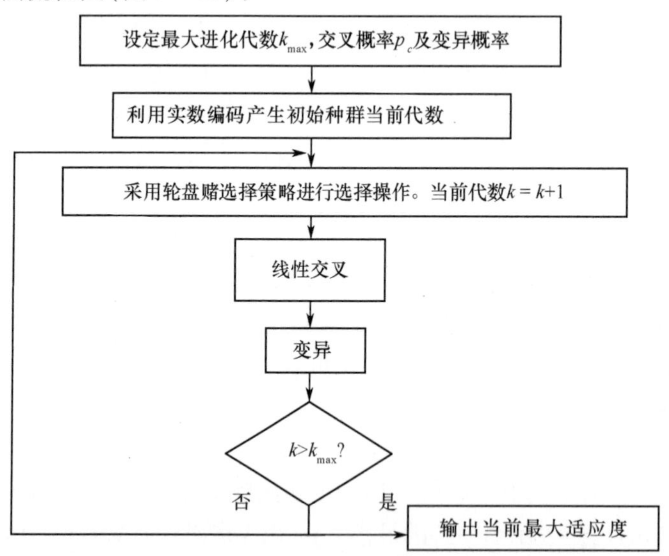

图 3-18　基于遗传算法的定位能力计算算法流程图

5. 动力定位能力计算寻优过程

设计开发的遗传算法可以得到该船的定位能力曲线图,由于风向角相对于船舶艏向变化范围为 0°~360°,此处无须给出每个角度下的寻优情况。下面分别给出风向角为 90°、流速为2kn下寻找到的最大适应度风速随代数变化的曲线图(图3-19)和当前代数的最大适应度、最小适应度以及平均适应度根据代数不同的变化情况(图3-20)。

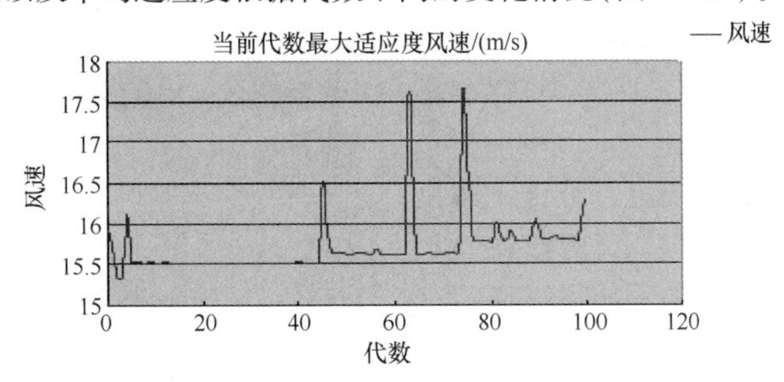

图3-19 最大适应度风速随进化代数变化曲线图

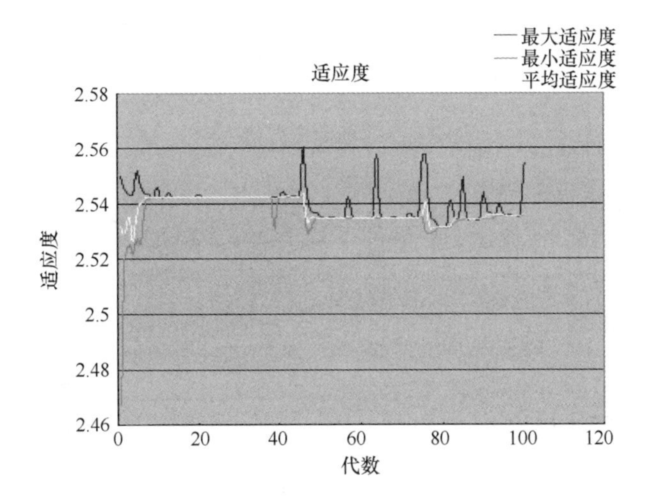

图3-20 当前代数的最大适应度、最小适应度和平均适应度随进化代数变化曲线

从最大适应度、最小适应度和平均适应度变化的曲线可以看出,在进化过程中的前20代有较快的收敛趋势,20代到50代之间变化比较平缓,50代到100代之间有较平缓的上升趋势。

6. 定位能力计算结果

1)推进器完全正常无故障情况下能力计算

最大风速为100kn,流速分别为1.5kn、2kn和3kn情况下,计算得到的船舶的定位能力情况如图3-21所示。

该能力图的定位能力分析如下:

该船在1.5kn流,风速小于43kn时,具有全方位定位能力;风速60kn时,定位角度为小于±30°和大于±135°;风速80kn时,定位角度为小于±16°和大于±152°。

该船在2.0kn流,风速小于30kn时,具有全方位定位能力;风速40kn时,定位角度为小于±45°和大于±115°;风速60kn时,定位角度为小于±24°和大于±145°;风速80kn时,定位角度为小于±17°和大于±156°。

该船在3.0kn流,没有全方位定位能力。风速20kn时,定位角度为小于±45°和大于±120°;风速40kn时,定位角度为小于±30°和大于±140°;风速60kn时,定位角度为小于±22°和大于±150°;风速80kn时,定位角度为小于±15°和大于±159°。

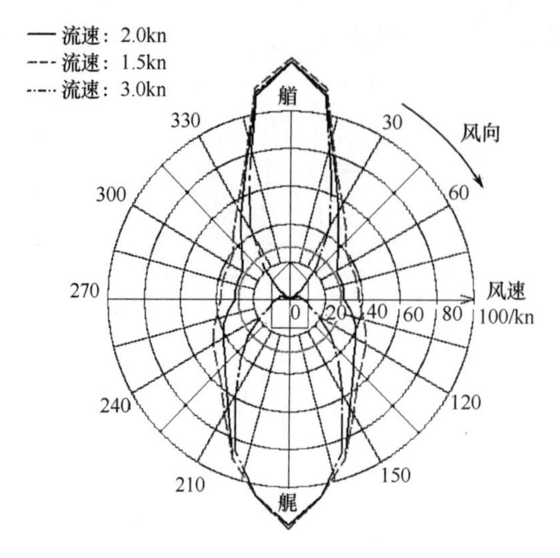

图 3－21　动力定位能力图

2）推进器故障情况下定位能力计算

一个艏侧推故障情况下，流速 2kn 条件下基于遗传算法的仿真结果图如图 3－22 所示，同样情况下，Kongsber 公司计算结果如图 3－23 所示，两图基本一样，说明基于遗传算法的能力计算具有较高的准确性。

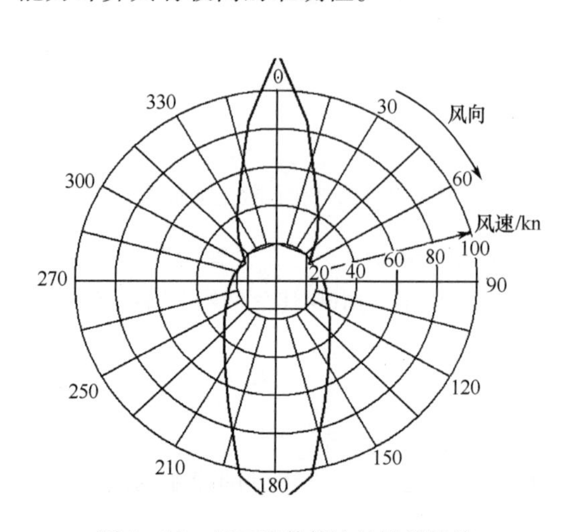

图 3－22　基于遗传算法的计算结果

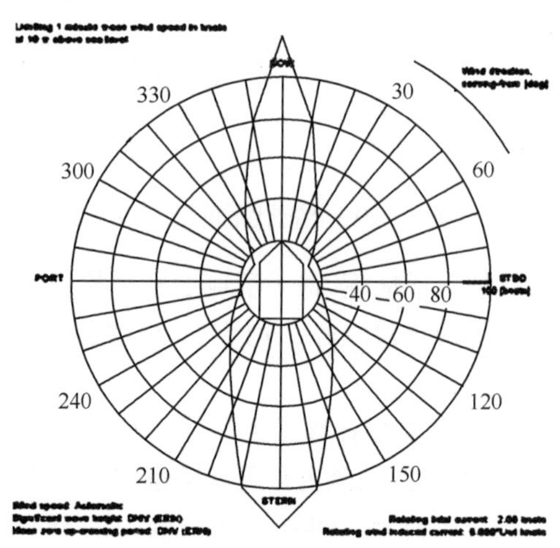

图 3－23　Kongsberg 公司计算结果

3.7　位置参考系统和传感器的配置设计

本节以某 DP 深水铺管起重船为例，讲述位置参考系统和传感器在动力定位总体设计过程的配置设计。

3.7.1　位置参考系统和传感器相关规范要求

CCS 对 DP－3 动力定位系统中的位置参考系统详细相关规范要求：

(1) 一套动力定位系统通常应至少包括2套独立的位置参考系统。对于DP-3附加标志,至少应安装3套位置参考系统,并且在操作中可同时使用。当使用两个或更多的位置参考系统时,这些系统不应采用同一工作原理。

(2) 位置参考系统应根据运行条件、调度方式的限制和工作条件下期望的性能进行选择。不同的位置参考系统可相互校准,参考系统间的传输应无波动。应向操作人员指示运行中的参考系统。

(3) 位置参考系统应能为动力定位操作提供足够精确的数据,当船舶偏离设定的航向或操作者决定的工作区域将发出听觉和视觉警报。应对位置参考系统进行监测,当提供的信号不正确或明显降低时,应发出报警。

(4) 对于DP-3附加标志,一套位置参考系统应连接至备用控制站,并且用A-60级分隔与其他位置参考系统分开。

(5) 当使用声学位置参考系统时,应将水声监测器传输通道上的机械和水声干扰减至最小。

(6) 当使用张紧索系统时,绳索和张力设备应适合海上环境。

(7) 当来自位置参考系统的信号被船舶运动(横摇、纵摇)改变时,应对船位进行自动修正。

(8) 位置参考系统应满足主船级规范对电气、机械、气动元件和子系统相关要求。

(9) 应对位置参考系统的电气和机械功能,如能源、压力和温度等进行监测。

(10) 位置参考系统应随时更新船位数据并提供适合预期动力定位操作的准确性。

(11) 除DP-1附加标志船舶外,位置参考系统的电源应来自UPS。对于DP-3附加标志,电源的布置应依据整个冗余要求。

CCS对DP-3动力定位系统中的传感器系统的详细相关规范要求:

(1) 传感器的配备应满足表2-4的要求。

(2) 应尽可能监测传感器故障(断线、过热、失电等)。

(3) 为了发现可能的故障,应对来自传感器的输入信号进行监测,尤其是信号的暂时变化。对于模拟传感器,当发生接线断开、短路或低阻时应发出报警。即使传感器处于备用或在故障时离线状态下,也应对传感器的故障发出报警。

(4) 传感器间自动转换出现故障时,应在控制站发出听觉和视觉报警。

(5) 为了相同目的连接到冗余系统的传感器要独立设置,以防止一个传感器故障影响到其他传感器。

(6) 对于DP-3附加标志,每类传感器的一个应直接和备用控制系统连接,并通过A-60级分离与其他传感器分开。

(7) 当某一规定的功能需要一个以上传感器时,每个传感器应在电源、信号传输和接口上独立。对于DP-3附加标志来说,电源的布置应符合冗余度的要求。

(8) 传感器的监控应包括对电气和机械功能的报警,如相关的电源、压力、温度等。

3.7.2 位置参考系统配置设计

1) DP-3动力定位控制系统对位置参考系统要求

位置参考系统的配置数量、类型和技术现代化要确保在全部约定水域深度下可靠并精确。

（1）至少要为动力定位控制系统同时提供2套水声位置参考系统，作为完全独立的位置参考系统。权重分配或故障情况下的弃用必须由DP控制器自动执行，没有操作人员的干预。

（2）至少2套精度小于1m的独立卫星定位系统。基本接收机中至少1台必须具备接收"双频GPS"信号的能力，且至少1台GLONASS接收机。每套系统必须具有差分信号冗余，例如：2套系统使用不同的卫星（如"Inmarst"和"Spot Beam"），且2套系统使用不同的无线电信号（不同频率且冗余的发射器，包括装置全部运行方案的范围）。

2）深水铺管起重船特殊作业工况及作业环境对位置参考系统要求

对于深水铺管起重船，需考虑以下因素：

（1）作业在浅水域，张紧索可用，作业在深水域，张紧索不可用。

（2）作业在周围无其他船舶或平台情况，激光位置参考系统和雷达位置参考系统皆不可用。

（3）作业在周围有其他大型船舶或平台情况下，DGPS因天线视线障碍而不可用。

（4）在进行起重作业情况下，由于起重臂及大结构物对DGPS天线、激光扫描器及雷达天线线的遮蔽干扰，使得这三类位置参考系统部分或全部不可用。

（5）在动力定位系统发生严重故障（如主控制系统舱室发生失火或浸水情况）下，剩余位置参考系统仍要保证船舶作业（包括铺管或起重作业）的安全进行或退出。

根据规范要求，目前主流位置参考系统的特点，并考虑DP-3动力定位控制系统对位置参考系统的要求和大型起重铺管船作业工况和环境因素，可对铺管起重船的位置参考系统进行配置设计。

为了确保全局的、安全的、可靠的定位能力（能够进行仲裁权重分配、最坏故障下弃用），及在各种情况下至少有3套位置参考系统在线可用，可确定为4类位置参考系统，即DGPS、雷达位置参考系统、水声位置参考系统、张紧索位置参考系统。配置结构图如图3-24所示。

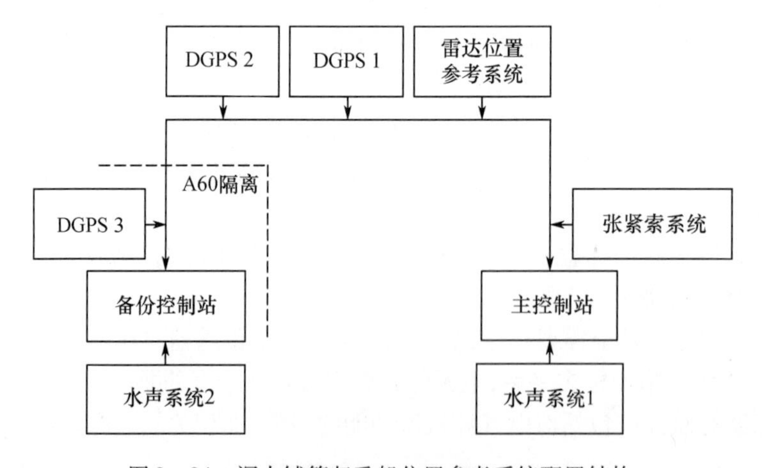

图3-24　深水铺管起重船位置参考系统配置结构

完成配置设计后，可对配置设计进行验证。通过在作业水域、作业环境，以及可能产生的微波位置参考系统和激光位置参考系统的视线障碍影响，甚至产生最坏故障，对深水铺起重管船位置参考系统配置设计的验证，验证分析结果见表3-4。

表3-4 深水铺管起重船位置参考系统配置方案验证分析

<table>
<tr><td rowspan="3">作业水域</td><td rowspan="3" colspan="2">作业环境</td><td colspan="5">主控制系统(备份参考系统)
各位置参考设备数量</td><td rowspan="2">可用位置参考系统数量</td></tr>
<tr><td>DGPS</td><td>微波</td><td>水声</td><td>激光</td><td>张紧索</td></tr>
<tr><td>2(1)</td><td>1</td><td>1(1)</td><td>1</td><td>1</td><td>8</td></tr>
<tr><td rowspan="3">浅水</td><td colspan="2">附近无平台</td><td>2(1)</td><td>0</td><td>1(1)</td><td>0</td><td>1</td><td>6</td></tr>
<tr><td rowspan="2">附近
有平台</td><td>无障碍</td><td>0(0)</td><td>1</td><td>1(1)</td><td>1</td><td>1</td><td>5</td></tr>
<tr><td>有障碍</td><td>0(0)</td><td>0</td><td>1(1)</td><td>0</td><td>1</td><td>3</td></tr>
<tr><td rowspan="3">深水</td><td colspan="2">附近无平台</td><td>2(1)</td><td>0</td><td>1(1)</td><td>0</td><td>0</td><td>5</td></tr>
<tr><td rowspan="2">附近
有平台</td><td>无障碍</td><td>0(0)</td><td>1</td><td>1(1)</td><td>1</td><td>0</td><td>4</td></tr>
<tr><td>有障碍</td><td>0(0)</td><td>0</td><td>1(1)</td><td>0</td><td>0</td><td>2</td></tr>
<tr><td colspan="3">最严重故障(失火、浸水)</td><td>0(1)</td><td>0</td><td>0(1)</td><td>0</td><td>0</td><td>2</td></tr>
</table>

3.7.3 传感器系统配置设计

同样,根据规范要求,目前主流传感器系统的特点,并考虑DP-3动力定位控制系统对传感器系统的要求和大型起重铺管船作业工况和环境因素,综合分析研究后,可实现铺管起重船的传感器系统的配置设计。

考虑到DP-3控制系统的三冗余及投票表决的要求,确定将传感器系统中的电罗经、风传感器和运动参考单元(MRU)皆配备3套,且各有一套直接连接至备用控制站,配置结构如图3-25所示。

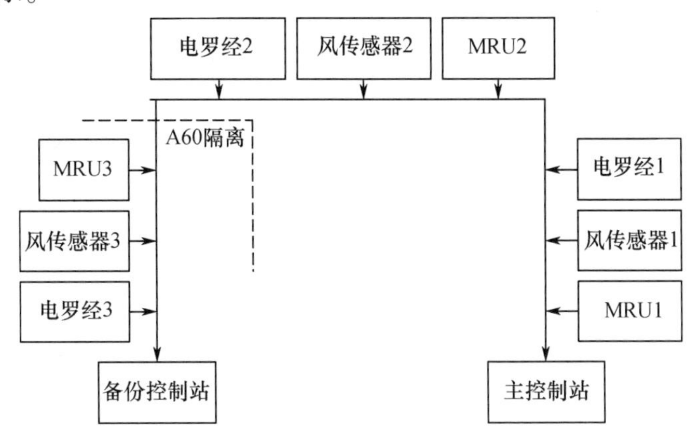

图3-25 深水铺管起重船传感器系统配置结构

主系统具有两套位置参考系统和两套传感器系统。备用系统为单一集成DP系统,装备有独立的一套位置参考系统和传感器系统,其中位置参考系统和传感器系统同时也作为主DP系统的输入,供主DP系统执行投票表决。

3.8 故障模式与影响分析(FMEA)

1. FMEA 的目的

FMEA 的目的在于说明与动力定位系统功能有关设备的各种故障模式。系统中的某一设备可能有多种故障模式,从而对动力定位系统产生多种不同影响,在分析时应特别注意。

2. 对整个动力定位系统应进行故障模式与影响分析。

故障模式与影响分析应尽可能详细地包括所有系统的主要部件,一般应包括但不局限于下列内容:所有系统主要部件的描述以及表示它们相互之间作用的功能框图;所有严重故障模式;每一故障模式的主要可预测原因;每一故障对船位的瞬态影响;探测故障的方法;故障对系统能力的影响。

对可能的公共故障模式的分析:

(1)在编制 FMEA 报告时,应对每一单个故障模式对系统内其他部分的影响以及对整个动力定位系统的影响进行说明。

(2)应对所有技术功能的独立性进行考虑,当认为系统的某些部件无须冗余或无法进行冗余时,要进一步考虑这些部件的可靠性和机械保护,如果这些部件的可靠性足够高或故障的影响足够低,可以接受相应的布置。

(3)应对每一种故障模式下的系统冗余度进行试验,冗余度的试验程序应以模拟故障模 式为基础,应尽可能在实际情况下进行试验。详细的冗余度试验程序应提交审查。

(4)船上应放置 FMEA 和冗余度试验程序。若 DP 系统的硬件或软件有改变,根据实际情况,FMEA 和冗余度试验程序应更新。

第4章 动力定位船电力推进

4.1 电力推进发展及应用

4.1.1 电力推进的发展

船舶电力推进是将船舶推进原动机（现一般多采用柴油机或燃气轮机）产生的机械能转变为电能，并以电机驱动船舶螺旋桨的一种推进方式。电力推进起源于100多年前，自20世纪80年代始，随着电力电子技术快速发展、大功率交流电机变频调速技术日益成熟，电力推进技术进入了蓬勃发展阶段。同时，各国对船舶性能要求的不断提高，加速了船舶电力推进技术发展进程，其应用领域已扩展到游船、水面战舰、潜艇、各种工程船和油货轮等，具有广阔的市场前景。

全回转推进器和吊舱推进器作为运输、操纵和位置保持的电力推进装置，已被广泛应用于多种类型的船舶，能够实现最佳的运输、推进和动力定位。目前，电力推进主要应用于以下船舶类型：巡航船、客轮、动力定位钻井船、推进器辅助系泊浮式生产设施、穿梭油轮、铺缆船、铺管船、破冰船和其他去冰船、供应船、军舰等。同时，在现有领域和新兴应用领域的新型船舶设计中，也正在积极设计和使用电力推进系统。

船舶使用电力推进的主要优点在于：

（1）推进装置安装更灵活。电力推进采用原动机及发电机发电并网，电网向电动机及其驱动的推进器供电，机械设备布置灵活，通过合理选择配置设备、减少推进系统的体积和重量，可以提高船舶的有效空间和载荷，如图4－1所示。

（2）推进效率高。尤其采用吊舱式结构，省去了舵机，相比传统定距桨推进效率提高了6%～10%；另外，电力推进能优化原动机的负载，从而减少燃油消耗，降低排放。

（3）操纵灵活，机动性能好。电动机的控制性能优于热力机械设备，电力推进系统机动性好，船舶的紧急停车滑行距离短、回转角度小且响应速度更快；尤其利用全回转推进器或吊舱推进器，能显著提高船舶的可操控性。

（4）噪声、振动小，航行更隐蔽。通过配置隔离设施、优化电动机及推进器的轴系结构、

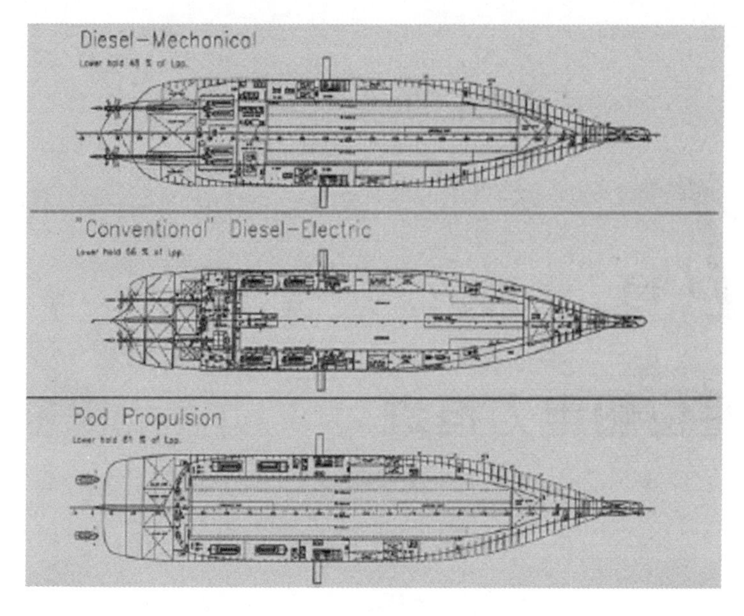

图 4-1 电力推进空间布置

减小轴系的噪声振动、改善螺旋桨的空泡现象等方式,可以有效降低电力推进系统的噪声、振动,提高船舶航行的隐蔽性和机舱环境的舒适性。

4.1.2 电力推进功率流和功率效率

在任何有隔离的电力系统中,发电量必须等于包括损失在内的用电量。一个电力系统由发电厂、配电系统组成,包含配电变压器和变速驱动器,功率流如图 4-2 所示。

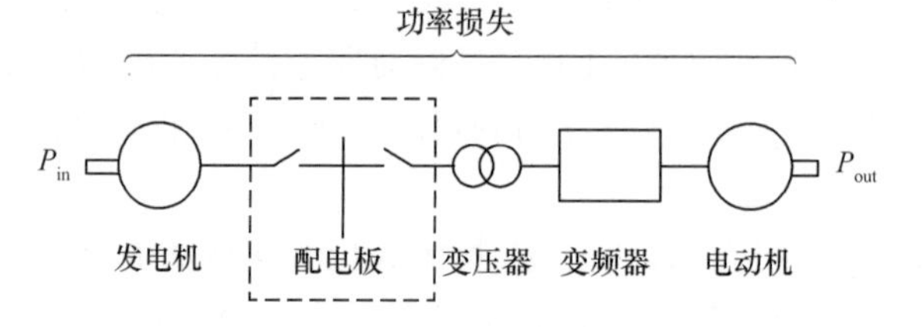

图 4-2 简化的电力系统功率流图

原动机,如柴油发动机或燃气轮机,提供功率至发电机轴上;电动机,通过与它连接的轴系向螺旋桨传递功率,原动机轴和电动机轴间的功率损失是机械和电气损失。图 4-2 中,系统的电效率为

$$\eta = \frac{P_{out}}{P_{in}} = \frac{P_{out}}{P_{out} + P_{losses}} \tag{4-1}$$

式中:P_{in}为发电功率;P_{out}为传递到负载(推进器)的功率;P_{losses}为功率损失。各部分效率典型值为

发电机:$\eta = 0.95 \sim 0.97$;

交换机:$\eta = 0.999$;

变压器:$\eta = 0.99 \sim 0.995$;

变频器:$\eta = 0.98 \sim 0.99$;

电动机:$\eta = 0.95 \sim 0.97$。

通常,在满负载情况下,柴油机组电力系统的效率为0.88~0.92。考虑到柴油发电机组的加载运行能力,当负荷率为80%时,柴油发电机组的发电效率最高。因此,当采用多台柴油发电机组时,在保证供电安全可靠的条件下,应根据负载波动,调配柴油发电机组运行,来改善运行经济性。

柴油机组电力推进系统中,电力系统能效损失约10%,典型柴油机的燃油消耗特性,如图4-3所示。为了提高整个推进系统效率,需关注可调速螺旋桨与恒速可调螺距螺旋桨的推力与能耗特性,如图4-4所示。尤其在低推力操纵情况,如动力定位和机动运行。

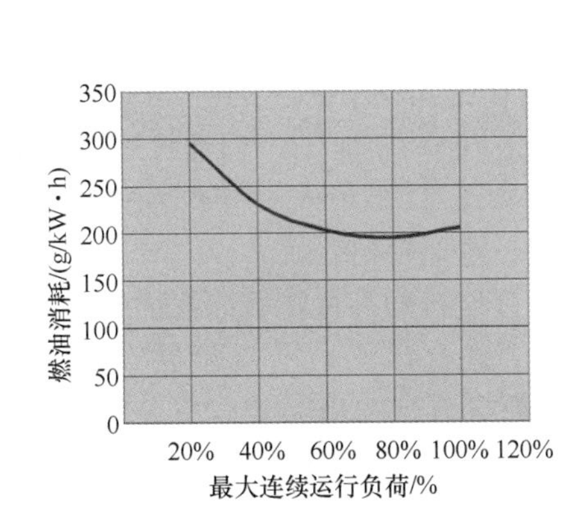

图4-3　柴油机燃料消耗特性

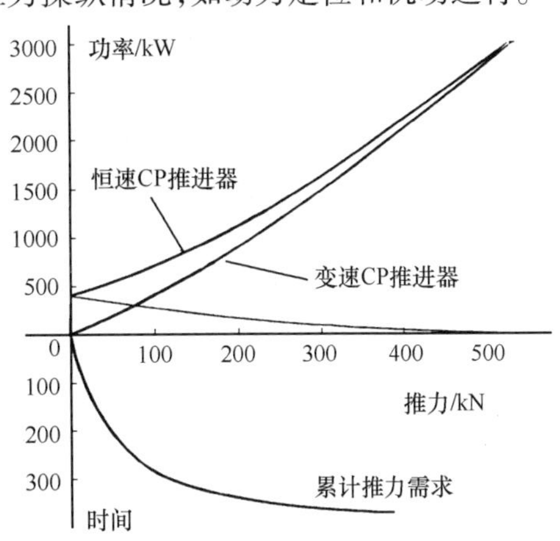

图4-4　螺旋桨拉系船柱特性(举例)

在低载荷情况下,根据经验,恒速可调距螺旋桨的零载荷水动力损失约15%,可变速定螺距螺旋桨的零载荷水动力损失约为0,如图4-4所示。在已知的大多数可调距螺旋桨结构中,螺旋桨速度须在较高转速保持恒定,即使推力需求为0,也可通过在一个很大的速度范围内调节螺旋桨螺距实现。可变速固定螺距螺旋桨,在推力为0时,螺旋桨转速须为0。

根据柴油机的燃料消耗特性,通常柴油机效率在60%~100%负载范围内最高。相比传统的机械推进系统,柴油电力推进系统中,将由多个较小功率等级的柴油机共同发电,调配柴油机运行数量,确保每个柴油机在最佳负载状态运行。柴油机功率等级的配置应和船舶的运行状态相适应,确保在大部分寿命周期、常用工作模式下具有最佳配置方案。

对于某系列支援船,航行状态如图4-5所示,使用电力推进每年大约可以节约燃料700t,每年能节约大概28万美元。燃料节省量完全取决于航行状态,如图4-6所示,动力定位和机动运输对燃料消耗不同,动力定位占有率增加,燃料节约量增加。

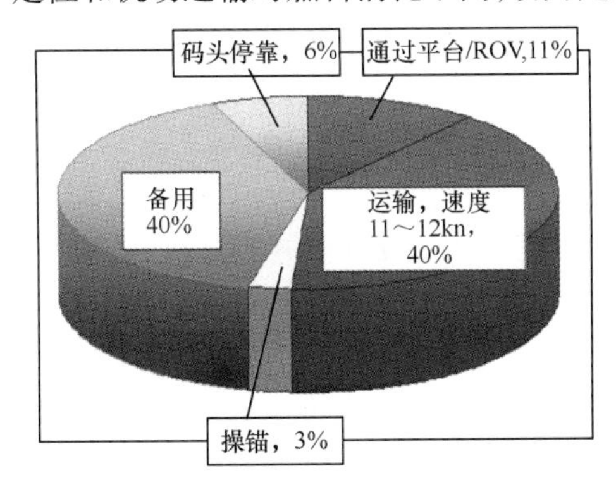

图4-5　支援船的航行状态

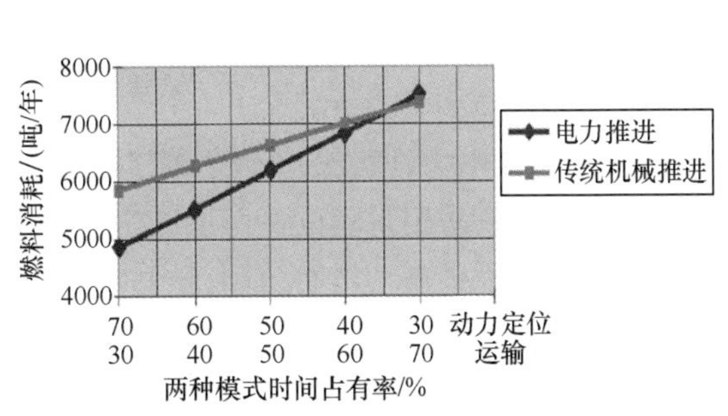

图4-6　吊舱电力推进与传统机械推进燃料消耗对比

4.1.3 电力推进的历史

1920年,第一代电力推进,电池驱动的电力推进应用出现在俄罗斯和德国的船舶动力上,其目的是为了减少客运横渡大西洋的时间。"S/S Normandie"号邮轮是最著名的应用之一,蒸汽轮机发电机提供的电力用于驱动4台29MW的同步电动机,电动机速度由发电机提供。正常情况下每台发电机只驱动一台推进电动机,但是在巡航降速时,可能同时驱动两台推进电动机。

20世纪中期,随着高效、节能柴油发电机的引入,基于蒸汽轮机的电力推进系统在商船上的应用逐步消失。

在20世纪七八十年代,随着变速电动机技术发展,第二代电力推进,即变速发动机推进系统,最早应用到了测量船和破冰船等特殊船舶上。电力系统的推力控制,通过控制定螺距螺旋桨速度来实现。20世纪80年代中期的"伊丽莎白女王"二号最先使用了这种电力推进方式,随后"幻想公主"号邮轮、少数动力定位船和穿梭运输油轮相继效仿。

20世纪80年代末期,芬兰海事局开始寻求在冰海区航行的高性能破冰船的解决方案,其初步的想法是推进电机应该提供任意方位的推进力。在此背景下,作为世界传动领域的领先者,ABB芬兰分公司提出了Azipod的原型方案并提交给芬兰Kvaerner Masa船厂制造,这是最先应用于船舶的吊舱式推进装置。20世纪90年代早期,在邮轮"M/SElation"号应用了Azipod式吊舱推进,其配置如图4-7所示,与姊妹船(左上)相比,"M/S Elation"(右下)邮轮装配吊舱推进系统,省下的船舱空间被用于其他用途。从此,吊舱的优越性被广为认知,吊舱推进系统迅速兴起,为电力推进带来了革命性的变革。

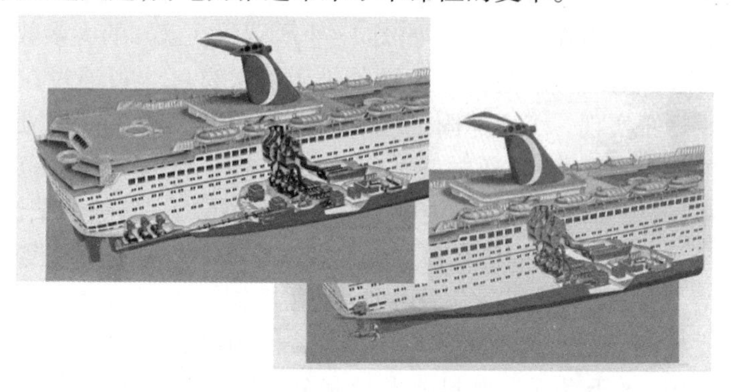

图4-7 "M/S Elation"邮轮(右下)的Azipod吊舱推进系统

吊舱式推进方式已成为世界各国最流行的电力推进方式,主要的吊舱式推进器有4种:Azipod、SSP、Mermaid和Dolphin。这4种推进装置基本概念相同,但各有特点,主要表现在吊舱的水动力特性设计、螺旋桨设计、推进电机的形式以及变频方式等方面。

1. Azipod吊舱式推进方式

Azipod吊舱式电力推进采用空气冷却电动机,这就意味着在定子和吊舱之间存在使空气可以循环的空隙,采用封闭的冷却系统,热交换器安放在舱内,在大型的吊舱内设有通往舱内的通道,可以不必在干坞时装卸,轴封和轴承可以由潜水员在吊舱外面进行更换。在变频控制技术方面,Azipod系统一般采用交交变频器和直接转矩控制方法来实现对推进电机的调速。由于该系统较高的稳定性,Azipod推进装置占据了吊舱推进装置市场一半以上的份额。

通常,在满负载情况下,柴油机组电力系统的效率为 0.88 ~ 0.92。考虑到柴油发电机组的加载运行能力,当负荷率为 80% 时,柴油发电机组的发电效率最高。因此,当采用多台柴油发电机组时,在保证供电安全可靠的条件下,应根据负载波动,调配柴油发电机组运行,来改善运行经济性。

柴油机组电力推进系统中,电力系统能效损失约 10%,典型柴油机的燃油消耗特性,如图 4 - 3 所示。为了提高整个推进系统效率,需关注可调速螺旋桨与恒速可调螺距螺旋桨的推力与能耗特性,如图 4 - 4 所示。尤其在低推力操纵情况,如动力定位和机动运行。

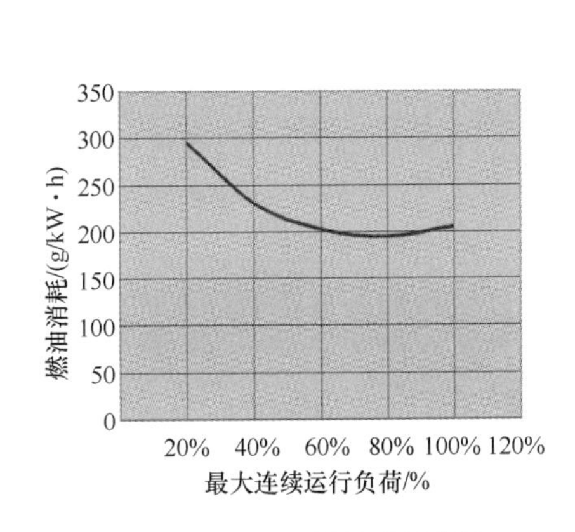

图 4 - 3　柴油机燃料消耗特性

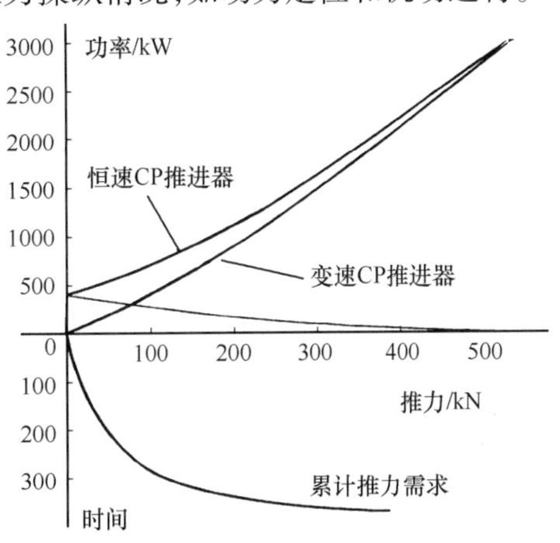

图 4 - 4　螺旋桨拉系船柱特性(举例)

在低载荷情况下,根据经验,恒速可调距螺旋桨的零载荷水动力损失约 15%,可变速定螺距螺旋桨的零载荷水动力损失约为 0,如图 4 - 4 所示。在已知的大多数可调距螺旋桨结构中,螺旋桨速度须在较高转速保持恒定,即使推力需求为 0,也可通过在一个很大的速度范围内调节螺旋桨螺距实现。可变速固定螺距螺旋桨,在推力为 0 时,螺旋桨转速须为 0。

根据柴油机的燃料消耗特性,通常柴油机效率在 60% ~ 100% 负载范围内最高。相比传统的机械推进系统,柴油电力推进系统中,将由多个较小功率等级的柴油机共同发电,调配柴油机运行数量,确保每个柴油机在最佳负载状态运行。柴油机功率等级的配置应和船舶的运行状态相适应,确保在大部分寿命周期、常用工作模式下具有最佳配置方案。

对于某系列支援船,航行状态如图 4 - 5 所示,使用电力推进每年大约可以节约燃料 700t,每年能节约大概 28 万美元。燃料节省量完全取决于航行状态,如图 4 - 6 所示,动力定位和机动运输对燃料消耗不同,动力定位占有率增加,燃料节约量增加。

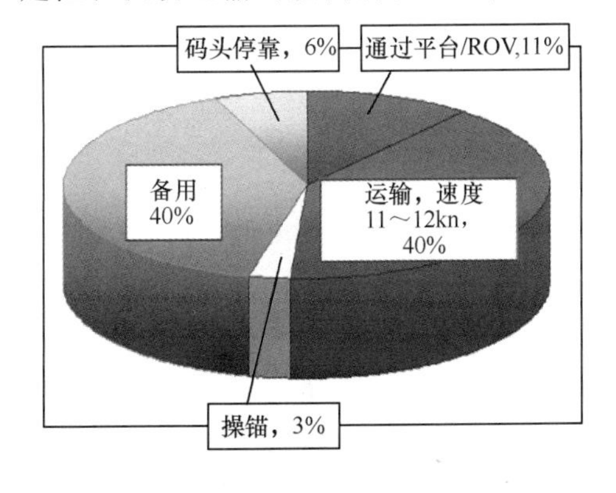

图 4 - 5　支援船的航行状态

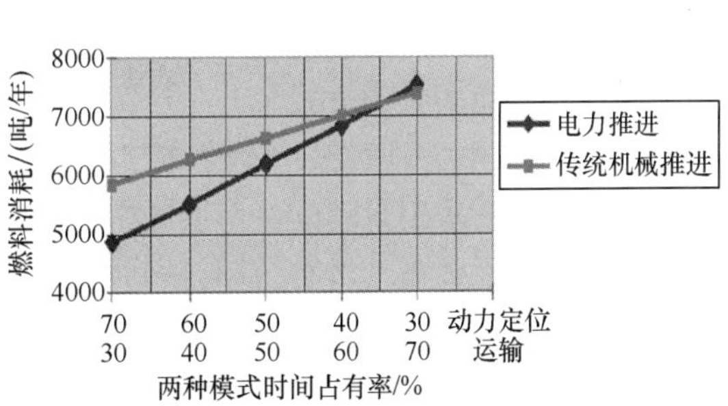

图 4 - 6　吊舱电力推进与传统机械推进燃料消耗对比

4.1.3 电力推进的历史

1920 年,第一代电力推进,电池驱动的电力推进应用出现在俄罗斯和德国的船舶动力上,其目的是为了减少客运横渡大西洋的时间。"S/S Normandie"号邮轮是最著名的应用之一,蒸汽轮机发电机提供的电力用于驱动 4 台 29MW 的同步电动机,电动机速度由发电机提供。正常情况下每台发电机只驱动一台推进电动机,但是在巡航降速时,可能同时驱动两台推进电动机。

20 世纪中期,随着高效、节能柴油发电机的引入,基于蒸汽轮机的电力推进系统在商船上的应用逐步消失。

在 20 世纪七八十年代,随着变速电动机技术发展,第二代电力推进,即变速发动机推进系统,最早应用到了测量船和破冰船等特殊船舶上。电力系统的推力控制,通过控制定螺距螺旋桨速度来实现。20 世纪 80 年代中期的"伊丽莎白女王"二号最先使用了这种电力推进方式,随后"幻想公主"号邮轮、少数动力定位船和穿梭运输油轮相继效仿。

20 世纪 80 年代末期,芬兰海事局开始寻求在冰海区航行的高性能破冰船的解决方案,其初步的想法是推进电机应该提供任意方位的推进力。在此背景下,作为世界传动领域的领先者,ABB 芬兰分公司提出了 Azipod 的原型方案并提交给芬兰 Kvaerner Masa 船厂制造,这是最先应用于船舶的吊舱式推进装置。20 世纪 90 年代早期,在邮轮"M/SElation"号应用了 Azipod 式吊舱推进,其配置如图 4-7 所示,与姊妹船(左上)相比,"M/S Elation"(右下)邮轮装配吊舱推进系统,省下的船舱空间被用于其他用途。从此,吊舱的优越性被广为认知,吊舱推进系统迅速兴起,为电力推进带来了革命性的变革。

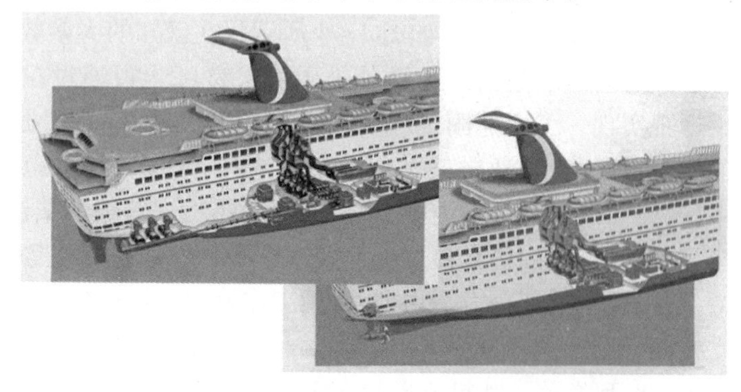

图 4-7 "M/S Elation"邮轮(右下)的 Azipod 吊舱推进系统

吊舱式推进方式已成为世界各国最流行的电力推进方式,主要的吊舱式推进器有 4 种:Azipod、SSP、Mermaid 和 Dolphin。这 4 种推进装置基本概念相同,但各有特点,主要表现在吊舱的水动力特性设计、螺旋桨设计、推进电机的形式以及变频方式等方面。

1. Azipod 吊舱式推进方式

Azipod 吊舱式电力推进采用空气冷却电动机,这就意味着在定子和吊舱之间存在使空气可以循环的空隙,采用封闭的冷却系统,热交换器安放在舱内,在大型的吊舱内设有通往舱内的通道,可以不必在干坞时装卸,轴封和轴承可以由潜水员在吊舱外面进行更换。在变频控制技术方面,Azipod 系统一般采用交交变频器和直接转矩控制方法来实现对推进电机的调速。由于该系统较高的稳定性,Azipod 推进装置占据了吊舱推进装置市场一半以上的份额。

为了满足中小型船舶对船舶操纵性能和运行经济性等方面日益增长的市场需求，ABB 公司于 2000 年推出了 Compact Azipod 推进装置，可以“即插即用”和快速安装，它结构简单只有很少的运动部件，因此可以显著地降低安装成本和缩短交货周期。Compact Azipod 推进装置在离岸支持船、钻井平台、科考船、豪华游轮和渡轮上都有所应用，提供的功率范围从 0.5 ~ 5MW 不等。有资料显示 Compact Azipod 推进装置用于半潜式钻井平台的动力定位系统，在提供同样推力的情况下，装机功率可以比机械推进装置减少 10% ~ 12%，据离岸支持船运行统计，采用 Compact Azipod 推进器与直接机械推进相比可以减少 30% ~ 40% 的燃油消耗。由于 Compact Azipod 推进器良好的可靠性和经济性，现已在中小型船舶中得到了广泛的应用。

2. Mermaid 吊舱式推进方式

Mermaid 推进器的独到之处在于用户可以选择 Kamewa 公司在转向推力器方面的专有技术，利用一个闭锁回转装置使维护人员安全地进入吊舱式推进器内部进行检查、拆卸桨叶或整个螺旋桨、轴密封或整个导流罩而无需进坞。这样，船舶可以保持不间断运营，获得全寿命期内最长的运营时间，降低维修费用提高运营收益，目前可提供的推进器功率范围为 5 ~ 30MW。Mermaid 推进器的电机设置与 Azipod 推进器不同的是，它的定子烧嵌在吊舱内壁上，利用周围的海水对流来冷却部件，这样的吊舱装置在尺寸上要比采用全空气冷却系统的吊舱装置小，因而提高了水动力效率。

Mermaid 的推进系统采用的是交直交变频器来实现对推进电机的调速，交直交变频器的突出优点是与大功率异步电动机有着良好的配合，与采用交交变频器的电力推进系统相比，这种系统具有效率高、噪声低和震动小的特点。Mermaid 推进器提供了牵引式、顶推式和高推力顶推式 3 种形式的吊舱供船东选择。牵引式 Mermaid 推进器适用于高速双螺旋桨船，如客滚船和豪华游船等；顶推式 Mermaid 推进器适用于中速单螺旋桨船；高推力顶推式 Mermaid 推进器用于需要最大拉力的低速船，如拖轮、近海工程船和海洋平台等。

3. SSP 吊舱式推进方式

SSP 吊舱式推进器系统是德国西门子（Siemens）公司和肖特尔（Schottel）公司合作的产品，是一种吊挂式推进器系统，其功率输出范围在 5 ~ 30MW 之间。SSP 推进器结构上主要分为 3 层：最上面一层是安装在船体内的推进操作室，里面配有电动液压操作系统，可以改变推进装置的方位（可起到舵的作用）；中间一层是方位模块；下面一层则是伸入水中的推进模块。焊接在推进模块上位于两个螺旋桨之间的两个鳍，用于补偿吊舱在非线性螺旋桨滑流场中产生的不平衡力，有助于提高推进器的总体效率。双螺旋桨的结构设计可使两个螺旋桨分摊推进功率，这样可以降低单个螺旋桨的负荷。

SSP 吊舱推进器采用 Permasyn 永磁同步电动机用以驱动 Schottel 公司的前后配对的螺旋桨。由于最初设计开发永磁式同步电动机是作为潜艇的动力部件，因此电动机的结构紧凑。和传统的同步电动机相比同样功率的 Permasyn 电动机直径可减少 40%，重量可减少 15%。

SSP 推进器的推进电机通常采用基于 IGBT 的直接水冷式交交变频器驱动，该驱动系统按 12 脉波设计，这样可降低由变频器导致的船上电网的总谐波畸变量，选用这种变频器也保证了电动机电流接近于一个正弦波形，使结构噪声减小。交交变频器由于可以和螺旋桨直接相连，所以不需要减速齿轮箱等传动机构，从而大大提高了传动效率。

4. Dolphin 吊舱式推进方式

Dolphin 推进器和 Azipod 推进器一样也采用空气冷却定子和转子,螺旋桨轴的密封使用工业标准的唇密封,并采用六相同步电机作为推进电机。牵引式的推进器使轴向吸入性能得到改善,空泡性能好,低励磁,低噪声。一般采用交直交变频器,如果功率需求比较低或有特殊要求时可以采用 PWM 变频器,Dolphin 推进装置可提供的功率范围为 3 ~ 19MW。

4.1.4 应用

1. 客船——邮轮和渡轮

出于舱室舒适性、船舶安全性等因素考虑,对客船、邮轮和渡轮推进系统的噪声和振动控制要求、推进设备的可靠性和可用性要求等越来越高,电力推进系统凭借自身众多优点,在船舶动力系统中使用越来越多。由于吊舱推进器在可操纵性方面取得的重大进步,推进效率提高约 10% ,吊舱式电力推进系统成为大型豪华游轮的一种标准配置。

为了减少邮轮排放、泄漏和抛锚对珊瑚礁的损坏等环境因素,以及依靠动力定位系统对控制推进器以保持船舶位置,低航速下的经济性等方面,吊舱的电力推进需求大大增加。邮轮配置的典型的柴油机电力吊舱推进系统,及其主要的电力系统、自动控制系统,如图 4 - 8 所示。

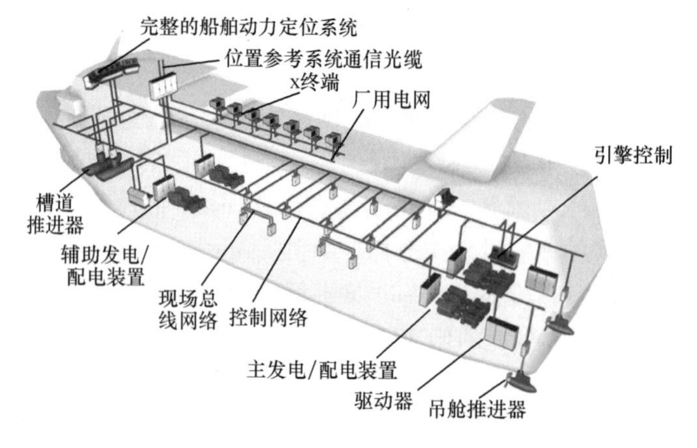

图 4 - 8 邮轮电力推进系统配置

2. 油气开发勘探

伴随着动力定位推进器辅助系泊定位技术的发展,深水钻井和浮式生产技术已在深海油气开发勘探工程中应用。推进器,既可作为辅助定位,又可以作为航行运输和机动时的主动力推进。油气开发勘探作业的船舶,所有负载共用一个发电系统,通常采用的推进器功率为 20 ~ 50MW,而钻井、生产、生活等所需功率约为 25 ~ 55MW;典型的半潜式钻井电力推进系统配置,如图 4 - 9 所示。

穿梭油轮一般是将石油从离岸设备运输到岸上进行处理或中转,不同海况条件下,穿梭油轮在装卸油品及其他物品时,对船舶位置保持的精度都有着很高要求,因此,一般都装备动力定位系统、槽道推进器以及全回转推进器,同时,根据需要配置柴油电力系统作为主推进动力。在船舶的实际应用中,运输、位置保持用的推进器有高冗余度的要求,一般会采用冗余的电站和电力分配系统、冗余的推进变频器和推进电动机来实现。

3. 支援船和工程船

如图 4 - 10 和图 4 - 11 所示,水下补给船、起重船和铺管船等将动力定位作为主操纵模

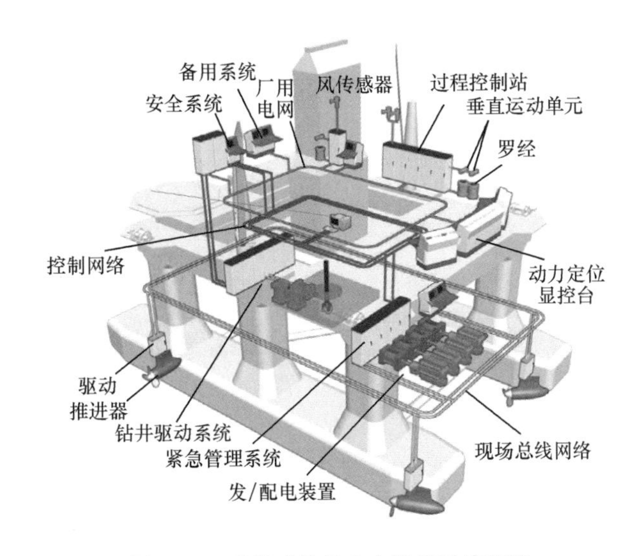

图4-9　半潜式钻井电力推进系统配置

式的船舶，主要使用电力推进系统，早期采用定速可调距螺旋桨，现采用变速推进器。该类船舶的电力推进系统通常采用双冗余或3冗余技术，配置的总功率达到8~30MW，所需总功率的大小由钻井或起重能力决定。

图4-10　带有电力推进的海面补给船

图4-11　离岸工程船

4. 破冰船

与其他应用相比，破冰船推进系统，如图4-12和图4-13所示，对变转速的动态性能要求较低，但对负载变化响应要求高，即推进系统必须有很高的动态性能，以避免元件的过载及跳闸。通常,破冰船不存在动力定位的需求,配置的电力推进系统,功率约为 5 ~ 15MW,均有冗余的发电和配电系统,其动力主要用于主推进动力。

图 4 - 12 “M/S Botnica”号破冰船

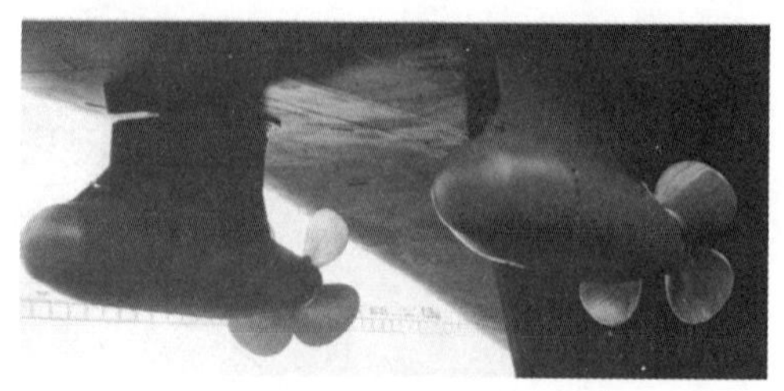

图 4 - 13 安装在破冰船上的吊舱推进器

5. 军舰

目前,军用舰船上的电力推进技术主要用于水下舰艇,通常配备有柴油发电、蓄电池、燃料电池供电或核能发电。而水面军舰动力系统中,采用纯电力推进的方案仍在规划中。与民船相比,军用舰船配置的电力推进应具有更高的可用性、冗余度,以及优秀的抗冲击能力和低噪声性能,因此,在推进系统的方案设计时应充分考虑。2002 年,吊舱推进系统开始服役于挪威海岸的警卫舰“K/V Svalbard”号,能够满足部分军事需求,如图 4 - 14 所示。

6. 其他

地质科技考察船、海洋调查船和渔业研究船对水下噪声的要求非常严格,应比其他应用中的正常标准还要低几十分贝,其动力系统,通常采用直流电机直接驱动推进器的电力推进系统。

在世界新建船舶市场中,各型船舶比例结构分布如图 4 - 15 所示。电力推进系统具备无与伦比的特点,给新型船舶带来巨大转变,新造的油轮、滚装船、客船、集装箱船和运输船将是电力推进的主要市场。

图 4 - 14 用吊舱推进的“K/V Svalbard”号警卫舰

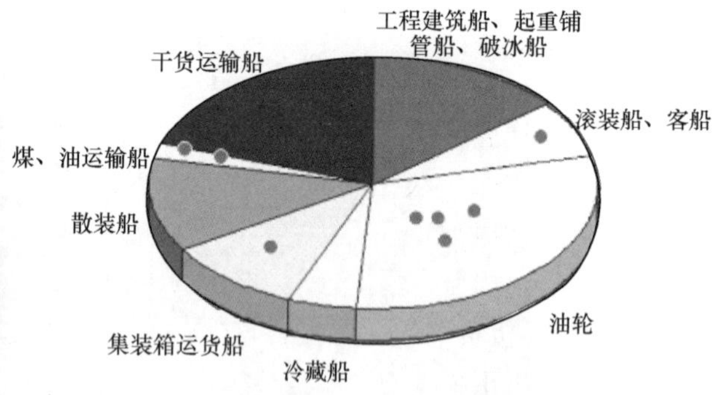

图 4 - 15 世界新建船舶市场的船型结构分布

4.2 电力系统

近年来,船舶电力、推进器、控制系统的设计技术取得了飞速发展、重大进步。随着计算机容量、微处理器、通信网络、集成系统的快速发展和推广,系统设计朝着集成化、标准化发展。

船舶电力系统通常由船舶原动机—发电机组、主配电板、各级分配电板、变压器、各种驱动设备、各种电器装置,以及继电保护装置组成,是独立的船舶供配电网络,可分为发电系统、配电系统、输电系统、负载系统等部分,如图4－16所示。其中,配电系统又可分为电力配电网络、输配电保护等部分;输电系统,即船舶电力网或船舶电网,是全船电缆的总称。

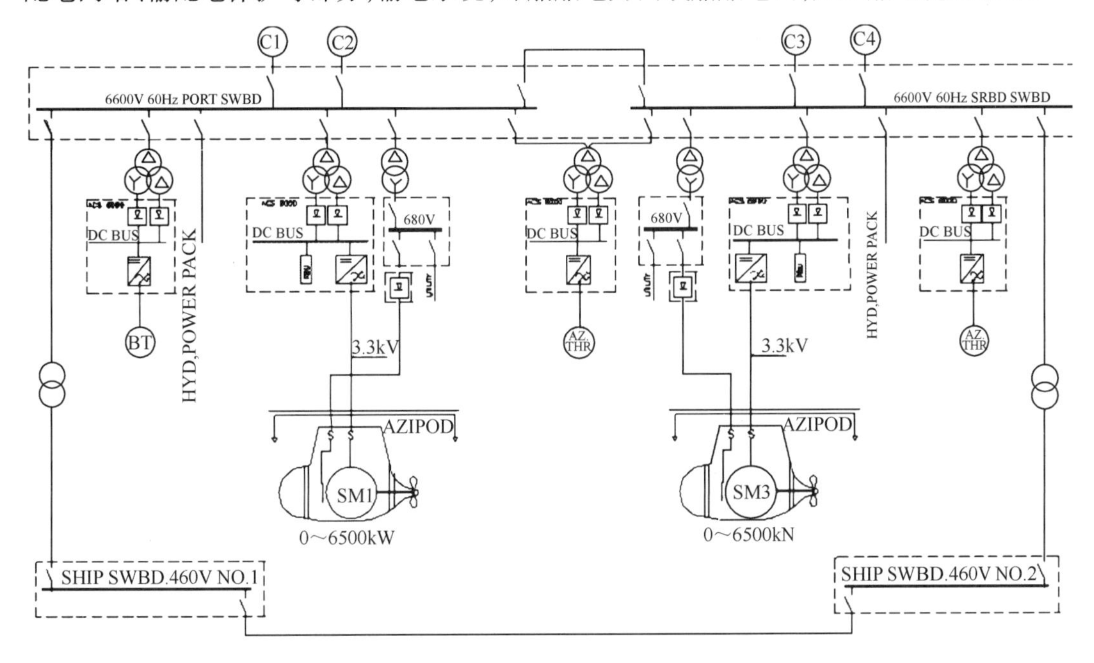

图4－16　电力推进的穿梭运输油轮接线图

图中,G1～G4为发电机,SWBD为交换台,TRANSF为变压器,BT为船艏推进器,AZ-THR为全回转推进器,AZIPOD为吊舱推进器。

4.2.1　原动机和发电机

1. 原动机

在大多数情况下,原动机以柴油或者重质燃料为动力,如柴油机、燃气轮机、蒸汽轮机等,应用于大功率、高速船舶。在柴油电力推进系统中,可采用中高速柴油机,相比于用于机械推进的低速柴油机,具有更低能耗。同时,对于由多台柴油机发电机组成的电力系统,具有更高稳定性、使用可靠性。在柴油机电力系统中,通过启动或停止柴油机发电机组,确保在线运行的柴油机负载合理分配,并处在最佳工作状态。

目前,内燃机正朝着高效减排的方向高速发展。在由多台柴油机组成的柴油机电力系统中,通过启动和制动发电机组使柴油机在负载时工作在最佳状态,可以使柴油机负载平均分配,进而工作在最佳负载点。

2. 发电机

发电机采用同步电机,转子和三相定子上有电磁绕组,在转子被原动机驱动时,其转子绕组上的电流感生出磁场,由该磁场再感生出三相交流电。感应电压的频率f(Hz)正比于转速n(r/min)和同步机中定子的极对数p。

$$f=p\times\frac{n}{60} \tag{4-2}$$

频率为60Hz的发电机有转速为3600r/min的双极发电机、1800r/min的四极发电机、1200r/min的六极发电机等。双极、四极、六极电机分别在转速为3000r/min、1500r/min、1000r/min时，其频率为50Hz。大型中速电机正常情况下工作在720r/min，频率为60Hz（10极发电机）或者750r/min，频率为50Hz（8极发电机）。

早期发电机采用电刷和滑环结构，现代的发电机采用了无刷励磁，有效缩短了发电机的维修工期。无刷励磁发电机是反向同步电机，由直流磁化定子、旋转三相绕组和旋转二极管整流器组成。

励磁电压，由自动电压调节器（AVR）控制，AVR感应发电机的终端电压，并且与参考电压调节，在并联运行的发电机组中，可实现功率平均分配。在正常情况下，AVR具备基于测量定子电流的前向反馈控制功能，并通过对电压进行调节，保证发电机的静态电压波动不超过标准电压的±2.5%，而在最大瞬时负载变化时电压波动不超过标准电压的－15%或+20%。

4.2.2 配电

1. 配电板

电力推进系统为达到船舶冗余度的要求，其主配电板通常分成二、三、四部分，具备承受一部分损坏而不影响运行的能力，如由短路等原因造成的损坏，由水、火等原因引起的故障等。

配置两块配电板的电力推进系统中，由于两边平均分担发电机容量和负载，最大单个失效率将会降低50%。为了减少装配费用，系统通常被分成三或四部分，减少对其他装置的需求。将发电机或负载连接到两个配电板的转换开关也可以减少成本、降低推进器间的影响。

在推进模式下，通常将配电板连在一起，电源配置具有最大灵活性；瞬时负载可被分配到多台原动机。当船舶在拥堵的河流中航行，配电板可分成两个或多个独立网络，通常被认为处于休眠状态。此时，如果一个配电板失灵，另一个正常工作，失灵配电板对应的推进单元失效。

动力定位（DP）船舶，如配置第三代动力定位系统（DP－3）的船舶，电力推进系统设计时，将采用电网分段结构，使系统具备冗余功能。同时，保护电路的设计应能够检测和孤立失效部分，且又不影响系统正常部分。

中国船级社（CCS）对动力定位船的配电系统入级附加标识的要求如下：

（1）普通DP－2级动力定位船要求：至少一个配电板两个分段。

（2）规模较大的DP－2级动力定位船要求：两个配电板4个或多个分段。

（3）中等规模的DP－3级力定位船舶要求：3个配电板多个分段。

（4）中大规模的DP－3级力定位船舶要求：4个配电板，单个故障为一个配电板完全失效，所以每个配电板不用分段。

（5）大规模的DP－3级动力定位船舶要求：6个或者更多配电板，单个故障为一个配电板完全失效，所以每个配电板不用分段。

在电力推进系统中，配电系统一般使用以下IEC标准电压等级：

（1）11kV：中压发电和配电，当安装发电机容量超过20MW或电动机超过400kW时使用。

（2）6.6kV：中压发电和配电，当安装发电机容量在4～20MW或电动机超过300kW时使用。

（3）690V：低压发电和配电，当安装发电机容量低于4MW或负载低于400kW时使用，用于钻井电动机的电压转换。

（4）低配电电压，如400/230V。

负载电流和故障电流决定了设备的工作上限，对于一些特殊用途的系统来说，它们的负载主要是转换负载并且不会产生短路电流。由于在配电系统中不会产生短路电流，其电压等级也相应地提高。

当然，系统电压水平还受其他一些因素的影响，如设备的可用性，例如，许多船舶的工作电压为440V，设备电压等级也为440V。

安全性也是船舶从低电压换到高电压的另一个因素。在中等电压配电板的设计时，减小额定和故障电流从而减小导体和导线上的短路电流。

断路器可以用来连接和断开发电机或负载与配电板或配电板其他部分的连接。传统断路器采用的是空气隔离，现行主流断路器通常使用的六氟化硫（SF_6）技术和真空断路技术，SF_6 断路器是在一个密闭空间内充满了一种比空气具有更强隔离能力的 SF_6 气体，真空断路器则是通过真空来绝缘和灭弧。真空断路器在切断电流时可能会带来尖峰电压，当负载电感较大时需要用过压保护装置来限制尖峰电压。在小功率情况使用时，带有保险丝的接触器是电路保护的最佳选择，同样也可以使用空气、SF_6 断路器、真空断路器。

2. 变压器

变压器是为了隔离配电系统中不同部分，同时获得不同的电压等级或者相位。对于变速推进驱动器装置，相位转换变压器用于消除谐波电流、发电机和其他负载的畸变电压。另外，变压器对高频导体噪声具有一定阻尼作用，尤其在变压器原边和副边接地保护时。

在物理上，变压器通常设计成三相型，由磁芯、原边三相绕组和副边三相绕组组成，并且形成一个闭合磁路。通常由三条垂直支架和两个横轭构成，一个在底部，一个在顶部。内部或者副边绕组通低电压，外部或者边绕组通高电压。原边和副边的绕组圈数比例就是电压转换比例，线圈可能连接成Y型和△型。

4.2.3　推进系统的驱动电机

电机是一种将电能转化成机械能，并可再使用机械能产生动能，用于电力推进和驱动船上其他装置的电气设备，如用于驱动推进器、卷扬机、水泵、风扇等。常用电机如下：

（1）直流电机：由于发电和配电均为三相电，必须通过晶闸管整流器实现向直流电机供电及其电机速度的控制。

（2）异步（感应）电机：异步（感应）电机是工业中的重负荷机器，设计简单、稳定性强，一般具有很长的使用寿命和最小的维修、停工检修时间。作常速电机时，可直接连接供电电网；当连接静态频率转换器时，则可作为变速电机。

（3）同步电机：同步电机在船舶应用中，通常在很大的推进驱动功率需求下才作为推进电机使用，例如，大于5MW时直接连接到螺旋轴，或者大于8～10MW时连接到齿轮，当需求功率小于此范围时，一般选择异步电机。船用同步电机一般使用变频技术实现电机的变速控制。

（4）永磁同步电机：永磁同步电机通常在千瓦级场合使用，它具备结构紧凑、安装维护简易、可采用直接水冷等特点,适用于空间很小的冗余推进。永磁同步电机最早应用在海军兆瓦级的推进驱动中,后来也用在了分离舱推进系统中。

(5) 其他电机:基于小型化、高效化、特种电机的变速驱动的概念,衍生出了很多其他类型的电机,已经在商业、实验中得到了应用。

1. 常速在线电机

常速在线(DOL)电机通常为三相异步电机或者感应电机。转子是圆柱形的,由叠片铁芯和带有与异步电机阻尼绕组相似的短路线圈组成。空载时,定子绕组通电产生定子旋转磁场,磁场穿过气隙并根据电压频率旋转,即同步频率 f_s。同步转速为

$$n_s = f_s \times \frac{60}{p} \tag{4-3}$$

转子载荷增加时,转子速度下降,且会在转子线圈中产生电流。平滑度 s,用于表征电机转速滞后于同步转速 n_s:

$$s = \frac{n_s - n}{n_s} \tag{4-4}$$

平滑度 s 的范围为 0(空载)~1(堵转)。对于大部分电机,在额定负载下,平滑度通常小于 0.05,大电机会低于 0.02~0.03。

通过异步电机模型,定转子电流、转矩、功率可以推导成平滑度 s 的函数,异步电机的负载特性如图 4-17 所示。

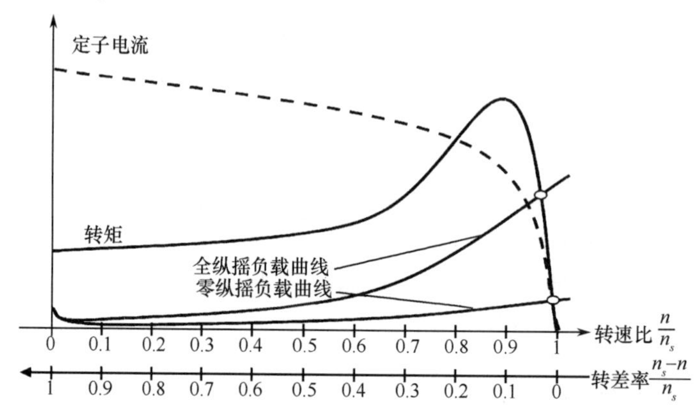

图 4-17　异步电机的负载特性

图 4-17 给出了异步电机在固定频率且稳定的电网中,其定子电流、转矩及平滑度的特性,同时,给出了调距桨推进器在零纵摇和全纵摇时的负载特性。根据特性可知,为获取足够的转矩、降低启动时间,推进电机应该在零纵摇下启动。

在稳定状态下,电机转速接近同步转速,且转子感应电流几乎正比于平滑度 s,和转矩 T,定子电流 I_s:

$$I_s = \sqrt{I_m^2 + I_r^2} = \sqrt{I^2 mN + I_{rN}^2 \frac{T}{T_N}} \tag{4-5}$$

式中:I_m 为流过磁化电感 L_m 的励磁电流,忽略在 R_m 中的漏磁;I_r 为转子电流;T 为转矩;下标 N 为标况下的数量。如果忽略定子和转子中的漏感时:

$$I_{mN} = I_{sN}\cos\phi_N \tag{4-6}$$

$$I_{rN} = I_{sN} \sin\phi_N \tag{4-7}$$

当平滑度 s 接近最大转矩或更大，由于定子和转子中的漏感不可忽略，定子电流将会比额定电流放大 5 倍。

由于异步电机较大的启动电流，通常设置软启动器，将堵转电流从 5 倍降低到额定电流的 2～3 倍，同时也降低压降。

2. 变速电机驱动和控制策略

常见电机驱动如下：

（1）电压源换流器型转换器，适用于交流电机，通常是异步电机。

（2）电流源换流器型转换器，适用于交流电机，通常是同步电机。

（3）周波变流器，适用于交流电机，通常是同步电机。

（4）直流转换器，或者晶闸管整流器，适用于直流电机。

在船舶上，常用的变速驱动装置是交流电机。除了周波变流器，大部分驱动由一个调整线电压的整流器和一个产生不同频率和电压源的换流器组成。

电机控制器包括转速控制器和电流控制器，电流控制器通过切换整流器或换流器开关控制电机电流。电机控制器需要来自驱动和电机传感器的测量信号、反馈信号，特别是电机电流、转速以及特殊情况下的温度和电压。

电机通常可以双向转动，其四象限的转矩—速度关系如图 4－18 所示。电机电动带动负载轴如Ⅰ和Ⅲ象限所示；相反，制动时，负载的机械能转换成电机的电能如Ⅱ和Ⅳ象限所示。

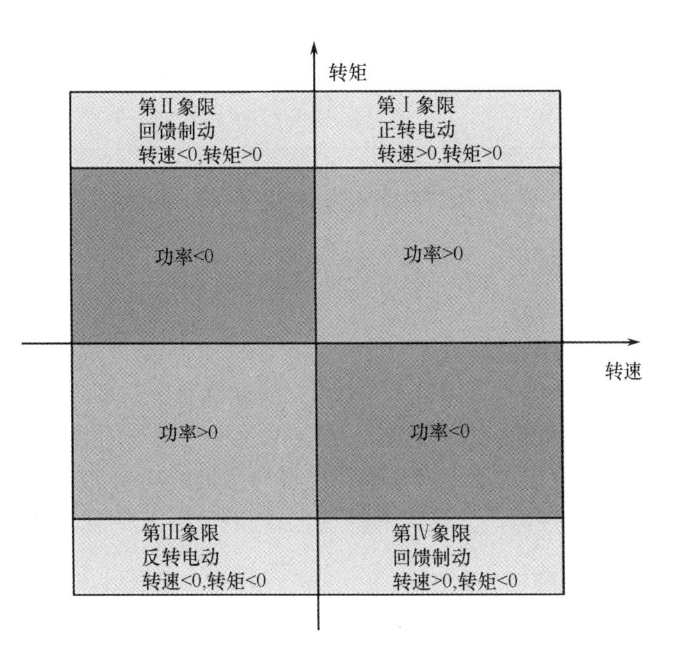

图 4－18　电机运行状态四象限图

电机驱动通常包含转速控制，通常该控制器的输出是扭矩信号或电机控制算法的输入参考值，并采用先进电机模型来控制电机电流和电压。

电机驱动控制器原理如图 4－19 所示。除去转速控制环可实现转矩控制，对于电机驱动，可提供转矩直接输入参考值，如图 4－20 的虚线部分。电机速度通常是可测量的，由于新型电机控制器含有速度估计器,降低了高精度速度传感器的需求。

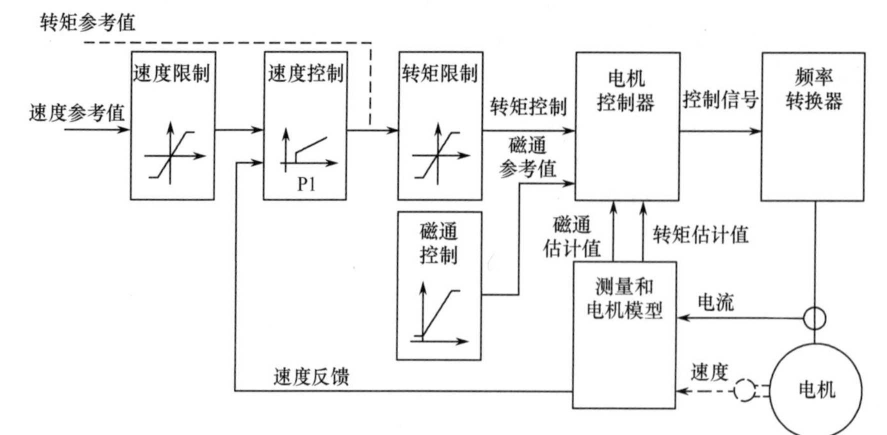

图4-19 电机驱动控制器原理

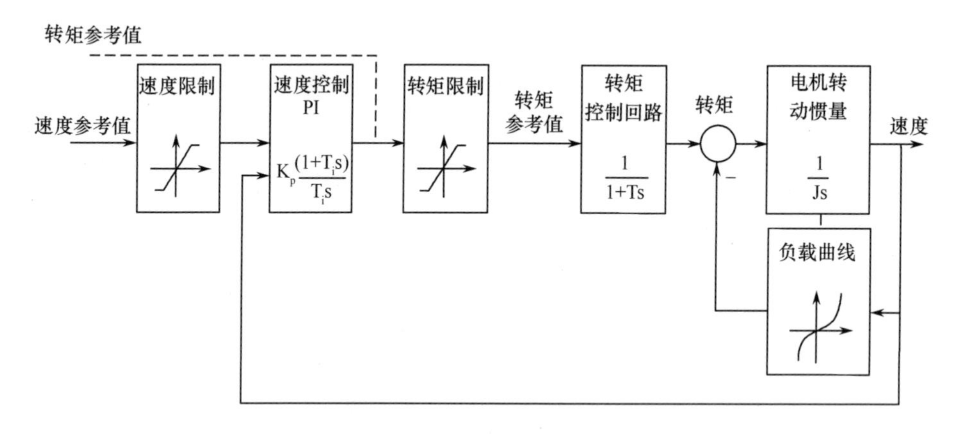

图4-20 主控制环模拟综合的简化图

4.2.4 推进器

1. 轴系推进器

在具有轴系推进器的柴油机电力推进系统中,推进器通常由变速电机来驱动。电机可以直接连接到轴上,也可用齿轮连接器连接。在柴油机电力推进的船舶中,轴系推进器一般应用在推进功率大于全方位推进器或者能够产生横向推进的场合,例如,需要保持稳定且不需机动,或者可以由槽道推进器产生横向力的场合,特别适用于穿梭运输油轮、探索船、大型系泊船、系缆船等。

轴系推进器通常与舵相连,每个推进器有一个舵。通过操纵舵,推进器能够提供一定程度的横推力。如果需要传统横推力来保持机动或者稳定,需要安装槽道推进器。

推进器通常是固定螺距推进器,也可选择调距桨推进器。在一定程度上,可以优化速度和螺距以获得较高效率。单轴或双轴推进器中,典型轴系推进系统的驱动配置如图4-21所示。

2. 全回转推进器

全回转推进器是可以向任何方向推进的推进器,可以采用速度固定的可控螺距(Con-

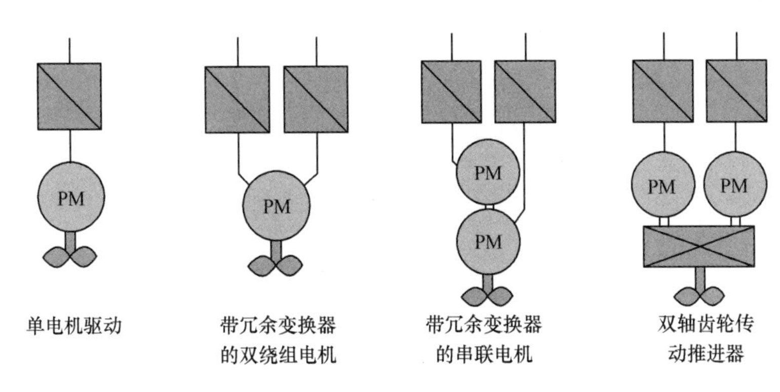

图4-21 典型轴系推进系统的驱动配置

trollable Pitch Propeller,CPP)控制,也可以采用螺距固定的变速(Fixed Pitch Propeller,FPP)控制。在极少数情况下,也可设计成速度—螺距联合控制。相比于常速推进,变速推进的水下机械结构简单,且能够减少低速推进损耗。

3. 吊舱推进器

同全回转推进器一样,吊舱推进器也能够自由旋转并产生任何方向的推力。在船体下的密封舱里,电机直接连接到推进轴上的吊舱推进器,如图4-22所示。固定螺距的螺旋桨直接安装在电机轴上,而且通过柔性电缆和360°的滑环给电机供电。由于不用机械齿轮,吊舱推进器的传送效率比全回转推进器高很多;由于螺旋轴的螺距是固定的,机械结构也更为简单。

图4-22 吊舱推进器

吊舱一般可分为推式或拉式。拉式吊舱具备向前或向后旋转功能,能给螺旋桨提供最佳空间,且增加了螺旋桨水动力效率,降低气蚀风险,减小了推进器的噪声和振动。

吊舱推进器在巡航艇、破冰船、服务船和油轮里已经使用多年。近年来,新建的船舶、半潜式钻井平台中使用吊舱推进器用于动力定位和运输,功率约在1~25MW范围内。目前,人们正在开发更大功率的吊舱推进单元。

4.2.5 新设计趋势

1. 电能传输

新型保护继电器、可编程现场总线通信的引入和发展,将会增加电能传输的灵活性并且大大减少成本。

使用电力技术转换电压的电能转换器得到了大力研究和发展,高频变压器可以隔离电流,消除变压器浪涌问题,而且还有效减小了体积和重量。商业船发电还需做很多准备工作,但是对于将来的直流电传输系统这是非常重要的部分。

2. 推进

近年来,吊舱推进系统得到了初步应用,但在市场以及电能应用上还未完全得到发挥,将来仍会继续发展。这可能对船舶设计具有重要影响,未来所有新船都可能使用这种技术。

反旋转吊舱(Contra Rotating Pod,CRP)是吊舱推进器与传统的螺旋桨驱动轴相连,如图4-23所示。吊舱推进器的方向由变速电机控制,螺旋桨轴速度可以由电机控制或者由柴油驱动的螺旋桨进行螺距控制。反旋转吊舱的概念能够提高推进效率、增加冗余和推进功率。

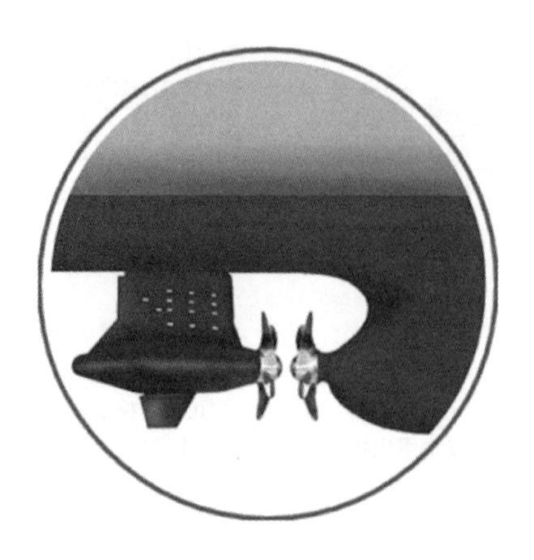

图 4－23 反旋转吊舱概念图(CRP)

4.3 功率和推进控制

4.3.1 分层控制简介

船舶控制系统的配置如图 4－24 所示,通常由现代集成控制、功率保护系统和推进系统组成。图 4－25 给出了推进系统的分层控制。

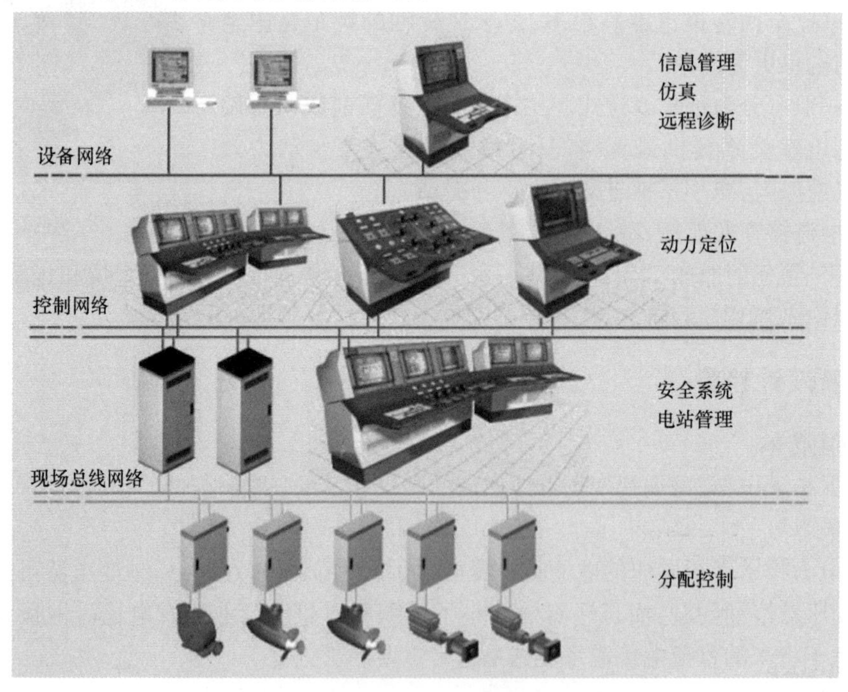

图 4－24 船舶集成控制系统和一般配置图

操纵台上具有状态、测量、操作命令输入、报警处理的用户界面和输入面板。操纵台一般放在舰桥位置或电机控制室等。

系统级控制器在控制台或 PLC 内实现,而系统分层控制中有能量管理功能,如功率管理、断电保护功能、启动和重置控制。

图4－25　推进系统的分层控制

4.3.2　顶层控制

1. 功率管理系统

功率管理系统(PMS)通过功率监控系统来监控发电机组的状态和功率输出。如果可用能量较小,不管是由于发电机停止还是负载增加,功率管理系统都会尝试启动发电机组。同时,功率管理系统还具备优化已装系统和运行设备的燃料效率监控和控制的功能。

动力定位船功率管理系统功能如图4－26所示。

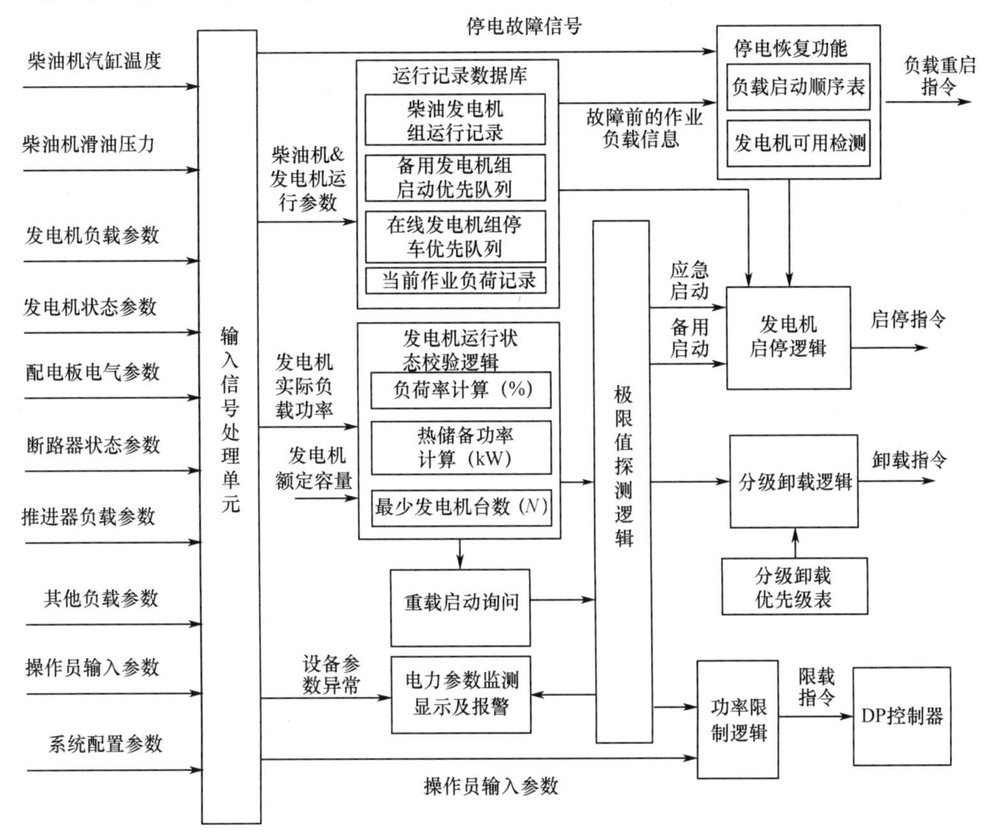

图4－26　动力定位船功率管理系统功能方框图

新型船舶和钻井船都具有先进继电保护功能的复杂电力系统装置。在功能设计和能量控制系统和功率保护系统之间都有联系。对于雇主和供应商来说,要想获得最佳功能是非常困难的。

在电力推进系统中,电能供应系统中断是非常严重的事故。功率管理系统使用各种机制来防止断电,如自动启动和停止功能、减少推进负载和减少非必需负载等。

断电保护功能的协调工作图如图4-27所示。正常情况下,对于自动启动和停止,可用功率在有限范围内是可以控制的,但是如果突然加载或发电机组堵转,可用功率将会减少。通过监控负载平衡或电网频率,减载和脱载功能将会减小负载且会保护功率管理直到下一个发电机组启动并投入工作。

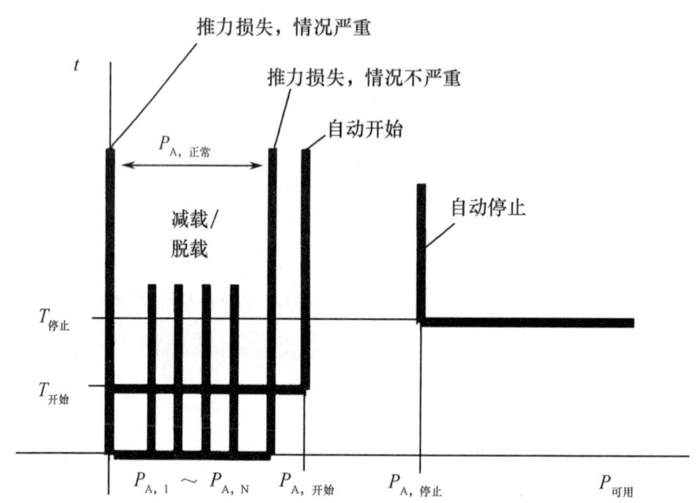

图4-27 断电保护功能的协调工作图

2. 船舶管理

船舶管理通常包括船舶辅助设备和救助系统(阀门、HVAC(热量、通气设备、空调)系统、压舱控制、运输控制等)的手动、自动和半自动控制。另外,还包括报警系统、监控系统、安全系统。

3. 推进控制和动力定位

推进控制系统通常由以下部分组成:

(1)手动推进器控制(MTC),用于控制每个推进器和螺旋桨。

(2)自动巡航系统,在运输和定位模式时自动执行航向的保持和改变,与跟踪功能协调工作。

(3)动力定位系统,通过对推进器系统的适当操作来实现手动或者自动定位。

(4)辅助锚泊系统,实现手动或者自动推进器辅助的定位和航向控制。

推进控制与定位控制功能对船舶的安全性操作非常重要,在船舶设计时,充分考虑与能量管理系统、转换板底层控制器以及推进驱动之间的相互作用。

4.3.3 底层控制

底层控制通常用于设备的保护,不同于设备的控制功能,时刻监控易出错或超出设计限制的元件。底层控制器是集成到设备中的特定小型控制器。

1. 电机控制器

电机控制器通常由保护器、管理器两部分组成。保护器用于在电机超速、过高温、润滑油不足等情况下停止电机,是电机主要部分,一般被集成设计到船舶保护系统中。管理器通过控制原动机燃料的输入来控制发电频率,即速度环控制,如图4-28所示,并保证各原动机合理分担负载。速度环控制是一种用于分担平行连接发电机负载的简单而且稳定的方式。同步管理器是一个具有整体效应且能保持与设定频率相等的调节器。

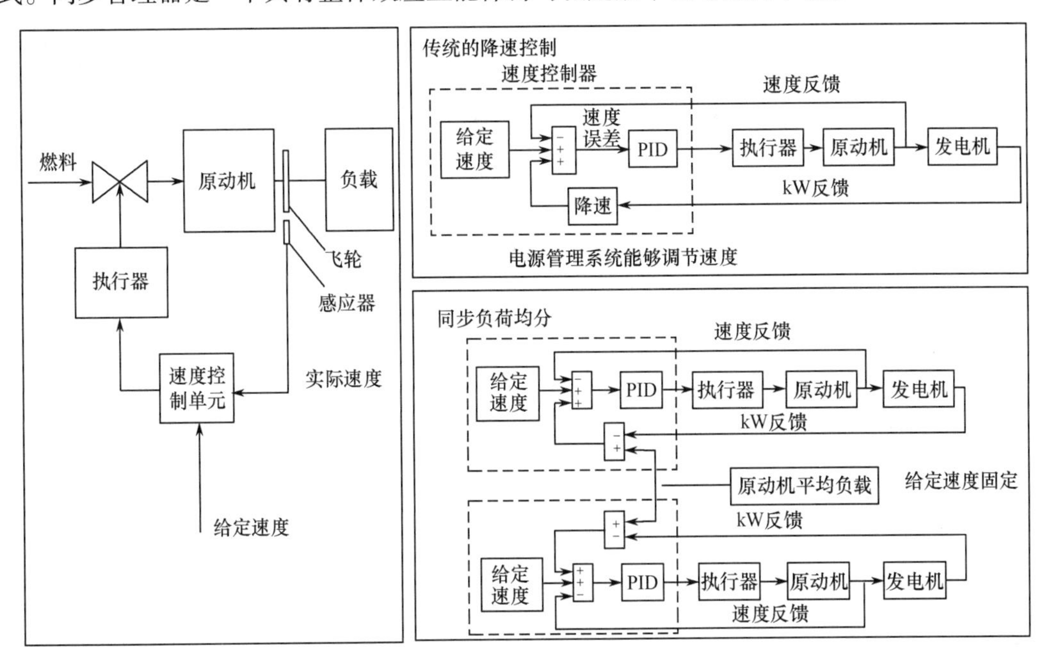

图4-28 柴油机管理器闭环和同步控制模式原理图

2. 自动电压调节器

自动电压调节器(AVR)如图4-29所示,通过控制流入发电机绕组的励磁电流来控制电压,通过闭环控制模式调节电压。通常,随着负载变化电压波动范围在±2.5%。当应用场合不允许有电压波动时,自动电压调节器通过采用闭环模式控制调整电压设置值保持电压恒定。

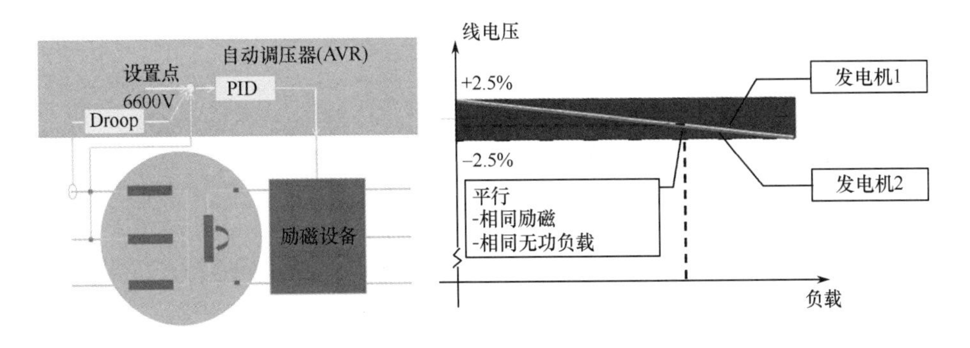

图4-29 自动电压调压器

3. 继电保护

继电保护是发电机控制器中的重要组成部分,在发生线圈过流、短路、接地故障等故障时,保护发电机并使其与切换板分离,如图4-30所示。同时,为了防止过载和减少故障的发生,电力系统和负载的所有部分和导线均有继电保护功能。

电机反馈保护功能包含过载保护、接地故障时的隔离和警报、短路隔离功能。对于短路和过载保护,保护等级应该根据设备的最大故障级别、保护电流波动来进行调整。

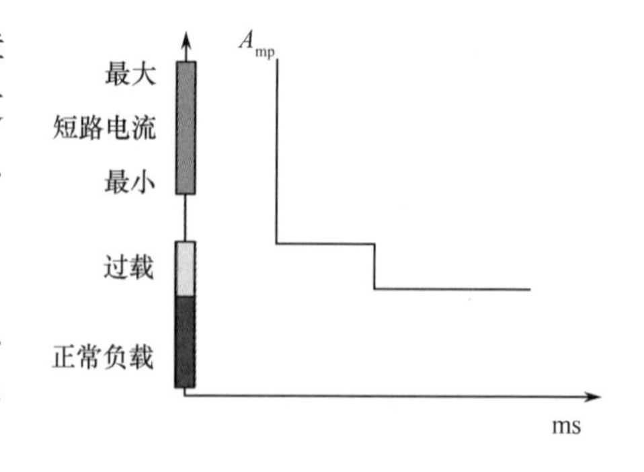

图 4-30 短路、过载继电简化图

4. 推进控制器

推进控制器通常与推进器系统、发电和配电系统或能量管理系统、远程控制摇杆、自动起航系统、动力定位系统等相连。

由于负载功率的主要部分通常是推进器消耗功率,应重视减负载功能、断电保护功能与电站设计、功率管理系统的相互协调。基于断电保护的思想,不同负载等级设计应协调工作,如图 4-27 所示。在断电保护中,推进控制器一般包括三级减载。

(1) 最大负载限制,通常由功率管理系统实现,依据功率分配和用于功率管理系统设计的优先级,确定电机所能驱动的最大功率。

(2) 快速突发减载,通常由功率管理系统实现,使电机驱动功率减小到预定比例或预定值。

(3) 快速频率减载,通常在发电机过载时动作,是频率失常的最后保护。

在某种程度上,不同等级要求的设备和辅助设备,其推进安全和监控功能也不同。根据系统的整体设计,监控和关闭功能是推进控制系统或者综合自动系统、联合系统的一部分。研究表明,推进器转矩控制对航行和定位的性能和减少电网扰动具有稳定作用,图 4-31 描述了速度控制与转矩控制是如何减小海流、浪对螺旋桨推进特性的影响,进而减小电网功率并使其稳定的。

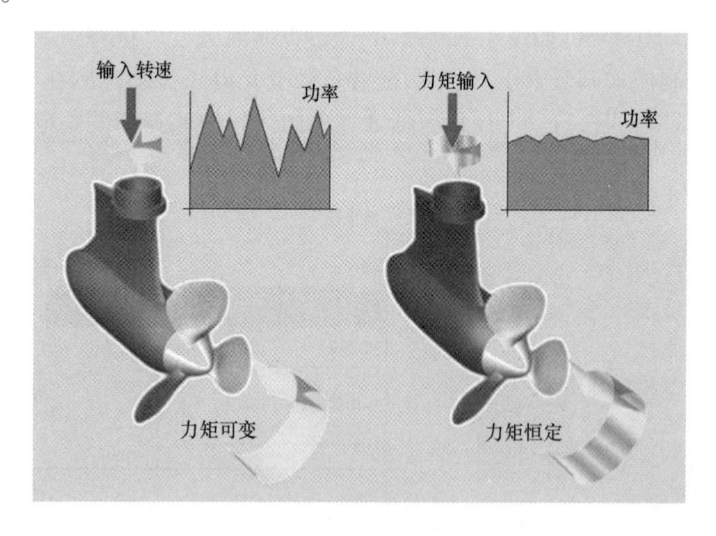

图 4-31 推进器的力矩、转速控制

4.4 电力推进变频调速

变频调速的首次应用是在 20 世纪 60 年代晚期,起初,直流电动机是推进控制的最佳选择。在20世纪80年代,交流电机驱动在工业中得到应用,此后,交流驱动成为电力推进技术研究的主流方向。

4.4.1 全桥晶闸管整流装置

晶闸管变流装置(SCR)用于直流电机的调速系统,一般都是通过变压器与电网连接的,经过变压器耦合,晶闸管主电路可以得到一个合适的输入电压,使晶闸管在较大的功率因数下运行,变流主电路和电网之间用变压器隔离,且抑制由变流器进入电网的谐波成分。

晶闸管相控整流电路有单相、三相、全控、半控等,调速系统一般采用三相桥式全控整流电路,如图4-32所示。当晶闸管的控制角α增大,会造成负载电流断续,当电流断续时,电动机的空载转速将抬高,小的负载电流变化也会引起大的转速波动。

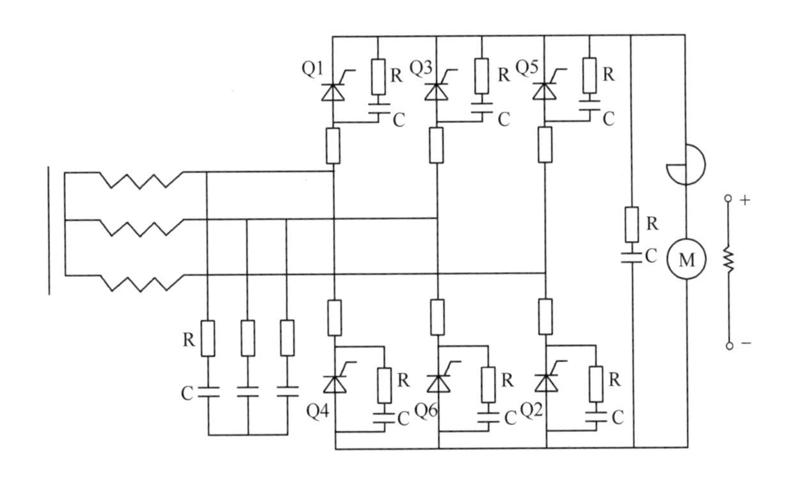

图4-32 三相桥式全控整流主电路

常用的直流电机是并励电动机,电压同时供给励磁绕组和转子绕组。在并励电动机中感生电压与旋转速度成正比。磁场是励磁电流的函数,当忽略饱和效应时,电枢电压为

$$V_a = k\Phi(I_f)n \approx kK_\Phi I_f n = K_V I_f n \tag{4-8}$$

式中:K_V为感生电压值;I_f为励磁电流;n为旋转速度;K_Φ、k为比例常数;T为电动机的不稳定状态扭转力,和电枢电流、磁场成正比。

$$T = kI_a\Phi(I_f) \approx kI_a K_\Phi I_f n = K_T I_a I_f \tag{4-9}$$

式中:K_T为转矩常数;I_a为电枢电流。

直流电动机必须由带极限电压、磁场以及电枢电流的直流源供给,其典型的边界特性如图4-33所示。

在直流驱动电动机中,速度从0~100%变化,功率因数将从0~0.96变化($\alpha = 15°$)。功率因数低会增加发电和配电系统的损失,并且需要更多的发动机,降低负荷的有效功率。电刷和换向器的磨损和损坏是故障维护的重点,而且限制了堵转扭矩的性能,通常直流电动机驱动的实际限制功率约为2~3MW,限制了直流驱动推进器的应用。

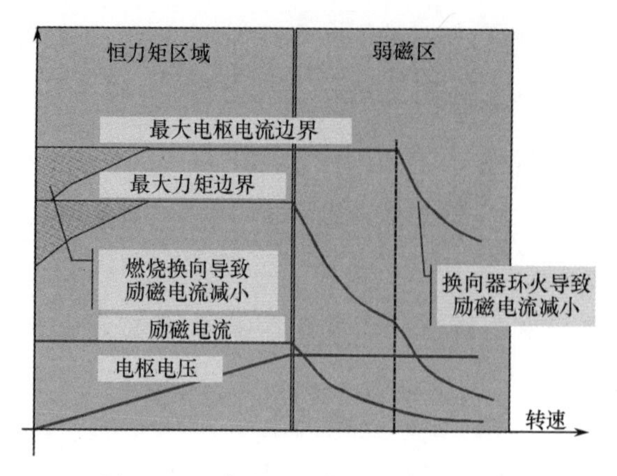

图 4-33　直流电机最大工作边界特性

4.4.2　电流型逆变器

电流型逆变器(CSI)采用自然换流的晶闸管作为功率开关,无反馈二极管直流电源且串联大电感(高阻抗电流源)。CSI 具有很多优点:主电路简单;便于实现再生制动和四象限运行;限流能力强,短路保护可靠性高;适用于中、大容量的相量控制,用于电力拖动时能在宽范围内精确控制转矩和速度等。因此,电流型逆变器为交流调速技术开拓了许多应用领域。

另外,电力拖动应用中,CSI 在较宽的工作范围内,实现转矩和速度的精确控制等功能。电机在低速工作时,特别是低于 5% ~10% 的转速工作,电机电动势(EMF)过低而不能自然换向。在此速率范围内,CSI 工作在脉冲方式,电流和扭矩被控制到 0 附近,确保电机轴的转矩脉冲的操作区域变大。在推进系统设计时,应考虑转矩脉冲、轴振动等因素,以降低系统的振动和噪声,同时也应考虑动力定位模式下对连接推进器的影响。

CSI 主要用在大型同步电动机的推进系统,最大功率约为 100MW。CSI 在同步发电机中的操作边界,如图 4-34 所示。

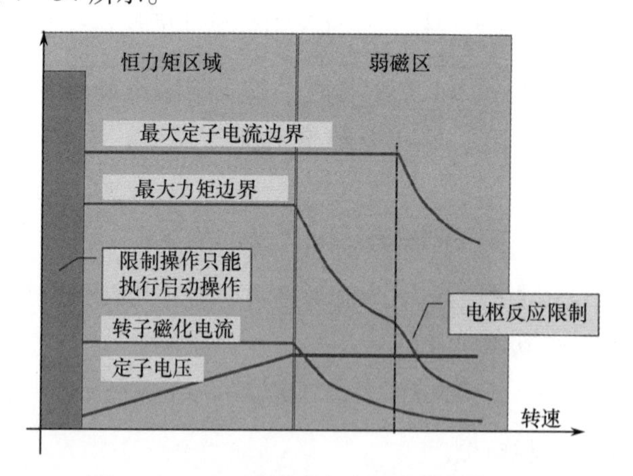

图 4-34　CSI 在同步发电机中的操作边界

4.4.3　周波变换器

周波变换器(Cycloconverter)通过一个变换环节,把恒压恒频的交流电变换成电压和频率可调的交流电供给交流推进电机,如图 4-35 所示。周波变换器具有大功率;输出电压的正弦波形好、谐波分量小的特点;但随着变换器输出频率的增高,输出电压的谐波分量会大幅增加,损耗增加,限制了变换器最大输出频率,每台驱动电动机的周波变换器的功率范围为 2 ~30MW。

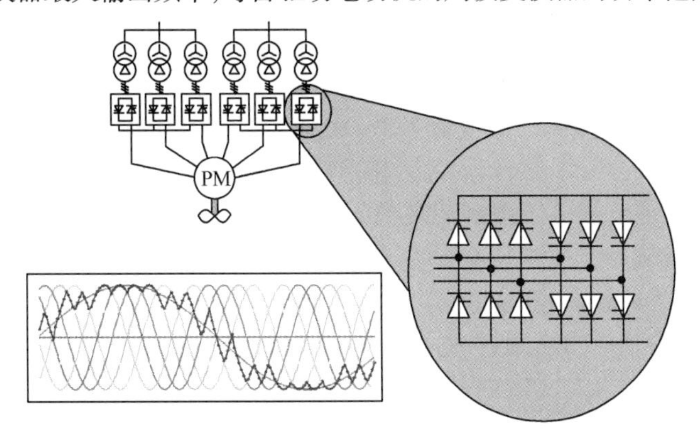

图 4 -35　有输入和基本输出波形的周波变换器驱动

周波变换器把船舶电网的恒频交流电转换成频率低且可调的交流电,并供给同步电动机的定子绕组,将实现输出频率从零到最大输出频率之间无级调整。当电动机与螺旋桨直接连接时,输出频率变化范围与螺旋桨转速一致,确保整个频率变化范围内推进轴转矩的可控、变化平滑、无振动等。通常,变换器最大输出频率为电站频率的 1/3 ~1/2,可作为交流电动机变频调速的供电电源,用于要求低速、大功率传动的船舶推进场合是非常合适的,尤其在破冰船、必备低速操纵室的动力定位船和客轮中。目前,周波变换器已成为电力推进系统的发展方向之一。

4.4.4　电压型逆变器

电压型逆变器(VSI)是工业应用中最常用的频率变换器,具有最大的可变性、精确性以及高驱动性能,可以和异步电动机一起使用,也可以作为具有更好性能的同步和瞬时励磁同步机械。驱动拓扑的功率主要受最大可用功率成分以及电网其他驱动拓扑特性的限制,目前最大驱动拓扑的功率可达到 25MW。

感应电动机中的六相 VSI 转换器如图 4 -36 所示,特有的操作边界如图 4 -37 所示。

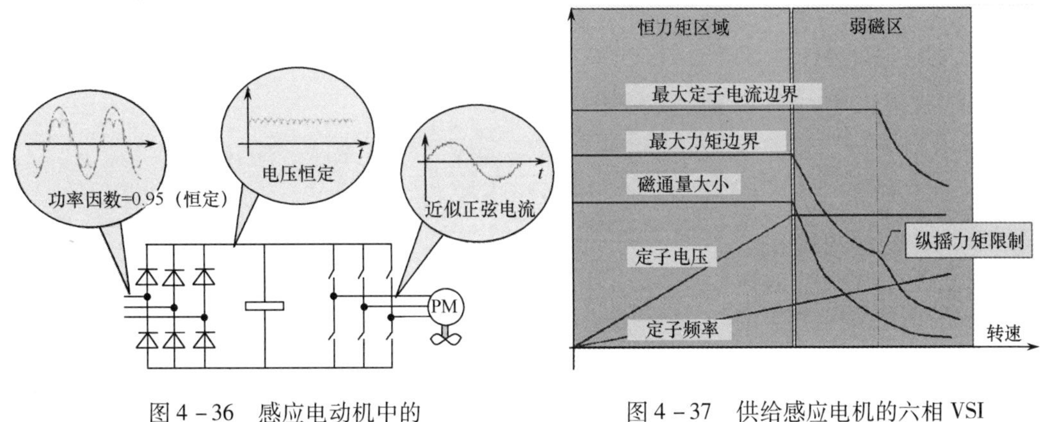

图 4 -36　感应电动机中的六相 VSI 转换器

图 4 -37　供给感应电机的六相 VSI 逆变器的特征操作边界

图 4 -36 中的整流器使用六相逆变器直接连到电网,主要的谐波电流级数是 5 次、7 次、11 次、13 次。当用 3 个线圈变压器,且有双端配备的十二相波时,谐波失真会降低。因

此,减少5次、7次谐振对变压器来说十分必要。当十二相波中使用PWM驱动技术时,会引起谐波失真,并失真程度无限接近规定极限,因此,需要采用滤波等辅助方法加以限制。

定子电压限制,取决于逆变器的最大输出电压与直流母线电压。逆变器及发电机的最大电流决定了定子电流和扭矩。正常情况下,连续负荷操作中的电流和转矩受发电机的限制;而在定时负荷下,逆电流受感应电机的"俯仰力矩"限制,当速度达到正常速度的150% ~200%时会出现定子电压限制的现象。

通过反转推进器转速实现转子突停并产生再生功率,通常建立在晶体管控制的直流电阻器的电路中,如图4-38所示,即激活直流电路的过电压产生。在反并联二极管整流器中,整流器可以通过配备全桥晶闸管整流设备,实现电网中整流机组功率反馈。

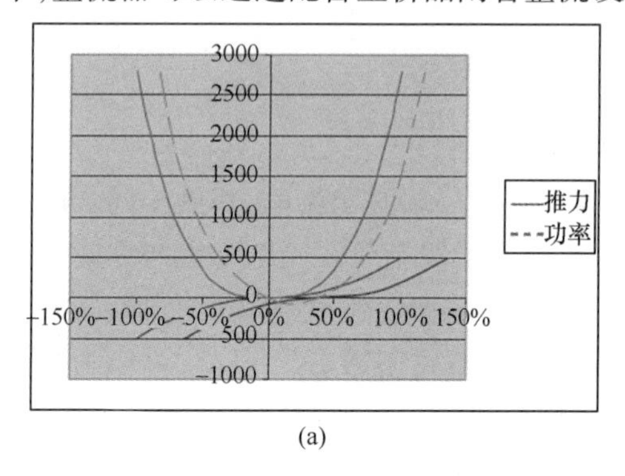

(a)

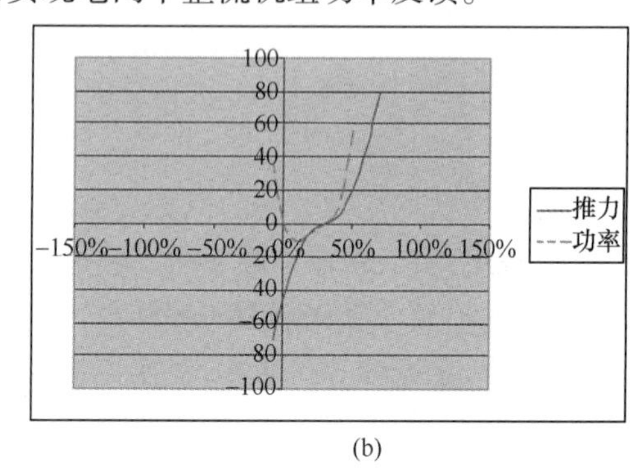

(b)

图4-38 通过反转螺旋桨转速实现突停动作

VSI逆变器的转矩—速度四象限特性,如图4-39所示。图4-37的拓扑操作如图4-39中象限Ⅰ和Ⅲ所示。随着电阻器阻断或者有源前端的消失,VSI逆变器可以在四象限区域中运行,该特性十分适合于主推进器、绞车、电梯等场合的应用。

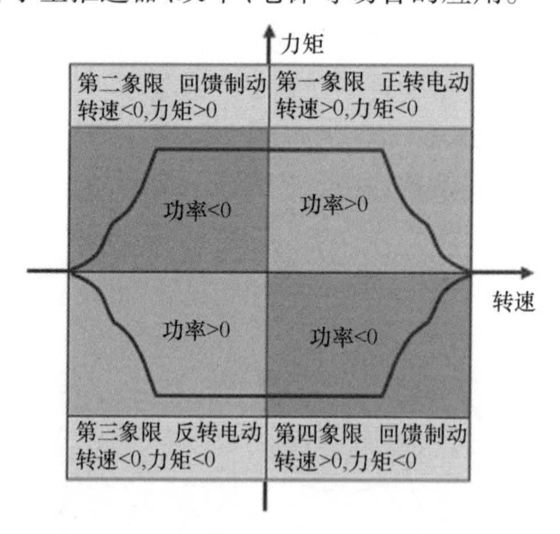

图4-39 带有操作限制的VSI变频器四象限图

4.4.5 其他变频控制方法

(1) 脉冲宽度调制技术(PWM控制)广泛应用在逆变电路中,是变频技术的核心技术之一,通过对一系列脉冲的宽度进行调制,即把正弦参考值与高频三角波信号相比较得到三相PWM电压。当正弦参考值高于三角波信号,变极器中的上限通过开关元件得到信号;下限则关闭。相反,当正弦参考值低于三角波信号,以相同的形式从变极器传到发电机终端,瞬时值等于直流连接的正负电压。发电机线电压与两相电压之间的区别如图 4－40 所示。

On
Off
上下开关元件按相反顺序切换：
ON：上=开；下=关
OFF：上=关；下=开

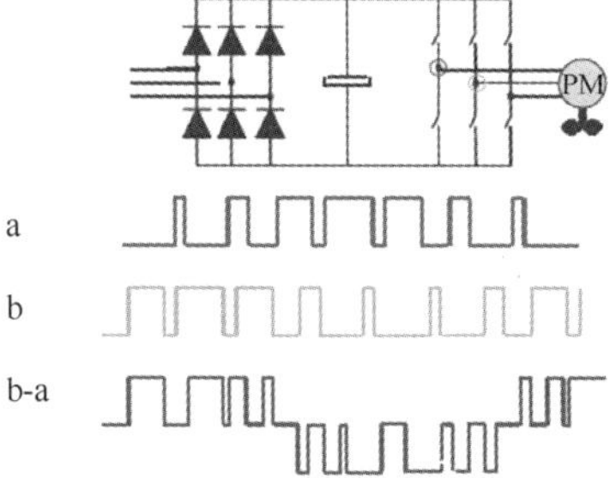

图 4－40　发电机线电压与两相电压之间的区别

（2）标量控制是最早应用的、最简单的异步发电机控制技术，主要应用在早期发电机控制的模拟电子技术中。标量模型是基于异步电动机的静止模型，由此计算相应电压和频率，这将给出发电机中期望的扭矩和速度。其缺点就是模型是静态的，并且模型参数依赖于温度、频率，动态性能较差，并且不能很好发挥发电机能力。

（3）转子磁通矢量控制，由德国科学家 Blaschke 在 20 世纪 60 年代发明，该方法基于发电机电压、转子绕组的电流矢量模型。（在转子绕组与旋转同步的协调部件，电流矢量在连续部件和力矩成分中解耦，与直流发电机励磁电流和电枢电流有关）。该方法在 80 年代中期应用在商业中。缺点是需要矢量转换，包括参数的变化，特别是转子电阻取决于温度。

（4）先进定子向量控制，连续状态和扭矩控制分离可通过定子模型的连续状态和定子导向系统的电流来实现。该方法出现于 20 世纪 80 年代并在 90 年代作为商业应用直接进行扭矩控制。缺点是，异步发电机要以采样频率为 40Hz 的精确控制，不能估计发电机的供电品质等问题。

4.5　典型配置

本节给出几种船型的电力系统典型配置案例。

（1）某海上支持船电力系统配置单线图，如图 4－41 所示。系统有 2 个配电板、4 台柴油发电机组、2 个全回转推进器和 1 个槽道推进器。

（2）某渡船的电力系统配置单线图，如图 4－42 所示。系统有 1 个配电板、3 台柴油发电机组、2 个全回转推进器。

（3）某穿梭油轮的电力系统配置单线图，如图 4－43 所示。系统有 2 个配电板、4 台柴油发电机组、1 个主推、2 个全回转推进器和 2 个槽道推进器。

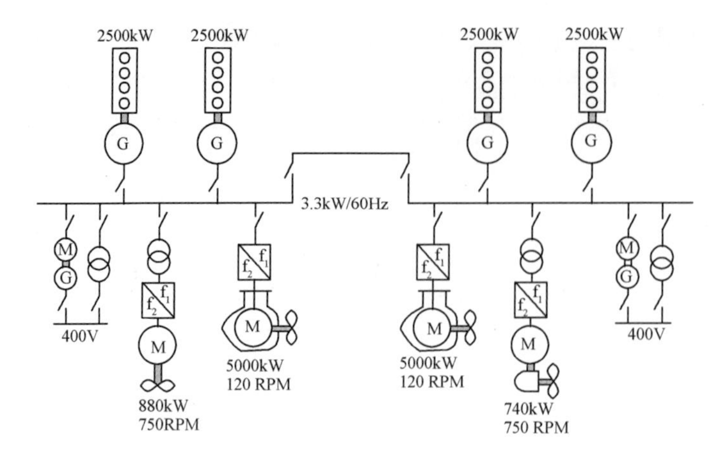

图 4-41　海上支持船电力系统配置单线图

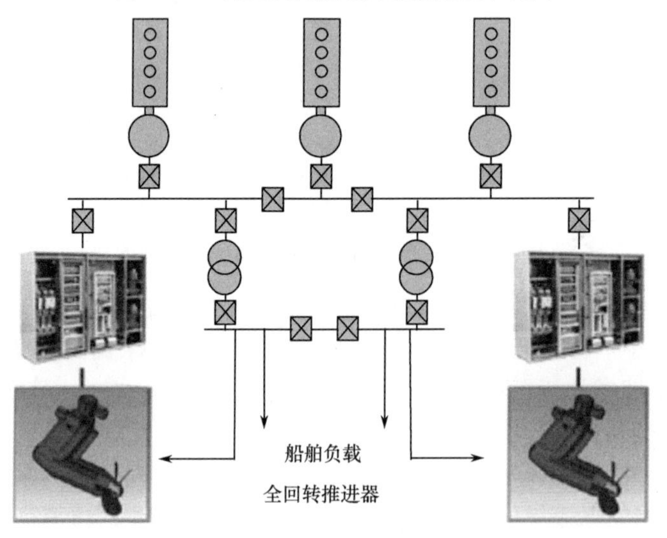

图 4-42　渡船电力系统配置单线图

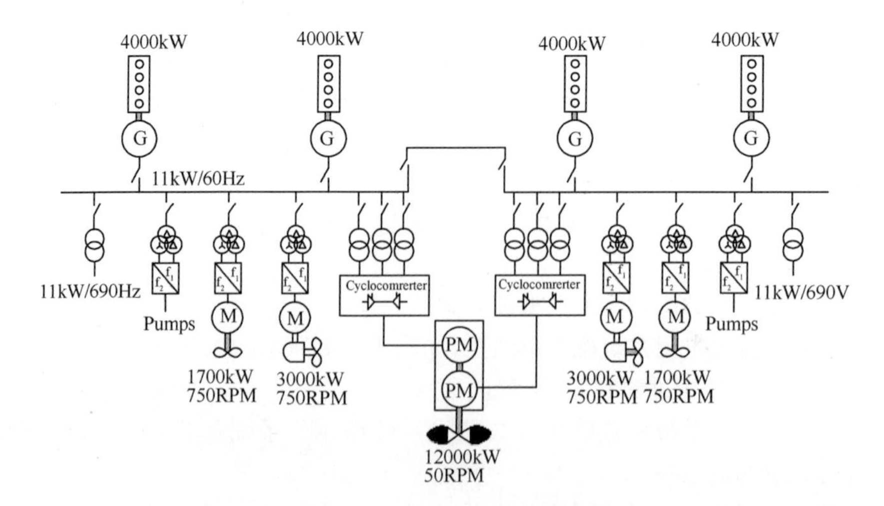

图 4-43　穿梭油轮电力系统配置单线图

（4）某半潜式钻井平台的电力系统配置单线图，如图4－44所示。系统有4个配电板、8台柴油发电机组、8个全回转推进器。

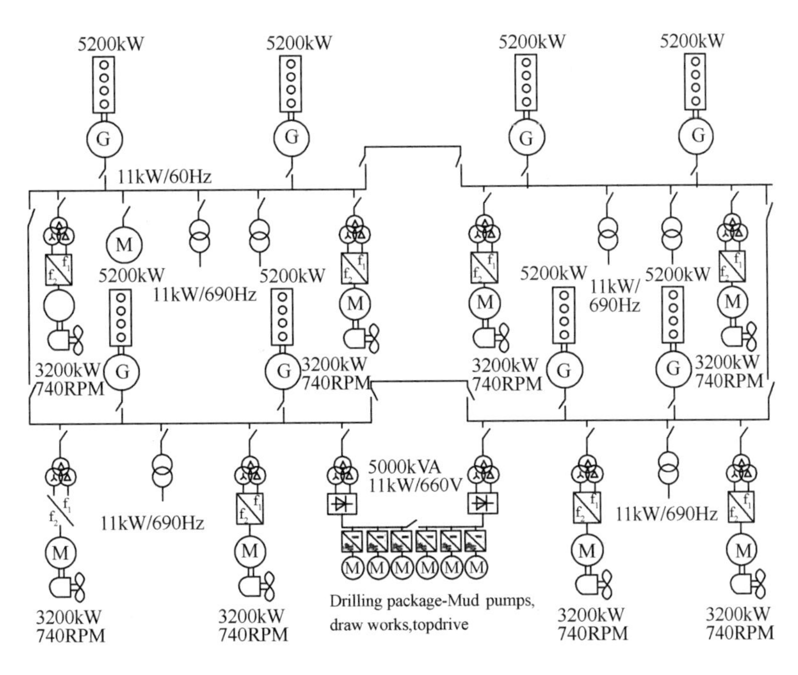

图4－44 半潜式钻井平台电力系统配置单线图

（5）某FPSO的电力系统配置单线图，如图4－45所示。系统有2个配电板、5台柴油发电机组、3全回转推进器。

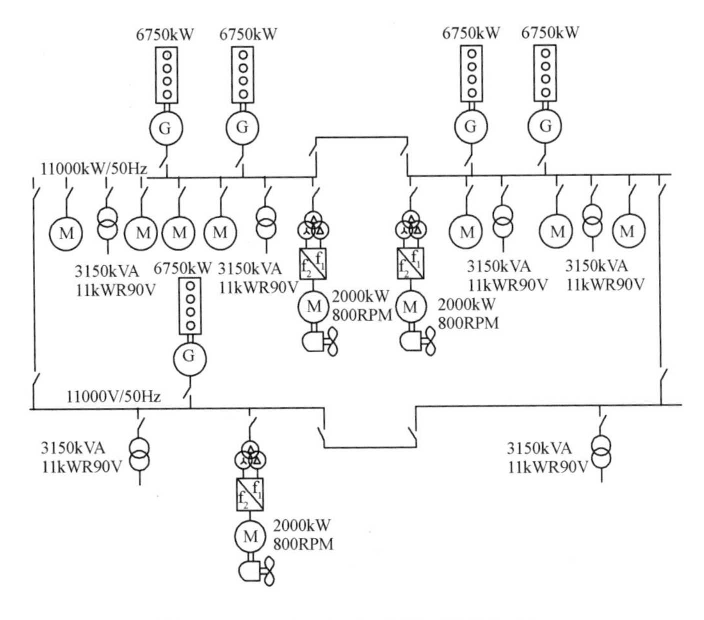

图4－45 FPSO电力系统配置单线图

4.6 动力定位电站功率系统设计

4.6.1 推进负载限制控制

1. 基于可用功率的推进负载限制

基于全电力推进系统的在线可用功率的推进器负载限制算法，推进器总功率容量由当前所有发电机组的总可用功率和当前推进器实际负载容量来决定，计算公式如下：

$$P_{s,th}(P_{th},P_{av}) = P_{th} + w_{th}P_{av} \tag{4-10}$$

式中：$P_{s,th}$为采用静态推进器负载限制算法时推进器负荷被限制后的值；P_{av}为所有发电机组的总可用功率；w_{th}为每个推进器在负载限制中的权重系数。如果 $w_{th}=1$，则表示只将推进负载纳入对可用功率的负载限制中，不计算其他非推进类负载。推进器实时负荷 P_{th}将在可用功率小于0($P_{av}<0$)时被限制到 $P_{s,th}$。定义推进器限载系数 $L_{s,th}$为推进器应该被限制到的值与当前推进器的功率值之比，即

$$L_{s,th} = \frac{P_{s,th}}{P_{th}} \tag{4-11}$$

推进负载 P_{th}可以通过直接测量获得，也可以由发电机组总负载 P_g减去其他非推进类负载 $P_{c,nth}$（如生活用电、辅机等用电设备）获得，即

$$P_{th} = P_g - P_{c,nth} \tag{4-12}$$

推进负载限制可由以下两种方式分配到每一个推进器。

（1）直接负载限制法。该方法通常是按照限载比例系数对推进器进行限载控制，即在所有在线推进器的控制器给定端乘以限载系数：

$$P_{s,th} = L_{s,th}P_{th} \tag{4-13}$$

（2）间接限制法。该方法采用由动力定位控制器将限制系数根据动力定位需要进行合理优化后的限载系数 $L^*_{s,th,i}$，即

$$\begin{cases} P_{s,th,i} = L^*_{s,th,i}P_{th,i} \\ \sum_{i=1}^{k} L^*_{s,th,i} = L_{s,th} \end{cases} \tag{4-14}$$

2. 信号滤波对推进负载限制的影响

所有推进系统的总负载 P_{th}可由配电板上的功率测量器件测量得到。在恶劣的天气下动力定位船螺旋桨会遭受较大的推力损失，此时由配电板上功率测量器件测得的推进器负荷功率有较大的扰动。因此，为了避免这种情况的发生，P_{th}在加入推进负载限制算法前必须进行滤波。采用低通滤波器进行滤波的计算式为

$$\overline{P_{th}} = \left(\frac{1}{T_{f,th}s+1}\right)^2 P_{th} \tag{4-15}$$

式中：s 为拉普拉斯算子；$T_{f,th}$为滤波时间常数。负载限制算法应该用滤波后的值代替，即

$$P_{s,th}(\overline{P_{th}},\overline{P_{av}}) = \overline{P_{th}} + w_{th}\overline{P_{av}} \tag{4-16}$$

3. 负载限制值映射到推进器推力设定值

根据动力定位推力分配算法,推进器负载限制值需要映射到推进器的控制器。经过限制后的推进器的控制器给定 $P_{0,p}$ 可以表达为

$$P_{0,\max,p} = g_{P_{0,p}}(\overline{P_{s,th}}) = \eta_{dp}\overline{P_{s,th}} \tag{4-17}$$

式中:η_{dp} 为推进驱动系统的整体效率,包括机械和电磁传动的损失(变压器、变频器、电机、机械传动装置等)。一般假定动力定位推力分配算法不考虑推力损失,若考虑推力损失后可映射为

$$P_{0,\max,p} = \overline{P_{s,th}}\frac{\eta_{dp}}{\beta_{loss,p}} \tag{4-18}$$

式中:$\beta_{loss,p}$ 为螺旋桨转矩损失因素,可根据船体尾部外形几何尺寸离线预测获得。每个推进器的最大允许转速给定值和最大允许给定推力可由下式进行计算:

$$\begin{cases} n_{0,\max,p} = \dfrac{(P_{s,th})^{1/3}}{(2\pi K_Q\rho D^5)^{1/3}} \\ T_{0,\max,p} = \dfrac{\rho^{1/3}D^{2/3}K_T}{(2\pi K_Q)^{2/3}}(P_{s,th})^{2/3} \end{cases} \tag{4-19}$$

式中:ρ 为船体周围流体密度;D 为螺旋桨直径;K_Q 为转矩系数;K_T 为推力系数。

4.6.2　推进器功率监控软件设计

1. 推进器功率监控软件的总体设计

监控系统软件使用 Visual C + + 集成开发环境进行开发,采用 FormView 程序架构。采用该架构的好处是,既可以使用集成开发环境提供的菜单栏、工具栏等可视化编程工具,也可使用集成开发环境提供的各种常用的控件,进行控件的二次开发等,该架构非常适合监控类软件的设计。将软件划分为若干模块,主要包括信息输入模块、信息计算处理模块、监控界面处理模块、控制指令输出模块等,需对每个模块分别实现后再进行整合。动力定位船功率监控软件结构,如图 4 - 46 所示。

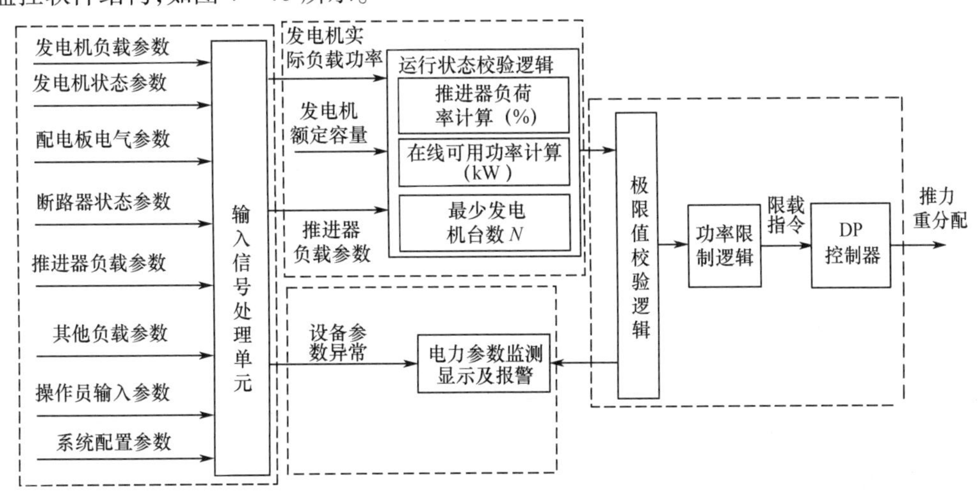

图 4 - 46　动力定位船功率监控软件结构框图

在监控软件中，首先，通过串口将下位机 Simulink 仿真系统中的发电机负载参数、发电机状态参数、配电板状态参数、断路器状态参数、推进器负载参数、其他负载的状况参数等读入到监控软件上位机；其次，由控制器部分计算推进器当前负载率、发电机当前负载率、在线可用功率、进而计算出最少发电机台数、需要动态卸除的次要负荷量、推进负载的负荷限制率等；最后，得出发电机启停指令、分级卸载指令以及推进器功率限制指令；同时，通过输入模块和极限值校验逻辑，检测设备参数的异常与否，将参数进行界面刷新显示和故障报警显示。

2. 功率监控系统的数据通信

（1）供配电系统和监控软件间的信号。对于每一台柴油发电机组，在研究推进器过载保护及功率管理系统时，主要考虑的信号参数包括输入、输出信号和电网信号。

① 对于柴油机的信号：柴油机转速。

② 对于发电机的信号：发电机电压、电流、有功功率、电压频率、发电机电压与电网电压的相位差、发电机绕组温度、功率因数等。

③ 关于电网的信号：电网电压、电网电流、电网频率、电网总有功功率、电网功率因数等。

④ 执行单元输出的控制信号（模拟量和开关量）：推进电机的给定转速等。

（2）推进器和监控软件间的信号。推进器和监控软件间的信号主要是采集推进器当前的电气参数和状态参数，这些参数主要包括推进器的电压、电流、有功功率、频率、相位差、启/停状态（断路器闭合和脱扣状态）。

在所列出的诸多信号中，多数信号是由电站管理系统进行统一的数据采集，对动力定位船的推进负载进行功率管理时，可以忽略柴油机状态参数、启停控制等次要信息的采集，监控软件主要采集的信号如图 4－47 所示。

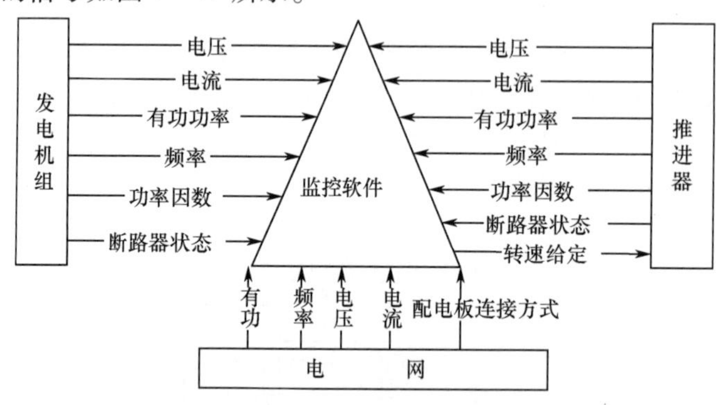

图 4－47　功率监控软件的信号采集和输出

4.6.3 推进器负载限制及功率监控仿真测试

在进行推进器负载限制全系统仿真测试前，需要对发电系统—供配电系统、推进系统进行独立的 Simulink 模块测试，测试正确后再整合成整个系统进行推进负载限制测试，整合成的仿真系统如图 4－48 所示。

1. 发电系统模型仿真测试

利用建立同步发电机及励磁系统 Simulink 仿真模型，进行柴油发电机组带静态负载运行下的仿真。仿真中采用了额定负荷为 10MVA 的推进负载和 1MVA 的静态负载，4 台额定

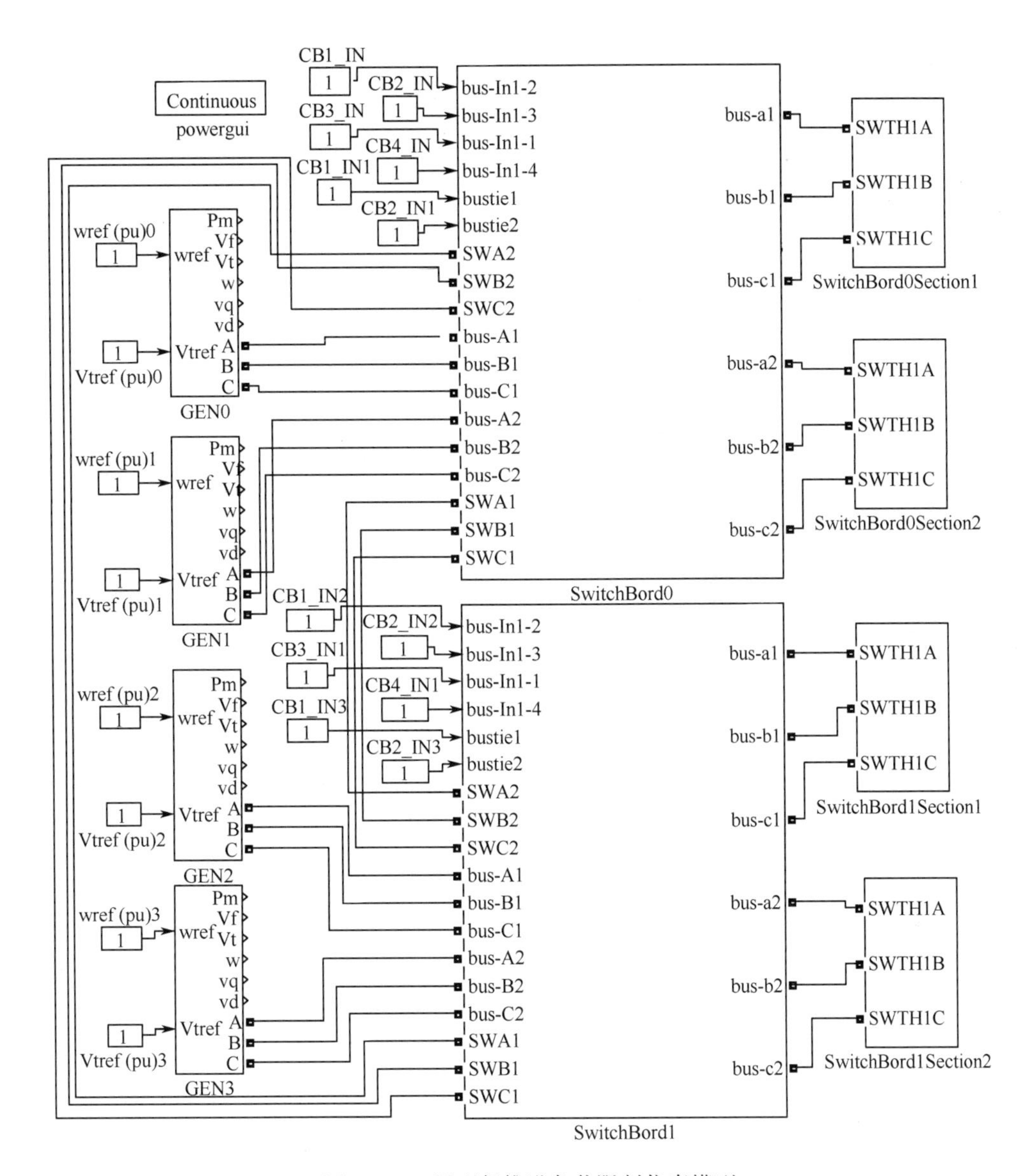

图 4－48　母型船推进负载限制仿真模型

功率为 3MW 的发电机在线，即总的发电容量为 12MW。

发电机组仿真参数设置如下：额定容量为 2MVA，线电压为 6.6kV，频率为 60Hz，惯性时间常数为 0.83s，$R_s = 0.008979$，$L_l = 0.05$，$L_{md} = 2.35$，$L_{mq} = 1.72$，$R_f = 0.00206$，$L_{lfd} = 0.511$，$R_{kd} = 0.2826$，$L_{lkd} = 3.738$，$R_{kq1} = 0.02545$，$L_{kq1} = 0.2392$，$H = 0.3468$，$F = 0.009238$，$P = 1$。其中，无单位的量是以标量值形式给出的，初始设置参数为 $V_f = 1$，其余参数皆设置为 0。仿真过程中设置 1 号、2 号配电板间的断路器在 5s 时刻断开，对发电机负载动态重分配进行仿真。仿真的发电机有功功率、配电板电压波形、发电机组频率波动曲线如图 4－49～图 4－51所示。

从仿真结果可以看出：对于负荷电网突如其来的较大波动，电网的频率与电压相比更容易波动。实际上，在仿真 5s 时由于母电网动作引起电网负载重新分配，造成的频率波动较大，而引起的电压波动几乎可以忽略。这对采用变频驱动推进的船舶电力系统非常重要，是电站推进负载限制和功率系统须解决的主要问题。

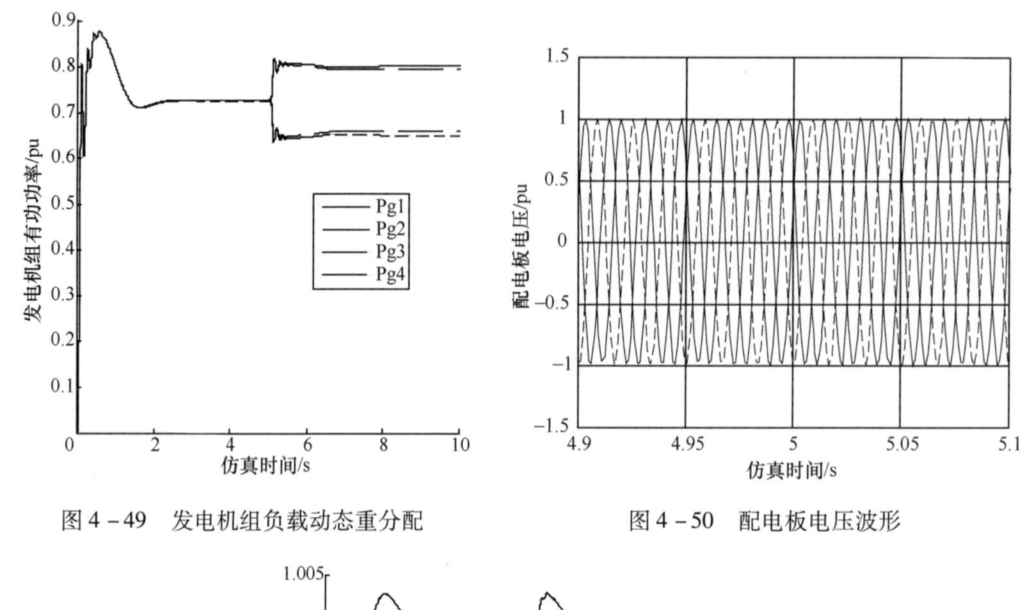

图4-49　发电机组负载动态重分配

图4-50　配电板电压波形

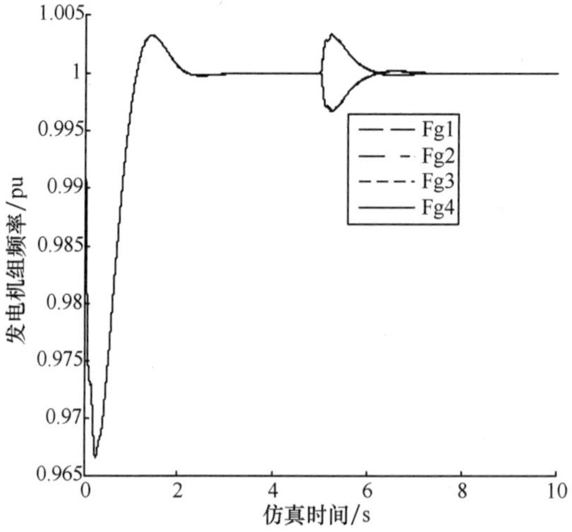

图4-51　发电机组频率波动

2. 推进负载系统模型仿真测试

利用建立基于空间矢量脉宽调制(SVPWM)的异步电机变频调速系统的Simulink仿真模型,进行推进负载系统的负荷动态变动想定下的仿真。仿真时,选用的异步电动机为两极鼠笼三相异步电动机,电机有关常数为$U_n=2400V$,$f_u=60Hz$,$P_n=1500kW$,$R_s=0.029$,$L_s=0.5995mH$,$R_r=0.022$,$L_r=0.5995mH$,$L_m=34.5889H$,$J=63.87kg\cdot m^2$时。逆变器的直流输入电压$U_d=3000V$,SVPWM中电流采样周期$T_s=0.00025s$。仿真参数设置:仿真步长固定为0.00001s;求解算法ode3;为了研究推进器负载的静动态特性,对下面两种情况进行仿真。

(1) 在给定的仿真模型下,在给定转速、给定负载转矩恒定时的仿真。设置初始给定转速$\omega=80rad/s$、空载$T_m=0$,仿真时间10s。仿真的电枢电流、转速波形,如图4-52、图4-53所示。

(2) 在给定的仿真模型下,在转速、负载转矩均变化时的仿真。设置初始给定转速$\omega=80rad/s$、空载$T_m=0$,空载启动,3s时给定$T_m=100N\cdot m$,5s时给定$\omega=120rad/s$,仿真时间10s。

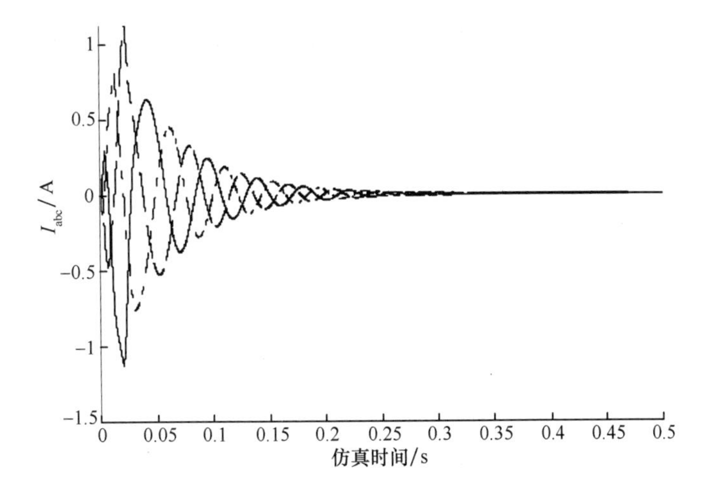

图4-52　转速给定转矩恒定时的电枢电流仿真曲线

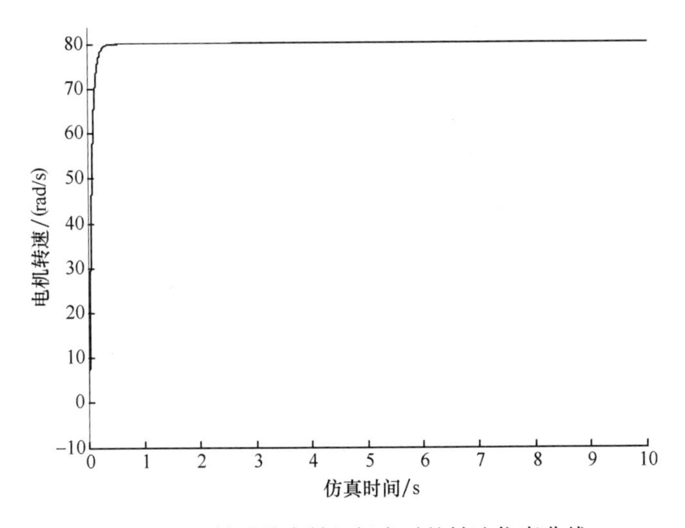

图4-53　转速给定转矩恒定时的转速仿真曲线

仿真的电枢电流、转速波形如图4-54、图4-55所示。

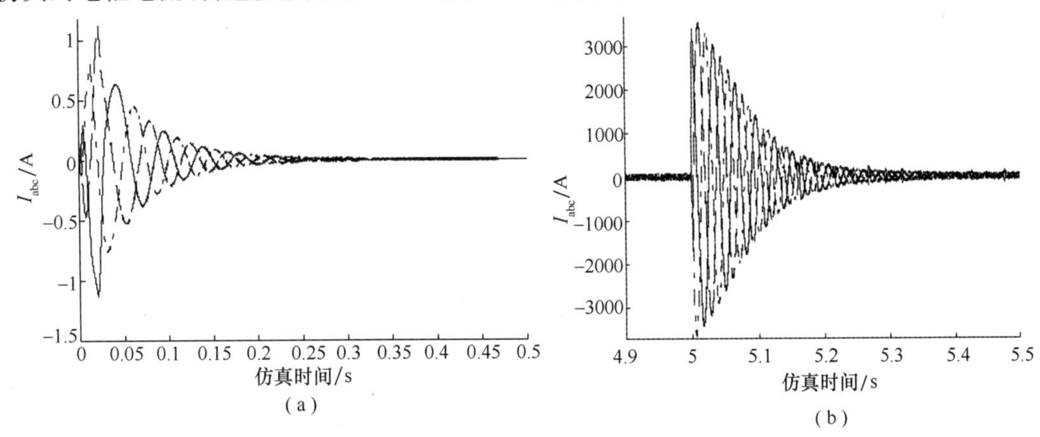

图4-54　转速变动转矩变动时的电枢电流仿真曲线

仿真研究表明：基于SVPWM的异步电机变频调速系统，采用基于转速外环与电流内环

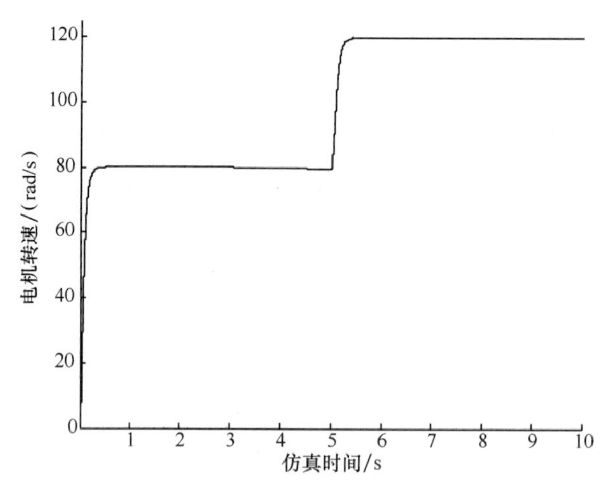

图 4-55　发电机组频率波动

的双闭环控制方法。为了实现对转速、励磁电流、转矩电流的控制，整个调节系统设计了速度外环和电流(励磁和转矩分量)内环共 3 个调节器，分别对不同的扰动进行独立控制。研究表明，整个系统的动态响应快，稳态精度高，能够比较准确地模拟推进器负载的动态变化规律。

3. 推进器负载限制仿真测试

根据建立的动力定位船的发电系统模型、供配电系统模型、推进负载模型等，按照母型船的电力系统单线图进行整合，建立整个推进负载限制仿真模型，如图 4-56 所示。

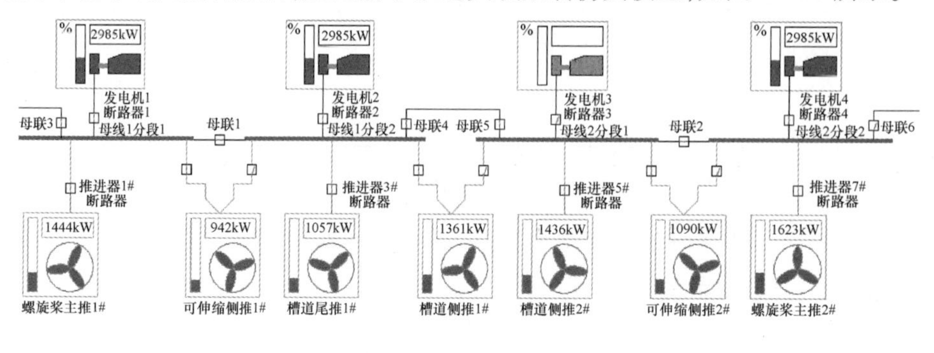

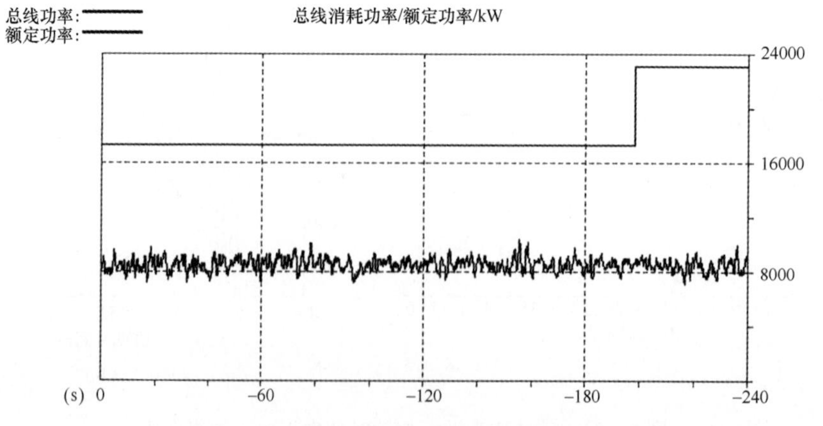

图 4-56　功率监控系统正常工作状况图

将推进负载限制仿真模型通过串口进行联机仿真。在完成对各个推进器和发电机电气参数、配电板断路器状态等数据的采集后,通过串口发送给功率监控及推进负载限制端。在功率监控及推进负载限制端,首先通过计算发电机在线可用功率、推进器实时功率,进行功率数据显示和过载报警等;其次,根据推进负载限制算法,完成滤波并且得到最大转速和推力的设定值,并进行推进系统的控制。

(1) 发电机、推进器均不过载,功率监控系统正常工作。此仿真工况为推进负载的负荷率整体较低,发电机组的在线可用功率足够安全,仿真的监控界面单线图和总负载功率曲线图如图4-56所示,整个电力推进系统的中压配电母线全部连接成一个环网进行供电,3台柴油发电机组投入发电,总的可用功率为17280kW,推进器负荷率较低,未出现过载情况。

(2) 推进器负荷波动引起发电机过载,但未加推进负载限制。此仿真工况为推进负载的负荷率整体接近短时过负荷运行负荷率,发电机组的在线可用功率储备不足,需增加发电机组工作才能满足,在未加基于发电机组在线可用功率的推进负载限制算法时,仿真得到的监控界面单线图状况和总负载功率动态曲线图如图4-57所示。

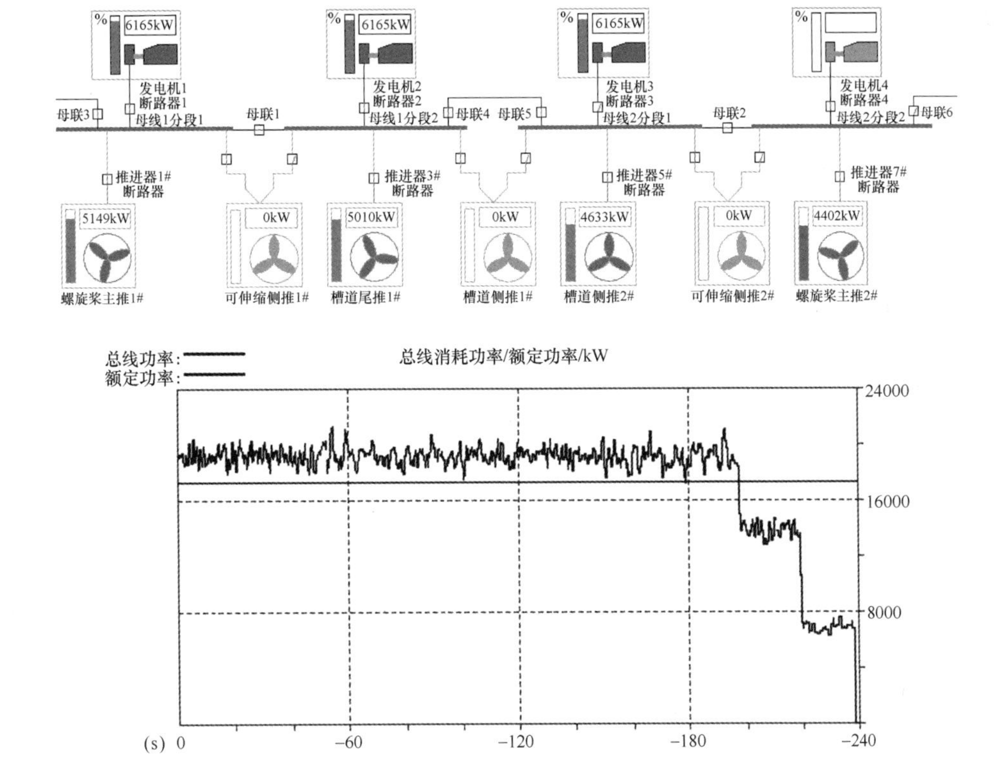

图4-57 功率监控系统过载报警状况图

从监控界面单线图可以看到,整个电力推进系统的中压配电母线全部连接成一个环网进行供电,3台柴油发电机组投入发电,总的可用功率为17280kW,发电机组和推进器已经发出红色过载报警。由总消耗功率/额定功率监控曲线可以看出:推进负载已经超过了发电机组所能提供的可用功率。在实际中,发电机组只能处于短时的过载运行,因此,不进行推进器负载动态限制,对发电机组的安全运行存在很大的挑战。

(3) 推进器负荷波动引起发电机过载,添加推进负载限制控制且负载被动态限制在上限。在仿真情况(2)的基础上,加上基于发电机组在线可用功率的推进负载限制算法,仿真的监控界面单线图和总负载功率曲线如图4-58所示。

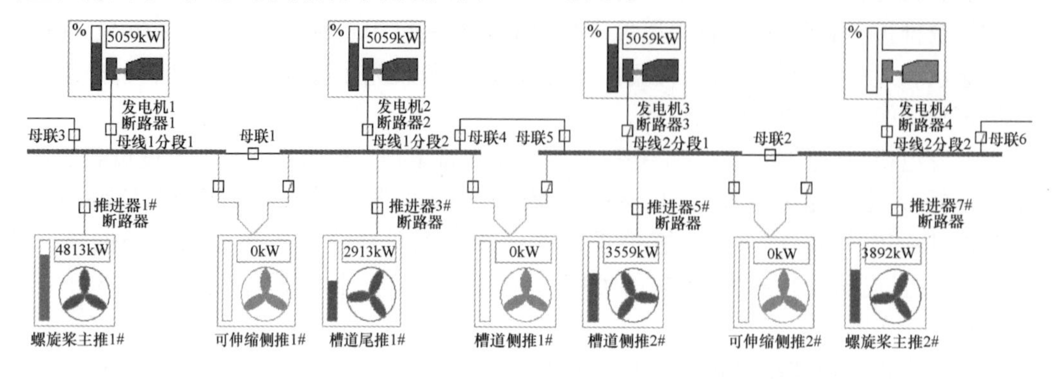

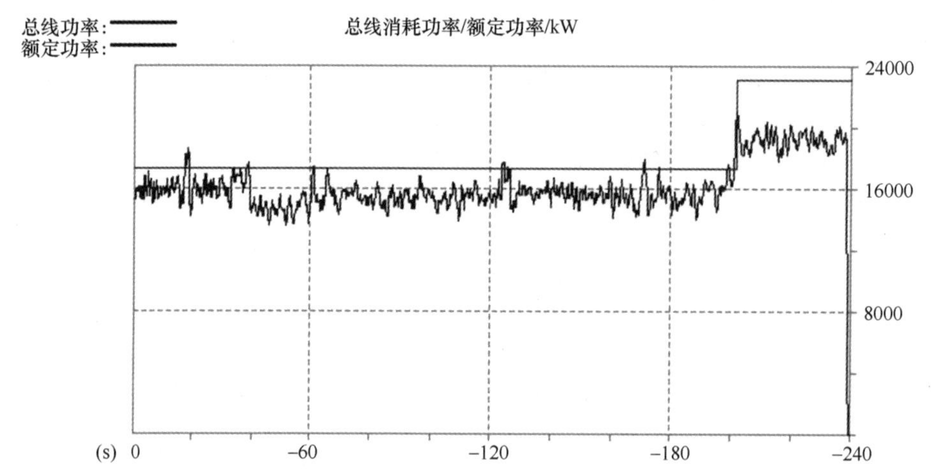

图4-58 施加限载算法后功率监控系统正常工作状况图

从监控界面单线图可以看到,由于使用了基于发电机组在线可用功率的推进负载限制算法,发电机组和推进器基本不出现过载报警;由总的消耗功率/额定可用功率监控曲线也可以看出:当推进器负载发生突变时,或者由于突发发电机组故障造成的可用功率变动时,基于发电机组在线可用功率的推进负载限制算法,能够在较短时间内将其限制到安全范围,限载实时性和快速性较好。

第5章 半实物仿真技术

5.1 半实物仿真技术概述

科学技术的发展,导致数字"大爆炸",而计算机错误可能导致很严重的后果,例如,钻井平台与平台供应船相撞;系泊船与钻柱相脱离;浮式储油卸油装置/浮式生产装置,由于压载计算中的错误而沉船和由于压载计算中的错误倾斜近垂直;近海服务船舶潜水时漂流船停电,承担潜水事故的风险;与平台相撞,造成平台损失;由于操舵稳定系统的错误造成游轮船舶横摇过大等。

而计算机测试技术已经落后于控制发展的趋势,技术转变已经从机械变为计算机控制船舶,计算机系统中的错误对近海作业船的安全与作业能力十分致命。

传统海洋技术的测试与认证归属于社会服务,是一个发展良好的市场,海洋控制论中的半实物仿真技术,作为一个独立的测试提供者进入该市场。

半实物仿真技术可采用适当的操作检测得到:隐藏的软件错误;错误的配置参数;软件设计缺陷等。半实物仿真可保护控制系统的质量和完整性,以使操作更安全、更可靠,提高利润空间。半实物仿真技术的出现弥补了软件测试的部分不足。

半实物仿真测试,英文为 Hardware - In - the - Loop testing,将要测试的实物设备,通过网络与一台仿真模拟计算机连接来完成,对于动力定位系统,半实物仿真的实物设备通常为动力定位控制设备,仿真模拟计算机模拟控制对象。被测试实物设备的输入全部由实时仿真系统提供,实物设备就像在真实的动态变化环境下进行响应,仿真模拟计算机提供的输出实物设备控制实船一样的响应。仿真模拟计算机运行的软件通常称为实时仿真系统。

通过半实物仿真可验证实物设备硬件和软件的性能。

动力定位系统的半实物仿真,实物部分为动力定位控制设备,仿真模拟计算机上的实时仿真系统的数学模型包括测量系统、船舶运动、执行机构和海洋环境、主机等,同时数学模型中还包括故障与报警等。

挪威 DNV 船级社对 HIL 半实物仿真测试颁布了指南,并对测试过程提供了独立的证书,证书形式如图 5 - 1 所示。

本章还给出了动力定位系统半实物仿真系统所涉及的主要数学模型。

DNV

DET NORSKE VERITAS

HIL TEST CERTIFICATE

"Acergy Osprey"

图 5-1　HIL 半实物仿真测试证书

5.2　坐 标 系

为了研究船舶运动，首先须建立描述船舶运动的坐标系。同一般物体的力学运动一样，船舶运动也有运动学和动力学之分。描述船舶运动的状态变量位置、速度、加速度，以及姿态、角速度、角加速度随时间变化的几何问题，属于运动学问题；研究船舶受到力和力矩作用后如何改变运动位置和姿态的问题属于动力学问题。由于运动的相对性，对于运动学问题来说，参考系的选择几乎不受什么限制，只要能作为描述运动的参照基准，并且使研究问题变得方便即可；而对动力学问题来说则不然，参考系不能随意选择。牛顿定律的成立依赖于一定的参考系，这种参考系称为惯性参考系，只有在惯性参考系下才能应用牛顿定律。因此研究船舶动力学问题，也就是运用牛顿定律以及其他根据牛顿定律推演得到的不同形式的动力学定律来研究船舶运动，而且必须在惯性参考系下进行。

建立船舶运动动力学数学模型的过程中，主要涉及北东坐标系、船体坐标系和船体平行坐标系。但船舶运动实时仿真系统还包括测量系统模型，测量系统位置参考系统 GPS 涉及 WGS-84大地坐标系和 UTM 坐标系。

本节介绍船舶运动实时仿真系统涉及的七种坐标系：

（1）地球中心惯性坐标系（ECI）；

（2）地球中心固定坐标系（ECEF）；

（3）WGS-84 大地坐标系；

（4）通用横向墨卡托投影坐标系（UTM）；

（5）北东坐标系（NED）；

（6）船体坐标系（BODY）；

（7）船体平行坐标系（VP）。

5.2.1 地球中心惯性坐标系

地球中心惯性（Earth Centered Inertial，ECI）坐标系，是一种惯性参考坐标系，即可应用牛顿运动定律的零加速度参考坐标系，它不参与地球的旋转运动。ECI 坐标系坐标原点位于地球中心，坐标轴的定义如图5－2所示。

地球中心惯性坐标系满足牛顿第二定律，是一种零加速度的参考坐标系，它不参与地球的旋转运动。

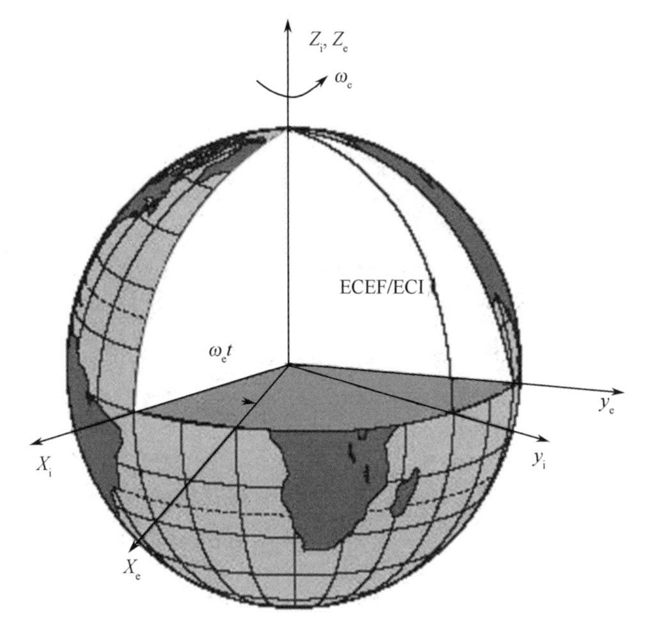

图5－2 地球中心惯性坐标系和地球中心固定坐标系

5.2.2 地球中心固定坐标系

地球中心固定坐标系（Earth－Centered Earth－Fixed frame，ECEF），也是一种以地球中心为原点的坐标系，但是ECEF坐标系的坐标轴相对空间上固定的地球中心惯性坐标系以一定的角速度转动。自转的角速度是 $\omega_e = 7.2921 \times 10^{-5}$ rad/s。由于船舶的运动速率较低，可以忽略地球的自转，因此地球中心固定坐标系也被认为是惯性坐标系，如图5－2所示。

5.2.3 WGS－84 大地坐标系

WGS－84 大地坐标系（ECEF 的特例）是美国国防部研制确定的大地坐标系，是一种协议地球中心固定坐标系。其采用的是1984年世界大地坐标系（World Geodetic System 1984，即 WGS－84）。

WGS－84 大地坐标系的定义是：原点是地球的质心，空间直角坐标系的 Z_e 轴指向 BIH 1984.0 协议定义的北极（CTP）方向，即国际协议定义的原点（CIO）。X_e 轴指向 BIH 定义的零度子午面和 CTP 赤道的交点，Y_e 轴位于赤道面上，并和 X_e、Z_e 轴构成右手坐标系。

WGS－84 坐标系中，任何一点 P 的位置都可以用（L，B，H）来表示，如图5－3所示。L

称为大地经度，为过点 P 和 Z_e 轴的平面与 X_eOZ_e（零度子午面）的夹角；B 称为大地纬度，为过点 P 的球面法线与平面 X_eOY_e（赤道面）的夹角；H 称为大地高程，为点 P 到球面的最短距离。

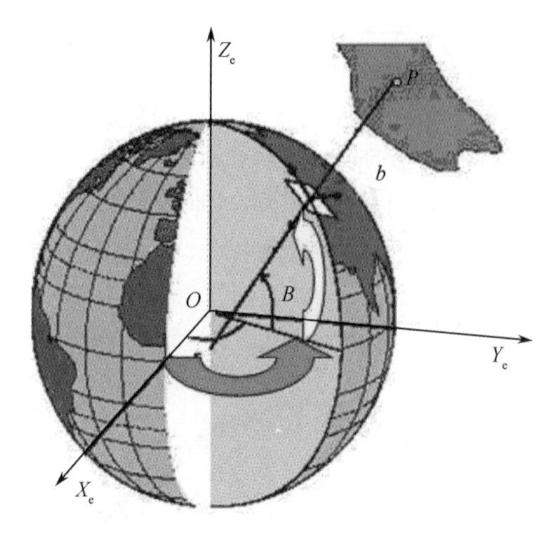

图 5－3　WGS－84 坐标系

5.2.4　通用横向墨卡托投影坐标系统

通用横向墨卡托投影（UTM）被广泛应用于测绘及其他海上作业中。多数与动力定位相关的导航都是基于 UTM 系统，将 WGS－84 坐标系转换为以米为度量的 UTM 坐标。

墨卡托（Mercator）投影（图 5－4），又名“等角正轴圆柱投影”。它是荷兰地图学家墨卡托（Gerhardus Mercator 1512—1594）在 1569 年拟定，假设地球被围在一个中空的圆柱里，其赤道与圆柱相接触，然后再假想地球中心有一盏灯，把球面上的图形投影到圆柱体上，再把圆柱体展开。UTM 系统是一种基于以米度量的北向纬度差和东西经度距离的网格系统，其目的是根据经度、纬度以及真北，减小传统的墨卡托投影中出现的失真。

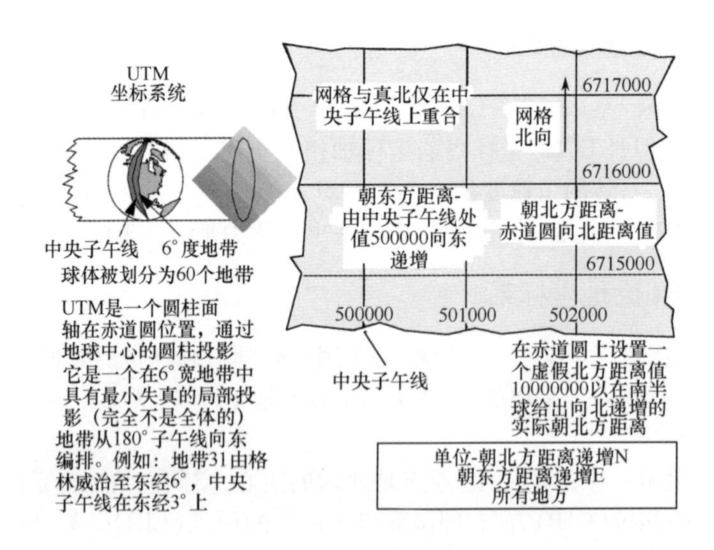

图 5－4　墨卡托投影

墨卡托投影是一种等角投影,地球上的角度及一些小的地形以相同的角度和形状投影到地图上,适合制作航海用图,其代价就是远离地图中央的部分变形大。墨卡托投影的圆柱在赤道与地球相切,但是实际上并不是一定要求在赤道上与地球相切,它也可以在某一经度上与地球相切,此时一般称之为横向墨卡托投影。由于横向墨卡托投影在较窄的区域内精度很高,因此成为一种全球性坐标体系的基础。

UTM 坐标系是一种以米为度量的平面直角坐标系,这种坐标系统及其所依据的投影已经广泛应用于地图之中,作为卫星影像和自然资源数据库的参考格网,由于其定位精确也被许多高精度定位应用所利用。

UTM 是一种圆柱投影,但在 UTM 中圆柱面的轴线是沿着赤道平面延伸的。因此,圆柱面与球体的交线就是一条子午线和其反子午线。显然,这种形式的单一圆柱投影不能用于绘制整个陆地表面图,并且当接触子午线与绘图区的经度偏差过大时,失真也将增大。因此,UTM 投影的有效范围由 6°经度宽,以接触的子午线(称为中央子午线)为中心的区域构成,这个区域内失真是最小的。区域由东经 180°子午线开始,区域由 180°到 1°直至西经 174°子午线,最后一个区域中央子午线位于西经 177°上(图 5-5)。中国的大部分海域位于东经 107°~123°,位于区域 48~51 内。

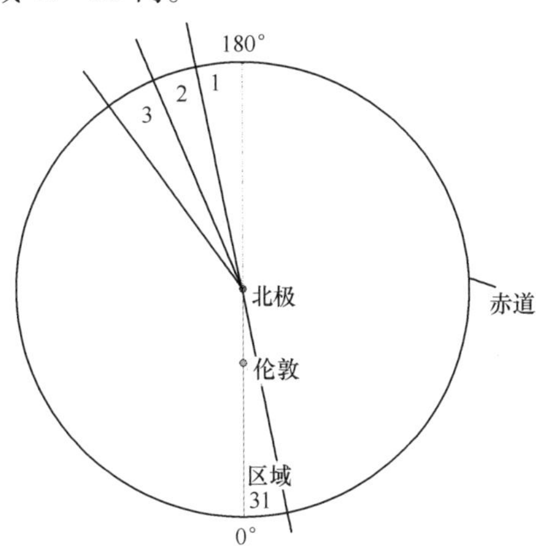

图 5-5　UTM 坐标系的区域划分

通用墨卡托投影系统的几何结构,总共有 60 个 UTM 区域,每个区域为 6°,区域编号从 180 °东经 180°子午线开始顺序自西向东,覆盖着从北纬 84° 到南纬 80°(图 5-6)。

在某一 UTM 区域内,当不考虑地球表面的位置时,北向和东向是分别(以米为度量)向北和向东增加距离的。

对于北向来说,基准面为赤道圆,北半球北向距离在赤道圆上的值为 0,并向北递增。至于南半球,如在赤道圆上设定一个伪北距离值 10 000 000,当向南移动时北向距离值将减小,保证了在向北移动过程中距离值始终为正值。

对于东向,设定中央子午线上为 0 值,如在中央子午线设定一个伪东向距离值 500000,在整个区域内东向距离值则均为正值,当向东移动时,东向距离值向东递增,当向西移动时,东向距离值向西减小。

由于 UTM 是一种格网系统,没有子午线的交汇,地图中的网格是真实的 90°正方形栅格,因此格网北向和真北在方向上具有一定的偏差,并且这种偏差在整个区域内将不断变

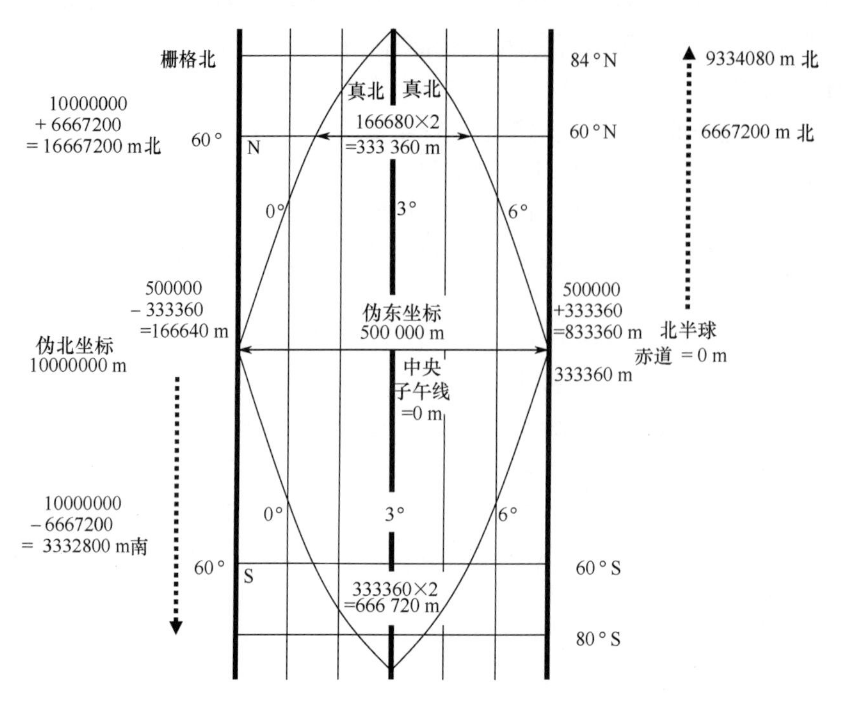

图 5–6　UTM 坐标系的有效范围

化。在中央子午线上该偏差为 0。对于动力定位系统而言,获取该偏差值十分重要,需要利用该偏差值对 Artemis 固定站进行校准。

应注意,某一区域的 UTM 坐标与基于另一中央子午线的 UTM 坐标,相同位置的坐标将不存在任何匹配关系,当制订一项任务计划时,应该核对提供的所有工作地点图表和计划是否都绘制到相同的投影和中央子午线基准下。

将 WGS–84 坐标系转换为以米为度量的 UTM 坐标,或将 UTM 坐标转换为 WGS–84 坐标,需通过复杂的转换公式得到。

轮船航行速度单位 1kn = 1 分平均长度/小时 = 1.852km/h

5.2.5　北东坐标系

北东坐标系(North–East–Down frame,NED 坐标系或 n–坐标系)。它是我们日常生活中最常提及的坐标系。与固定在船体上并随之一起运动的船体坐标系不同的是,北东坐标系原点固定,坐标轴固定指向正北、正东和地球的球心。

北东坐标系以大地作为参考系,故也称为地面坐标系,为固定坐标系或静坐标系中的一种,如图 5–7 所示。

船舶运动受到外界的力和力矩作用的结果,而任何动力学问题的研究都需要一个惯性参考系,因此研究和描述船舶运动,必须在能够表达船舶运动的惯性坐标系上进行。对于在局部区域航行的船舶,其经度和纬度可近似认为是固定的,对于在地球表面小范围,短时间内发生的力学过程来说,可以假设北东坐标系是惯性参考系,这样牛顿定律在北东坐标系仍可以采用。

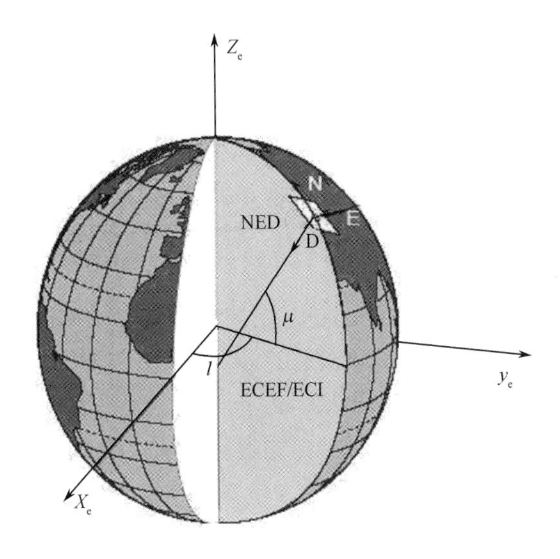

图5－7　北东坐标系

5.2.6　船体坐标系

在某些情况下，固定北东坐标系的使用不够方便。例如，船与周围海水之间的相互作用力时，因水动力决定于船体与海水的相互运动，以及船体的转动惯量的表示等方面运用固定坐标系参数来表示就非常麻烦，因此就需要建立船舶船体坐标系。

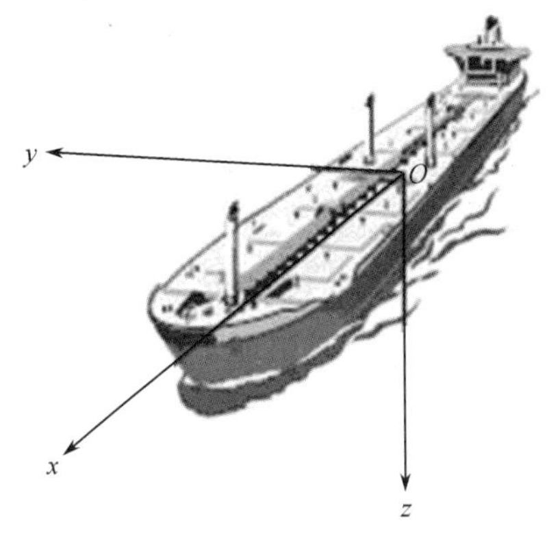

图5－8　船体坐标系

船体坐标系（b－坐标系）是最常用的一种运动坐标系，一般用符号 $Oxyz$ 描述。该坐标系固定在船体上，将随船做任意形式的运动。它的原点 O 可以取在船的重心处或重心以外的任何一点，如果船体结构上存在对称面，则原点最好取在对称面上。船体坐标系的坐标轴选取一般与惯性主轴的方向一致，把 Ox 轴取在纵向剖面内，指向船艏；Oy 轴与纵向剖面垂直，指向右舷；Oz 轴在纵向剖面内，指向船底方向，与 Oxy 平面垂直，如图5－8所示。

5.2.7　船体平行坐标系

船体平行（Vessel Parallel，VP）坐标系，坐标原点与北东坐标系的原点重合，即原点固定，坐标系各坐标轴与船体坐标系平行，轴 Ex_p 平行于轴 Ox，轴 Ey_p 平行于轴 Oy，轴 Ez_p 平行于轴 Oz，如图5－9所示。平行坐标系与船体坐标位置关系为平移关系，船舶在平行坐标系与船体坐标系中的姿态角、速度、角速度、加速度、角加速度均相等。

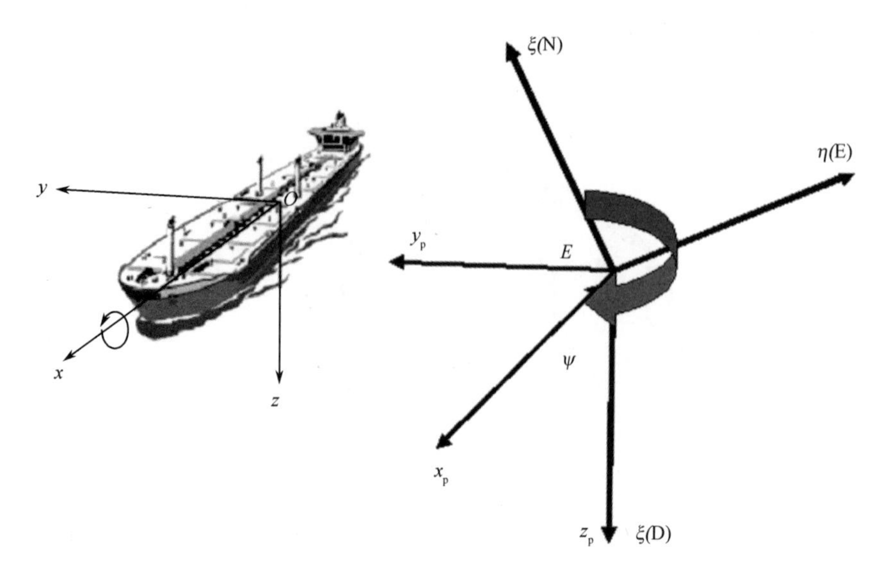

图 5－9　船体平行坐标系示意图

5.3　运动变量定义

5.3.1　变量的选取和定义

研究和建立船舶运动数学模型，首先要选取定义一组状态变量，以及给出数学模型涉及的状态变量符号和含义，变量符号体系在国际上普遍采用国际水池会议（ITTC）推荐的以及造船和轮机工程学会（SNAME）术语公报推荐的体系，如表 5－1 和表 5－2 所列。

表 5－1　SNAME（1950）规定的船舶运动变量符号

自由度	船舶运动	力和力矩	线速度和角速度
1	沿 x－方向的移动	X	u
2	沿 y－方向的移动	Y	v
3	沿 z－方向的移动	Z	w
4	绕 x－轴的转动	K	p
5	绕 y－轴的转动	M	q
6	绕 z－轴的转动	N	r

表 5－2　SNAME（1950）规定的船舶和位置和姿态变量符号

自由度	船舶运动	位置和欧拉姿态角
1	n－坐标系沿 N－方向的运动	n
2	n－坐标系沿 E－方向的运动	e
3	n－坐标系沿 D－方向的运动	d
4	船体 Oy 轴与北东平面的角度	ϕ
5	船体 Ox 轴与北东平面的角度	θ
6	船体艏向与北的角度	ψ

对船舶而言，至少需要上述 12 个状态变量来描述系统的动态数学模型，12 状态变量分

别是 3 个位置,3 个欧拉姿态角,3 个线速度,3 个角速度。

采用下面的矢量符号描述方法描述在某坐标系下的线速度与角速度:

ν_o^n:O 点的线速度在 n - 坐标系中的矢量描述;

ω_o^b:绕 O 点转动的角速度在 b - 坐标系的矢量描述。

上述定义的变量,可以方便地表达成以下矢量形式:

姿态角(欧拉角): $\boldsymbol{\Theta}=\begin{bmatrix}\phi\\ \theta\\ \psi\end{bmatrix}\in\mathbf{S}^3$

NED 坐标系下的位置: $\boldsymbol{P}=\begin{bmatrix}n\\ e\\ d\end{bmatrix}\in\mathbf{R}^3$

船体坐标系下的线速度: $\boldsymbol{U}=\begin{bmatrix}u\\ v\\ w\end{bmatrix}\in\mathbf{R}^3$, 角速度 $\boldsymbol{\Omega}=\begin{bmatrix}p\\ q\\ r\end{bmatrix}\in\mathbf{R}^3$

船体坐标系下的力: $\boldsymbol{f}^b=\begin{bmatrix}X_\Sigma\\ Y_\Sigma\\ Z_\Sigma\end{bmatrix}\in\mathbf{R}^3$, 力矩 $\boldsymbol{m}^b=\begin{bmatrix}K_\Sigma\\ M_\Sigma\\ N_\Sigma\end{bmatrix}\in\mathbf{R}^3$

式中:$\mathbf{R}^3$表示三维欧几里得的空间,$\mathbf{S}^2$表示二维环面,即存在两个范围为$[0,2\pi]$的角,三维情况下,表示为 $\mathbf{S}^3$。

船舶运动的状态矢量可定义为

$$\boldsymbol{\eta}=\begin{bmatrix}\boldsymbol{P}\\ \boldsymbol{\Theta}\end{bmatrix},\qquad \boldsymbol{\nu}=\begin{bmatrix}\boldsymbol{U}\\ \boldsymbol{\Omega}\end{bmatrix},\qquad \boldsymbol{\tau}=\begin{bmatrix}\boldsymbol{f}^b\\ \boldsymbol{m}^b\end{bmatrix} \tag{5-1}$$

式中:$\boldsymbol{\eta}\in\mathbf{R}^3\times\mathbf{S}^3$表示位置和姿态矢量,位置矢量 $\boldsymbol{P}^n\in\mathbf{R}^3$在 NED 坐标系下定义,$\boldsymbol{\Theta}\in\mathbf{S}^3$是欧拉角矢量;$\boldsymbol{\nu}\in\mathbf{R}^6$表示船体坐标系下的线速度和角速度矢量;$\boldsymbol{\tau}\in R^6$表示船体坐标系下的作用于船体的力和力矩。

5.3.2　状态变量在北东坐标系的描述

在北东 n - 坐标系内的船舶运动可以用它的位置和姿态来描述,其中位置指的是船体坐标系原点在 NED 坐标系内三个空间坐标 n、e、d,位置的时间变化率就是 $\boldsymbol{U}$ 在三个坐标轴上的分量,用 U_n、U_e、U_d来表示,即 $\dot{n}=U_n$,$\dot{e}=U_e$,$\dot{d}=U_d$。显然有

$$\boldsymbol{U}=[U_n\quad U_e\quad U_d]^{\mathrm{T}}=[\dot{n}\quad \dot{e}\quad \dot{d}]^{\mathrm{T}} \tag{5-2}$$

船舶的姿态指的是它的三个欧拉角,三个欧拉角实际上确定了船体 b - 坐标系与北东 n - 坐标系之间的几何方位关系,以 φ、θ、ψ 表示之。

ψ 称为艏向角,θ 称为纵倾角,φ 称为横倾角。船舶当前的位置是 n、e、d,船舶当前的姿态是欧拉角 φ、θ、ψ。

5.3.3　变量在船体坐标系的描述

船舶在某一坐标系下的运动用刚体力学的观点加以分析,可视为由两部分运动叠加而成:一部分是随坐标原点 O 的平动,另一部分则为绕该参考点的转动。令 $\boldsymbol{U}$ 代表点 O 上的

绝对速度矢量,它在 $Oxyz$ 坐标系上的三个分量分别为 u、v、w,u 称为前进速度,v 称为横移速度,w 称为垂荡速度,则有

$$\boldsymbol{U} = [u \quad v \quad w]^{\mathrm{T}} \tag{5-3}$$

船舶绕 O 点的转动角速度矢量以 $\boldsymbol{\omega}$ 表示,令其在 b - 坐标系上的三个分量分别为 p、q、r,p 为横摇角速度,q 为纵摇角速度,r 称为艏摇角速度。于是有

$$\boldsymbol{\Omega} = [p \quad q \quad r]^{\mathrm{T}} \tag{5-4}$$

一般按照右手螺旋定则规定 p、q、r 的正方向。对于绝大多数的船舶运动而言,低频的前进运动占主导地位,同时伴随着其他自由度方向上的高频振荡运动。

运动变量定义归纳如下:

$\boldsymbol{\Theta} = (\phi \quad \theta \quad \psi)^{\mathrm{T}} \in \mathbf{S}^3$:船舶姿态欧拉角的矢量描述。

$\boldsymbol{P} = (n \quad e \quad d)^{\mathrm{T}} \in \mathbf{R}^3$:任一点位置矢在 n - 坐标系中的描述。

$\boldsymbol{U}^n = (\dot{n} \quad \dot{e} \quad \dot{d})^{\mathrm{T}} \in \mathbf{R}^3$:船速度矢量为 n - 坐标系中的描述。

$\boldsymbol{W}^n = (0 \quad 0 \quad W)^{\mathrm{T}}$:船重力矢量在 n - 坐标系中的描述。

$\boldsymbol{B}^n = (0 \quad 0 \quad -B)^{\mathrm{T}}$:船浮力矢量在 n - 坐标系的描述。

$\boldsymbol{U}^b = (u \quad \boldsymbol{v} \quad w)^{\mathrm{T}} \in \mathbf{R}^3$:船速度矢量在 b - 坐标系中的描述。

$\boldsymbol{U}_G^b = (u_G \quad \boldsymbol{v}_G \quad w_G)^{\mathrm{T}} \in \mathbf{R}^3$:船重心 G 速度矢量在 b - 坐标系中的描述。

$\boldsymbol{R}_G = (x_G \quad y_G \quad z_G)^{\mathrm{T}} \in \mathbf{R}^3$:船重心 G 速度矢量在 b - 坐标系中的描述。

$\boldsymbol{R}_B = (x_B \quad y_B \quad z_B)^{\mathrm{T}} \in \mathbf{R}^3$:船重心 G 速度矢量在 b - 坐标系中的描述。

$\boldsymbol{\Omega} = (p \quad q \quad r)^{\mathrm{T}} \in \mathbf{R}^3$:角速度在 b - 坐标系的矢量描述。

$\boldsymbol{F}^b = (X_\Sigma \quad Y_\Sigma \quad Z_\Sigma)^{\mathrm{T}} \in \mathbf{R}^3$:船所受到的矢量力在 b - 坐标系中的描述。

$\boldsymbol{M}^b = (K_\Sigma \quad M_\Sigma \quad N_\Sigma)^{\mathrm{T}} \in \mathbf{R}^3$:船所受到的矢量力矩在 b - 坐标系中的描述。

设:

$$\boldsymbol{\eta} = \begin{bmatrix} \boldsymbol{P} \\ \boldsymbol{\Theta} \end{bmatrix} \in \mathbf{R}^3 \times \mathbf{S}^3, \quad \boldsymbol{\nu} = \begin{bmatrix} \boldsymbol{U}^b \\ \boldsymbol{\Omega} \end{bmatrix} \in \mathbf{R}^6, \quad \boldsymbol{\tau} = \begin{bmatrix} \boldsymbol{F}^b \\ \boldsymbol{M}^b \end{bmatrix} \in \mathbf{R}^6 \tag{5-5}$$

5.4 船舶运动数学模型

船舶运动数学模型分为两部分:运动学(kinematics)和动力学(kinetics)。

运动学研究一个物体或物体系统的运动,而不考虑加在物体上的质量或力,即只研究运动的空间几何方面的问题。船舶运动学研究船舶位置、速度、加速度,以及姿态、角速度、角加速度在空间几何方面随时间变化(微分)的问题。运动学参考坐标系统无特别要求。

动力学研究引起运动的力和力矩作用。船舶动力学研究船舶受到力和力矩作用后如何改变运动位置和姿态的问题。牛顿定律必须在惯性坐标系下进行。

船舶运动学研究状态变量位置、速度、加速度,以及姿态、角速度、角加速度随时间变化的几何问题,即这些状态变量在空间的几何关系。

船舶运动数学模型通常用北东坐标系的位置,以及船体坐标系的速度和角速度来描述,这样就需研究它们之间的几何关系,这些几何关系主要是三个欧拉姿态角的函数,三个欧拉姿态角实际上确定了船体 b - 坐标系与北东 n - 坐标系之间的几何方位关系。

研究船舶在北东坐标系表示的位置和船体坐标系表示的速度之间的关系,在这里称为

位置运动学模型。研究船舶在北东坐标系表示的姿态和船体坐标系表示的角速度之间的关系，在这里称为姿态运动学模型。位置运动学模型和姿态运动学模型统称为船舶运动学模型。

本节只给出船舶的运动数学模型表达式，具体推导过程可参见参考文献[2]。

5.4.1 运动学模型

船舶六自由度运动学模型可以表达成以下矩阵形式。

1. 位置运动学模型

$$\begin{bmatrix}\dot{n}\\ \dot{e}\\ \dot{d}\end{bmatrix}=\begin{bmatrix}\cos\psi\cos\theta & \cos\psi\sin\theta\sin\phi-\sin\psi\cos\phi & \cos\psi\sin\theta\cos\phi+\sin\psi\sin\phi\\ \sin\psi\cos\theta & \sin\psi\sin\theta\sin\phi+\cos\psi\cos\phi & \sin\psi\sin\theta\cos\phi-\cos\psi\sin\phi\\ -\sin\theta & \cos\theta\sin\phi & \cos\theta\cos\phi\end{bmatrix}\begin{bmatrix}u\\ v\\ w\end{bmatrix} \tag{5-6}$$

2. 姿态运动学模型

$$\begin{bmatrix}\dot{\phi}\\ \dot{\theta}\\ \dot{\psi}\end{bmatrix}=\begin{bmatrix}1 & \sin\phi\tan\theta & \cos\phi\tan\theta\\ 0 & \cos\phi & -\sin\phi\\ 0 & -\sin\phi/\cos\theta & \cos\phi/\cos\theta\end{bmatrix}\begin{bmatrix}p\\ q\\ r\end{bmatrix} \tag{5-7}$$

3. 船舶六自由度运动学模型矢量形式：

$$\begin{bmatrix}\dot{\boldsymbol{p}}^{n}\\ \dot{\boldsymbol{\Theta}}\end{bmatrix}=\begin{bmatrix}\boldsymbol{R}_{b}^{n}(\boldsymbol{\Theta}) & \boldsymbol{0}_{3\times 3}\\ \boldsymbol{0}_{3\times 3} & \boldsymbol{T}_{\Theta}(\boldsymbol{\Theta})\end{bmatrix}\begin{bmatrix}U\\ \Omega\end{bmatrix} \tag{5-8}$$

即

$$\dot{\boldsymbol{\eta}}=\boldsymbol{J}(\boldsymbol{\eta})\boldsymbol{\nu} \tag{5-9}$$

式中：

$$\boldsymbol{\eta}=[\boldsymbol{p}\quad \boldsymbol{\Theta}]^{\mathrm{T}}=[n\quad e\quad d\quad \phi\quad \theta\quad \psi]^{\mathrm{T}}\in R^{3}\times S^{3}$$

$$\boldsymbol{\nu}=[U\quad \Omega]^{\mathrm{T}}=[u\quad v\quad w\quad p\quad q\quad r]\in R^{6}$$

$$\boldsymbol{J}(\boldsymbol{\eta})=\begin{bmatrix}\boldsymbol{R}_{b}^{n}(\boldsymbol{\Theta}) & \boldsymbol{0}_{3\times 3}\\ \boldsymbol{0}_{3\times 3} & \boldsymbol{T}_{\Theta}(\boldsymbol{\Theta})\end{bmatrix}$$

$$\boldsymbol{R}_{b}^{n}(\boldsymbol{\Theta})=\begin{bmatrix}\cos\psi\cos\theta & \cos\psi\sin\theta\sin\phi-\sin\psi\cos\phi & \cos\psi\sin\theta\cos\phi+\sin\psi\sin\phi\\ \sin\psi\cos\theta & \sin\psi\sin\theta\sin\phi+\cos\psi\cos\phi & \sin\psi\sin\theta\cos\phi-\cos\psi\sin\phi\\ -\sin\theta & \cos\theta\sin\phi & \cos\theta\cos\phi\end{bmatrix}$$

$$\boldsymbol{T}_{\Theta}(\boldsymbol{\Theta})=\begin{bmatrix}1 & \sin\phi\tan\theta & \cos\phi\tan\theta\\ 0 & \cos\phi & -\sin\phi\\ 0 & \sin\phi/\cos\theta & \cos\phi/\cos\theta\end{bmatrix}$$

此外，也可以将上式写成方程组的形式：

$$\begin{aligned}\dot{n}&=u\cos\psi\cos\theta+v(\cos\psi\sin\theta\sin\phi-\sin\psi\cos\phi)\\ &\quad+w(\sin\psi\sin\phi+\cos\psi\cos\phi\sin\theta)\\ \dot{e}&=u\sin\psi\cos\theta+v(\cos\psi\cos\phi+\sin\phi\sin\theta\sin\psi)\end{aligned} \tag{5-10}$$

$$+w(\sin\theta\sin\psi\cos\phi-\cos\psi\sin\phi) \tag{5-11}$$

$$\dot{d}=-u\sin\theta+v\cos\theta\sin\phi+w\cos\theta\cos\phi \tag{5-12}$$

$$\dot{\phi}=p+q\sin\theta\tan\theta+r\cos\phi\tan\theta \tag{5-13}$$

$$\dot{\theta}=q\cos\phi-r\sin\phi \tag{5-14}$$

$$\dot{\psi}=q\frac{\sin\phi}{\cos\theta}+r\frac{\cos\phi}{\cos\theta}(\theta\neq\pm90^{\circ}) \tag{5-15}$$

5.4.2 动力学模型

1. 平移六自由度动力学模型

$$\begin{bmatrix}\dot{u}\\\dot{v}\\\dot{w}\end{bmatrix}+\begin{bmatrix}wq-vr\\ur-wp\\vp-uq\end{bmatrix}+\begin{bmatrix}-x_G(q^2+r^2)+y_G(pq-\dot{r})+z_G(pr+\dot{q})\\-y_G(r^2+p^2)+z_G(qr-\dot{p})+x_G(qp+\dot{r})\\-z_G(p^2+q^2)+x_G(rp-\dot{q})+y_G(rq+\dot{p})\end{bmatrix}=\frac{1}{m}\begin{bmatrix}X\\Y\\Z\end{bmatrix} \tag{5-16}$$

2. 旋转六自由度动力学模型

$$\begin{bmatrix}J_x & J_{xy} & J_{xz}\\J_{yx} & J_y & J_{yz}\\J_{zx} & J_{zy} & J_z\end{bmatrix}\begin{bmatrix}\dot{p}\\\dot{q}\\\dot{r}\end{bmatrix}+\begin{bmatrix}(J_{zx}p+J_{zy}q+J_zr)q-(J_{yx}p+J_yq+J_{yz}r)r\\(J_xp+J_{xy}q+J_{xz}r)r-(J_{zx}p+J_{zy}q+J_zr)p\\(J_{yx}p+J_yq+J_{yz}r)p-(J_xp+J_{xy}q+J_{xz}r)q\end{bmatrix}$$

$$+m\begin{bmatrix}y_G(\dot{w}+vp-uq)-z_G(\dot{v}+ur-wp)\\z_G(\dot{u}+wq-vr)-x_G(\dot{w}+vp-uq)\\x_G(\dot{v}+ur-wp)-y_G(\dot{u}+wq-vr)\end{bmatrix}=\begin{bmatrix}K\\M\\N\end{bmatrix} \tag{5-17}$$

取坐标轴为船舶的重心惯性主轴，则

$$J_{xyG}=J_{yxG}=0,J_{yzG}=J_{zyG}=0,J_{xzG}=J_{zxG}=0 \tag{5-18}$$

而

$$\boldsymbol{J}=\begin{bmatrix}J_{xG}+m(y_G^2+z_G^2) & -mx_Gy_G & -mx_Gz_G\\-my_Gx_G & J_{yG}+m(z_G^2+x_G^2) & -my_Gz_G\\-mz_Gx_G & -mz_Gy_G & J_{zG}+m(x_G^2+y_G^2)\end{bmatrix}$$

$$=\begin{bmatrix}J_x & -mx_Gy_G & -mx_Gz_G\\-my_Gx_G & J_y & -my_Gz_G\\-mz_Gx_G & -mz_Gy_G & J_z\end{bmatrix} \tag{5-19}$$

将式(5-18)、式(5-19)代入式(5-17)得船舶运动坐标轴为重心惯性主轴下的旋转方程：

$$\begin{bmatrix}J_x\\J_y\\J_z\end{bmatrix}\begin{bmatrix}\dot{p}\\\dot{q}\\\dot{r}\end{bmatrix}+\begin{bmatrix}(J_z-J_y)qr\\(J_x-J_z)rp\\(J_y-J_x)pq\end{bmatrix}+\begin{bmatrix}J_{xy}(\dot{q}-pr)+J_{xz}(\dot{r}+pq)+J_{zy}(q^2-r^2)\\J_{yz}(\dot{r}-qp)+J_{yx}(\dot{p}+qr)+J_{xz}(r^2-p^2)\\J_{zx}(\dot{p}-rq)+J_{zy}(\dot{q}+rp)+J_{yx}(p^2-q^2)\end{bmatrix}$$

$$+m\begin{bmatrix}y_G(\dot{w}+vp-uq)-z_G(\dot{v}+ur-wp)\\z_G(\dot{u}+wq-vr)-x_G(\dot{w}+vp-uq)\\x_G(\dot{v}+ur-wp)-y_G(\dot{u}+wq-vr)\end{bmatrix}=\begin{bmatrix}K\\M\\N\end{bmatrix} \tag{5-20}$$

将 $J_{xy}=J_{yx}=-mx_Gy_G,J_{yz}=J_{zy}=-my_Gz_G,J_{xz}=J_{zx}=-mz_Gx_G$ 代入式(5-20)得

$$\begin{bmatrix} J_x \\ J_y \\ J_z \end{bmatrix}\begin{bmatrix} \dot{p} \\ \dot{q} \\ \dot{r} \end{bmatrix}+\begin{bmatrix} (J_z-J_y)qr \\ (J_x-J_z)rp \\ (J_y-J_x)pq \end{bmatrix}+m\begin{bmatrix} x_Gy_G(pr-\dot{q})-x_Gz_G(\dot{r}+pq)+z_Gy_G(r^2-q^2) \\ y_Gz_G(qp-\dot{r})-y_Gx_G(\dot{p}+qr)+x_Gz_G(p^2-r^2) \\ z_Gx_G(rp-\dot{p})-z_Gy_G(\dot{q}+rp)+y_Gx_G(q^2-p^2) \end{bmatrix}$$

$$+m\begin{bmatrix} y_G(\dot{w}+pv-qu)-z_G(\dot{v}+ru-pw) \\ z_G(\dot{u}+qw-rv)-x_G(\dot{w}+pv-qu) \\ x_G(\dot{v}+ru-pw)-y_G(\dot{u}+qw-rv) \end{bmatrix}=\begin{bmatrix} K \\ M \\ N \end{bmatrix} \tag{5-21}$$

运动坐标轴为重心惯性主轴下的船舶的六自由度运动动力学模型可描述如下：

$$m\begin{bmatrix} \dot{u} \\ \dot{v} \\ \dot{w} \end{bmatrix}+m\begin{bmatrix} qw-rv \\ ru-pw \\ pv-qu \end{bmatrix}-m\begin{bmatrix} x_G(q^2+r^2)-y_G(pq-\dot{r})-z_G(pr+\dot{q}) \\ y_G(r^2+p^2)-z_G(qr-\dot{p})-x_G(qp+\dot{r}) \\ z_G(p^2+q^2)-x_G(rp-\dot{q})-y_G(rq+\dot{p}) \end{bmatrix}=\begin{bmatrix} X \\ Y \\ Z \end{bmatrix}$$

$$\begin{bmatrix} J_x \\ J_y \\ J_z \end{bmatrix}\begin{bmatrix} \dot{p} \\ \dot{q} \\ \dot{r} \end{bmatrix}+\begin{bmatrix} (J_z-J_y)qr \\ (J_x-J_z)rp \\ (J_y-J_x)pq \end{bmatrix}+m\begin{bmatrix} x_Gy_G(pr-\dot{q})-x_Gz_G(\dot{r}+pq)+z_Gy_G(r^2-q^2) \\ y_Gz_G(qp-\dot{r})-y_Gx_G(\dot{p}+qr)+x_Gz_G(p^2-r^2) \\ z_Gx_G(rp-\dot{p})-z_Gy_G(\dot{q}+rp)+y_Gx_G(q^2-p^2) \end{bmatrix}$$

$$+m\begin{bmatrix} y_G(\dot{w}+pv-qu)-z_G(\dot{v}+ru-pw) \\ z_G(\dot{u}+qw-rv)-x_G(\dot{w}+pv-qu) \\ x_G(\dot{v}+ru-pw)-y_G(\dot{u}+qw-rv) \end{bmatrix}=\begin{bmatrix} K \\ M \\ N \end{bmatrix} \tag{5-22}$$

5.4.3　动力学模型的矢量表达

船舶动力学模型可用矢量形式表示为

$$\boldsymbol{M}_{RB}\dot{\boldsymbol{\nu}}+\boldsymbol{C}_{RB}(\boldsymbol{\nu})\boldsymbol{\nu}=\boldsymbol{\tau}_{RB} \tag{5-23}$$

式中：$\boldsymbol{\nu}=[u,v,w,p,q,r]^{\mathrm{T}}$表示在船体坐标系下分解的速度矢量；$\boldsymbol{\tau}_{RB}=[X,Y,Z,K,M,N]^{\mathrm{T}}$是外力和外力矩的矢量形式。

1. 系统惯性矩阵 $\boldsymbol{M}_{RB}$

系统惯性矩阵 $\boldsymbol{M}_{RB}$的表达是唯一的，且满足：

$$\boldsymbol{M}_{RB}=\boldsymbol{M}_{RB}^{\mathrm{T}}>0,\boldsymbol{M}_{RB}=O_{6\times6}$$

$$\boldsymbol{M}_{RB}=\begin{bmatrix} m & 0 & 0 & 0 & mz_G & -my_G \\ 0 & m & 0 & -mz_G & 0 & mx_G \\ 0 & 0 & m & my_G & -mx_G & 0 \\ 0 & -mz_G & my_G & J_x & J_{xy} & J_{xz} \\ mz_G & 0 & -mx_G & J_{yx} & J_y & J_{yz} \\ -my_G & mx_G & 0 & J_{zx} & J_{zy} & J_z \end{bmatrix} \tag{5-24}$$

2. 科里奥利矩阵 $\boldsymbol{C}_{RB}$

矩阵 $\boldsymbol{C}_{RB}$表示科里奥利力矢量项 $\boldsymbol{\omega}_{nb}^{b}\times\boldsymbol{v}_{o}^{b}$和向心力矢量项 $\boldsymbol{\omega}_{nb}^{b}\times(\boldsymbol{\omega}_{nb}^{b}\times\boldsymbol{r}_{g}^{b})$。与矩阵 $\boldsymbol{M}_{RB}$不同，矩阵 $\boldsymbol{C}_{RB}$存在多种表达式。利用基尔霍夫(Kirchhoff)方程，我们可得到一种 $\boldsymbol{C}_{RB}$的反对称的表达式。

$$C_{RB}(\nu)=\begin{bmatrix} 0 & 0 & 0 & m(y_Gq+z_Gr) & -m(x_Gq-w) & -m(x_Gr+v) \\ 0 & 0 & 0 & -m(z_Gp-v) & -m(z_Gq+u) & m(x_Gp+y_Gq) \\ -m(y_Gq+z_Gr) & m(y_Gp+w) & m(z_Gp-v) & 0 & J_{zx}p+J_{zy}q+J_zr & -J_{yx}p-J_yq-J_{yz}r \\ m(x_Gq-w) & -m(z_Gr+x_Gp) & m(z_Gq+u) & -J_{zx}p-J_{zy}q-J_zr & 0 & J_xp+J_{xy}q+J_{xz}r \\ m(x_Gr+v) & m(y_Gr-u) & -m(y_Gq+x_Gp) & J_{yx}p+J_yq+J_{yz}r & -J_xp-J_{xy}q-J_{xz}r & 0 \end{bmatrix} \tag{5-25}$$

3. 作用在船舶上的力 $\boldsymbol{\tau}_{RB}$

从分析和应用的角度，作用于海洋运载器上的力可分为三类，即主动力（通常为控制力）、海洋环境力和流体动力（流体反作用力）。这种划分在一定程度上是人为的。

1）主动力

用于使船舶进行预期操纵运动，通常包括螺旋桨推力、舵作用力、侧推进器与全回转推进器等推进器的推力，还可包括压载力、锚链张力、缆绳张力、拖轮力、管道张力等，其中推进器产生的推力常称为操纵力或控制力，其他称为附属操纵力或附属控制力。总之，主动力是借助于布置在船上或船外的专门执行机构或控制装置产生的。其实，本质上也是一类流体动力，是由桨、舵、推进器等执行机构或控制面与周围的流场介质的相对运动产生的。

2）海洋环境力

海洋运载器航行中受到的环境干扰力可分为三类，即风力、波浪力和流力。风力作用于船舶上层建筑上，其数据主要与上层建筑的形状、风的强度（风速）和风舷角（风用于船舷的角度、风向）有关。波浪力作用于水下船体表面，其强度自水面向下渐减，其性质最为复杂，数量和波谱、排水量、水下船体表面形状有关。波谱又取决于风的蒲氏风级和遭遇角，波浪力分为一阶力和二阶力，一阶力是一种高频大幅值的周期性作用力，但波浪引起船舶运动的振幅通常是有限的；二阶力是一种小幅值慢时变的力，作用于船，引起船舶运动的漂移。流的影响取决于流的性质，使船舶随着流做漂移运动，流作用于船的水下表面，其数值与水下船体表面形状、流的强度和作用船体的方向有关，流的强度自水面向下是变化的。

3）流体动力

海洋运载器在主动力与海洋环境力作用下，在流体中产生运动，因此流体会在与之接触的船体表面产生反作用力，称为流体动力，又称为流体水动力。水动力作为船舶的主要受力，其作用机制比较复杂。它是按某种存在的表面正压力和切应力效应的总和，是在船体所受诸力数学描述上最为复杂的部分。流体动力按其产生的原因可分为三类：一类是流体带来的附加质量的流体惯性力；一类是流体黏性力，这两种常称为流体水动力；第三类流体动力为由重力和浮力而产生的阿基米德回复力，通常称为静力。

在水动力学中，通常假设作用在刚体上的力和力矩是线性可叠加的。船体在水中的运动受到水的作用力通常可认为由上述三类水动力叠加而成。

根据上述分析，船舶所受的力 $\boldsymbol{\tau}_{RB}$ 由环境力 $\boldsymbol{w}$、流体动力 $\boldsymbol{\tau}_{HD}$ 和主动力 $\boldsymbol{\tau}_c$ 组成。即

$$\boldsymbol{\tau}_{RB}=\boldsymbol{\tau}_{HD}+\boldsymbol{w}+\boldsymbol{\tau}_c \tag{5-26}$$

设流体动力

$$\boldsymbol{\tau}_{HD}=-\boldsymbol{M}_A\dot{\boldsymbol{\nu}}-\boldsymbol{C}_A(\boldsymbol{\nu})\boldsymbol{\nu}-\boldsymbol{D}(\boldsymbol{\nu})\boldsymbol{\nu}-\boldsymbol{g}(\boldsymbol{\eta}) \tag{5-27}$$

则船舶六自由度运动动力学模型的矢量式进一步表达为

$$M_{RB}\dot{\boldsymbol{\nu}}+C_{RB}(\boldsymbol{\nu})\boldsymbol{\nu}=-M_A\dot{\boldsymbol{\nu}}-C_A(\boldsymbol{\nu})\boldsymbol{\nu}-D(\boldsymbol{\nu})-g(\boldsymbol{\eta})+w+\boldsymbol{\tau} \tag{5-28}$$

即

$$M\dot{\boldsymbol{\nu}}+C(\boldsymbol{\nu})+D(\boldsymbol{\nu})\boldsymbol{\nu}+g(\boldsymbol{\eta})=\boldsymbol{\tau}+w \tag{5-29}$$

式中：

$$M=M_{RB}+M_A \tag{5-30}$$

$$C(\boldsymbol{\nu})=C_{RB}(\boldsymbol{\nu})+C_A(\boldsymbol{\nu}) \tag{5-31}$$

M_A：流体惯性力；$C_{RB}(v)$：流体科里奥利力；$\dot{D}(v)$：流体粘性力；$g(\eta)$：静力，即阿基米德回复力；ω：海洋环境干扰力；τ：推进器推力，即控制力。

5.5 船舶动力定位应用数学模型

5.5.1 船舶六自由度运动非线性数学模型

由式(5-9)和式(5-29)可得到船舶的六自由度非线性运动数学模型：

$$\dot{\boldsymbol{\eta}}=J(\boldsymbol{\eta})\boldsymbol{\nu} \tag{5-32}$$

$$M\dot{\boldsymbol{\nu}}+C(\boldsymbol{\nu})+D(\boldsymbol{\nu})\boldsymbol{\nu}+g(\boldsymbol{\eta})=\boldsymbol{\tau}+w \tag{5-33}$$

式中：

$$J(\boldsymbol{\eta})=\begin{bmatrix}R_b^n(\Theta) & 0_{3\times3}\\ 0_{3\times3} & T_\Theta(\Theta)\end{bmatrix}$$

$$R_b^n(\Theta)=\begin{bmatrix}\cos\psi\cos\theta & \cos\psi\sin\theta\sin\varphi-\sin\psi\cos\delta & \cos\psi\sin\theta\cos\varphi+\sin\psi\sin\delta\\ \sin\psi\cos\theta & \sin\psi\sin\theta\sin\varphi+\cos\psi\cos\varphi & \sin\psi\sin\theta\cos\varphi-\cos\psi\sin\varphi\\ -\sin\theta & \cos\theta\sin\varphi & \cos\theta\cos\varphi\end{bmatrix}$$

$$T_\Theta(\Theta)=\begin{bmatrix}1 & \sin\varphi\tan\theta & \cos\varphi\tan\theta\\ 0 & \cos\varphi & -\sin\varphi\\ 0 & \sin\varphi/\cos\theta & \cos\varphi/\cos\theta\end{bmatrix}$$

其中

$$M=M_{RB}+M_A \tag{5-34}$$

$$C(\boldsymbol{\nu})=C_{RB}(\boldsymbol{\nu})+C_A(\boldsymbol{\nu}) \tag{5-35}$$

$$D(\boldsymbol{\nu})=D+D_n(\boldsymbol{\nu})+D_c(\boldsymbol{\nu}) \tag{5-36}$$

1. 系统惯性矩阵 M

对一个刚体来说，当且仅当 $M_A>0$ 时，系统的惯性矩阵是严格正定的，即 $M=M_{RB}+M_A>0$。如果刚体静止(或低速运动)于假定的理想流体中，系统惯性矩阵总是正定的，即

$$M=M^{\mathrm{T}}>0 \tag{5-37}$$

船体惯性矩阵：

$$M_{RB}=\begin{bmatrix}m & 0 & 0 & 0 & mz_G & -my_G\\ 0 & m & 0 & -mz_G & 0 & mx_G\\ 0 & 0 & m & my_G & -mx_G & 0\\ 0 & -mz_G & my_G & J_x & J_{xy} & J_{xz}\\ mz_G & 0 & -mx_G & J_{yx} & J_y & J_{yz}\\ -my_G & mx_G & 0 & J_{zx} & J_{zy} & J_z\end{bmatrix} \tag{5-38}$$

流体惯性矩阵：

$$
\boldsymbol{M}_A = -\begin{bmatrix} X_{\dot{u}} & X_{\dot{v}} & X_{\dot{w}} & X_{\dot{p}} & X_{\dot{q}} & X_{\dot{r}} \\ Y_{\dot{u}} & Y_{\dot{v}} & Y_{\dot{w}} & Y_{\dot{p}} & Y_{\dot{q}} & Y_{\dot{r}} \\ Z_{\dot{u}} & Z_{\dot{v}} & Z_{\dot{w}} & Z_{\dot{p}} & Z_{\dot{q}} & Z_{\dot{r}} \\ K_{\dot{u}} & K_{\dot{v}} & K_{\dot{w}} & K_{\dot{p}} & K_{\dot{q}} & K_{\dot{r}} \\ M_{\dot{u}} & M_{\dot{v}} & M_{\dot{w}} & M_{\dot{p}} & M_{\dot{q}} & M_{\dot{r}} \\ N_{\dot{u}} & N_{\dot{v}} & N_{\dot{w}} & N_{\dot{p}} & N_{\dot{q}} & N_{\dot{r}} \end{bmatrix} \tag{5-39}
$$

2. 科里奥利向心力矩阵 $\boldsymbol{C}(\boldsymbol{\nu})$

对于刚体在理想流体中运动，科里奥利向心力矩阵 $\boldsymbol{C}(\boldsymbol{\nu})$ 总是可以参数化的，并且它是一个反对称阵，即

$$
\boldsymbol{C}(\boldsymbol{\nu}) = -\boldsymbol{C}^{\mathrm{T}}(\boldsymbol{\nu}),\ \forall \boldsymbol{\nu} \in \mathbb{R}^6 \tag{5-40}
$$

船体科里奥利力矩阵

$$
\boldsymbol{C}_{RB}(\boldsymbol{\nu})\boldsymbol{\nu} = \begin{bmatrix} 0 & 0 & 0 & m(y_Gq+z_Gr) & -m(x_Gq-w) & -m(x_Gr+v) \\ 0 & 0 & 0 & -m(y_Gp+w) & m(z_Gr+x_Gp) & -m(y_Gr-u) \\ 0 & 0 & 0 & -m(z_Gp-v) & -m(z_Gq+u) & m(x_Gp+y_Gq) \\ -m(y_Gq+z_Gr) & m(y_Gp+w) & m(z_Gp-v) & 0 & J_{zx}p+J_{zy}q+J_zr & -J_{yx}p-J_yq-J_{yz}r \\ m(x_Gq-w) & -m(z_Gr+x_Gp) & m(z_Gq+u) & -J_{zx}p-J_{zy}q-J_zr & 0 & J_xp+J_{xy}q+J_{xz}r \\ m(x_Gr+v) & m(y_Gr-u) & -m(y_Gq+x_Gp) & J_{yx}p+J_yq+J_{yz}r & -J_xp-J_{xy}q-J_{xz}r & 0 \end{bmatrix} \begin{bmatrix} u \\ v \\ w \\ p \\ q \\ r \end{bmatrix}
$$

$$
= \begin{bmatrix} m(y_Gq+z_Gr)p-m(x_Gq-w)q-m(x_Gr+v)r \\ -m(y_Gp+w)p+m(z_Gr+x_Gp)q-m(y_Gr-u)r \\ -m(z_Gp-v)p-m(z_Gq+u)q+m(x_Gp+y_Gq)r \\ -m(y_Gq+z_Gr)u+m(y_Gp+w)v+m(z_Gp-v)w+(J_{zx}p+J_{zy}q+J_zr)q-(J_{yx}p+J_yq+J_{yz}r)r \\ m(x_Gq-w)u-m(z_Gr+x_Gp)v+m(z_Gq+u)w-(J_{zx}p+J_{zy}q+J_zr)p+(J_xp+J_{xy}q+J_{xz}r)r \\ m(x_Gr+v)u+m(y_Gr-u)v-m(y_Gq+x_Gp)w+(J_{yx}p+J_yq+J_{yz}r)p-(J_xp+J_{xy}q+J_{xz}r)q \end{bmatrix} \tag{5-41}
$$

流体科里奥利力矩阵

$$
\boldsymbol{C}_A(\boldsymbol{\nu})\boldsymbol{\nu} = \begin{bmatrix} qZ_{\dot{w}}w+qZ_{\dot{q}}q-rY_{\dot{v}}v-rY_{\dot{r}}r \\ X_{\dot{u}}ur-pZ_{\dot{w}}w-pZ_{\dot{q}}q \\ pY_{\dot{v}}v+pY_{\dot{r}}r-X_{\dot{u}}qu \\ qN_{\dot{v}}v+qN_{\dot{r}}r-rM_{\dot{w}}w-rM_{\dot{q}}q+vZ_{\dot{w}}w+vZ_{\dot{q}}q-wY_{\dot{v}}v-wY_{\dot{r}}r \\ rK_{\dot{p}}p-pN_{\dot{v}}v-pN_{\dot{r}}r+wX_{\dot{u}}u-uZ_{\dot{w}}w-uZ_{\dot{q}}q \\ pM_{\dot{w}}w+pM_{\dot{q}}q-qK_{\dot{p}}p+uY_{\dot{v}}v+uY_{\dot{r}}r-vX_{\dot{u}}u \end{bmatrix} \tag{5-42}
$$

3. 静力(阿基米德回复力)

$$
\boldsymbol{g}(\eta) = -\begin{bmatrix} -(W-B)\sin\theta \\ (W-B)\cos\theta\sin\varphi \\ (W-B)\cos\theta\cos\varphi \\ (y_G W - y_B B)\cos\theta\cos\varphi - (z_G W - z_B B)\cos\theta\sin\varphi \\ -(z_G W - z_B B)\sin\theta - (x_G W - x_B B)\cos\theta\cos\varphi \\ (x_G W - x_B B)\cos\theta\sin\varphi + (y_G W - y_B B)\sin\theta \end{bmatrix} \tag{5-43}
$$

5.5.2　船舶水平面三自由度运动非线性数学模型

船舶水平面运动用纵移,横移和艏摇运动来描述,与垂荡,横摇和纵摇运动相关的动力学特性被忽略,即 $\dot{w}=\dot{p}=\dot{q}=w=p=q=0$。此时选取状态变量为 $\boldsymbol{\nu}=[u \quad v \quad r]^{\mathrm{T}}$ 和 $\boldsymbol{\eta}=[n \quad e \quad \psi]^{\mathrm{T}}$。

已知运动学模型

$$
\dot{\eta} = J(\boldsymbol{\eta})\boldsymbol{\nu} \tag{5-44}
$$

研究水平面运动时,与水平面运动无关的自由度欧拉姿态角可设为0,即姿态角 $\phi=0$,$\theta=0$,则水平面三自由度运动的运动学模型可表述为

$$
\begin{bmatrix} \dot{n} \\ \dot{e} \\ \dot{\psi} \end{bmatrix} = \begin{bmatrix} \cos\psi & -\sin\psi & 0 \\ \sin\psi & \cos\psi & 0 \\ 0 & 0 & 1 \end{bmatrix} \begin{bmatrix} u \\ v \\ r \end{bmatrix} \tag{5-45}
$$

考虑水平面三自由度运动时,阿基米德回复力可设为零,动力学模型可描述为

$$
\boldsymbol{M}\dot{\boldsymbol{\nu}} + \boldsymbol{C}(\boldsymbol{\nu}) + \boldsymbol{D}(\boldsymbol{\nu})\boldsymbol{\nu} = \boldsymbol{\tau} + \boldsymbol{w} \tag{5-46}
$$

由式(5-38),可得到水平面三自由度的惯量矩阵为

$$
\boldsymbol{M_{RB}} = \begin{bmatrix} m & 0 & -my_G \\ 0 & m & mx_G \\ -my_G & mx_G & J_z \end{bmatrix} \tag{5-47}
$$

若将船体坐标系的原点固定在船舶的中心线上,则 $y_G=0$。此时刚体动力学的矩阵 M_{RB} 和 $C_{RB}(\boldsymbol{\nu})$ 可以简化为

$$
\boldsymbol{M_{RB}} = \begin{bmatrix} m & 0 & 0 \\ 0 & m & mx_G \\ 0 & mx_G & I_z \end{bmatrix} \tag{5-48}
$$

由式(5-39),可得到水平面三自由度运动的附加质量阵为

$$
\boldsymbol{M_A} = -\begin{bmatrix} X_{\dot{u}} & X_{\dot{v}} & X_{\dot{r}} \\ Y_{\dot{u}} & Y_{\dot{v}} & Y_{\dot{r}} \\ N_{\dot{u}} & N_{\dot{v}} & N_{\dot{r}} \end{bmatrix} = -\begin{bmatrix} X_{\dot{u}} & X_{\dot{v}} & X_{\dot{r}} \\ X_{\dot{v}} & Y_{\dot{v}} & Y_{\dot{r}} \\ X_{\dot{r}} & Y_{\dot{r}} & N_{\dot{r}} \end{bmatrix} \tag{5-49}
$$

由船体对称性和附加质量的对称性,可得到简化形式

$$\boldsymbol{M}_A=\begin{bmatrix}-X_{\dot{u}} & 0 & 0\\ 0 & -Y_{\dot{v}} & -Y_{\dot{r}}\\ 0 & -Y_{\dot{r}} & -N_{\dot{r}}\end{bmatrix} \tag{5-50}$$

则

$$\boldsymbol{M}=\boldsymbol{M}_{RB}+\boldsymbol{M}_A=\begin{bmatrix}m-X_{\dot{u}} & 0 & 0\\ 0 & m-Y_{\dot{v}} & mx_G-Y_{\dot{r}}\\ 0 & mx_G-Y_{\dot{r}} & J_z-N_{\dot{r}}\end{bmatrix} \tag{5-51}$$

由式(5-41),对船体科里奥利力 $\boldsymbol{C}_{RB}(\boldsymbol{\nu})\boldsymbol{\nu}$ 进行处理,选取纵向力、横向力和艏摇力矩,由此得到

$$\boldsymbol{C}_{RB}(\boldsymbol{\nu})\boldsymbol{\nu}=$$
$$\begin{bmatrix}m(y_Gq+z_Gr)p-m(x_Gq-w)q-m(x_Gr+\boldsymbol{v})r\\ -m(y_Gp+w)p+m(z_Gr+x_Gp)q-m(y_Gr-u)r\\ m(x_Gr+\boldsymbol{v})u+m(y_Gr-u)\boldsymbol{v}-m(y_Gq+x_Gp)w+(J_{yx}p+J_yq+J_{yz}r)p-(J_xp+J_{xy}q+J_{xz}r)q\end{bmatrix} \tag{5-52}$$

设 $w=p=q=0$,$y_G=0$,则船体科里奥利力矩阵

$$\boldsymbol{C}_{RB}(\boldsymbol{\nu})\boldsymbol{\nu}=\begin{bmatrix}-m(x_Gr+v)r\\ -m(y_Gr-u)r\\ m(x_Gr+v)u+m(y_Gr-u)\boldsymbol{v}\end{bmatrix}=\begin{bmatrix}0 & 0 & -m(x_Gr+v)\\ 0 & 0 & mu\\ m(x_Gr+v) & -mu & 0\end{bmatrix}\begin{bmatrix}u\\ v\\ r\end{bmatrix} \tag{5-53}$$

即船体科里奥利向心矩阵

$$\boldsymbol{C}_{RB}(\boldsymbol{\nu})=\begin{bmatrix}0 & 0 & -m(x_Gr+v)\\ 0 & 0 & mu\\ m(x_Gr+v) & -mu & 0\end{bmatrix} \tag{5-54}$$

由式(5-42),对流体科里奥利力进行处理,选取纵向力、横向力和艏摇力矩,由此得到

$$\boldsymbol{C}_A(\boldsymbol{\nu})\boldsymbol{\nu}=-\begin{bmatrix}qZ_{\dot{w}}w+qZ_{\dot{q}}q-rY_{\dot{v}}v-rY_{\dot{r}}r\\ X_{\dot{u}}ur-pZ_{\dot{w}}w-pZ_{\dot{q}}q\\ pM_{\dot{w}}w+pM_{\dot{q}}q-qK_{\dot{p}}p+uY_{\dot{v}}v+uY_{\dot{r}}r-vX_{\dot{u}}u\end{bmatrix}=-\begin{bmatrix}-rY_{\dot{v}}v-rY_{\dot{r}}r\\ X_{\dot{u}}ur\\ uY_{\dot{v}}v+uY_{\dot{r}}r-vX_{\dot{u}}u\end{bmatrix}$$
$$=\begin{bmatrix}0 & 0 & Y_{\dot{v}}v+Y_{\dot{r}}r\\ 0 & 0 & -X_{\dot{u}}u\\ -(Y_{\dot{v}}v+Y_{\dot{r}}r) & X_{\dot{u}}u & 0\end{bmatrix}\begin{bmatrix}u\\ v\\ r\end{bmatrix} \tag{5-55}$$

即

$$\boldsymbol{C}_A(\boldsymbol{\nu})=\begin{bmatrix}0 & 0 & Y_{\dot{v}}v+Y_{\dot{r}}r\\ 0 & 0 & -X_{\dot{u}}u\\ -Y_{\dot{v}}v-Y_{\dot{r}}r & X_{\dot{u}}u & 0\end{bmatrix} \tag{5-56}$$

则

$$
\boldsymbol{C}(\boldsymbol{\nu}) = \boldsymbol{C}_{RB}(\boldsymbol{\nu}) + \boldsymbol{C}_A(\boldsymbol{\nu})
= \begin{bmatrix} 0 & 0 & -(m - Y_{\dot{v}})v - (mx_G - Y_{\dot{r}})r \\ 0 & 0 & (m - X_{\dot{u}})u \\ (m - Y_{\dot{v}})v + (mx_G - Y_{\dot{r}})r & -(m - X_{\dot{u}})u & 0 \end{bmatrix} \tag{5-57}
$$

由此得到水面船的水平面三自由度运动非线性模型：

$$
\dot{\eta} = R(\psi)\nu \tag{5-58}
$$

$$
M\dot{\nu} + C(\nu)\nu + D(\nu)\nu = \tau \tag{5-59}
$$

一阶水动力系数矩阵可表示为

$$
\boldsymbol{D} = -\begin{bmatrix} X_u & X_v & X_r \\ Y_u & Y_v & Y_r \\ N_u & N_v & N_r \end{bmatrix} \tag{5-60}
$$

假设船体左右对称性，可以得到以下简化形式：

$$
\boldsymbol{D} = \begin{bmatrix} -X_u & 0 & 0 \\ 0 & -Y_v & 0 \\ 0 & -N_v & -N_r \end{bmatrix} \tag{5-61}
$$

5.5.3　船舶动力定位线性数学模型

1. 平行坐标系下船舶运动学线性数学模型

船体平行坐标系是一个原点固定且与北东坐标系原点重合的坐标系统，它的轴与船体坐标系平行。

位姿矢量在北东坐标系和船体平行（Vessel Parallel，VP）坐标系的关系可描述为

$$
\eta = J(\eta)\eta_p \tag{5-62}
$$

式中：η_p为北东坐标系下的位置/姿态在船体坐标系下分解得到的矢量。

推导船舶动力定位下线性运动模型时，前提是基于“小横摇角和小纵摇角”假设，即假设横摇角和纵摇角为小量，即

$$
\phi = \theta \approx 0 \tag{5-63}
$$

将式（5-63）代入式（5-62）得

$$
\eta = \boldsymbol{P}(\psi)\eta_p \tag{5-64}
$$

式中

$$
\boldsymbol{P}(\psi) = \begin{bmatrix} R(\psi) & 0_{3\times3} \\ 0_{3\times3} & T(\psi) \end{bmatrix}
$$

$$
\boldsymbol{R}(\psi) = \begin{bmatrix} \cos\psi & -\sin\psi & 0 \\ \sin\psi & \cos\psi & 0 \\ 0 & 0 & 1 \end{bmatrix}
$$

$$\boldsymbol{T}(\psi)=\begin{bmatrix}1&0&0\\0&1&0\\0&0&1\end{bmatrix}$$

则

$$\eta_p=\boldsymbol{P}^{\mathrm{T}}(\psi)\eta \tag{5-65}$$

对式(5－65)求导得

$$\dot{\eta}_p=\dot{P}^{\mathrm{T}}(\psi)\dot{\psi}\boldsymbol{\eta}+P^{\mathrm{T}}(\psi)\dot{\eta}=\dot{\psi}\dot{P}^{\mathrm{T}}(\psi)P(\psi)\eta_p+P^{\mathrm{T}}(\psi)P(\psi)\nu \tag{5-66}$$

其中

$$\dot{\psi}=r \tag{5-67}$$

且

$$\dot{\boldsymbol{P}}^{\mathrm{T}}(\psi)\boldsymbol{P}(\psi)=\boldsymbol{S}=\begin{bmatrix}0&1&0&0&0&0\\-1&0&0&0&0&0\\0&0&0&0&0&0\\0&0&0&0&0&0\\0&0&0&0&0&0\end{bmatrix} \tag{5-68}$$

则有

$$\dot{\eta}_p=r\boldsymbol{S}\boldsymbol{\eta}_p+v \tag{5-69}$$

船舶低速定位时，可认为 $r\approx0$，因此可得到船体平行坐标系下运动学线性数学模型的矢量描述：

$$\dot{\boldsymbol{\eta}}_p=\boldsymbol{\nu} \tag{5-70}$$

式(5－70)是关于 $\boldsymbol{\nu}$ 的线性化模型。事实上，这也是为什么有时在研究船舶运动时使用船体平行坐标系的主要原因。

2. 船舶动力定位线性数学模型

已知船舶的六自由度非线性运动数学模型：

$$\dot{\boldsymbol{\eta}}=\boldsymbol{J}(\boldsymbol{\eta})\boldsymbol{\nu} \tag{5-71}$$

$$\boldsymbol{M}\dot{\boldsymbol{\nu}}+\boldsymbol{C}(\boldsymbol{\nu})+\boldsymbol{D}(\boldsymbol{\nu})\boldsymbol{\nu}+\boldsymbol{g}(\boldsymbol{\eta})=\boldsymbol{\tau}+\boldsymbol{w} \tag{5-72}$$

基于“小横摇角和小纵摇角”假设，由式(5－71)得到运动学模型：

$$\dot{\eta}=\boldsymbol{P}(\psi)v \tag{5-73}$$

已知

$$\boldsymbol{g}(\boldsymbol{\eta})=-\begin{bmatrix}-(W-B)\sin\theta\\(W-B)\cos\theta\sin\varphi\\(W-B)\cos\theta\cos\varphi\\(y_GW-y_BB)\cos\theta\cos\varphi-(z_GW-z_BB)\cos\theta\sin\varphi\\-(z_GW-z_BB)\sin\theta-(x_GW-x_BB)\cos\theta\cos\varphi\\(x_GW-x_BB)\cos\theta\sin\varphi+(y_GW-y_BB)\sin\theta\end{bmatrix} \tag{5-74}$$

设重力和浮力相等,即 $W=B$,代入式(5-74)得

$$\boldsymbol{g}(\boldsymbol{\eta})=-\begin{bmatrix}0\\0\\0\\W(y_G-y_B)\cos\theta\cos\varphi-W(z_G-z_B)\cos\theta\sin\varphi\\-W(z_G-z_B)\sin\theta-W(x_G-x_B)\cos\theta\cos\varphi\\W(x_G-x_B)\cos\theta\sin\varphi+W(y_G-y_B)\sin\theta\end{bmatrix}\tag{5-75}$$

设重心位置和浮心位置 $x_G=x_B,y_G=y_B$,代入式(5-75)得

$$\boldsymbol{g}(\boldsymbol{\eta})=\begin{bmatrix}0\\0\\0\\W(z_G-z_B)\cos\theta\sin\varphi\\W(z_G-z_B)\sin\theta\\0\end{bmatrix}\tag{5-76}$$

基于"小横摇角和小纵摇角"假设,有

$$\sin\phi\approx\phi,\sin\theta\approx\theta\tag{5-77}$$

则

$$\boldsymbol{g}(\boldsymbol{\eta})=\begin{bmatrix}0\\0\\0\\W(z_G-z_B)\varphi\\W(z_G-z_B)\theta\\0\end{bmatrix}=\begin{bmatrix}0&0&0&&&\\0&0&0&&\boldsymbol{0}&\\0&0&0&&&\\&&&W(z_G-z_B)&0&0\\&\boldsymbol{0}&&0&W(z_G-z_B)&0\\&&&0&0&0\end{bmatrix}\begin{bmatrix}u\\v\\w\\\varphi\\\theta\\\psi\end{bmatrix}\tag{5-78}$$

设

$$\boldsymbol{G}=\begin{bmatrix}0&0&0&&&\\0&0&0&&\boldsymbol{0}&\\0&0&0&&&\\&&&W(z_G-z_B)&0&0\\&\boldsymbol{0}&&0&W(z_G-z_B)&0\\&&&0&0&0\end{bmatrix}=\mathrm{diag}\{0,0,0,W(z_G-z_B),W(z_G-z_B),0\}\tag{5-79}$$

则

$$\boldsymbol{g}(\boldsymbol{\eta})=\boldsymbol{G}\boldsymbol{\eta}\tag{5-80}$$

而且

$$P^{\mathrm{T}}(\psi)G=G \tag{5-81}$$

将式(5－81)代入式(5－80)得

$$g(\eta)=G\eta=P^{\mathrm{T}}(\psi)G\eta \tag{5-82}$$

将式(5－64)代入式(5－82)得

$$g(\eta)=P^{\mathrm{T}}(\psi)GP(\psi)\eta_p=G\eta_p \tag{5-83}$$

船舶处于低速定位时,线速度和角速度都很小,同时“小横摇角和纵摇角”假设意味着非线性科里奥利向心力、阻尼力、回复力、浮力和力矩都可以在 $\nu=0$ 和 $\phi=\theta=0$ 处线性化,即

$$C(\nu)\approx 0,D_n(\nu)\approx 0,D_c(\nu)\approx 0 \tag{5-84}$$

因此,将式(5－83)、式(5－84)代入式(5－72)可得到低速定位时船舶动力学线性模型:

$$M\dot{v}+D\nu+G\eta_p=\tau+w \tag{5-85}$$

式(5－73)和式(5－85)构成了船舶低速定位运动数学模型。

由式(5－85)和式(5－70)可得到船舶运动线性数学模型:

$$\dot{\eta}_p=\nu \tag{5-86}$$

$$M\dot{\nu}+D\nu+G\eta_p=\tau_c+w \tag{5-87}$$

这是一个线性定常状态空间模型。

设

$$\boldsymbol{x}=[\eta_p \quad v]^{\mathrm{T}} \tag{5-88}$$

$$\boldsymbol{u}=\boldsymbol{\tau}_c \tag{5-89}$$

得

$$\dot{x}=\boldsymbol{A}x+\boldsymbol{B}u+\boldsymbol{E}w \tag{5-90}$$

式中

$$\boldsymbol{A}=\begin{bmatrix}0 & I\\ -M^{-1}G & -M^{-1}D\end{bmatrix},\boldsymbol{B}=\begin{bmatrix}0\\ M^{-1}\end{bmatrix},\boldsymbol{E}=\begin{bmatrix}0\\ M^{-1}\end{bmatrix}$$

该模型是动力定位控制系统设计的基础。

注意船舶位置和姿态 η 可以通过 η_p 由下式计算得到

$$\eta=P(\psi)\eta_p \tag{5-91}$$

5.6 海洋环境数学模型

本节将给出风、浪、海流环境干扰力的仿真数字模型,用于半实物仿真系统的仿真、测试以及验证。

5.6.1 风模型

1. 风速和风向

绝对风或真风是固定于地球上的北东惯性坐标系内观察到的风,如图 5－10 所示。

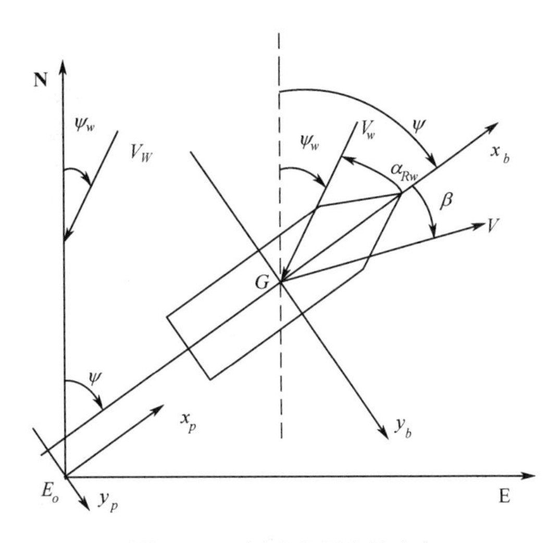

图5-10　风速和风向的定义

绝对风速用 V_w 表示，绝对风向用 ψ_w 表示，规定北风 ψ_w 为0°，东风 ψ_w 为90°，依此类推，ψ_w 的变化范围0°~360°。实际上，船舶受到的风压力和力矩与相对于船艏的相对风载直接相关，相对风是在船体坐标系内观察到的风，相对风向角（风舷角）α_{Rw} 和相对风速 V_{Rw} 可以利用安装在船上的风速风向仪测量得到。α_{Rw} 是 V_{Rw} 相对于船艏的来风角，如规定风自左舷吹来时 $\alpha_{Rw}>0$，自右舷吹来时则 $\alpha_{Rw}<0$，则 α_{Rw} 的变化范围-180°~180°。也可定义风自右舷吹来时 $\alpha_{Rw}>0$，自左舷吹来时则 $\alpha_{Rw}<0$。

设 V 为船舶航速（即 $V=\sqrt{u^2+v^2}$）；u、$\boldsymbol{v}$ 分别为 V 在船纵向 x_b 轴、横向 y_b 轴速度分量；β 为漂角；ψ 为艏向角；V_w、ψ_w 及 V_{Rw}、α_{Rw} 分别为绝对风速、风向角和相对风速、相对风向角。

相对风速可如下计算：

大地风速与船艏的夹角：

$$\alpha_{Rw}=\psi_w-\psi\text{（右舷来风为正）} \tag{5-92}$$

$$\alpha_{Rw}=\psi-\psi_w\text{（左舷来风为正）} \tag{5-93}$$

风对船的速度=风对地的速度-船对地的速度

$$u_{Rw}=V_w\cos(\alpha_{Rw})-u \tag{5-94}$$

$$\boldsymbol{v}_{Rw}=V_w\sin(\alpha_{Rw})-\boldsymbol{v} \tag{5-95}$$

$$V_{Rw}=\sqrt{u_{Rw}^2+\boldsymbol{v}_{Rw}^2} \tag{5-96}$$

其中，u_{Rw}、v_{Rw} 为相对风速 V_{Rw} 在 x_b 轴、y_b 轴方向的两个分量。

相对风向角 α_{Rw} 也可如下计算：

$$\begin{cases}\alpha_{Rw}=\arctan\dfrac{v_{Rw}}{u_{Rw}}-\pi\operatorname{sgn}(v_{Rw}), & u_{Rw}\geqslant 0\\ \alpha_{Rw}=\arctan\dfrac{v_{Rw}}{u_{Rw}}, & u_{Rw}<0\end{cases} \tag{5-97}$$

另外，相对风速和绝对风速及船航速间的关系，还可表述如下：

$$V_{Rw}\cos\alpha_{Rw}=V_w\cos\alpha_{Rw}+V\cos\beta \tag{5-98}$$

$$V_{Rw}\sin\alpha_{Rw}=V_w\sin\alpha_{Rw}+V\sin\beta \tag{5-99}$$

推导可得

$$V_{Rw}^2 = V_w^2 + V^2 + 2V_w V\cos(\psi_w - \beta) \quad (5-100)$$

根据边界层理论,确定距海面高 h(m)处的局部风速:

$$V_w(h) = V_w(10) \cdot (h/10)^{1/7} \quad (5-101)$$

式中:$V_w(10)$表示距海面 10m 高处的相对风速。

作用于船舶上的风力及力矩需根据相对风速 V_w和相对风向角 α_{Rw}来确定。

海风的风速定义为由平均风速和脉动风速,即我们通常称为的阵风构成。

风速可采用如下方程进行描述。

$$V_w(z,t) = \overline{V}_w(z) + u_w(t) \quad (5-102)$$

$$u_w(t) = \int_0^{\infty} \cos(\omega t + \varepsilon)\ \sqrt{2S_u(\omega)\mathrm{d}\omega} \quad (5-103)$$

$$u_w(t) = \sum_{i=1}^{N} \sqrt{2S_u(\omega_i)\Delta\omega_i}\cos(\omega_i t + \varepsilon_i) \quad (5-104)$$

式中:$\overline{V}_w(z)$为高度 z 处的平均风速;$u_w(t)$为脉动风速;$S_u(\omega)$为风速谱密度函数,即风谱;ε 为初始相位,$(0 \sim 2\pi)$之间均匀分布有随机量。

下面给出几个常用计算脉动风速的风速谱密度函数。

1) API(American Petroleum Institute)风谱

$$S_u(\omega) = \frac{\sigma_u^2(z)}{\omega_p\left(1 + 1.5\dfrac{\omega}{\omega_p}\right)^{5/3}} \quad (5-105)$$

$$\sigma_u(z) = 0.15\left(\frac{z}{20}\right)^{\alpha} V_w \quad (5-106)$$

$$\alpha = \begin{cases} -0.125 & z \leq 20\text{m} \\ -0.275 & z > 20\text{m} \end{cases} \quad (5-107)$$

$$\omega_p = 2\pi \times 0.0025 V_w \quad (5-108)$$

式中:z 为距海面距离;V_w为 z 高度处的平均风速;ω_p为风速变动的圆频率(rad/s)。

2) Harris 风谱

$$S_u(f) = \frac{4\kappa L U_{10}}{(2 + \tilde{f}^2)^{5/6}} \quad (5-109)$$

$$\tilde{f} = \frac{L \cdot f}{U_{10}} \quad (5-110)$$

式中:U_{10}为海平面 10m 处 1h 的平均风速值;f 为频率(Hz);κ 为表面阻力系数(κ = 0.0025);L 为长度单位,L = 1200m;也可取 L = 1800m, κ = 0.026。

3) The NPD(Norwegian Petroleum Directorate)风谱

$$S_u(f) = \frac{320 \cdot \left(\dfrac{U_{10}}{10}\right)^2 \cdot \left(\dfrac{z}{10}\right)^{0.45}}{(1 + \tilde{f}^n)^{\frac{5}{3n}}} \quad (5-111)$$

$$\tilde{f} = 172 \cdot f \cdot \left(\frac{z}{10}\right)^{2/3} \cdot \left(\frac{U_{10}}{10}\right)^{-0.75} \quad (5-112)$$

式中:z 为海平面高度;U_{10}为海平面 10m 处 1h 的平均风速值;f 为频率(Hz);n = 0.468。

常用的平均风速的描述公式有两种,分别为 Bretschneider 1969 和 The NPD(Norwegian Petroleum Directorate)建议的。

(1) Bretschneider 1969

$$\overline{V}_w(z)=\overline{V}_w(10)\cdot(z/10)^{1/7} \tag{5-113}$$

(2) The NPD(Norwegian Petroleum Directorate)

$$\overline{V}_w(t,z)=V_{10}\cdot\left(1+0.137\cdot\ln\frac{z}{10m}-0.047\cdot\ln\frac{t}{10\min}\right) \tag{5-114}$$

海风主风向是指所包含规则风部分的风向,海风除了具有主风向以外,在与主风向垂直的各个方向也具有风速。

海风风向可定义为由主风向和变动风向构成,变动风向通常称为阵风风向。

风向可采用如下方程进行描述:

$$\psi_w(t)=\bar{\psi}_w+\gamma(t) \tag{5-115}$$

变动风向可用一阶高斯-马尔可夫过程模拟,即

$$\dot{\gamma}_w+\mu_w\gamma_w=w_w \tag{5-116}$$

式中:w_w为高斯白噪声;$\mu_w\geqslant 0$为常数;$0\leqslant\psi_{w\min}\leqslant\psi_w\leqslant\psi_{w\max}$。

图5-11和图5-12分别为平均风速10m/s,主风向0°,采用NPD谱由式(5-102)和式(5-114)仿真模拟计算得到的风速和风向。

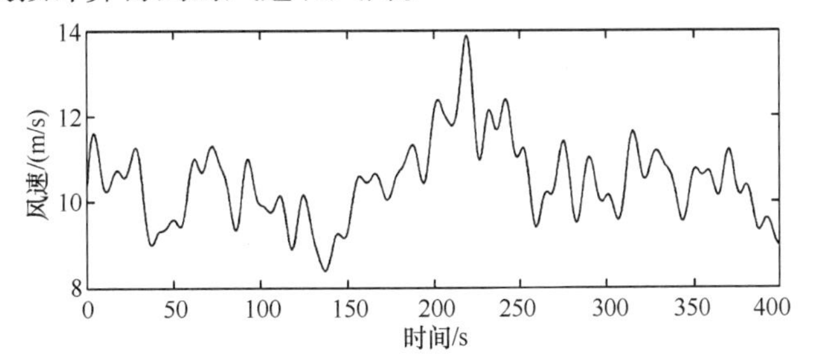

图5-11 风速模拟

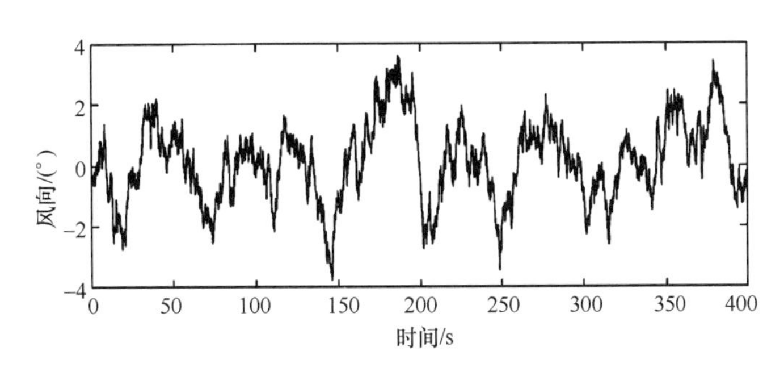

图5-12 风向模拟

相对风速V_{Rw}及其方向可以用风传感器测量,但由于船舶的惯性非常大,控制系统不必对阵风进行补偿,动力控制系统只需补偿低频风力和力矩,因此要对测量数据进行数据处理和滤波。水面船动力定位控制需要风的前馈补偿,因此需要用到风力和风力矩的三自由度模型。该模型是相对风速V_{Rw}和相对风向角α_{Rw}的函数,可表示成以下力的向量形式:

$$\boldsymbol{w}_{\text{wind}}=[X_{\text{wind}},Y_{\text{wind}},N_{\text{wind}}]^{\mathrm{T}} \tag{5-117}$$

下面将给出X_{wind}、Y_{wind}和N_{wind}数值的数值计算方法。

2. 风力与风力矩系数

风干扰力(引起纵荡和横荡)及力矩(引起艏摇)表达式可采用如下计算风载的通用

公式:

$$X_{\mathrm{wind}}=\frac{1}{2}C_{Xw}(\alpha_{Rw})\rho_a V_{Rw}^2 A_T \qquad (\mathrm{N}) \tag{5-118}$$

$$Y_{\mathrm{wind}}=\frac{1}{2}C_{Yw}(\alpha_{Rw})\rho_a V_{Rw}^2 A_L \qquad (\mathrm{N}) \tag{5-119}$$

$$N_{\mathrm{wind}}=\frac{1}{2}C_{Nw}(\alpha_{Rw})\rho_a V_{Rw}^2 A_L L \qquad (\mathrm{N\cdot m}) \tag{5-120}$$

式中:C_{Xw}和C_{Yw}为风力系数;C_{Nw}为风力矩系数;ρ_a(kg/m^3)为空气密度;A_T和A_L为正投影面积和侧投影面积;L为船舶总长;V_{Rw}的单位为kn。

风力及风力矩公式中的无因次风力系数可以通过三种方式获取:一种是进行船模的风洞或水池试验;二是通过经验公式估算得到;三是采用相似船型风洞或水池试验试验结果。

图5-13给出了五种船型,即大型油轮、天然气运输船、客轮、集装箱船和考察船的无因次风力系数的风洞试验结果,图中定义左舷来风为90°。

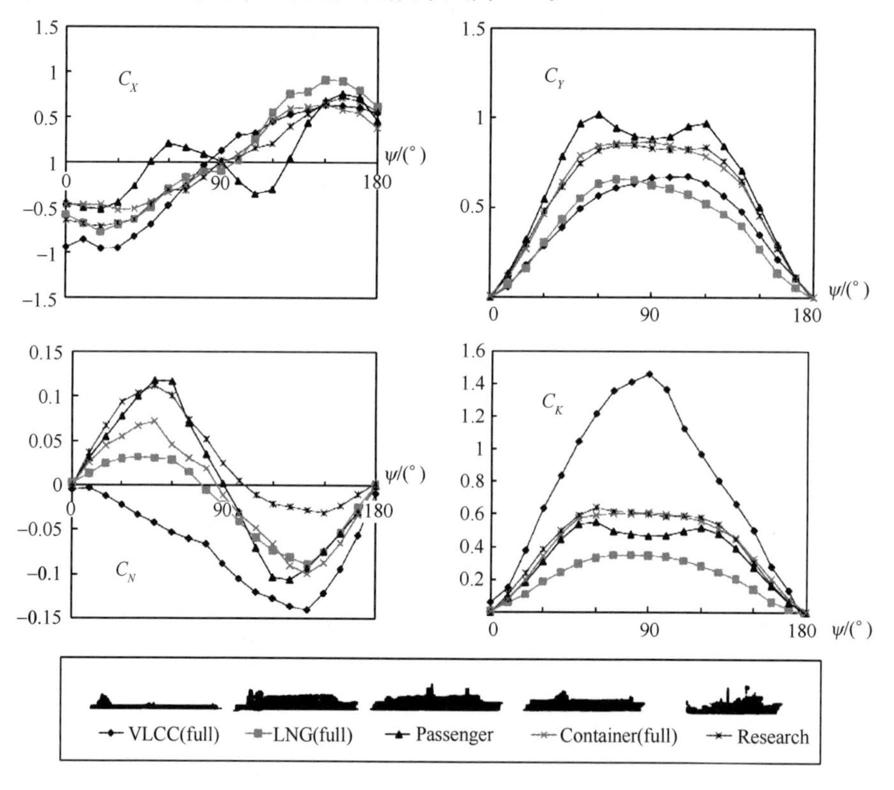

图5-13 五种船型的风力系数

5.6.2 海流模型

海流是由于海洋不同区域的重力、风的摩擦力和水密度差异所导致的海水的水平和垂直流通运动。除了风引起的海流,海洋表面热传导和盐分变化也生成海流,通常称为温盐海流。

海洋很明显地分成两个水域:冷水域和温水域。由于地球自转,地球自转偏向力使北半球海流向东运动而在南半球则是向西运动。最后,主要海洋环流也会由于行星引力作用(如重力)而产生潮汐分量。在沿海地区和海湾,潮汐分量能达到很高的速度,实际上已测量到的速度有2~3m/s或更快。

1. 流速和流向

海流与海风不同,仿真模拟时认为在短时间内不会有突然变化。流速和流向的慢变化可用一阶高斯-马尔可夫过程模拟。

(1) 流速的慢变化

$$\dot{V}_c(t) + \mu V_c(t) = w \tag{5-121}$$

式中:w 为高斯白噪声;$\mu \geqslant 0$ 为常数;$0 \leqslant V_{c\min} \leqslant V_c \leqslant V_{c\max}$。

(2) 流向的慢变化

$$\psi_c(t) = \bar{\psi}_c + \gamma_c(t) \tag{5-122}$$

$$\dot{\gamma}_c + \mu_c \gamma_c = w_c \tag{5-123}$$

式中:w_c为高斯白噪声;$\mu_c \geqslant 0$ 为常数;$0 \leqslant \psi_{c\min} \leqslant \psi_c \leqslant \psi_{c\max}$。

2. 海流对运动模型的影响

流对模型的影响有两种描述方法:一种在模型中考虑流速的影响;另一种当航速很低时,与海风相似,流载作为干扰力加入。

(1) 在模型中考虑流速

设船舶对水的速度矢量为 $\boldsymbol{\nu}_{Rc}$,则

$$\boldsymbol{\nu}_{Rc} = \boldsymbol{\nu} - \boldsymbol{\nu}_c^b \tag{5-124}$$

式中应将流体水动力项用船舶对水速度矢量代入船舶六自由度动力学模型中,船舶六自由度运动方程可改写为

$$\boldsymbol{M}_{RB}\dot{\boldsymbol{\nu}} + \boldsymbol{C}_{RB}(\boldsymbol{\nu})\boldsymbol{\nu} + \boldsymbol{g}(\boldsymbol{\eta}) + \underbrace{\boldsymbol{M}_A\dot{\boldsymbol{\nu}}_r + \boldsymbol{C}_A(\boldsymbol{\nu}_r)\boldsymbol{\nu}_r + \boldsymbol{D}(\boldsymbol{\nu}_r)\boldsymbol{\nu}_r}_{\text{水动力项}} = \boldsymbol{\tau}_c + \boldsymbol{w} \tag{5-125}$$

假设海流速度矢量缓慢变化,即 $\dot{\boldsymbol{\nu}}_c^b \approx 0$,则船舶六自由度运动方程为

$$\boldsymbol{M}\dot{\boldsymbol{\nu}} + \boldsymbol{C}_{RB}(\boldsymbol{\nu})\boldsymbol{\nu} + \boldsymbol{g}(\boldsymbol{\eta}) + \boldsymbol{C}_A(\boldsymbol{\nu}_r)\boldsymbol{\nu}_r + \boldsymbol{D}(\boldsymbol{\nu}_r)\boldsymbol{\nu}_r = \boldsymbol{\tau}_c + \boldsymbol{w} \tag{5-126}$$

对于三维无漩流,$\boldsymbol{\nu}_c^b$计算可采用流速 V_c从北东坐标轴转换到船体坐标系。

$$\begin{bmatrix} u_c^b \\ v_c^b \\ w_c^b \end{bmatrix} = \boldsymbol{R}_{y,\alpha_c}^{\mathrm{T}} \boldsymbol{R}_{z,-\psi_c}^{\mathrm{T}} \begin{bmatrix} V_c \\ 0 \\ 0 \end{bmatrix} = \begin{bmatrix} V_c\cos\alpha_c\cos\psi_c \\ V_c\sin\psi_c \\ V_c\sin\alpha_c\sin\psi_c \end{bmatrix} \tag{5-127}$$

式中:$\boldsymbol{R}_{y,\alpha_c}$和 $\boldsymbol{R}_{z,-\psi_c}$为旋转矩阵。海流无漩涡速度矢量为

$$\boldsymbol{\nu}_c = [u_c^b, v_c^b, w_c^b, 0, 0, 0] \tag{5-128}$$

其中,u_c^b、v_c^b、w_c^b是 b 坐标系中的流速,展开为

$$u_c^b = V_c\cos\alpha_c\cos\beta_c \tag{5-129}$$

$$v_c^b = V_c\sin\beta_c \tag{5-130}$$

$$w_c^b = V_c\sin\alpha_c\cos\beta_c \tag{5-131}$$

则

$$V_c = \sqrt{u_c^2 + v_c^2 + w_c^2} \tag{5-132}$$

对于二维无漩涡流模型,即水平面流,令二维方程中流的冲角 $\alpha_c = 0$,则得到

$$\begin{bmatrix} u_c^b \\ v_c^b \\ w_c^b \end{bmatrix} = \begin{bmatrix} V_c \cos\psi_c \\ V_c \sin\psi_c \\ 0 \end{bmatrix} \tag{5-133}$$

展开为

$$\begin{aligned} u_c^b &= V_c \cos\beta_c \\ v_c^b &= V_c \sin\beta_c \end{aligned} \tag{5-134}$$

因此有

$$V_c = \sqrt{(u_c^b)^2 + (v_c^b)^2} \tag{5-135}$$

3. 海流作用于船体的干扰力及力矩

通常来说,流从时间上分为定常流和非定常流,从地理位置上分为均匀流和非均匀流。到目前为止,大多数的船舶运动数学模型对于流的处理都采用定常流和均匀流的假设,即流速度 V_c 的数值和方向不随时间和空间点的位置而变化。这种流的干扰模型只适用于海洋上的操纵模拟,在港湾、航道、近海航道等处的流一般会因时因地发生变化。均匀流对船舶操纵运动的影响只是运动学上的,通过引起船舶运动的漂移而改变其速度和位置,使其偏离预定的航向和航迹。如果船舶运动是匀速的,均匀流并不产生流体动力,而当船舶有加减速运动时,则会产生一个附加流体动力作用在船体上。

由于海流的速度和方向的变化是非常缓慢的,当船的航速很低时,它可以作为一种定常扰动处理。海流对船舶的扰动力和扰动力矩主要由两部分组成。

(1) 由船体和流体之间的黏滞摩擦阻力和压差阻力引起的黏滞阻力。对于肥首型船舶,黏滞摩擦力相对于压差阻力要小,所以可以只考虑压差阻力。

(2) 由船体周围的环流和自由液面所引起的一些惯性阻力,但是在大多数情况下,惯性阻力相对于黏滞阻力要小。

海流作用到船舶上的力和力矩可表示成以下力的向量形式:

$$\boldsymbol{w}_{\text{current}} = [X_{\text{current}}, Y_{\text{current}}, N_{\text{current}}]^{\mathrm{T}} \tag{5-136}$$

海流作用到船舶上的力和力矩可表示为

$$\begin{cases} X_{\text{current}} = \dfrac{1}{2}\rho V_{Rc} C_{Xc}(\alpha_{Rc}) A_{Tc} \\ Y_{\text{current}} = \dfrac{1}{2}\rho V_{Rc} C_{Yc}(\alpha_{Rc}) A_{Lc} \\ N_{\text{current}} = \dfrac{1}{2}\rho V_{Rc} C_{Nc}(\alpha_{Rc}) A_{Lc} \cdot L_c \end{cases} \tag{5-137}$$

式中:X_{current}、Y_{current} 和 N_{current} 分别为海流对船舶的纵荡力、横荡力和艏摇力矩;V_{cr}、μ_{cr} 分别为海流相对于船舶的速度和遭遇角;A_{Tc}、A_{Lc} 分别为船舶水下部分的横向截面和纵向截面;L_c 为船水线长;$C_{Xc}(\alpha_{Rc})$、$C_{Yc}(\alpha_{Rc})$ 和 $C_{Nc}(\alpha_{Rc})$ 分别为海流的纵荡力系数、横荡力系数和首摇力矩系数,它们与船舶和海流之间的遭遇角有关,它们的值一般通过船舶模型的水池试验测出,也可采用估算公式。

5.6.3 波浪模型

当平静的海中受到扰动,如在海面受到风的作用、在海底或海岸受到潮汐力的作用等,将使海面产生周期性高低变化，形成波浪。

海浪按其特征大致可分成三类。

（1）风浪：风直接作用下产生的不规则的海浪。风浪最大的特点是紊乱而不规则，也称为不规则波。

（2）涌浪：由其他风区传来的波，或由于当地风力急剧下降，风向改变或风平息之后形成的海浪。涌浪的形态和排列比较规则，可视为规则波。

（3）混合浪：风浪和涌浪同时存在而产生的海浪。

风浪是海面上分布最广的，船舶在航行过程中经常遇到的一种海浪，是本节所研究的内容。

现有海浪理论大体可分为两类：一类属水波理论，其特点是将海浪运动视为确定的函数形式，通过流体动力学分析揭示各种情况下海浪的动力学性质和运动规律；另一类可称为随机海浪理论，其特点是将海浪运动视为随机过程，通过随机过程理论的分析给出各种条件下海浪运动的统计特征。

前者的研究始于19世纪，至今兴盛不衰，总的研究趋势是由线性理论向非线性和湍流理论发展。后者的研究兴起于20世纪50年代，由于此类理论重视海浪的突出特性即随机性，因此成果便于直接应用而得以迅速发展。事实上现有随机海浪理论大都是为适应某些直接应用的需求发展起来的，又被广泛地应用于海洋研究的各个领域，如海浪预报、海洋工程、海洋遥感和海气相互作用等重要领域。

风浪的生成是从水表面出现的小碎浪开始的。小碎浪增大了迎面阻力，这导致短波不断增强，直到它们碎开，能量耗尽。据观察，以高频开始成长的风浪（或者暴风）的能谱在较高的频率处有一个峰值。持续的暴风可形成完全成长的浪。风停止后，则演变成低频衰减浪或者涌浪。这些长峰波的波谱，峰值位于较低频率处。

若某一暴风引起的涌浪与另一暴风引起的涌浪相互作用，就可以观察到波谱具有两个峰值频率。另外，潮汐波的波谱，其峰值频率也在低频段。因此，在天气变化频繁的地区，合成波谱是相当复杂的，如图5-14所示。

1. 长峰波波面方程

随机过程海浪在时间和空间上都呈现出不规则，并且不能准确预测，直接描述不规则波浪比较困难，通常采用线性叠加原理来描述不规则波浪。假设不规则波浪由很多不同频率、不同幅值和相位的规则正弦波叠加形成，如图5-15所示。

海面上最常见的是人们常说的由风形成的海浪，由于风的随机性和风向的多变性，风浪不但会向一个方向传播，而且还会向其他方向传播。

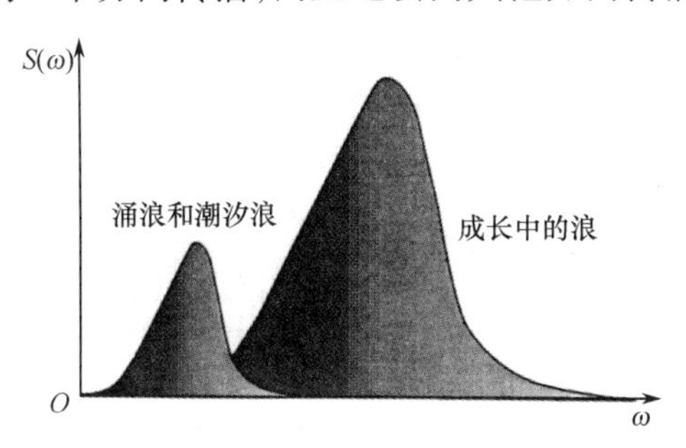

图5-14 双峰谱

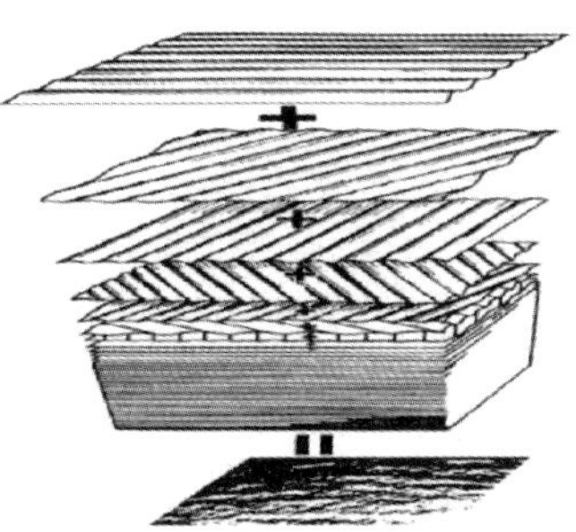

图5-15 不规则波浪

设地面坐标系为 $Oxyz$，Oxy 平面与海平面重合，则风浪的起伏高度在此坐标系内可用一个三元函数来表示。设 $z=\zeta(x,y,t)$，其中 t 为时间，故称此海浪为三元不规则波，或称为"短峰波"。图 5-16 为"短峰波"波面。

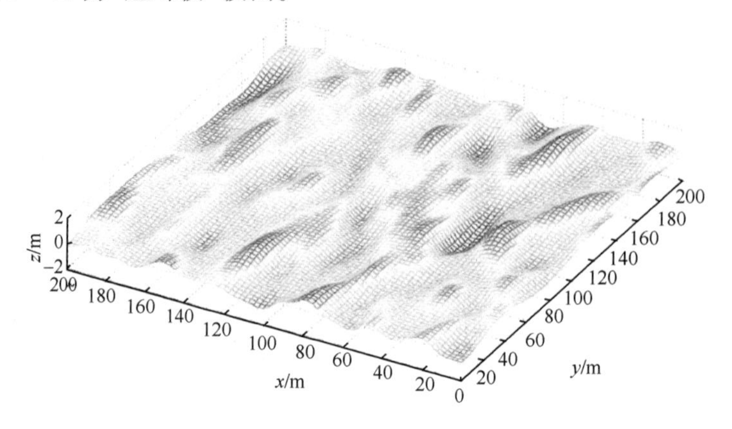

图 5-16 "短峰波"波面

为了使研究的问题得以简化，假设海浪是向一个固定方向 x 传播的，其波峰和波谷线彼此平行并垂直于前进方向，此时波面起伏高度 $z=\zeta(x,t)$，而在 y 方向，其值为常数，这种海浪被称为"二元不规则波"，或称"长峰波"。图 5-17 为"长峰波"波面。

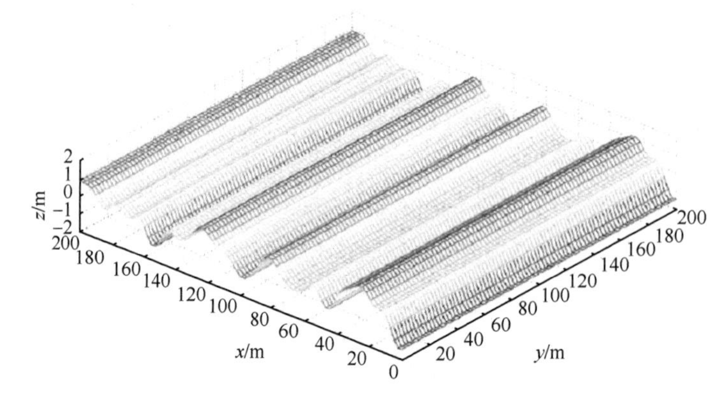

图 5-17 "长峰波"波面

研究表明，长峰波可以看成是由无数个不同波幅和波长的微幅余弦波叠加而成，忽略高次谐波，则长峰波方程可以表示为

$$\zeta(x,t) = \sum_{i=1}^{n} \zeta_{a_i} \cos(\omega_i t + \varepsilon_i) \tag{5-138}$$

对某一单元规则波，其单位面积具有的波能为

$$E = \frac{1}{2}\rho g \zeta_a^2 \tag{5-139}$$

第 n 个单元波，频率由 $\omega \sim (\omega+\mathrm{d}\omega)$ 之间的单元波能为

$$E = \frac{1}{2}\rho g \sum_{\omega}^{\omega+\mathrm{d}\omega} \zeta_{a_n}^2 \tag{5-140}$$

定义波能谱密度函数 $S(\omega)$：

$$S(\omega) = \frac{\frac{1}{2}\sum_{\omega}^{\omega+d\omega}\zeta_{a_n}^2}{d\omega} \tag{5-141}$$

由此得到

$$\int S(\omega)\,d\omega = \frac{1}{2}\sum_{n=1}^{\infty}\zeta_{a_n}^2 \tag{5-142}$$

则长峰波方程可以表示为

$$\zeta(x,t) = \sum_{i=1}^{n}\zeta_{a_i}\cos(\omega_i t + \varepsilon_i) = \sum_{i=1}^{n}\sqrt{2S(\omega_i)\Delta\omega_i}\cos(\omega_i t + \varepsilon_i) \tag{5-143}$$

得到由波浪谱描述的长峰波波面方程：

$$\zeta(x,t) = \sum_{i=1}^{n}\sqrt{2S(\omega_i)\Delta\omega_i}\cos(\omega_i t + \varepsilon_i) \tag{5-144}$$

下面给出有义波高(三分之一有义波高)的定义。

在记录到的海浪时间曲线，依次取个波高值，然后将其从大到小进行排列，设为 h_1，h_2，…，h_{3n}，将前面的 n 个(占总数的 1/3)波幅取出来进行平均所得到的值称为三分之一有义波高，即

$$H_S = h_{1/3} = \frac{1}{n}\sum_{i=1}^{n}h_i \tag{5-145}$$

2. 遭遇频率

在船舶的各种运动预报中，当船舶以一定航速和遭遇浪向航行时，波浪对船舶的扰动力频率是遭遇频率 ω_e，而不应以波浪的自然频率 ω 表示。

设波的传播速度为 c，船速 U，波长 λ，艏向与浪向的夹角 χ 的定义如图 5－18 所示。

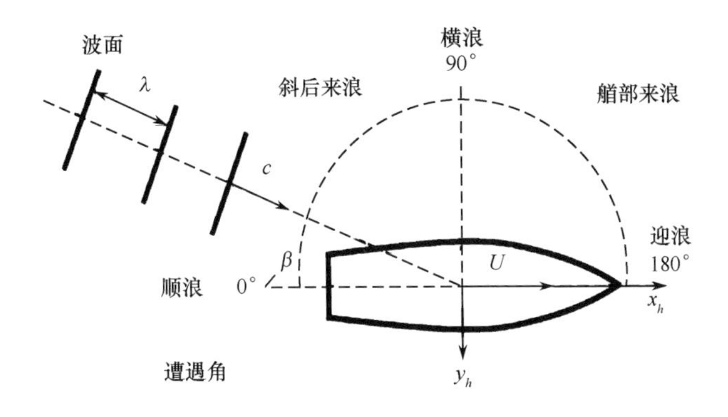

图 5－18　遭遇角 χ 的定义

则波峰相对船的传播速度：

$$c_e = c - U\cos\chi \tag{5-146}$$

遭遇频率：

$$\omega_e = \frac{2\pi}{T_e} = 2\pi\frac{c - U\cos\chi}{\lambda}$$

$$= 2\pi\frac{c}{\lambda} - 2\pi\frac{U\cos\chi}{\lambda}$$

$$= \omega - \frac{\omega^2}{g} U \cos\chi \tag{5-147}$$

遭遇频率可以写成如下形式：

$$\omega_e(U,\omega,\chi) = \omega - \frac{\omega^2}{g} U \cos\chi \tag{5-148}$$

其中：ω_e为遭遇频率(rad/s)；ω 为波频率(rad/s)；g 为重力加速度(m/s^2)；U 为船舶总速度(m/s)；χ 为艏向与浪向的夹角(rad)。

在航向控制船舶在航速 $U>0$ 的情况下，若要引入遭遇频率，其波谱峰值频率需要修正。

需要注意的是：对于动力定位船舶，U 为 0 或接近于 0，因此 $\omega_e = \omega$ 完全可以描述其波频率。

3. 海浪谱

作为随机海浪过程的一个重要统计性质，海浪谱包含着丰富的海浪二阶信息，由它可推求许多海浪的一阶、二阶统计特征，而且还可以直接给出海浪内部能量相对于频率的分布。

自从 1953 年丹尼斯、皮尔逊等应用谱分析方法研究海浪和船舶在波浪中的运动开始，迄今为止，已经有许多学者通过大量的观测数据，对海浪的各种统计值和波浪谱密度进行分析，建立了许多描述海浪的波能谱密度公式，因为所建立的波能谱都是在一定海域观察、记录、分析和在某些假设条件下推导出来的，是半经验和半理论的结果，因此它们都具有近似性和局限性。

下面介绍 4 种常用波谱。

1) Pierson－Moskowitz(PM)波谱

1964 年，Pierson 和 Moskowitz 根据北大西洋充分发展海浪的资料进行统计分析，提出了一个半经验的双参数波能谱，即

$$S(\omega) = A\omega^{-5}\exp(-B\omega^{-4}) \quad (\mathrm{m}^2 \cdot \mathrm{s}) \tag{5-149}$$

该公式通常简称为 PM 谱(Pierson－Moskowitz 波谱)。

由于 PM 谱中仅有参数 B 因海况的不同而发生变化，因此 PM 谱其时是一个单参数谱。式中：

$$A = 8.1 \cdot 10^{-3} g^2 \tag{5-150}$$

$$B = 0.74\left(\frac{g}{V_{19.5}}\right)^4 = \frac{3.11}{H_s^2} \tag{5-151}$$

其中，$V_{19.5}$是距海面 19.5m 高空处风速(m/s)。

由式(5－151)可得风速 $V_{19.5}$与三分之一有义波高 H_s之间的关系，即

$$H_S = \frac{2.06}{g^2} V_{19.5}^2 \tag{5-152}$$

或

$$V_{19.5} = 6.85\sqrt{H_S} \tag{5-153}$$

有些波能谱公式是以 PM 谱为基础提出的，只是参数 A 和 B 的取值不同。

2）ITTC 推荐的双参数波能谱

由于单参数谱不能合理地表征非充分发展海浪的特征，因此在 1969 年第 12 届 ITTC 会议上，推荐了一个双参数波能谱为

$$S(\omega) = A\omega^{-5}\exp(-B\omega^{-4}) \qquad (\mathrm{m}^2 \cdot \mathrm{s}) \tag{5-154}$$

式中：

$$A = \frac{173H_s^2}{T_1^4} \tag{5-155}$$

$$B = \frac{691}{T_1^4} \tag{5-156}$$

$$T_1 = \frac{2\pi m_0}{m_1} \tag{5-157}$$

T_1为波浪的平均周期，若缺乏波浪平均周期的资料，可近似取波浪的特征周期，即$T_1 \approx T_0$。

特征周期的求法如下。

已知

$$S(\omega) = A\omega^{-5}\exp(-B\omega^{-4}) \tag{5-158}$$

设

$$\left(\frac{\mathrm{d}S(\omega)}{\mathrm{d}\omega}\right)_{\omega=\omega_0} = 0 \tag{5-159}$$

得到特征频率 ω_0：

$$\omega_0 = \sqrt[4]{\frac{4B}{5}} \tag{5-160}$$

由此得到特征周期 T_0：

$$T_0 = 2\pi\sqrt[4]{\frac{5}{4B}} \tag{5-161}$$

k 阶波谱矩

$$m_k = \int_0^\infty \omega^k S(\omega)\mathrm{d}\omega \qquad (k = 0,1,\cdots,N) \tag{5-162}$$

当 $k=0$ 时：

$$m_0 = \int_0^\infty S(\omega)\mathrm{d}\omega = \frac{A}{4B} \tag{5-163}$$

当 $k=1$ 时：

$$m_1 = 0.306\frac{A}{B^{3/4}} \tag{5-164}$$

当 $k=2$ 时：

$$m_2 = \frac{\sqrt{\pi}}{4}\frac{A}{\sqrt{B}} \tag{5-165}$$

服从均值为 0、方差为 $\sigma^2 = A/4B$ 的高斯分布。因此：

$$\sigma = \sqrt{m_0} \tag{5-166}$$

即

$$H_s = 4\sqrt{m_0} \tag{5-167}$$

定义平均周期为

$$T_1 = 2\pi\frac{m_0}{m_1} = \frac{0.5\pi}{0.306}\frac{1}{B^{1/4}} \tag{5-168}$$

定义平均过零周期为

$$T_Z = 2\pi\sqrt{\frac{m_0}{m_2}} = \frac{2\pi^{5/4}}{B^{1/4}} \tag{5-169}$$

则

$$T_Z = 0.710T_0 = 0.921T_1 \tag{5-170}$$

3）改进的 Pierson – Moskowitz 波谱(MPM 谱)

1964 年第 2 届国际船舶及海上结构会议(ISSC)、1969 年第 12 届和 1978 年第 15 届国际拖曳水池会议(ITTC)推荐采用 MPM 谱

$$S(\omega) = A\omega^{-5}\exp(-B\omega^{-4}) \quad (\mathrm{m^2 \cdot s}) \tag{5-171}$$

式中:

$$A = \frac{4\pi^3 H_S^2}{T_Z^4} \tag{5-172}$$

$$B = \frac{16\pi^3}{T_Z^4} \tag{5-173}$$

MPM 谱的这一表示方法含有两个参数、1/3 有义波高 H_S和平均过零周期 T_Z。

MPM 谱仅适用于在无限深度、无涌浪及无限制风区充分成长的风浪。对于非充分成长风浪,建议采用 JONSWAP 波谱。

4）JONSWAP 波谱

1968—1969 年,英国、荷兰、美国、德国等国在丹麦、德国西海岸实施了一次大范围的测量计划,被称为“联合北海风浪计划”(Joint North Sea Wave Project,JONSWAP)。在 1984 第 17 届 ITTC 会议上采纳并推荐了该计划的研究成果。

JONSWAP 波谱用于描述非充分成长风浪,因此谱密度函数比充分成长海浪的谱密度函数更加尖锐。

其谱密度函数为

$$S(\omega) = 155\frac{H_s^2}{T_1^4}\omega^{-5}\exp\left(\frac{-944}{T_1^4}\omega^{-4}\right)\gamma^Y \quad (\mathrm{m^2 \cdot s}) \tag{5-174}$$

1973 年,Hasselmann 等人建议:

$$\gamma = 3.3 \tag{5-175}$$

$$Y = \exp\left[-\left(\frac{0.191\omega T_1 - 1}{\sqrt{2}\sigma}\right)^2\right] \tag{5-176}$$

其中

$$\sigma = \begin{cases} 0.07, & \omega \leqslant 5.24/T_1 \\ 0.09, & \omega > 5.24/T_1 \end{cases} \tag{5-177}$$

可采用 T_0或 T_Z代替 T_1,即

$$T_1 = 0.834T_0 = 1.073T_Z \tag{5-178}$$

5）我国沿海波能谱

根据中国沿海的统计分析,中国国家海洋局建议采用如下波能谱:

$$S(\omega)=0.74\omega^{-5}\exp\left(\frac{-g^2}{V_w\omega^2}\right)\qquad (\mathrm{m}^2\cdot\mathrm{s}) \tag{5-179}$$

式中：V_w风速（m/s）。

$$V_w=6.28\sqrt{H_s} \tag{5-180}$$

图 5－19 出了有义波高为 4m 时 5 种波能谱的比较。

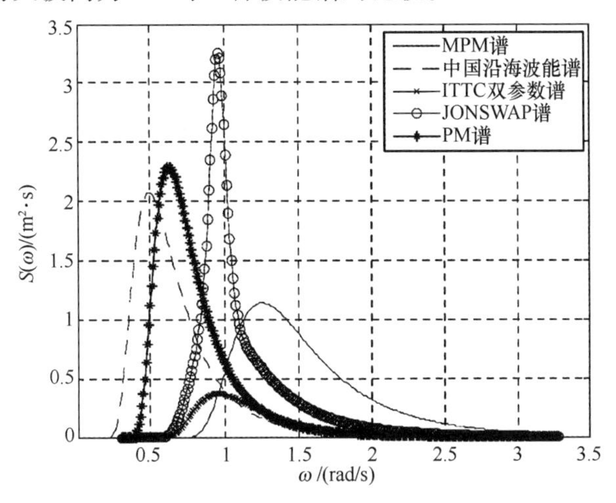

图 5－19　有义波高为 4m 时几种波能谱的比较

4. 海浪干扰力和干扰力矩

在进行船舶控制系统仿真时，海浪干扰的影响可分为两个部分：一种为一阶高频波浪干扰力；另一种为二阶波浪力，也称波浪漂移力，二阶波浪力能够导致船舶漂移。

海浪作用到船舶上的力和力矩可表示成以下力的矢量形式：

$$\boldsymbol{w}_{\text{wave}}=[X_{\text{wave}},Y_{\text{wave}},N_{\text{wave}}]^{\mathrm{T}} \tag{5-181}$$

1）一阶波浪力模型

船舶自身的形状比较复杂，在计算船舶受到的波浪力时，需要对船舶进行简化处理，即将船体简化为长方体，忽略数量级小的力，可以得到一阶不规则波对船体的干扰力和力矩数学模型如下：

$$X_{w1}=-\sum_{i=1}^{n}\frac{4\rho g^3}{\omega_i^4\sin\chi}E_i\left(1-\mathrm{e}^{-\frac{\omega_i^2 d}{g}}\right)\sin\frac{\omega_i^2 L\cos\chi}{2g}\sin\frac{\omega_i^2 B\sin\chi}{2g}\sin\left(\left(\omega_i-\frac{\omega_i^2 V\cos\chi}{g}\right)t-\varepsilon_i\right)$$

$$Y_{w1}=\sum_{i=1}^{n}\frac{4\rho g^3}{\omega_i^4\cos\chi}E_i\left(1-\mathrm{e}^{-\frac{\omega_i^2 d}{g}}\right)\sin\frac{\omega_i^2 L\cos\chi}{2g}\sin\frac{\omega_i^2 B\sin\chi}{2g}\sin\left(\left(\omega_i-\frac{\omega_i^2 V\cos\chi}{g}\right)t-\varepsilon_i\right)$$

$$N_{w1}=-\sum_{i=1}^{n}\frac{2\rho g^2}{\omega_i^2}E_i\left(1-\mathrm{e}^{-\frac{\omega_i^2 d}{g}}\right)\sin\frac{\omega_i^2 B\sin\chi}{2g}\cos\left(\left(\omega_i-\frac{\omega_i^2 V\cos\chi}{g}\right)t-\varepsilon_i\right)\times$$

$$\left(\frac{2g^2\sin\left(\frac{\omega_i^2 L\cos\chi}{2g}\right)}{\omega_i^4\cos^2\chi}-\frac{Lg\cos\frac{\omega_i^2 B\cos\chi}{2g}}{\omega_i^2\cos\chi}\right) \tag{5-182}$$

式中：χ 为相对浪向角；z_b 为船体装载水线至重心的垂向距离；E_i 为各离散规则波的波幅，计算式为

$$E_i = \sqrt{2\Delta\omega S_\zeta(\omega_i)} \tag{5-183}$$

一阶海浪力作用到船舶上的力和力矩可表示成以下力的矢量形式：

$$\boldsymbol{w}_{\text{wave1}} = [X_{w1}, Y_{w1}, N_{w1}]^{\mathrm{T}} \tag{5-184}$$

图 5-20 为某 FPSO 船航速 1kn，有义波高 $h_{1/3}=6.0\text{m}$，特征周期 $T_0=10.3\text{s}$ 时，船体受到一阶波浪力和力矩的情况。

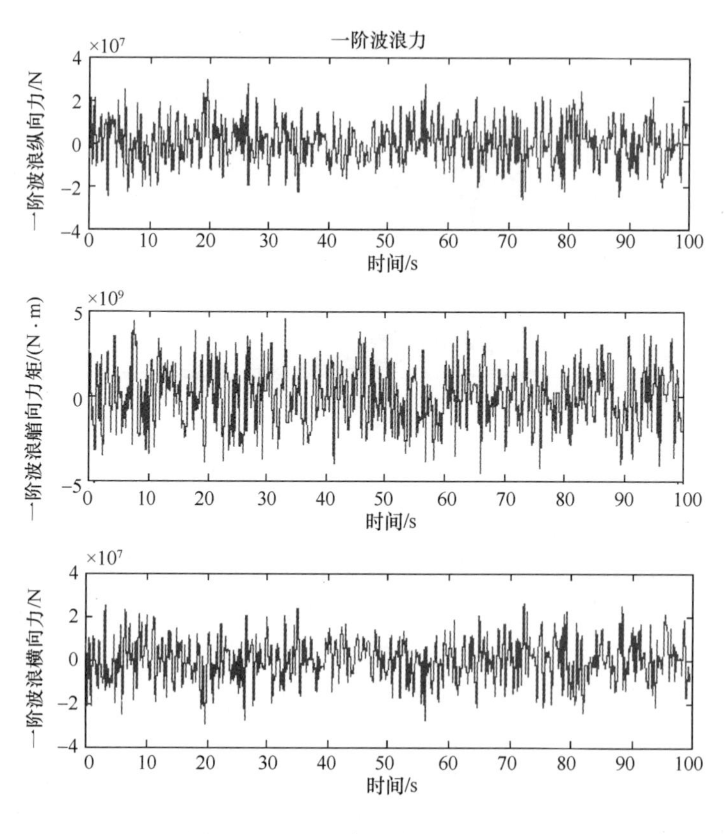

图 5-20　一阶高频波浪力及力矩

2）二阶波浪力模型

二阶波浪漂移力会改变船舶航行的航向和航迹，尤其对于系泊状态下的船舶位置移动和动力定位系统的工作有很大影响，不规则波看作是各种频率的规则波的叠加，其仿真数学模型为

$$\begin{cases} X_{w2} = \rho g L\cos\chi \sum_{i=1}^{n} C_{Xwd}(\lambda_i) \cdot S(\omega_i) \cdot \Delta\omega \\ Y_{w2} = \rho g L\sin\chi \sum_{i=1}^{n} C_{Ywd}(\lambda_i) \cdot S(\omega_i) \cdot \Delta\omega \\ N_{w2} = \rho g L^2\sin\chi \sum_{i=1}^{n} C_{Nwd}(\lambda_i) \cdot S(\omega_i) \cdot \Delta\omega \end{cases} \tag{5-185}$$

式中：λ_i 为成分波波长，$\lambda_i = 2\pi\omega_i^2/g$；$C_{Xwd}$、$C_{Ywd}$、$C_{Nwd}$ 为经验系数，按照下面经验公式估算：

$$
\begin{cases}
C_{Xwd}(\lambda)=0.05-0.2\left(\dfrac{\lambda}{L}\right)+0.75\left(\dfrac{\lambda}{L}\right)^2-0.51\left(\dfrac{\lambda}{L}\right)^3 \\
C_{Ywd}(\lambda)=0.46+6.83\left(\dfrac{\lambda}{L}\right)-15.65\left(\dfrac{\lambda}{L}\right)^2+8.44\left(\dfrac{\lambda}{L}\right)^3 \\
C_{Nwd}(\lambda)=-0.11+0.68\left(\dfrac{\lambda}{L}\right)-0.79\left(\dfrac{\lambda}{L}\right)^2+0.21\left(\dfrac{\lambda}{L}\right)^3
\end{cases}
\tag{5-186}
$$

二阶海浪力作用到船舶上的力和力矩可表示成以下力的矢量形式：

$$
\boldsymbol{w}_{\text{wave2}}=[X_{w2},Y_{w2},N_{w2}]^{\mathrm{T}} \tag{5-187}
$$

图5-21为某FPSO船航速1kn，有义波高$h_{1/3}=2.5\text{m}$、特征周期$T_1=7.5\text{s}$，和有义波高$h_{1/3}=6.5\text{m}$、特征周期$T_1=10.3\text{s}$，船舶受到二阶波浪力和力矩的情况。

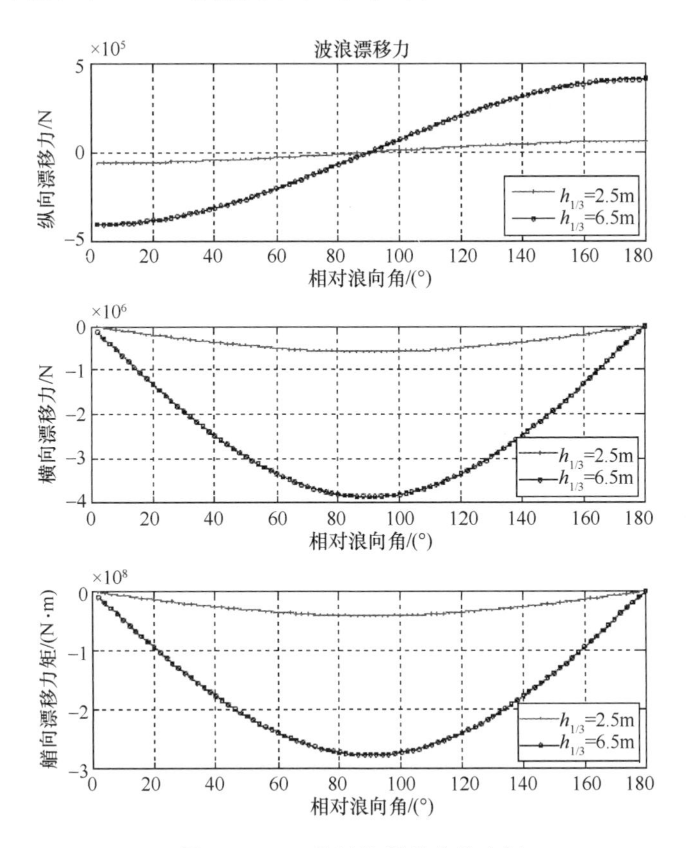

图5-21　二阶波浪漂移力及力矩

海浪作用到船舶上的力和力矩：

$$
\boldsymbol{w}_{\text{wave}}=\boldsymbol{w}_{\text{wave1}}+\boldsymbol{w}_{\text{wave2}} \tag{5-188}
$$

5. 船舶在波浪中的运动

操纵性模型的目的是研究船舶向前航行时的操纵性，以及推进系统和控制面作用后船舶的响应，通常针对平静的水面。

适航性模型的目的是研究具有定常速度和航向的船舶在波浪中的性能。在时域法内研究船舶在波浪中的运动，简便地通过叠加方法将操纵性和适航性模型联系在一起。通常有两种叠加方法：一种为运动响应波幅叠加，称为运动RAOs；另一种为力响应波幅叠加，称为力 RAOs。

（1）运动响应 RAOs 叠加。通过试验或计算得到船舶在波浪作用下的六个自由度的高频响应，将计算结果叠加到由操纵性模型仿真得到的低频响应上，如图 5－22 所示。

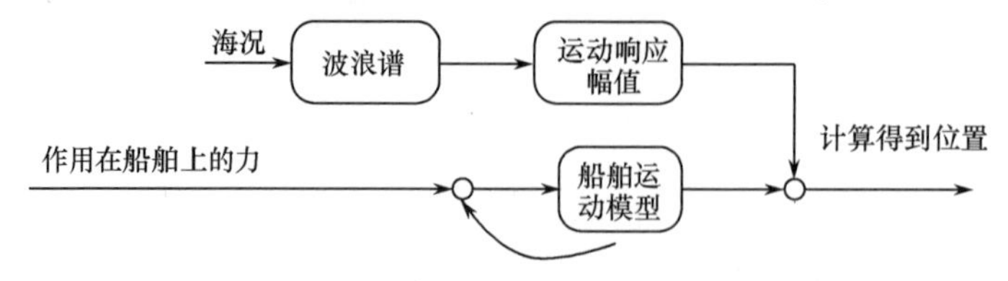

图 5－22 运动响应波幅 RAOs 叠加

（2）力响应 RAOs 叠加。利用前面给出一、二阶波浪力计算公式，进行实时计算，计算结果叠加到船舶运动六自由度船舶运动模型干扰项 $\boldsymbol{w}$ 上，如图 5－23 所示。

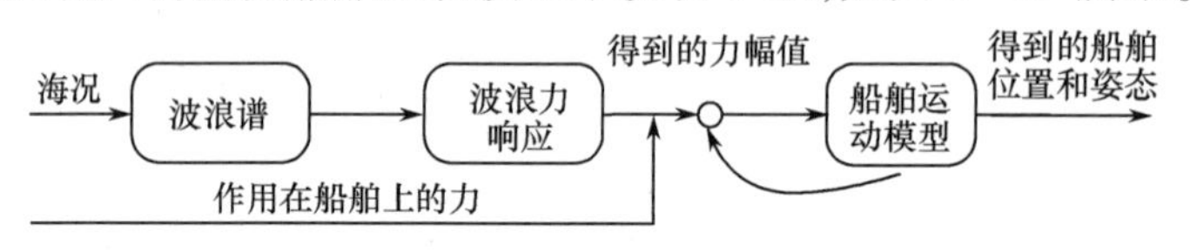

图 5－23 力响应波幅 RAOs 叠加

5.7 半实物仿真技术

5.7.1 实时仿真系统的配置

挪威 CyberSea 实时仿真系统主要包括闭环船舶模型、设备模型和船上相关系统模型。闭环船舶模型包括环境载荷、水动力、电力系统、推进器模型和控制系统。

图 5－24 为挪威 CyberSea 实时仿真系统的配置模块。

1. 水动力模型

频率相关的水动力附加质量，潜在的阻尼和恢复力，主要利用 WAMIT、ShipX、Octopus 等计算软件计算得到。

非线性黏滞阻尼和流载荷主要根据用户提供的实验系数进行计算，或者基于一些计算软件计算得到。

由于龙骨和减摇水舱导致的横摇中的非线性阻尼，根据文献中提供的方法进行计算。

线性黏滞阻尼由实验数据和半经验的方法得到。

浪载荷、一阶载荷和二阶缓慢变化的波漂力都由 WAMIT 计算软件进行计算。

风载荷是用资料中提供的风洞试验数据、相似的船和钻井平台的数据是用户提供的实验系数得出。

2. 推进系统模型

槽道推进器、主推/舵、全回转推进器、吊舱、通用螺旋桨、可调/固定螺距的螺旋桨，有导管或无导管的螺旋桨等设备的模型，还包括速度、螺距、转矩、功率、推力的推进器控制模型。

推力系统模型中约束主要为，由于轴速度、螺距、电机转矩和可利用的最大功率限制导致推力饱和和回转禁区。

推力系统模型中推力损失因素主要有：

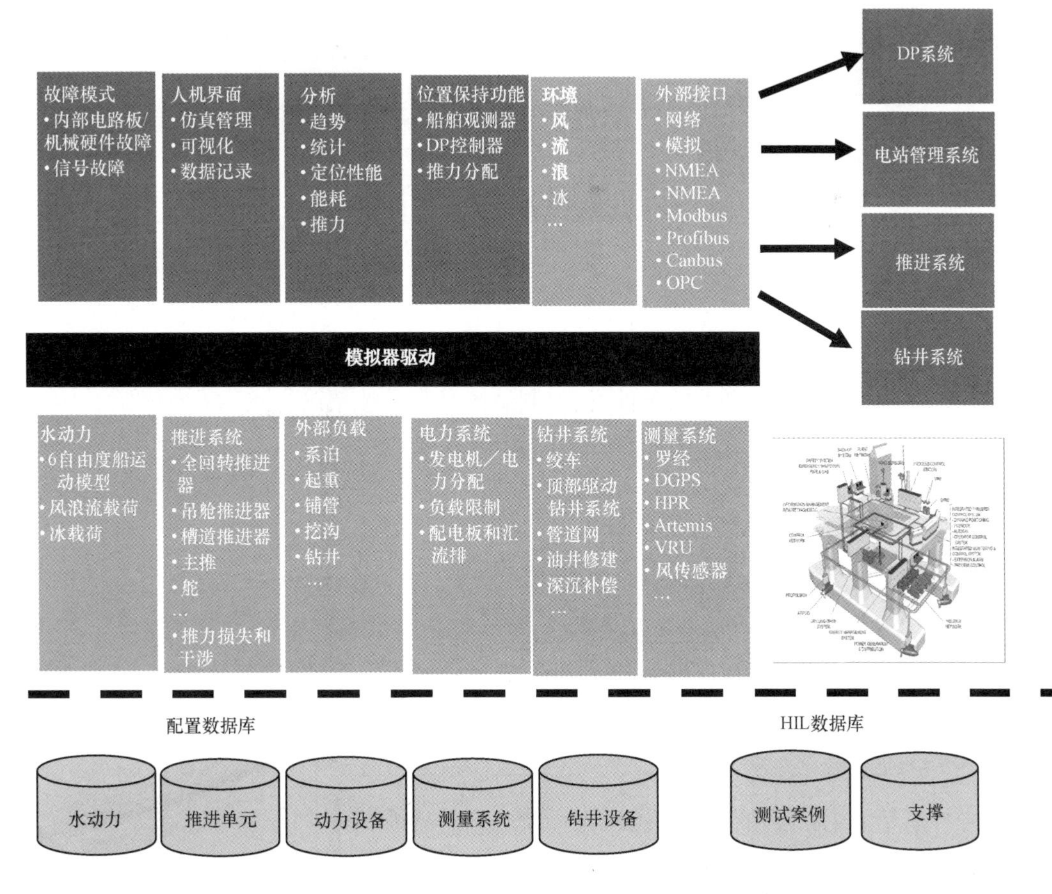

图5-24　挪威CyberSea实时仿真系统的配置模块

（1）浪、船舶运动和流的影响。

（2）由螺旋桨的二、四象限特性形成的速度波动造成的损失。

（3）船舶前进速度对槽道推进器造成的损失。

（4）气体流通和进出水效应。

（5）由附壁效应造成损失的简化模型。

（6）推进器之间的相互影响。

5.7.2　半实物仿真过程中的DP案例

1. DP半实物仿真系统

CyberSea的实时仿真系统通过实时接口与DP实物系统相连，如图5-25所示。半实物仿真系统测试和验证软件和硬件性能，半实物仿真系统中测量系统和控制推力响应逻辑模拟实船作用过程，控制器输出要模拟成像实船一样的相互耦合。

测试内容主要有：

（1）功能测试。测试DP系统的软、硬件是否按技术要求进行。

（2）故障测试。检测控制系统的软、硬件在相应的失效情况下，是否能够恢复正常。

（3）综合测试。验证物理设备和功能集成后的完整性。

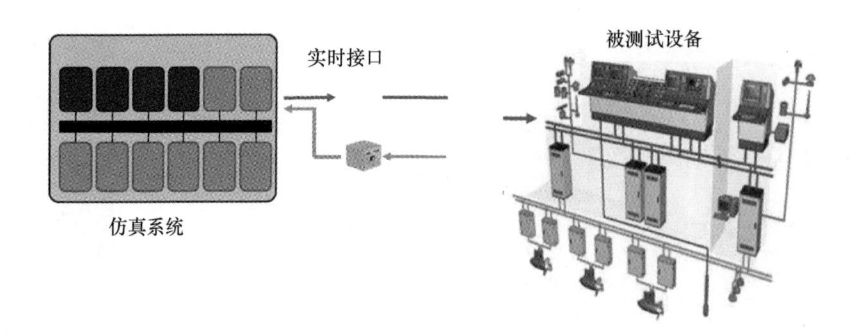

图 5 - 25　DP 半实物仿真系统

(4) 性能测试。检验在要求的条件下,控制系统是否足够精确。

(5) 已知事故。检验相似的船舶发生的已知事故,是否可再现。

(6) 适用性检验。检验操作部分、报警、响应时间等是否满足设计要求。

2. 动力定位控制系统半实物仿真测试

动力定位系统半实物仿真测试框图如图 5 - 26 所示。

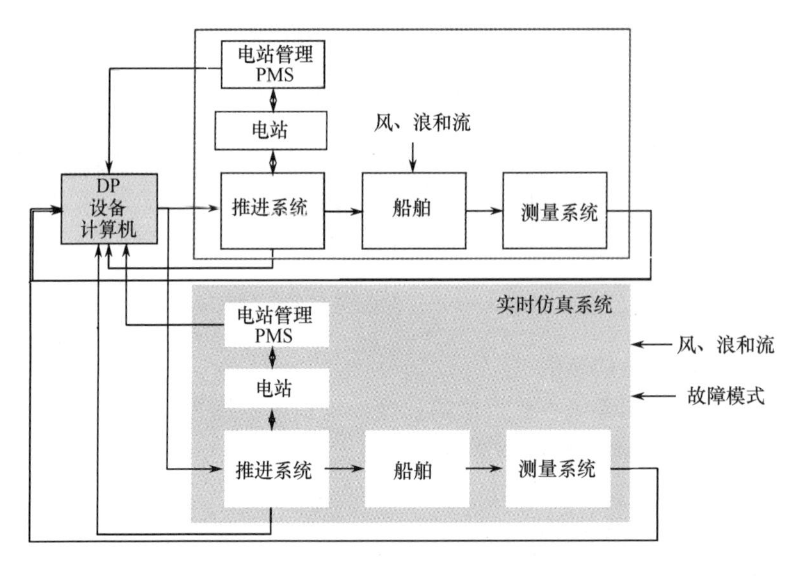

图 5 - 26　动力定位系统半实物仿真测试框图

图中阴影框内为装船设备,DP 设备计算机为动力定位系统装船设备中的计算机系统。测试过程要求实时仿真系统模拟船及其海洋环境,模拟故障模式。模拟传感器和位置参考信号故障和错误,模拟推进器信号故障模式,模拟网络和系统硬件故障,测试船舶 DP 性能和 DP 控制系统的故障处理情况,测试观察 DP 控制系统软件和硬件的故障和错误,尽可能进行危害性 FMEA 测试。

3. DP 集成半实物仿真测试

DP 集成半实物仿真测试可在船离开船坞前进行。

DP 集成半实物仿真测试框图如图 5 - 27 所示。

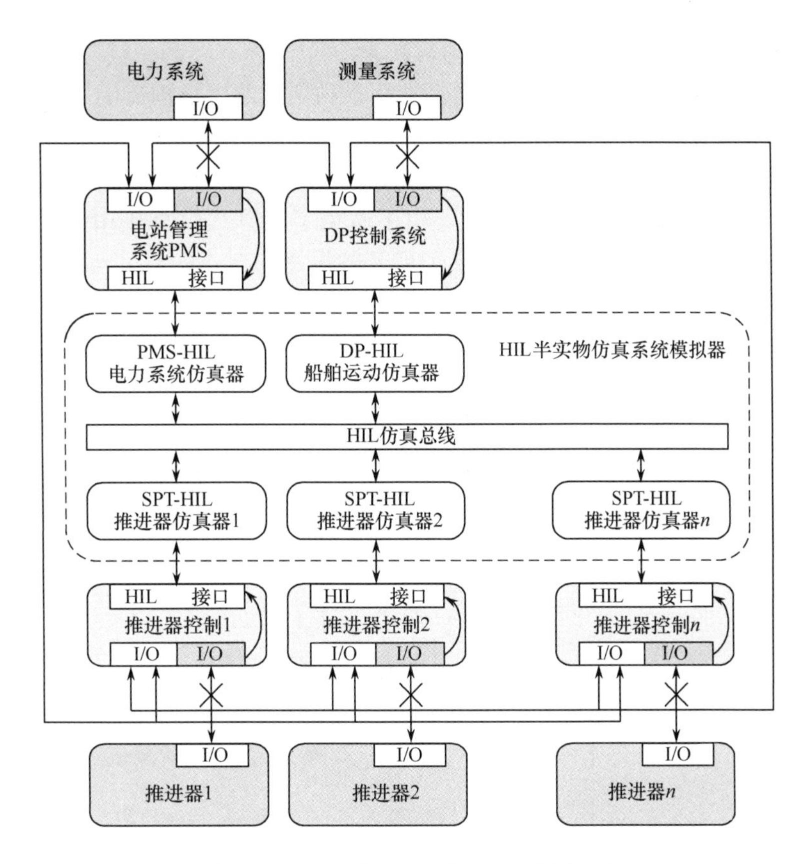

图5－27 DP集成半实物仿真测试框图

5.8 常微分方程数值解法

在半实物实时仿真系统中,数学模型中的常微分方程不能得到解析解,只能用近似方法来求解。近似解法主要有两类:一类叫做近似解析方法,它能给出解的近似表达式,如熟知的级数解法和逐次逼近法等;另一类近似解法称为数值解法,它可以给出解在一些离散点上的近似值。数值方法便于电子计算机求解微分方程。本节主要介绍两种常用的常微分方程的数值计算方法:欧拉法和四阶龙格－库塔(Runge－Kutta)法。

假设给定一阶常微分方程的初值问题:

$$\begin{cases} \dot{y} = f(x,y) \quad a \leqslant x \leqslant b \\ y(a) = y_0 \end{cases} \tag{5-189}$$

式中:f 为 x、y 的已知函数;y_0为给定的初始值。

由微分方程的理论可知,如果 $f(x,y)$ 在区域 $a \leqslant x \leqslant b$, $-\infty < y < +\infty$ 内连续,且关于 y 满足李普希兹条件,即存在常数 L,使:

$$|f(x,y) - f(x,\bar{y})| \leqslant L|y - \bar{y}| \tag{5-190}$$

对所有的 $a \leqslant x \leqslant b$ 及任何 $y, \bar{y}$ 均成立,则初值问题式(6－1)有连续可微的解 $y(x)$ 存在且唯一。所谓初值问题的数值解,则是问题的解 $y(x)$ 在一系列点

$$a = x_0 < x_1 < x_2 < \cdots < x_{N-1} < x_N = b \tag{5-191}$$

处的值 $y(x_n)$ 的近似值 y_n,其中 $n = (0,1,\cdots,N)$。这里相邻两个节点之间的距离 $h_n =$

$x_{n-1}-x_n$通常称为步长，通常将步长 h_n取为常数 h。

龙格－库塔(Runge－Kutta)方法是间接利用泰勒展开的思想构造的一类数值方法。龙格－库塔方法的基本思想是利用$f(x,y)$在某些点处的值的线性组合，来构造一类计算公式，使其按泰勒展开后与初值问题的解的泰勒展式比较，在尽可能多的项完全相同以确定其中的参数，从而保证算式有较高的精确度。由于避免了在算式中直接用到$f(x,y)$的导数，因此说龙格－库塔方法是基于间接利用泰勒展开的思想。对于一般实际工程问题，采用四阶龙格－库塔方法已经可以满足解算精度要求。

针对本节给定的一阶常微分方程(5－189)，标准四阶龙格－库塔公式可以描述为

$$\begin{cases} y_{n+1}=y_n+\dfrac{h}{6}(K_1+2K_2+2K_3+K_4) \\ K_1=f(x_n,y_n) \\ K_2=f\left(x_n+\dfrac{h}{2},y_n+\dfrac{hK_1}{2}\right) \\ K_3=f\left(x_n+\dfrac{h}{2},y_n+\dfrac{hK_2}{2}\right) \\ K_4=f(x_n+h,y_n+hK_3) \end{cases} \tag{5-192}$$

四阶龙格－库塔法计算原理示意图如图 5－28 所示。

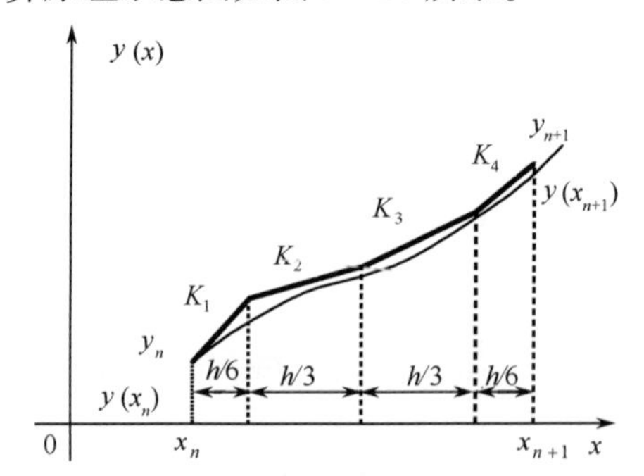

图 5－28　四阶龙格－库塔法计算原理示意图

针对常微分方程组：

$$\begin{cases} \dot{y}_1=f_1(x,y_1,y_2) \\ \dot{y}_2=f_2(x,y_1,y_2) \\ y_1(x_0)=y_{10},y_2(x_0)=y_{20} \end{cases} \tag{5-193}$$

标准(又称古典)四阶龙格－库塔公式可以描述为

$$\begin{bmatrix} y_{1,k+1} \\ y_{2,k+1} \end{bmatrix}=\begin{bmatrix} y_{1,k} \\ y_{2,k} \end{bmatrix}+\frac{h}{6}\begin{bmatrix} K_{11}+2K_{12}+2K_{13}+K_{14} \\ K_{21}+2K_{22}+2K_{23}+K_{24} \end{bmatrix} \tag{5-194}$$

其中，参数 K_{11}、K_{12}、K_{13}、K_{14}、K_{21}、K_{22}、K_{23}、K_{24}定义如下：

$$K_{11}=f_1(x_k,y_{1,k},y_{2,k}) \tag{5-195}$$

$$K_{21}=f_2(x_k,y_{1,k},y_{2,k}) \tag{5-196}$$

$$K_{12}=f_1\left(x_k+\frac{h}{2},y_{1k}+\frac{h}{2}K_{11},y_{2k}+\frac{h}{2}K_{21}\right) \tag{5-197}$$

$$K_{22}=f_2\left(x_k+\frac{h}{2},y_{1k}+\frac{h}{2}K_{11},y_{2k}+\frac{h}{2}K_{21}\right) \tag{5-198}$$

$$K_{13}=f_1\left(x_k+\frac{h}{2},y_{1k}+\frac{h}{2}K_{12},y_{2k}+\frac{h}{2}K_{22}\right) \tag{5-199}$$

$$K_{23}=f_2\left(x_k+\frac{h}{2},y_{1k}+\frac{h}{2}K_{12},y_{2k}+\frac{h}{2}K_{22}\right) \tag{5-200}$$

$$K_{14}=f_1(x_k+h,y_{1k}+hK_{13},y_{2k}+hK_{23}) \tag{5-201}$$

$$K_{24}=f_2(x_k+h,y_{1k}+hK_{13},y_{2k}+hK_{23}) \tag{5-202}$$

第6章

动力定位船测量信息处理技术

图6-1为动力定位控制系统原理示意图。

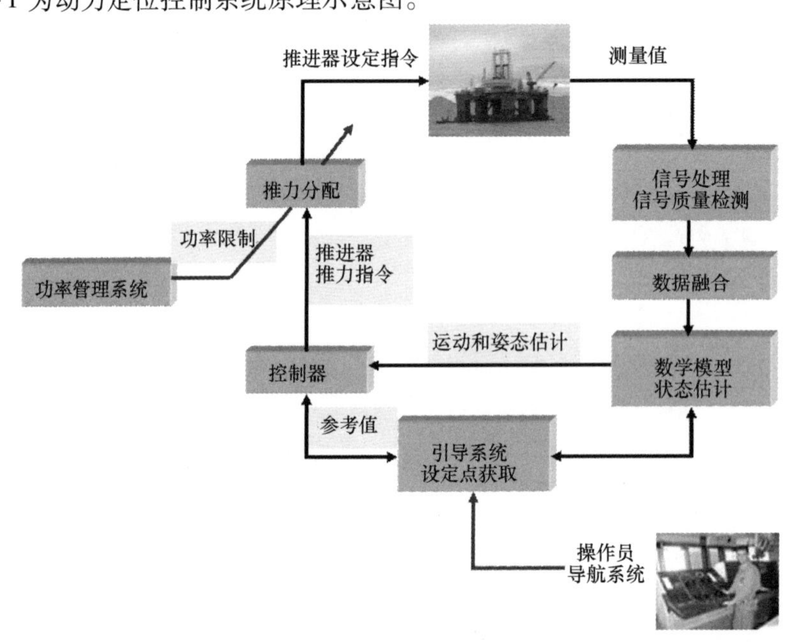

图6-1　动力定位控制系统原理示意图

精确地控制性能依赖于可靠的传感器测量数据,传感器的数据将影响控制系统的准确性和安全性。劣质的测量数据应该被检测出来,并且以最优方式使用采集的数据,在动力定位测量数据质量检测处理模块中,应检测每个传感器的测量数据的质量,并剔除有问题的数据。对于从事海洋作业的动力定位船舶来说,多传感器的冗余是十分有必要的。冗余的传感器可以是相同的,也可以是不同的。例如,动力定位中对于船舶位置的测量就是冗余的,一般船舶至少安装两套基于卫星GPS的差分位置参考系统,因为船舶失位往往会导致严重的经济损失,甚至危急人员安全。针对许多安全作业,为了增加整体系统的稳定性,减少检修时间,动力定位系统往往需要装有三套、或者更多位置参考系统。位置参考系统数量的增加,加大了对测量数据的处理和融合的难度,因此,数据检测和信息融合对保障安全高效的完成海上作业是非常重要的。

在动力定位控制系统的设计中,信号滤波和估计十分的重要,其主要作用有:

(1)测量噪声的滤波。大部分传感器信号都包含由外界扰动和传感器本身特性所导致的噪声,如果没有预防措施,这些噪声对控制器的性能会产生副作用。通过数据滤波,系统可以得到信号频率部分,消除噪声频率。

(2)非测量数据的重构。对于许多工程应用,反馈控制系统需要的许多重要的状态变量并没有测量值输入,一是安装的传感器的精度和稳定性并不能用于控制系统,另一原因是由于成本因素没能安装相应的传感器,在这种情况下,控制系统将采用状态估计对未测量的状态变量进行估计,即状态重构。状态估计器的主要目是重构未测量信号和对反馈控制系统用到的信号进行滤波。

(3)航位推算。在安全海事应用中,如果没有合适的备份的传感器信号,传感器失效有时会导致控制系统的失效,控制系统的突然失效会将导致危险。这就需要采用基于预测和滤波所用的数学模型进行航位推算,使得计算结果至少在一段时间内可以代替测量信号。此时仅利用模型进行状态信号预测的计算称为航位推算。

6.1 数据质量检测

动力定位控制系统中的数据处理模块对于所有传感器数据、位置参考系统数据和推力装置反馈数据的质量进行检测。数据质量检测的测试内容包括:

(1)数据范围测试。

(2)方差测试。

(3)野值测试。

上述的这些测试可能作用于每个传感器的测量数据。若检测到某传感器处于故障状态,则此传感器的测量数据应被丢弃,不能被随后进行的信息融合所使用。

6.1.1 开窗术

在计算数据方差时,有很多基于不同开窗函数的开窗术可以使用。开窗术是将测量数据 $x[k]$ 和一个有限区间窗信号 $\omega[k]$ 相乘,即

$$p[k]=x[k]\omega[k] \tag{6-1}$$

在实际中,我们仅能够在一个有限时间间隔内测量信号,这段有限时间称为时间窗。如果用一个矩形窗,有限区间窗信号可以写为

$$\omega[k]=\begin{cases}1, & -M\leqslant k\leqslant M\\0, & \text{其他}\end{cases} \tag{6-2}$$

式中:$-M\leqslant k\leqslant M$ 是一个时间窗。

则实际可处理的测量数据为

$$p[k]=\begin{cases}x[k], & -M\leqslant k\leqslant M\\0, & \text{其他}\end{cases} \tag{6-3}$$

矩形窗的缺点是在傅里叶变换时容易引入纹波,也就是所谓的吉布斯现象。用汉宁窗可以改善这种情况。

6.1.2 数据范围测试

大多数可用的测量数据都有一个定义的范围，如罗经测量的艏向输出就有一个范围 0°~360°。如果数据处理模块接收了一个超出范围的艏向值，此数据将被判断为错误的，并被丢弃。通常通过一个最小值 $x_{\min}$ 和一个最大值 $x_{\max}$ 定义一个允许的测量范围，即

$$x[k] \in [x_{\min}, x_{\max}] \tag{6-4}$$

6.1.3 方差检验

数据方差表示某一传感器测量数据幅度和频率的变化。例如，高精度的测量会产生较大的方差，反之亦然。然而，当过程噪声较大时，也会造成测量数据的方差过大，如在深海域作业时。

在时间 $t=k$ 的一个序列 $\{x[k]\}$ 中包含当前时刻的数据及 $n-1$ 个历史数据：

$$\{x[i]: i=k-(n-1), \cdots, k-1, k\} \tag{6-5}$$

这个序列的平均值 $\bar{x}_k$ 可以计算为

$$\bar{x} = \frac{1}{n}\sum_{i=k-(n-1)}^{k} x[i] \tag{6-6}$$

对应的方差为

$$\sigma_k^2 = \frac{1}{n-1}\left(\sum_{i=k-(n-1)}^{k} x[i]^2 - n\bar{x}_k^2\right) \tag{6-7}$$

如果定义：

$$y[k] = \frac{1}{n}\sum_{i=k+1-(n-1)}^{k} x[i]^2 \tag{6-8}$$

式(6-7)的递归形式可以写为

$$\sigma_{k+1}^2 = \frac{n}{n-1}(y[k+1] - (\bar{x}[k+1]^2)) \tag{6-9}$$

式中：

$$y[k+1] = y[k] + \frac{1}{n}((x[k+1])^2 - (x[k-(n-1)])^2) \tag{6-10}$$

当方差较大时，可能是传感器故障或测量有误。零方差有时又叫做数据冻结，此时可能是传感器出现故障，方差校验应设置合理的上限和下限，如图 6-2 所示。

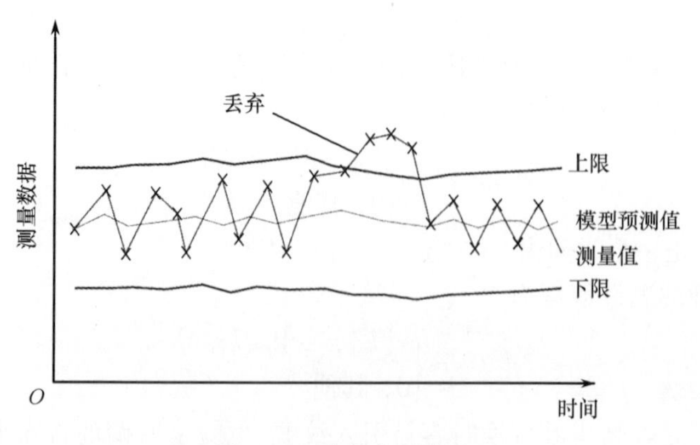

图 6-2　信号方差检验

6.1.4 野值检验

当测量数据被检测为野值时，此数据将被丢弃。野值就是和先前测量的值差异很大的值，即在估计的平均值范围以外的测量数据，如图 6-3 所示。测量值 $x[k]$ 满足：

$$x[k] \in [\bar{x}_k - a\sigma, \bar{x}_k + a\sigma] \tag{6-11}$$

才能被系统采用。式中：a 通常为 3 ~9。

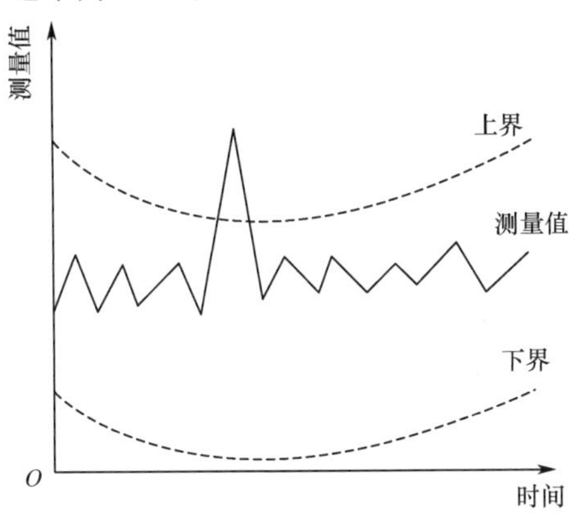

图 6-3　野值检验

对于出现的野值，一般用一个估算值代替。这个值可以是上一时刻的测量值、平均值或一个估计的最小方差值。

6.2 冗余测量信号的处理

在装有冗余配置的传感器或者位置参考系统的情况下，故障检测的准确度、权值的计算和表决的结果都会改善测量数据的精度。

6.2.1 表决

数据处理模块为传感器和位置参考系统的偏差的检测提供两级表决。

当使用两个传感器或者位置参考系统时，数据处理模块可以检测这两个设备测量数据的偏差，当两组测量数据偏差过大时，并不能立即确定哪一组是故障的，只能通过进一步的检测来确定。在没有确定哪一方故障时，系统将发出一个故障情况的警报。

当使用 3 个或更多的传感器时，数据处理模块执行表决来检测数据中的某一个是否真的有偏差。如图 6-4 所示，3 个传感器的测量值中，2 号传感器与 1 号和 3 号的测量值相差很大。当偏差超过阈值时，2 号传感器的测量数据将被丢弃。

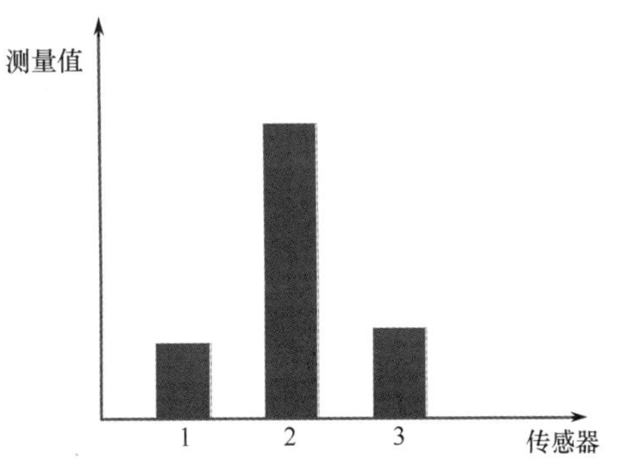

图 6-4　冗余测量的表决

6.2.2 加权

对于冗余的传感器或者位置参考系统，为了得到最优的结果，数据处理模块要首先计算出每个传感器的权值。各传感器的权值可以基于数据方差计算得到，也可以手动设定。若某传感器一段时间的测量数据的方差高于其他传感器，则此传感器的权值会相应的降低。当权值减少到超过阈值，此传感器的测量数据会彻底被丢弃。

下面举例说明权值的计算过程。假设 3 个传感器的测量数据均可用，x_1、x_2 和 x_3 对应的权值因数为 ω_1、ω_2和 ω_3，从而加权后的结果为

$$x_\omega = \frac{\omega_1 x_1 + \omega_2 x_2 + \omega_3 x_3}{\omega_1 + \omega_2 + \omega_3} \tag{6-12}$$

一个无偏估计包括 n 个独立的权重信号组成：

$$\hat{x} = \sum_{i-1}^{n} s_i x_i \tag{6-13}$$

式中：

$$\sum_{i-1}^{n} s_i = 1 \tag{6-14}$$

权值因数可以通过操作员手动设置或者是基于最小方差的准则自动计算。对于手动权重，有

$$s_i = \frac{\omega_i}{\sum_{k=1}^{n} \omega_k} \tag{6-15}$$

对于包含两个测量权重的自动加权变为

$$s_1 = \frac{\sigma_2^2}{\sigma_1^2 + \sigma_2^2} \tag{6-16}$$

$$s_2 = \frac{\sigma_1^2}{\sigma_1^2 + \sigma_2^2} \tag{6-17}$$

通常对于 n 个传感器的自动加权算法可以写为

$$s_i = \frac{\prod_{j \neq 1} \sigma_j^2}{\sum_{k=1}^{n} \prod_{j \neq k} \sigma_j^2} \tag{6-18}$$

6.2.3 传感器的使能和不使能

禁用某传感器或其意外失效会产生信号偏离效应，此时，此传感器处于不使能状态，如图 6-5 所示，在信号丢失后均值的变化是不可避免的在信号丢失之后一段特定时间间隔内，信号滤波可以降低其产生的影响。如图 6-6 所示，当传感器信号丢失时，滤波就应该被激活，合适的时间间隔 T_f 与信号偏差及最大变化率有关。

y_ω 表示传感器处于不使能状态后重新计算的权重信号，滤波后的权重信号 $y_{f\omega}$输入控制系统，通过低通滤波可以得到

$$\dot{y}_{f\omega} = -\frac{1}{T_f} y_{f\omega} + \frac{1}{T_f} y_\omega \tag{6-19}$$

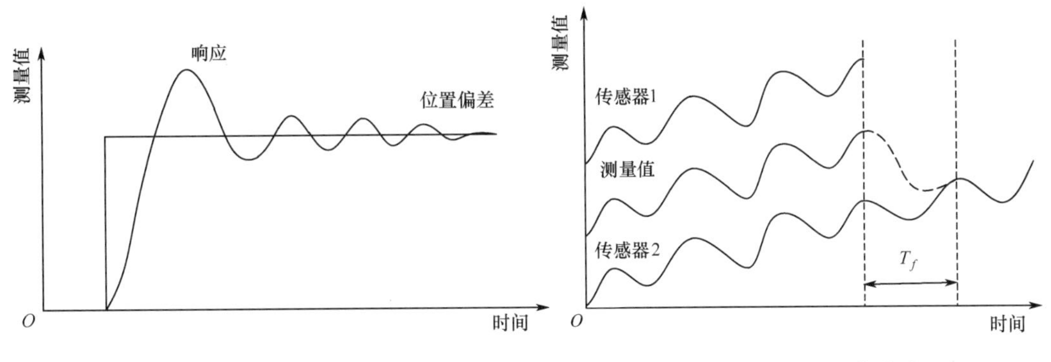

图6-5　数据冻结的影响　　　　图6-6　位置均值滤波

滤波不应造成测量相位变化过大，当使能一个新的传感器，测量数据将保持平滑并且不需要进行滤波。

6.3　时间对准和空间对准

6.3.1　时间对准

不同的位置参考系统采样频率不一定相同，因此需要一定的算法将其测量数据对准至同一观测时间上，即设定一个统一的采样频率，在这个采样频率下每个测量系统在统一采样时刻都有测量数据。

多传感器信息融合时间对准问题是信息融合要解决的一个关键问题之一，目前许多学者提出了很多时间对准方法，其中应用比较广泛的有内插外推法和数据拟合方法。数据拟合方法是在系统已经对时的前提下，对其中的几个传感器或所有传感器的测量数据通过数据拟合的方法得到一条反应数据变化趋势的曲线，从该曲线中可以得到任意时刻的传感器测量值。这样可以在设定的采样频率下对测量数据的拟合曲线进行采样，从而可以得到每个传感器在该采样时刻的测量数据。但是该方法的弊端是对测量数据进行事后处理效果比较好，而对实时数据的处理会出现较大的延迟，该方法达不到实时处理的要求。

本节在内插外推法的基础上，采用一种自适应外推算法，此算法能够根据偏差实时调整参数，达到较高的外推精度。固本设基本的内插外推公式为

$$\hat{X} = X_0 + v\Delta t \tag{6-20}$$

式中：X_0 为时间对准之前的最近一个周期的测量值；$\hat{X}$ 为对准时刻的外推估计值；v 为数据的变化速率；Δt 为对准时刻与最近一个周期的测量值所对应时刻的时间差。

该公式通过数据的变化速率进行外推，由于数据的变化率可能是变化的，因此 v 是影响外推误差的主要因素。为了减小外推误差，引入了学习算子，实时地修正速度变化率，通过定时调整学习算子使外推值更加精确，其基本结构如图6-7所示。

引入自适应学习算子的外推公式可以写成下式：

$$\hat{X} = X_0 + Kv\Delta t \tag{6-21}$$

自适应学习算法可以及时地调整由一些外在因素引起的数据变化率的改变，通过求取当前测量值和估计值之间的差值，适当调整学习算子使两者之间的误差值最小，保持外推估计值的准确性。

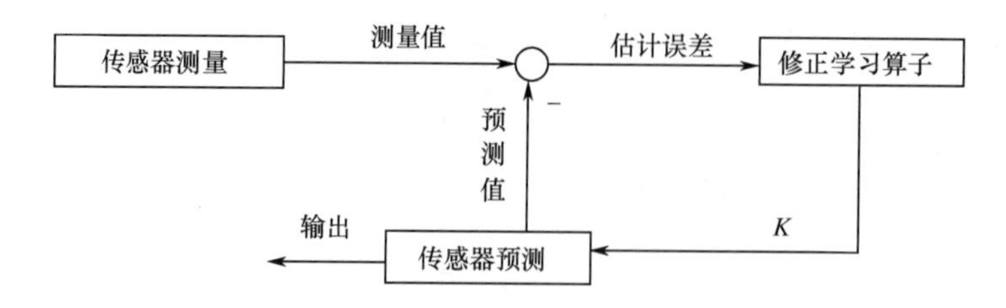

图6-7 包含学习算子的外推推算法

设在初始时刻 k 取值为1,根据传感器之前两个周期的测量数据及周期计算得到数据的变化速率 v:

$$v=\frac{X_1-X_0}{T} \tag{6-22}$$

将式(6-22)式代入式(6-20)中,则传感器下一周期数据的外推估计值为

$$\hat{X}_2=X_1+vT \tag{6-23}$$

下一时刻测量值用 X_2 表示,其外推估计误差为

$$\delta=X_2-\hat{X}_2 \tag{6-24}$$

学习算子 K 的动态调整算式如下:

$$K=1+\frac{\delta}{vT} \tag{6-25}$$

式中:K 可以根据估计值和实际值之间的误差动态的调整。

最终外推估计值公式可以表示如下:

$$\hat{X}=X_0+\left(1+\frac{\delta}{vT}\right)v(t-t_0) \tag{6-26}$$

为证明算法的有效性,进行如下仿真试验。选取一组采样周期为1s的数据,然后按2s和3s的采样频率分别对这组数据进行采样,构造出采样周期为2s和3s的另外两组数据,如图6-8所示,为使图示效果清楚明显,将其中两组数据进行了平移。利用提出的改进外推法进行时间对准算法验证,所得仿真结果如图6-9所示,结果表明该算法能够将3个测量系统的测量数据统一到相同的采样频率下,可以实现时间对准功能。

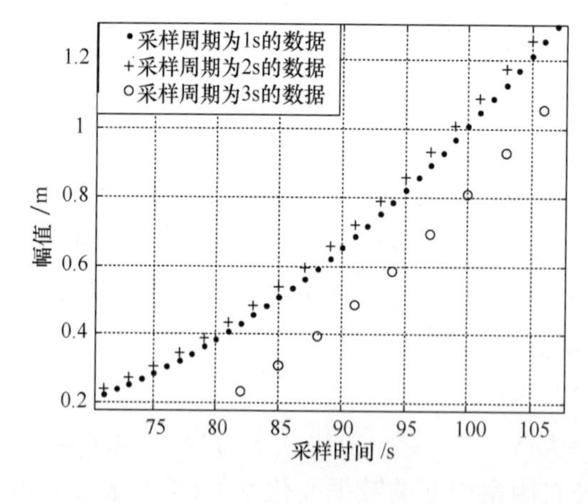

图6-8 3组不同采样周期的原始数据

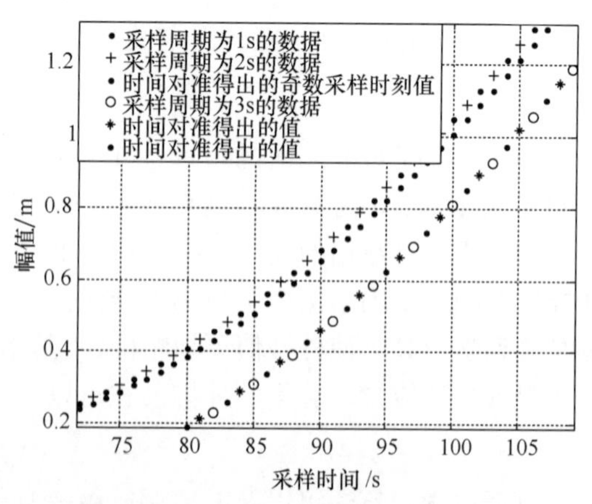

图6-9 时间对准算法仿真结果

6.3.2 空间对准

每种位置参考系统的测量数据都是基于不同的坐标系下测量得到的,动力定位控制系统需要对每个测量系统进行空间坐标转换,将每个位置参考系统的测量坐标值都转换到北东坐标系下,这就是空间对准。

1. 张紧索系统的空间对准

张紧索系统的测量值为两个角度值和一个索链长度值,需要进行坐标转换,将测量值转换为北东坐标系下的坐标值。

以海上某基准点为原点建立北东坐标系,X_N指向正北,Y_E指向正东,Z_D指向地心,船在北东坐标系的坐标为(X_n,Y_e,Z_d);以船体基准点(重心、中心等)建立船体坐标系,X_b指向船艏,Y_b指向船的右舷,Z_b向下垂直于 Y_bX_b平面;以张紧索系船点为原点建立测量传感器坐标系,X_S指向船艏,Y_S指向船的右舷,Z_S垂直于角度传感器测量平面向下;张紧索角度传感器在船艏向、纵向、横向三个方向的安装角度偏差分别为 α_{TWS}、δ_{TWS}、β_{TWS},即坐标 $X_SY_SZ_S$依次旋转角度 α_{TWS}、θ_{TWS}、β_{TWS}与船体坐标系 $X_bY_bZ_b$原点平移至系船点的坐标重合。XBO、YBO、ZBO表示北东坐标系中船体坐标系原点的坐标(已知),$XTWO$、$YTWO$、$ZTWO$ 表示在船体坐标系中张紧索系船点的坐标(已知)。

设 h_{TW}表示张紧索系船点和重锤之间的垂直距离,L_{TW}为索链长度,θ_{xm}表示传感器测量的索链与 Y_SZ_S平面的测量角,θ_{ym}表示传感器测量的索链与 X_SZ_S平面的测量角。

设 XTW、YTW、ZTW 表示重锤在张紧索传感器坐标系中的坐标,XTW^*、YTW^*、ZTW^* 表示未经过安装偏差校正的重锤在张紧索传感器坐标系中的坐标,即初始测量值。

重锤在张紧索传感器坐标系中的坐标:

$$\begin{cases} XTW^* = h_{TW}\tan\theta_x = \dfrac{h_{TW}\sin\theta_{xm}}{\sqrt{1-\sin^2\theta_{xm}-\sin^2\theta_{ym}}} \\ YTW^* = h_{TW}\tan\theta_y = \dfrac{h_{TW}\sin\theta_{ym}}{\sqrt{1-\sin^2\theta_{xm}-\sin^2\theta_{ym}}} \end{cases} \tag{6-27}$$

由于安装张紧索存在艏向、纵摇、横摇三个方向的安装偏差,利用坐标变换先经过三次坐标轴旋转消除安装偏差,得到在船体坐标系中的坐标:

$$\begin{bmatrix} XTW \\ YTW \\ ZTW \end{bmatrix} = \begin{bmatrix} \cos\alpha_{TWS} & -\sin\alpha_{TWS} & 0 \\ \sin\alpha_{TWS} & \cos\alpha_{TWS} & 0 \\ 0 & 0 & 1 \end{bmatrix} \times \begin{bmatrix} \cos\delta_{TWS} & 0 & \sin\delta_{TWS} \\ 0 & 1 & 0 \\ 0 & -\sin\delta_{TWS} & \cos\delta_{TWS} \end{bmatrix}$$

$$\times \begin{bmatrix} 1 & 0 & 0 \\ 0 & \cos\beta_{TWS} & -\sin\beta_{TWS} \\ 0 & \sin\beta_{TWS} & \cos\beta_{TWS} \end{bmatrix} \times \begin{bmatrix} \dfrac{h_{TW}\sin\theta_{xm}}{\sqrt{1-\sin^2\theta_{xm}-\sin^2\theta_{ym}}} \\ \dfrac{h_{TW}\sin\theta_{ym}}{\sqrt{1-\sin^2\theta_{xm}-\sin^2\theta_{ym}}} \\ hTW \end{bmatrix} \tag{6-28}$$

通过原点平移可以求得重锤在船体坐标系下的坐标(X_m,Y_m,Z_m):

$$\begin{bmatrix} X_m \\ Y_m \\ Z_m \end{bmatrix} = \begin{bmatrix} XTWO \\ YTWO \\ ZYWO \end{bmatrix} + \begin{bmatrix} XTW \\ YTW \\ ZTW \end{bmatrix} \tag{6-29}$$

将船体坐标系(X_m, Y_m, Z_m)转换到原点为船体坐标系原点的北东坐标系上，坐标值为(X_S, Y_S, Z_S)，则

$$\begin{bmatrix} X_s \\ Y_s \\ Z_s \end{bmatrix} = \begin{bmatrix} \cos\varphi & -\sin\varphi & 0 \\ \sin\varphi & \cos\varphi & 0 \\ 0 & 0 & 1 \end{bmatrix} * \begin{bmatrix} \cos\theta & 0 & \sin\theta \\ 0 & 1 & 0 \\ -\sin\theta & 0 & \cos\theta \end{bmatrix} * \begin{bmatrix} 1 & 0 & 0 \\ 0 & \cos\gamma & -\sin\gamma \\ 0 & \sin\gamma & \cos\gamma \end{bmatrix} * \begin{bmatrix} X_m \\ Y_m \\ Z_m \end{bmatrix} \tag{6-30}$$

式中：φ、θ、γ 分别为船的艏向、纵、横倾角。

再对式(6-30)进行平移变换，将坐标原点移至与北东坐标系的原点重合，则可得到张紧索测得的北东坐标系船的位置坐标。

$$\begin{bmatrix} X_n \\ Y_e \\ Z_d \end{bmatrix} = \begin{bmatrix} XBO \\ YBO \\ ZBO \end{bmatrix} - \begin{bmatrix} X_S \\ Y_S \\ Z_S \end{bmatrix} \tag{6-31}$$

至此完成了张紧索位置参考系统的空间对准。

2. 水声位置参考系统的空间对准

水声位置参考系统提供一个基于基阵坐标系下的信标应答器坐标值，根据此坐标值可求出北东坐标系下船位的坐标值。在进行空间对准过程中没有考虑水声系统测量值与应答器坐标的转换过程。

以海上某基准点为原点建立北东坐标系，X_N指向正北，Y_E指向正东，Z_D指向地心，船在北东坐标系的坐标为(X_n, Y_e, Z_d)；以船体基准点（重心、中心等）建立船体坐标系，X_b指向船艏，Y_b指向船的右舷，Z_b向下垂直于Y_bX_b平面；以船上声学基阵的系船点为原点建立测量传感器坐标系，X_S指向船艏，Y_S指向船的右舷，Z_S垂直于角度传感器测量平面向下；船上基阵在船艏向、纵向、横向三个方向的安装角度偏差分别为 α_{HPR}、δ_{HPR}、β_{HPR}。*XHPRAB*、*YHPRAB*、*ZHPRAB* 表示船上基阵在北东坐标系中系船点的坐标（已知），*XHPRO*、*YHPRO*、*ZHPRO* 表示船上基阵系船点在船体坐标系中的坐标（已知）。

设水声位置参考系统中声标应答器未经过安装偏差校正在传感器坐标系中的坐标即初始测量值为$(XHPR^*, YHPR^*, ZHPR^*)$，*XHPR*、*YHPR*、*ZHPR* 表示声标在传感器坐标系的坐标。

利用坐标变换消除安装偏差，得到声标在船体坐标系中的坐标：

$$\begin{bmatrix} XHPR \\ YHPR \\ ZHPR \end{bmatrix} = \begin{bmatrix} \cos\alpha_{HPR} & -\sin\alpha_{HPR} & 0 \\ \sin\alpha_{HPR} & \cos\alpha_{HPR} & 0 \\ 0 & 0 & 1 \end{bmatrix} \times \begin{bmatrix} \cos\delta_{HPR} & 0 & \sin\delta_{HPR} \\ 0 & 1 & 0 \\ -\sin\delta_{HPR} & 0 & \cos\delta_{HPR} \end{bmatrix}$$

$$\times \begin{bmatrix} 1 & 0 & 0 \\ 0 & \cos\beta_{HPR} & -\sin\beta_{HPR} \\ 0 & \sin\beta_{HPR} & \cos\beta_{HPR} \end{bmatrix} \times \begin{bmatrix} XHPR^* \\ YHPR^* \\ ZHPR^* \end{bmatrix} \tag{6-32}$$

通过原点平移可以求出声标在船体坐标系下的坐标(X_m, Y_m, Z_m)：

$$\begin{bmatrix} X_m \\ Y_m \\ Z_m \end{bmatrix} = \begin{bmatrix} XHPRO \\ YHPRO \\ ZHPRO \end{bmatrix} + \begin{bmatrix} XHPR \\ YHPR \\ ZHPR \end{bmatrix} \tag{6-33}$$

将船体坐标系(X_m,Y_m,Z_m)转换到原点为船体坐标系原点的北东坐标系上,坐标值为(X_S,Y_S,Z_S),则

$$\begin{bmatrix} X_s \\ Y_s \\ Z_s \end{bmatrix} = \begin{bmatrix} \cos\varphi & -\sin\varphi & 0 \\ \sin\varphi & \cos\varphi & 0 \\ 0 & 0 & 1 \end{bmatrix} * \begin{bmatrix} \cos\theta & 0 & \sin\theta \\ 0 & 1 & 0 \\ -\sin\theta & 0 & \cos\theta \end{bmatrix} * \begin{bmatrix} 1 & 0 & 0 \\ 0 & \cos\gamma & -\sin\gamma \\ 0 & \sin\gamma & \cos\gamma \end{bmatrix} * \begin{bmatrix} X_m \\ Y_m \\ Z_m \end{bmatrix} \tag{6-34}$$

式中:φ、θ、γ 分别为船的艏向、纵、横倾角。

再对式(6-34)进行平移变换,将坐标原点移至与北东坐标系的原点重合,则可得到张紧索测得的北东坐标系下船的位置坐标。

$$\begin{bmatrix} X_n \\ Y_e \\ Z_d \end{bmatrix} = \begin{bmatrix} XBO \\ YBO \\ ZBO \end{bmatrix} - \begin{bmatrix} X_S \\ Y_S \\ Z_S \end{bmatrix} \tag{6-35}$$

至此完成了声学位置参考系统的空间对准。

3. 差分 GPS 的空间对准

DGPS 的测量数据为 WGS-84 坐标系下的经纬度值,空间对准需要将其投影至平面坐标系下,且需要得到在局部北东坐标系下的坐标值。

本节采用 UTM 投影正解公式实现球面到平面 UTM 坐标系的坐标转换。DGPS 坐标从 WGS-84 坐标系下的经纬度投影至平面坐标系下的公式如下:

$$\begin{cases} X_N = FN + k_0\left\{M + NtB\left[\dfrac{A^2}{2} + (5 - T + 9C + 4C^2)\dfrac{A^4}{24}\right] + (61 - 58T + T^2 + \right. \\ \left. 600C - 330e'^2)\dfrac{A^6}{720}\right\} \\ Y_E = FE + k_0N\left[A + (1 - T + C)\dfrac{A^3}{6} + (5 - 18T + T^2 + 72C - 58e'^2)\dfrac{A^5}{120}\right] \end{cases} \tag{6-36}$$

式中:X_N为 UTM 坐标北向值;Y_E为 UTM 坐标东向值;B 为 WGS-84 坐标系下的大地纬度值;L 为 WGS-84 坐标系下的大地经度值;a、b 分别为 WGS-84 坐标系对应的椭球的长半轴和短半轴长度;f 为椭球扁率;$k_0=0.9996$ 为比例因子;e 为地球第一偏心率;e'为地球第二偏心率;N 为卯酉圈曲率半径;R 为子午圈曲率半径。

$$T = \tan^2 B, C = e'^2\cos^2 B, A = (L - L_0)\cos B, N = \frac{a}{\sqrt{1 - e^2\sin^2 B}} = \frac{(a^2/b)}{\sqrt{1 - e^2\sin^2 B}},$$

$$R = \frac{a(1 - e^2)}{\sqrt{(1 - e'^{\varepsilon}\sin^2 B)^{3/2}}}, e = \sqrt{1 - (b - a)^2}, e' = \sqrt{(a/b)^2 - 1}, f = (a - b)/a,$$

$$M = a\left[1 - \frac{e^2}{4} - \frac{3e^4}{64} - \frac{5e^6}{256}B - \left(\frac{3e^2}{8} + \frac{3e^4}{32} + \frac{45e^6}{1024}\right)\sin^2 B + \left(\frac{15e^4}{256} + \frac{45e^6}{1024}\right)\sin^4 B - \frac{35e^6}{3072}\sin^6 B\right]$$

设北东坐标系原点处的纬度为 B_0，经度为 L_0，同样经过上式转换求得在 UTM 坐标系下的坐标为（XNO，YEO）。

没有考虑 GPS 接收机在船上的纵横摇补偿情况下，船舶在北东坐标系的测量值

$$\begin{bmatrix} X_n \\ Y_e \end{bmatrix} = \begin{bmatrix} X_N \\ Y_E \end{bmatrix} - \begin{bmatrix} XNO \\ YNO \end{bmatrix} \tag{6-37}$$

至此完成了位置参考系统 DGPS 的空间对准。

6.4 动力定位系统多传感器信息融合算法

现代船舶动力定位系统冗余配置了同类传感器、同类或异类位置参考系统，在实际应用中，同类传感器的工作方式为同步采样，利用加权或表决方法融合同步信息，但这两种融合方法都存在一定的应用局限性，如加权方法面临的数据冻结问题、表决技术存在的共模故障问题等；异类传感器一般工作于异步采样方式，异步多传感器信息的融合通常利用时间配准技术进行同步化处理，然后进行同步融合，但时间配准方法往往会带来额外误差等不足。

本节分别对同步传感器和异步传感器的融合算法进行了讨论。针对同步传感器采用最优分布式估计融合算法进行了研究；针对异步传感器，采用小波分析进行了融合算法研究。

6.4.1 概述

多传感器信息融合过程实际上是一个将多种、多个传感器采集的信息转换成对目标的一致性描述的过程。

1. 信息融合的层次

根据不同的信号处理层次，信息融合可分为数据级融合、特征级融合和决策级融合。

1）数据级融合

数据级融合也称低级融合，是对传感器的原始数据直接进行信息融合。由于没有经过对原始数据的预处理或只进行很少的预处理，缺少了时间对准和空间对准，因此数据级融合必须要求参与融合的传感器为同类传感器。数据级融合方法主要优点在于它能提供其他融合层次不能提供的细微信息，由于没有信息的损失，它具有较高的融合性能。

数据级融合的主要缺点有：

（1）需要处理的数据量巨大，对于计算机的容量和速度要求较高，处理时间长，因此实时性差。

（2）数据级融合是在最底层进行的，因此信息的稳定性差，数据的不确定性较另外两种融合层次更严重。

（3）因为未经过时间和空间对准，所以要求参与融合的传感器有数据级的配准精度，即来自同质传感器。

（4）数据通信量大，对数据传输要求较高，抗干扰能力差。

2）特征级融合

特征级融合也称中级融合，是指在各个传感器提供的原始信息中，首先提取一组特征信息，形成特征矢量，并对目标进行分类或者其他处理后对各组信息进行融合。特征级融合可以有效地减少融合所需的数据量，对于通信带宽的要求较低，提高了抗干扰能力，便于实时

处理。

特征级融合可以分为针对目标状态的融合和针对目标信息的融合。针对目标状态的融合常用的方法有卡尔曼滤波、扩展卡尔曼滤波,针对目标信息的融合常用的方法有支持向量机、神经网络等。

3）决策级融合

决策及融合也称高级融合。它首先利用来自各个传感器的信息对目标属性等进行独立处理,然后对各个传感器的处理结果进行融合,最后得到整个系统的决策。常用的算法包括:*DS* 证据理论、贝叶斯推断、模糊逻辑、专家系统等。决策及融合具有以下特点:

(1）通信量小,信息的抗干扰能力较强。

(2）容错性强,即当某个或某些传感器出现错误时,经过适当的融合处理,系统仍能得到正确的结果。

(3）对计算机的要求较低,运算量小,实时性较强。

决策级融合的主要缺点是信息损失大,性能相对较差。

2. 信息融合的结构

信息融合的拓扑结构可分为集中式、分布式、混合式和反馈式四种。

集中式将各类传感器节点的数据都送至中央处理器进行融合处理,此方法属于数据级融合方式,数据处理的精度较高,解法灵活,缺点是对传输带宽和处理器性能要求较高,可靠性较低,因此集中式信息融合适合于小规模融合系统。图 6－10 为集中式融合系统结构图。

在分布式中,各个传感器对自己的测量数据单独进行预处理后,将估计结果传送至总站,总站再将子站的估计合成为目标的联合估计,完成信息融合。分布式结构类似于特征级或决策级信息融合。因为各个子站提前对各自传感器数据进行了分布式预处理,因此分布式对通信带宽要求较低、计算量小、可靠性和延续性较好,但是跟踪精度没有集中式高。分布式适用于规模较大的分布式远程融合系统。图 6－11 为分布式融合系统结构图。

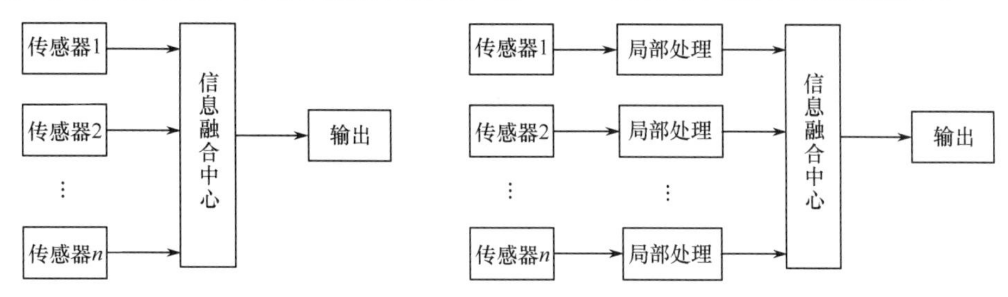

图 6－10　集中式融合系统结构图　　　图 6－11　分布式融合系统结构图

混合式是以上两种形式的组合,即对于部分传感器采用分布式结构,部分传感器采用集中式结构,这使得混合式结构兼有分布式的集中式的优点,兼顾了实时性和准确性。但是该系统结构较为复杂,设计难度较大。图 6－12 为混合式融合系统结构图。

反馈式信息融合系统是将融合后的结果作为反馈送回到融合系统中,形成一个闭环系统,具有一定程度的自适应能力。因此,采用反馈式的融合系统具有较好的精度,可以对新获取的信息具有较好的指导性作用。图 6－13 为反馈式融合系统结构图。

3. 信息融合算法

目前融合算法可分为统计学方法和智能理论方法两类。常用的统计学方法包括贝叶斯估计、卡尔曼滤波、加权平均法、假设检验等,智能理论法包括专家系统、*D－S* 证据理论、模糊逻辑、神经网络及支持向量机等。下面介绍几种常用的融合算法。

（1）加权平均。加权平均是最简单、最直观的融合方法，是将传感器的测量数据进行加权平均后的结果作为融合结果。这种方法采用的权值主要根据系统要求或者经验来确定，是采用加权平均的难点。

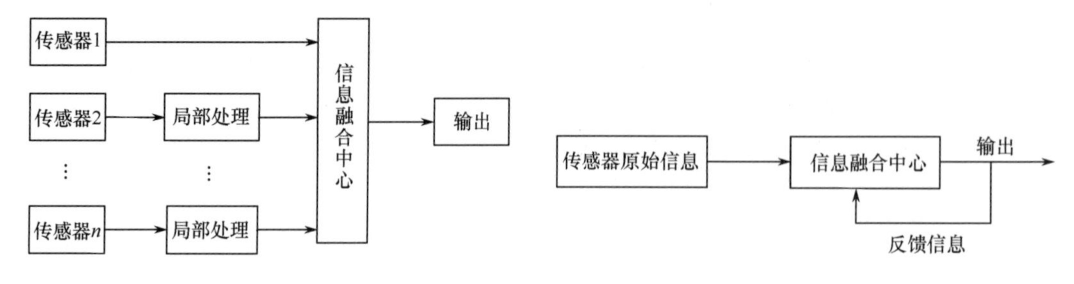

图 6－12　混合式融合系统结构图　　　　图 6－13　反馈式融合系统结构图

（2）贝叶斯估计。贝叶斯估计的基本原理是：首先给定某假设的先验似然估计，当传感器数据到来后，采用贝叶斯方法更新该假设的似然函数。贝叶斯估计是基于贝叶斯理论，首先假设 $H_1, H_2, \cdots, H_j$ 表示互不相容的穷举假设，若一个时间 E 出现，则在 E 发生的条件下判断 H_i 发生的概率等于 H_j 和 E 同时发生的概率除以任一假设与 E 同时发生的概率值之和。该方法适用于测量结果具有正态分布或者高斯噪声的系统，其局限性是先验似然估计难以获得，而且要对传感器信息进行一致性检验确保描述的是同一个目标。

（3）D－S 证据理论。D－S 证据理论是经典概率论的一种扩充。其基本原理是：对于传感器 $k(k=1,2,\cdots,N)$ 得到关于目标或物体类型 $O_i(i=1,2,\cdots,n)$ 的判决与它的基本概率赋值 $m_k(o_i)$ 相关。这个概率在 0 和 1 之间，表示该判决的置信度。接近于 1 的基本概率赋值表示该目标的判决具有更明确的证据支持或者较少的不确定性。然后利用 Dempster 准则结合每个传感器决策的基本概率赋值，将满足所有传感器贡献的最大累加证据的命题作为融合过程中最可能的输出。该方法具有区分未知信息和不确定信息的能力，但是计算量巨大，要求多个证据之间具有较强的独立性，而且概率赋值难易获取。

（4）卡尔曼滤波及其扩展。卡尔曼滤波是通过对测量模型的统计特性递推、估计融合结果。从统计学角度分析，当线性系统的系统噪声和传感器噪声符合高斯分布时，卡尔曼滤波器通过对统计特性的迭代递推将得到系统的最优估计值。当系统为非线性或者更加复杂的系统时，标准卡尔曼滤波器就不适合了，这时可以采用扩展卡尔曼滤波器。

（5）人工神经网络。人工神经网络是在现代神经网络生物学研究成果的基础上发展起来的一种模拟人脑信息处理机制的网络系统，是一个大规模并行非线性信息处理系统。它不但具有处理数值数据的一般计算能力，还具有处理知识的思维、联想、记忆和学习的能力。目前在信息融合方面，应用较多的是将模糊逻辑与神经网络相结合，使融合后的数据同时具备了模糊逻辑和神经网络的优点。

（6）支持向量机。支持向量机是根据统计学习理论中的结构风险最小化原理提出的，其主要思想包括：①通过升维使非线性问题能线性处理。②在 Vapnik 结构风险最小化理论的约束下，通过在特征空间建构最优分割超平面，使得训练样本分类误差极小化，尽量提高学习机的泛化能力。支持向量机以严格的数学理论支撑，解决了神经网络容易陷入局部极小值的缺点，并且小样本学习使得支持向量机算法对样本的数量和质量要求不苛刻。

6.4.2 同步多传感器信息最优分布式估计融合算法

1. 全局信息不反馈最优分布式估计融合算法

本节分析讨论美国 BAE Systems 公司 Chee Chong 博士提出的全局信息不反馈给局部滤波器的分布式融合算法。假定 N 个传感器以相同的采样速率对同一目标进行观测，离散时间的系统状态方程和测量方程为

$$\boldsymbol{x}_{k+1}=\boldsymbol{F}_k\boldsymbol{x}_k+\boldsymbol{w}_k \tag{6-38}$$

$$\boldsymbol{z}_{i,k}=\boldsymbol{H}_{i,k}\boldsymbol{x}_k+\boldsymbol{v}_{i,k}(i=1,2,\cdots,N) \tag{6-39}$$

式中：i 为传感器数量；$\boldsymbol{x}_k\in\boldsymbol{R}^{n_s\times 1}$ 是状态矢量；$\boldsymbol{F}_k\in\boldsymbol{R}^{n_x\times n_x}$ 是系统矩阵；过程噪声 $\boldsymbol{w}_k\in\boldsymbol{R}^{n_x\times 1}$ 为高斯白噪声序列，其协方差阵为 $\boldsymbol{Q}_k$；$\boldsymbol{z}_{i,k}\in\boldsymbol{R}^{p_i\times 1}$ 是第 i 个传感器的测量值；$\boldsymbol{H}_{i,}\in\boldsymbol{R}^{p_i\times n_x}$ 为相应的测量矩阵；测量噪声 $\boldsymbol{v}_{i,k}\in\boldsymbol{R}^{p_i\times 1}$ 为高斯白噪声序列，其协方差阵为 $\boldsymbol{R}_{i,k}$。假定各传感器的测量噪声之间互不相关，过程噪声和测量噪声也互不相关。令：

$$\begin{cases}\boldsymbol{Z}_k=[(\boldsymbol{z}_{1,k})^{\mathrm{T}},(\boldsymbol{z}_{2,k})^{\mathrm{T}},\cdots,(\boldsymbol{z}_{N,k})^{\mathrm{T}}]^{\mathrm{T}}\\ \boldsymbol{H}_k=[(\boldsymbol{H}_{1,k})^{\mathrm{T}},(\boldsymbol{H}_{2,k})^{\mathrm{T}},\cdots,(\boldsymbol{H}_{N,k})^{\mathrm{T}}]^{\mathrm{T}}\\ \boldsymbol{v}_k=[(\boldsymbol{v}_{1,k})^{\mathrm{T}},(\boldsymbol{v}_{2,k})^{\mathrm{T}},\cdots,(\boldsymbol{v}_{N,k})^{\mathrm{T}}]^{\mathrm{T}}\end{cases} \tag{6-40}$$

则融合中心的广义测量方程可表示为

$$\boldsymbol{Z}_k=\boldsymbol{H}_k\boldsymbol{x}_k+\boldsymbol{v}_k \tag{6-41}$$

其中，根据系统方程和测量方程的假设，可知广义测量噪声的统计特性为

$$\begin{cases}\boldsymbol{E}[\boldsymbol{v}_k]=0\\ \mathrm{cov}[\boldsymbol{v}_{k,}\boldsymbol{v}_k]=\boldsymbol{R}_k=\mathrm{diag}(\boldsymbol{R}_{1,k},\boldsymbol{R}_{2,k},\cdots,\boldsymbol{R}_{N,k})\\ \boldsymbol{E}[\boldsymbol{w}_k\boldsymbol{v}_k^{\mathrm{T}}]=0\end{cases} \tag{6-42}$$

如果采用信息形式的卡尔曼滤波器，则传感器 i 在时刻 k 的测量更新为

$$\hat{\boldsymbol{x}}_{i,k|k}=\hat{\boldsymbol{x}}_{i,k|k-1}+\boldsymbol{P}_{i,k|k}(\boldsymbol{H}_{i,k})^{\mathrm{T}}(\boldsymbol{R}_{i,k})^{-1}(\boldsymbol{z}_{i,k}-\boldsymbol{H}_{i,k}\hat{\boldsymbol{x}}_{i,k|k-1}) \tag{6-43}$$

$$(\boldsymbol{P}_{i,k|k})^{-1}=(\boldsymbol{P}_{i,k|k-1})^{-1}+(\boldsymbol{H}_{i,k})^{\mathrm{T}}(\boldsymbol{R}_{i,k})^{-1}\boldsymbol{H}_{i,k} \tag{6-44}$$

其中

$$\begin{cases}\hat{\boldsymbol{x}}_{i,k|k}=\boldsymbol{E}(\boldsymbol{x}_k|\boldsymbol{Z}_{i,k})\times\boldsymbol{E}(\boldsymbol{x}_k|\boldsymbol{z}_{i,1},\boldsymbol{z}_{i,2},\cdots,\boldsymbol{z}_{i,k})\\ \hat{\boldsymbol{x}}_{i,k|k-1}=\boldsymbol{E}(\boldsymbol{x}_k|\boldsymbol{Z}_{i,k})\times\boldsymbol{E}(\boldsymbol{x}_k|\boldsymbol{z}_{i,1},\boldsymbol{z}_{i,2},\cdots,\boldsymbol{z}_{i,k})=\boldsymbol{F}_{k-1}\hat{\boldsymbol{x}}_{i,k-1|k-1}\\ \boldsymbol{P}_{i,k|k}=\boldsymbol{E}[(\hat{\boldsymbol{x}}_{i,k|k}-\boldsymbol{x}_k)(\hat{\boldsymbol{x}}_{i,k|k}-\boldsymbol{x}_k)^{\mathrm{T}}|\boldsymbol{Z}_{i,k}]\\ \boldsymbol{P}_{i,k|k-1}=\boldsymbol{E}[(\hat{\boldsymbol{x}}_{i,k|k-1}-\boldsymbol{x}_k)(\hat{\boldsymbol{x}}_{i,k|k-1}-\boldsymbol{x}_k)^{\mathrm{T}}|\boldsymbol{Z}_{i,k-1}]\end{cases} \tag{6-45}$$

类似地，可得在时刻 k 融合中心的估计及估计误差协方差阵，分别为

$$\hat{\boldsymbol{x}}_{i,k|k}=\hat{\boldsymbol{x}}_{i,k|k-1}+\boldsymbol{P}_{i,k|k}(\boldsymbol{H}_{i,k})^{\mathrm{T}}(\boldsymbol{R}_{i,k})^{-1}(\boldsymbol{z}_{i,k}-\boldsymbol{H}_{i,k}\hat{\boldsymbol{x}}_{i,k|k-1}) \tag{6-46}$$

$$(\boldsymbol{P}_{k|k})^{-1}=(\boldsymbol{P}_{k|k-1})^{-1}+(\boldsymbol{H}_k)^{\mathrm{T}}(\boldsymbol{R}_k)^{-1}\boldsymbol{H}_k \tag{6-47}$$

其中

$$\begin{cases}\hat{\boldsymbol{x}}_{k|k}=\boldsymbol{E}(\boldsymbol{x}_k|\boldsymbol{Z}_k)\times\boldsymbol{E}(\boldsymbol{x}_k|\boldsymbol{z}_1,\boldsymbol{z}_2,\cdots,\boldsymbol{z}_k)\\ \hat{\boldsymbol{x}}_{k|k-1}=\boldsymbol{E}(\boldsymbol{x}_k|\boldsymbol{Z}_k)\times\boldsymbol{E}(x_k|\boldsymbol{z}_1,\boldsymbol{z}_2,\cdots,\boldsymbol{z}_k)=\boldsymbol{F}_{k-1}\hat{\boldsymbol{x}}_{k-1|k-1}\\ \boldsymbol{P}_{k|k}=\boldsymbol{E}[(\hat{\boldsymbol{x}}_{k|k}-\boldsymbol{x}_k)(\hat{\boldsymbol{x}}_{k|k}-\boldsymbol{x}_k)^{\mathrm{T}}|\boldsymbol{Z}_k]\\ \boldsymbol{P}_{k|k-1}=\boldsymbol{E}[(\hat{\boldsymbol{x}}_{k|k-1}-\boldsymbol{x}_k)(\hat{\boldsymbol{x}}_{k|k-1}-\boldsymbol{x}_k)^{\mathrm{T}}|\boldsymbol{Z}_{k-1}]\end{cases} \tag{6-48}$$

为了能够利用各传感器的局部预测、估计信息及融合中心的预测进行全局融合，将

式(6-46)乘以式(6-47),可得

$$(\boldsymbol{P}_{i,k|k})^{-1}\hat{\boldsymbol{x}}_{i,k|k}=[(\boldsymbol{P}_{i,k|k-1})^{-1}+(\boldsymbol{H}_{i,k})^{\mathrm{T}}(\boldsymbol{R}_{i,k})^{-1}\boldsymbol{H}_{i,k}]\hat{\boldsymbol{x}}_{i,k|k-1}+(\boldsymbol{P}_{i,k|k})^{-1}\boldsymbol{P}_{i,k|k}(\boldsymbol{H}_{i,k})^{\mathrm{T}}(\boldsymbol{R}_{i,k})^{-1}(\boldsymbol{z}_{i,k}-\boldsymbol{H}_{i,k}\hat{\boldsymbol{x}}_{i,k|k-1})=(\boldsymbol{P}_{i,k|k-1})^{-1}\hat{\boldsymbol{x}}_{i,k|k-1}+(\boldsymbol{H}_{i,k})^{\mathrm{T}}(\boldsymbol{R}_{i,k})^{-1}\boldsymbol{z}_{i,k} \tag{6-49}$$

有

$$(\boldsymbol{H}_{i,k})^{\mathrm{T}}(\boldsymbol{R}_{i,k})^{-1}\boldsymbol{z}_{i,k}=(\boldsymbol{P}_{i,k|k})^{-1}\hat{\boldsymbol{x}}_{i,k|k}-(\boldsymbol{P}_{i,k|k-1})^{-1}\hat{\boldsymbol{x}}_{i,k|k-1} \tag{6-50}$$

这个关系式可用于处理全局融合更新方程中的测量项。

利用式(6-40)和式(6-42)的块对角阵形式,式(6-46)和式(6-47)可重写为

$$\hat{\boldsymbol{x}}_{i,k|k}=\hat{\boldsymbol{x}}_{i,k|k-1}+\boldsymbol{P}_{k|k}\sum_{i=1}^{N}(\boldsymbol{H}_{i,k})^{\mathrm{T}}(\boldsymbol{R}_{i,k})^{-1}(\boldsymbol{z}_{i,k}-\boldsymbol{H}_{i,k}\hat{\boldsymbol{x}}_{i,k|k-1}) \tag{6-51}$$

$$\boldsymbol{P}_{k|k}^{-1}=\boldsymbol{P}_{k|k-1}^{-1}+\sum_{i=1}^{N}(\boldsymbol{H}_{i,k})^{\mathrm{T}}(\boldsymbol{R}_{i,k})^{-1}\boldsymbol{H}_{i,k} \tag{6-52}$$

将式(6-51)乘以式(6-52),整理后得

$$\boldsymbol{P}_{k|k}^{-1}\hat{\boldsymbol{x}}_{k|k}=\boldsymbol{P}_{k|k-1}^{-1}\hat{\boldsymbol{x}}_{k|k-1}+\sum_{i=1}^{N}(\boldsymbol{H}_{i,k})^{\mathrm{T}}(\boldsymbol{R}_{i,k})^{-1}\boldsymbol{z}_{i,k} \tag{6-53}$$

将式(6-49)代入式(6-53),可得全局最优的融合估计为

$$\boldsymbol{P}_{k|k}^{-1}\hat{\boldsymbol{x}}_{k|k}=\boldsymbol{P}_{k|k-1}^{-1}\hat{\boldsymbol{x}}_{k|k-1}+\sum_{i=1}^{N}[(\boldsymbol{P}_{i,k|k})^{-1}\hat{\boldsymbol{x}}_{i,k|k}-(\boldsymbol{P}_{i,k|k-1})^{-1}\hat{\boldsymbol{x}}_{i,k|k-1}] \tag{6-54}$$

将式(6-44)代入式(6-52),可得融合估计的误差协方差阵为

$$\boldsymbol{P}_{k|k}^{-1}=\boldsymbol{P}_{k|k-1}^{-1}+\sum_{i=1}^{N}[(\boldsymbol{P}_{i,k|k})^{-1}-(\boldsymbol{P}_{i,k|k-1})^{-1}] \tag{6-55}$$

该融合算法是测量扩维的集中式融合算法,是全局最优的。该算法的结构如图6-14所示。

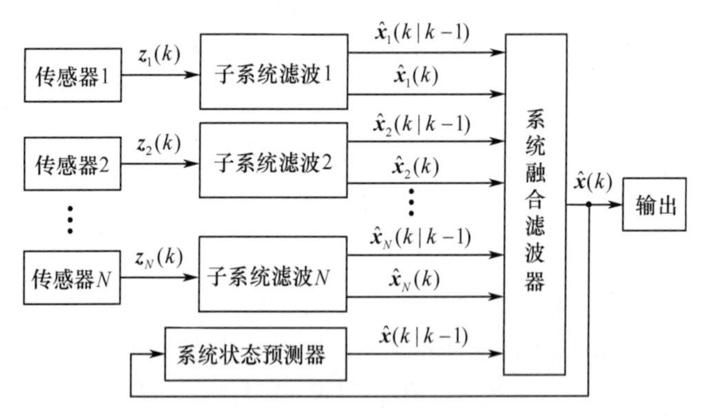

图6-14 多传感器信息分布式最优融合估计结构

2. 全局信息反馈最优分布式估计融合算法

如果融合中心在每次融合后就将融合结果反馈给各传感器局部滤波器,这样各局部滤波的一步预测为

$$\begin{cases}\hat{\boldsymbol{x}}_{i,k|k-1}=\hat{\boldsymbol{x}}_{k|k-1}\\ \boldsymbol{P}_{i,k|k-1}=\boldsymbol{P}_{k|k-1}\end{cases} \tag{6-56}$$

将式(6-56)代入式(6-54),得到带反馈的融合估计为

$$\boldsymbol{P}_{k|k}^{-1}\hat{\boldsymbol{x}}_{k|k} = \boldsymbol{P}_{k|k-1}^{-1}\hat{\boldsymbol{x}}_{k|k-1} + \sum_{i=1}^{N}[(\boldsymbol{P}_{i,k|k})^{-1} - (\boldsymbol{P}_{i,k|k-1})^{-1}]$$
$$= \sum_{i=1}^{N}(\boldsymbol{P}_{i,k|k})^{-1}\hat{\boldsymbol{x}}_{i,k|k} - (N-1)\boldsymbol{P}_{i,k|k-1}^{-1}\hat{\boldsymbol{x}}_{i,k|k-1} \tag{6-57}$$

将式(6－56)代入式(6－55),即可得到相应的误差协方差阵为

$$\boldsymbol{P}_{k|k}^{-1} = \boldsymbol{P}_{k|k-1}^{-1} + \sum_{i=1}^{N}[(\boldsymbol{P}_{i,k|k})^{-1} - (\boldsymbol{P}_{i,k|k-1})^{-1}] = \sum_{i=1}^{N}(\boldsymbol{P}_{i,k|k})^{-1} - (N-1)\boldsymbol{P}_{i,k|k-1}^{-1} \tag{6-58}$$

很明显,式(6－54)和式(6－55)不带反馈的融合结果不可能再改善了,原因是它已经达到了集中式融合的性能。那么反馈的优势在哪？四川大学的朱允民教授等人已经证明式(6－57)和式(6－58)带反馈的融合算法与集中式融合算法具有相同的性能,引入反馈可以减小传感器局部估计误差的协方差阵。

可以根据多传感器信息融合系统的不同需要,选择是否采用融合估计反馈结构,两种结构与算法均可保证融合估计的最优性。

6.4.3　基于小波分析的异步多传感器信息融合算法

在多传感器融合理论中,同步融合问题得到了较多的研究,然而,实际中经常遇到异步融合问题,按照造成异步的原因,异步问题可以分为异步采样和传输延迟两大类:第一是由于各传感器具有不同采样速率而造成的异步采样融合问题;第二是由于各传感器数据传输延迟不同而导致的无序测量融合问题。本节研究的是异步采样融合问题。

对于异步采样问题,传统的解决思路大都是采用内插、外推等方法对测量数据进行同步处理,然后应用同步融合算法进行系统状态融合估计,但是在同步化处理过程中常常会产生额外的误差,这影响了其在实际中的应用,为此,产生了许多改进的异步信息融合算法。多尺度分析作为一种新的理论,引入异步多传感器信息融合,有效地提高了异步信息的融合精度。

当多个传感器对同一目标进行观测时,不同传感器常常是在不同的尺度上进行观测,如果综合应用多尺度分析理论、动态系统的估计及辨识理论,则能够获得更多信息,从而降低问题的复杂性或不确定性,多尺度估计是应用多尺度理论充分提取观测信息以获得目标状态最优估计的过程。

1. 异步多传感器多尺度最优融合估计

1）系统描述

考虑一类多尺度分布式多传感器单模型动态系统:

$$\boldsymbol{x}(N,k+1) = \boldsymbol{F}(N,k)\boldsymbol{x}(N,k) + \boldsymbol{w}(N,k),k \geqslant 0 \tag{6-59}$$

$$\boldsymbol{z}(i,k) = \boldsymbol{H}(i,k)\boldsymbol{x}(i,k) + \boldsymbol{v}(i,k),k \geqslant 0(i=1,2,\cdots,N) \tag{6-60}$$

式(6－59)为在某一尺度 N 上建立的系统动态模型,其中,$\boldsymbol{x} \in \boldsymbol{R}^{n\times 1}$ 是 n 维状态变量,系统矩阵为 $\boldsymbol{F}(N,k) \in \boldsymbol{R}^{n\times n}$,系统噪声是一随机序列 $\boldsymbol{w}(N,k) \in \boldsymbol{R}^{n\times 1}$,且满足

$$\boldsymbol{E}[\boldsymbol{w}(N,k)] = 0,\ \boldsymbol{E}[\boldsymbol{w}(N,k)\boldsymbol{w}^{\mathrm{T}}(N,l)] = \boldsymbol{Q}(N,k)\boldsymbol{\delta}_{kl},k,l \geqslant 0$$

在 N 个不同的尺度上,各有不同的传感器以不同的采样速率对系统进行观测,观测方程为式(6－60),其测量值 $\boldsymbol{z}(i,k) \in \boldsymbol{R}^{p_i\times 1}$,$\boldsymbol{H}(i,k) \in \boldsymbol{R}^{p_i\times n}$ 是观测矩阵,测量噪声是一随机序列 $\boldsymbol{v}(i,k) \in \boldsymbol{R}^{p_i\times 1}$ 且满足:

$$\boldsymbol{E}[\boldsymbol{v}(i,k)]=0,\boldsymbol{E}[\boldsymbol{v}(i,k)\boldsymbol{v}^{\mathrm{T}}(j,l)]=\boldsymbol{R}(i,k)\boldsymbol{\delta}_{ij}\boldsymbol{\delta}_{kl},\boldsymbol{E}[\boldsymbol{v}(i,k)\boldsymbol{w}^{\mathrm{T}}(N,l)]=0,k,l\geqslant 0$$

状态初始值 $\boldsymbol{x}(N,0)$ 为一随机矢量,且有

$$\boldsymbol{E}[\boldsymbol{x}(N,0)]=x_0 \tag{6-61}$$

$$\boldsymbol{E}[(\boldsymbol{x}(N,0)-x_0)(\boldsymbol{x}(N,0)-x_0)^{\mathrm{T}}]=P_0 \tag{6-62}$$

假设 $\boldsymbol{x}(N,0)$、$\boldsymbol{w}(N,k)$、$\boldsymbol{v}(i,k)$ 之间是统计独立的。

在本节,假设系统的状态模型是在某一尺度 N(采样率表示为 2^{N-1})上进行描述的,对同一目标有 N 个传感器在不同尺度 i(采样率表示为 2^{i-1})上进行观测,两相邻尺度之间的采样率为 2 倍关系。如果相邻尺度之间的采样率不满足 2 倍关系时,可以应用 M 进制小波和有理小波进行分析。

2)多尺度最优融合估计算法

为了便于算法的描述,假设系统矩阵和观测矩阵均为常阵,即

$$\boldsymbol{F}(N,k)\equiv\boldsymbol{F}(N),\boldsymbol{Q}(N,k)\equiv\boldsymbol{Q}(N)$$

$$\boldsymbol{H}(i,k)\equiv\boldsymbol{H}(i),\boldsymbol{R}(i,k)\equiv\boldsymbol{R}(i)$$

根据系统多尺度分析方法,将尺度 N 上的状态方程和各个尺度上的观测方程向粗尺度上进行分解,在尺度 $i(1\leqslant i\leqslant N-1)$ 上得到

$$\boldsymbol{x}(i,k+1)=\boldsymbol{F}(i,k)\boldsymbol{x}(i,k)+\boldsymbol{w}(i,k) \tag{6-63}$$

$$\boldsymbol{E}[\boldsymbol{w}(i,k)]=0,\boldsymbol{E}[\boldsymbol{w}(i,k)\boldsymbol{w}^{\mathrm{T}}(i,k)]=\boldsymbol{Q}(i) \tag{6-64}$$

$$\boldsymbol{z}^j(i,k+1)=\boldsymbol{H}^j(i)\boldsymbol{x}(i,k)+\boldsymbol{v}^j(i,k)(j=N,N-1,\cdots,i) \tag{6-65}$$

$$\boldsymbol{v}^j(i,k)=\mathcal{N}(0,\boldsymbol{R}^j(k))(j=N,N-1,\cdots,i) \tag{6-66}$$

$$\boldsymbol{E}[\boldsymbol{v}^j(i,k)\boldsymbol{w}^{\mathrm{T}}(i,l)]=0 \tag{6-67}$$

$$\boldsymbol{E}[\boldsymbol{v}^{j_1}(i,k)\boldsymbol{v}^{j_2}(i,l)]=\boldsymbol{R}^{j_1}(i)\boldsymbol{\delta}_{j_1j_2}\boldsymbol{\delta}_{kl}(j_1,j_2=N,N-1,\cdots,i,k,l>0) \tag{6-68}$$

其中

$$\boldsymbol{F}(i)=\boldsymbol{F}(i+1)\boldsymbol{F}(i+1)(i=1,2,\cdots,N-1) \tag{6-69}$$

$$\boldsymbol{H}^j(i)=\boldsymbol{H}^j(i+1)(j=N,N-1,\cdots,i;i=1,2,\cdots,N-1) \tag{6-70}$$

$$\boldsymbol{Q}(i,k)=[\boldsymbol{F}(I+1,2K-1)\boldsymbol{Q}(i+1,2k-1)\boldsymbol{F}^{\mathrm{T}}(i+1,2k-1)+\boldsymbol{Q}(i+1,2k-1)]/2 \tag{6-71}$$

$$\boldsymbol{R}^j(i)=\boldsymbol{R}^j(i+1,2k)/2 \tag{6-72}$$

为了表达方便,设

$$\boldsymbol{H}^j(i,k)=\boldsymbol{H}(i,k) \tag{6-73}$$

$$\boldsymbol{R}^j(i,k)=\boldsymbol{R}(i,k) \tag{6-74}$$

这样,在尺度 i 上,就得到了描述状态的系统方程式(6-63)和 $N-i+1$ 个观测方程式(6-65)及其测量值,从而在尺度 i 上构成了 $N-i+1$ 个虚拟同步传感器无反馈分布式融合结构,可以结合全局信息不反馈最优分布式估计融合算法,构建尺度 i 上的融合估计,即形成多尺度最优融合估计算法,算法框图如图 6-15 所示。

假设已知尺度 i 上系统在 k 时刻基于全局信息式(6-83)和式(6-85)的状态融合估计值 $\hat{\boldsymbol{x}}(i,k|k)$ 和相应的估计误差协方差阵 $\boldsymbol{P}(i,k|k)$,利用上一节得到的最优分布式融合估计公进行尺度 i 上的融合估计,有

$$\boldsymbol{P}^{-1}(i,k+1|k+1)=\boldsymbol{P}^{-1}(i,k+1|k)+\sum_{j=i}^{N}[(\boldsymbol{P}^j(i,k+1|k+1)^{-1}-(\boldsymbol{P}^J(i,k+1|k)^{-1}] \tag{6-75}$$

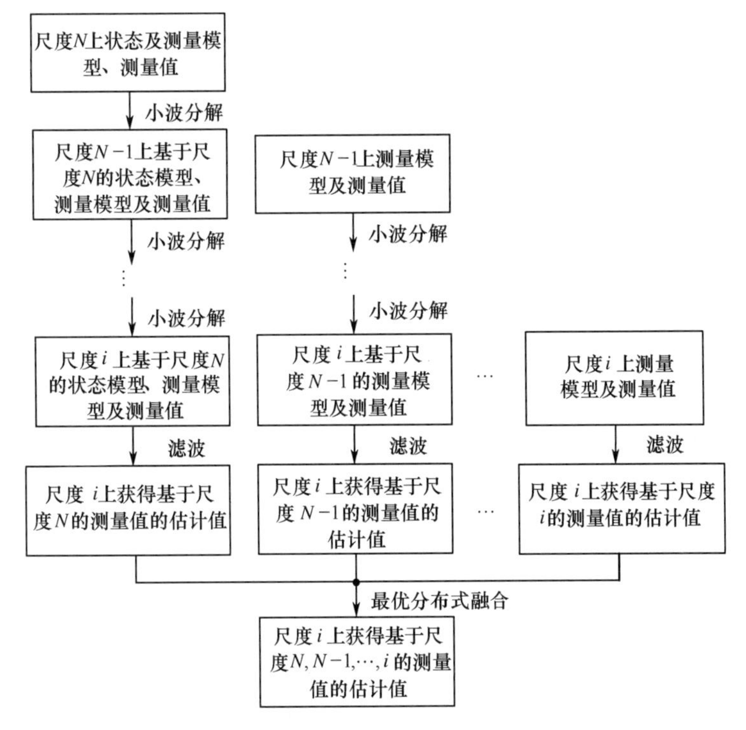

图 6-15　多尺度最优融合估计算法框图

$$\hat{\boldsymbol{x}}(i,k+1|k+1) = \hat{\boldsymbol{x}}(i,k+1|k) + \boldsymbol{P}(i,k+1|k+1)\sum_{j=i}^{N}[(\boldsymbol{P}^j(i,k+1|k+1)^{-1} \cdot \hat{\boldsymbol{x}}^j(i,k+1|k+1) - (\boldsymbol{P}^j(i,k+1|k))^{-1}\hat{\boldsymbol{x}}^j(i,k+1) \tag{6-76}$$

其中，$\hat{\boldsymbol{x}}(i,k+1|k)$ 和 $\boldsymbol{P}(i,k+1|k)$ 分别为基于全局信息的状态预测值和误差协方差阵：

$$\hat{\boldsymbol{x}}(i,k+1|k) = \boldsymbol{F}(i)\hat{\boldsymbol{x}}(i,k|k) \tag{6-77}$$

$$\boldsymbol{P}(i,k+1|k) = \boldsymbol{F}(i)\boldsymbol{P}(i,k|k)\boldsymbol{F}^{\mathrm{T}}(i) + \boldsymbol{Q}(i,k) \tag{6-78}$$

且 $\hat{\boldsymbol{x}}^j(i,k+1|k+1)$ 是基于尺度 j 上传感器观测信息的状态估计值：

$$\hat{\boldsymbol{x}}^j(i,k+1|k+1) = \hat{\boldsymbol{x}}^j(i,k+1|k) + \boldsymbol{K}^j(i,k+1)\gamma^j(i,k+1) \tag{6-79}$$

这里有

$$\hat{\boldsymbol{x}}^j(i,k+1|k) = \boldsymbol{F}(i)\hat{\boldsymbol{x}}^j(i,k|k) \tag{6-80}$$

$$\boldsymbol{P}^j(i,k+1|k) = \boldsymbol{F}(i)\boldsymbol{P}^j(i,k|k)\boldsymbol{F}^{\mathrm{T}}(i) + \boldsymbol{Q}(i,k) \tag{6-81}$$

$$\boldsymbol{K}^j(i,k+1) = \boldsymbol{P}^j(i,k+1|k)(\boldsymbol{H}^j(i,k+1))^{\mathrm{T}}[\boldsymbol{H}^j(i,k+1)\boldsymbol{P}^J(I,K+1|k)] \times (\boldsymbol{H}^j(i,k+1))^{\mathrm{T}} + \boldsymbol{R}^j(i,k+1)]^{-1} \tag{6-82}$$

$$\gamma^j(i,k+1) = \boldsymbol{z}^j(i,k+1) - \boldsymbol{H}^j(i,k+1)\hat{\boldsymbol{x}}^j(i,k+1|k) \tag{6-83}$$

$$\boldsymbol{P}^j(i,k+1|k+1) = [\boldsymbol{I} - \boldsymbol{K}^j(i,k+1)\boldsymbol{H}^j(i,k+1)]\boldsymbol{P}^j(i,k+1|k) \tag{6-84}$$

算法实现如下：

(1) 在尺度 N 上建立系统方程，在各尺度上建立观测方程。

(2) 将尺度 N 上的状态方程向尺度 i 分解，并将尺度 $j(i+1 \leqslant j \leqslant N)$ 上的传感器测量值分解到尺度 i 上。

(3) 在尺度 i 上，根据 $N-i+1$ 个系统方程、观测方程及测量值分别进行虚拟传感器子系统的状态估计,得到 $N-i+1$ 个状态估计值。

(4) 在尺度 i 上,将得到的 $N-i+1$ 个系统状态估计值进行同步信息分布式无反馈最优融合估计,从而得到基于尺度 $N,N-1,\cdots,i$ 上各传感器测量值的系统状态融合估计。

至此,实现了基于尺度 N 上的系统模型、尺度 $N,N-1,\cdots,i$ 上的观测模型及测量信息在尺度 i 上的状态融合估计。

2. 异步多传感器多尺度最优分布式融合估计

基于多个尺度上的观测模型和测量数据,实现多尺度信息在最细尺度上的融合。

1) 算法描述

将状态矢量和测量矢量分割成长度为 $M_i=2^{i-1}(i=N,\cdots,1)$,记 $M=2^{N-1}$ 的数据块:

$$\boldsymbol{X}_m(i)=\begin{bmatrix} x(i,mM_i+1) \\ x(i,mM_i+2) \\ \vdots \\ x(i,mM_i+M_i) \end{bmatrix},\boldsymbol{Z}_m(i)=\begin{bmatrix} z(i,mM_i+1) \\ z(i,mM_i+2) \\ \vdots \\ z(i,mM_i+M_i) \end{bmatrix}$$

那么,状态方程式(6-59)可以写成:

$$\boldsymbol{X}_{m+1}(N)=\boldsymbol{F}_m(N)\boldsymbol{X}_m(N)+\boldsymbol{B}_m(N)\boldsymbol{W}_m(N) \tag{6-85}$$

且尺度上观测方程为

$$\boldsymbol{Z}_m(i)=\boldsymbol{H}_m(i)\boldsymbol{X}_m(i)+\boldsymbol{V}_m(i) \tag{6-86}$$

(1) 初始化,通过式(6-61)和式(6-62)计算得到初始值 $\hat{\boldsymbol{X}}_{0|0}(N)$ 及误差协方差阵 $\boldsymbol{P}_{0|0}(N)$:

$$\hat{\boldsymbol{X}}_{0|0}(N)=\begin{bmatrix} \hat{x}(N,1) \\ \hat{x}(N,1) \\ \vdots \\ \hat{x}(N,M) \end{bmatrix}=\begin{bmatrix} F(N,0) \\ F(N,1) \\ \vdots \\ \prod_{j=0}^{M-1}F(N,j) \end{bmatrix}x_0 \tag{6-87}$$

$$\boldsymbol{P}_{0|0}(N)=\begin{bmatrix} F(N,0) \\ F(N,1) \\ \vdots \\ \prod_{j=0}^{M-1}F(N,j) \end{bmatrix}\boldsymbol{P}_0\begin{bmatrix} F(N,0) \\ F(N,1) \\ \vdots \\ \prod_{j=0}^{M-1}F(N,j) \end{bmatrix}+\boldsymbol{B}_0(N)\boldsymbol{Q}_0(N)\boldsymbol{B}_0^{\mathrm{T}}(N) \tag{6-88}$$

其中

$$\boldsymbol{W}_0(N)=[\boldsymbol{w}(N,0),\boldsymbol{w}(N,1),\cdots\boldsymbol{w}(N,M-1)]^{\mathrm{T}} \tag{6-89}$$

$$\boldsymbol{B}_0(N)=\begin{bmatrix} B(N,0) & 0 & 0 & \cdots & 0 & 0 \\ F(N,0) & B(N,1) & 0 & \cdots & 0 & 0 \\ \vdots & \vdots & \vdots & & \vdots & \vdots \\ \prod_{j=1}^{M-1}F(N,j)B(N,0) & \prod_{j=2}^{M-1}F(N,j)B(N,0) & \prod_{j=3}^{M-1}F(N,j)B(N,0) & \cdots & F(N,M-1) & B(N,M-1) \end{bmatrix} \tag{6-90}$$

$$\boldsymbol{E}[\boldsymbol{W}_0(N)\boldsymbol{W}_0^{\mathrm{T}}(N)]=\boldsymbol{Q}_0(N) \tag{6-91}$$

$$\boldsymbol{Q}_0(N)=\mathrm{diag}\{\boldsymbol{Q}(N,0),\boldsymbol{Q}(N,1),\cdots,\boldsymbol{Q}(N,M-1)\} \tag{6-92}$$

(2) 尺度 N 上的系统状态预测估计。假设已知尺度 N 上第 m 个数据块的估计值 $\boldsymbol{X}_{m|m}(N)$ 和估计误差协方差阵 $\boldsymbol{P}_{m|m}(N)$，由此可得第 $m+1$ 个数据块的预测值 $\hat{\boldsymbol{X}}_{m+1|m}(N)$ 和估计误差协方差阵预测值 $\boldsymbol{P}_{m+1|m}(N)$：

$$\hat{\boldsymbol{X}}_{m+1|m}(n)=\boldsymbol{F}_m(N)\hat{\boldsymbol{X}}_{m|m}(N) \tag{6-93}$$

$$\boldsymbol{P}_{m+1|m}(N)=\boldsymbol{F}_m(N)\boldsymbol{P}_{m|m}(N)\boldsymbol{F}_m^{\mathrm{T}}(N)+\boldsymbol{B}_m(N)\boldsymbol{Q}_m(N)\boldsymbol{B}_m^{\mathrm{T}}(N) \tag{6-94}$$

其中

$$\boldsymbol{F}_m(N)=\operatorname{diag}\left\{\prod_{j=0}^{M-1}\boldsymbol{F}(N,mM+j),\cdots,\prod_{j=0}^{M-1}\boldsymbol{F}(N,(m+1)M+j-1)\right\} \tag{6-95}$$

$$\boldsymbol{B}_m(N)\begin{bmatrix} b_{11} & b_{12} & \cdots & b_{1M} & 0 & \cdots & 0 \\ 0 & b_{21} & b_{22} & \cdots & b_{2M} & \cdots & 0 \\ \vdots & \vdots & \vdots & & \vdots & & \vdots \\ 0 & \cdots & 0 & b_{M1} & b_{M2} & \cdots & b_{MM} \end{bmatrix} \tag{6-96}$$

矩阵 $\boldsymbol{B}_m(N)$ 的元素 b_{uv} 为

$$b_{uv}=\prod_{j=v}^{M-1}\boldsymbol{F}(N,mM+j+u+1)\boldsymbol{B}(N,mM+u+v-2) \tag{6-97}$$

相应的过程噪声的协方差阵为

$$\boldsymbol{Q}_m(N)=\operatorname{diag}\{\boldsymbol{Q}(N,mM+0),\cdots,\boldsymbol{Q}(N,mM+2M-2)\} \tag{6-98}$$

(3) 尺度 $i(i=1,2,\cdots,N-1)$ 上的状态预测估计。利用小波变换将 $\hat{\boldsymbol{X}}_{m+1|m}(N)$ 向尺度 $i(i\leqslant i\leqslant N-1)$ 上分解，生成平滑信号：

$$\hat{\boldsymbol{X}}_{V,m+1|m}(i)=\overline{\boldsymbol{H}}_i\hat{\boldsymbol{X}}_{V,m+1|m}(i+1)=\prod_{r=i}^{N-1}\overline{\boldsymbol{H}}_r\hat{\boldsymbol{X}}_{m+1|m}(N) \tag{6-99}$$

和尺度 $l(i\leqslant l\leqslant N-1)$ 上的细节信号：

$$\hat{\boldsymbol{X}}_{D,m+1|m}(l)=\overline{\boldsymbol{G}}_l\hat{\boldsymbol{X}}_{V,m+1|m}(l+1)=\overline{\boldsymbol{G}}_l\prod_{r=l+1}^{N-1}\overline{\boldsymbol{H}}_r\hat{\boldsymbol{X}}_{m+1|m}(N) \tag{6-100}$$

则尺度 i 上的状态预测估计为

$$\begin{bmatrix} \hat{\boldsymbol{X}}_{V,m+1|m}(i) \\ \hat{\boldsymbol{X}}_{D,m+1|m}(i) \\ \hat{\boldsymbol{X}}_{V,m+1|m}(i+1) \\ \vdots \\ \hat{\boldsymbol{X}}_{D,m+1|m}(N-1) \end{bmatrix}=\overline{\boldsymbol{T}}(i)\hat{\boldsymbol{X}}_{m+1|m}(N) \tag{6-101}$$

其中

$$\overline{\boldsymbol{T}}(i)=\left[\prod_{r=i}^{N-1}\overline{\boldsymbol{H}}_r \quad \overline{\boldsymbol{G}}_i\prod_{r=i}^{N-1}\overline{\boldsymbol{H}}_r \quad \cdots \quad \overline{\boldsymbol{G}}_{N-2}\overline{\boldsymbol{H}}_{N-2} \quad \overline{\boldsymbol{G}}_{N-1}\right] \tag{6-102}$$

相应的估计误差协方差预测值为

$$\boldsymbol{P}_{m+1|m}(i)=\boldsymbol{E}[\tilde{\boldsymbol{X}}_{m+1|m}(i)\tilde{\boldsymbol{X}}_{m+1|m}^{\mathrm{T}}(i)]=\begin{bmatrix} \boldsymbol{P}_{VV,m+1|m}(i) & \boldsymbol{P}_{VD,m+1|m}(i) \\ \boldsymbol{P}_{DV,m+1|m}(i) & \boldsymbol{P}_{DD,m+1|m}(i) \end{bmatrix}\overline{\boldsymbol{T}}(i)\boldsymbol{P}_{m+1|m}\overline{\boldsymbol{T}}^{\mathrm{T}}(i) \tag{6-103}$$

其中

$$P_{VV,m+1|m}(i)=E[\tilde{X}_{V,m+1|m}(i)\tilde{X}_{V,m+1|m}^{T}(i)]=\prod_{r=i}^{N-1}\bar{H}_rP_{VV,m+1|m}(N)\prod_{r=N-1}^{i}\bar{H}_r^{T} \tag{6-104}$$

$$P_{VD,m+1|m}(i)=[P_{VD,m+1|m}(i,i)\quad\cdots\quad P_{VD,m+1|m}(i,N-1)] \tag{6-105}$$

$$P_{DV,m+1|m}(i)=\begin{bmatrix}P_{VD,m+1|m}(i,i)\\ \vdots\\ P_{DV,m+1|m}(N-1,i)\end{bmatrix} \tag{6-106}$$

$$P_{DD,m+1|m}(i)=[P_{DD,m+1|m}(l,j)]_{l,j},l,j=i,i+1,\cdots,N-1 \tag{6-107}$$

$$P_{VD,m+1|m}(i,l)=E[\tilde{X}_{V,m+1|m}(i)\tilde{X}_{D,m+1|m}^{T}(l)]=\prod_{r=l+1}^{N-1}\bar{H}_rP_{VV,m+1|m}(N)\prod_{r=N-1}^{l+1}\bar{H}_r^{T}\bar{G}_l^{T} \tag{6-108}$$

$$P_{DV,m+1|m}(l,i)=E[\tilde{X}_{D,m+1|m}(l)\tilde{X}_{V,m+1|m}^{T}(i)]=\bar{G}_l\prod_{r=l+1}^{N-1}\bar{H}_rP_{VV,m+1|m}(N)\prod_{r=N-1}^{i}\bar{H}_r^{T} \tag{6-109}$$

$$P_{DD,m+1|m}(i,l)=E[\tilde{X}_{D,m+1|m}(i)\tilde{X}_{D,m+1|m}^{T}(l)]=\bar{G}_l\prod_{r=l+1}^{N-1}\bar{H}_rP_{VV,m+1|m}(N)\prod_{r=N-1}^{j+1}\bar{H}_r^{T}\bar{G}_j^{T} \tag{6-110}$$

尺度 i 上的细节信号为 $\tilde{X}_{D,m+1|m}(i)$, $\tilde{X}_{D,m+1|m}(i)$, $\cdots$, $\tilde{X}_{D,m+1|m}(N-1)$,它们与 $\tilde{X}_{V,m+1|m}(i)$之间的关系是 $P_{VD,m+1|m}(i)$和 $P_{DV,m+1|m}(i)$,同时,这也是从尺度 i 上到尺度 N 上重构过程的细节信号。

(4) 尺度 $i(i=1,2,\cdots,N-1)$上的滤波估计。在尺度 i 上已经得到了系统状态第 $m+1$ 个数据块的预测值 $X_{V,m+1|m}(i)$及其相应的误差协方差预测值 $P_{VV,m+1|m}(i)$,当尺度 i 上的实际测量值 $Z_{m+1}(i)$到来时,利用 Kalman 滤波进行测量更新,有

$$\hat{X}_{V,m+1|m+1}(i)=\hat{X}_{V,m+1|m}(i)+K_{m+1}(i)[Z_{m+1}(i)-H_{m+1}(i)\hat{X}_{V,m+1|m}(i)] \tag{6-111}$$

$$P_{VV,m+1|m+1}(i)=[I-K_{m+1}(i)H_{m+1}(i)]P_{VV,m+1|m}(i) \tag{6-112}$$

其中

$$K_{m+1}(i)=P_{VV,m+1|m}(i)H_{m+1}^{T}(i)[H_{m+1}(i)P_{VV,m+1|m}(i)H_{m+1}^{T}(i)+R_{m+1}(i)]^{-1} \tag{6-113}$$

$$H_{m+1}(i)=\mathrm{diag}\{H(i,mM_i),\cdots,H(i,mM_i+M_i-1)\} \tag{6-114}$$

$$R_m(i)=\mathrm{diag}\{R(i,mM_i),\cdots,R(i,mM_i+M_i)\} \tag{6-115}$$

此时,细节信号 $\hat{X}_{D,m+1|m}(r)(r=N-1,N-2,\cdots,i)$并没有被更新,但是为了注记,仍记

$$\hat{X}_{D,m+1|m+1}(r)=\hat{X}_{D,m+1|m}(r),r=N-1,N-2,\cdots,i \tag{6-116}$$

由于 $\hat{X}_{D,m+1|m}(i)\hat{X}_{D,m+1|m}(i+1),\cdots,\hat{X}_{D,m+1|m}(N-1)$和 $\hat{X}_{V,m+1|m}(i)$之间是相关的,因此,误差协方差 $P_{VD,m+1|m}(i)$和 $P_{DV,m+1|m}(i)$也被更新为

$$P_{VD,m+1|m+1}(i)=[I-K_{m+1}(i)H_{m+1}(i)]P_{VD,m+1|m}(i) \tag{6-117}$$

$$\boldsymbol{P}_{DV,m+1|m+1}(i)=(\boldsymbol{P}_{VD,m+1|m+1}(i))^{\mathrm{T}} \tag{6-118}$$

而

$$\boldsymbol{P}_{DD,m+1|m+1}(i)=\boldsymbol{P}_{DD,m+1|m}(i) \tag{6-119}$$

(5) 尺度 i 到尺度 N 的小波重构。从尺度 i 开始,将更新的估计值 $\hat{\boldsymbol{X}}_{V,m+1|m+1}(i)$ 和细节信号 $\hat{\boldsymbol{X}}_{D,m+1|m}(i)$,$\hat{\boldsymbol{X}}_{D,m+1|m}(i+1)$,…,$\hat{\boldsymbol{X}}_{D,m+1|m}(N-1)$ 进行小波综合,在尺度 N 上得到状态 $\boldsymbol{X}_{m+1}(N)$ 基于尺度 i 上传感器测量值 $\boldsymbol{Z}_{m+1}(i)$ 的估计值 $\hat{\boldsymbol{X}}^{i}_{m+1|m+1}(N)$ 和相应的估计误差协方差阵 $\boldsymbol{P}^{i}_{m+1|m+1}(N)$,即

$$\hat{\boldsymbol{X}}^{i}_{m+1|m+1}(N)=\overline{\boldsymbol{T}}^{\mathrm{T}}(i)\begin{bmatrix}\hat{\boldsymbol{X}}_{V,m+1|m+1}(i)\\ \hat{\boldsymbol{X}}_{D,m+1|m+1}(i)\\ \vdots\\ \hat{\boldsymbol{X}}_{D,m+1|m+1}(N-1)\end{bmatrix} \tag{6-120}$$

同样,$\boldsymbol{P}_{VV,m+1|m+1}(i)$、$\boldsymbol{P}_{VD,m+1|m+1}(i)$、$\boldsymbol{P}_{DV,m+1|m+1}(i)$、$\boldsymbol{P}_{DD,m+1|m+1}(i)$ 也被综合到尺度 N 上,生成

$$\boldsymbol{P}^{i}_{m+1|m+1}(N)=\overline{\boldsymbol{T}}^{\mathrm{T}}(i)\boldsymbol{P}_{m+1|m=1}(i)\overline{\boldsymbol{T}}(i) \tag{6-121}$$

其中

$$\boldsymbol{P}_{m+1|m=1}(i)=\begin{bmatrix}\boldsymbol{P}_{VV,m+1|m+1}(i) & \boldsymbol{P}_{VD,m+1|m+1}(i)\\ \boldsymbol{P}_{DV,m+1|m+1}(i) & \boldsymbol{P}_{DD,m+1|m+1}(i)\end{bmatrix} \tag{6-122}$$

(6) 尺度 N 上的状态融合估计。在尺度 N 上基于全局信息的融合过程如图 6-16 所示。

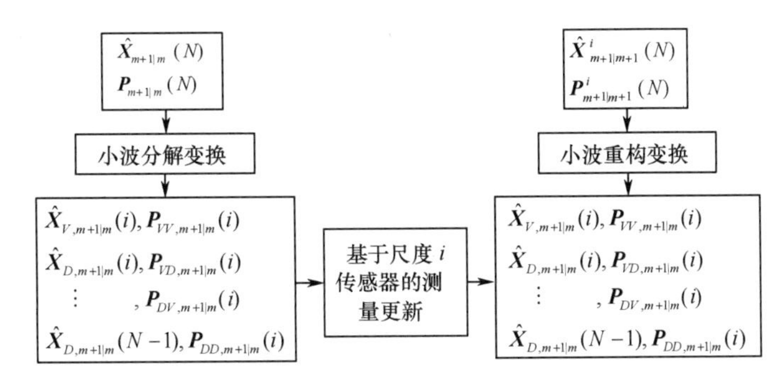

图 6-16　多尺度分布式融合算法框图

若将尺度 N 上融合作为全局信息融合,由图中流程结构可知,小波分解可以被认为是将尺度 N 上的状态预测值向其他尺度进行反馈,而通过小波重构在尺度 N 上得到的各状态估计可以作为同步的虚拟传感器的局部估计值,这符合带反馈分布式融合估计结构的内涵,可以利用带反馈的同步多传感器信息最优分布式融合算法对尺度 N 上各状态估计进行融合。

在得到系统状态 $\boldsymbol{X}_{m+1}(N)$ 基于不同尺度 i 上测量信息的估计值 $\hat{\boldsymbol{X}}^{i}_{m+1|m+1}(N)$ 和误差协方差阵 $\boldsymbol{P}^{i}_{m+1|m+1}(N)$ 后,根据最优分布式融合估计式(6-57)和式(6-58),可得状态 $\boldsymbol{X}_{m+1}(N)$ 基于全局信息的最优估计值 $\hat{\boldsymbol{X}}_{m+1|m+1}(N)$ 和误差协方差阵 $\boldsymbol{P}_{m+1|m+1}(N)$,有

$$\boldsymbol{P}_{m+1\mid m+1}^{-1}(N)=\boldsymbol{P}_{m+1\mid m}^{-1}(N)+\sum_{i=j}^{N}\left[(\boldsymbol{P}_{m+1\mid m+1}^{i}(N))^{-1}-\boldsymbol{P}_{m+1\mid m}^{-1}(N)\right] \tag{6-123}$$

$$\hat{\boldsymbol{X}}_{m+1\mid m+1}(N)=\boldsymbol{P}_{m+1\mid m+1}(N)\left[\sum_{i=j}^{N}\left[(\boldsymbol{P}_{m+1\mid m+1}^{i}(N))^{-1}-\hat{\boldsymbol{X}}_{m+1\mid m+1}^{-1}(N)-\right.\right.$$
$$\left.(N-1)\boldsymbol{P}_{m+1\mid m}^{-1}(N)-\hat{\boldsymbol{X}}_{m+1\mid m}(N)\right] \tag{6-124}$$

2）算法实现

根据上述最优分布式多尺度融合算法描述，具体的算法实现步骤可以概括如下：

（1）根据算法（1）计算滤波初始值。

（2）根据算法（2）计算系统状态在尺度 N 上的预测估计。

（3）将尺度 N 上的状态预测估计向各尺度进行小波分解，从而得到各尺度上的系统状态预测值。

（4）在各尺度上，根据本尺度测量值进行滤波测量更新，得到目标状态在各尺度上的滤波估计，实现算法（4）。

（5）将算法（4）的状态估计值通过小波重构，求得各尺度上的状态估计在尺度 N 上的目标状态估计。

（6）将算法（5）中各状态估计值进行融合，求得尺度 N 上基于全部信息的状态估计。

（7）将算法（6）的状态融合值作为下一时间间隔的初始值，执行步骤（1），反复循环，直至满足要求。

小波变换是一个桥梁，两种异步融合算法均是将异步多传感器的系统及测量信息无损耗地转换到同一尺度上，然后利用同步多传感器信息融合算法进行融合估计。

6.5 状态估计

在动力定位控制系统中控制设计需要的有些状态有时不能测量，或者不具备测量此类信息的传感器，因此从可以测量的状态估计或重构这些不可测量状态是很重要的，这就是状态估计，也被称为状态观测。

船舶动力定位观测器结构如图 6－17 所示，主要目的是从测量的位置估计速度、低频环境力，滤除一阶海浪等高矩扰动。

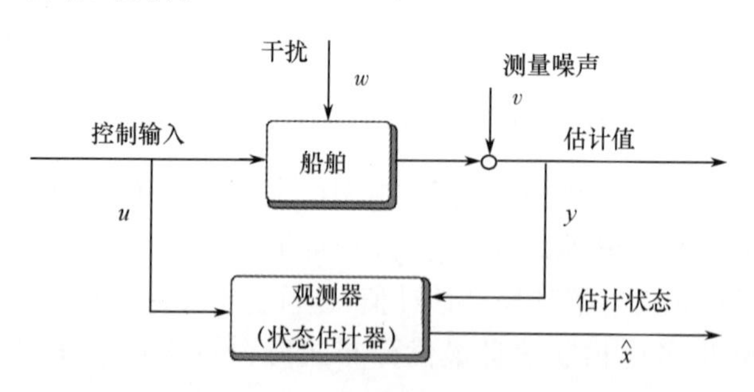

图 6－17　船舶动力定位观测器结构

即使差分 GPS 或多普勒计程仪可以给出船舶速度的精确测量，但 DP2 等级以上的动力定位系统要求。在位置和艏向的测量暂时丢失时，动力定位系统必须能够维持一段时间以保证系统结束正常作业，也就是观测器预测的速度、位置艏向要能够代替测量值被用于反馈控制中,这些测量值暂时丢失将不影响定位精度。当需要的信号再次获得时,估计值将平滑切换到测量值。因此,动力定位控制系统必须设计状态估计器。

在给出动力定位船状态估计方法之前,首先介绍几种常用的最基本估计方法。

6.5.1　固定增益观测器

固定增益观测器是一种最简单的线性状态估计器,能够根据输入 $\boldsymbol{u}$ 和输出 $\boldsymbol{y}$ 重构不能测量的状态向量 $\hat{\boldsymbol{x}}$。为了保证估计器的设计能够实现,要求系统必须是可观测的。

1. 连续时间固定增益估计器

线性时不变系统形式的系统模型:

$$\boldsymbol{x} = \boldsymbol{A}\boldsymbol{x} + \boldsymbol{B}\boldsymbol{u} \tag{6-125}$$

$$\boldsymbol{y} = \boldsymbol{D}\boldsymbol{x} \tag{6-126}$$

系统系数阵 A、B、D 已知,并且假设$[\boldsymbol{A},\boldsymbol{D}^{\mathrm{T}}]$是可观的,这就意味着可以从它的输入和输出估计系统状态。构造估计器系统模型:

$$\hat{\boldsymbol{x}} = \boldsymbol{A}\hat{\boldsymbol{x}} + \boldsymbol{B}u \tag{6-127}$$

$$\hat{\boldsymbol{y}} = \boldsymbol{D}\hat{\boldsymbol{x}} \tag{6-128}$$

式中:$\hat{\boldsymbol{x}}$ 为估计状态矢量。将测量输出 $\boldsymbol{y}$ 和估计输出 $\hat{\boldsymbol{y}}$ 的差项增加到估计器中,得

$$\hat{\boldsymbol{x}} = \boldsymbol{A}\hat{\boldsymbol{x}} + \boldsymbol{B}\boldsymbol{u} + \boldsymbol{K}_e(\boldsymbol{y} - \hat{\boldsymbol{y}}) = \boldsymbol{A}\hat{\boldsymbol{x}} + \boldsymbol{B}\boldsymbol{u} + \boldsymbol{K}_e\boldsymbol{D}(\boldsymbol{x} - \hat{\boldsymbol{x}}) \tag{6-129}$$

其中,状态反馈增益矩阵 $\boldsymbol{K}_e$用于调节估计器。式(6-129)减去式(6-125)得到:

$$\dot{\tilde{\boldsymbol{x}}} = \dot{\boldsymbol{x}} - \dot{\hat{\boldsymbol{x}}} = \boldsymbol{A}(\boldsymbol{x} - \hat{\boldsymbol{x}}) - \boldsymbol{K}_e\boldsymbol{D}(\boldsymbol{x} - \hat{\boldsymbol{x}}) = (\boldsymbol{A} - \boldsymbol{K}_e\boldsymbol{D})(\boldsymbol{x} - \hat{\boldsymbol{x}}) \tag{6-130}$$

如果$(\boldsymbol{A} - \boldsymbol{K}_e\boldsymbol{D})$的特征值具有负实部,误差 $\tilde{\boldsymbol{x}}$ 将指数收敛于零。图 6-18 显示了这个估计器的方块图。

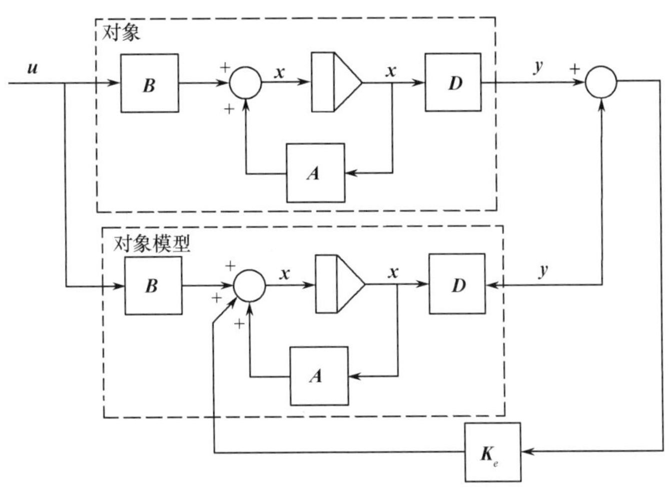

图 6-18　确定性估计器说明控制模型概念

如果 $\boldsymbol{K}_e$的选择是为了加快 $\tilde{\boldsymbol{x}}$ 到 $\boldsymbol{x}$ 的收敛率,即极点在左半平面向远运动,这将增加估计器的带宽,意味着 $\hat{\boldsymbol{x}}$ 将对噪声更敏感。$\boldsymbol{K}_e$的选择就是在快速估计和抗噪声之间进行折中。

2. 离散时间固定增益估计器

离散系统的数学模型:

$$\boldsymbol{x}[k+1] = \boldsymbol{\Phi}\boldsymbol{x}[k] + \Delta\boldsymbol{u}[k] \tag{6-131}$$

$$\boldsymbol{y}[k]=\boldsymbol{Cx}[k] \tag{6-132}$$

估计器数字模型为：

$$\hat{\boldsymbol{x}}[k+1]=\boldsymbol{\Phi}\hat{\boldsymbol{x}}[k]+\Delta\boldsymbol{u}[k]+\boldsymbol{L}(\boldsymbol{y}[k]-\hat{\boldsymbol{y}}[k]) \tag{6-133}$$

$$\hat{\boldsymbol{y}}[k]=\boldsymbol{C}\hat{\boldsymbol{x}}[k] \tag{6-134}$$

式中：$\boldsymbol{L}$ 为状态反馈增益矩阵；$\hat{\boldsymbol{x}}$ 是 $\boldsymbol{x}$ 的估计值。误差动态则变为

$$\boldsymbol{x}[k+1]=\boldsymbol{\Phi x}[k]-\boldsymbol{L}(\boldsymbol{y}[k]-\hat{\boldsymbol{y}}[k])=\boldsymbol{\Phi x}[k]-\boldsymbol{LC}(\boldsymbol{x}[k]-\hat{\boldsymbol{x}}[k])=(\boldsymbol{\Phi}-\boldsymbol{LC})\boldsymbol{x}[k] \tag{6-135}$$

$\boldsymbol{L}$ 选择保证式(6-135)是渐近稳定，这就意味着$(\boldsymbol{\Phi}-\boldsymbol{LC})$的特征值的幅值必须在单位圆内，如果系统是可观的，这是可能的。

如果动态系统定义为式(6-131)和式(6-132)，反馈控制律可以用一个完全状态信息和一个正增益矩阵 $\boldsymbol{G}>0$ 来表示：

$$\boldsymbol{u}(k)=-\boldsymbol{Gx}(k) \tag{6-136}$$

$$\boldsymbol{x}[k+1]=\boldsymbol{\Phi x}[k]-\Delta\boldsymbol{Gx}[k]=(\boldsymbol{\Phi}-\Delta\boldsymbol{G})\boldsymbol{x}[k] \tag{6-137}$$

如果状态信息不可完全获得，式(6-28)的观测器将被使用，控制输入：

$$\boldsymbol{u}(k)=-\boldsymbol{G}\hat{\boldsymbol{x}}(k) \tag{6-138}$$

完全反馈系统的闭环误差动态：

$$\begin{aligned}\boldsymbol{x}[k+1]-\hat{\boldsymbol{x}}[k+1]&=(\boldsymbol{\Phi}-\Delta\boldsymbol{G})\boldsymbol{x}[k]-(\boldsymbol{\Phi}-\Delta\boldsymbol{G})\hat{\boldsymbol{x}}[k]-\boldsymbol{LCx}[k]\\&=(\boldsymbol{\Phi}-\boldsymbol{LC}-\Delta\boldsymbol{G})\boldsymbol{x}[k]\end{aligned} \tag{6-139}$$

这样设计控制矩阵 $\boldsymbol{G}$ 的问题就转化为对系统进行闭环极点配置特征值问题。理论上，观测器的误差动态收敛速度应该比完全反馈系统的闭环误差动态收敛速度快些，这样才能达到较好的控制效果。因此，矩阵$(\boldsymbol{\Phi}-\boldsymbol{LC})$的特征值的绝对值要比矩阵$(\boldsymbol{\Phi}-\boldsymbol{LC}-\Delta\boldsymbol{G})$的要大。

6.5.2 最小二乘估计器

最小二乘法是一种不需要知道测量值和被估计量统计特性、使用最广泛的线性估计方法。假设线性随机过程的状态向量为 $\boldsymbol{x}$、测量向量为 $\boldsymbol{y}$、状态向量的预先估计为 $\bar{\boldsymbol{x}}$，测量方程描述如下：

$$\boldsymbol{y}=\boldsymbol{Cx}+\boldsymbol{v} \tag{6-140}$$

式中：$\boldsymbol{C}$ 为一个已知矩阵；v 为测量噪声，v 假设是独立统计于已知的 x。假设 $\boldsymbol{V}$ 为正定矩阵，因此有

$$\boldsymbol{E}[\boldsymbol{v}]=0,\mathrm{cov}[\boldsymbol{v}]=\boldsymbol{E}[\boldsymbol{vv}^{\mathrm{T}}]=\boldsymbol{V}>0,\boldsymbol{E}[\boldsymbol{xv}^{\mathrm{T}}]=0 \tag{6-141}$$

预先估计 $\bar{\boldsymbol{x}}$ 的不确定性，通过协方差矩阵 $\overline{\boldsymbol{X}}$ 被给出。

$$\boldsymbol{E}[\boldsymbol{x}]=\bar{\boldsymbol{x}},\mathrm{cov}[\boldsymbol{x}]=\boldsymbol{E}[(\boldsymbol{x}-\bar{\boldsymbol{x}})(\boldsymbol{x}-\bar{\boldsymbol{x}})^{\mathrm{T}}]=\overline{\boldsymbol{X}}>0 \tag{6-142}$$

最小二乘方法是指如何从 $\bar{\boldsymbol{x}}$ 和 $\boldsymbol{y}$ 计算出 $\boldsymbol{x}$ 使得目标函数 J 最小：

$$J=\frac{1}{2}[(\boldsymbol{x}-\bar{\boldsymbol{x}})^{\mathrm{T}}\boldsymbol{P}(\boldsymbol{x}-\bar{\boldsymbol{x}})+(\boldsymbol{y}-\boldsymbol{Cx})^{\mathrm{T}}Q(\boldsymbol{y}-\boldsymbol{Cx})] \tag{6-143}$$

式中：$\boldsymbol{P}$ 和 $\boldsymbol{Q}$ 分别选择为半正定和正定权值矩阵。

通过求 J 对 $\boldsymbol{x}$ 的偏导使其为0，得到与 J 最小值相对应的 $\boldsymbol{x}$ 的估计值 $\hat{\boldsymbol{x}}$：

$$\left.\frac{\mathrm{d}J}{\mathrm{d}\boldsymbol{x}}\right|_{(\boldsymbol{x}=\hat{\boldsymbol{x}})}=(\boldsymbol{P}(\boldsymbol{x}-\bar{\boldsymbol{x}})+\boldsymbol{C}^{\mathrm{T}}\boldsymbol{Q}(\boldsymbol{y}-\boldsymbol{C}\hat{\boldsymbol{x}})=0 \tag{6-144}$$

$$(P+C^{T}QC)\hat{x}=P\bar{x}-C^{T}Qy=(P+C^{T}QC)\bar{x}-C^{T}Q(y+C\bar{x}) \tag{6-145}$$

$$\hat{x}=\bar{x}-(P+C^{T}QC)^{-1}C^{T}Q(y+C\bar{x})=\bar{x}+K(y+C\bar{x}) \tag{6-146}$$

$\hat{x}$ 被称为 x 的修正或后天估计。$\hat{x}$ 的不确定性由估计误差 $\tilde{x}=x-\hat{x}$ 的协方差给出,该协方差 $\hat{X}$ 根据:

$$\begin{aligned}\hat{X}&=E[\tilde{x}\tilde{x}^{T}]=E[(x-\hat{x})(x-\hat{x})^{T}]\\&=E[(x-\bar{x}-K(y-C\bar{x}))(x-\bar{x}-K(y-C\bar{x}))^{T}]\\&=E[(x-\bar{x}-K(Cx+v-C\bar{x}))(x-\bar{x}-K(Cx+v-C\bar{x}))^{T}]\\&=E[(x-\bar{x}-KC(x-\bar{x})-Kv)(x-\bar{x}-KC(x-\bar{x})-Kv)^{T}]\\&=E[((I-KC)(x-\bar{x})-Kv)((I-KC)(x-\bar{x})-Kv)^{T}]\\&=E[((I-KC)(x-\bar{x})(x-\bar{x})^{T}(I-KC)^{T}-Kv(x-\bar{x})^{T}(I-KC)^{T}\\&\quad-(I-KC)(x-\bar{x})v^{T}K^{T}+Kvv^{T}K^{T}]\\&=(I-KC)E[(x-\bar{x})(x-\bar{x})^{T}](I-KC)^{T}+KE[vv^{T}]K^{T}\\&\quad KE[v(x-\bar{x})^{T}](I-KC)^{T}-(I-KC)E[(x-\bar{x})v^{T}]K^{T}\\&=(I-KC)\overline{X}(I-KC)^{T}+KVK^{T}\end{aligned} \tag{6-147}$$

因为 $E[v]=E[xv^{T}]=0$。选择 P 和 Q 使协方差矩阵 $\hat{X}$ 的对角元素的和最小。这两个矩阵可以通过下面方式来选择:

$$P=\overline{X}^{-1},Q=V^{-1} \tag{6-148}$$

增益矩阵 K 可为

$$K=(\overline{X}^{-1}+C^{T}V^{-1}C)^{-1}C^{T}V^{-1}=\overline{X}C^{T}(C\overline{X}C^{T}+V)^{-1} \tag{6-149}$$

估计值 $\hat{x}$ 是无偏差的,意味着下一时刻估计的期望值和前一时刻的期望值相等,即

$$E[\hat{x}]=E[x]=\bar{x} \tag{6-150}$$

6.5.3　卡尔曼滤波器

离散线性时不变系统:

$$x[k+1]=\Phi x[k]+\Delta u[k]+\Gamma w[k] \tag{6-151}$$

$$y[k]=Cx[k]+v[k] \tag{6-152}$$

假设该系统是可观的,过程噪声 $w[k]$ 和传感器噪声 $v[k]$ 是一个已知协方差矩阵的离散高斯白噪声过程。

则扰动的平均值可以定义为

$$E[w[k]]=\bar{w} \tag{6-153}$$

扰动的协方差矩阵是正定的,定义为

$$E[(w[k]-\bar{w})(w[k]-\bar{w})^{T}]=W[k]\boldsymbol{\delta}_{kj} \tag{6-154}$$

式中:如果 $\boldsymbol{\delta}_{kj}=1$,则 $k=j$;如果 $\boldsymbol{\delta}_{kj}=0$,则 $k\neq j$。

传感器噪声的平均值定义为

$$E[v[k]]=\bar{v}=0 \tag{6-155}$$

传感器噪声的协方差矩阵是正定的,定义为

$$E[(v[k]-\bar{v})(v[k]-\bar{v})^{T}]=V[k]\boldsymbol{\delta}_{kj} \tag{6-156}$$

设扰动和测量噪声是无关的,即

$$E[(v[k]w[k]^{T}]=0 \tag{6-157}$$

状态初始条件的期望值定义为

$$\boldsymbol{E}[\boldsymbol{x}[0]]=\bar{\boldsymbol{x}}[0] \tag{6-158}$$

状态的初始条件对应的协方差矩阵是正定的,定义为

$$\boldsymbol{E}[(\boldsymbol{x}[0]-\bar{\boldsymbol{x}}[0])(\boldsymbol{x}[0]-\bar{\boldsymbol{x}}[0])^{\mathrm{T}}]=\overline{\boldsymbol{X}}_0 \tag{6-159}$$

假设扰动和传感器噪声和初始条件无关,根据:

$$\boldsymbol{E}[(\boldsymbol{x}[0]-\bar{\boldsymbol{x}}[0])\boldsymbol{w}[k]^{\mathrm{T}}]=0 \tag{6-160}$$

$$\boldsymbol{E}[(\boldsymbol{x}[0]-\bar{\boldsymbol{x}}[0])\boldsymbol{v}[k]^{\mathrm{T}}]=0 \tag{6-161}$$

我们注意到如果真实的扰动不是高斯过程,在由白噪声产生的扰动模型可以重新表示。从而扰动模型可以包括在扩张状态观测器中。

设输出测量数据:

$$\boldsymbol{Y}_k=\{\boldsymbol{y}[i],\boldsymbol{u}[i]\,|\,i\leqslant k\} \tag{6-162}$$

是已知的。用 $\boldsymbol{Y}_k$ 对状态 $\boldsymbol{x}[k+m]$ 进行估计可能有三种情况:

(1) 对于 $m<0$,平滑;

(2) 对于 $m=0$,滤波;

(3) 对于 $m>0$,预测。

首先考虑当 $m=1$ 的情况,这就是一步预测,而后将给出 $m=0$ 的滤波情况。

1. 卡尔曼滤波器-预测

状态矢量 $\boldsymbol{x}$ 的状态估计用矢量 $\hat{\boldsymbol{x}}$ 表示。对于由式(6-151)和式(6-152)给出的系统,设估计状态向量是一个过去输入的函数:

$$\hat{\boldsymbol{x}}[k+1|k]=\boldsymbol{\Phi}\hat{\boldsymbol{x}}[k|k-1]+\Delta\boldsymbol{u}[k]+\boldsymbol{\Gamma}\bar{\boldsymbol{w}}[k]+\boldsymbol{K}[k](\boldsymbol{y}[k]-\hat{\boldsymbol{y}}[k]) \tag{6-163}$$

$$\hat{\boldsymbol{y}}[k]=\boldsymbol{C}\hat{\boldsymbol{x}}[k|k-1] \tag{6-164}$$

引入反馈项 $\boldsymbol{K}[k](\boldsymbol{y}[k]-\hat{\boldsymbol{y}}[k])$,$\boldsymbol{K}[k]$ 是一个 $n\times n$ 增益矩阵,符号 $\hat{\boldsymbol{x}}[k+1|k]$ 用来表示基于 k 时刻测量值和估计值的 $k+1$ 时刻状态估计。

式(6-151)减去式(6-163),得到重构的误差动态:

$$\tilde{\boldsymbol{x}}[k+1|k]=\boldsymbol{x}[k+1]-\hat{\boldsymbol{x}}[k+1|k] \tag{6-165}$$

$$\tilde{\boldsymbol{x}}[k+1|k]=\boldsymbol{\Phi}\tilde{\boldsymbol{x}}[k|k-1]+\boldsymbol{\Gamma}(\boldsymbol{w}[k]-\bar{\boldsymbol{w}}[k])-\boldsymbol{K}[k](\boldsymbol{y}[k]-\hat{\boldsymbol{y}}[k]) \tag{6-166}$$

$$\tilde{\boldsymbol{x}}[k+1|k]=(\boldsymbol{\Phi}-\boldsymbol{K}[k]\boldsymbol{C})\tilde{\boldsymbol{x}}[k|k-1]+\boldsymbol{\Gamma}(\boldsymbol{w}[k]-\bar{\boldsymbol{w}}[k])-\boldsymbol{K}[k]\boldsymbol{v}[k] \tag{6-167}$$

$$\tilde{\boldsymbol{x}}[k+1|k]=(\boldsymbol{I}-\boldsymbol{K}[k])\left(\begin{pmatrix}\boldsymbol{\Phi}\\ \boldsymbol{C}\end{pmatrix}\tilde{\boldsymbol{x}}[k|k-1]+\begin{pmatrix}\boldsymbol{\Gamma}(\boldsymbol{w}[k]-\bar{\boldsymbol{w}}[k])\\ \boldsymbol{v}[k]\end{pmatrix}\right) \tag{6-168}$$

如果忽略 $\boldsymbol{\Gamma}(\boldsymbol{w}[k]-\bar{\boldsymbol{w}}[k])-\boldsymbol{K}[k]\boldsymbol{v}[k]$ 的影响,可知选择 $\boldsymbol{K}[k]$ 可以保证式(6-168)是渐近稳定的。

将噪声的性质代入到 $\boldsymbol{K}[k]$ 的设计中,使误差动态的方差最小,则

$$\overline{\boldsymbol{X}}[k]=\boldsymbol{E}[(\tilde{\boldsymbol{x}}[k]-\boldsymbol{E}(\tilde{\boldsymbol{x}}[k]))(\tilde{\boldsymbol{x}}[k]-\boldsymbol{E}(\tilde{\boldsymbol{x}}[k]))^{\mathrm{T}}] \tag{6-169}$$

误差 $\tilde{\boldsymbol{x}}$ 的期望值为

$$\boldsymbol{E}[\tilde{\boldsymbol{x}}[k+1]]=(\boldsymbol{\Phi}-\boldsymbol{K}[k]\boldsymbol{C})\boldsymbol{E}[\tilde{\boldsymbol{x}}[k]] \tag{6-170}$$

令 $\boldsymbol{E}[\boldsymbol{x}[0]]=\bar{\boldsymbol{x}}[0]$,如果 $\hat{\boldsymbol{x}}[0]=\bar{\boldsymbol{x}}[0]$,则 $\boldsymbol{E}[\tilde{\boldsymbol{x}}[0]]=0$。由式(6-168)可得出:

$$\begin{aligned}\overline{\boldsymbol{X}}[k+1]&=\boldsymbol{E}[(\tilde{\boldsymbol{x}}[k+1]-\boldsymbol{E}(\tilde{\boldsymbol{x}}[k+1]))(\tilde{\boldsymbol{x}}[k+1]-\boldsymbol{E}(\tilde{\boldsymbol{x}}[k+1]))^{\mathrm{T}}]\\&=\boldsymbol{E}[\tilde{\boldsymbol{x}}[k+1]\tilde{\boldsymbol{x}}[k+1]^{\mathrm{T}}]\end{aligned}$$

$$=(\boldsymbol{I}-\boldsymbol{K}[k])\left(\begin{pmatrix}\boldsymbol{\Phi}\\ \boldsymbol{C}\end{pmatrix}\bar{\boldsymbol{x}}[k]\begin{pmatrix}\boldsymbol{\Phi}\\ \boldsymbol{C}\end{pmatrix}^{\mathrm{T}}+\begin{pmatrix}\boldsymbol{\Gamma w}[k]\boldsymbol{\Gamma}^{\mathrm{T}} & \boldsymbol{0}_{n\times n}\\ \boldsymbol{0}_{n\times n} & \boldsymbol{V}[k]\end{pmatrix}\right)\begin{pmatrix}\boldsymbol{I}_{n\times n}\\ -\boldsymbol{K}[k]^{\mathrm{T}}\end{pmatrix} \tag{6-171}$$

设 $\bar{\boldsymbol{X}}[0]=\bar{\boldsymbol{X}}_0$，由式(6－171)可知，如果 $\bar{\boldsymbol{X}}[k]$ 是半正定的，则 $\bar{\boldsymbol{X}}[k+1]$ 也是半正定的。

定义二次损耗函数

$$\boldsymbol{J}(\boldsymbol{x}-\hat{\boldsymbol{x}},\boldsymbol{y}-\hat{\boldsymbol{y}})=((\boldsymbol{x}-\hat{\boldsymbol{x}})^{\mathrm{T}}\quad(\boldsymbol{y}-\hat{\boldsymbol{y}})^{\mathrm{T}})\begin{pmatrix}\boldsymbol{Q}_x & \boldsymbol{Q}_{xy}\\ \boldsymbol{Q}_{xy}^{\mathrm{T}} & \boldsymbol{Q}_y\end{pmatrix}\begin{pmatrix}\boldsymbol{x}-\hat{\boldsymbol{x}}\\ \boldsymbol{y}-\hat{\boldsymbol{y}}\end{pmatrix} \tag{6-172}$$

式中：$\boldsymbol{Q}_y>0$ 是一个对称正定矩阵，并且 $\boldsymbol{Q}_x\geqslant 0$ 是一个对称半正定矩阵。

关于 $\boldsymbol{x}$ 的最小值可通过下式获得：

$$\left.\frac{\partial \boldsymbol{J}(\boldsymbol{x}-\hat{\boldsymbol{x}},\boldsymbol{y}-\hat{\boldsymbol{y}})}{\partial \boldsymbol{x}}\right|_{x=\hat{x}}=0 \tag{6-173}$$

设存在 $\boldsymbol{K}$，使其满足：

$$\boldsymbol{Q}_y\boldsymbol{KC}=\boldsymbol{Q}_{xy}^{\mathrm{T}} \tag{6-174}$$

则式(6－172)可重写为

$$\begin{aligned}\boldsymbol{J}(\boldsymbol{x}-\hat{\boldsymbol{x}},\boldsymbol{y}-\hat{\boldsymbol{y}})=&(\boldsymbol{x}-\hat{\boldsymbol{x}})^{\mathrm{T}}(\boldsymbol{Q}_x-(KC)^{\mathrm{T}}\boldsymbol{Q}_yKC)(\boldsymbol{x}-\hat{\boldsymbol{x}})+\\&(\boldsymbol{y}-\hat{\boldsymbol{y}}+\boldsymbol{KC}(\boldsymbol{x}-\hat{\boldsymbol{x}}))^{\mathrm{T}}\boldsymbol{Q}_y(\boldsymbol{y}-\hat{\boldsymbol{y}}+\boldsymbol{KC}(\boldsymbol{x}-\hat{\boldsymbol{x}}))\end{aligned} \tag{6-175}$$

由于 $Qy>0$，K 是唯一的，如使上式最小，则

$$\boldsymbol{y}-\hat{\boldsymbol{y}}=-\boldsymbol{KC}(\boldsymbol{x}-\hat{\boldsymbol{x}}) \tag{6-176}$$

因此，最小值

$$\boldsymbol{J}(\boldsymbol{x}-\hat{\boldsymbol{x}},\boldsymbol{y}-\hat{\boldsymbol{y}})=(\boldsymbol{x}-\hat{\boldsymbol{x}})^{\mathrm{T}}(\boldsymbol{Q}_x-(\boldsymbol{KC})^{\mathrm{T}}\boldsymbol{Q}_y\boldsymbol{KC})(\boldsymbol{x}-\hat{\boldsymbol{x}}) \tag{6-177}$$

应用平方完备的思想，对于任意 $\boldsymbol{\alpha}$，$\boldsymbol{\alpha}^{\mathrm{T}}\bar{\boldsymbol{X}}[k+1]\boldsymbol{\alpha}$ 是最小的。

设存在 $\boldsymbol{K}[k]$ 满足下式：

$$\boldsymbol{K}[k](\boldsymbol{V}[k]+\boldsymbol{C}\bar{\boldsymbol{X}}[k]\boldsymbol{C}^{\mathrm{T}})=\boldsymbol{\Phi}\bar{\boldsymbol{X}}[k]\boldsymbol{C}^{\mathrm{T}} \tag{6-178}$$

如果 $\boldsymbol{V}[k]+\boldsymbol{C}\bar{\boldsymbol{X}}[k]\boldsymbol{C}^{\mathrm{T}}$ 是正定的，则

$$\boldsymbol{K}[k]=\boldsymbol{\Phi}\bar{\boldsymbol{X}}[k]\boldsymbol{C}^{\mathrm{T}}(\boldsymbol{V}[k]+\boldsymbol{C}\bar{\boldsymbol{X}}[k]\boldsymbol{C}^{\mathrm{T}})^{-1} \tag{6-179}$$

代入到式(6－171)，可得

$$\bar{\boldsymbol{X}}[k+1]=\boldsymbol{\Phi}\bar{\boldsymbol{X}}[k]\boldsymbol{\Phi}^{\mathrm{T}}+\boldsymbol{\Gamma W}[k]\boldsymbol{\Gamma}^{\mathrm{T}}-\boldsymbol{\Phi}\bar{\boldsymbol{X}}[k]\boldsymbol{C}^{\mathrm{T}}(\boldsymbol{V}[k]+\boldsymbol{C}\bar{\boldsymbol{X}}[k]\boldsymbol{C}^{\mathrm{T}})^{-1}\boldsymbol{C}\bar{\boldsymbol{X}}[k]\boldsymbol{\Phi}^{\mathrm{T}} \tag{6-180}$$

【定理 6.1】　卡尔曼滤波器预测部分通过式(6－163)和式(6－164)设计。如果 $(\boldsymbol{V}[k]+\boldsymbol{C}\bar{\boldsymbol{X}}[k]\boldsymbol{C}^{\mathrm{T}})$ 是正定的，误差动态的最小方差则是最小的。如果扰动和测量误差是高斯的，卡尔曼滤波器增益矩阵选择为式(6－179)，误差动态 $\bar{\boldsymbol{X}}[k+1]$ 的协方差矩阵如式(6－180)所示。

2. 卡尔曼滤波器－滤波

对于由式(6－163)和式(6－164)表示的线性时不变系统，如果矩阵 $(\boldsymbol{V}[k]+\boldsymbol{C}\bar{\boldsymbol{X}}[k|k-1]\boldsymbol{C}^{\mathrm{T}})$ 是正定的，则最优滤波器可得。

系统修正或滤波估计器由下式给出：

$$\hat{\boldsymbol{x}}[k|k]=\bar{\boldsymbol{x}}[k|k-1]+\boldsymbol{K}_f[k](\boldsymbol{y}[k]-\boldsymbol{C}\bar{\boldsymbol{x}}[k|k-1]) \tag{6-181}$$

预测或预测估计器由下式给出：

$$\bar{\boldsymbol{x}}[k+1|k]=\boldsymbol{\Phi}\hat{\boldsymbol{x}}[k|k]+\Delta\boldsymbol{u}[k]+\boldsymbol{\Gamma}\bar{\boldsymbol{w}}[k|k]$$

$$= \boldsymbol{\Phi}\hat{\boldsymbol{x}}[k|k-1] + \Delta\boldsymbol{u}[k] + \boldsymbol{\Gamma}\bar{\boldsymbol{w}}[k|k] + \boldsymbol{K}[k](\boldsymbol{y}[k] - \boldsymbol{C}\hat{\boldsymbol{x}}[k|k-1]) \tag{6-182}$$

式中：

$$\boldsymbol{K}_f[k] = \bar{\boldsymbol{X}}[k|k-1]\boldsymbol{C}^{\mathrm{T}}(\boldsymbol{V}[k] - \boldsymbol{C}\bar{\boldsymbol{X}}[k|k-1]\boldsymbol{C}^{\mathrm{T}})^{-1} \tag{6-183}$$

$$\boldsymbol{K}[k] = \boldsymbol{\Phi}\boldsymbol{K}_f[k] \tag{6-184}$$

估计误差动态的协方差矩阵由黎卡提方程给出：

$$\bar{\boldsymbol{X}}[k+1|k] = \boldsymbol{\Phi}\bar{\boldsymbol{X}}[k|k-1]\boldsymbol{\Phi}^{\mathrm{T}} + \boldsymbol{\Gamma}\boldsymbol{W}[k]\boldsymbol{\Gamma}^{\mathrm{T}} - \boldsymbol{K}[k](\boldsymbol{V}[k] + \boldsymbol{C}\bar{\boldsymbol{X}}[k|k-1]\boldsymbol{C}^{\mathrm{T}})\boldsymbol{K}[k]^{\mathrm{T}} \tag{6-185}$$

$$\bar{\boldsymbol{X}}[k|k] = \bar{\boldsymbol{X}}[k|k-1] - \bar{\boldsymbol{X}}[k|k-1]\boldsymbol{C}^{\mathrm{T}}(\boldsymbol{V}[k] + \boldsymbol{C}\bar{\boldsymbol{X}}[k|k-1]\boldsymbol{C}^{\mathrm{T}})^{-1}\boldsymbol{C}\bar{\boldsymbol{X}}[k|k-1] \tag{6-186}$$

$$\bar{\boldsymbol{X}}[0|-1] = \bar{\boldsymbol{X}}_0 \tag{6-187}$$

离散卡尔曼滤波器示意图如图6-19所示。

6.5.4 扩展卡尔曼(EKF)滤波器

前面章节研究的估计方法都是针对线性模型，然而，实际系统模型都是非线性的，例如，动力定位船在地球坐标系下的运动学模型和在船体坐标系下的动力学模型都是非线性的。本节引入扩展卡尔曼滤波器研究非线性系统的状态估计。

对于一个非线性时变状态空间模型的离散形式：

$$\begin{aligned} \boldsymbol{x}[k+1] &= f_k(\boldsymbol{x}[k], \boldsymbol{u}[k]) + \boldsymbol{\Gamma}\boldsymbol{w}[k] \\ \boldsymbol{y}[k] &= h_k(\boldsymbol{x}[k]) + \boldsymbol{v}[k] \end{aligned} \tag{6-188}$$

在扩展卡尔曼滤波器，非线性动态$f[k]$的线性化和$h[k]$的测量通过现有的状态估计器给出：

$$\boldsymbol{\Phi}[k] = \left.\frac{\partial f_k(\boldsymbol{x}[k], \boldsymbol{u}[k])}{\partial \boldsymbol{x}[k]}\right|_{\boldsymbol{x}[k]=\hat{\boldsymbol{x}}[k]} \tag{6-189}$$

$$\boldsymbol{C}[k] = \left.\frac{\partial h_k(\boldsymbol{x}[k])}{\partial \boldsymbol{x}[k]}\right|_{\boldsymbol{x}[k]=\hat{\boldsymbol{x}}[k]} \tag{6-190}$$

离散卡尔曼滤波器中(图6-19)，$\boldsymbol{\Phi}[k]$和$\boldsymbol{C}[k]$将代替线性时不变离散模型中定常的$\boldsymbol{\Phi}$和$\boldsymbol{C}$，因此卡尔曼滤波器增益矩阵$\boldsymbol{K}$必须实时更新。实际中，我们常常采用对预先定义的点进行局部线性化，从而应用对每个模型预先计算各自的卡尔曼滤波器；然后通过应用合适的增益安排技术，设计基于多模型的修正的滤波器。

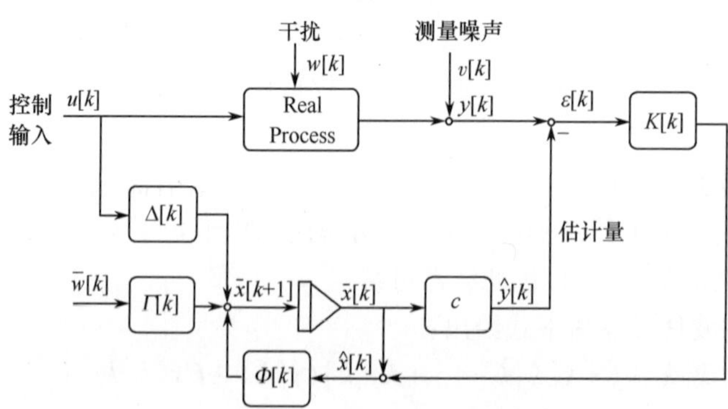

图6-19 离散卡尔曼滤波器

6.6　鲁棒强跟踪扩展卡尔曼滤波器

DP控制系统是一种输出反馈控制系统，控制策略很大程度上依赖于系统状态，DP船所装配传感器能够测量系统输出(船舶位置和艏向)，但无法测量控制器所需的系统全部状态(船舶极低速速度状态量、外界环境作用力等)，所以状态观测器是DP控制系统的基础。海洋环境对DP船舶的影响可以分为两部分：一部分是风、流和二阶波浪漂移力使船舶产生的低频运动；另一部分是一阶波浪产生的船舶的高频运动。高频运动可看成船舶在位置和艏向低频值附近周期性的振荡，为了避免推进器不必要的磨损，DP系统需针对船舶低频运动进行控制。测量系统只能给出高低频叠加的状态量，但是无法直接得到船的低频运动状态，这就要利用观测器将测量值中进行滤波和估计，得到低频状态量。另外，如果DP系统能够对海洋环境中的低频干扰进行前馈补偿，将可以很大程度提高控制的精度和推进器输出的稳定性，但低频干扰无法直接测量，只能通过设计干扰观测器对其进行估计。

本节研究了鲁棒强跟踪EKF滤波器，在常规EKF中引入指数渐消因子构成强跟踪EKF，增强滤波器对新息的敏感程度，加快收敛速度，以克服参数不确定性对滤波器的影响。针对位置参考系统中的一类测量野值，引入一个基于信息不同情况进行分段的稳健矩阵函数，以避免指数渐消因子对野值产生的粗差进行不合理放大。

6.6.1　问题描述

DP船三自由度运动学和动力学方程如下所示：

$$\dot{\boldsymbol{\eta}} = \boldsymbol{R}(\psi)\boldsymbol{v} \tag{6-191}$$

$$\dot{\boldsymbol{v}} = \boldsymbol{M}^{-1}[\boldsymbol{\tau} + \boldsymbol{R}^{\mathrm{T}}(\psi)\boldsymbol{b} - \boldsymbol{D}\boldsymbol{v}] \tag{6-192}$$

在此针对低速域的DP模型进行研究，忽略非线性水阻尼项 $\boldsymbol{D}_c(\boldsymbol{v})$、$\boldsymbol{D}_n(\boldsymbol{v})\boldsymbol{v}$ 和科里奥利项，$\tau \in R^3$ 为反馈控制量。

$\boldsymbol{b} \in \mathbf{R}^3$ 为低频环境干扰，真实海洋环境的变化速度相对于船舶运动来说是很缓慢的，所以将海风、海流和二阶波漂力的作用看作慢变环境干扰，描述如下：

$$\dot{\boldsymbol{b}} = -\boldsymbol{T}^{-1}\boldsymbol{b} \tag{6-193}$$

式(6-193)采用一阶滤波器的形式，$\boldsymbol{T} = \mathrm{diag}[\boldsymbol{T}_1 \quad \boldsymbol{T}_2 \quad \boldsymbol{T}_3] \in \mathbf{R}^{3\times3}$ 为时间常数对角阵，其中 $T_i > 0(i=1,2,3)$ 表征环境干扰变化速度，虽然海洋环境是时刻变化的，但变化速度相对于船舶运动可认为十分缓慢，所以引入大时间常数矩阵 $\boldsymbol{T}$ 是合理的。

下面给出DP流估计的描述和概念。

在状态估计模型中缓慢变化的海洋环境力和力矩 $\boldsymbol{b}$ 用一阶马尔科夫过程模型描述，它主要包括三部分作用：二阶波漂力、流力和风力。因为 $\boldsymbol{b}$ 是由几个分量共同组成，所以本身没有明确的物理意义。另外，在一般的动力定位船上都安装有海风测量装置，这样就可以通过前馈把风力从 $\boldsymbol{b}$ 中分离出来，这时的 $\boldsymbol{b}$ 包括二阶波漂力、流力和未建模的非线性动态，在动力定位领域称之为DP流。$\boldsymbol{b}$ 的估计又称为DP流估计。

DP流估计是状态估计中的一部分，是最优艏向控制的前提和基础，在最优艏向估计中，为了保证动力定位船恰好能够抵消低频合外力的作用，需要估计出低频合外力的方向和大小，这时就需要进行DP流估计。

高频海浪对船体的作用可通过海浪线性响应模型近似，设船体对海浪的时域响应 $y(s)$

如下：

$$y(s)=h(s)\omega(s) \tag{6-194}$$

式中：$h(s)$为待定传递函数；$\omega(s)$为零均值高斯白噪声，且其能量谱密度函数 $P_{\omega}(\omega)=1.0$。

$$P_{\omega}(\omega)=1.0 \tag{6-195}$$

$y(s)$的能量谱密度函数为

$$P_{y}(\omega)=|h(\mathrm{j}\omega)|^{2}P_{\omega}(\omega)=|h(\mathrm{j}\omega)|^{2} \tag{6-196}$$

设海浪的能量谱密度函数为 $S(\omega)$，利用线性逼近方法设计 $P_{y}(\omega)$趋向 $S(\omega)$以确定 $h(s)$的具体形式，设 $h(s)$可用以下形式的传递函数表示：

$$h(s)=\frac{K_{\omega}s}{s^{2}+2\lambda\omega_{0}s+\omega_{0}^{2}} \tag{6-197}$$

式中：λ 为阻尼系数；K_{ω}为常增益：

$$K_{\omega}=2\lambda\omega_{0}\sigma \tag{6-198}$$

σ 为波强度常数；ω_{0}为海浪谱密度函数峰值频率，将 $s=\mathrm{j}\omega$ 代入式(6－197)得到频率响应：

$$h(\mathrm{j}\omega)=\frac{\mathrm{j}2(\lambda\omega_{0}\sigma)\omega}{(\omega_{0}^{2}-\omega^{2})+\mathrm{j}2\lambda\omega_{0}\omega} \tag{6-199}$$

由上式得到

$$|h(\mathrm{j}\omega)|=\frac{2(\lambda\omega_{0}\sigma)\omega}{\sqrt{(\omega_{0}^{2}-\omega^{2})^{2}+4(\lambda\omega_{0}\omega)^{2}}} \tag{6-200}$$

由式(6－197)知：

$$P_{y}(\omega)=|h(\mathrm{j}\omega)|^{2}=\frac{4(\lambda\omega_{0}\sigma)^{2}\omega^{2}}{(\omega_{0}^{2}-\omega^{2})^{2}+4(\lambda\omega_{0}\omega)^{2}} \tag{6-201}$$

当 $\omega=\omega_{0}$时，海浪谱 $S(\omega)$取最大值，为减小模型误差，使 $P_{y}(\omega)$与 $S(\omega)$在最大值处精确相等：

$$P_{y}(\omega_{0})=S(\omega_{0}) \tag{6-202}$$

可得

$$\sigma^{2}=\max_{0<\omega<\infty}S(\omega) \tag{6-203}$$

对于 $S(\omega)=A\omega^{-5}\exp(-B\omega^{-4})$给出的 PM 谱有

$$\sigma=\sqrt{\frac{A}{\omega_{0}^{5}}\exp\left(-\frac{B}{\omega_{0}^{4}}\right)} \tag{6-204}$$

将传递函数式(6－197)改写为状态空间形式：

$$\begin{bmatrix}\dot{\boldsymbol{\xi}}\\ \dot{\boldsymbol{y}}_{\omega}\end{bmatrix}=\begin{bmatrix}0 & 1\\ -\boldsymbol{\omega}_{0}^{2} & -2\lambda\omega_{0}\end{bmatrix}\begin{bmatrix}\boldsymbol{\xi}\\ \boldsymbol{y}_{\omega}\end{bmatrix}+\begin{bmatrix}0\\ \boldsymbol{K}_{\omega}\end{bmatrix}\boldsymbol{\omega} \tag{6-205}$$

$$\boldsymbol{y}_{w}=[0\quad 1]\begin{bmatrix}\boldsymbol{\xi}\\ \boldsymbol{y}_{w}\end{bmatrix} \tag{6-206}$$

写成紧凑矢量形式如下：

$$\dot{\boldsymbol{\xi}}=\boldsymbol{A}_{\omega}\boldsymbol{\xi}+\boldsymbol{E}_{\omega}\boldsymbol{\omega}_{\omega} \tag{6-207}$$

$$\boldsymbol{y}_{\omega}=\boldsymbol{C}_{\omega}\boldsymbol{\xi} \tag{6-208}$$

上式即为一阶海浪产生的高频运动学和动力学模型，其中高频项 $\boldsymbol{\xi} = [x_h \quad u_h \quad y_h \quad v_h \quad \psi_h \quad r_h]^{\mathrm{T}} \xi \in \mathbf{R}^6$，分别表示船体在大地坐标系下高频位置、艏向和船体坐标系下高频速度、角速度，$\boldsymbol{\omega}_\omega = [\omega_1 \quad \omega_2 \quad \omega_3]^{\mathrm{T}} \in \mathbf{R}^3$，为零均值高斯白噪声矢量，系统输出 $\boldsymbol{y}_\omega = [n_\omega \quad e_\omega \quad \psi_\omega]^{\mathrm{T}} \in \mathbf{R}^3$，为船体对海浪的位置和艏向响应，$\boldsymbol{A}_\omega \in \mathbf{R}^{6\times 6}$、$\boldsymbol{E}_\omega \in \mathbf{R}^{6\times 3}$、$C_\omega \in \mathbf{R}^{3\times 6}$。式中系数矩阵：

$$\boldsymbol{A}_\omega = \begin{bmatrix} 0 & 1 & 0 & 0 & 0 & 0 \\ -\omega_{0x}^2 & -2\lambda\omega_{0x} & 0 & 0 & 0 & 0 \\ 0 & 0 & 0 & 1 & 0 & 0 \\ 0 & 0 & -\omega_{0y}^2 & -2\lambda\omega_{0y} & 0 & 0 \\ 0 & 0 & 0 & 0 & 0 & 1 \\ 0 & 0 & 0 & 0 & -\omega_{0\psi}^2 & -2\lambda\omega_{0\psi} \end{bmatrix}$$

系数矩阵：

$$\boldsymbol{E}_\omega = \begin{bmatrix} 0 & 0 & 0 \\ K_{\omega x} & 0 & 0 \\ 0 & 0 & 0 \\ 0 & K_{\omega y} & 0 \\ 0 & 0 & 0 \\ 0 & 0 & K_{\omega\psi} \end{bmatrix}$$

输出矩阵：

$$\boldsymbol{C}_\omega = \begin{bmatrix} 1 & 0 & 0 & 0 & 0 & 0 \\ 0 & 0 & 1 & 0 & 0 & 0 \\ 0 & 0 & 0 & 0 & 1 & 0 \end{bmatrix}$$

海浪对船体的影响实际上取决于船舶与海浪的遭遇频率，也就是说，式(6－90)中的 ω_0 实际应为遭遇频率 ω_e，即

$$h(s) = \frac{K_w s}{s^2 + 2\lambda\omega_e s + \omega_e^2} \tag{6-209}$$

根据对海浪和船体遭遇频率的分析，给出下述假设：

【假设 6.1】 DP 船通常处于低速作业状态，船体与海浪间的相对速度很小，可以忽略，即认为船舶与海浪间的遭遇谱峰频率 ω_{e0} 近似为海浪谱峰频率 ω_0。

考虑 DP 船的特点，测量模型为

$$\boldsymbol{y}_\eta = \boldsymbol{\eta} + \boldsymbol{C}_\omega\boldsymbol{\xi} + \boldsymbol{v} \tag{6-210}$$

式中：$\boldsymbol{y}_\eta \in \mathbf{R}^3$ 为位置和艏向测量值；$\boldsymbol{v}$ 为测量噪声（零均值高斯白噪声）。

综上所述，DP 船数学模型如下：

$$\begin{cases} \dot{\boldsymbol{\xi}} = \boldsymbol{A}_\omega\boldsymbol{\xi} + \boldsymbol{E}_\omega\boldsymbol{\omega}_\omega \\ \dot{\boldsymbol{\eta}} = \boldsymbol{R}(\psi)\boldsymbol{v} \\ \dot{\boldsymbol{v}} = \boldsymbol{M}^{-1}[\boldsymbol{\tau}' + \boldsymbol{R}^{\mathrm{T}}(\psi)\boldsymbol{b} - \boldsymbol{D}\boldsymbol{v}] \\ \dot{\boldsymbol{b}} = -\boldsymbol{T}^{-1}\boldsymbol{b} \\ \boldsymbol{y}_\eta = \boldsymbol{\eta} + \boldsymbol{C}_\omega\boldsymbol{\xi} \end{cases} \tag{6-211}$$

将其改写为标称矢量形式：

$$\begin{cases}\dot{\boldsymbol{x}}=f(\boldsymbol{x})+\boldsymbol{B\tau}'+\boldsymbol{E\omega}\\ \boldsymbol{y}=\boldsymbol{Hx}+\boldsymbol{v}\end{cases} \tag{6-212}$$

其中

$$\boldsymbol{x}=\begin{bmatrix}\boldsymbol{\xi}\\ \boldsymbol{\eta}\\ \boldsymbol{b}\\ \boldsymbol{v}\end{bmatrix},f(\boldsymbol{x})=\begin{bmatrix}\boldsymbol{A}_{\omega}\boldsymbol{\xi}\\ \boldsymbol{R}(\psi)\boldsymbol{v}\\ -\boldsymbol{T}^{-1}\boldsymbol{b}\\ \boldsymbol{M}^{-1}[\boldsymbol{R}^{\mathrm{T}}(\psi)\boldsymbol{b}-\boldsymbol{Dv}]\end{bmatrix},\boldsymbol{E}=\begin{bmatrix}\boldsymbol{E}_{\omega}\\ \boldsymbol{O}_{3\times3}\\ \boldsymbol{I}_{3\times3}\\ \boldsymbol{M}^{-1}\end{bmatrix},\boldsymbol{B}=\begin{bmatrix}\boldsymbol{O}_{6\times3}\\ \boldsymbol{O}_{3\times3}\\ \boldsymbol{O}_{3\times3}\\ \boldsymbol{M}^{-1}\end{bmatrix}$$

$$\boldsymbol{H}=[\boldsymbol{C}_{\omega}\quad \boldsymbol{I}_{3\times3}\quad \boldsymbol{O}_{3\times3}\quad \boldsymbol{O}_{3\times3}]\in\mathbf{R}^{3\times15},\boldsymbol{\omega}=\boldsymbol{\omega}_{\omega}$$

6.6.2 基于强跟踪 EKF 滤波器设计

将式(6-212)离散化得到:

$$\begin{cases}\boldsymbol{x}(k+1)=f(\boldsymbol{x}(k))+\boldsymbol{B\tau}'(k)+\boldsymbol{E\omega}(k)\\ \boldsymbol{y}(k)=\boldsymbol{H}(k)\boldsymbol{x}(k)+\boldsymbol{v}(k)\end{cases} \tag{6-213}$$

假设传感器噪声项的均值为0,方差为 $\boldsymbol{Q},\boldsymbol{R}>0\in\mathbf{R}^{3\times3}$

$$\begin{cases}\boldsymbol{E}[\boldsymbol{\omega}(k)]=0,\boldsymbol{E}[\boldsymbol{v}(k)]=0\\ \boldsymbol{E}[\boldsymbol{\omega}(k)\boldsymbol{\omega}^{\mathrm{T}}(j)]=\boldsymbol{Q}\boldsymbol{\delta}_{kj},\boldsymbol{E}[\boldsymbol{v}(k)\boldsymbol{v}^{\mathrm{T}}(j)]=\boldsymbol{R}\boldsymbol{\delta}_{kj}\end{cases} \tag{6-214}$$

Kronecker 函数 δ_{kj} 为

$$\delta_{kj}=\begin{cases}1, & i=j\\ 0, & i\neq j\end{cases} \tag{6-215}$$

针对式(6-213)进行 EKF 设计,状态 $\boldsymbol{x}$ 的预测值 $\bar{\boldsymbol{x}}(k)\in\mathbf{R}^{15}$ 和其误差协方差矩阵 $\overline{\boldsymbol{P}}(k)\in\mathbf{R}^{15\times15}$ 初值设为

$$\bar{\boldsymbol{x}}(0)=\boldsymbol{x}_0 \tag{6-216}$$

$$\overline{\boldsymbol{P}}(0)=\boldsymbol{E}[(\boldsymbol{x}(0)-\hat{\boldsymbol{x}}(0))(\boldsymbol{x}(0)-\hat{\boldsymbol{x}}(0))^{\mathrm{T}}] \tag{6-217}$$

式中:$\boldsymbol{x}_0$ 为系统状态 $\boldsymbol{x}$ 的初值。

在 EKF 中,对系统的状态估计 $\hat{\boldsymbol{x}}(k)$、增益矩阵 $\boldsymbol{K}(k)\in\mathbf{R}^{15\times3}$ 以及估计误差协方差阵 $\hat{\boldsymbol{P}}(k)\in\mathbf{R}^{15\times15}$ 为

$$\boldsymbol{K}(k)=\overline{\boldsymbol{P}}(k)\boldsymbol{H}^{\mathrm{T}}(k)[\boldsymbol{H}(k)\overline{\boldsymbol{P}}(k)\boldsymbol{H}^{\mathrm{T}}(k)+\boldsymbol{R}]^{-1} \tag{6-218}$$

$$\hat{\boldsymbol{x}}(k)=\bar{\boldsymbol{x}}(k)+\boldsymbol{K}(k)[\boldsymbol{y}(k)-\boldsymbol{H}(k)\bar{\boldsymbol{x}}(k)] \tag{6-219}$$

$$\hat{\boldsymbol{P}}(k)=[\boldsymbol{I}-\boldsymbol{K}(k)\boldsymbol{H}(k)]\overline{\boldsymbol{P}}(k)[\boldsymbol{I}-\boldsymbol{K}(k)\boldsymbol{H}(k)]^{\mathrm{T}}+\boldsymbol{K}(k)\boldsymbol{R}\boldsymbol{H}^{\mathrm{T}}(k) \tag{6-220}$$

根据式(6-218),要求 $\boldsymbol{H}(k)\boldsymbol{P}(k)\boldsymbol{H}^{\mathrm{T}}(k)+\boldsymbol{R}$ 项可逆,该项中 $\boldsymbol{R}$ 为正定阵,但二次型 $\boldsymbol{H}(k)\boldsymbol{P}(k)\boldsymbol{H}^{\mathrm{T}}(k)$ 只为半正定阵,如果要保证 $\boldsymbol{H}(k)\boldsymbol{P}(k)\boldsymbol{H}^{\mathrm{T}}(k)+\boldsymbol{R}$ 矩阵非奇异,就要使其特征值均不为0。根据盖茨圆理论,矩阵的特征值主要受控于其主对角线上的元素,主对角占优理论,因此不能完全根据噪声项的方差 $\boldsymbol{R}$ 作为参数,而是选取具有较大主对角线元素值的正定参数对角矩阵 $\boldsymbol{R}'$,使表示特征值可能分布范围的盖茨圆不包括原点,以保证 $\boldsymbol{H}(k)\boldsymbol{P}(k)\boldsymbol{H}^{\mathrm{T}}(k)+\boldsymbol{R}'(k)$ 非奇异。

给出当前步的增益和滤波公式后,下一步预测值 $\bar{\boldsymbol{x}}(k+1)$ 和预测误差协方差矩阵 $\overline{\boldsymbol{P}}(k+1)$ 设计如下:

$$\bar{\boldsymbol{x}}(k+1)=\boldsymbol{F}(\hat{\boldsymbol{x}}(k),\boldsymbol{\tau}'(k)) \tag{6-221}$$

$$\overline{\boldsymbol{P}}(k+1)=\boldsymbol{\Phi}(k)\hat{\boldsymbol{P}}(k)\boldsymbol{\Phi}^{\mathrm{T}}(k)+\boldsymbol{\Gamma}(k)\boldsymbol{Q}\boldsymbol{\Gamma}^{\mathrm{T}}(k) \tag{6-222}$$

其中

$$F(\hat{x}(k),\tau'(k))=\hat{x}(k)+h[f(\hat{x}(k))+B\tau'(k)] \tag{6-223}$$

$$\Phi(k)=I+h\frac{\partial F(x(k),\tau'(k))}{\partial x(k)}\bigg|_{x(k)=\hat{x}(k)}\in\mathbf{R}^{15\times15} \tag{6-224}$$

$$\Gamma(k)=hE\in\mathbf{R}^{15\times3} \tag{6-225}$$

至此完成了 DP 船的 EKF 设计。

针对模型参数不确定性，在式(6-222)中引入指数渐消因子，预测协方差阵变为

$$\bar{P}(k+1)=\lambda(k+1)\Phi(k)\hat{P}(k)\Phi^{\mathrm{T}}(k)+\Gamma(k)Q(k)\Gamma^{\mathrm{T}}(k) \tag{6-226}$$

渐消因子形式为

$$\lambda(k)=\begin{cases}e^{a(k)-1} & a(k)\geqslant\alpha\\ 1 & a(k)<\alpha\end{cases} \tag{6-227}$$

其中常量 $\alpha\leqslant1$，$a(k)$形式如下：

$$a(k)=\frac{e^{\mathrm{T}}(k)e(k)}{\mathrm{trace}(C_0(k))} \tag{6-228}$$

$\mathrm{trace}(C_0(k))$为 $C_0(k)$的迹，$e(k)$为系统输出预测误差（即新息），即

$$e(k)=y(k)-H(k)\bar{x}(k) \tag{6-229}$$

如果系统模型能够完全精确地表达对象，并且系统噪声和测量噪声为不相关白噪声序列，此时新息协方差阵 $C_0(k)$为

$$C_0(k)=H(k)\bar{P}(k)H^{\mathrm{T}}(k)+R \tag{6-230}$$

当预测误差 $e(k)$较大时，$a(k)\geqslant1\Rightarrow\lambda(k)>1$，相比较于常规 EKF，此时预测协方差阵 $\bar{P}(k)$增大，根据式(6-218)知增益阵 $K(k)$增大，使得当前测量值的权值加重，即减小了过去信息的权值，这可以使 EKF 更快地收敛。同时，系统对噪声协方差矩阵 $Q(k)$的依赖性降低，削弱了 $Q(k)$不准确对系统的影响。当 $\lambda(k+1)=1$ 时，强跟踪滤波器（ST-EKF）转变为常规扩展卡尔曼滤波器（EKF）。

6.6.3　鲁棒强跟踪 EKF 滤波器设计

根据卡尔曼滤波的设计思想，以上给出的 ST-EKF 可以达到最优化目标函数 J 的目的。设

$$J=E[(x(k)-\bar{x}(k))(x(k)-\bar{x}(k))^{\mathrm{T}}] \tag{6-231}$$

根据上式知 J 为状态估计误差的均方和，但是这种目标函数的结构对传感器野值等问题不具有鲁棒性，根据文献，M 估计理论，将传统目标函数用一个增长较缓慢的目标函数取代，以减少野值的影响。

设 $e_j(k)$为 $e(k)$第 j 行的元素，$y_j(k)$为 $y(k)$的第 j 行的元素，$H_j(k)$为 $H(k)$的第 j 行：

$$J=\sum_{j=1}^{3}\frac{\rho(y_j(k)-H_j(k)\bar{x}(k))}{3}=\sum_{j=1}^{3}\frac{\rho(e_j(k))}{3} \tag{6-232}$$

$\rho(\cdot)$为非负对称的标量凸函数，当 $\rho(\cdot)$取二次函数时，式(6-228)表示传统 EKF。令上式中目标函数对 $\bar{x}(k)$的一阶偏导等于0：

$$\sum_{j=1}^{3}\psi(y_j(k)-H_j(k)\bar{x}(k))H_j^{\mathrm{T}}(k)=\sum_{j=1}^{3}\psi(e_j(k))H_j^{\mathrm{T}}(k)=\mathbf{0}_{15\times1} \tag{6-233}$$

其中，$\psi(\cdot)$为 $\rho(\cdot)$的导数，可以看到 $\psi(\cdot)$表征了测量误差对解的影响。

将上式写成如下形式：

$$\sum_{j=1}^{3} \frac{\psi(\boldsymbol{e}_j(k))}{\boldsymbol{e}_j(k)} \boldsymbol{e}_j(k) \boldsymbol{H}_j^{\mathrm{T}}(k) = \boldsymbol{0}_{15\times1} \tag{6-234}$$

定义稳健权值：

$$d(\boldsymbol{e}_j(k)) = \frac{\psi(\boldsymbol{e}_j(k))}{\boldsymbol{e}_j(k)}, \quad j=1\sim3 \tag{6-235}$$

定义一个对角误差阵 $\boldsymbol{T}(k) \in \mathbf{R}^{3\times3}$：

$$\boldsymbol{T}(k) = \mathrm{diag}\{\boldsymbol{e}_1(k), \boldsymbol{e}_2(k), \boldsymbol{e}_3(k)\} \tag{6-236}$$

表示成矩阵形式：

$$\boldsymbol{H}^{\mathrm{T}}(k)\boldsymbol{D}(\boldsymbol{e}(k))\boldsymbol{T}(k) = \boldsymbol{0}_{15\times3} \tag{6-237}$$

其中稳健权值矩阵 $\boldsymbol{D}(\boldsymbol{e}(k)) = \mathrm{diag}\{d(\boldsymbol{e}_1(k)), d(\boldsymbol{e}_2(k)), d(\boldsymbol{e}_3(k))\} \in \mathbf{R}^{3\times3}$

根据以上阐述，可将状态更新方程(6-219)中的输出估计误差替换为带有稳健值矩阵的输出估计误差：

$$\hat{\boldsymbol{x}}(k) = \bar{\boldsymbol{x}}(k) + \boldsymbol{K}(k)D(\boldsymbol{e}(k))\boldsymbol{e}(k) \tag{6-238}$$

当状态预测 $\bar{\boldsymbol{x}}(k)$ 与真实状态 $\boldsymbol{x}(k)$ 一致时，可认为输出估计误差等于系统量测噪声：

$$\boldsymbol{E}[\boldsymbol{e}(k)\mathrm{e}^{\mathrm{T}}(k)] \mid_{\bar{\boldsymbol{x}}(k)\to\boldsymbol{x}(k)} \to \boldsymbol{R} \tag{6-239}$$

根据上式，可给出 $\boldsymbol{D}(\boldsymbol{e}(k))\boldsymbol{e}(k)$ 的协方差阵为

$$\boldsymbol{E}[\boldsymbol{D}(\boldsymbol{e}(k))\boldsymbol{e}(k)(\boldsymbol{D}(\boldsymbol{e}(k))\boldsymbol{e}(k))^{\mathrm{T}}] = \boldsymbol{D}(\boldsymbol{e}(k))\boldsymbol{R}\boldsymbol{D}^{\mathrm{T}}(\boldsymbol{e}(k)) \tag{6-240}$$

将式(6-218)的增益 $\boldsymbol{K}(k)$ 改写为

$$\boldsymbol{K}(k) = \overline{\boldsymbol{P}}(k)\boldsymbol{H}^{\mathrm{T}}(k)[\boldsymbol{H}(k)\overline{\boldsymbol{P}}(k)\boldsymbol{H}^{\mathrm{T}}(k) + \boldsymbol{D}(\boldsymbol{e}(k))\boldsymbol{R}\boldsymbol{D}^{\mathrm{T}}(\boldsymbol{e}(k))]^{-1} \tag{6-241}$$

根据式状态估计方程(6-228)和式(6-213)中系统输出方程，可得到状态估计误差 $\tilde{\boldsymbol{x}}(k)$ 为

$$\tilde{\boldsymbol{x}}(k) = \boldsymbol{x}(k) - \hat{\boldsymbol{x}}(k) = [\boldsymbol{I}_{15} - \boldsymbol{K}(k)\boldsymbol{D}(\boldsymbol{e}(k))\boldsymbol{H}(k)]\tilde{\boldsymbol{x}}(k \mid k-1) - \boldsymbol{K}(k)\boldsymbol{D}(\boldsymbol{e}(k))\boldsymbol{v}(k) \tag{6-242}$$

其中，$\tilde{\boldsymbol{x}}(k \mid k-1)$ 为状态预测误差：

$$\tilde{\boldsymbol{x}}(k \mid k-1) = \boldsymbol{x}(k) - \bar{\boldsymbol{x}}(k) \tag{6-243}$$

估计误差的协方差阵可写为

$$\begin{aligned}\hat{\boldsymbol{P}}(k+1) &= \boldsymbol{E}[\tilde{\boldsymbol{x}}(k)\tilde{\boldsymbol{x}}^{\mathrm{T}}(k)] \\ &= [\boldsymbol{I}_{15} - \boldsymbol{K}(k)\boldsymbol{D}(\boldsymbol{e}(k))\boldsymbol{H}(k)]\overline{\boldsymbol{P}}(k+1)[\boldsymbol{I}_{15} - \boldsymbol{K}(k)\boldsymbol{D}(\boldsymbol{e}(k))\boldsymbol{H}(k)]^{\mathrm{T}} + \\ &\quad \boldsymbol{K}(k)\boldsymbol{D}(\boldsymbol{e}(k))\boldsymbol{R}\boldsymbol{D}^{\mathrm{T}}(\boldsymbol{e}(k))\boldsymbol{K}^{\mathrm{T}}(k)\end{aligned} \tag{6-244}$$

综上所述，得到强跟踪抗差 EKF(RST-EKF)的预测和滤波过程如下：

$$\boldsymbol{K}(k) = \overline{\boldsymbol{P}}(k)\boldsymbol{H}^{\mathrm{T}}(k)[\boldsymbol{H}(k)\boldsymbol{P}(k)\boldsymbol{H}^{\mathrm{T}}(k) + \boldsymbol{D}(\boldsymbol{e}(k))\boldsymbol{R}(k)\boldsymbol{D}^{\mathrm{T}}(\boldsymbol{e}(k))]^{-1} \tag{6-245}$$

$$\hat{\boldsymbol{x}}(k) = \bar{\boldsymbol{x}}(k) + \boldsymbol{K}(k)\boldsymbol{D}(\boldsymbol{e}(k))\boldsymbol{e}(k) \tag{6-246}$$

$$\hat{\boldsymbol{P}}(k) = [\boldsymbol{I} - \boldsymbol{K}(k)\boldsymbol{D}(\boldsymbol{e}(k))\boldsymbol{H}(k)]\boldsymbol{P}(k)[\boldsymbol{I} - \boldsymbol{K}(k)\boldsymbol{D}(\boldsymbol{e}(k))\boldsymbol{H}(k)]^{\mathrm{T}} + \boldsymbol{K}(k)\boldsymbol{R}(k)\boldsymbol{H}^{\mathrm{T}}(k) \tag{6-247}$$

$$\bar{\boldsymbol{x}}(k+1) = \boldsymbol{F}(\hat{\boldsymbol{x}}(k), \boldsymbol{\tau}'(k)) \tag{6-248}$$

$$\bar{\boldsymbol{P}}(k+1)=\lambda(k+1)\boldsymbol{\Phi}(k)\hat{\boldsymbol{P}}(k)\boldsymbol{\Phi}^{\mathrm{T}}(k)+\boldsymbol{\Gamma}(k)\boldsymbol{Q}(k)\boldsymbol{\Gamma}^{\mathrm{T}}(k) \tag{6-249}$$

其中，$\lambda(k+1)$由式(6-227)给出，稳健矩阵选取如下：

$$\boldsymbol{D}(\boldsymbol{e}(k))=\begin{cases}\boldsymbol{I}_{3\times3}, & \|\boldsymbol{e}(k)\|_2\leqslant b\\ \mathrm{diag}\{b/\|\boldsymbol{e}_i(k)\|_2\},i=1\sim3, & b<\|\boldsymbol{e}(k)\|_2\leqslant c\\ \boldsymbol{0}_{3\times3}, & \|\boldsymbol{e}(k)\|_2>c\end{cases} \tag{6-250}$$

式(6-246)根据$\boldsymbol{e}(k)$范围对$\boldsymbol{D}(\boldsymbol{e}(k))$进行了分段处理，结合指数渐消因子中对$\boldsymbol{e}(k)$的划分，给出其整体分区如图6-20所示。

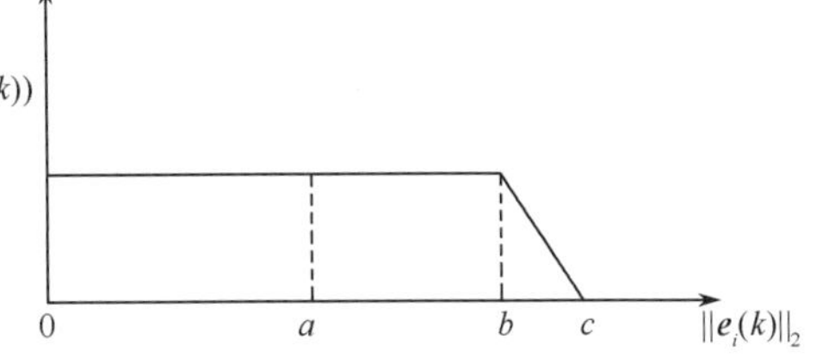

图6-20　输出预测误差$\boldsymbol{e}(k)$的分区

当$\boldsymbol{e}(k)$的范数在一个合理范围内($0\leqslant\|\boldsymbol{e}(k)\|\leqslant b$)时，取消稳健矩阵作用，$\boldsymbol{D}(\boldsymbol{e}(k))$取为单位阵，当$0\leqslant\|\boldsymbol{e}(k)\|\leqslant a$时，认为误差较小，指数渐消因子取为0，滤波器退化为EKF，以保证估计和预测精度。

根据式(6-114)，a的选取如下：

$$a^2=\mathrm{trace}(\boldsymbol{C}_0(k))\boldsymbol{\alpha} \tag{6-251}$$

当$a<\|\boldsymbol{e}(k)\|\leqslant b$时，误差处于合理区域的较大范围中，认为其此时主要来自模型不确定性，所以引入指数渐消因子$\boldsymbol{\lambda}(k)$，增大当前误差权值，加快滤波器收敛速度；当$b<\|\boldsymbol{e}(k)\|\leqslant c$时，认为$\boldsymbol{e}(k)$已经主要由传感器野值等问题造成，超出了合理范围，此时先将$\boldsymbol{\lambda}(k)$设置为1，避免其增大当前测量值的权重。同时，为了避免滤波器结果产生跳变，在此范围中设置一个线性过渡区，即$\boldsymbol{D}(\boldsymbol{e}(k))=\mathrm{diag}\{b/\|\boldsymbol{e}_i(k)\|_2\},i=1\sim3$，使滤波器结果平滑；当$\|\boldsymbol{e}(k)\|>c$时，将$\boldsymbol{D}(\boldsymbol{e}(k))$置为零阵，滤波器完全不接收新息，有效防止野值等问题对滤波器造成的不利影响。至此完成了鲁棒强跟踪滤波器(RST-EKF)的算法设计。

6.6.4　仿真案例

仿真中给出了EKF、强跟踪EKF和鲁棒强跟踪RST-EKF三种滤波器的仿真结果。

仿真基于船定位过程，使用了非线性PID对船舶位置和艏向进行控制，船舶位置和艏向初始值为$\boldsymbol{\eta}_0=[0\mathrm{m}\quad 0\mathrm{m}\quad 0°]^{\mathrm{T}}$，位置和艏向期望为$\boldsymbol{\eta}_0=[5\mathrm{m}\quad 5\mathrm{m}\quad 5°]^{\mathrm{T}}$，仿真时长1800s。仿真中所使用船模只带有线性水阻尼系数，不含$\boldsymbol{D}_c(\boldsymbol{v})\boldsymbol{v}$、$\boldsymbol{D}_n(\boldsymbol{v})\boldsymbol{v}$和$\boldsymbol{C}(\boldsymbol{v})\boldsymbol{v}$项，滤波器模型中，惯性和线性水阻尼矩阵取为$0.95\times\boldsymbol{M}$和$0.95\times\boldsymbol{D}$，以达到模型中带有参数不确定性的现象。在600~603s之间人为设置传感器野值，用以验证三种滤波器的抗野值效果。600s时在位置和艏向测量值中开始引入线性递增的野值，待增大到一个设定上限后，保持野值最大值不变直到603s测量值恢复正常，仿真采样频率为0.1s。图6-21和图6-23分别为低频位置和艏的估计值，低频适度和图频率估计值，图6-22是图6-21局部放大图。

仿真中海洋环境设置如表6-1所列。

表6-1　仿真海况设置

风速 14kn	风向 30°
浪高 1.3m	浪向 30°
流速 1.0kn	流向 40°

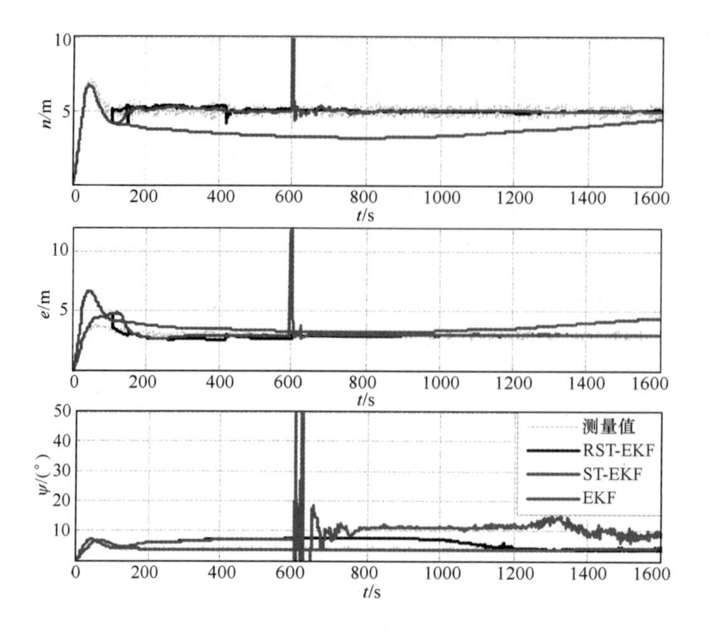

图 6-21　低频位置和艏向估计

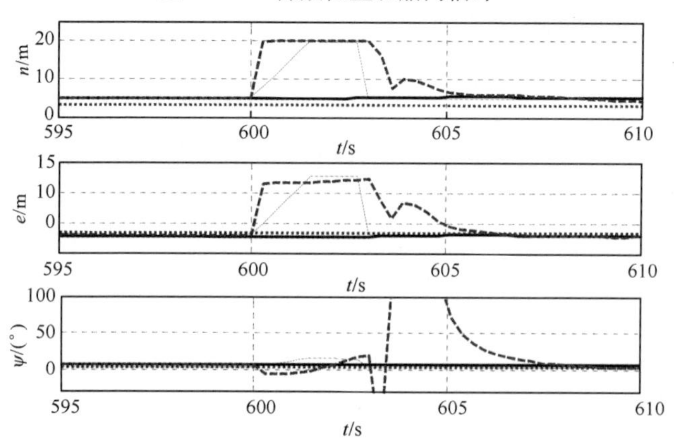

图 6-22　低频位置和艏向估计局部放大

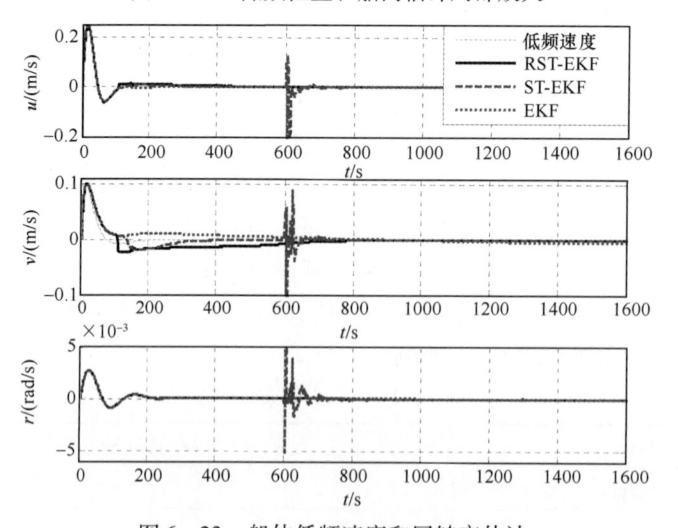

图 6-23　船体低频速度和回转率估计

6.7 自适应滑模无源观测器

EKF 观测器将系统模型通过偏导数进行局部线性化,无法保证系统全局的稳定性,本节针对带有未知非线性水动力矩阵的船舶模型,研究一种能够保证全局收敛的自适应滑模无源非线性观测器。首先基于 DP 系统中船舶位置、艏向、速度和回转率测量值设计滑模观测器,利用速度和回转率估计误差作为滑模面,保证实船测量系统可以获得滑模面中状态量;再将 DP 模型中非线性水动力矩阵看作模型结构不确定项,设计一种切换自适应律估计不确定项上界,将上界估计值作为滑模面增益,避免了增益过大产生的滑模观测器估计量振荡和增益过小造成的系统不稳定。

6.7.1 问题描述

在动力学方程(6-192)的基础上,加入非线性水阻尼和科里奥利矩阵得到:

$$\boldsymbol{M}\dot{\boldsymbol{v}}=\boldsymbol{\tau}'-[\boldsymbol{D}+\boldsymbol{D}(\boldsymbol{v})+\boldsymbol{C}(\boldsymbol{v})]\boldsymbol{v}+\boldsymbol{R}^{\mathrm{T}}(\psi)\boldsymbol{b} \tag{6-252}$$

船舶运动学、海洋环境干扰和船舶高频运动方程如下:

$$\dot{\boldsymbol{\eta}}=\boldsymbol{R}(\psi)\boldsymbol{v} \tag{6-253}$$

$$\dot{\boldsymbol{b}}=-\boldsymbol{T}^{-1}\boldsymbol{b} \tag{6-254}$$

$$\dot{\boldsymbol{\xi}}=\boldsymbol{A}_{\omega}\boldsymbol{\xi}+\boldsymbol{E}_{\omega}\boldsymbol{\omega}_{\omega} \tag{6-255}$$

动力定位船可以测量船舶位置、艏向、速度和回转率,测量模型为

$$\boldsymbol{y}_{\eta}=\boldsymbol{\eta}+\boldsymbol{C}_{\omega}\boldsymbol{\xi}+\boldsymbol{v}_1 \tag{6-256}$$

$$\boldsymbol{y}_{v}=\boldsymbol{v}+\boldsymbol{E}_{\omega}\boldsymbol{\xi}+\boldsymbol{v}_2 \tag{6-257}$$

式中 $\boldsymbol{y}_{\eta}\in\mathbf{R}^3$ 为位置和艏向测量值;$\boldsymbol{y}_{v}\in\mathbf{R}^3$ 为速度和艏向角速度测量值;$\boldsymbol{C}_{\omega},\boldsymbol{E}_{\omega}\in\mathbf{R}^{3\times6}$ 为系数矩阵;$\boldsymbol{v}_1$ 和 $\boldsymbol{v}_2$ 为零均值高斯白噪声。

【假设 6.2】 在观测器设计和稳定性分析中,忽略高斯白噪声项,即 $\boldsymbol{\omega}_{\omega},\boldsymbol{v}_1,\boldsymbol{v}_2=0$。

上述假设不失一般性。一方面高斯白噪声为零均值附近震荡的高频量,只会对观测器估计值造成围绕真实值的震荡,平均值为 0;另一方面,在稳定性分析中考虑噪声项只能得到观测器是一致有界的,而不是一致指数稳定的。

将式(6-252)中非线性水动力项作为模型未知不确定项:

$$X(\boldsymbol{v})=-[\boldsymbol{D}(\boldsymbol{v})+\boldsymbol{C}(\boldsymbol{v})]\boldsymbol{v} \tag{6-258}$$

综上所述,得到 DP 系统模型如下:

$$\begin{cases}\dot{\boldsymbol{\xi}}=\boldsymbol{A}_{\omega}\boldsymbol{\xi}\\ \dot{\boldsymbol{\eta}}=\boldsymbol{R}(\psi)\boldsymbol{v}\\ \boldsymbol{M}\dot{\boldsymbol{v}}=\boldsymbol{\tau}'+X(\boldsymbol{v})-\boldsymbol{D}\boldsymbol{v}+\boldsymbol{R}^{\mathrm{T}}(\psi)\boldsymbol{b}\\ \dot{\boldsymbol{b}}=-\boldsymbol{T}^{-1}\boldsymbol{b}\\ \boldsymbol{y}_{\eta}=\boldsymbol{\eta}+\boldsymbol{C}_{\omega}\boldsymbol{\xi}\\ \boldsymbol{y}_{v}=\boldsymbol{v}+\boldsymbol{E}_{\omega}\boldsymbol{\xi}\end{cases} \tag{6-259}$$

6.7.2 自适应滑模无源观测器设计

设计自适应滑模观测器如下所示:

$$
\begin{cases}
\dot{\hat{\boldsymbol{\xi}}} = \boldsymbol{A}_{\omega}\hat{\boldsymbol{\xi}} + \boldsymbol{K}_1\tilde{\boldsymbol{y}}_{\eta} \\
\dot{\hat{\boldsymbol{\eta}}} = \boldsymbol{R}(\boldsymbol{y}_{\eta}(3))\hat{\boldsymbol{v}} + \boldsymbol{K}_2\tilde{\boldsymbol{y}}_{\eta} \\
\dot{\hat{\boldsymbol{b}}} = -\boldsymbol{T}^{-1}\hat{\boldsymbol{b}} + \boldsymbol{K}_3\tilde{\boldsymbol{y}}_{\eta} \\
\boldsymbol{M}\dot{\hat{\boldsymbol{v}}} = -\boldsymbol{D}\hat{\boldsymbol{v}} + \boldsymbol{R}^{\mathrm{T}}(\boldsymbol{y}_{\eta}(3))(\hat{\boldsymbol{b}} + \boldsymbol{K}_4\tilde{\boldsymbol{y}}_{\eta}) + \boldsymbol{\tau}' + \hat{\boldsymbol{L}}\mathrm{sgn}(s) \\
\hat{\boldsymbol{y}}_{\eta} = \hat{\boldsymbol{\eta}} + \boldsymbol{C}_{\omega}\hat{\boldsymbol{\xi}} \\
\hat{\boldsymbol{y}}_{v} = \hat{\boldsymbol{v}} + \boldsymbol{E}_{\omega}\hat{\boldsymbol{\xi}}
\end{cases}
\tag{6-260}
$$

式中:$\hat{\boldsymbol{\xi}} \in \mathbf{R}^6$为高频估计值;$\hat{\boldsymbol{\eta}},\hat{\boldsymbol{b}} \in \mathbf{R}^3$为低频和环境干扰估计值;$\tilde{\boldsymbol{y}}_{\eta} = \boldsymbol{y}_{\eta} - \hat{\boldsymbol{y}}_{\eta}$为位置艏向估计误差;$\boldsymbol{K}_1 \in \mathbf{R}^{6\times3}$,$\boldsymbol{K}_{2,3,4} \in \mathbf{R}^{3\times3}$为观测器系数矩阵。观测器设计时将$\boldsymbol{X}(\boldsymbol{v})$作为模型结构不确定性,观测器方程中没有考虑该项的存在。

【假设6.3】 假定$\boldsymbol{y}_{\eta}(3) = \psi + \xi_3 \approx \psi$,得到坐标转换矩阵为$\boldsymbol{R}(\psi + \xi_3) \approx \boldsymbol{R}(\psi)$。

即使在极端海况下作业的DP船舶,艏向高频摇荡相对也很小,一般$|\xi_3| \leqslant 5°$,所以假定艏向测量值约等于低频值是合理。

根据假设,运动学和动力学观测器方程可写为

$$
\dot{\hat{\boldsymbol{\eta}}} = \boldsymbol{R}(\psi)\hat{\boldsymbol{v}} + \boldsymbol{K}_2\tilde{\boldsymbol{y}}_{\eta} \tag{6-261}
$$

$$
\boldsymbol{M}\dot{\hat{\boldsymbol{v}}} = -\boldsymbol{D}\hat{\boldsymbol{v}} + \boldsymbol{R}^{\mathrm{T}}(\psi)(\hat{\boldsymbol{b}} + \boldsymbol{K}_4\tilde{\boldsymbol{y}}_{\eta}) + \boldsymbol{\tau}' + \hat{\boldsymbol{L}}\mathrm{sgn}(s) \tag{6-262}
$$

根据式(6-259)和式(6-260),速度估计误差为

$$
\tilde{\boldsymbol{y}}_{v} = \boldsymbol{v} + \boldsymbol{E}_{\omega}\boldsymbol{\xi} - \hat{\boldsymbol{v}} - \boldsymbol{E}_{\omega}\hat{\boldsymbol{\xi}} = \tilde{\boldsymbol{v}} + \boldsymbol{E}_{\omega}\tilde{\xi} \tag{6-263}
$$

式中:$\tilde{\boldsymbol{\xi}} = \boldsymbol{\xi} - \hat{\boldsymbol{\xi}}$为高频位姿和速度估计误差;$\tilde{\boldsymbol{v}}$为低频速度估计误差。

【假设6.4】 设速度估计误差模型中$\boldsymbol{E}_{\omega}\tilde{\boldsymbol{\xi}} \approx 0$,即$\tilde{\boldsymbol{y}}_{v} = \tilde{\boldsymbol{v}} + \boldsymbol{E}_{\omega}\tilde{\boldsymbol{\xi}} \approx \tilde{\boldsymbol{v}}$。

假设速度估计误差模型中的$\boldsymbol{E}_{\omega}\tilde{\boldsymbol{\xi}}$为零均值附近震荡的高频量,只会对观测器估计值造成围绕均值为0的震荡,不会导致误差的累加。

选取速度估计误差作为滑模面$\boldsymbol{s}$:

$$
\boldsymbol{s} = \tilde{\boldsymbol{y}}_{v} \approx \tilde{\boldsymbol{v}} \tag{6-264}
$$

设列矢量$\hat{\boldsymbol{L}} \in \mathbf{R}^3$为观测器滑模面增益的估计值,针对模型不确定性设计的切换自适应律为:在滑模面误差较大时,使增益快速增加,保证系统鲁棒性;滑模面误差较小时,使得增益增长率趋向于0,避免振荡过大,自适应律选取如下:

$$
\dot{\hat{\boldsymbol{L}}} = \boldsymbol{\Upsilon}^{-1}[\,|\boldsymbol{s}_1| \quad |\boldsymbol{s}_2| \quad |\boldsymbol{s}_3|\,]^{\mathrm{T}} \tag{6-265}
$$

其中,对角阵$\boldsymbol{\Upsilon} \in \mathbf{R}^{3\times3}$为自适应律增益矩阵:

$$
\boldsymbol{\Upsilon} = \begin{cases}
\mathrm{diag}(\boldsymbol{\gamma}_i^{-1}) & \boldsymbol{s}^{\mathrm{T}}\boldsymbol{s} \geqslant \sigma \\
\mathrm{diag}\left(l_i \exp\left(-\boldsymbol{\gamma}_i\int_{t_0}^{t}|\boldsymbol{s}_i|\mathrm{d}t\right)\right) & \boldsymbol{s}^{\mathrm{T}}\boldsymbol{s} < \sigma
\end{cases}
\quad i = 1,2,3 \tag{6-266}
$$

可知$\boldsymbol{\Upsilon}$为正定对角阵,其中,$\gamma_i > 0$,$l_i > 0$为定常增益,$\sigma > 0$为切换阈值,t为时间变量,t_0为初始时刻。

对上式求导得到$\dot{\boldsymbol{\Upsilon}}$为负半定矩阵:

$$\dot{\boldsymbol{Y}}=\begin{cases}\mathrm{diag}(0) & \boldsymbol{s}^{\mathrm{T}}\boldsymbol{s}\geqslant\sigma\\ \mathrm{diag}\left(-l_i\boldsymbol{\gamma}_i|\boldsymbol{s}_i|\exp\left(-\boldsymbol{\gamma}_i\int_{t_0}^{t}|\boldsymbol{s}_i|\mathrm{d}t\right)\right) & \boldsymbol{s}^{\mathrm{T}}\boldsymbol{s}<\sigma\end{cases}\tag{6-267}$$

6.7.3　仿真案例

船舶模型中的非线性水动力项 $\boldsymbol{D}(\boldsymbol{v})$ 和 $\boldsymbol{C}(\boldsymbol{v})$ 设计观测器时将其作为未知项：

$$\boldsymbol{C}(\boldsymbol{v})=\begin{bmatrix}0 & 0 & -mv+Y_{\dot{v}}v+Y_{\dot{r}}r\\ 0 & 0 & mu-X_{\dot{u}}u\\ mv-Y_{\dot{v}}v-Y_{\dot{r}}r & -mu+X_{\dot{u}}u & 0\end{bmatrix}$$

$$\boldsymbol{D}(\boldsymbol{v})=\begin{bmatrix}-X_{|u|u}|u| & 0 & 0\\ 0 & -Y_{|v|v}|v|-\boldsymbol{Y}_{|r|v}|r| & -\boldsymbol{Y}_{|v|r}|v|-Y_{|r|r}|r|\\ 0 & -N_{|v|v}|v|-\boldsymbol{N}_{|r|v}|r| & -N_{|v|r}|v|-\boldsymbol{N}_{|r|r}|r|\end{bmatrix}$$

船舶初始位置和艏向为 $\boldsymbol{\eta}_0=[0\mathrm{m}\quad 0\mathrm{m}\quad 0^{\circ}]^{\mathrm{T}}$，定位目标点设为 $\boldsymbol{\eta}_d=[50\mathrm{m}\quad 50\mathrm{m}\quad 0^{\circ}]^{\mathrm{T}}$。观测中滑模面边界层厚度设为 $\mu=0.01$，自适应增益初值为 $\hat{\boldsymbol{L}}=\boldsymbol{0}_{3\times1}$，时间常数矩阵 $\boldsymbol{T}=2000\boldsymbol{I}_{3\times3}$，$\boldsymbol{Y}$ 选取如下：

$$\boldsymbol{Y}=\begin{cases}\mathrm{diag}(2000\quad 2000\ 1\times10^{7}) & \boldsymbol{s}^{\mathrm{T}}\boldsymbol{s}<0.001\\ \mathrm{diag}\left(40\exp\left(-0.01\int_{t_0}^{t}|\boldsymbol{s}_i|\mathrm{d}t\right)\right),i=1\sim3 & \boldsymbol{s}^{\mathrm{T}}\boldsymbol{s}\geqslant0.001\end{cases}$$

仿真时长600s，仿真实验海况设置如表6－2所列。

表6－2　仿真海况设置

风速 14.0kn	风向 30°
浪高 1.3m	浪向 30°
流速 1.0kn	流向 40°

低频位置、艏向估计值和测量值如图6－24所示，低频速度估计值和测量值如图6－25所示，切换自适应律得到的增益估计值 $\hat{L}$ 如图6－26所示，海洋环境估计如图6－27所示。

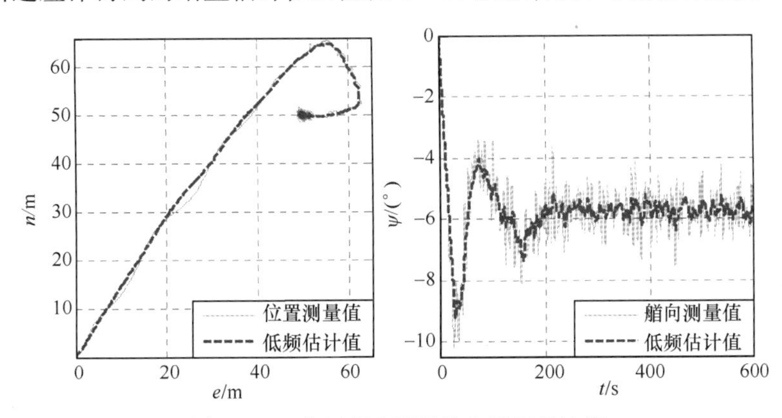

图6－24　位置艏向测量值和低频估计值

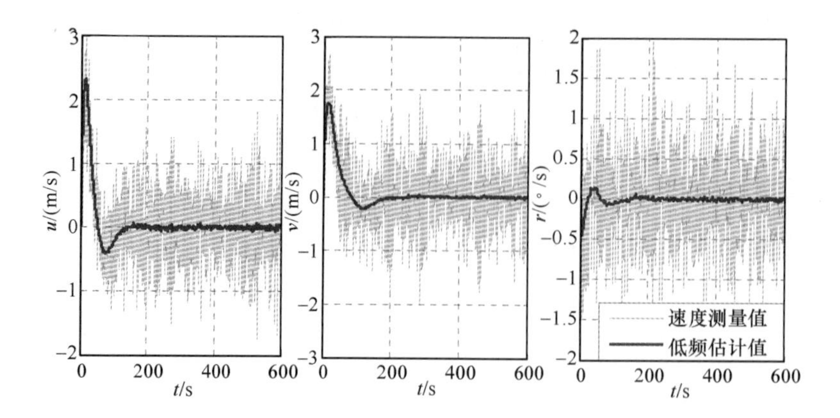

图 6 – 25　速度测量值和低频估计值

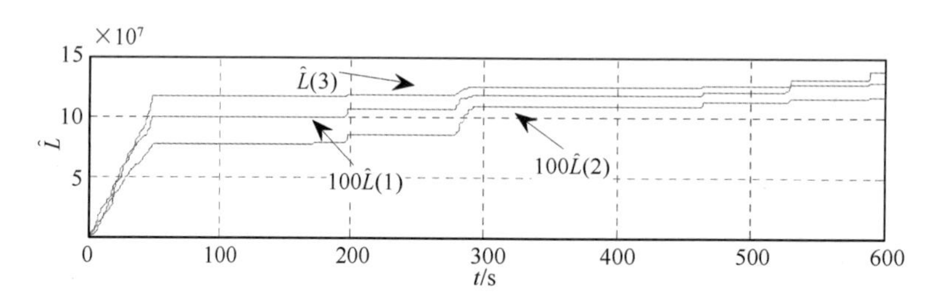

图 6 – 26　滑模面增益估计值

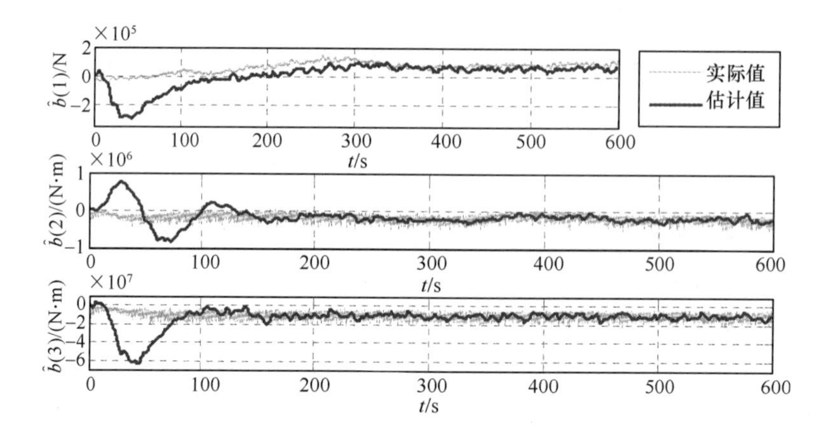

图 6 – 27　环境干扰估计值

第7章

现代动力定位船的先进控制技术

7.1 船舶艏向自适应反步控制

7.1.1 李雅普诺夫(Lyapunov)稳定性定理

在进行非线性控制系统研究时,必须考虑初始状态及有关参数变化对系统动态性能的影响,在初始状态及有关参数变化时,系统也具有良好的动态品质,这类问题就是系统的稳定性问题。李雅普诺夫提出了两种研究稳定性问题的方法:一种是通过寻求描述系统运动规律的微分方程的解或特解,以级数形式将它表示出来,进而研究其稳定性问题;另一种不需考虑微分方程解的具体形式,而仅借助于一个李雅普诺夫函数(V 函数)及根据该函数沿系统的导数符号来直接判断稳定性。由于第二种方法不需要求解微分方程而更受人们的青睐,是研究非线性控制系统稳定性能的重要工具。

在给出李雅普诺夫稳定性定理之前,先给出几个定义。

非线性系统:

$$\dot{x}=f(x,t),\quad x(t_0)=x_0 \tag{7-1}$$

设 $f(x,t)$ 对 t 是分段连续的,也就是说在任何一个集内仅有有限个不连续的点。将记 B_h 为以 O 为圆心,h 为半径的球;如果某性质对球 B_h 中所有的 x_0 成立,则称它是局部的;如果某性质对所有 $x_0\in R^n$ 都成立,则称它为全局的;如果某性质对任意 h 及所有 $x_0\in B_h$ 成立,则称它是半全局的;如果某性质对所有的 $t_0\geqslant 0$ 都成立,则称它是一致的。

【定义】($\mathscr{K}$ 类及 $\mathscr{K}_\infty$ 类函数) 连续函数 $\alpha(\cdot):[0,r_1]\to R^+$(或连续函数 $\alpha(\cdot):[0,\infty]\to R^+$),如果 $\alpha(0)=0$,且它是严格递增,称 $\alpha(\cdot)$ 为 $\mathscr{K}$ 类函数,记为 $\alpha(\cdot)\in\mathscr{K}$。如果再加条件 $\lim\limits_{p\to\infty}\alpha(p)\to\infty$,则称函数 $\alpha(\cdot)$ 为 $\mathscr{K}_\infty$ 类函数。

【定义】(正定函数) 连续函数 $V(x,t):R^n\times R^+\to R$, $\forall x\in B_h, t\geqslant 0$,有 $V(x,t)\geqslant\alpha(\|x\|)$,且 $V(0,t)=0$,则称 $V(x,t)$ 为局部正定函数。$\forall x\in R^n, t\geqslant 0$,若存在 $\alpha(\cdot)\in\mathscr{K}_\infty$,有 $V(x,t)\geqslant\alpha(\|x\|)$,则称 $V(x,t)$ 是正定函数。

【定义】连续函数 $V(x,t):R^n \times R^+ \to R$, $\forall x \in B_h, t \geqslant 0$,若存在函数 $\beta(\cdot) \in K$ 使得 $V(x,t) \leqslant \beta(\|x\|)$,则称它为具有无限小上界的函数或局部递减函数。

【定义】函数 $V(x,t)$,沿系统式(7-1)的轨迹的导数定义为

$$\dot{V}(x,t) = \frac{\partial V(x,t)}{\partial t} + \frac{\partial V(x,t)}{\partial x} f(x,t)$$

李雅普诺夫根据函数 $V(x,t)$ 是局部正定函数或正定函数,且满足 $\dot{V}(x,t) \leqslant 0$ 得到平衡点的稳定性。

【定理 7.1】(李雅普诺夫稳定性定理)

对于非线性系统式(7-1),在原点具有平衡点。

(1) $\forall x \in B_h$,存在函数 $V(x,t) > 0$ 和 $\dot{V}(x,t) \leqslant 0$,则称给定非线性系统在李雅普诺夫意义上是稳定的。

(2) 如果 $\forall x \in B_h$,存在函数 $V(x,t) > 0$,并且 $V(x,t)$ 是具有无限小上界的函数,和 $\dot{V}(x,t) \leqslant 0$,则称给定非线性系统是一致稳定。

(3) 如果 $\forall x \in B_h$,存在函数 $V(x,t) > 0$ 和 $\dot{V}(x,t) < 0$,则称给定非线性系统是渐近稳定。

(4) 如果 $\forall x \in R^n$,存在函数 $V(x,t) > 0$ 和 $\dot{V}(x,t) < 0$,则称给定非线性系统是全局渐近稳定。

(5) 如果 $\forall x \in R^n$,存在函数 $V(x,t) > 0$,且 $V(x,t)$ 是具有无限小上界的函数和 $\dot{V}(x,t) < 0$,则称给定非线性系统是全局一致渐近稳定。

【定理 7.2】(李雅普诺夫指数稳定性定理)

对于非线性系统式(7-1),存在连续函数 $V(x,t):R^n \times R^+ \to R^n$,和常量 $h, \alpha_1, \alpha_2, \alpha_3, \alpha_4 > 0$,对所有的 $x \in B_h, t \geqslant 0$ 时,下列条件成立:$\alpha_1 |x|^2 \leqslant V(x,t) \leqslant \alpha_2 |x|^2$,$\dot{V}(x,t) \leqslant -\alpha_3 |x|^2$,则称给定非线性系统的平衡点 $x=0$ 是局部指数稳定的。

7.1.2 反步控制方法

非线性反步控制方法是在非线性标准形下进行的,可以看作是微分几何方法的间接应用,反步控制方法通常与李雅谱诺夫函数结合使用,使整个闭环系统满足期望的动静态性能。

反步控制方法的基本思想是将复杂的非线性系统分解成不超过系统阶数的子系统,然后为每个子系统设计部分李雅谱诺夫函数和中间虚拟控制量,一直"后退"到整个系统,将它们集成起来完成整个控制律的设计。对得到的虚拟控制律在保证既定性能下逐步修正算法,进而设计出真正的镇定控制器,实现系统的全局调节或跟踪,使系统达到期望的性能指标。其基本方法是从一个高阶系统的内核开始(通常是系统输出量满足的动态方程),设计虚拟控制律,保证内核系统的某种性能,如稳定性、无源性等;然后对得到的虚拟控制律逐步修正算法,保证要求的性能;进而设计出真正的镇定控制器,实现系统的全局调节或跟踪,使系统达到期望的性能指标。

考虑下列非线性系统:

$$
\begin{cases}
\dot{x}_1 = x_2 + f_1(x_1) \\
\dot{x}_2 = x_3 + f_2(x_1, x_2) \\
\dot{x}_3 = x_4 + f_3(x_1, x_2, x_3) \\
\qquad \vdots \\
\dot{x}_i = x_{i+1} + f_i(x_1, \cdots, x_i) \\
\qquad \vdots \\
\dot{x}_n = f_n(x_1, \cdots, x_n) + u
\end{cases} \tag{7-2}
$$

其中：$x \in R^n$ 及 $u \in R$ 分别是系统的状态和输入变量；系统的非线性部分 $f_i(x_1, \cdots, x_i)$ 呈下三角结构。

反步控制方法的设计思想是视每一子系统 $\dot{x}_i = x_{i+1} + f_i(x_1, \cdots, x_i)$ 中的 x_{i+1} 为虚拟控制，通过确定适当的虚拟反馈控制律 $x_{i+1} = \alpha_i (i = 1, 2, \cdots, n-1)$，使得系统的前面状态达到渐近稳定。但系统的解一般不满足 $x_{i+1} = \alpha_i$，因此，我们引进误差变量，期望通过控制的作用，使得 x_{i+1} 与虚拟反馈 α_i 间具有某种渐近特性，从而实现整个系统的渐近镇定。

首先，我们利用虚拟控制，定义 n 个误差变量

$$
\begin{cases}
z_1 = x_1 \\
z_2 = x_2 - \alpha_1(x_1) \\
z_3 = x_3 - \alpha_2(x_1, x_2) \\
\qquad \vdots \\
z_n = x_n - \alpha_{n-1}(x_1, \cdots, x_{n-1})
\end{cases} \tag{7-3}
$$

其中：$\alpha_i (i = 1, 2, \cdots, n-1)$ 是虚拟控制函数。我们在每一步构造一个李雅普诺夫函数，使每一状态分量具有适当的渐近特性。注意式(7-3)本质上与式(7-2)系统是微分同胚的，要镇定原系统，只需要镇定原系统状态 x_{i+1} 与虚拟反馈 α_i 间的误差 z 即可。

对 z_1 求导得

$$
\dot{z}_1 = \dot{x}_1 = x_2 + f_1(x_1) \tag{7-4}
$$

定义：

$$
V_1 = \frac{1}{2} z_1^2 \tag{7-5}
$$

则

$$
\dot{V}_1 = z_1 \dot{z}_1 = z_1(x_2 + f_1(x_1)) \tag{7-6}
$$

取虚拟控制

$$
\alpha_1(x_1) = -x_1 - f_1(x_1) \triangleq \tilde{\alpha}_1(z_1) \tag{7-7}
$$

则

$$
\dot{V}_1 = z_1(z_2 + \alpha_1(x_1) + f_1(x_1)) = z_1(z_2 - x_1) = z_1(z_2 - z_1) = -z_1^2 + z_1 z_2 \tag{7-8}
$$

由此可得到

$$
\begin{cases}
\dot{z}_1 = -z_1 + z_2 \\
\dot{z}_2 = \dot{x}_2 - \dot{\alpha}_1 = x_3 + f_2(x_1, x_2) - \dot{\alpha}_1 = x_3 + f_2(x_1, x_2) - \dfrac{\partial \tilde{\alpha}_1}{\partial z_1} \dot{z}_1 \triangleq x_3 + \tilde{f}_2(z_1, z_2) \\
\dot{V}_1 = z_2 \dot{z}_1 = -z_1^2 + z_1 z_2
\end{cases} \tag{7-9}
$$

显然,如果 $z_2=0(\alpha_1=-x_1-f_1(x_1))$,则由式(7-5)和式(7-6)知 z_1 渐近稳定。但一般情况下 $z_2\neq0$,因此再引入虚拟控制 α_2 使其误差 $z_2=x_2-\tilde{\alpha}_1(z_1)$ 具有期望的渐近性态。

定义:

$$V_2=\frac{1}{2}z_2^2+V_1=\frac{1}{2}z_1^2+\frac{1}{2}z_2^2 \tag{7-10}$$

取虚拟控制

$$\alpha_2(x_1,x_2)=-z_1-z_2-f_2(x_1,x_2)-\dot{\alpha}_1(x_1)\triangleq\tilde{\alpha}_2(z_1,z_2) \tag{7-11}$$

其中

$$\tilde{f}_2(z_1,z_2)\triangleq f_2(x_1,x_2)-\dot{\alpha}_1(x_1)=f_2(x_1,x_2)-\frac{\partial\tilde{\alpha}_1}{\partial z_1}\dot{z}_1 \tag{7-12}$$

则

$$\begin{cases}\dot{z}_2=\dot{x}_2-\dot{\alpha}_1(x_1)=x_3+f_2-\dot{\alpha}_1(x_1)=z_3-\alpha_2(x_1,x_2)+f_2(x_1,x_2)-\dot{\alpha}_1(x_1)\\ \quad=-z_1-z_2+z_3\\ \dot{z}_3=x_4+f_3(x_1,x_2,x_3)-\dot{\alpha}_1-\dot{\alpha}_2=x_4+f_3(x_1,x_2,x_3)-\sum\limits_{i=1}^{2}\dfrac{\partial\tilde{\alpha}_2}{\partial z_i}\dot{z}_i\\ \quad\triangleq x_4+\tilde{f}_3(z_1,z_2,z_3)\end{cases} \tag{7-13}$$

$$\dot{V}_2=-z_1^2-z_2^2+z_2z_3 \tag{7-14}$$

显然,如果 $z_3=0(\tilde{\alpha}_2=-z_1-z_2+\tilde{f}_2(z_1,z_2))$,则由式(7-10)和式(7-14)知 z_1、z_2 渐近稳定。但一般情况下 $z_3\neq0$,因此再引入虚拟控制 α_3 使其误差 $z_3=x_3-\tilde{\alpha}_3$ 具有期望的渐近性态。如此下去,可找到一般情况下的李雅普诺夫函数及虚拟控制。

第 i 步,定义李雅普诺夫函数 V_i 和取虚拟控制 $\tilde{\alpha}_i$ 为

$$\begin{cases}V_i=\dfrac{1}{2}(z_1^2+\cdots+z_i^2)\\ \tilde{\alpha}_i(z_1,\cdots,z_i)\triangleq-z_{i-1}-z_i-\tilde{f}_i(z_1,\cdots,z_i)\end{cases} \tag{7-15}$$

定义:

$$\tilde{f}_i(z_1,\cdots,z_i)\triangleq f_i(z_1,\cdots,z_i)-\sum_{j=1}^{i-1}\dot{\alpha}_j(z_1,\cdots,z_{j-1}) \tag{7-16}$$

则

$$\dot{z}_i=z_{i+1}+\tilde{\alpha}_i(z_1,\cdots,z_i)+\tilde{f}_i(z_1,\cdots,z_i)=-z_{i-1}-z_i+z_{i+1} \tag{7-17}$$

$$\dot{V}_i=-(z_1^2+\cdots+z_i^2)+z_i[z_{i+1}+\tilde{\alpha}_i(z_1,\cdots,z_i)+\tilde{f}_i(z_1,\cdots,z_i)=-(z_1^2+\cdots+z_i^2)+z_iz_{i+1} \tag{7-18}$$

在第 $n-1$ 步,同样定义和选取:

$$V_{n-1}=\frac{1}{2}(z_1^2+\cdots+z_{n-1}^2) \tag{7-19}$$

$$\tilde{\alpha}_{n-1}\triangleq-z_{n-2}-z_{n-1}-\tilde{f}_{n-1}(z_1,\cdots,z_{n-1}) \tag{7-20}$$

定义：

$$\widetilde{f}_{n-1}(z_1,\cdots,z_{n-1}) \triangleq f_{n-1}(x_1,\cdots,x_{n-1}) - \sum_{i=1}^{n-2} \dot{\alpha}_i(x_1,\cdots,x_{n-2})$$

可得

$$\dot{z}_{n-1} = -z_{n-2} - z_{n-1} + z_n \tag{7-21}$$

$$\dot{V}_{n-1} = -(z_1^2 + \cdots + z_{n-1}^2) + z_{n-1}z_n \tag{7-22}$$

在第 n 步，定义

$$V_n = \frac{1}{2}(z_1^2 + \cdots + z_n^2) \tag{7-23}$$

$$\dot{z}_n = f_n(x_1,\cdots,x_n) + u - \sum_{i=1}^{n-1} \frac{\partial \widetilde{\alpha}_{n-1}}{\partial z_i}\dot{z}_i \overset{\Delta}{=} \widetilde{f}_n(z_1,\cdots,z_n) + u \tag{7-24}$$

$$\dot{V}_n = -(z_1^2 + \cdots + z_{n-1}^2) + z_{n-1}z_n + z_n[\widetilde{f}_n(z_1,\cdots,z_n) + u] \tag{7-25}$$

选取控制律为

$$u = \widetilde{\alpha}_n(z_1,\cdots,z_n) = -z_{n-1} - z_n - \widetilde{f}_n(z_1,\cdots,z_n) \tag{7-26}$$

则由上述关系式得

$$\dot{z}_n = -z_n - z_{n-1} \tag{7-27}$$

$$\dot{V}_n = -(z_1^2 + \cdots + z_{n-1}^2 + z_n^2) \tag{7-28}$$

由式(7-23)和式(7-28)知 $z_1,z_2,\cdots,z_n$ 是稳定的。

因此在上述反步控制方法中给定虚拟控制和控制律下，原非线性系统是指数渐近稳定的。

反步控制法实际上是一种由前往后递推的设计方法，它比较适合在线控制，达到减少在线计算时间的目的。此外，反步控制法中引进的虚拟控制本质上是一种静态补偿思想，前面子系统必须通过后面子系统的虚拟控制才能达到镇定目的。反步控制法在设计不确定系统，特别是当干扰或不确定性不满足匹配条件时，已经显示出它的优越性。

7.1.3　艏向自适应反步控制方法

针对某动力定位船的艏向，利用自适应反步控制方法进行设计，得到自适应反步控制律。

已知某船艏向非线性系统模型为

$$\begin{cases} \dot{\psi} = r \\ J_z\dot{r} + f(r) = \boldsymbol{\tau} + \boldsymbol{w} \end{cases} \tag{7-29}$$

式中：$f(r)$ 为系统非线性项。

对系统进行扩张，设变量 $\dot{\psi}_I = \psi$，则

艏向非线性系统模型：

$$\begin{cases} \dot{\psi}_I = \psi \\ \dot{\psi} = r \\ J_z\dot{r} + k_{m7}r = \boldsymbol{\tau} = \boldsymbol{\tau}_c + \boldsymbol{\tau}_{\text{wff}} \end{cases} \tag{7-30}$$

其中 k_{m7} 为水动力参数，τ_c 为控制力，τ_{wff} 为风前馈力。取 $[x_1 \quad x_2 \quad x_3 \quad u] = [\psi_I \quad \psi \quad r \quad \tau/J_z]$，则

$$\begin{cases}\dot{x}_1 = x_2 \\ \dot{x}_2 = x_3 \\ \dot{x}_3 = f_3(x_3) + u\end{cases} \tag{7-31}$$

式中：$f_3(x_3) = f(r)/J_z$。

利用虚拟控制，定义误差变量

$$\begin{cases}z_1 = x_1 \\ z_2 = x_2 - \alpha_1(x_1) \\ z_3 = x_3 - \alpha_2(x_1, x_2)\end{cases} \tag{7-32}$$

对 z_1 求导得

$$\dot{z}_1 = \dot{x}_1 = x_2 = z_2 + \alpha_1 \tag{7-33}$$

定义李雅普诺夫函数：

$$V_1 = \frac{1}{2}z_1^2 \tag{7-34}$$

则

$$\dot{V}_1 = z_1\dot{z}_1 = z_1 x_2 = z_1(z_2 + \alpha_1) \tag{7-35}$$

取虚拟控制

$$\alpha_1 = -k_{h1}x_1 = -k_{h1}z_1 \tag{7-36}$$

其中 k_{h1} 为设计参数，选取目的是使系统更具有自适应能力。

则

$$\dot{V}_1 = z_1(z_2 + \alpha_1) = -k_{h1}z_1^2 + z_1 z_2 \tag{7-37}$$

可得

$$\dot{z}_1 = -k_{h1}z_1 + z_2 \tag{7-38}$$

显然，$\alpha_1 = -k_{h1}z_1 = -k_{h1}x_1$ 时，如果 $z_2 = 0$，则由式(7-34)和式(7-37)知 z_1 渐近稳定。

但一般情况下 $z_2 \neq 0$，因此再引入虚拟控制 $\alpha_2(x_1, x_2)$ 使其误差 $z_2 = x_2 - \alpha_1(x_1)$ 具有期望的渐近性态。

定义李雅普诺夫函数

$$V_2 = \frac{1}{2}z_2^2 + V_1 = \frac{1}{2}z_1^2 + \frac{1}{2}z_2^2 \tag{7-39}$$

对 V_2 求导得：

$$\begin{aligned}\dot{V}_2 &= \dot{V}_1 + \dot{z}_2 z_2 = -k_{h1}z_1^2 + z_2(z_1 + \dot{z}_2) = -k_{h1}z_1^2 + z_2(z_1 + \dot{x}_2 - \dot{\alpha}_1(x_1)) \\ &= -k_{h1}z_1^2 + z_2(z_1 + x_3 - \dot{\alpha}_1(x_1)) \\ &= -k_{h1}z_1^2 + z_2(z_1 + z_3 + \alpha_2(x_1, x_2) - \dot{\alpha}_1(x_1))\end{aligned} \tag{7-40}$$

取

$$\alpha_2(x_1, x_2) = -z_1 + \dot{\alpha}_1(x_1) - k_{h2}z_2 \tag{7-41}$$

k_{h2} 的选取原则与 k_{h1} 相同，目的是使系统更具有自适应能力。

则

$$\dot{V}_2 = -k_{h1}z_1^2 - k_{h2}z_2^2 + z_2 z_3 \tag{7-42}$$

$$\dot{z}_2 = -z_1 - k_{h2}z_2 + z_3 \tag{7-43}$$

显然，$\alpha_2(x_1,x_2)=-z_1+\dot{\alpha}_1(x_1)-k_{h2}z_2$ 时，如果 $z_3=0$，则由式(7-40)和式(7-42)知 z_2 渐近稳定。

但一般情况下 $z_3\neq0$，因此再引入控制 u 使其误差 $z_3=x_3-\alpha_2(x_1,x_2)$ 具有期望的渐近性态。

$$V_3=\frac{1}{2}z_3^2+V_2=\frac{1}{2}z_1^2+\frac{1}{2}z_2^2+\frac{1}{2}z_3^2 \tag{7-44}$$

对 V_3 求导得：

$$\begin{aligned}\dot{V}_3&=\dot{V}_2+\dot{z}_3z_3=-k_{h1}z_1^2-k_{h2}z_2^2+z_3(z_2+\dot{z}_3)\\&=-k_{h1}z_1^2-k_{h2}z_2^2+z_2(z_2+\dot{x}_3-\dot{\alpha}_2(x_1,x_2))\\&=-k_{h1}z_1^2-k_{h2}z_2^2+z_3(z_2+u+f_3(x_3)-\dot{\alpha}_2(x_1,x_2))\end{aligned} \tag{7-45}$$

取控制律

$$u=-z_2-k_{h3}z_3-(f_3(x_3)-\dot{\alpha}_2(x_1,x_2)) \tag{7-46}$$

k_{h3}的选取原则与 k_{h1}和 k_{h2}相同，目的是使系统更具有自适应能力。

则

$$\dot{V}_3=-k_{h1}z_1^2-k_{h2}z_2^2-k_{h3}z_3^2 \tag{7-47}$$

由式(7-44)和式(7-47)可知：误差 z_3 是指数渐近稳定的。

$$\dot{z}_3=u+f_3(x_3)-\dot{\alpha}_2(x_1,x_2)=-z_2-k_{h3}z_3 \tag{7-48}$$

因此，如给定虚拟控制 $\alpha_1=-k_{h1}z_1$ 和 $\alpha_2=-z_1-k_{h2}z_2+\dot{\alpha}_1(x_1)$ 及反馈控制律 $u=-z_2-k_{h3}z_3-(f_3(x_3)-\dot{\alpha}_2(x_1,x_2))$，原非线性系统是指数渐近稳定的。

综上，

$$\alpha_1=-k_{h1}z_1=-k_{h1}x_1 \tag{7-49}$$

$$\dot{\alpha}_1=-k_{h1}\dot{x}_1=-k_{h1}x_2 \tag{7-50}$$

$$\begin{aligned}\alpha_2&=-z_1-k_{h1}x_2-k_{h2}z_2=-x_1-k_{h1}x_2-k_{h2}(x_2-\alpha_1)\\&=-x_1-k_{h1}x_2-k_{h2}(x_2+k_{h1}x_1)=-(1+k_{h2}k_{h1})x_1-(k_{h1}+k_{h2})x_2\end{aligned} \tag{7-51}$$

$$\dot{\alpha}_2=-(1+k_{h2}k_{h1})\dot{x}_1-(k_{h1}+k_{h2})\dot{x}_2=-(1+k_{h2}k_{h1})x_2-(k_{h1}+k_{h2})x_3 \tag{7-52}$$

控制律：

$$\begin{aligned}u&=-z_2-k_{h3}z_3-f_3(x_3)+\dot{\alpha}_2(x_1,x_2)\\&=-(x_2-\alpha_1)-k_{h3}(x_3-\alpha_2)-f_3(x_3)+\dot{\alpha}_2(x_1,x_2)\\&=-x_2-k_{h1}x_1-k_{h3}x_3-k_{h3}(1+k_{h2}k_{h1})x_1-k_{h3}(k_{h1}+k_{h2})x_2\\&\quad-f_3(x_3)-(1+k_{h2}k_{h1})x_2-(k_{h1}+k_{h2})x_3\\&=-k_{h1}x_1-k_{h3}(1+k_{h2}k_{h1})x_1-x_2-k_{h3}(k_{h1}+k_{h2})x_2\\&\quad-(1+k_{h2}k_{h1})x_2-k_{h3}x_3-(k_{h1}+k_{h2})x_3-f_3(x_3)\\&=-(k_{h1}+k_{h3}+k_{h1}k_{h2}k_{h3})x_1-(2+k_{h1}k_{h3}+k_{h2}k_{h3}+k_{h1}k_{h2})x_2\\&\quad-(k_{h3}+k_{h1}+k_{h2})x_3-f_3(x_3)\\&=-k'_{h3}x_1-k'_{h1}x_2-k'_{h2}x_3-f_3(x_3)\\&=[-k'_{h3}\quad -k'_{h1}\quad -k'_{h2}][\psi_I\quad \psi\quad r]^{\mathrm{T}}-f_3(r)\end{aligned} \tag{7-53}$$

则控制律

$$\tau_c=J_z[-k'_{h3}\quad -k'_{h1}\quad -k'_{h2}][\psi_I\quad \psi\quad r]^{\mathrm{T}}-J_zf(r)-\tau_{\mathrm{wff}} \tag{7-54}$$

7.2 环境最优艏向控制

许多动力定位船舶经常长期在一个期望位置作业,即船舶定位在一个期望的位置(n_d,e_d)和艏摇角度ψ_d。一旦船舶偏离了最佳艏向,微小偏差就会导致动力定位船舶产生较大的推力,偏离程度越高则推进器需要发出的推力就越大,如果环境干扰力超过了船舶推进器的最大能力,还会出现艏向、船位都无法保持的情况。但如果船舶艏向处于最佳艏向角,那么,推进器只需要发出相对较小的推力就可以保持船位,所以,动力定位船舶最好能够找到最佳艏向,并将艏向始终保持在最佳艏向附近的一个较小的角度区间里。环境最优艏向控制的主要特点就是不需要任何环境力的测量装置就能够使船舶工作在最佳艏向角上。

7.2.1 船舶运动数学模型

控制目标要求船舶绕半径$\rho=\rho_d$固定的圆弧运动,直到船舶位置到达最优艏摇角度$\psi=\psi_{\text{opt}}$,同时在运动过程中要求船舶的艏向指向圆的中心点,如图7-1所示。

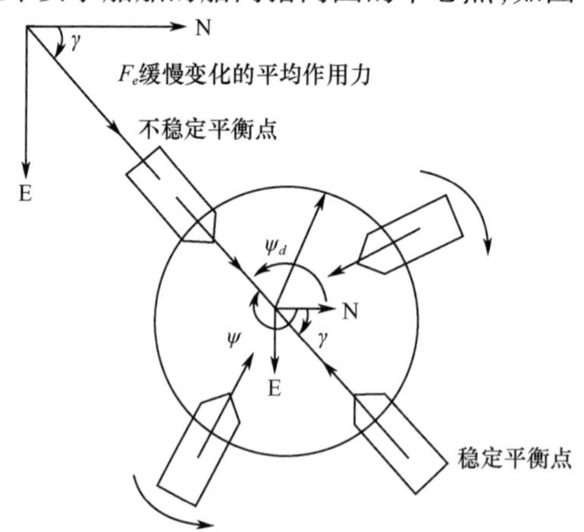

图7-1 最优艏向控制目标

控制目标在极坐标下可表示成如下的形式:

$$\rho_d=\text{常数},\psi_d=\pi+\gamma \tag{7-55}$$

式中:ρ_d表示船舶绕固定半径的圆弧运动;γ为船在不稳定平衡点时艏向;ψ_d为期望的船舶艏向。

1. 极坐标下运动学方程

由环境最优艏向控制目标描述可知,船舶运动在极坐标系下的描述更加适用于进行理论分析,因此将在极坐标坐标系中建立船舶运动模型。首先建立极坐标下运动学模型。

已知船舶水平面三自由度运动学模型为

$$\dot{\boldsymbol{\eta}}=\boldsymbol{R}(\psi)\boldsymbol{\nu} \tag{7-56}$$

式中:$\boldsymbol{\eta}=[n,e,\psi]^{\mathrm{T}}$,表示船舶在北东固定坐标系下的位置和艏摇角度;$\boldsymbol{\nu}=[u,v,r]^{\mathrm{T}}$,表示船舶在随船坐标系中的纵荡速度、横荡速度和艏摇速度;$\boldsymbol{R}(\psi)=\begin{bmatrix}\cos\psi & -\sin\psi & 0\\ \sin\psi & \cos\psi & 0\\ 0 & 0 & 1\end{bmatrix}$。

设定(n_0,e_0)为原点,$\rho\in\Re^+$为半径,γ为极坐标角度。$\boldsymbol{\eta}=[n,e,\psi]^{\mathrm{T}}$表示船在北东坐标系下的位置和艏摇角。

因此北东固定坐标(n,e)与极坐标之间的关系为

$$n=n_0+\rho\cos\gamma \tag{7-57}$$

$$e=e_0+\rho\sin\gamma \tag{7-58}$$

对式(7-57)、式(7-58)进行变换可得

$$\rho=\sqrt{(n-n_0)^2+(e-e_0)^2} \tag{7-59}$$

$$\gamma=\mathbf{atan}((e-e_0)/(n-n_0)) \tag{7-60}$$

对式(7-57)和式(7-58)求导得

$$\dot{n}=\dot{n}_0+\dot{\rho}\cos\gamma-\rho\sin\gamma\,\dot{\gamma} \tag{7-61}$$

$$\dot{e}=\dot{e}_0+\dot{\rho}\sin\gamma-\rho\cos\gamma\,\dot{\gamma} \tag{7-62}$$

定义新变量$\boldsymbol{z}\triangleq[\rho,\gamma,\psi]^{\mathrm{T}}$,$\boldsymbol{p}_0\triangleq[n_0,e_0]^{\mathrm{T}}$。

可得到北东坐标系和极坐标之间的转换关系:

$$\dot{\eta}=\begin{bmatrix}\dot{n}\\ \dot{e}\\ \dot{\psi}\end{bmatrix}=\begin{bmatrix}\dot{\rho}\cos\gamma-\rho\sin\gamma\,\dot{\gamma}\\ \dot{\rho}\sin\gamma-\rho\cos\gamma\,\dot{\gamma}\\ \dot{\psi}\end{bmatrix}+\begin{bmatrix}\dot{n}_0\\ \dot{e}_0\\ 0\end{bmatrix}$$

$$=\begin{bmatrix}\cos\gamma & -\sin\gamma & 0\\ \sin\gamma & \cos\gamma & 0\\ 0 & 0 & 1\end{bmatrix}\begin{bmatrix}1 & 0 & 0\\ 0 & R & 0\\ 0 & 0 & 1\end{bmatrix}\begin{bmatrix}\dot{R}\\ \dot{\gamma}\\ \dot{\psi}\end{bmatrix}+\begin{bmatrix}1 & 0\\ 0 & 1\\ 0 & 0\end{bmatrix}\begin{bmatrix}\dot{n}_0\\ \dot{e}_0\end{bmatrix}$$

$$=R(\gamma)\boldsymbol{H}(R)\dot{z}+\boldsymbol{L}\dot{p}_0 \tag{7-63}$$

式中:

$$\boldsymbol{H}(\rho)=\begin{bmatrix}1 & 0 & 0\\ 0 & \rho & 0\\ 0 & 0 & 1\end{bmatrix},\quad \boldsymbol{L}=\begin{bmatrix}1 & 0\\ 0 & 1\\ 0 & 0\end{bmatrix} \tag{7-64}$$

由式(7-56)和式(7-63)可得到极坐标下船舶运动学方程

$$\dot{z}=T(z)\nu-T(z)\boldsymbol{R}^{\mathrm{T}}(\psi)\boldsymbol{L}\dot{p}_0 \tag{7-65}$$

式中:

$$T(z)=\boldsymbol{H}^{-1}(\rho)\boldsymbol{R}^{\mathrm{T}}(\gamma)R(\psi)=\boldsymbol{H}^{-1}(\rho)\boldsymbol{R}^{\mathrm{T}}(\gamma-\psi) \tag{7-66}$$

考虑到船舶的尺寸,半径在极坐标系中的选择要足够大,也就是$\rho>\rho_{\min}>0$,这样可保证存在$\boldsymbol{H}^{-1}(\rho)$矩阵。

2. 极坐标下动力学方程

已知船舶水平面三自由度运动动力学模型如下:

$$M\dot{\nu}+C(\nu)\nu+D(\nu)\nu=\tau+w \tag{7-67}$$

式中:$\tau\in\Re^3$为由推进器产生的力和力矩;$w\in\Re^3$为由海洋环境风、浪、流作用在船上的干扰力。

将船舶动力学方程转化到极坐标系中,由式(7-65)可得

$$\nu=T^{-1}(z)\dot{z}+\boldsymbol{R}^{\mathrm{T}}L\dot{p}_0 \tag{7-68}$$

对式(7-68)求导得

$$\dot{\nu} = T^{-1}(z)\ddot{z} + \dot{T}^{-1}(z)\dot{z} + \boldsymbol{R}^{\mathrm{T}}L\ddot{p}_0 + \dot{\boldsymbol{R}}^{\mathrm{T}}L\dot{p}_0 \tag{7-69}$$

且

$$\dot{T}^{-1}(z) = T^{-1}(z)\dot{T}(z))T^{-1}(z) \tag{7-70}$$

将式(7-68)、式(7-69)代入式(7-67)得极坐标下船舶动力学方程

$$\boldsymbol{M}_z(z)\ddot{z} + \boldsymbol{C}_z(\nu,z)\dot{z} + \boldsymbol{D}_z(z)\dot{z} = \boldsymbol{T}^{-\mathrm{T}}\boldsymbol{\tau} + \boldsymbol{T}^{-\mathrm{T}}q(\nu,z,\dot{p}_0,\ddot{p}_0) + \boldsymbol{T}^{-\mathrm{T}}w \tag{7-71}$$

式中:

$$\boldsymbol{M}_z(z) = \boldsymbol{T}^{-\mathrm{T}}(z)\boldsymbol{M}\boldsymbol{T}^{-1}(z) \tag{7-72}$$

$$\boldsymbol{C}_z(\nu,z) = \boldsymbol{T}^{-\mathrm{T}}(z)(\boldsymbol{C}(\nu) - \boldsymbol{M}\boldsymbol{T}^{-1}(z)\dot{T}(z))\boldsymbol{T}^{-1}(z) \tag{7-73}$$

$$\boldsymbol{D}_z(z) = \boldsymbol{T}^{-\mathrm{T}}(z)\boldsymbol{D}(\nu)\boldsymbol{T}^{-1}(z) \tag{7-74}$$

$$-q(\nu,z,\dot{p}_0,\ddot{p}_0) = \boldsymbol{M}\boldsymbol{R}^{\mathrm{T}}(\psi)L\ddot{p}_0 + M\dot{\boldsymbol{R}}^{\mathrm{T}}(\psi)\boldsymbol{L}\dot{p}_0 + [\boldsymbol{C}(\nu) + \boldsymbol{D}(\nu)]\boldsymbol{R}^{\mathrm{T}}(\psi)L\dot{p} \tag{7-75}$$

由矩阵 $\boldsymbol{M}$ 和 $\boldsymbol{D}$ 的性质,得到

$$\boldsymbol{M}_z(z) = \boldsymbol{M}_z^{\mathrm{T}}(z) > 0 \tag{7-76}$$

$$\boldsymbol{D}_z(z) = \boldsymbol{D}_z^{\mathrm{T}}(z) > 0 \tag{7-77}$$

且船舶动态同样满足斜对称特性,即

$$x^{\mathrm{T}}(\dot{M}_z(z) - 2C_z(\nu,z))x = 0, \quad \forall z,x \tag{7-78}$$

3. 环境作用力模型

假设环境对船舶在横荡、纵荡和艏摇方向上的作用力为一个缓慢变化过程,船舶受到的环境作用力如图7-2所示。设缓慢变化的平均作用力大小为 F_e,其作用点在船体坐标系中的位置表示为(l_e,l_y);缓慢变化的环境作用力方向 β_e 为环境作用力与北东坐标系北的夹角。

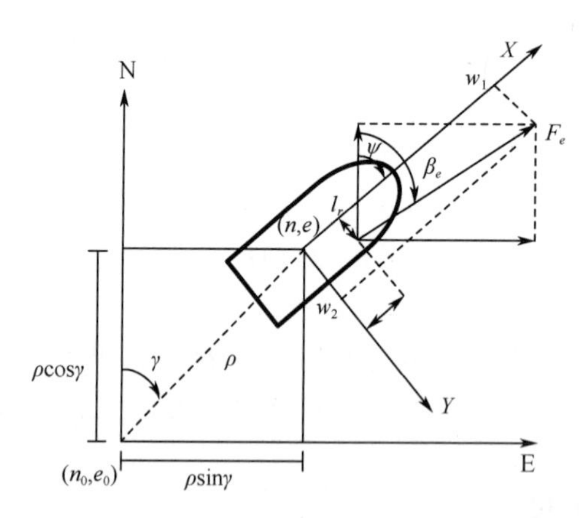

图7-2 环境扰动作用力

在环境最优控制系统的设计中,在如下两个假设基础上进行设计。

【假设7.1】环境作用力大小 F_e 和方向 β_e 为一常量或者是缓慢变化的参数。

【假设7.2】环境作用力的作用力点位置(l_x,l_y)保持不变。

因为船舶动力定位系统就是考虑如何抵消缓慢变化的环境扰动力的影响,因此上面的假设是合理的。

由图 7－2 可知,随船坐标系下船舶受到的环境扰动力 $\boldsymbol{w} \in \mathbf{R}^3$ 可以表示为

$$\boldsymbol{w} = \begin{bmatrix} w_1(\psi) \\ w_2(\psi) \\ w_3(\psi) \end{bmatrix} = \begin{bmatrix} F_e\cos(\beta_e - \psi) \\ F_e\sin(\beta_e - \psi) \\ l_x F_e\sin(\beta_e - \psi) - l_y F_e\cos(\beta_e - \psi) \end{bmatrix} \tag{7-79}$$

由上可以看出,环境扰动力随着船舶艏摇角度而变化,并且有

$$F_e = \sqrt{w_1^2 + w_2^2} \tag{7-80}$$

$$\beta_e = \psi + \arctan(w_2/w_1) \tag{7-81}$$

由图 7－2 可知,在平衡点的船舶最佳艏摇角度值为 ψ_{opt},应满足 $w_3(\psi_{\mathrm{opt}})=0$,同时横向所受到的扰动作用力的值为 $w_2(\psi_{\mathrm{opt}})=0$。这就意味着力矩 $l_x(\psi_{\mathrm{opt}})$ 为常数和 $l_y(\psi_{\mathrm{opt}})=0$,写成矢量的形式为

$$\boldsymbol{w}(\psi_{\mathrm{opt}}) = \begin{bmatrix} w_1(\psi_{\mathrm{opt}}) \\ w_2(\psi_{\mathrm{opt}}) \\ w_3(\psi_{\mathrm{opt}}) \end{bmatrix} = \begin{bmatrix} -F_e \\ 0 \\ 0 \end{bmatrix} \tag{7-82}$$

7.2.2　基于反步法的环境最优艏向控制

环境最优艏向控制器是在极坐标下进行设计的。

本节利用非线性反步设计方法,进行非线性控制和环境自适应控制两部分设计,最终实现环境最优艏向控制。非线性控制的目的是:使船能够以期望的固定半径 ρ_d,一个极小的线速度 $\rho\dot{\gamma}$ 和一个期望的艏向 ψ_d 做回转运动。环境自适应控制的目的是:用于补偿环境力。

1. 非线性控制算法

已知极坐标下船舶运动模型

$$M_z(z)\ddot{z} + C_z(\nu,z)\dot{z} + D_z(z)\dot{z} = T^{-\mathrm{T}}\tau + T^{-\mathrm{T}}q(\nu,z,\dot{p}_0,\ddot{p}_0) + T^{-\mathrm{T}}w \tag{7-83}$$

设系统在极坐标系下的期望位置为 $z_d = [\rho_d,\gamma_d,\psi_d]^{\mathrm{T}}$。

定义当前位置与期望位置偏差变量:

$$\boldsymbol{x}_1 = z - z_d$$

定义一个虚拟的期望参考轨迹:

$$z_r = \dot{z}_d - \boldsymbol{\Lambda}\boldsymbol{x}_1 = \dot{z}_d - \boldsymbol{\Lambda}(z_d - z) \tag{7-84}$$

式中:$\boldsymbol{\Lambda}>0$ 是一个对角线矩阵。

定义位置导数与参考轨迹线导数偏差变量:

$$\boldsymbol{x}_2 = \dot{z} - z_r = \dot{\boldsymbol{x}}_1 + \boldsymbol{\Lambda}\boldsymbol{x}_1$$

则

$$\dot{\boldsymbol{x}}_1 = -\boldsymbol{\Lambda}\boldsymbol{x}_1 + \boldsymbol{x}_2 \tag{7-85}$$

而且,偏差变量

$$\boldsymbol{x}_1 = z - z_d \tag{7-86}$$

$$\boldsymbol{x}_2 = \dot{z} - z_r \tag{7-87}$$

由式(7－85)~式(7－87)可以得到误差动态:

$$\begin{cases} \dot{z} = \boldsymbol{x}_2 + z_r \\ \ddot{z} = \dot{\boldsymbol{x}}_2 + \dot{z}_r \end{cases} \tag{7-88}$$

这也就意味着极坐标下船舶运动非线性系统模型可以用 z_1、z_2、$\dot{X}_r$ 和 $\ddot{X}_r$ 来表示：

$$\begin{cases}\dot{\boldsymbol{x}}_1 = -\boldsymbol{\Lambda}\boldsymbol{x}_1 + \boldsymbol{x}_2 \\ M_z\dot{\boldsymbol{x}}_2 + C_z\boldsymbol{x}_2 + D_z\boldsymbol{x}_2 = \boldsymbol{T}^{-\mathrm{T}}\tau + \boldsymbol{T}^{-\mathrm{T}}q(\cdot) - M_z\dot{z}_r - C_z z_r - D_z z_r + \boldsymbol{T}^{-\mathrm{T}}w\end{cases} \tag{7-89}$$

针对上面船舶运动非线性系统进行最佳艏向角控制器的非线性控制律的设计。

选择李雅普诺夫函数：

$$V_1 = \frac{1}{2}\boldsymbol{x}_1^{\mathrm{T}}\boldsymbol{K}_p\boldsymbol{x}_1 > 0 \tag{7-90}$$

$$\dot{V}_1 = -\boldsymbol{x}_1^{\mathrm{T}}K_p\boldsymbol{\Lambda}\boldsymbol{x}_1 + \boldsymbol{x}_1^{\mathrm{T}}\boldsymbol{K}_p\boldsymbol{x}_2 \tag{7-91}$$

式中：$\boldsymbol{K}_p \in \mathbf{R}^{3\times3}$是正定的对角矩阵。$\boldsymbol{K}_p$ 的选取目的是使系统更具有自适应能力，通过调节 $\boldsymbol{K}_p$，可直接对干扰进行抑制。

如果 $x_2=0$，则$\dot{V}_1<0$，而 $V_1>0$，根据李雅普诺夫稳定性定理可知 x_1 渐近稳定。但一般情况下 $x_2\neq0$，因此需进行下一步设计。

选择李雅普诺夫函数：

$$V_2 = V_1 + \frac{1}{2}\boldsymbol{x}_2^{\mathrm{T}}M_z\boldsymbol{x}_2 = \boldsymbol{x}_1^{\mathrm{T}}K_p\boldsymbol{x}_1 + \frac{1}{2}\boldsymbol{x}_2^{\mathrm{T}}M_z\boldsymbol{x}_2 > 0 \tag{7-92}$$

$$\begin{aligned}\dot{V}_2 = &-\boldsymbol{x}_1^{\mathrm{T}}\boldsymbol{K}_p\boldsymbol{\Lambda}\boldsymbol{x}_1 + \frac{1}{2}\boldsymbol{x}_2^{\mathrm{T}}(\dot{M}_z - 2C_z)\boldsymbol{x}_2 - \boldsymbol{x}_2^{\mathrm{T}}D_z\boldsymbol{x}_2 \\ &+\boldsymbol{x}_2^{\mathrm{T}}(\boldsymbol{K}_p\boldsymbol{x}_1 + \boldsymbol{T}^{-\mathrm{T}} + \boldsymbol{T}^{-\mathrm{T}}q(\cdot) - M_z\dot{z}_r - C_z z_r - D_z z_r) + \boldsymbol{x}_2^{\mathrm{T}}\boldsymbol{T}^{-\mathrm{T}}w\end{aligned} \tag{7-93}$$

由于船舶模型满足对称矩阵特性，则有 $\boldsymbol{x}_2^{\mathrm{T}}(M_z-2C_z)\boldsymbol{x}_2=0$，

$$\dot{V}_2 = -\boldsymbol{x}_1^{\mathrm{T}}\boldsymbol{K}_p\boldsymbol{\Lambda}x_1 - \boldsymbol{x}_2^{\mathrm{T}}D_z\boldsymbol{x}_2 + \boldsymbol{x}_2^{\mathrm{T}}(\boldsymbol{K}_p x_1 + \boldsymbol{T}^{-\mathrm{T}}\tau + \boldsymbol{T}^{-T}q(\cdot) - M_z\dot{z}_r - C_z z_r - D_z z_r) + \boldsymbol{x}_2^{\mathrm{T}}\boldsymbol{T}^{-\mathrm{T}}w \tag{7-94}$$

取

$$\boldsymbol{T}^{-\mathrm{T}}\tau = -\boldsymbol{K}_p\boldsymbol{x}_1 - \boldsymbol{T}^{-\mathrm{T}}q(\cdot) + M_z\dot{z}_r + C_z z_r + D_z z_r - \boldsymbol{K}_d\boldsymbol{x}_2 \tag{7-95}$$

式中：$\boldsymbol{K}_d>0$ 是一个严格正定的对角矩阵，选取目的与 $\boldsymbol{K}_p$ 相同。

将式(7-95)代入到式(7-94)可得

$$\dot{V}_2 = -\boldsymbol{z}_1^{\mathrm{T}}\boldsymbol{K}_p\boldsymbol{\Lambda}z_1 - \boldsymbol{z}_2^{\mathrm{T}}(D_z + K_d)z_2 + \boldsymbol{z}_2^{\mathrm{T}}\boldsymbol{T}^{-\mathrm{T}}w \tag{7-96}$$

当不考虑环境的作用时，则$\dot{V}_2<0$，而 $V_2>0$，根据李雅普诺夫稳定性定理可知 z_2 渐近稳定。

由此可得到根据反步法设计的非线性控制律为

$$\tau = \boldsymbol{T}^{\mathrm{T}}(-\boldsymbol{K}_p\boldsymbol{x}_1 - \boldsymbol{K}_d\boldsymbol{x}_2 + M_z\ddot{z}_r + C_z\dot{z}_r + D_z z_r) - q(\cdot) \tag{7-97}$$

非线性控制律具有 PD 动态特性。由于扰动作用力 w 为非零值，因此采用式(7-97)的非线性控制律将会产生固定偏差，为了弥补由于非零扰动力项带来的位置误差，需要根据环境作用力，利用反步法进一步进行控制律的设计，即控制器设计中引入积分环节。

2. 环境自适应控制算法

动力定位船舶平衡点的环境缓慢作用力为

$$w = [\,-1\ 0\ 0\,]^{\mathrm{T}}F_e = BF_e \tag{7-98}$$

假定扰动作用力 F_e 是缓慢变化的参数，在分析过程中可认为

$$\dot{F}_e = 0$$

设变量 $\hat{F}_e$ 为 F_e 的估计值，定义估计偏差变量

$$\boldsymbol{x}_3 = \hat{F}_e - F_e \tag{7-99}$$

在李雅普诺夫函数 V_2 中加入扰动力的估计偏差变量的平方，取李雅普诺夫函数为

$$V_3 = V_2 + \frac{1}{2\lambda}\boldsymbol{x}_3^{\mathrm{T}}\boldsymbol{x}_3 > 0 \tag{7-100}$$

参数 $\lambda > 0$，选取目的与 $\boldsymbol{K}_p$ 相同。

$$\dot{V}_3 = \dot{V}_2 + \frac{1}{\lambda}\boldsymbol{x}_3\,\dot{\boldsymbol{x}}_3 = -\boldsymbol{x}_1^{\mathrm{T}}\boldsymbol{K}_p\boldsymbol{x}_1 - \boldsymbol{x}_2^{\mathrm{T}}D_z\boldsymbol{x}_2 + \boldsymbol{x}_2^{\mathrm{T}}(\boldsymbol{K}_p\boldsymbol{x}_1 + \boldsymbol{T}^{-\mathrm{T}}\tau + \boldsymbol{T}^{-\mathrm{T}}q(\cdot)$$

$$-M_z\,\dot{z}_r - C_z z_r - D_z z_r + \boldsymbol{T}^{-\mathrm{T}}BF_e) + \frac{1}{\lambda}\boldsymbol{x}_3\,\dot{\boldsymbol{x}}_3 \tag{7-101}$$

将非线性控制律取为

$$\tau = \boldsymbol{T}^{\mathrm{T}}(M_z\,\dot{z}_r + C_z z_r + D_z z_r - \boldsymbol{K}_p\boldsymbol{x}_1 - \boldsymbol{K}_d\boldsymbol{x}_2 - q(\cdot) - B\,\hat{F}) \tag{7-102}$$

将式(7－102)代入式(7－101)得

$$\dot{V}_3 = -\boldsymbol{x}_1^{\mathrm{T}}\boldsymbol{K}_p\boldsymbol{\Lambda}\boldsymbol{x}_1 - \boldsymbol{x}_2^{\mathrm{T}}(D_z + \boldsymbol{K}_d)\boldsymbol{x}_2 - \boldsymbol{x}_2^{\mathrm{T}}(\boldsymbol{T}^{-\mathrm{T}}BF_e - B\,\hat{F}_e) + \frac{1}{\lambda}\boldsymbol{x}_3\,\dot{\boldsymbol{x}}_3$$

$$= -\boldsymbol{x}_1^{\mathrm{T}}\boldsymbol{K}_p\boldsymbol{\Lambda}\boldsymbol{x}_1 - \boldsymbol{x}_2^{\mathrm{T}}(D_z + \boldsymbol{K}_d)\boldsymbol{x}_2 + \left(\frac{1}{\lambda}\boldsymbol{x}_3\,\dot{\boldsymbol{x}}_3 - \boldsymbol{x}_2\boldsymbol{T}^{-\mathrm{T}}B\boldsymbol{x}_3\right) \tag{7-103}$$

$\boldsymbol{x}_3$ 为单变量，$\boldsymbol{B}^{\mathrm{T}}T^{-1}\boldsymbol{x}_2$ 的维数为 1，则

$$\boldsymbol{x}_2^{\mathrm{T}}\boldsymbol{T}^{-\mathrm{T}}B\boldsymbol{x}_3 = \boldsymbol{x}_3(\boldsymbol{B}^{\mathrm{T}}\boldsymbol{T}^{-1}\boldsymbol{x}_2)^{\mathrm{T}} = \boldsymbol{x}_3\boldsymbol{B}^{\mathrm{T}}\boldsymbol{T}^{-1}\boldsymbol{x}_2$$

因此

$$\dot{V}_3 = -\boldsymbol{x}_1^{\mathrm{T}}\boldsymbol{K}_p\boldsymbol{\Lambda}\boldsymbol{x}_1 - \boldsymbol{x}_2^{\mathrm{T}}(D_z + \boldsymbol{K}_d)\boldsymbol{x}_2 + \boldsymbol{x}_3\left(\frac{1}{\lambda}\dot{\boldsymbol{x}}_3 - \boldsymbol{B}^{\mathrm{T}}\boldsymbol{T}^{-1}\boldsymbol{x}_2\right)$$

选择环境自适应控制律：

$$\dot{\hat{F}}_e = \dot{\boldsymbol{x}}_3 = \lambda\boldsymbol{B}^{\mathrm{T}}\boldsymbol{T}^{-1}\boldsymbol{x}_2 \tag{7-104}$$

则

$$\dot{V}_3 = -z_1^{\mathrm{T}}\boldsymbol{K}_p\boldsymbol{\Lambda}z_1 - z_2^{\mathrm{T}}(D_X + \boldsymbol{K}_d)z_2 < 0 \tag{7-105}$$

由于 $V_3 > 0$ 和 $\dot{V}_3 < 0$，根据李雅普诺夫稳定性定理可知 x_3 渐近稳定可知，环境扰动力 w 渐近稳定。由此可得到根据反步法设计的非线性控制律和环境自适应控制律为

$$\tau = \boldsymbol{T}^{\mathrm{T}}(M_z\,\dot{z}_r + C_z z_r + D_z z_r - \boldsymbol{K}_p\boldsymbol{x}_1 - \boldsymbol{K}_d\boldsymbol{x}_2 - q(\cdot) - B\,\hat{F}) \tag{7-106}$$

$$\dot{\hat{F}}_e = \lambda\boldsymbol{B}^{\mathrm{T}}\boldsymbol{T}^{-1}\boldsymbol{x}_2 \tag{7-107}$$

由于环境扰动力 w 渐近稳定，则 $\dot{V}_2 < 0$，而 $V_2 > 0$，根据李雅普诺夫稳定性定理可知偏差变量 x_2 渐近稳定。由于偏差变量 $\boldsymbol{x}_2$ 是渐近稳定，则 $\dot{V}_1 < 0$，而 $V_1 > 0$，根据李雅普诺夫稳定性定理可知偏差变量 $\boldsymbol{x}_1$ 渐近稳定。因此最优艏向控制系统在平衡点是全局渐近稳定的。

注意 k_{d2} 这个增益是用来增加切向阻尼的，相当于微分环节的作用。由 $\dot{\hat{F}}_e = \dot{\boldsymbol{x}}_3$ 的变化律

可以将控制律中的 $B\hat{F}_e$ 看作一个积分项，这样式(7－106)中的控制律可以看作是一个带有积分环节的非线性控制器。

将得到的控制律代入船舶运动非线性系统模型，可得到组成的闭环系统动态特性方程为

$$M_z\dot{\boldsymbol{x}}_2+(C_z+D_z+K_d)\boldsymbol{x}_2+\boldsymbol{K}_p\boldsymbol{x}_1=\boldsymbol{T}^{-\mathrm{T}}\boldsymbol{B}\boldsymbol{x}_3 \tag{7－108}$$

7.2.3 仿真案例

为了验证本书设计的环境最优艏向控制系统的控制性能，采用某海洋救助船进行仿真试验。

该海洋救助船配置了 2 个螺旋桨推进器（主推）、3 个槽道推进器（侧推）和 2 个舵。2 个主推对称布置在船尾方向与纵轴线平行，2 个舵分别布置在主推的后面，3 个侧推并列布置在船体的纵轴线上方向与纵轴线垂直，其中 2 个艏侧推在船体中心前面，艉侧推在船体中心之后。推进系统有两个可调距螺旋桨主推进器，输出最大推力 560kN；两侧推进器（2 个艏侧推和 1 个艉侧推），输出最大推力 100kN；两个舵，输出最大舵力 854kN；

布置情况如图 7－3 所示，其中①②表示艏侧推，③表示艉侧推，④⑤表示主推，⑥⑦表示舵。

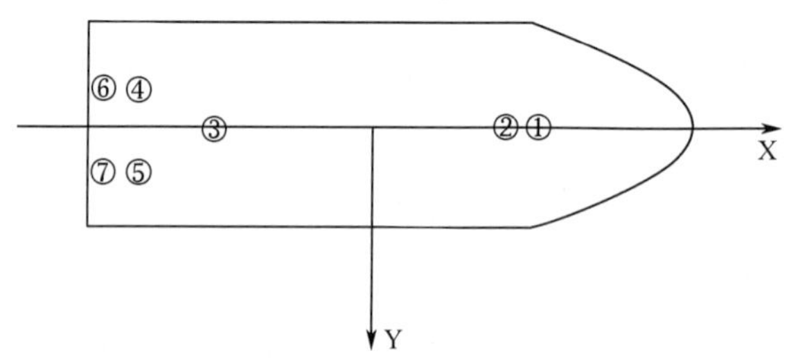

图 7－3 推进器布置情况图

该船的主要尺度数据如表 7－1 所列。

表 7－1 海洋救助船主要尺度

船舶总长 L_{oa}/m	120	排水量/t	4405.885
垂线间长 L_{pp}/m	88.00	舵面积 A_R/m^2	~7.5
船宽 B/m	15.20	舵高 H_R/m	3.0
型深 D/m	7.60	舵展弦比 λ	~1.2
设计吃水 d/m	5.60	叶数 Z	4
方形系数 C_b	0.559	螺旋桨直径 D_p/m	3.6~3.8
菱形系数 C_p	0.580	螺距 P/m	可调

最优艏向控制的目标是要船舶绕半径 $\rho=\rho_d$ 固定的圆弧运动直到船舶位置到达最优艏摇角度 $\psi=\psi_{\mathrm{opt}}$，同时在运动过程中要求船舶的艏向始终指向圆的中。圆心点在仿真过程中选定坐标位于(80m，200m)，选取圆弧的半径 $\rho=200$m。船舶的艏摇角度初始值为 0°，船舶起始位置为(80m，0m)。在仿真过程中，环境干扰力方向为 240°。仿真试验的采样时间为

0.4s。启动动力定位显控程序,输入环境干扰力等相关信息,启动自动艏向寻优模式。仿真结果如图 7－4 所示。

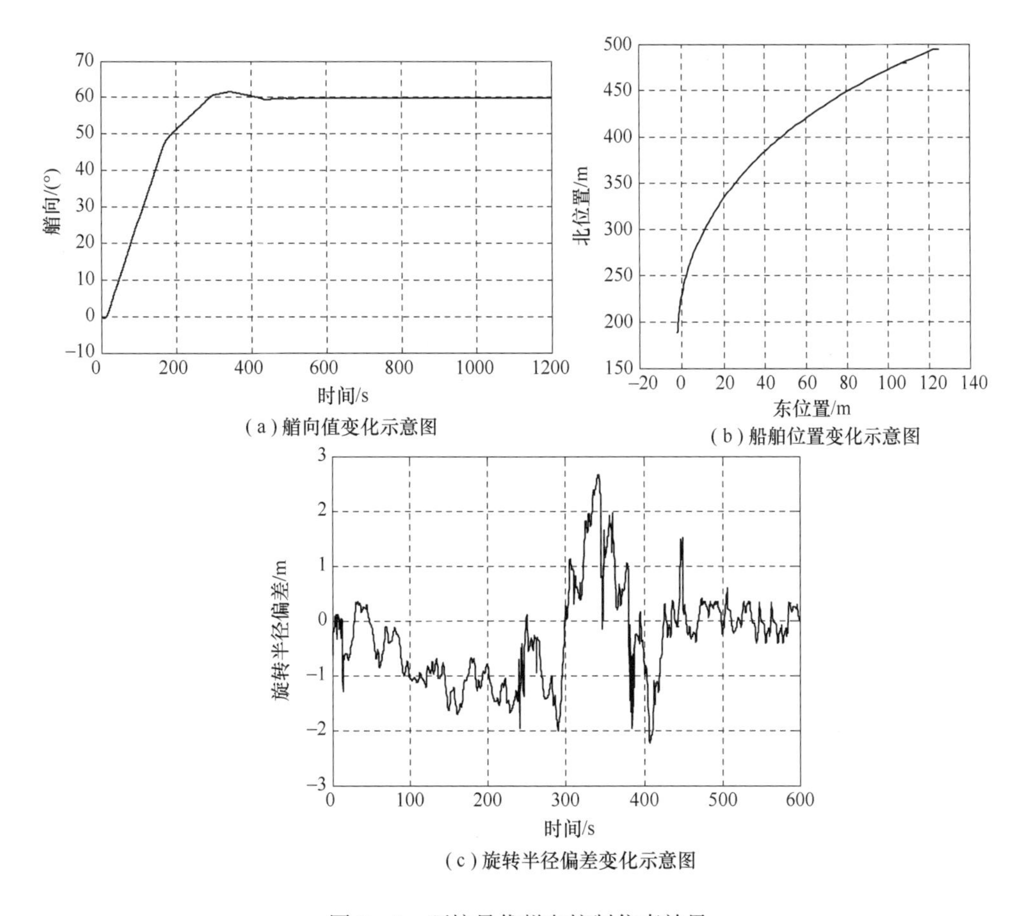

(a)艏向值变化示意图

(b)船舶位置变化示意图

(c)旋转半径偏差变化示意图

图 7－4　环境最优艏向控制仿真效果

由图 7－4 可以看出船舶艏向最终停留在 60°,正好与环境干扰力的方向相反。同时,船舶运动轨迹为一个圆弧型。开始时出现的艏向沿逆时针方向变化的情况,初始艏向为 0°,推进器的推力为 0,加入环境干扰因素风和海流之后,船舶会受到一个突然的外力而反向运动。

7.3　动力定位船任务驱动跟踪控制

7.3.1　任务驱动跟踪控制的分层结构

船舶动力定位控制系统结构图如图 7－5 所示。

由图可知,船舶动力定位控制系统是一个既包含离散变量又包含连续变量的复杂系统,是典型的“混杂系统”。从混杂系统控制过程的角度,将动力定位船舶跟踪控制分为 3 层:根据给定跟踪任务和船舶速度得到确定跟踪任务,并驱动导引算法和控制算法的离散事件层;由导引算法集和控制算法集构成的导引控制层;由动力定位船舶、推进器和传感器构成

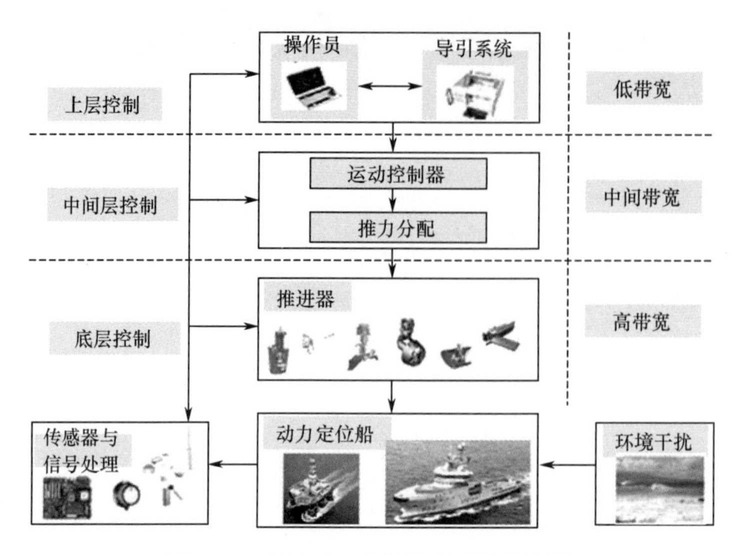

图 7－5　船舶动力定位控制系统结构图

的物理系统层，如图 7－6 所示。

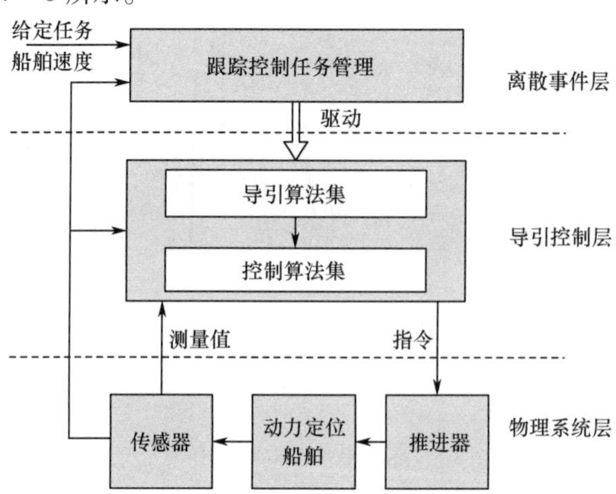

图 7－6　动力定位船舶跟踪控制方框图

对于离散事件层，采用 Petri 网进行建模。

7.3.2　任务驱动 Petri 网模型

1. 动力定位船任务驱动过程分析

动力定位船的跟踪任务包括低速循迹跟踪、高速循迹跟踪、目标跟踪和特种跟踪 4 种，跟踪任务的变化会导致船舶动态和控制目标发生改变。低速循迹、高速循迹、目标跟踪和特种跟踪这 4 种跟踪任务涵盖了动力定位船舶作业过程主要用到的跟踪控制，其中低速循迹、高速循迹和特种跟踪一般是基于给定路径的，而目标跟踪则无法获取被跟踪物的未来路径，只有已知过去的运动和当前的运动状态。

特种跟踪又称为极低速循迹，属于低速循迹的特例，主要用于铺管、铺缆、挖泥、挖沟等作业，此时船以零附近速度跟踪给定路径。低速循迹跟踪的速度设定在 0～1.5m/s 之间。高速循迹跟踪的设定速度高于 2m/s，此时动力定位船会产生较大的惯性和非线性。跟踪任务与动力定位船运动速度的关系如图 7－7 所示。

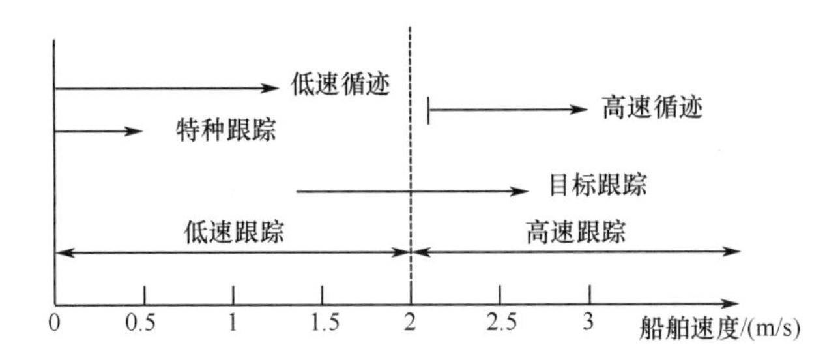

图7-7　跟踪任务与动力定位船运动速度的关系

目标跟踪一般有两种形式,如图7-8所示。一种如图7-8(a)所示,是对水面船舶或平台的跟踪,需要控制船舶的艏向和目标艏向一致,一般用于协调作业、救援等;另一种如图7-8(b)所示,是对水下潜器的跟踪,由于脐带缆或信号传输距离的限制,船舶对目标的跟踪存在距离阈值,如水下勘探、调查和铺设作业。在目标跟踪过程中一般只有被跟踪目标的瞬时位置和速度等信息能够测量的量。

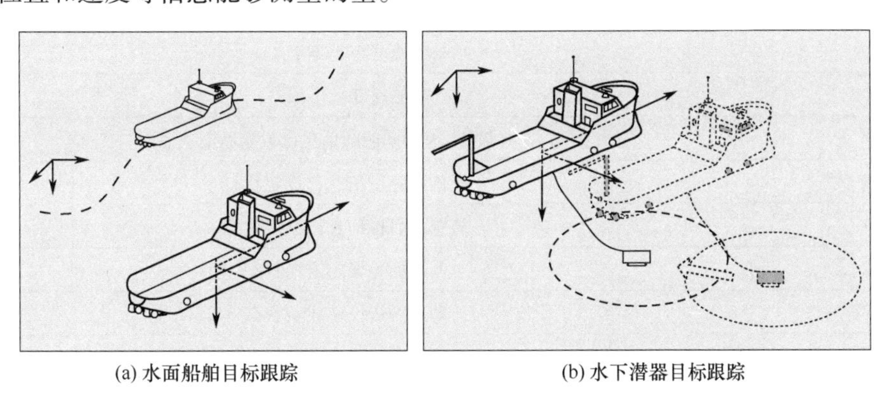

(a) 水面船舶目标跟踪　　(b) 水下潜器目标跟踪

图7-8　动力定位船目标跟踪任务的两种主要类型

在船舶执行跟踪任务时,运动速度变化会导致船舶动态过程的变化,船舶线性阻尼和非线性阻尼随速度变化情况如图7-9所示,速度越高线性阻尼相对非线性阻尼得越小,动力定位船的数学控制模型也会发生变化。

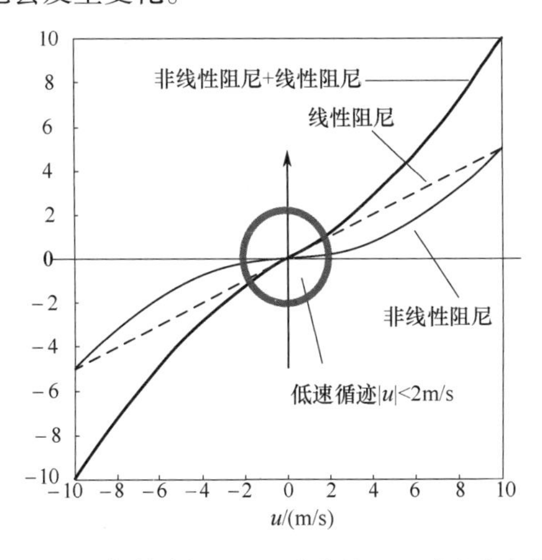

图7-9　船舶线性阻尼和非线性阻尼随速度变化

2. 任务驱动 Petri 网模型

在任务驱动跟踪控制系统的离散任务建模过程中,任务能否执行成功由任务设定、船舶运动状态和跟踪信息状态共同决定。不同跟踪任务的控制目标不同,不能使用同一控制器完成不同跟踪任务,系统需要调用合适的导引算法和控制算法。

定义动力定位船执行跟踪任务控制过程中的库所和变迁,如表 7-2 和表 7-3 所列。

表 7-2 动力定位船跟踪控制任务驱动 Petri 网模型库所表

库所名称	含 义
p1	跟踪控制就绪
p2	等待任务指令
p3	等待进入低速循迹任务状态
p4	等待进入高速循迹任务状态
p5	等待进入目标跟踪任务状态
p6	船舶速度判断准备
p7	船舶速度小于等于 2m/s
p8	船舶速度大于 2m/s
p9	航迹、速度和艏向信息已设定状态
p10	航迹和速度信息已设定状态
p11	被跟踪目标信息已设定状态
p12	低速循迹设定成功状态
p13	高速循迹设定成功状态
p14	目标跟踪设定成功状态
p15	低速循迹导引算法启用状态
P16	低速跟踪控制算法启用状态
p17	目标跟踪导引算法启用状态
p18	高速跟踪控制算法启用状态
p19	高速循迹导引算法启用状态
p20	跟踪任务执行过程中
p21	本次跟踪任务已完成
p22	本次跟踪任务未完成
p23	等待进入特种跟踪任务状态
p24	设备路径信息已设定状态
p25	特种跟踪任务设定成功状态
p26	特种跟踪导引算法启用状态
p27	特种跟踪控制器启用状态

表 7-3 动力定位船任务驱动跟踪控制系统 Perti 网变迁表

变迁名称	含 义
t1	切入跟踪控制
t2	指令和船舶状态判断

(续)

变迁名称	含 义
t3	指定低速循迹任务
t4	指定高速循迹任务
t5	指定目标跟踪任务
t6	与2m/s的速度进行比较
t7	低速循迹任务开始执行
t8	高速循迹任务开始执行
t9	目标跟踪任务开始执行
t10	选择适合低速循迹任务的导引和控制算法
t11	选择适合高速循迹任务的导引和控制算法
t12	选择适合低速目标跟踪任务的导引和控制算法
t13	选择适合高速目标跟踪任务的导引和控制算法
t14	运行适合低速循迹任务的导引和控制算法
t15	运行适合高速循迹任务的导引和控制算法
t16	运行适合低速目标跟踪任务的导引和控制算法
t17	运行适合高速目标跟踪任务的导引和控制算法
t18	判断任务的完成情况
t19	继续执行跟踪任务
t20	下达新的跟踪任务指令
t21	退出跟踪控制
t22	指定特种跟踪任务
t23	特种跟踪任务开始执行
t24	选择适合特种跟踪任务的导引和控制算法
t25	运行适合特种跟踪任务的导引和控制算法

根据分析以及表7-2和表7-3给出的变迁和库所的定义,可以得到图7-10所示的动力定位船跟踪控制系统任务驱动过程。

在图7-10所示的任务驱动跟踪控制的Petri网模型中,变迁t19发生后,若给定跟踪任务不变,船舶则继续执行同一跟踪任务。库所p12、p13、p14或p25中存在托肯表示对应的任务设定成功,对应的变迁t14、t15、t16、t17或t25就会发生,从而执行相应的导引算法和控制算法,完成跟踪控制任务。

当库所p14中存在托肯时,表示目标跟踪任务设定成功,此时须根据船舶的速度选用指定的导引算法。若库所p7中同时存在托肯,变迁t12才有发生权,也就是船舶进行速度高于2m/s的高速跟踪时,系统才会选择适合高速跟踪的导引算法;若库所p8中同时存在托肯,变迁t13才有发生权,也就是船舶进行速度低于2m/s的高速跟踪时,系统会选择适合低速跟踪的导引算法。而当库所p21或p22中存在托肯时,也就是本周期跟踪任务执行过程中或者执行结束后,跟踪任务可以发生改变,只要变迁发生的条件满足,就能够通过触发相应的导引和控制算法驱动船舶完成本次跟踪控制任务。

特别指出的是,图7-10中连接库所p7和变迁t7以及连接库所p8和变迁t8的弧称使

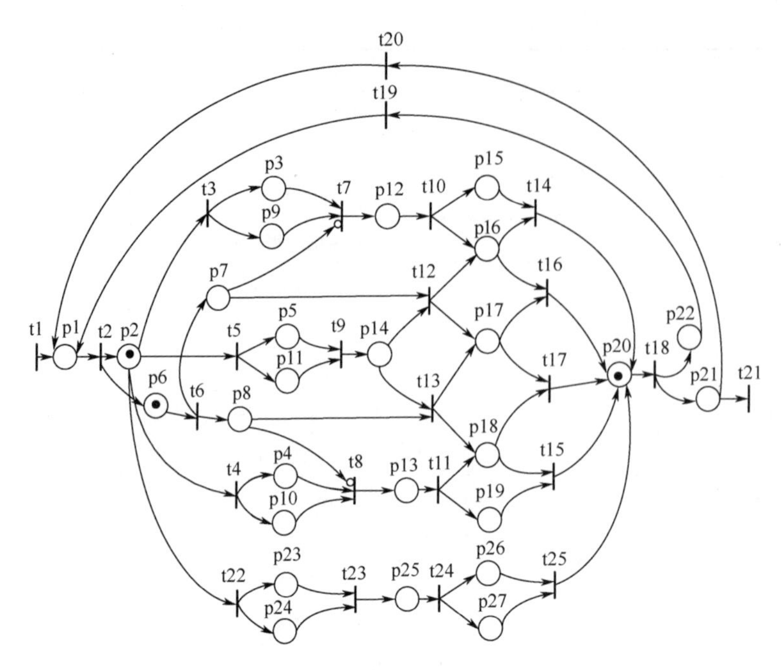

图 7－10　动力定位船跟踪控制任务驱动 Petri 网模型

能弧，它体现了一种逻辑关系，表示如果相应的库所中存在托肯，相应的变迁就能够发生。也就是说在跟踪控制系统设计时，若在执行高速循迹的过程中船舶的速度小于 2m/s，为了得到良好的控制效果，船舶将直接切入低速循迹的控制中。

7.3.3　低速循迹控制及仿真案例

本节针对动力定位船低速循迹任务，基于虚拟质点导引算法和观测器，研究一种半全局一致指数稳定的控制方法，如图 7－11 所示。

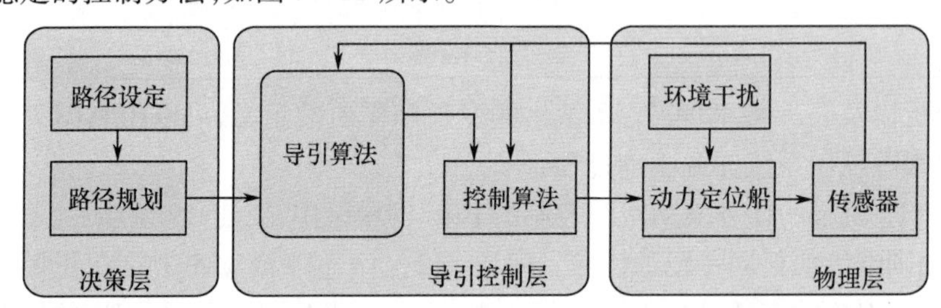

图 7－11　导引算法在动力定位船低速循迹控制总体框图

1. 虚拟质点导引算法设计

虚拟质点导引算法是用来处理船舶的运动学问题，通过规划虚拟质点的动态为控制器提供期望位置以及艏向。动力定位船执行循迹任务时的虚拟质点和船舶运动概况如图 7－12所示。

设虚拟质点的参数化位置为 $\boldsymbol{P}_t(\varpi)=[n_t(\varpi),e_t(\varpi)]\in\Re^2$，$\varpi$ 是与时间 t 有关的参数。船舶的实际位置为 $\boldsymbol{P}(t)=[n(t),e(t)]\in\Re^2$，对航迹的跟踪则要求船舶能够满足：

$$\lim_{t\to\infty}\boldsymbol{P}(t)=\boldsymbol{P}_t(\varpi) \tag{7－109}$$

沿路径运动的期望速度为 U_d，即

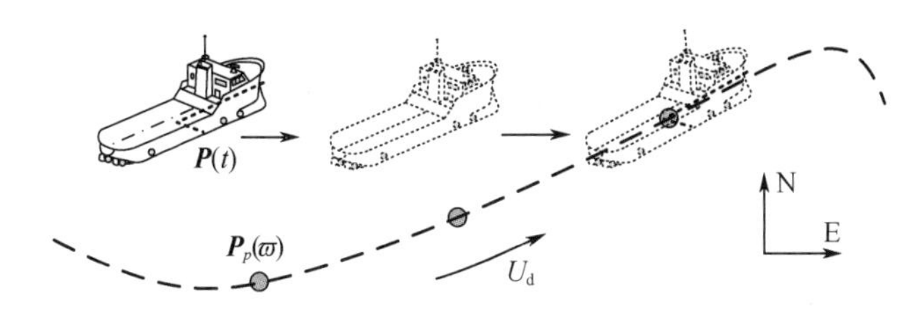

图 7-12 动力定位船路径跟踪示意图

$$\lim_{t\to\infty}\|v(t)\| = \lim_{t\to\infty}\|\dot{\boldsymbol{P}}(t)\| = U_d \tag{7-110}$$

由于当时间 $t\to\infty$ 时，$\boldsymbol{P}(t)\to\boldsymbol{P}_t(\varpi)$，因此只要设计虚拟质点的运动速度满足：

$$\|\dot{\boldsymbol{P}}_t(\varpi)\| = \dot{\varpi}(t)\sqrt{\dot{n}_t(\varpi)^2+\dot{e}_t(\varpi)^2} = U_d \tag{7-111}$$

从而得到虚拟质点运动的路径参数：

$$\dot{\varpi}(t) = \frac{U_d}{\sqrt{\dot{n}_t(\varpi)^2+\dot{e}_t(\varpi)^2}} \tag{7-112}$$

2. 基于观测器的低速循迹跟踪控制

本节为了便于控制算法的设计，将船体坐标系中的动力学模型进行转换。

由

$$\dot{\boldsymbol{\eta}} = \boldsymbol{R}(\psi)\boldsymbol{v}\Leftrightarrow\boldsymbol{v} = \boldsymbol{R}^{-1}(\psi)\dot{\boldsymbol{\eta}}$$

$$\ddot{\boldsymbol{\eta}} = \boldsymbol{R}(\psi)\dot{\boldsymbol{v}}+\dot{\boldsymbol{R}}(\psi)\boldsymbol{v}\Leftrightarrow\dot{\boldsymbol{v}} = \boldsymbol{R}^{-1}(\psi)[\ddot{\boldsymbol{\eta}}-\dot{\boldsymbol{R}}(\psi)\boldsymbol{R}^{-1}(\psi)\dot{\boldsymbol{\eta}}] \tag{7-113}$$

可得船舶转换动态模型：

$$\boldsymbol{M}^*(\boldsymbol{\eta})\ddot{\boldsymbol{\eta}}+\boldsymbol{C}^*(\boldsymbol{\eta},\dot{\boldsymbol{\eta}})\dot{\boldsymbol{\eta}}+\boldsymbol{D}^*(\boldsymbol{\eta},\dot{\boldsymbol{\eta}})\dot{\boldsymbol{\eta}} = \tau \tag{7-114}$$

式中：

$$\begin{aligned}\boldsymbol{M}^*(\boldsymbol{\eta}) &= \boldsymbol{M}\boldsymbol{R}^{-1}(\psi)\\ \boldsymbol{C}^*(\boldsymbol{\eta},\dot{\boldsymbol{\eta}}) &= (\boldsymbol{C}(\boldsymbol{v})-\boldsymbol{M}\boldsymbol{R}^{-1}(\psi)\dot{\boldsymbol{R}}(\psi))\boldsymbol{R}^{-1}(\psi)\\ \boldsymbol{D}^*(\boldsymbol{\eta},\dot{\boldsymbol{\eta}}) &= (\boldsymbol{D}(\boldsymbol{v})+\boldsymbol{D}_n(\boldsymbol{v}))\boldsymbol{R}^{-1}(\psi)\end{aligned} \tag{7-115}$$

由于部分船舶未安装速度传感器，且测量值带有噪声，因此可通过观测器估计速度等不可测量的状态变量，并完成对测量值的滤波，以提高控制精度。

设计如下形式的观测器：

$$\begin{cases}\dot{\hat{\boldsymbol{\eta}}} = \hat{\dot{\boldsymbol{\eta}}}+\boldsymbol{K}_1\tilde{\boldsymbol{\eta}}\\ \dot{\hat{\dot{\boldsymbol{\eta}}}} = -\boldsymbol{M}^*(\boldsymbol{\eta})^{-1}[\boldsymbol{C}^*(\boldsymbol{\eta},\hat{\dot{\boldsymbol{\eta}}})\hat{\dot{\boldsymbol{\eta}}}+\boldsymbol{D}^*(\boldsymbol{\eta},\hat{\dot{\boldsymbol{\eta}}})-\boldsymbol{\tau}]+\boldsymbol{K}_2\tilde{\boldsymbol{\eta}}\end{cases} \tag{7-116}$$

式中：$\hat{\dot{\boldsymbol{\eta}}} = \boldsymbol{R}(\psi)\hat{\boldsymbol{v}}$ $\hat{\boldsymbol{\eta}}$为观测量 $\tilde{\boldsymbol{\eta}} = \boldsymbol{\eta}-\hat{\boldsymbol{\eta}}$；$\boldsymbol{K}_1$ 和 $\boldsymbol{K}_2$ 为对称正定的增益矩阵。

接下来给出控制器的设计过程。

步骤1 定义误差变量为

$$z_1 = \hat{\boldsymbol{\eta}}-\boldsymbol{\eta}_d \tag{7-117}$$

由此可以得到

$$\dot{z}_1 = \dot{\hat{\boldsymbol{\eta}}}-\dot{\boldsymbol{\eta}}_d = \hat{\dot{\boldsymbol{\eta}}}+\boldsymbol{K}_1\tilde{\boldsymbol{\eta}}-\dot{\boldsymbol{\eta}}_d \tag{7-118}$$

若选择$\hat{\dot{\boldsymbol{\eta}}}$作为虚拟控制量，令 $\boldsymbol{\xi} = \hat{\dot{\boldsymbol{\eta}}} = z_2+\boldsymbol{\Phi}$，$\boldsymbol{\Phi}$ 为稳定函数。

设计虚拟控制律：

$$\boldsymbol{\Phi} = -\boldsymbol{C}_1 z_1 - \boldsymbol{D}_1 z_1 + \dot{\boldsymbol{\eta}}_d \tag{7-119}$$

则有

$$\dot{z}_1 = -\boldsymbol{C}_1 z_1 - \boldsymbol{D}_1 z_1 + z_2 + \boldsymbol{K}_1 \tilde{\boldsymbol{\eta}} \tag{7-120}$$

式中：$\boldsymbol{C}_1$ 为待设计的严格正定反馈增益矩阵；$\boldsymbol{D}_1$ 为正定对角阵，用来抵消 $\boldsymbol{K}_1\tilde{\boldsymbol{\eta}}$ 的影响，令：

$$\boldsymbol{D}_1 = \mathrm{diag}[d_1k_1k_1 \quad d_2k_2k_2 \quad d_3k_3k_3] \tag{7-121}$$

式中：$\boldsymbol{K}_1 = \mathrm{diag}[k_1 \quad k_2 \quad k_3]$；$d_i > 0, i = 1,2,3$。

步骤 2　将方程 $\boldsymbol{\xi} = \dot{\hat{\boldsymbol{\eta}}} = z_2 + \boldsymbol{\Phi}$ 两边同时微分，可得

$$\begin{aligned}
\dot{z}_2 &= \dot{\boldsymbol{\xi}} - \dot{\boldsymbol{\Phi}} = \ddot{\hat{\boldsymbol{\eta}}} - (-\boldsymbol{C}_1\dot{z}_1 - \boldsymbol{D}_1\dot{z}_1 + \ddot{\boldsymbol{\eta}}_d) \\
&= -\boldsymbol{M}^*(\boldsymbol{\eta})^{-1}[\boldsymbol{C}^*(\boldsymbol{\eta},\dot{\hat{\boldsymbol{\eta}}})\dot{\hat{\boldsymbol{\eta}}} + \boldsymbol{D}^*(\boldsymbol{\eta},\dot{\hat{\boldsymbol{\eta}}}) - \boldsymbol{\tau}] \\
&\quad + (\boldsymbol{C}_1 + \boldsymbol{D}_1)(-\boldsymbol{C}_1 z_1 - \boldsymbol{D}_1 z_1 + z_2 + \boldsymbol{K}_1\tilde{\boldsymbol{\eta}}) + \boldsymbol{K}_2\tilde{\boldsymbol{\eta}} - \ddot{\boldsymbol{\eta}}_d \\
&= -\boldsymbol{M}^*(\boldsymbol{\eta})^{-1}\boldsymbol{C}^*(\boldsymbol{\eta},\dot{\hat{\boldsymbol{\eta}}})\dot{\hat{\boldsymbol{\eta}}} - \boldsymbol{M}^*(\boldsymbol{\eta})^{-1}\boldsymbol{D}^*(\boldsymbol{\eta},\dot{\hat{\boldsymbol{\eta}}}) - (\boldsymbol{C}_1 + \boldsymbol{D}_1)^2 z_1 \\
&\quad + (\boldsymbol{C}_1 + \boldsymbol{D}_1)(z_2 + \boldsymbol{K}_1\tilde{\boldsymbol{\eta}}) + \boldsymbol{K}_2\tilde{\boldsymbol{\eta}} + \boldsymbol{M}^*(\boldsymbol{\eta})^{-1}\boldsymbol{\tau} - \ddot{\boldsymbol{\eta}}_d
\end{aligned} \tag{7-122}$$

由此选择如下控制律：

$$\begin{aligned}
\boldsymbol{\tau} &= \boldsymbol{C}^*(\boldsymbol{\eta},\dot{\hat{\boldsymbol{\eta}}})\dot{\hat{\boldsymbol{\eta}}} + \boldsymbol{D}^*(\boldsymbol{\eta},\dot{\hat{\boldsymbol{\eta}}}) + \boldsymbol{M}^*(\boldsymbol{\eta})(\boldsymbol{C}_1 + \boldsymbol{D}_1)^2 z_1 \\
&\quad - \boldsymbol{M}^*(\boldsymbol{\eta})(\boldsymbol{C}_1 + \boldsymbol{D}_1) z_2 + \boldsymbol{M}^*(\boldsymbol{\eta})\ddot{\boldsymbol{\eta}}_d - \boldsymbol{M}^*(\boldsymbol{\eta})(\boldsymbol{C}_2 z_2 + \boldsymbol{D}_2 z_2 + z_1)
\end{aligned} \tag{7-123}$$

其中，$\boldsymbol{C}_2$ 为严格正定控制增益矩阵。将式(3-38)代入式(3-37)有

$$\dot{z}_2 = -\boldsymbol{C}_2 z_2 - \boldsymbol{D}_2 z_2 - z_1 + \boldsymbol{\Gamma}\tilde{\boldsymbol{\eta}} \tag{7-124}$$

其中：

$$\begin{aligned}
&\boldsymbol{\Gamma} = [(\boldsymbol{C}_1 + \boldsymbol{D}_1)\boldsymbol{K}_1 + \boldsymbol{K}_2] = \mathrm{diag}[l_1, l_2, l_3] \\
&\boldsymbol{D}_2 = \mathrm{diag}[d_4l_1l_1, d_5l_2l_2, d_6l_3l_3], d_i > 0, i = 3,4,5
\end{aligned} \tag{7-125}$$

因此，本节根据上述观测器和控制算法的设计过程，给出引理 7.1。

【假设 7.3】水动力阻尼 $\boldsymbol{D}^*(\boldsymbol{\eta},\dot{\boldsymbol{\eta}})$ 是连续可微的，且满足如下的性质：$\left\|\dfrac{\partial \boldsymbol{D}^*(\boldsymbol{\eta},\dot{\boldsymbol{\eta}})}{\partial \dot{\boldsymbol{\eta}}}\right\| \leqslant D_{M1}^* + D_{M2}^*\|\dot{\boldsymbol{\eta}}\|$，$\forall \boldsymbol{\eta},\dot{\boldsymbol{\eta}}$，其中 $D_{M1}^*, D_{M2}^* > 0$，应用均值定理有 $\|\boldsymbol{D}^*(\boldsymbol{\eta},\boldsymbol{x}) - \boldsymbol{D}^*(\boldsymbol{\eta},\boldsymbol{y})\| \leqslant (D_{M1}^* + D_{M2}^*\|x-y\|)\|\boldsymbol{x}-\boldsymbol{y}\|$。

【引理 7.1】对于动力定位船，在假设 7.3 的条件下，观测控制律式(7-123)可以保证闭环动力定位船低速循迹跟踪控制系统的跟踪误差具有半全局一致指数稳定性。

3. 仿真案例

为了验证该低速循迹跟踪控制算法的跟踪效果，通过与反步法进行仿真对比分析。跟踪控制器增益分别设定为 $\boldsymbol{K}_1 = \mathrm{diag}(15,15,15)$，$\boldsymbol{K}_2 = \mathrm{diag}(60,60,60)$，$\boldsymbol{C}_1 = \mathrm{diag}(0.3,0.2,0.25)$，$\boldsymbol{C}_2 = \mathrm{diag}(5,3,4)$，$\boldsymbol{D}_2 = \mathrm{diag}(1,1,1)$，$\boldsymbol{D}_2 = \mathrm{diag}(1,1,1)$，反步控制器的增益为 $\boldsymbol{C}_1 = \mathrm{diag}(1,1,1)$，$\boldsymbol{C}_2 = \mathrm{diag}(2,2,2)$。动力定位船的初始北东位置均为(10m,100m)，初始艏向为 $-159°$，仿真结果如图 7-13～图 7-15 所示。

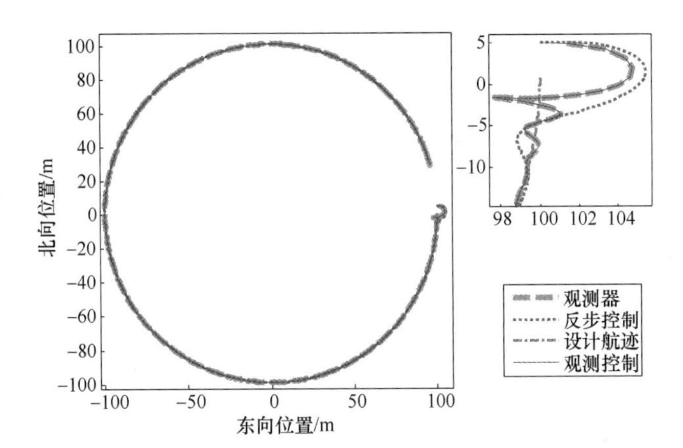

图7-13　船舶跟踪跟踪效果对比

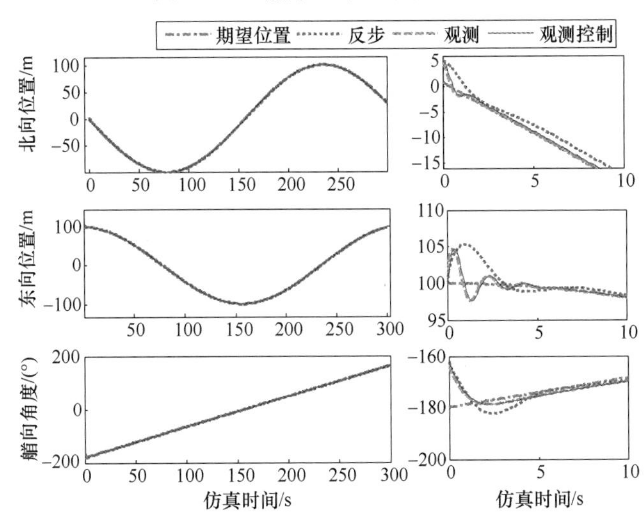

图7-14　位置和艏向变化曲线

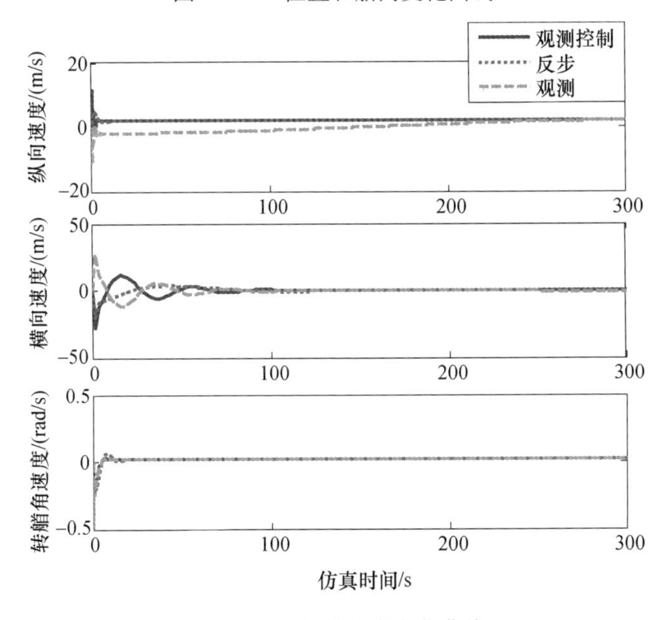

图7-15　船舶速度变化曲线

仿真结果表明,观测器的速度估计可以收敛于船舶响应的实际值;本节设计的观测控制算法和反步控制都能完成对设定曲线路径的跟踪任务,初始阶段观测控制算法具有更好的收敛效果,反步控制算法的超调较大,而且跟踪稳定后,观测控制的精度更高。

7.3.4 特种跟踪(铺缆作业)控制及仿真案例

对于特种跟踪作业的动力定位船,外部设备会对船舶产生很大的影响,使船舶动态出现不确定性' 和强非线性。特种跟踪任务的跟踪路径一般是给定的,设备的干扰力可以通过测量得到,然后通过前馈控制进行补偿,但是由于跟踪过程中设备的干扰会造成船舶的一些未建模动态的影响增加,控制器必须保证系统具有良好的鲁棒性和稳定性。

本节基于相对位置导引算法,以动力定位船铺缆作业为例,研究特种跟踪问题。使用自适应项补偿系统的不确定性和作业设备干扰力,研究强干扰补偿自适应动态面控制方法。

1. 相对位置导引算法

在铺缆作业过程中,动力定位船和埋设机的运动过程如图 7-16 所示,图中圆形区域为船舶相对当前期望位置的最大偏差允许范围。

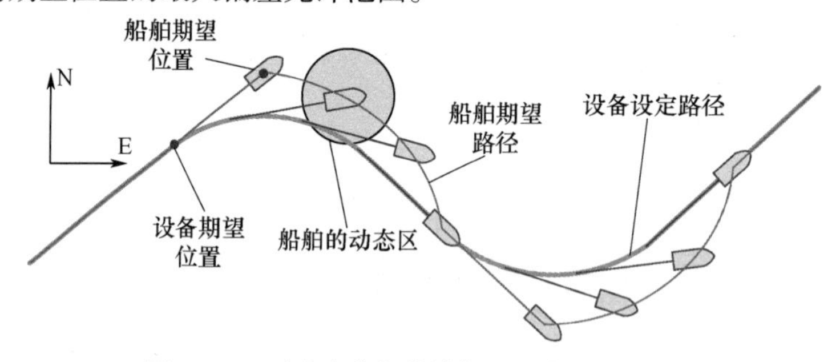

图 7-16 动力定位船铺缆作业运动过程示意图

采用相对位置导引算法原理示意图如图 7-17 所示。

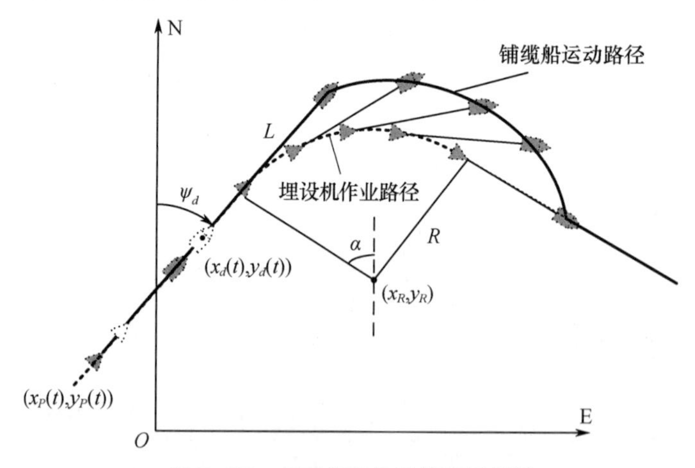

图 7-17 相对位置导引算法原理图

在直线段路径段,船舶的期望位置和艏向计算方法为

$$\begin{cases} x_d = x_p + VT\cos\theta + L\cos\theta \\ y_d = y_p + VT\sin\theta + L\sin\theta \\ \psi_d = \psi_p = \text{atan2}(y_k - y_p, x_k - x_p) \end{cases} \tag{7-126}$$

式中：θ 为路径方向；$\boldsymbol{\eta}_d=[x_d,y_d,\psi_d]^{\mathrm{T}}$ 为船舶期望位置和艏向；x_p、y_p、ψ_p 为水下设备的期望位置和艏向；V 为设定跟踪速度；T 为采样时间；x_k 和 y_k 为当前路径点的北东坐标；L 是船舶与设备在水平面上的相对距离。

在圆弧路径段，船舶期望位置和艏向的计算方法为

$$\begin{cases}\psi_d=\dot{\psi}_d+r\cdot T.\ \mathrm{sign}\\ x_d=x_R+R\cos(\sigma+r\cdot T.\ \mathrm{sgn})+L\cos\psi_d\\ y_d=y_R+R\sin(\sigma+r\cdot T.\ \mathrm{sgn})+L\sin\psi_d\end{cases}\tag{7-127}$$

式中：R 为圆弧段路径的半径；(x_R,y_R) 为圆心坐标；$r=\nu/R$ 为转艏角速度；σ 为开始转向时起始角度；sign $=(1,-1)$ 为一符号数，1 时表示右转，为 -1 时表示左转。

2. 自适应强干扰补偿特种跟踪动态面控制

当动力定船进行特种作业时，船舶运动模型可写成如下形式：

$$\begin{aligned}\dot{\boldsymbol{\eta}}&=\boldsymbol{J}(\psi)\boldsymbol{v}\\ \boldsymbol{M}\dot{\boldsymbol{v}}+\boldsymbol{C}(\boldsymbol{v})\boldsymbol{v}+\boldsymbol{D}_k(\boldsymbol{v})\boldsymbol{v}&=\boldsymbol{\tau}+\boldsymbol{\Phi}(\boldsymbol{v})\boldsymbol{\chi}\end{aligned}\tag{7-128}$$

式中：$\boldsymbol{D}_k(\boldsymbol{v})$ 为阻尼中的已知参数项；$\boldsymbol{\Phi}(\boldsymbol{v})\boldsymbol{\chi}$ 表示控制模型中由未知水动力阻尼、环境扰动和水下设备扰动组成为模型参数未知项。

回归矩阵：

$$\boldsymbol{\Phi}(\boldsymbol{v})=\begin{bmatrix}|u|u & 0 & 0 & 0 & 0 & 0 & 0 & 0 & 1 & 0 & 0\\ 0 & |v|v & |r|v & |v|r & |r|r & 0 & 0 & 0 & 0 & 1 & 0\\ 0 & 0 & 0 & 0 & 0 & |r|v & |v|r & |r|r & 0 & 0 & 1\end{bmatrix}\tag{7-129}$$

不确定参数矢量：

$$\begin{aligned}\boldsymbol{\chi}=[&X_{|u|u},Y_{|v|v},Y_{|r|v},Y_{|v|r},Y_{|r|r},N_{|r|v},N_{|v|r},N_{|r|r},\\ &\tau_{\mathrm{env},x}+\tau_{\mathrm{pl},x},\tau_{\mathrm{env},y}+\tau_{\mathrm{pl},y},\tau_{\mathrm{env},\psi}+\tau_{\mathrm{pl},\psi}]^{\mathrm{T}}\in\mathbf{R}^{11}\end{aligned}\tag{7-130}$$

式中：$\boldsymbol{\tau}_{\mathrm{env}}=[\tau_{\mathrm{env},x}\quad\tau_{\mathrm{env},y}\quad\tau_{\mathrm{env},N}]^{\mathrm{T}}$ 为环境产生的干扰力和力矩；$\boldsymbol{\tau}_{\mathrm{pl}}=[\tau_{\mathrm{pl},x}\quad\tau_{\mathrm{pl},y}\quad\tau_{\mathrm{pl},N}]^{\mathrm{T}}$ 为设备产生的干扰力和力矩。

为了设计控制器的方便，进一步定义下面的变量：

$$\begin{cases}\boldsymbol{x}_1=\boldsymbol{\eta}\\ \boldsymbol{x}_2=\boldsymbol{v}\end{cases}\tag{7-131}$$

则特种作业的动力定位船舶模型可写为如下形式：

$$\begin{aligned}\dot{\boldsymbol{x}}_1&=\boldsymbol{g}_1(x_1)\boldsymbol{x}_2\\ \dot{\boldsymbol{x}}_2&=\boldsymbol{f}_2(x_2)+\boldsymbol{g}_2(x_2)\boldsymbol{u}+\Delta_2\end{aligned}\tag{7-132}$$

其中：$\boldsymbol{g}_1(x_1)=\boldsymbol{J}(\psi)$，$\boldsymbol{f}_2(x_2)=-\boldsymbol{M}^{-1}(\boldsymbol{C}(\boldsymbol{v})+\boldsymbol{D}_k(\boldsymbol{v}))$，$\boldsymbol{g}_2(x_2)=\boldsymbol{M}^{-1}$，$\Delta_2=\boldsymbol{M}^{-1}\boldsymbol{\Phi}(\boldsymbol{v})\boldsymbol{\chi}$，$\boldsymbol{u}=\boldsymbol{\tau}$。

给出如下控制器的设计过程：

步骤 1，定义误差矢量：

$$\boldsymbol{S}_1=\boldsymbol{x}_1-\boldsymbol{\eta}_d\tag{7-133}$$

根据船舶控制模型，$\boldsymbol{S}_1$ 对时间的导数为

$$\dot{\boldsymbol{S}}_1=\dot{\boldsymbol{x}}_1-\dot{\boldsymbol{\eta}}_d=\boldsymbol{g}_1\boldsymbol{x}_2-\dot{\eta}_d\tag{7-134}$$

为镇定 $\boldsymbol{S}_1$，设计如下虚拟控制率：

$$\bar{\boldsymbol{x}}_2 = -\boldsymbol{k}_1\boldsymbol{S}_1 + \boldsymbol{g}_1^{-1}\dot{\boldsymbol{\eta}}_d \tag{7-135}$$

其中，$\boldsymbol{k}_1 = \boldsymbol{k}_1^{\mathrm{T}} > \boldsymbol{0}$，为待设计参数。此处引入动态面的设计思想，定义矩阵变量 $\boldsymbol{z}_2$，选择时间常数 $\boldsymbol{T}$，设计如下一阶滤波器对 $\bar{\boldsymbol{x}}_2$ 进行估计：

$$\boldsymbol{T}\dot{\boldsymbol{z}}_2 + \boldsymbol{z}_2 = \bar{\boldsymbol{x}}_2, \boldsymbol{z}_2(0) = \bar{\boldsymbol{x}}_2(0) \tag{7-136}$$

步骤 2，定义 $\boldsymbol{S}_2 = \boldsymbol{x}_2 - \boldsymbol{z}_2$，有

$$\dot{\boldsymbol{S}}_2 = \dot{\boldsymbol{x}}_2 - \dot{\boldsymbol{z}}_2 = \boldsymbol{f}_2 + \boldsymbol{g}_2\boldsymbol{u} + \Delta_2 - \dot{\boldsymbol{z}}_2 \tag{7-137}$$

定义 $\tilde{\boldsymbol{\chi}} = \boldsymbol{\chi} - \hat{\boldsymbol{\chi}}$ 为对不确定参数 $\boldsymbol{\chi}$ 的估计误差，$\bar{\boldsymbol{\chi}}$、$\boldsymbol{\chi}^*$、$\boldsymbol{\sigma}$ 为任意设定矩阵，则有

$$\begin{aligned}
\tilde{\boldsymbol{\chi}}^{\mathrm{T}}(\bar{\boldsymbol{\chi}} - \hat{\boldsymbol{\chi}}) &= (\|\tilde{\boldsymbol{\chi}}\|^2/2) + (\|\bar{\boldsymbol{\chi}} - \hat{\boldsymbol{\chi}}\|^2/2) - (\|\boldsymbol{\chi} - \hat{\boldsymbol{\chi}}\|^2/2) \\
&\geqslant (\|\tilde{\boldsymbol{\chi}}\|^2/2) - (\|\bar{\boldsymbol{\chi}} - \boldsymbol{\chi}^*\|^2/2) \\
&\Rightarrow -\tilde{\boldsymbol{\chi}}^{\mathrm{T}}\boldsymbol{\sigma}(\bar{\boldsymbol{\chi}} - \hat{\boldsymbol{\chi}}) \leqslant -(\|\boldsymbol{\sigma}\|\,\|\tilde{\boldsymbol{\chi}}\|^2/2) + (\|\boldsymbol{\sigma}\|\,\|\bar{\boldsymbol{\chi}} - \boldsymbol{\chi}^*\|^2/2)
\end{aligned} \tag{7-138}$$

令 $\beta = \|\boldsymbol{\sigma}\|\,\|\bar{\boldsymbol{\chi}} - \boldsymbol{\chi}^*\|^2$，则有如下不等式成立：

$$|\boldsymbol{y}_2^{\mathrm{T}}\boldsymbol{B}_2| \leqslant (\boldsymbol{y}_2^{\mathrm{T}}\boldsymbol{y}_2\boldsymbol{B}_2^{\mathrm{T}}\boldsymbol{B}_2/2\beta) + (\beta/2) \leqslant ((B_0^*)^2\boldsymbol{y}_2^{\mathrm{T}}\boldsymbol{y}_2/2\beta) + (\beta/2) \tag{7-139}$$

为了使闭环系统稳定，设计如下形式的自适应控制算法：

$$\begin{cases}
\boldsymbol{u} = -\boldsymbol{k}_2\boldsymbol{S}_2 + \boldsymbol{g}_2^{-1}(-\boldsymbol{f}_2 - \boldsymbol{M}^{-1}\boldsymbol{\Phi}\hat{\boldsymbol{\chi}} + \dot{\boldsymbol{z}}_2) \\
\dot{\hat{\boldsymbol{\chi}}} = \boldsymbol{H}\boldsymbol{\Phi}^{\mathrm{T}}\boldsymbol{M}^{-\mathrm{T}}\boldsymbol{S}_2 + \boldsymbol{H}\boldsymbol{\sigma}(\bar{\boldsymbol{\chi}} - \hat{\boldsymbol{\chi}})
\end{cases} \tag{7-140}$$

式中：$\boldsymbol{k}_2 = \boldsymbol{k}_2^{\mathrm{T}} > \boldsymbol{0}$ 为设计参数。

据此，本节根据上述控制算法的设计过程，给出如下引理：

【引理 7.1】对于动力定位船舶模型，对于一个给定的 $\boldsymbol{\beta}_0$，存在参数 $\boldsymbol{\sigma}$，$\boldsymbol{k}_1$、$\boldsymbol{k}_2$、$\boldsymbol{\chi}^*$、$\bar{\boldsymbol{\chi}}$、$\boldsymbol{T}$ 和 $\boldsymbol{H}$，可以使用自适应动态面控制算法式(7-140)保证闭环控制系统一致渐近有界。

3. 仿真案例

仿真中，以拖拽埋设机作业的铺缆船特种跟踪为例。设定增益矩阵 $\boldsymbol{k}_1 = \mathrm{diag}\{0.005, 0.001, 0.01\}$ 和 $\boldsymbol{k}_2 = \mathrm{diag}\{0.3, 0.2, 1\}$，自适应增益矩阵 $\boldsymbol{H} = \mathrm{diag}\{1,1,1,1,1,1,1,2,2,2\}$，系统时间常数 $\boldsymbol{T} = \mathrm{diag}\{10^5, 2\times10^5, 10^6\}$。设定船舶初始位置为(100m，15m)和初始艏向 0°。

设定作业设备的期望路径为有序位置点(0，0)，(600，100)，(700，700)，(200，1100)，(-200，800)和(-200，200)组成的路径，设定水下设备与船舶之间相对距离的水平面投影为 120m。仿真试验结果如图 7-18～图 7-20 所示。

仿真试验结果表明：船舶可以按照要求根据所拖拽水下作业设备路径很好地完成特种跟踪任务，跟踪误差能够渐近趋向于零，且具有良好的稳定性和鲁棒性。

7.3.5 高速循迹控制及仿真案例

本节针对可能出现欠驱动特性的动力定位船的高速循迹跟踪任务，设计 SFLOS 闭环导引算法，研究了自适应反步控制算法，进而提出基于 SFLOS 算法的级联闭环导引跟踪控制保证闭环导引控制回路的一致渐近稳定。

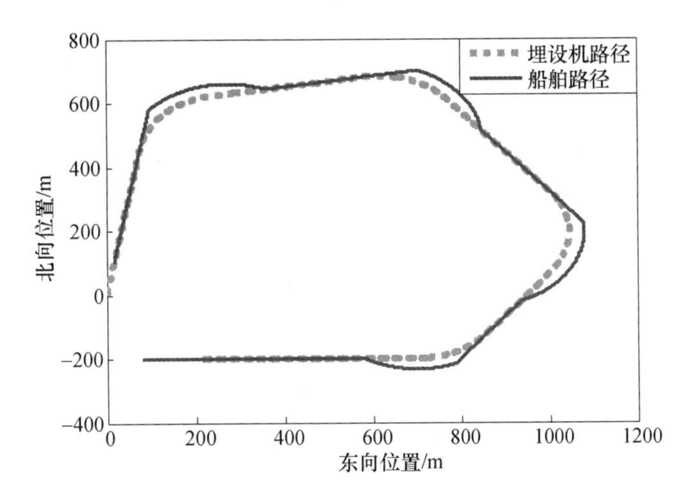

图7-18　船舶跟踪跟踪效果

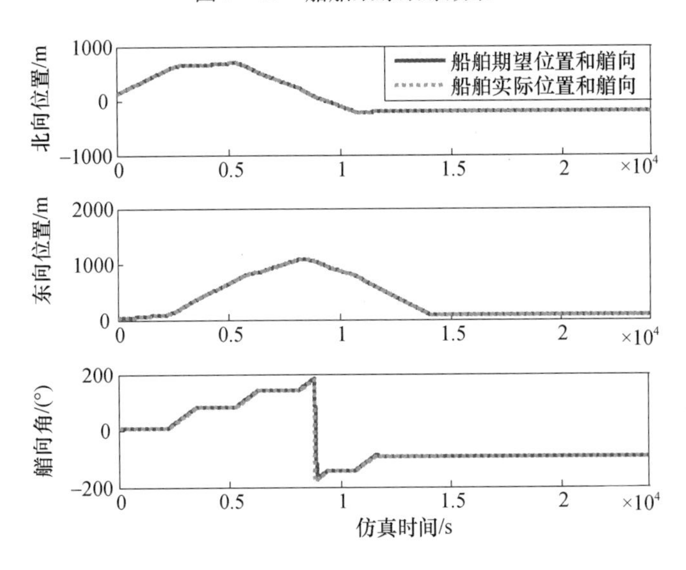

图7-19　船舶位置和艏向响应曲线

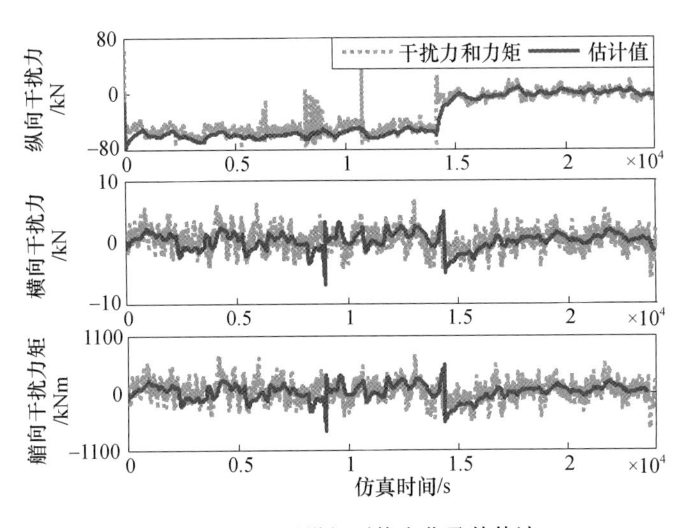

图7-20　埋设机干扰变化及其估计

1. LOS 导引算法

LOS 导引算法原理如图 7-21 所示。以船舶当前位置 $P=(x,y)$ 为圆心，以 n 倍船长为半径做圆，使圆与当前设定路径点 $P_{k-1}=(x_{k-1},y_{k-1})$ 和 $P_k=(x_k,y_k)$ 的连线相交，则可得期望位置点 $P_{LOS}=(x_{los},y_{los})$ 是距离下一路径点 P_k 较近的一点，期望艏向 ψ_{LOS} 则为有向直线 PP_{LOS} 与北向之间的夹角。

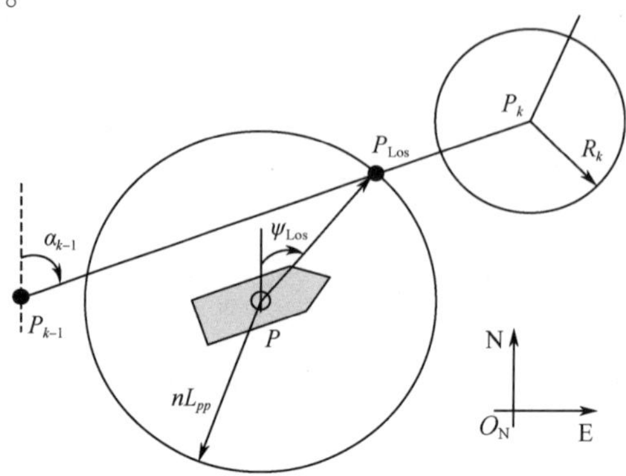

图 7-21　LOS 导引算法原理

为了计算期望位置点 P_{LOS}，在线求解如下的方程：

$$
\begin{aligned}
&(y_{los}-y)^2+(x_{los}-x)^2=(nL_{pp})^2\\
&\frac{y_{los}-y_{k-1}}{x_{los}-x_{k-1}}=\frac{y_k-y_{k-1}}{x_k-x_{k-1}}=\tan(\alpha_{k-1})
\end{aligned}
\tag{7-141}
$$

其中 α_{k-1} 为当前路径的方向。

跟踪过程中，路径点的更新条件如下：

$$(x_k-x)^2+(y_k-y)^2\leqslant R_k^2 \tag{7-142}$$

式中：R_k 为以当前目标路径点为圆心的圆半径。

在路径跟踪过程中，为了保证 P_{LOS} 的存在性，需要满足 $nL_{pp}\geqslant R_k$。

船舶期望艏向 ψ_{LOS} 计算公式如下：

$$\psi_{LOS}=\arctan2(y_{los}-y,x_{los}-x) \tag{7-143}$$

根据 LOS 导引算法的原理可以看出，LOS 是一种典型的三点式导引算法，对与处理直线路径跟踪问题有它独特的优势，但难以用于曲线路径的跟踪。为了打破路径几何形状的限制，本节通过 SF 坐标框架，得到 SFLOS 导引算法。

2. SF 坐标框架

SF 标架是微分几何中为了研究曲线和曲面的工具。由于船舶跟踪的路径是海平面上的二维曲线，下面只对在二维平面上 SF 标架的定义进行介绍。

为了确定空间中一点的位置，必须首先在空间中建立参考坐标系，如图 7-22 所示。最简单的参考系是空间直角坐标系，它是从指定原点 O_d 引出 3 条彼此垂直的实数轴 X_d 轴、Y_d 轴和 Z_d 轴。设平面坐标系 $O_dX_dY_d$ 上的曲线 $C(x_d,y_d)=[x_d(s),y_d(s)]^{\mathrm{T}}$，其中 s 是弧长参数，$r_d(s)$ 是坐标系 $O_dX_dY_d$ 中上任一点的位置矢量，其单位切矢量为

$$\boldsymbol{T}(s)=\frac{\mathrm{d}C}{\mathrm{d}s}=\left[\frac{\mathrm{d}x_d(s)}{\mathrm{d}s},\frac{\mathrm{d}y_d(s)}{\mathrm{d}s}\right]^{\mathrm{T}} \tag{7-144}$$

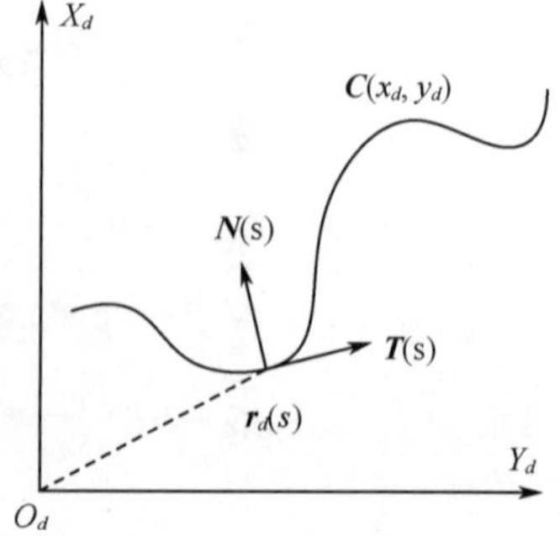

图 7-22　平面曲线的 SF 标架

沿平面坐标系 $O_dX_dY_d$ 正向旋转 90°，则有唯一的单位法矢量为

$$\boldsymbol{N}(s)=\left[-\frac{\mathrm{d}y_d(s)}{\mathrm{d}s},\frac{\mathrm{d}x_d(s)}{\mathrm{d}s}\right]^{\mathrm{T}} \tag{7-145}$$

由此，二维平面上有正交标架 $\{r_d(s);T(s),N(s)\}$，我们把它称为曲线 C 在 $r_d(s)$ 点的 SF 标架。

3. SFLOS 闭环导引算法

引入一个沿设定航迹运动的虚拟质点来表征船舶的期望位置。

定义虚拟质点在北东坐标系中的坐标为 $\boldsymbol{P}_p(\varpi)=[n_p(\varpi),e_p(\varpi)]\in R^2$，速度为 $\boldsymbol{v}_p(\varpi)=\dot{\boldsymbol{p}}_p(\varpi)=[\dot{n}_p(\varpi),\dot{e}_p(\varpi)]\in R^2$，并以 $U_p(\varpi)=|\boldsymbol{v}_p(\varpi)|_2=\sqrt{(\boldsymbol{v}_p(\varpi)^{\mathrm{T}}\boldsymbol{v}_p(\varpi))}$ 表示虚拟质点的速度，以 $\psi_p(\varpi)$ 表示速度的方向角。

根据 SF 坐标框架的原理，定义 $\boldsymbol{P}_p$ 为坐标原点，X_{SF} 轴沿 $\boldsymbol{P}_p$ 运动路径切线方向，将 X_{SF} 轴顺时针旋转 90°作为 Y_{SF} 轴，建立如图 7－23 所示坐标系 $X_{SF}P_PY_{SF}$。那么相对于北东坐标，SF 坐标系的旋转角度为

$$\psi_p(\varpi)=\arctan2(e'(\varpi)/n'(\varpi)) \tag{7-146}$$

其中，$e'(\varpi)=(\mathrm{d}e/\mathrm{d}\varpi)(\varpi)$。

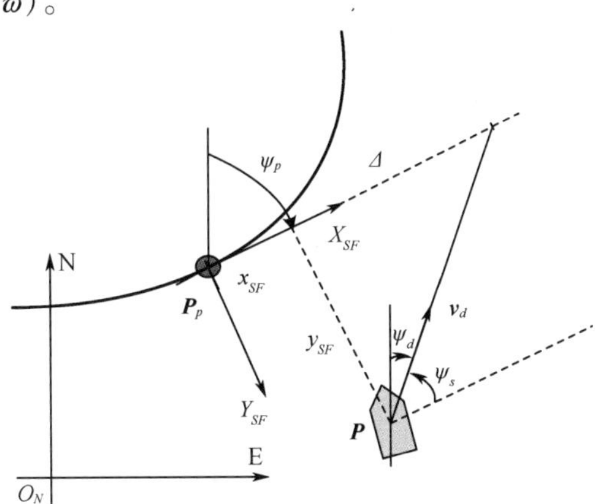

图 7－23　SFLOS 导引原理图

由此，定义 $\boldsymbol{\varepsilon}=[x_{SF},y_{SF}]^{\mathrm{T}}\in\mathbf{R}^2$ 为船舶实际位置与虚拟质点期望位置在 SF 坐标系中的位置偏差，则有

$$\boldsymbol{\varepsilon}=\boldsymbol{R}_t^{\mathrm{T}}(\psi_p)(\boldsymbol{P}-\boldsymbol{P}_p(\varpi)) \tag{7-147}$$

式中：

$$\boldsymbol{R}_t^{\mathrm{T}}(\psi_p)=\begin{bmatrix}\cos\psi_p & -\sin\psi_p\\ \sin\psi_p & \cos\psi_p\end{bmatrix} \tag{7-148}$$

为北东坐标系到 SF 坐标系的旋转矩阵，x_{SF} 为沿 X_{SF} 轴方向的跟踪误差，y_{SF} 为沿 Y_{SF} 轴方向的跟踪误差，标量形式的跟踪误差表示为

$$|\varepsilon|=\sqrt{\varepsilon^{\mathrm{T}}\varepsilon}=\sqrt{y_{SF}^2+x_{SF}^2} \tag{7-149}$$

由此路径跟踪的控制目标便可以成为

$$\lim_{t\to\infty}\varepsilon(t)=\mathbf{0} \tag{7-150}$$

选择如下李雅普诺夫候选函数：

$$V_{\varepsilon}=\frac{1}{2}\boldsymbol{\varepsilon}^{T}\boldsymbol{\varepsilon}=\frac{1}{2}(x_{SF}^{2}+y_{SF}^{2}) \tag{7-151}$$

V_{ε} 沿 $\boldsymbol{\varepsilon}$ 的时间导数为

$$\begin{aligned}\dot{V}_{\varepsilon}&=x_{SF}\dot{x}_{SF}+y_{SF}\dot{y}_{SF}\\&=x_{SF}(U_{p}\cos(\psi_{d}-\psi_{p})-U_{pp})+y_{SF}U_{p}\sin(\psi_{d}-\psi_{p})\end{aligned} \tag{7-152}$$

若考虑式(7-152)中的 U_{pp} 为沿 X_{SF} 轴方向,用于来稳定 x_{SF} 的虚拟输入,并选择 $U_{pp}=U_{p}\cos(\psi_{d}-\psi_{p})+\gamma x_{SF}$,则有

$$\dot{V}_{\varepsilon}=-\gamma x_{SF}^{2}+y_{SF}U_{p}\sin(\psi_{d}-\psi_{p}) \tag{7-153}$$

式中:$\gamma>0$ 为导引算法的设计增益。

此时,将 $\psi_{d}-\psi_{p}$ 看作为了稳定 y_{SF} 的虚拟输入,定义

$$\psi_{s}=\psi_{d}-\psi_{p} \tag{7-154}$$

显然,ψ_{s} 的几何意义为图 7-23 中 SF 坐标系中船舶的期望速度向量与 X_{SF} 轴的夹角。定义 $\boldsymbol{\Delta}$ 为虚拟质点沿航迹切向的引导矢量,则有

$$\psi_{s}=\arctan2\left(-\frac{y_{SF}}{\boldsymbol{\Delta}}\right) \tag{7-155}$$

由此便可以得到

$$\dot{V}_{\varepsilon}=-\gamma x_{SF}^{2}+y_{SF}U_{p}\sin(\psi_{s})=-\gamma x_{SF}^{2}-U_{p}\frac{y_{SF}^{2}}{\sqrt{y_{SF}^{2}+\boldsymbol{\Delta}^{2}}} \tag{7-156}$$

从而,导引算法被分为两个部分:一是得到船舶的期望艏向 ψ_{d};二是获得期望速度 $\boldsymbol{v}_{d}$,保证船舶趋向于船舶在 X_{SF} 轴上投影前方的一点,具体表达式为

$$\psi_{d}=\psi_{p}+\psi_{s} \tag{7-157}$$

$$\boldsymbol{v}_{d}=[u_{d},v_{d}]^{\mathrm{T}}=[U_{p}\cos\psi_{d},U_{p}\sin\psi_{d}]^{\mathrm{T}} \tag{7-158}$$

1. 自适应反步控制算法

本节控制算法中期望输入为 SFLOS 导引算法给出的期望速度和艏向,控制算法的设计目标是使得速度偏差 $\boldsymbol{v}-\boldsymbol{v}_{d}\to 0$ 和艏向偏差 $\psi-\psi_{d}\to 0$,便可以保证位置偏差 $\boldsymbol{P}-\boldsymbol{P}_{p}\to 0$。

因此,首先定义

$$\boldsymbol{h}=[0\quad 0\quad 1]^{\mathrm{T}} \tag{7-159}$$

选择误差

$$z_{1}=\psi-\psi_{d}=\boldsymbol{h\eta}-\psi_{d} \tag{7-160}$$

定义李雅普诺夫候选函数

$$V_{1}=\frac{1}{2}\boldsymbol{k}_{1}z_{1} \tag{7-161}$$

其中,$\boldsymbol{k}_{1}>0$ 为增益矩阵,V_{1} 沿 z_{1} 的微分为

$$\dot{V}_{1}=\boldsymbol{k}_{1}z_{1}\dot{z}_{1}=\boldsymbol{k}_{1}z_{1}(\boldsymbol{h}^{\mathrm{T}}\dot{\boldsymbol{\eta}}-\dot{\psi}_{d})=\boldsymbol{k}_{1}z_{1}(\boldsymbol{h}^{\mathrm{T}}\boldsymbol{v}-\dot{\psi}_{d}) \tag{7-162}$$

定义误差矢量 $\boldsymbol{z}_{2}=\boldsymbol{v}-\boldsymbol{\alpha}$,其中 $\boldsymbol{z}_{2}=[z_{21},z_{22},z_{23}]^{\mathrm{T}}$,$\boldsymbol{\alpha}=[\alpha_{1},\alpha_{2},\alpha_{3}]^{\mathrm{T}}\in\Re^{3}$ 为用于稳定 $\boldsymbol{z}_{2}$ 的虚拟输入,具体形式将在后文给出,则有

$$\dot{V}_{1}=\boldsymbol{k}_{1}z_{1}(\boldsymbol{h}^{\mathrm{T}}(z_{2}+\boldsymbol{\alpha})-\dot{\psi}_{d})=\boldsymbol{k}_{1}z_{1}\boldsymbol{h}^{\mathrm{T}}z_{2}+\boldsymbol{k}_{1}z_{1}(\alpha_{3}-\dot{\psi}_{d}) \tag{7-163}$$

为了稳定 z_{1},令 $\alpha_{3}=\dot{\psi}_{d}-z_{1}$,便可得到

$$\dot{V}_1 = -\boldsymbol{k}_1 z_1^2 + \boldsymbol{k}_1 z_1 \boldsymbol{h}^{\mathrm{T}} \boldsymbol{z}_2 \tag{7-164}$$

对状态变量 z_1 有状态方程

$$\dot{z}_1 = -z_1 + \boldsymbol{h}^{\mathrm{T}} \boldsymbol{z}_2 = -z_1 + z_{23} \tag{7-165}$$

接下来，选择第二个李雅普诺夫候选函数：

$$V_2 = V_1 + \frac{1}{2} \boldsymbol{z}_2^{\mathrm{T}} \boldsymbol{M} \boldsymbol{z}_2 + \frac{1}{2} \tilde{\boldsymbol{b}}^{\mathrm{T}} \boldsymbol{\Gamma}^{-1} \tilde{\boldsymbol{b}} \tag{7-166}$$

其中，$\tilde{\boldsymbol{b}} = \hat{\boldsymbol{b}} - \boldsymbol{b} \in \Re^3$ 为对慢变环境干扰的估计误差，$\boldsymbol{\Gamma} = \boldsymbol{\Gamma}^{\mathrm{T}} > 0$ 为自适应增益。

注意，由于环境干扰的慢变特性，有 $\dot{\boldsymbol{b}} = 0$，从而 $\dot{\tilde{\boldsymbol{b}}} = \dot{\hat{\boldsymbol{b}}}$。$V_2$ 沿 $z_1 z_2 \tilde{\boldsymbol{b}}$ 和时间微分为

$$\begin{aligned}
\dot{V}_2 &= -\boldsymbol{k}_1 z_1 + \boldsymbol{k}_1 z_1 \boldsymbol{h}^{\mathrm{T}} \boldsymbol{z}_2 + \boldsymbol{z}_2^{\mathrm{T}} \boldsymbol{M} \dot{\boldsymbol{z}}_2 + \tilde{\boldsymbol{b}}^{\mathrm{T}} \boldsymbol{\Gamma}^{-1} \dot{\hat{\boldsymbol{b}}} \\
&= -\boldsymbol{k}_1 z_1^2 + \boldsymbol{k}_1 z_1 \boldsymbol{h}^{\mathrm{T}} \boldsymbol{z}_2 + \boldsymbol{z}_2^{\mathrm{T}} \boldsymbol{M} (\dot{\boldsymbol{v}} - \dot{\boldsymbol{\alpha}}) + \tilde{\boldsymbol{b}}^{\mathrm{T}} \boldsymbol{\Gamma}^{-1} \dot{\hat{\boldsymbol{b}}} \\
&= -\boldsymbol{k}_1 z_1^2 + \boldsymbol{k}_1 z_1 \boldsymbol{h}^{\mathrm{T}} \boldsymbol{z}_2 + \boldsymbol{z}_2^{\mathrm{T}} (\boldsymbol{\tau} + \boldsymbol{R}(\psi) \boldsymbol{b} - \boldsymbol{N}(\boldsymbol{v}) \boldsymbol{v} - \boldsymbol{M} \dot{\boldsymbol{\alpha}}) + \tilde{\boldsymbol{b}}^{\mathrm{T}} \boldsymbol{\Gamma}^{-1} \dot{\hat{\boldsymbol{b}}} \\
&= -\boldsymbol{k}_1 z_1^2 + \boldsymbol{z}_2^{\mathrm{T}} (\boldsymbol{h} \boldsymbol{k}_1 z_1 + \boldsymbol{\tau} + \boldsymbol{R}^{\mathrm{T}}(\psi) \hat{\boldsymbol{b}} - \boldsymbol{N}(\boldsymbol{v}) \boldsymbol{v} - \boldsymbol{M} \dot{\boldsymbol{\alpha}}) + \tilde{\boldsymbol{b}}^{\mathrm{T}} \boldsymbol{\Gamma}^{-1} (\dot{\hat{\boldsymbol{b}}} - \boldsymbol{\Gamma} \boldsymbol{R}(\psi) \boldsymbol{z}_2)
\end{aligned} \tag{7-167}$$

设计自适应控制算法：

$$\begin{aligned}
\boldsymbol{\tau} &= \boldsymbol{N}(\boldsymbol{v}) \boldsymbol{v} + \boldsymbol{M} \dot{\boldsymbol{\alpha}} - \boldsymbol{h} \boldsymbol{k}_1 z_1 - \boldsymbol{R}^{\mathrm{T}}(\psi) \hat{\boldsymbol{b}} - \boldsymbol{K}_2 \boldsymbol{z}_2 \\
\dot{\hat{\boldsymbol{b}}} &= \boldsymbol{\Gamma} \boldsymbol{R}(\psi) \boldsymbol{z}_2
\end{aligned} \tag{7-168}$$

其中，$\boldsymbol{K}_2 = \mathrm{diag}(K_{21}, K_{22}, K_{23}) > 0$ 为待设计参数，$\boldsymbol{N}(\boldsymbol{v}) = \boldsymbol{C}(\boldsymbol{v}) + D$，可以得到

$$\dot{V}_2 = -\boldsymbol{k}_1 z_1 - \boldsymbol{z}_2^{\mathrm{T}} \boldsymbol{K}_2 \boldsymbol{z}_2 \tag{7-169}$$

从而，通过所设计的自适应控制算法式(7－168)对状态变量 z_2 有如下状态方程：

$$\begin{aligned}
\dot{\boldsymbol{z}}_2 &= \dot{\boldsymbol{v}} - \dot{\boldsymbol{\alpha}} \\
&= \boldsymbol{M}^{-1} (\boldsymbol{\tau} + \boldsymbol{R}(\psi) \boldsymbol{b} - \boldsymbol{N}(\boldsymbol{v}) \boldsymbol{v} - \boldsymbol{M} \dot{\boldsymbol{\alpha}}) \\
&= \boldsymbol{M}^{-1} (-\boldsymbol{h} \boldsymbol{k}_1 z_1 - \boldsymbol{K}_2 \boldsymbol{z}_2 + \boldsymbol{R}(\psi) \boldsymbol{b} - \boldsymbol{R}^{\mathrm{T}}(\psi) \hat{\boldsymbol{b}})
\end{aligned} \tag{7-170}$$

令 $\boldsymbol{R}^{\mathrm{T}}(\psi) \hat{\boldsymbol{b}} = [\hat{b}_1 \quad \hat{b}_2 \quad \hat{b}_3]^{\mathrm{T}}$，将所得到的控制器展开，有

$$\begin{cases}
\tau_1 = m_{11} \dot{\alpha}_1 + n_{11} u - \hat{b}_1 - K_{21} z_{21} \\
\tau_2 = n_{22} v + n_{23} r + m_{22} \dot{\alpha}_2 + m_{23} \dot{\alpha}_3 - \hat{b}_2 - K_{22} z_{22} \\
\tau_3 = n_{32} v + n_{33} r + m_{32} \dot{\alpha}_2 + m_{33} \dot{\alpha}_3 - \hat{b}_3 - k_1 z_1 - K_{23} z_{23}
\end{cases} \tag{7-171}$$

若令 $\boldsymbol{R}^{\mathrm{T}}(\psi) \boldsymbol{b} = [b_1^* \quad b_2^* \quad b_3^*]^{\mathrm{T}}$，取 $\alpha_1 = u_d$，将式(7－171)代入船舶数学模型，能够得到

$$m_{11}(\dot{u} - \dot{u}_d) + k_1(u - u_d) + (b_1 - \hat{b}_1) = 0 \tag{7-172}$$

由于使用控制算法式(7－168)给出自适应估计器可使 $b_1^* - \hat{b}_1^* \to 0$，根据式(7－172)可以看出，所设计的控制器能够保证而纵向速度 $u \to u_d$。

进而，根据以上控制器的设计过程可知

$$
\begin{aligned}
\dot{\alpha}_3 &= \dot{r}_d - \dot{z}_1 = \dot{r}_d - r + r_d \\
&= \dot{r}_d - (z_{23} + \alpha_3) + r_d \\
&= \dot{r}_d - (z_{23} - z_1 + r_d) + r_d \\
&= z_1 - z_{23} + \dot{r}_d
\end{aligned} \tag{7-173}
$$

由于 $v = \alpha_2 + z_{22}$，$r = \alpha_3 + z_{23}$，对于欠驱动船舶横向有 $\tau_2 = 0$，因此

$$
\begin{aligned}
m_{22}\dot{\alpha}_2 = & -n_{22}\alpha_2 + (K_{22} - n_{22})z_{22} + (n_{23} - m_{23})z_1 + (m_{23} - n_{23})z_{23} \\
& - m_{23}\dot{r}_d - n_{23}r_d + (b_2^* - \hat{b}_2^*)
\end{aligned} \tag{7-174}
$$

若令 $\varsigma = (K_{22} - n_{22})z_{22} + (n_{23} - m_{23})z_1 + (m_{23} - n_{23})z_{23} - m_{23}\dot{r}_d - n_{23}r_d + (b_2 - \hat{b}_2)$，则有 $m_{22}\dot{\alpha}_2 = -n_{22}\alpha_2 + \varsigma$。

从控制器的设计过程可知，由于 $\dot{r}_d$ 和 r_d 有界，$b_2 - \hat{b}_2$，z_1 和 z_2 收敛于 0，而且 $n_{22} > 0$，因此如果将 ς 看作 α_2 子系统的输入，通过选择李雅普诺夫方程 $V_3 = \frac{1}{2}m_{22}\alpha_2^2$，如果 $|\alpha_2| \geqslant \frac{\|\varsigma\|}{n_{22}}$，则 α_2 子系统是输入状态稳定的。由于所设计的控制器能够保证 $\lim\limits_{t\to\infty} z_{22} = 0$，由此得到 $\lim\limits_{t\to\infty}|\alpha_2 - v| = 0$。根据上述条件可得到 α_2 的表达式，代入 τ_3 表达式中，得到艏向控制指令。

2. 仿真案例

为了验证本节提出的基于 SFLOS 导引控制算法的有效性，针对欠驱动控制特性的高速循迹跟踪任务进行仿真。与虚拟质点导引算法和反步控制的结合进行对比分析。仿真中使用一阶马尔可夫过程模拟环境对船舶的干扰，仿真时间为 1100s，设定 SFLOS 导引算子 Δ 为 0.45 倍的船长。设定航迹为半径为 400m 的圆形轨迹，虚拟质点初始位置为(0,0)，设船舶沿着设定航迹做逆时针运动，初始位置为(20,30)，初始艏向为 −162°。仿真试验结果如图 7−24 ~ 图 7−27 所示。

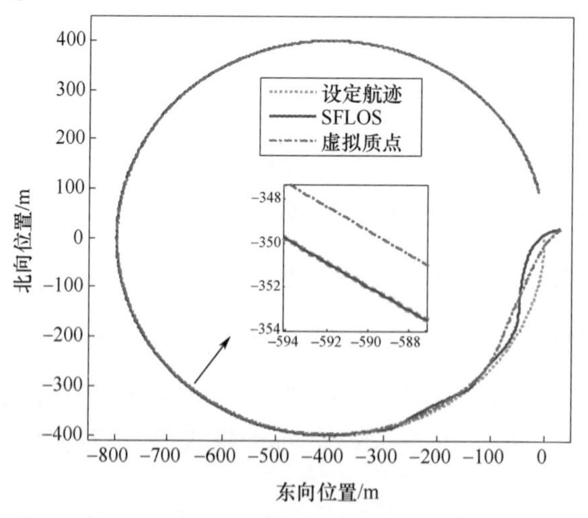

图 7−24 路径跟踪过程曲线

仿真试验结果表明：本节设计的 SFLOS 闭环导引控制算法能够完成对设定曲线路径的跟踪，而且自适应项能够完成对慢变环境干扰的估计，使跟踪误差能够渐近收敛到零，具有良好的跟踪性能。

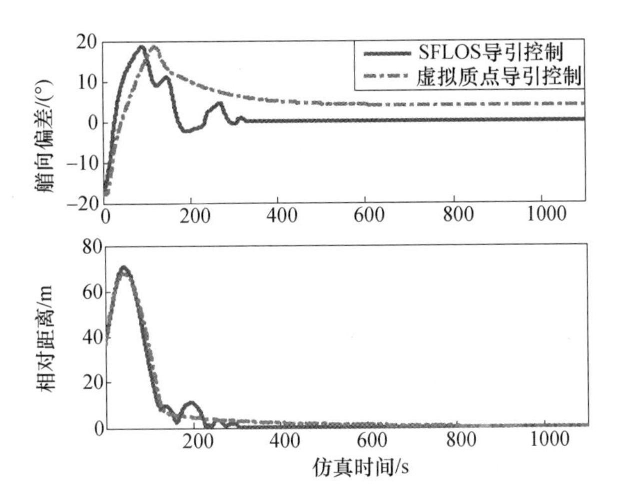

图7-25 艏向偏差及船舶与虚拟质点间的距离变化曲线

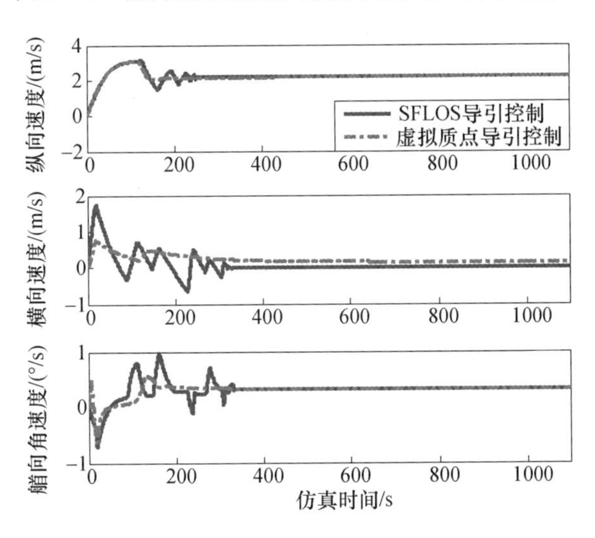

图7-26 船舶速度变化曲线

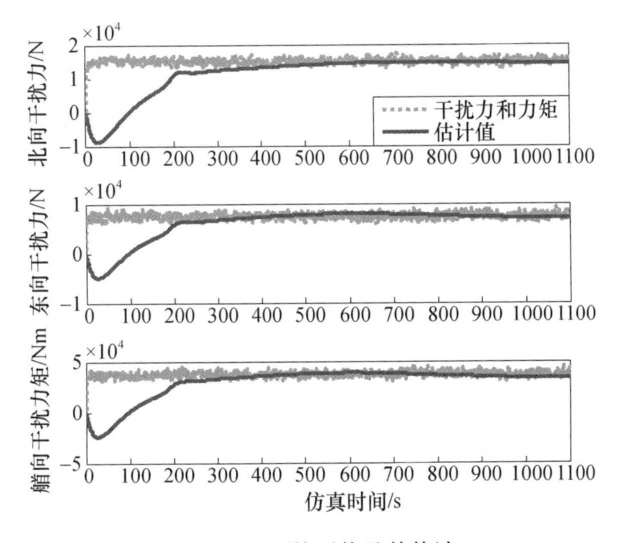

图7-27 环境干扰及其估计

7.3.6 目标跟踪控制

动力定位船的目标跟踪任务是不基于路径的，在目标跟踪过程中一般只有被跟踪目标的位置和速度等信息。本节针对仅有目标的当前位置和速度信息可用的目标跟踪任务，设计 CB 导引算法为目标跟踪控制提供期望输入，并设计了基于 CB 算法的反步跟踪控制器。

1. 基于目标的 CB 导引算法

CB 算法在海上避碰问题中已经有几个世纪的应用历史。CB 导引方法来自于 Adler 1956 年提出的末端导弹制导，其原本的目的是在有限时间内打击一实体目标，同时将控制过程中的实际约束考虑进来，可以获得对目标的渐近跟踪。CB 算法的导引过程如图 7－28 所示。

CB 属于两点导引策略，CB 导引可以有很多种不同的应用方法，在本质上都是使拦截者和目标之间的相对速度矢量沿着它们之间的 LOS 矢量方向来设计，并使得相对位置矢量达到最小化。CB 算法等同于将 LOS 的转向率减小到 0，从而使得船舶运动轨迹与目标点的运动轨迹之间平行渐近地接近。显然，动力定位船跟踪控制要求船舶与设定跟踪路径或跟踪目标会聚时，具有相互匹配的位置和速度。CB 导引算法原理如图 7－29 所示，$\boldsymbol{v}_d(t)$ 为期望速度。

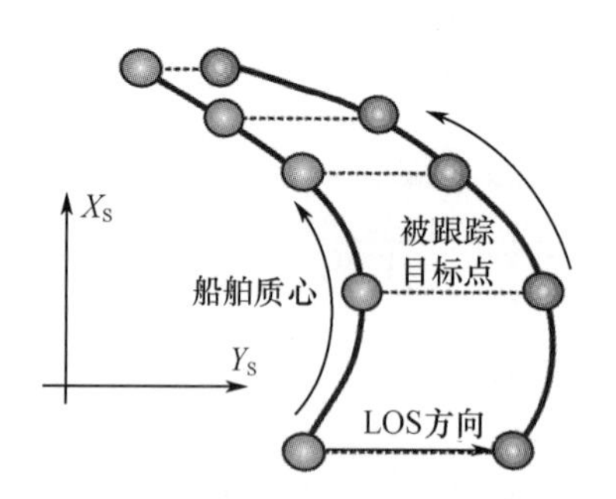

图 7－28　CB 算法的导引过程示意图

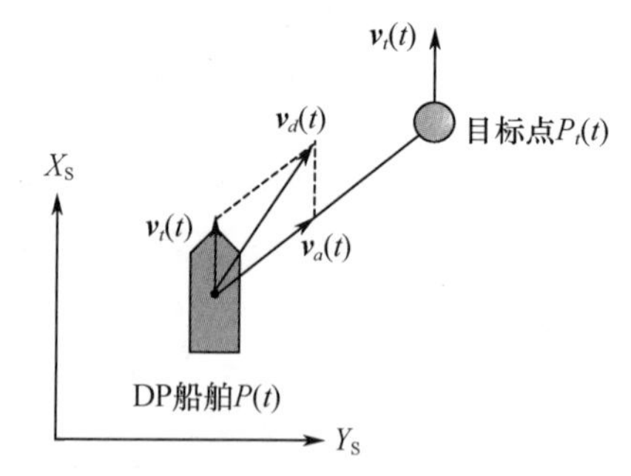

图 7－29　CB 导引算法的原理图

设目标的位置为 $P_t(t)$，速度为 $\boldsymbol{v}_t(t)=\dot{P}_t(t)\in\mathbf{R}^2$，动力定位船当前位置为 $P(t)$，则船舶与目标之间的位置偏差为

$$\widetilde{P}(t)=P(t)-P_t(t) \tag{7-175}$$

$\widetilde{P}(t)$ 的方向与船舶和目标点之间的 LOS 方向相同，控制算法的设计目标为 $\lim\limits_{t\to\infty}\widetilde{P}(t)=0$，动力定位船的期望速度为 $\boldsymbol{v}_d(t)=\boldsymbol{v}_t(t)+\boldsymbol{v}_a(t)$。其中，$\boldsymbol{v}_a(t)$ 为船舶沿 LOS 方向与目标的接近速度。

设计 $\boldsymbol{v}_a(t)$ 为

$$\boldsymbol{v}_a(t)=\boldsymbol{\kappa}(t)\frac{\widetilde{P}(t)}{|\widetilde{P}(t)|} \tag{7-176}$$

其中，$|\widetilde{P}(t)|=\sqrt{\widetilde{P}^{\mathrm{T}}(t)\widetilde{P}(t)}>0$ 是 LOS 矢量的欧几里得长度，$\boldsymbol{\kappa}(t)$ 选择为与 $|\widetilde{P}(t)|$ 成比例的形式：

$$\boldsymbol{\kappa}(t)=U_{a,\max}(t)\frac{|\widetilde{P}(t)|}{\sqrt{\widetilde{P}^{\mathrm{T}}(t)\widetilde{P}(t)+\Delta_p^2}} \tag{7-177}$$

其中,$U_{a,\max}(t)>0$ 是指朝目标方向最大的接近速度,$\Delta_p>0$ 用于调节接近表现。

【假设 7.4】船舶的最大速度 $U_{\max}$ 始终比 $U_{a,\max}+U_t$ 大。

则在目标跟踪过程中,动力定位船的期望速度 $\boldsymbol{v}_d(t)$ 可由下式得

$$\boldsymbol{v}_d(t)=\begin{bmatrix}u_d\\v_d\end{bmatrix}=\boldsymbol{v}_t(t)+U_{a,\max}(t)\frac{|\widetilde{P}(t)|}{\sqrt{\widetilde{P}^{\mathrm{T}}(t)\widetilde{P}(t)+\Delta_p^2}}\tag{7-178}$$

2. 自适应反步控制算法

本节控制算法中期望输入为 CB 导引算法给出的期望速度和艏向,控制算法的设计目标是使得速度偏差 $\boldsymbol{v}-\boldsymbol{v}_d\to 0$ 和艏向偏差 $\psi-\psi_d\to 0$,从而保证位置偏差 $\widetilde{P}(t)\to 0$。

首先选择艏向误差:

$$z_1=\psi-\psi_d=\boldsymbol{h\eta}-\psi_d\tag{7-179}$$

其中 $\psi_d=\arctan2(v_d/u_d)$,$\boldsymbol{h}=[0\quad 0\quad 1]^{\mathrm{T}}$。

定义李雅普诺夫候选函数

$$V_1=\frac{1}{2}\boldsymbol{k}_1z_1\tag{7-180}$$

其中,$\boldsymbol{k}_1>0$ 为设计参数,V_1 沿 z_1 的微分为

$$\dot{V}_1=\boldsymbol{k}_1z_1\dot{z}_1=\boldsymbol{k}_1z_1(\boldsymbol{h}^{\mathrm{T}}\dot{\boldsymbol{\eta}}-\dot{\psi}_d)=\boldsymbol{k}_1z_1(\boldsymbol{h}^{\mathrm{T}}\boldsymbol{v}-\dot{\psi}_d)\tag{7-181}$$

为了稳定 z_1,取虚拟输入 $\alpha_r=\dot{\psi}_d-z_1$。

定义 $\boldsymbol{\alpha}=[u_d,v_d,\alpha_r]^{\mathrm{T}}\in\mathbf{R}^3$,则速度误差向量 $\boldsymbol{z}_2=\boldsymbol{v}-\boldsymbol{\alpha}$,其中 $\boldsymbol{z}_2=[z_{21},z_{22},z_{23}]^{\mathrm{T}}$。

$$\begin{aligned}\dot{V}_1&=\boldsymbol{k}_1z_1(\boldsymbol{h}^{\mathrm{T}}(\boldsymbol{z}_2+\boldsymbol{\alpha})-\dot{\psi}_d)=\boldsymbol{k}_1z_1\boldsymbol{h}^{\mathrm{T}}\boldsymbol{z}_2+\boldsymbol{k}_1z_1(\alpha_r-\dot{\psi}_d)\\&=-\boldsymbol{k}_1z_1^2+\boldsymbol{k}_1z_1\boldsymbol{h}^{\mathrm{T}}\boldsymbol{z}_2\end{aligned}\tag{7-182}$$

对状态变量 z_1 有状态方程

$$\dot{z}_1=-z_1+\boldsymbol{h}^{\mathrm{T}}\boldsymbol{z}_2=-z_1+z_{23}\tag{7-183}$$

接下来,选择第二个李雅普诺夫候选函数:

$$V_2=V_1+\frac{1}{2}\boldsymbol{z}_2^{\mathrm{T}}\boldsymbol{M}\boldsymbol{z}_2+\frac{1}{2}\widetilde{\boldsymbol{b}}^{\mathrm{T}}\boldsymbol{\Gamma}^{-1}\widetilde{\boldsymbol{b}}\tag{7-184}$$

其中,$\widetilde{\boldsymbol{b}}=\hat{\boldsymbol{b}}-\boldsymbol{b}\in\mathbf{R}^3$ 为对慢变环境干扰的估计误差,$\boldsymbol{\Gamma}=\boldsymbol{\Gamma}^{\mathrm{T}}>0$ 为自适应增益。

注意,由于环境干扰的慢变特性,有 $\dot{\boldsymbol{b}}=0$,从而 $\dot{\widetilde{\boldsymbol{b}}}=\dot{\hat{\boldsymbol{b}}}$。$V_2$ 沿 $z_1\boldsymbol{z}_2\widetilde{\boldsymbol{b}}$ 和时间微分为

$$\begin{aligned}\dot{V}_2&=-\boldsymbol{k}_1z_1^2+\boldsymbol{k}_1z_1\boldsymbol{h}^{\mathrm{T}}\boldsymbol{z}_2+\boldsymbol{z}_2^{\mathrm{T}}\boldsymbol{M}\dot{\boldsymbol{z}}_2+\widetilde{\boldsymbol{b}}^{\mathrm{T}}\boldsymbol{\Gamma}^{-1}\dot{\hat{\boldsymbol{b}}}\\&=-\boldsymbol{k}_1z_1^2+\boldsymbol{k}_1z_1\boldsymbol{h}^{\mathrm{T}}\boldsymbol{z}_2+\boldsymbol{z}_2^{\mathrm{T}}\boldsymbol{M}(\dot{\boldsymbol{v}}-\dot{\boldsymbol{\alpha}})+\widetilde{\boldsymbol{b}}^{\mathrm{T}}\boldsymbol{\Gamma}^{-1}\dot{\hat{\boldsymbol{b}}}\\&=-\boldsymbol{k}_1z_1^2+\boldsymbol{k}_1z_1\boldsymbol{h}^{\mathrm{T}}\boldsymbol{z}_2+\boldsymbol{z}_2^{\mathrm{T}}(\boldsymbol{\tau}+\boldsymbol{R}(\psi)\boldsymbol{b}-\boldsymbol{N}(\boldsymbol{v})\boldsymbol{v}-\boldsymbol{M}\dot{\boldsymbol{\alpha}})+\widetilde{\boldsymbol{b}}^{\mathrm{T}}\boldsymbol{\Gamma}^{-1}\dot{\hat{\boldsymbol{b}}}\\&=-\boldsymbol{k}_1z_1^2+\boldsymbol{z}_2^{\mathrm{T}}(\boldsymbol{h}\boldsymbol{k}_1z_1+\boldsymbol{\tau}+\boldsymbol{R}^{\mathrm{T}}(\psi)\hat{\boldsymbol{b}}-\boldsymbol{N}(\boldsymbol{v})\boldsymbol{v}-\boldsymbol{M}\dot{\boldsymbol{\alpha}})+\widetilde{\boldsymbol{b}}^{\mathrm{T}}\boldsymbol{\Gamma}^{-1}(\dot{\hat{\boldsymbol{b}}}-\boldsymbol{\Gamma}\boldsymbol{R}(\psi)\boldsymbol{z}_2)\end{aligned}\tag{7-185}$$

设计自适应控制律:

$$\begin{cases}\boldsymbol{\tau}=\boldsymbol{N}(\boldsymbol{v})\boldsymbol{v}+\boldsymbol{M}\dot{\boldsymbol{\alpha}}-\boldsymbol{h}\boldsymbol{k}_1z_1-\boldsymbol{R}^{\mathrm{T}}(\psi)\hat{\boldsymbol{b}}-\boldsymbol{K}_2\boldsymbol{z}_2\\\dot{\hat{\boldsymbol{b}}}=\boldsymbol{\Gamma}\boldsymbol{R}(\psi)\boldsymbol{z}_2\end{cases}\tag{7-186}$$

式中：$\boldsymbol{K}_2 = \mathrm{diag}(K_{21}, K_{22}, K_{23}) > 0$ 为待设计参数。

将自适应控制律式(7-186)代入式(7-185)，可得 $\dot{V}_2 = -\boldsymbol{k}_1 z_1 - z_2^{\mathrm{T}} \boldsymbol{K}_2 z_2 \leqslant 0$，即速度误差和艏向误差渐近收敛。所以基于 CB 导引设计的自适应控制器可以实现目标跟踪任务。

7.4 铺管作业下的动力定位控制

随着世界经济的高速发展，各国对石油、天然气等石化能源的需求越发庞大，然而，二次工业革命以来，人类对陆地资源的开采已有百余年历史，陆地上可供开发的资源也渐近枯竭。因此，人们逐渐开始将目光投向海洋，这是因为总面积占地球 70.8% 的浩瀚海洋中蕴藏着富足的石化资源。据统计，目前全球范围内的深水区已探明约 30 个储量超过 6.85×10^7t 的大型油气田，未来世界石油供应量的 44% 来自深海，深水区已成为全球能源开发的重要的接替区。我国南海石化资源富足，多数资源分布在水深超过 1000m 的水域，由于西方长期对我国技术封锁，导致我国深海油气开发技术薄弱。

世界深海油气开发产业飞速发展的今天，海底管道作为油气运输的主要方式之一，越发受到各国科研技术人员的重视。据统计，当今世界 95% 以上的油气资源都是通过海底管道来运输的，自 20 世纪 50 年代初 Brown&Root 公司于墨西哥湾成功铺设第一条海底油气管道以来，管道铺设的数量、长度都以惊人的速度迅速增加，遍布全球各主要海洋油气田。

铺管船在进行管道铺设作业时需定位到某一点或沿某一规划好的路径循迹，早期的铺管船常用锚泊定位无法完成上述任务，但随着作业水深的增加以及人们对作业安全性、精确性等指标要求的提高，传统的锚泊定位法已无法满足现代工艺的需求，所以，动力定位系统(DP)在铺管船上得到了广泛的应用。如今，动力定位系统已经成为铺管作业船必不可少的重要配套系统。

7.4.1 铺管作业过程简介

1. 常用的铺管方式

根据作业精度、速率、作业水深等要求的不同，铺管作业常用的铺管方式可以分为卷管式、S 型铺管法和 J 型铺管方法。

卷管式铺管法起源于 20 世纪 90 年代后期，根据卷筒在铺管船上的安装方式，主要分为水平式和垂直式两种，前者适用于浅水区作业，而后者适用于深水区作业，如图 7-30 所示。卷管式铺管法的特点是将待铺设管道在预制场地连接完成以后，卷装于专用滚筒上，装船运往海上铺设，焊接、检测、防腐和保温等一系列工序均可在预制场完成，为防止滚筒装满后重量过大，给其中运输带来困难，上述操作也可以在铺管船上完成。作业时，管道需要承受自身轴向张力、管道自由垂下接触到水底而产生的张力等，当管道受到张力并呈现有绷紧趋势的时候，铺管船在铺管区域前移，管道通过卷筒转动下放入水并铺设到水底。

该方法的优点是大部分前期工作均在陆地上完成，海上作业时间短，连续铺设能力强，作业成本低，作业风险小，该方法可一次铺设数十千米的管道，大大地提高了管道铺设效率。缺点是每种管道都要有专门的卷筒与之对应，受此限制，卷管式铺管法中的管道直径一般较小，一般从 0.0505m 到 0.3048m 不等，单层管的最大铺设直径可达 0.4572m。图 7-31 为采用卷管式铺管的 Norlift 号铺管船。

S 型铺管法是当下在海洋工程中应用最广泛的铺管作业方法。管道通常由铺管船直接

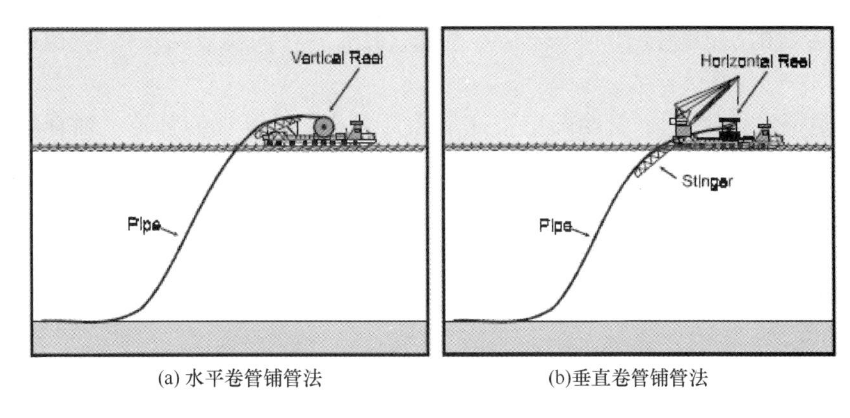

(a) 水平卷管铺管法　　(b)垂直卷管铺管法

图 7－30　卷管铺管法

图 7－31　Norlift 号铺管船

装运或是由拖轮或其他船运送至铺管船。管道在船上要在流水线上经过端口打磨、焊接、防腐绝热加工等工序，在 A&R 缆的牵引下先后通过张紧器、拖管架放入水中。靠近船艉部分的管道搭放在拖管架上，经过拖管架后的管道部分自由悬垂，在铺管作业中，管道会在水中会形成反弯的形状后接触海底，整个管线在水中呈现“S”形状，如图 7－32 所示。

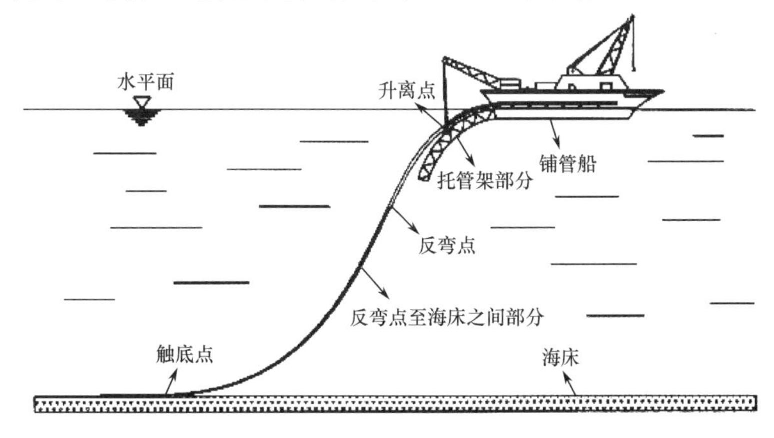

图 7－32　S 型铺管作业

S 型铺管作业中，通过调整拖管架的角度，可以控制船艉部分管道的形状，拖管架也因此承受了比较大的管道压力；同时，张紧器提供的张力大小可以控制触底点处管线形状，从而保证水中管线的形态稳定,作业安全。S 型铺管具有并行的作业结构模式,因此作业速率较高。

S 型管道铺设作业时,铺管船船尾将拖带托管架及重量可观的管道。铺管船在波浪上将产生升沉加速运动,与其拖带的管道及其附加质量和阻尼形成强迫振动系统,在管道结构中将产生附加的动应力;同时,管道系统也将对铺管船在波浪上的运动性能产生显著影响。在铺管施工过程中,管道对船体的横摇、纵摇及垂荡均产生一定的影响。不同位置的管道所受的力不同,其受力情况如图 7-33 所示。

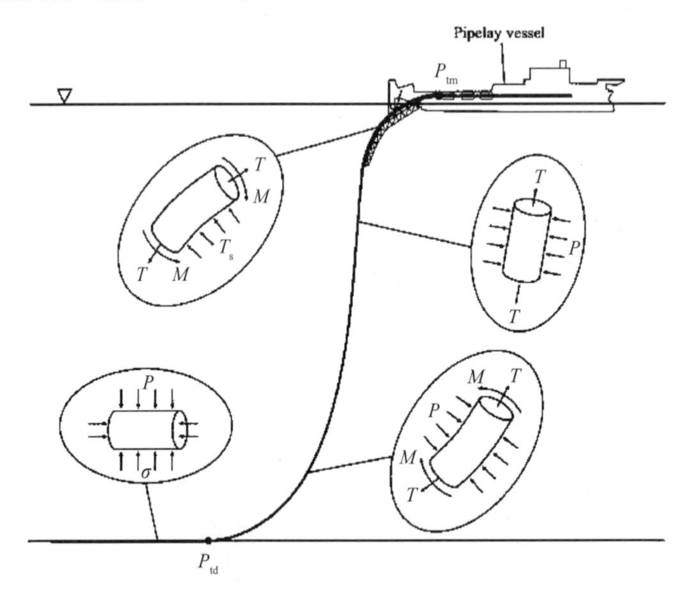

图 7-33 S 型管道受力情况

浅水中作业常采用 S 型铺管方法,但近年来,S 型铺管也越来越多地应用到 1000m 以上的深水区域中。世界上最大的铺管作业船 Salitaire 号铺管作业船就是一艘 S 型铺管船如图 7-34 所示,因其具有超强的工作能力而著称。Salitaire 船管道承载能力高达 22000t,因而其对管道补给船没有严重的依赖。铺管作业时,Salitaire 船最大能够承受 1050~2500t 的来自管线的作业外力,是世界之最。

“海洋石油 201”船是一艘 AB 双层甲板深水铺管起重船,作业水深能达到 3000m,铺管作业满足 DP-2 要求,如图 7-35 所示。“海洋石油 201”船上,按照管道在一个作业周期中的流动状态,铺管作业系统包括最外层甲板上的管道装卸设备,包括内部 40T 吊机、升降机、滚轮、传送带等;在预制线上装配有双节点预制设备,包括车削、打磨装置,主要用于制作管道对接口;在第三站装有管道焊接装置及无损检验探伤装置对双节点管道进行焊接并对焊缝进行检验;在最后一站,管道需要通过张紧器装置送入在船艉的拖管架,201 船安装的拖管架共分成三段,总长 89m,铺管作业时拖管架保持在一个合适的角度,以保证管道在入水时有一个合适的弯曲度,非作业状态下拖管架处于收起状态;同时船上配有 A&R 绞车,用于作业开始前的拉力试验和张力转换时与张紧器的配合工作。“海洋石油 201”船铺设 48 寸双节管道的速度可达到 5km/天。

J 型铺管法是针对 S 型铺管方法在深水作业时存在的拱弯区大应变问题发展起来的一种适用于深水铺管的作业方法,其本质属于张力铺管范畴,J 型铺管如图 7-36 所示。目

图7-34 Salitaire S型铺管船

图7-35 “海洋石油201”铺管起重船

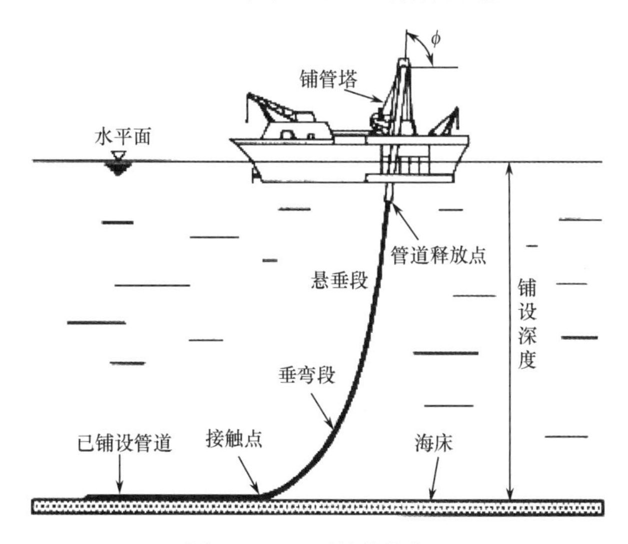

图7-36 J型铺管作业

前,比较常用的有倾斜滑道式、钻井式两种方法。J型铺管船铺管作业时,管道通过张紧器,近乎以垂直的角度入水,在水中自然悬垂下放到海底,在水中的形态类似英文字母“J”,J型铺管法由此得名。拖管架在J型铺管方法中主要的功能是调整管道入水角度,通过调整托管架的倾斜角度以及张紧器张力可以将管道调整到期望形态,进而保证了作业的安全性。因为管道入水角度近乎垂直,故管道对船舶水平作用力较小,减小了推进器系统的负担,但同时也加大了管道在水中的曲率半径,限制了其只能应用于深水铺管作业当中。同时,垂直入水的特点也对焊接作业提出了更高的要求,从而降低了铺管作业的效率。

具有14000t的起重能力的Saipem7000号,如图7-37所示,在1999年安装了高135m重4500t的世界最高J型塔,使得Saipem7000在作业时,管道能够以接近垂直的角度入水,Saipem7000可作为当代J型铺管船的代表作。截至到目前,世界上诸多海底管道工程的施工过程中应用到了J型铺管法,尤其在南美深海区,这项年轻的技术在未来的深海油气田勘探与开发的浪潮中具有良好的应用前景。

图7-37　Saipem7000半潜式J型铺管起重船

由上述对三种主要铺管作业方法的介绍,表7-4总结出三种铺管作业方法的优缺点。

表7-4　三种铺管作业方法优缺点对比

铺管方法	特征	
S型	优点	• 可采用双节点焊接方式,作业效率高; • 铺管作业速度快,日铺管距离较长; • 有拖管架装置,管道入水角度小,保证管道入水的稳定性
	缺点	• 管线对船舶张力较大; • 受水深的影响,通常应用在浅水域
J型	优点	• 不需要托管架; • 管线接近垂直入水,管道对作业船作用力较小;管道触地点也接近船的正下方,便于保证铺管循迹作业精度
	缺点	• 作业效率低,日铺管距离较短; • 作业船上层建筑通常较高,难以保证铺管船的稳定性。不适用于浅水区的作业

（续）

铺管方法		特征
卷管式	优点	• 管道的焊接、无损检验等预制工序可在陆地上完成，便于优化管线预制工作效果； • 管线铺设速度较快，铺设距离较长，可降低施工成本； • 管线可持续性进行铺设作业，工作效率高
	缺点	• 管筒空间有限，一次性可铺设管线长度有限，且管道的直径较小； • 管道卷放在矩形管筒上，管道的塑性要求相对较高，且管道易受损； • 增加了陆地上的管线预制工作量

2. 铺管作业过程

在铺管过程中，铺管船会受到海洋环境以及管道力等影响，在这种情况下，动力定位系统需要控制船舶在海上精确定位或低速循迹，并保持期望艏向。在铺管过程中，动力定位船还需应急处理突发事故，如风浪流突然变化引发的事故、张紧器调整错误引发事故、托管架调整错误引发事故、放管过程中动力定位调整船舶前进速度与履带运动速度不匹配、焊缝缺陷、干式屈曲、湿式屈曲等。铺管工艺流程主要分为管道铺设前期准备、起始铺管、正常铺管、终止铺管、弃管、回收6个阶段。

(1) 管道铺设前期准备阶段。准备阶段工作内容主要分为船舶监测及人员动员、调查海床、铺设轨迹设计和海床预处理4个主要部分，其主要目的是为管道的正常铺设提供一切所需必要条件。

(2) 起始铺管。浅水作业时，在期望管道路径的起点，首先将一条钢缆与A&R绞车相连，然后在船上进行张力强度试验。试验满足要求后，A&R绞车将与之相连的钢缆下放入水。在管道期望路径起始点处海底有海底锚，钢缆拖拉头下放至海底锚附近，由潜水员将钢缆拖拉头固定在海底锚上。然后作业船前移，进行张力转换，张力由原来的A&R绞车提供变为由张紧器提供。管道经张紧器通过拖管架入水。但是在深水作业时，通常采用立管起始铺管的方法，大体过程与浅水起始铺管相似，但是由于深水作业时，难以向水中抛海底锚，潜水员也无法作业。钢缆一般固定在海洋平台上，深水起始铺管示意图如图7-38所示。

(3) 正常铺管。当管道进入正常铺设时，铺管船在DP协同下移船，张紧器保持自动恒张力，一般管道触底点附近会有ROV对触底点进行监视，一方面观察触底点处管道安全，另一方面观察管道铺设路径跟踪是否出现偏差，主要是对触底点观察，并将触底点路径跟踪误差反馈给DP控制室。同时，在作业线上要进行管道预制工作，主要内容包括管道运输、开剖口、剖口打磨、管道对接、管道焊接、无损检测、防腐绝热等工序。随着船舶在期望轨迹上行驶，管道正常下放到海床。

(4) 终止铺管。管道铺设到期望路径终点时，需要将管线的尾端铺设入海。首先在管道尾端安装管道封头，封头另外一边通过钢缆与A&R绞车相连，经张力转换，张力由原来的张紧器提供变为由A&R绞车提供，绞车逐渐将连有钢缆的管道封头放入水中。浅水作业时，此时需要潜水员将解开钢缆，A&R绞车将剩余钢缆回收，装有封头的管道尾端铺设在预设的路径终点。若是在深水进行终止铺管操作，潜水员无法作业，可以采用ROV代替潜水员解开或者剪断A&R钢缆，也可以设计特殊的封头连接装置，使钢缆自动脱落。终止铺管作业示意图如图7-39所示。

(5) 弃管过程。由于天气、环境等不可抗力导致铺管作业无法继续进行或者风险过大时，需要进行弃管作业，以保留已完成工作量。待条件许可时再回到弃管位置，进行收管作

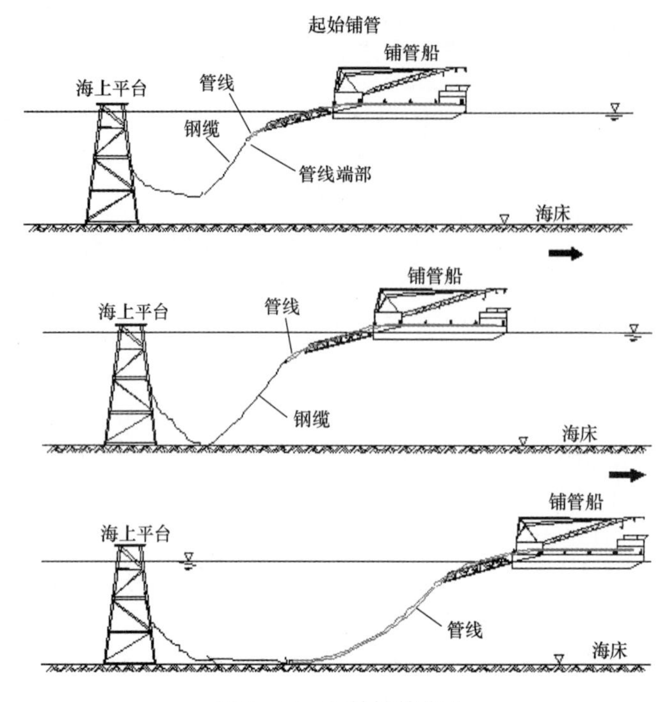

图 7－38 起始铺管作业

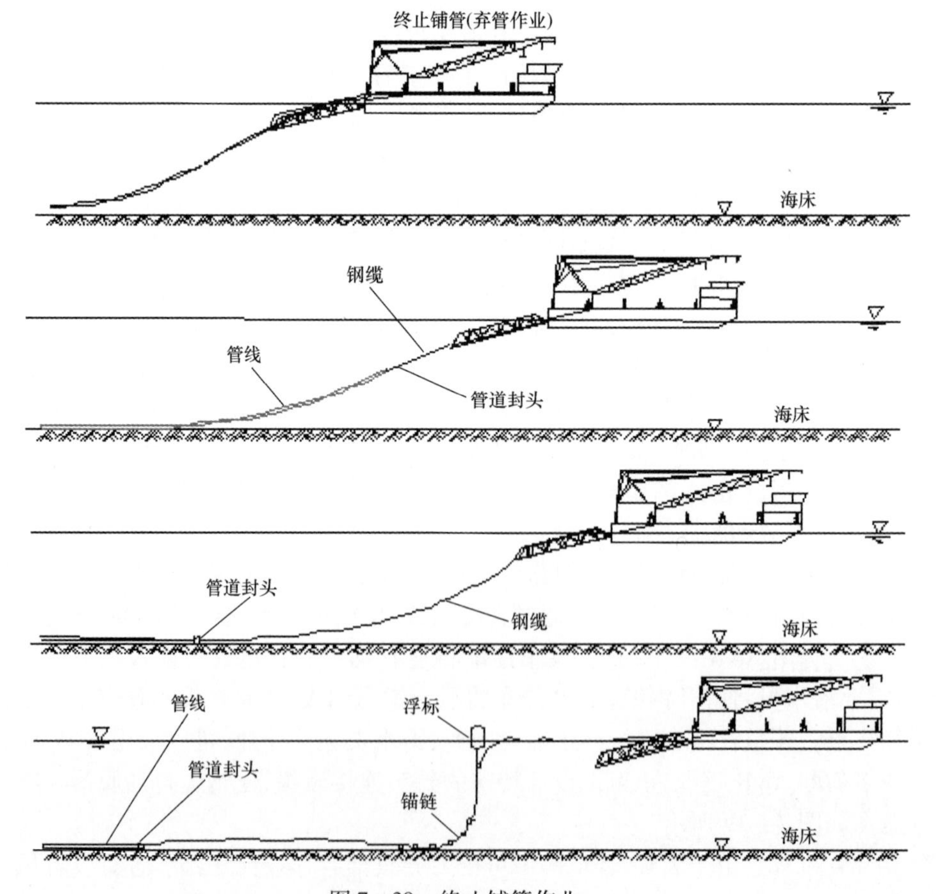

图 7－39 终止铺管作业

业，恢复正常铺管。弃管作业与终止铺管作业流程相似，只是需要在管道封头后，通过锚链缆绳链接一个浮标，如图7-39所示。浮标受浮力作用，露出水面，以便收管作业找到弃管位置。

（6）收管过程。收管作业首先需要在动力定位系统将作业船定位在弃管封头附近，A&R绞车将带有连接钩头的钢缆下放至海底管道封头附近，浅水作业时，由潜水员（深水作业时由ROV）将钩头钩住管道封头上的环形扣结构，A&R绞车保持张力进行管道回收，要求A&R钢缆和管道的回收速度缓慢，以保证船舶运动和姿态稳定。在回收管道的同时，作业船应在动力定位系统的协同下同步向船艉方向移船，以减少管道对A&R绞车和张紧器的张力需求，保证整个过程中船舶的稳定。收管作业示意图如图7-40所示。

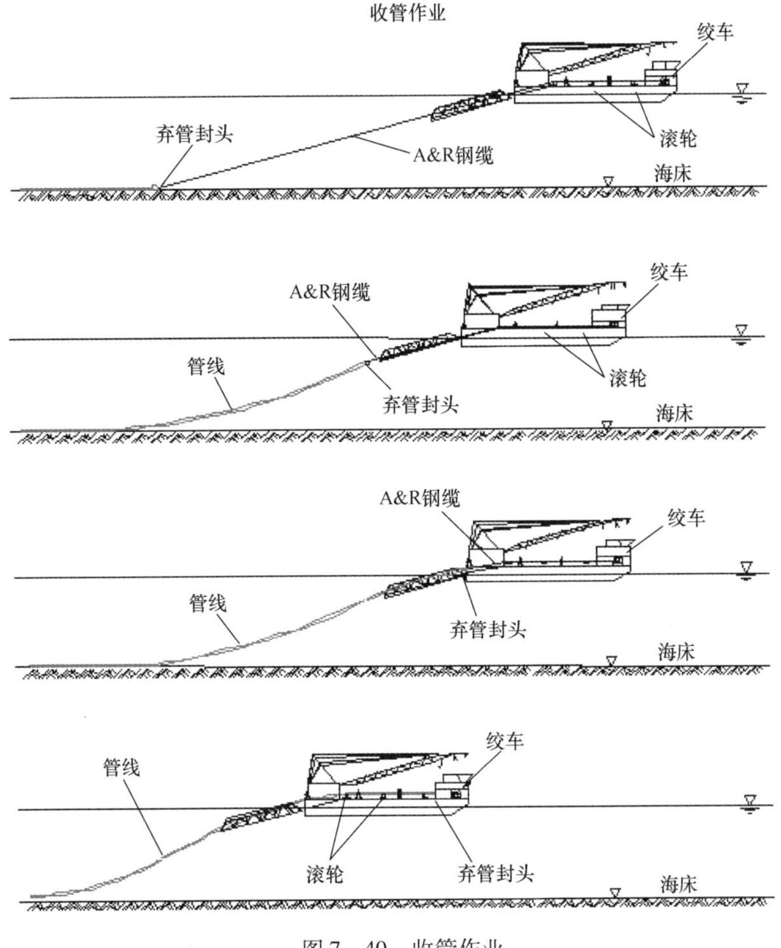

图7-40　收管作业

7.4.2　动力定位系统与铺管流程的协同

基本上所有的海洋工程特种作业，如铺管、起重、铺缆、挖泥等，作业船都需要动力定位系统协同。

以铺管作业为例，DP船进行铺管作业时，处于焊接—放管循环切换的施工方式。DP系统进行何种工作模式，需要根据当前管道施工工况确定，铺管船由于其作业的特殊性，在循迹和定位模式下只能依据当前铺管状态设置艏向，不能根据环境外力调节到最优艏向。

当进行管道焊接作业时，需要 DP 辅助船舶进行定位模式作业，使管道的水下悬跨段形状固定，以保证作业安全。当管道铺设作业时，在张紧器下放管道时，DP 采用循迹模式工作模式，使船体以极低速移动，将焊接完管道下放至水下。不仅需要 DP 控制船舶在海面上按照要求的极低速度按设定轨迹行驶，还需要作业船在管道装卸时、铺管起始点、终止点和作业过程中利用 DP 实现精确定位，当作业船由某地点行驶至作业起始点时，需要动力系统的高速循迹或自动舵等模式，因此 DP 在海洋工程特种作业中必不可少。铺管作业动力定位系统协同作业原理图如图 7－41 所示。

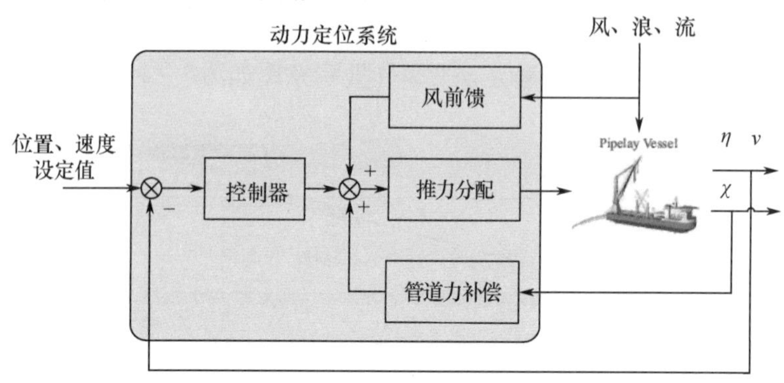

图 7－41　铺管作业动力定位系统系统作业原理图

特种作业船上通常有多个不同的系统，系统之间相互协调，共同完成某项作业任务。铺管船在进行铺管作业的时候通常需要动力定位系统协同作业。以“海洋石油 201”船为例，吊机将管道以组为单位（通常 5 段一组，视管道直径情况而定）从运输船吊装到铺管船管道储存区，然后管道由储存区逐段放置在运输线传送轮上，传送轮电机驱动管段传送。运输线端部安装有升降机，当管段运输至此，升降机将管段由 A 甲板逐个运送到 B 甲板上的管道双节点预制线上。“海洋石油 201”船有两条管道双节点预制线，在每条预制线上完成管段端口车削、打磨、焊接、无损检测后，管子被配送至主作业线。在主作业线上，双节点管道进行焊接、无损检测后通过 1 号张紧器，并在 1 号张紧器与 2 号张紧器之间进行防腐绝热处理。最后管线通过 2 号张紧器、拖管架后入水。

管线制作的整个过程中，铺管船在动力定位系统的控制下移动。通常动力定位系统铺管模块包括铺管循迹模式、Pipe Pull 模式和 AlongShip Force 模式，每种都需要设定拖管架传感器的管道力补偿方式、补偿比等参数。

铺管循迹模式是通过在交互界面上设定海底管线目标位置，系统计算出水面作业船的期望轨迹，DP 系统通过控制作业船循迹完成管道铺设任务。一般来说，在计算船舶期望路径时，管道海底悬跨段长是可设置参数。铺管作业通常十分缓慢，故悬跨段长度在铺管作业过程中能够保持基本不变，可将管道悬跨段设计成人为设定的常量。事实上，作业水深保持不变时，作业准备阶段安装好拖管架以后，那么作业过程中管道悬跨段的长度是可以计算出来的。

在 Pipe Pull 模式下，DP 系统直接通过在短距离内控制作业船的相对位置，调整管道的铺设路径，在期望轨迹上，通常一次性移动距离等于双节点管道长度。这种控制模式类似于定位模式下的相对位置定位，DP 操纵员在 DP 台上根据船舶的当前位置，设定下一时刻的期望位移，DP 控制器计算出控制指令实现移船。这种模式通常用于短距离作业，例如，在起始铺管、弃管和收管作业中常应用这种作业模式。

AlongShip Force 模式顾名思义，只对铺管船的纵向进行控制。由 DP 操纵员直接设定纵向推力指令。ALongShip Force 模式可以选择是否进行环境补偿。需要进行环境补偿时，传感器测得的海风风速、风向传递给控制系统，系统计算出此时作用在船上的风力、海浪力，估计得到流力，将这些环境干扰力附加在控制指令中，通过推进器系统实现。由此可见在 AlongShip Force 模式控制下，铺管船运动状态通常是沿纵向 x 轴前进。事实上，为了减少管道横向张力，沿纵向 x 轴的缓慢前进也是铺管作业主要作业形式。

7.4.3 管道作用力模型

铺管船与常规船舶最主要的不同，是增加了管道在水平面内对船舶的作用力，合理补偿管道对船体的水平作用力和力矩能够提高铺管作业时 DP 系统的控制精度。此外，铺管作业时控制器的设计，也需要单有效的管道作用力模型。调试验证 DP 控制算法的有效性，需要精度较高，并具有实时性的管道作用力，控制系统中不会应用不具有实时性的管道模型。

国际上对管道模型很早就开始了研究，根据管道悬跨段的力学性质，提出了基于自然悬链线模型的管道建模方法，此方法简单实用，但是没有考虑管道自身刚度，所以精度一般。但随着悬链线理论的逐渐发展，各种改进的悬链线建模方法逐步涌现，这些方法不但保留了悬链线建模的简洁性，而且逐渐提高了建模精度，有些方法已经完全能够满足工程需求，使得时至今日悬链线模型仍然应用广泛。此外，针对铺管作业时管道着地点和悬跨段头部固定的情况，Jensen 等利用机器人动力学方程形式，在垂直面内建立了离散的管道对船体纵向作用力模型，模型的建立过程中保证了系统的无源性，从而可以方便的基于该模型进行控制器设计，且计算精度比自然悬链线法高。

现代各不同学科的交叉与相互渗透，使得除以上两种主要管道建模方法，出现了很多其他建模方法。如有限元建模方法，该方法突破了悬链线方法只能建立静态模型而不能反映管道动态行为的局限，但缺点是建模过程复杂，计算工作量大，在不要求极高精度的情况下一般不采用。Danilo 开发了一款用于管道铺设作业整体仿真的软件，其中建立了在船舶运动和海洋环境影响下的管道模型，以及张紧器、托管架、海底与管道间的相互影响模型，为铺管施工前期设计阶段提供了便利。Jensen 利用偏微分方程建立了管道模型，额外考虑了管道回复力、水动力和海底地面对管道的影响，并融入了铺管船的动力学方程。

海浪和海流对管道有一定的影响，这部分影响又会体现在管道对船体的作用力上面，但这部分作用在管道作用力中只占较小的比例，为了简化模型，建模时只考虑管道本身对船体的作用力，忽略海洋环境对管道的影响。

1. 基于悬链线理论的 S 型管道力模型

“海洋石油 201”船采用 S 型铺管作业，船舶作业时会受到来自管道的反作用力，进行铺管作业时船舶动力定位控制方法研究，需要建立简单有效的 S 型管道力模型，S 型铺管作业管线形态示意图如图 7－42 所示。

【定义】管道与海底接触部分，距离铺管船最近的点称为触底点。

【定义】管道与拖管架分离的点，成为分离点；分离点与拖管架圆心处连线，同水平方向的夹角］成为分离角，用 β 表示。

【定义】管线自由悬垂在水中，由分离点到触底点指甲能得管线部分，成为管线悬跨段。

悬跨段在水中出于自由悬垂的状态可由悬链线方程自由描述。在悬链线方程的基础上，建立 S 型管道力模型。管道通过拖管架下放到水中，首先根据管道分离点到海底部分悬

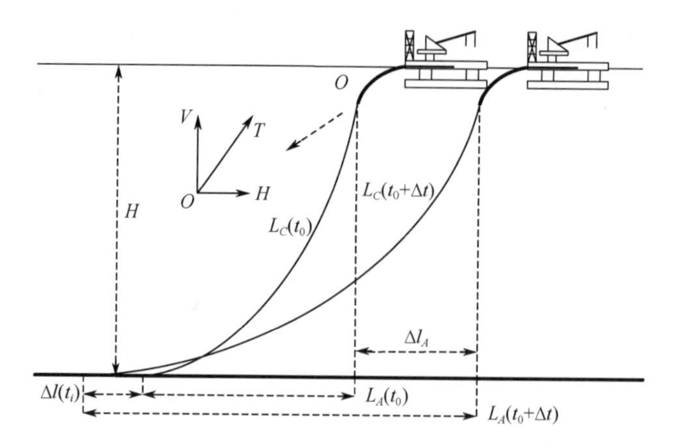

图 7-42　S 型铺管作业管线形态示意图

跨段悬链线方程，求解分离点处管道力，然后根据拖管架形态求解管道对铺管船的作用力。

将时间离散化，根据悬链线方程得到铺管船运动方向上管道悬跨段长度变化和铺管船位移之间的几何关系，然后反解得到该时刻对应的管道作用力，以前一时刻的终值作为下一时刻的初始值，实时解算得到管道对船的作用力。在进行建模型前首先给一个假设。

【假设 7.5】铺管船作业水域深度保持不变。

图中 H 表示作业水深，由假设 7.5 可知 H 值大小不变；T 表示管道受到的沿管线轴线方向的作用力；T_H 表示 T 的水平分量；T_v 表示竖直分量。

对于初始时刻 t_0，管道悬跨段长度 $L_c(t_0)$ 的表达式为

$$L_c = \sqrt{H^2 + 2\frac{T_0 H}{\omega}} \tag{7-187}$$

式中：L_c 为 t_i 时刻浸没水中的悬跨段管线长度；ω 为单位长度管道在水中重量。

由式(7-187)得到 T_0 表达式：

$$T_0 = \frac{\omega(L_c^2 - H^2)}{2H} \tag{7-188}$$

铺管船在 $t_{i+1} - t_i$ 时间内向前运动，如图 7-42 所示。则根据几何分析可得

$$\Delta l(t_{i+1}) = L_A(t_{i+1}) - L_A(t_i) - \Delta l_A \tag{7-189}$$

式中：$\Delta l(t_{i+1})$ 为 $t_{i+1} - t_i$ 时间内船舶水平作业距离长度；$L_A(t_i)$ 为 t_i 时管线触底点与管线与拖管架的分离点之间的水平距离长度；Δl_A 为 $t_{i+1} - t_i$ 时间内管线触底点位置改变的水平距离。

由图 7-42 可得到，铺管船在 $t_{i+1} - t_i$ 时间内沿纵向移动距离长度 $\Delta n(t_{i+1})$ 表达式：

$$\Delta n(t_{i+1}) = \Delta l(t_{t_{i+1}}) = L_A(t_{i+1}) - L_A(t_i) - \Delta l_A \tag{7-190}$$

式中：Δl_A 是由船舶沿纵向作业而引起的管线长度变化量，表示为

$$\Delta l_A = H\left(\sqrt{\frac{2T_H(t_{i+1})}{mgH} + 1} - \sqrt{\frac{2T_H(t_i)}{mgH} + 1}\right) \tag{7-191}$$

可得

$$\Delta n(t_{i+1}) = \Delta l(t_{t_{i+1}}) = \frac{T_H(t_{i+1})}{\omega}\ln\left(\frac{H\omega}{T_H(t_{i+1})} + \sqrt{\frac{L_c^2\omega^2}{T_H^2(t_{i+1})} + 1}\right)$$

$$-\frac{T_H(t_i)}{\omega}\ln\left(\frac{H\omega}{T_H(t_i)}+\sqrt{\frac{L_c^2\omega^2}{T_H^2(t_i)}+1}\right)-H\left(\sqrt{\frac{2T_H(t_{i+1})}{mgH}+1}-\sqrt{\frac{2T_H(t_i)}{mgH}+1}\right) \tag{7-192}$$

通过已知的船舶和管道着地点位移变化反解得到 T_H。

根据悬链线方程得到的管道悬跨段作用力，也就是在分离点处管道受到的张力，要想求管道在水平面对铺管船的作用力，还需要求解铺管船恒张力控制时张紧器对船舶的反作用力。根据悬跨段部分管道的张力 T_H 求解船体尾端管道张力 P，需要对拖管架上的管道进行受力分析。

如图 7－43 所示，图 7－43(b)为拖管架上管道局部放大图。在拖管架上的管道取微元 $\mathrm{d}\theta$，设分离角 θ_0。“海洋石油 201”船拖管架上安装有从动滚轮，通过拖管架下方的管道，在拖管架上受到的滚动摩擦力很小。根据力学方程

$$P_{i+1}=P_i+Rg\rho\mathrm{d}\theta \tag{7-193}$$

以及边界条件，积分可得到管道对铺管船纵向的作用力为

$$P_x=T_{Hx}+\rho gR(1-\sin\theta_0) \tag{7-194}$$

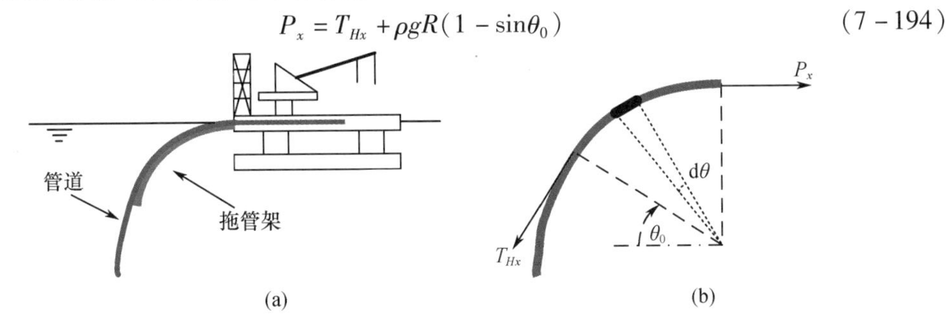

图 7－43　拖管架管道力计算

由于拖管架是沿着铺管船纵向反方向安装在船尾的，因此在拖管架上的管道部分基本不存在横向位移，因而管道端部横向作用力近似等于由悬链线方程求得的悬跨段横向作用力

$$P_y=T_{Hy} \tag{7-195}$$

管道对船舶的横向作用力采用相似的方法可以得到，则管道对铺管船纵荡和横荡方向上的作用力为

$$\begin{cases}\chi_x=-P_x\\ \chi_y=-P_y\end{cases} \tag{7-196}$$

管道对铺管船转艏方向的作用力矩，看做管道横向作用力 χ_y 与作用力臂的乘积，由于作业中管道对船舶的弹力作用于安装在船艉的拖管架上，故取作用力臂为船长的一半。所以管道对作业船的艏向作用力矩可以表示为

$$\chi_\psi=-\frac{L}{2}\chi_y \tag{7-197}$$

根据上述推导，得到管道作用力：

$$\boldsymbol{\chi}=[\chi_x\quad \chi_y\quad \chi_\psi]^{\mathrm{T}} \tag{7-198}$$

2. 基于悬链线理论的 J 型管道力方程

J 型铺管作业过程如图 7－44 所示，管道在水中是一条类似悬链线的弯曲悬跨段。设 T 为管道轴向所受到船体的作用力，V 和 H 为 T 在纵向和垂向的分量，d 为水深。根据悬链线

方程得到管道在水中的悬跨段长度为

$$L_c=\frac{H}{\omega}\left[\left(\frac{\mathrm{d}\omega}{H}+1\right)^2-1\right]^{0.5} \tag{7-199}$$

其中：ω 为单位长度管道在水中所受到的垂向力，对式(7-199)进行变换：

$$H=\frac{\omega(L_c^2-d^2)}{2d} \tag{7-200}$$

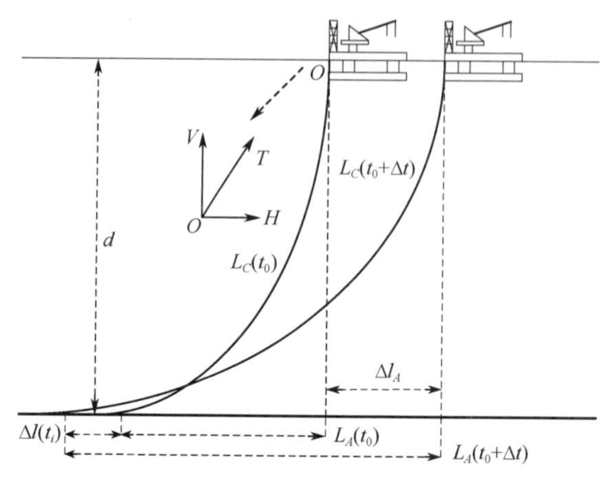

图 7-44 J 型铺管作业

本节基于悬链线和弹簧理论，将船舶位置和艏向作为影响管道力的因素考虑，提出利用船舶在离散时间点的位移建立管道力非线性方程的方法，求得管道作用力近似动态解。由假设 7.5 可知，铺管作业过程中水深恒定为 d。设管道悬跨段的初始长度为 $L_c(t_0)$，t_0 为初始时间，$H(t_0)$ 可得到管道初始纵向作用力 $H(t_0)$ 和管道悬跨段长度为 $L_c(t_0)$：

$$H(t_0)=\omega(L_c^2(t_0)-d^2)/2d \tag{7-201}$$

取时间域 t 中的一点 t_i，管道着地点与船体的水平距离 $l_A(t_i)$ 可以表示为

$$l_A(t_i)=d\ln(\gamma(t_i)+\sqrt{\gamma(t_i)^2+1})^{\delta(t_i)} \tag{7-202}$$

式中：

$$\delta(t_i)=H(t_i)/\omega d \tag{7-203}$$

$$\gamma(t_i)=\sqrt{2\delta(t_i)+1}/\delta(t_i) \tag{7-204}$$

船舶从 $L_A(t_0)$ 处向前行进，l_A 会随之增大，并且管道水平作用力也会随之增大：

$$\Delta l_A=l_A(t_{i+1})-l_A(t_i)-\Delta l(t_i) \tag{7-205}$$

式中：$\Delta l(t_i)$ 为两时刻管道长度的差值，是两时刻管道作用力的函数。

设 t 中各个节点的间隔均为 Δt，t_{i+1} 为 t_i 的下一时刻，根据图可得 Δl_A 为船舶在随船坐标系下从 t_i 到 t_{i+1} 时的纵向位移 $\Delta n(t_{i+1})$，再将式(7-202)代入式(7-205)得

$$\Delta n(t_{i+1})=d\ln\left[\frac{(\gamma(t_{i+1})+\sqrt{\gamma(t_{i+1})^2+1})^{\delta(t_{i+1})}}{(\gamma(t_i)+\sqrt{\gamma(t_i)^2+1})^{\delta(t_i)}}\right]-d\left[\sqrt{\frac{2H(t_{i+1})}{mgd}+1}-\sqrt{\frac{2H(t_i)}{mgd}+1}\right] \tag{7-206}$$

$\gamma(t_0)$ 和 $\delta(t_0)$ 可通过 $H(t_0)$ 求得作为初始条件来计算 $H(t_i)$，对式(10-8)整个求解过

程伴随船舶模型的解算由 $H(t_0)$ 到 $H(t_i)$ 逐步进行。采用牛顿下山法对方程进行求解,可保证方程的平方收敛速度。

根据以上方法可以求得管道对船体的纵向力 H_x,同样原理,也可对横向作用力 H_y 进行求解,求解横向力时设管道初始时刻没有形变(横向投影与 $O_b z_b$ 轴平行),所以横向的水平作用力需从零开始计算,但方程初始解为零会使牛顿下山法发散,所以在作用力较小时采用多项式拟合法近似计算横向力,当横向力超过某一设定阈值时转为使用牛顿下山法求解。艏向力矩可以看作在船体坐标系下横向力与作用力臂的乘积:

$$H_\psi = 0.5 H_y L \tag{7-207}$$

根据上述推导,得到管道作用力:

$$\boldsymbol{\chi} = [H_x \quad H_y \quad H_\psi]^{\mathrm{T}} \tag{7-208}$$

管道作用力是随着船舶速度和加速度非线性变化的,但所建立的模型是基于静态悬链线理论给出的近似动态模型,不能完全表征船体具有较高速度或加速度时的管道力,但动力定位作业时船体速度和加速度一般较小,所以给出的模型适用于 DP 铺管船。管道对船体的作用可以看作一项外界干扰,可叠加到船舶数学模型右侧,得到包括海洋环境和管道力的船舶动力学方程为

$$M\dot{\boldsymbol{v}} + C_{RB}(\boldsymbol{v})\boldsymbol{v} + C_A(\boldsymbol{v}_r)\boldsymbol{v}_r + D(\boldsymbol{v}_r)\boldsymbol{v}_r = \boldsymbol{\tau} + w + \boldsymbol{\chi} \tag{7-209}$$

7.4.4　导引系统的设计

铺管循迹是动力定位系统中铺管作业的重要模式。首先在铺管循迹模式下设定期望海底管道路径,系统通过系统计算得到作业船应循路径,导引系统对铺管船起引导作用,导引点在船舶期望路径上移动,然后通过控制器根据控制算法发出指令给推进器系统,船舶循迹的同时管道铺设在设定的轨道上,完成铺管循迹作业。因此要实现铺管循迹的功能,需要知道管道期望路径与船舶期望路径之间的计算关系。

【假设 7.6】铺管作业过程十分缓慢、平稳,张紧器张力保持不变,通过拖管架下放管道的速度保持不变,水中悬跨段管线长度、形态也保持不变,管道触地点与船舶中心的水平距离保持不变。

铺管作业的理想状态是管道下放的速度和船舶移动的速度可以达到一个相互平衡的状态。实际上,从作业安全的角度出发,铺管作业时 *DP* 系统协同作业通常十分缓慢,因此可以忽略作业过程中的动态影响,仅从运动学角度出发考虑问题。在水平面三个自由度上,铺管作业的运动状态可以分为水平面上的平动和转动,为保证悬跨段管线的形态平稳,希望作业中,铺管船及管道尽量处于平动状态,只有在管道期望路径是曲线时,船舶才需要转动艏向。设管道触地点与随船坐标系原点之间的水平投影距离为 L_{td},在进行直线循迹跟踪时,管道和铺管船期望路径之间的关系如图 7-45 所示,在进行曲线循迹跟踪时,管道和铺管船期望路径之间的关系如图 7-46 所示。

图中虚线轨迹为作业船期望路径,黑色实线轨迹为管道期望路径。设 $\boldsymbol{p}_{td}(\lambda) \in \mathbb{R}^2$ 表示管道期望路径上一点,记为 $\boldsymbol{p}_{td}$,其中 λ 是标量。对直线段路径作业过程,根据触底点的位置 $\boldsymbol{p}_{td}$ 可以按照下面的公式计算船的位置 $\boldsymbol{p}_{tm}$:

$$\boldsymbol{p}_{td}(\lambda) = \begin{bmatrix} x_i + \lambda\cos(\alpha_i) \\ y_i + \lambda\sin(\alpha_i) \end{bmatrix} \tag{7-210}$$

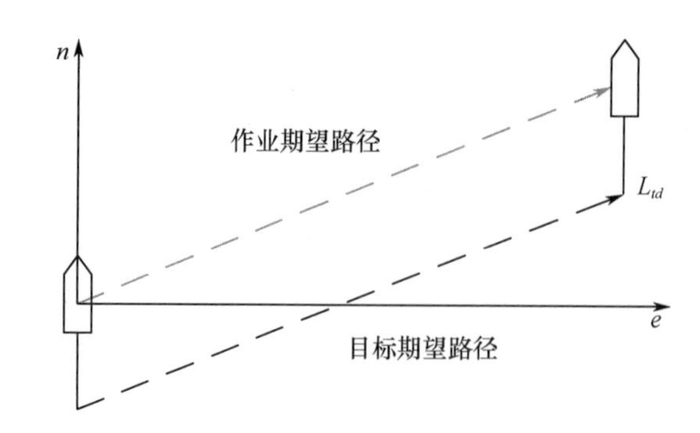

图 7-45　船舶作业期望路径和管道目标期望路径间直线关系

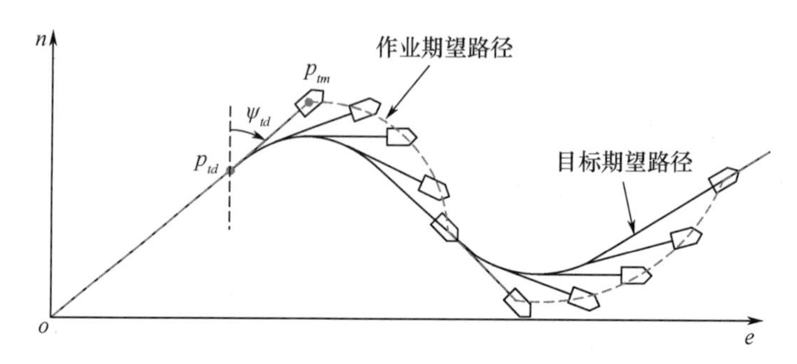

图 7-46　船舶作业期望路径和管道目标期望路径间曲线关系

$$\boldsymbol{J}(\alpha_i)=\begin{bmatrix}\cos(\alpha_i) & -\sin(\alpha_i)\\ \sin(\alpha_i) & \cos(\alpha_i)\end{bmatrix} \tag{7-211}$$

$$\boldsymbol{p}_{tm}=\boldsymbol{p}_{td}+\boldsymbol{J}(\alpha_i)\begin{bmatrix}\| p_{tm}-p_{td} \|_d\\ 0\end{bmatrix} \tag{7-212}$$

式中：$\|\boldsymbol{p}_{tm}-\boldsymbol{p}_{td}\|_d$ 为期望的悬跨段距离；α_i 为直线海底路径的方向。

在曲率可变的海底曲线段路径作业时，船的位置可表示为

$$\boldsymbol{p}_{tm}=\boldsymbol{p}_{td}+\boldsymbol{J}(\psi_{td})\begin{bmatrix}\|\boldsymbol{p}_{tm}-\boldsymbol{p}_{td}\|_d\\ 0\end{bmatrix} \tag{7-213}$$

式中：$\boldsymbol{p}_{td}$为管道路径上的点；ψ_{td}为 λ 处曲线海底路径的切线方向与北向夹角，如图 7-46 所示。

7.4.5　路径跟踪反步滑模控制器设计

滑模控制全称为变结构滑动模态控制，因其没有固定的结构，在控制力的驱使下，系统状态在期望的预定状态轨迹上运动，通常这种运动形式为伴有抖振现象的滑动，滑模变结构控制是不连续的非线性控制。在滑模控制器设计过程中，滑动模态与系统参数及干扰无关，滑模控制对系统参数摄动和受到的外界扰动变化不敏感，对受到有界干扰的系统，滑模控制器能够方便地实现对干扰的补偿，削弱干扰的作用效果，优化系统控制效果。在滑动模态控制中，滑模面的设计是设计过程中的重点。

滑模控制的基本原理简述如下。

设系统状态方程为$\dot{x}=f(\boldsymbol{x}),\boldsymbol{x}\in R^n$。其状态空间中存在一条人们期望的、系统状态沿之运动的状态曲线，这条曲线用一条超曲线 $s(\boldsymbol{x})=0,\boldsymbol{x}=[x_1\quad\cdots\quad x_n]^{\mathrm{T}}$ 表示，这条曲线将

状态空间分为两部分，即 $s>0$ 与 $s<0$ 两部分，该超曲线在滑模变结构中称为滑模面。滑模的目的是将系统的运动状态束缚在超曲线上，通常设计成系统状态的误差或误差的函数。人们希望系统状态满足终止点的运动特点，即当状态变量运动至超曲线附近时，该点会在某种作用驱使下，驶向超曲线，并在超曲线上运动，因为这样一来，在控制力的作用下，系统状态能够保持误差为0，从而达到控制的目的。

当运动点到达滑模面 $s(\boldsymbol{x})=0$ 附近时，必有 $\lim\limits_{s\to0^+}\dot{s}\leqslant0$ 及 $\lim\limits_{s\to0^-}\dot{s}\leqslant0$，可写成

$$\lim_{s\to0} s\dot{s}\leqslant0 \tag{7-214}$$

由式(7-214)出发，其形式满足正定的李雅普诺夫就爱函数 $L=s^2$ 的导数 $\dot{L}=s\dot{s}\leqslant0$ 负半定，即能够保持系统稳定，且稳定在 $s=0$ 超曲线上。

滑动模态因其原理也带来缺点，$s=0$ 超曲线的开关特性，表现在状态空间上即为在 $s=0$ 曲线附近可能出现抖振现象，如何削弱、抑制抖振现象是近年来的滑模变结构控制的研究重点。

铺管船与常规船舶最主要的不同，是增加了管道在水平面内对船舶的作用力，合理补偿管道对船体的水平作用力和力矩能够提高铺管作业时DP系统的控制精度。因此，建立铺管船统一数学模型对于铺管船的运动控制研究有着重要的现实意义。

设铺管船在进行铺管作业时设备对船体产生的干扰力及力矩矢量为 $\boldsymbol{\chi}$，则铺管船水平面三自由度运动数学模型可表述为

$$\begin{cases}\dot{\boldsymbol{\eta}}=\boldsymbol{R}(\psi)\boldsymbol{v}\\ \boldsymbol{M}\dot{\boldsymbol{v}}=-\boldsymbol{C}(\boldsymbol{v})\boldsymbol{v}-\boldsymbol{D}(\boldsymbol{v})\boldsymbol{v}+\boldsymbol{\tau}+\boldsymbol{w}+\boldsymbol{\chi}\end{cases} \tag{7-215}$$

为方便设定目标期望路径，将运动数学模型转化成大地坐标系下的状态空间描述描述。由船舶运动学方程可得船体坐标系下船舶速度与大地坐标系下船舶位置变化率关系：

$$\boldsymbol{v}=\boldsymbol{R}^{-1}(\psi)\dot{\boldsymbol{\eta}} \tag{7-216}$$

对式(7-216)两边进行求导，得到

$$\dot{\boldsymbol{v}}=\boldsymbol{R}^{-1}(\psi)[\ddot{\boldsymbol{\eta}}-\dot{\boldsymbol{R}}(\psi)\boldsymbol{J}^{-1}(\psi)\dot{\boldsymbol{\eta}}] \tag{7-217}$$

选取 $\boldsymbol{x}_1=\boldsymbol{\eta},\boldsymbol{x}_2=\dot{\boldsymbol{\eta}}$ 为系统状态变量，得到

$$\begin{cases}\dot{\boldsymbol{x}}_1=\boldsymbol{x}_2\\ \dot{\boldsymbol{x}}_2=-(\boldsymbol{M}^*)^{-1}(\boldsymbol{C}^*+\boldsymbol{D}^*)\boldsymbol{x}_2+(\boldsymbol{M}^*)^{-1}\boldsymbol{R}^{-\mathrm{T}}(\psi)(\boldsymbol{\tau}+\boldsymbol{\chi}+\boldsymbol{w})\end{cases} \tag{7-218}$$

式中：

$$\boldsymbol{M}^*=\boldsymbol{R}^{-\mathrm{T}}(\psi)\boldsymbol{M}\boldsymbol{R}^{-1}(\psi) \tag{7-219}$$

$$\boldsymbol{C}^*(\boldsymbol{v},\boldsymbol{\eta})=\boldsymbol{R}^{-\mathrm{T}}(\psi)[\boldsymbol{C}(\boldsymbol{v})-\boldsymbol{M}\boldsymbol{R}^{-1}(\psi)\dot{\boldsymbol{R}}(\psi)]\boldsymbol{R}^{-1}(\psi) \tag{7-220}$$

$$\boldsymbol{D}^*(\boldsymbol{v},\boldsymbol{\eta})=\boldsymbol{R}^{-\mathrm{T}}(\psi)\boldsymbol{D}(\boldsymbol{v})\boldsymbol{R}^{-1}(\psi) \tag{7-221}$$

【假设7.7】铺管作业在海况等级较低情况下进行，海洋环境干扰模型存在上界 $|\boldsymbol{w}(i)|\leqslant\widetilde{\boldsymbol{w}}(i),i=1,2,3$。

针对式(7-215)所描述的系统，设计反步滑模控制器，在实现系统循迹跟踪控制的同时，保证系统的稳定性。

设系统的期望状态指令 $\boldsymbol{X}_d^{\mathrm{T}}=[x_d^{\mathrm{T}}\quad \dot{x}_d^{\mathrm{T}}]$，定义跟踪误差

$$\boldsymbol{z}_1=\boldsymbol{x}_1-\boldsymbol{x}_d \tag{7-222}$$

则

$$\dot{z}_1=\dot{x}_1-\dot{x}_d \tag{7-223}$$

定义李雅普诺夫函数

$$V_1=\frac{1}{2}z_1^{\mathrm{T}}z_1>0 \tag{7-224}$$

设虚拟控制

$$z_2=x_2-\dot{x}_d+cz_1 \tag{7-225}$$

则

$$\dot{z}_2=\dot{x}_2-\ddot{x}_d+c\dot{z}_1 \tag{7-226}$$

则

$$\dot{V}_1=z_1^{\mathrm{T}}\dot{z}_1=z_1^{\mathrm{T}}z_2-z_1^{\mathrm{T}}cz_1 \tag{7-227}$$

定义切换函数

$$s=kz_1+z_2 \tag{7-228}$$

式中:$k=\mathrm{diag}[k_{11},k_{22},k_{33}]$,$c=\mathrm{diag}[c_{11},c_{22},c_{33}]$,且$k$、$c$为正定阵。

显然,若$z_2=0$,则$\dot{V}_1<0$,z_1渐近稳定;$z_1=0$,$z_2=0$,则满足$s=0$。

进行第二步反步法设计,定义李雅普诺夫函数

$$V_2=V_1+\frac{1}{2}s^{\mathrm{T}}s \tag{7-229}$$

则

$$\begin{aligned}\dot{V}_2&=\dot{V}_1+s^{\mathrm{T}}\dot{s}\\&=-z_1^{\mathrm{T}}cz_1+z_1^{\mathrm{T}}z_2+s^{\mathrm{T}}(k\dot{z}_1+\dot{z}_2)\\&=-z_1^{\mathrm{T}}cz_1+z_1^{\mathrm{T}}z_2+s^{\mathrm{T}}(k(z_2-cz_1)+(\dot{x}_2-\ddot{x}_d+c\dot{z}_1))\\&=-z_1^{\mathrm{T}}cz_1+z_1^{\mathrm{T}}z_2+s^{\mathrm{T}}[k(z_2-cz_1)+(M^*)^{-1}(-(C^*+D^*)x_2)\\&\quad+(M^*)^{-1}R^{-\mathrm{T}}(\tau+\chi+w)-\ddot{x}_d+c\dot{z}_1]\end{aligned} \tag{7-230}$$

设计控制律为

$$\begin{aligned}\tau=&[M^{*-1}R^{-\mathrm{T}}(\psi)]^{-1}[-k(z_2-cz_1)-M^{*-1}[-(C^*+D^*)x_2]\\&-M^{*-1}R^{-\mathrm{T}}(\psi)\chi-M^{*-1}R^{-\mathrm{T}}(\psi)\widetilde{w}\mathrm{sign}(s)+\ddot{x}_d-cz_1-hs]\end{aligned} \tag{7-231}$$

式中:$h=\mathrm{diag}[h_{11},h_{22},h_{33}]$,且$h$正定阵。

7.4.6 系统稳定性分析

定义向量$z=[z_1^{\mathrm{T}}\quad z_2^{\mathrm{T}}]^{\mathrm{T}}$,且$z_2^{\mathrm{T}}Iz_1=z_1^{\mathrm{T}}Iz_2$。将式(7-230)代入式(7-231),得

$$\begin{aligned}\dot{V}_2&=z_1^{\mathrm{T}}z_2-z_1^{\mathrm{T}}cz_1-s^{\mathrm{T}}[hs+M^{*-1}R^{-\mathrm{T}}(w-\widetilde{w})]\\&\leqslant z_1^{\mathrm{T}}z_2-z_1^{\mathrm{T}}cz_1-s^{\mathrm{T}}hs\end{aligned} \tag{7-232}$$

定义矩阵

$$Q=\begin{bmatrix}c+k^{\mathrm{T}}hk & k^{\mathrm{T}}h-\frac{1}{2}I\\ hk-\frac{1}{2}I & h\end{bmatrix} \tag{7-233}$$

则有

$$z^{\mathrm{T}}\boldsymbol{Q}z=[z_1^{\mathrm{T}}\quad z_2^{\mathrm{T}}]\begin{bmatrix}\boldsymbol{c}+\boldsymbol{k}^{\mathrm{T}}\boldsymbol{hk} & \boldsymbol{k}^{\mathrm{T}}\boldsymbol{h}-\frac{1}{2}\boldsymbol{I}\\ \boldsymbol{hk}-\frac{1}{2}\boldsymbol{I} & \boldsymbol{h}\end{bmatrix}\begin{bmatrix}z_1\\ z_2\end{bmatrix}$$

$$=z_1^{\mathrm{T}}(\boldsymbol{c}+\boldsymbol{k}^{\mathrm{T}}\boldsymbol{hk})z_1+z_2^{\mathrm{T}}\boldsymbol{h}z_2+z_1^{\mathrm{T}}\left(\boldsymbol{k}^{\mathrm{T}}\boldsymbol{h}-\frac{1}{2}\boldsymbol{I}\right)z_2+z_2^{\mathrm{T}}\left(\boldsymbol{hk}-\frac{1}{2}\boldsymbol{I}\right)z_1$$

$$=z_1^{\mathrm{T}}\boldsymbol{c}z_1-\frac{1}{2}(z_2^{\mathrm{T}}\boldsymbol{I}z_1+z_1^{\mathrm{T}}\boldsymbol{I}z_2)+z_1^{\mathrm{T}}\boldsymbol{k}^{\mathrm{T}}\boldsymbol{hk}z_1+z_2^{\mathrm{T}}\boldsymbol{h}z_2+z_1^{\mathrm{T}}\boldsymbol{k}^{\mathrm{T}}\boldsymbol{h}z_2+z_2^{\mathrm{T}}\boldsymbol{hk}z_1$$

$$=z_1^{\mathrm{T}}\boldsymbol{c}z_1-z_1^{\mathrm{T}}z_2+(z_1^{\mathrm{T}}\boldsymbol{k}^{\mathrm{T}}+z_2^{\mathrm{T}})\boldsymbol{h}(\boldsymbol{k}z_1+z_2)$$

$$=-(z_1^{\mathrm{T}}z_2+z_1^{\mathrm{T}}\boldsymbol{c}z_1-\boldsymbol{s}^{\mathrm{T}}\boldsymbol{hs}) \tag{7-234}$$

由式(7－232)和式(7－234)可知$\dot{V}_2\leqslant -z^{\mathrm{T}}\boldsymbol{Q}z$,故当$\boldsymbol{Q}$为正定矩阵时,有$\dot{V}_2\leqslant 0$成立。

根据分块矩阵行列式求解公式,得到

$$|\boldsymbol{Q}|=\left|\boldsymbol{c}+\boldsymbol{k}^{\mathrm{T}}\boldsymbol{hk}-\left(\boldsymbol{k}^{\mathrm{T}}\boldsymbol{h}-\frac{1}{2}\boldsymbol{I}\right)\boldsymbol{h}^{-1}\left(\boldsymbol{hk}-\frac{1}{2}\boldsymbol{I}\right)\right|\cdot|\boldsymbol{h}|$$

$$=\left|\boldsymbol{c}+\frac{1}{2}\boldsymbol{k}^{\mathrm{T}}+\frac{1}{2}\boldsymbol{k}-\frac{1}{4}\boldsymbol{h}^{-1}\right|\cdot|\boldsymbol{h}| \tag{7-235}$$

式中:$\boldsymbol{k}^{\mathrm{T}}=\boldsymbol{k}$。

故当满足$c_{ii}+k_{ii}-0.25h_{ii}>0,i=1,2,3$时,$\boldsymbol{Q}$为正定矩阵,$\dot{V}_2<0$成立,则$\boldsymbol{s}$渐近稳定,满足$\boldsymbol{s}=0$,并由式(7－228)知$z_2$也渐近稳定。

则在假设7.7下,设计控制律如式(7－231),当$c_{ii}+k_{ii}-0.25h_{ii}>0,i=1,2,3$时,系统渐近稳定,设计的控制器可以保证整个系统满足李雅普诺夫意义下的渐近稳定。

7.4.7　仿真案例

本节针对铺管作业路径跟踪控制,采用设计的反步滑模控制器,通过Matlab对作业过程进行仿真。设置仿真环境:风速8m/s,风向与北向夹角0°;流速1(knot),来流与北向夹角0°。管道参数包括管道密度$\rho_t=7850\mathrm{kg/m^3}$,管道内径$d_i=0.6\mathrm{m}$,管道外径$d_o=0.7\mathrm{m}$,作业水深$H=700\mathrm{m}$。管道路径起点设置为(0m,0m),管道路径包括三段:起始段为由起点开始向北100m,中间段为以点(380m,100m)为圆心,回转半径$R=300\mathrm{m}$的1/4圆弧,结尾段为由点(380m,460m)沿东向100m的直线段。其路径参数可表示为

$$\boldsymbol{a}_d=\begin{cases}[a_{d1}\quad 0\quad 0]^{\mathrm{T}}, & t\in[t_0,t_1]\\ [0\quad 0\quad 0]^{\mathrm{T}}, & t\in[t_1,t_2]\\ [0\quad 0\quad 0]^{\mathrm{T}}, & t\in[t_2,t_3]\\ [a_{d4}\quad 0\quad 0]^{\mathrm{T}}, & t\in[t_3,t_4]\end{cases}$$

$$\boldsymbol{v}_d=\begin{cases}[a_{d1}t\quad 0\quad 0]^{\mathrm{T}}, & t\in[t_0,t_1]\\ [a_{d1}t_1\quad 0\quad 0]^{\mathrm{T}}, & t\in[t_1,t_2]\\ [a_{d1}t_1\quad 0\quad a_{d1}t_1/R]^{\mathrm{T}}, & t\in[t_2,t_3]\\ [a_{d1}t_1+a_{d4}(t-t_3)\quad 0\quad 0]^{\mathrm{T}}, & t\in[t_3,t_4]\end{cases}$$

其中路径参数的设置采用以下数值

$$\begin{cases} t_0 = 0\text{s}, t_1 = 200\text{s}, t_2 = 1000\text{s}, t_3 = 1200\text{s} \\ a_{d1} = 0.005\text{m/s}^2, a_{d4} = -a_{d1}, \psi_{ini} = 0°, R = 380\text{m} \end{cases}$$

根据管道参数,管道作用力模型,可计算管道在水中的比重为 $\omega = 1.662 \times 10^3$(N/m)。模型中的惯性矩阵 $\boldsymbol{M}$、科里奥利向心力矩阵 $\boldsymbol{C}(\boldsymbol{v})$ 及阻尼矩阵 $\boldsymbol{D}(\boldsymbol{v})$ 数值结果如下:

$$\boldsymbol{M} = 10^7 \times \begin{bmatrix} 6.2121 & 0 & 0 \\ 0 & 8.6033 & 48.1818 \\ 0 & 48.1818 & 6.4689 \times 10^5 \end{bmatrix}$$

$$\boldsymbol{C}_{RB} = 10^6 \times \begin{bmatrix} 0 & 0 & 59.0v - 3.1r \\ 0 & 0 & 59.0u \\ -59.0v + 3.1r & -59.0u & 0 \end{bmatrix}$$

$$\boldsymbol{C}_A = 10^6 \times \begin{bmatrix} 0 & 0 & -27.0v - 484.9r \\ 0 & 0 & -3.1u \\ 27.0v + 484.9r & 3.1u & 0 \end{bmatrix}$$

$$\boldsymbol{D}_c = 10^5 \times \begin{bmatrix} 6.27 & 0 & 0 \\ 0 & 2.74 & -62.37 \\ 0 & -62.37 & 1.45 \times 10^4 \end{bmatrix}$$

$$\boldsymbol{D}_n = 10^4 \times \begin{bmatrix} 2.1|u| & 0 & 0 \\ 0 & 57.3|v| + 730.4|r| & 730.4|v| + 2.8 \times 10^5 |r| \\ 0 & -172|v| + 8567|r| & 8567|v| + 5.1 \times 10^7 |r| \end{bmatrix}$$

铺管作业路径跟踪过程数字仿真结果如图 7-47 ~ 图 7-50 所示。

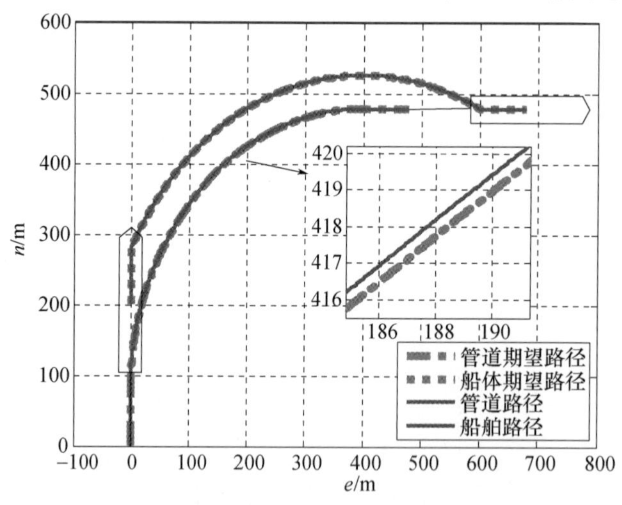

图 7-47　铺管作业路径跟踪北东位置图

图 7-47 为铺管作业路径跟踪北东位置图。图中表明管道铺设路径与预设管道路径基本一致,将圆弧铺管路径局部放大,由局部放大图的仿真结果可以看出,管道铺设的实际路径与期望路径走向一致,曲率相同,且实际作业路径误差较小。整个过程误差可以被控制在 0.5m 以内,符合工程要求。

图 7-48 为作业过程中随船坐标系下船舶的作业速度。由图可以看出,作业船水平面三自由度,作业速度与设定的船舶期望速度作业速度基本一致,速度变化也比较平滑,这样

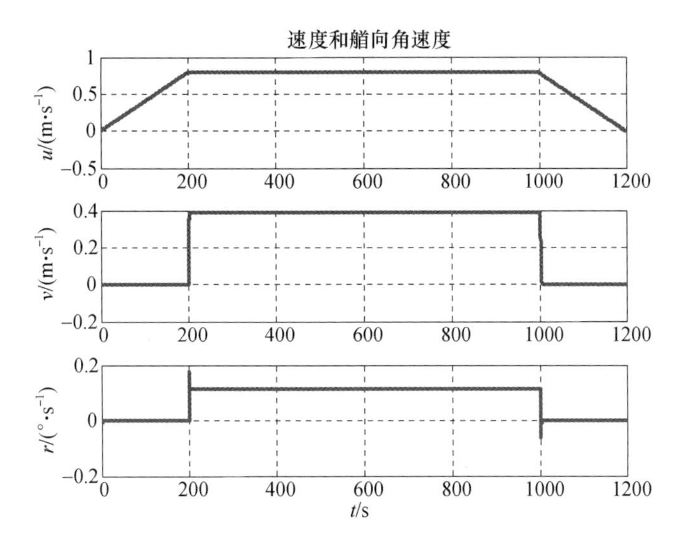

图 7-48　铺管船作业速度

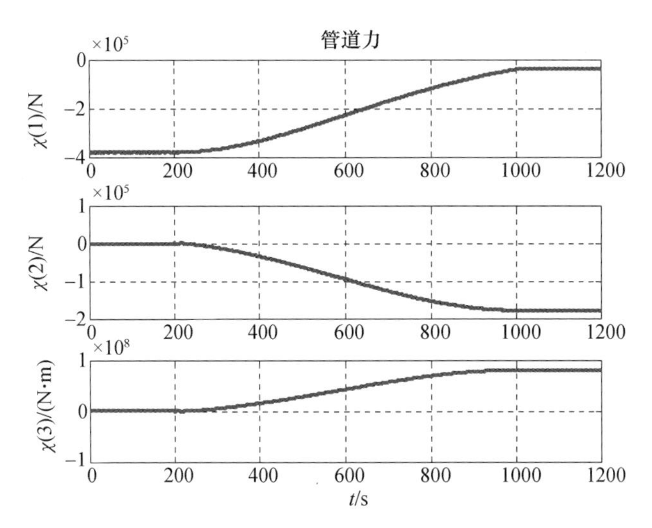

图 7-49　铺管作业过程中管道力

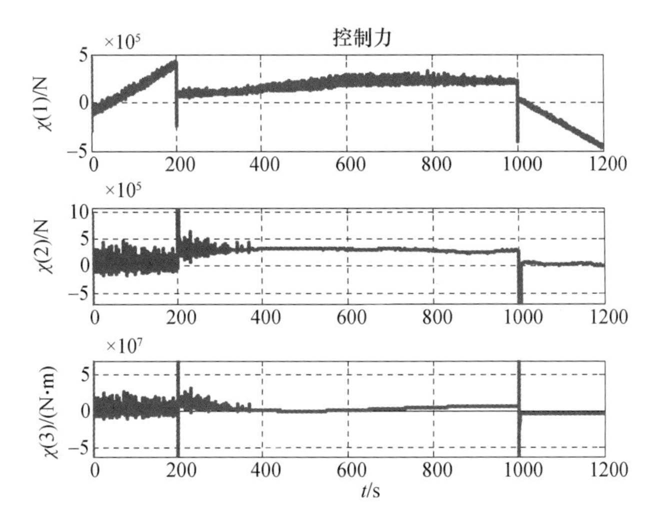

图 7-50　推进器控制作用力

可以尽可能保证作业过程中船舶的平稳,船上工作人员的安全舒适,以及管道的安全完好。但在圆弧段循迹时,横移速度存在一定的误差,这是因为圆弧段路径跟踪时,船舶艏摇与横移的耦合导致的。船舶转艏角速度控制效果较好,能够保证船艏稳定、缓慢地回转。但在圆弧-直线和直线-圆弧路径切换时,由于期望角速度的阶跃突变引起了船舶艏向的较小超调,但在控制力的作用下能够快速跟踪到下一阶段的期望值,并保持稳定。

图7-50为大地坐标系下控制力的大小,由北向力可以看出滑模控制器的抖振现象较明显,这是因为系统状态在受到滑模控制作业的过程中可能产生抖振现象,为使整个系统保持稳定,需要将在超曲线 $s=0$ 上不断滑动变化的系统状态,尽量限制在超曲线上,由于超曲线的开关特性,因而控制力的大小也将出现一定程度的抖振现象。在整个作业过程中,3个自由度的控制力在路径变化时均会产生一个较大的峰值,因为在路径发生变化时,船舶的期望速度会产生阶跃突变,作业速度越大,阶跃突变越明显。这就对铺管作业路径跟踪规划提出要求,在作业时,路径轨迹不连续时,应尽量降低作业速度,以保护管道安全并减少推进器损耗。

7.5 起重船动力定位控制方法研究

海洋资源的开发过程依赖于大量的海洋工程设施,通过搭建海洋工程设施,人类能够更有效、安全地开发海洋资源,而海洋工程设施的搭建离不开起重船。海上作业时,起重作业船须到达指定作业点,并在指定作业点作业。在浅海操作时,起重船进行装卸作业可通过锚泊系统来保持作业船舶位置和艏向,但是在深水工程中,采用传统的锚泊系统已经不能满足要求,必须采用动力定位技术。

图7-51为"海洋石油201"号深水铺管起重船,起重能力为4000t。该船设计船长为204.65m,设计型宽为39.2m,设计型深为14m。

图7-51 "海洋石油201"号深水铺管起重船

起重船在承担起重作业任务过程中,起重物被起重机吊起和转移过程中,会对起重船模型带来模型参数不确定性;与此同时,复杂多变的海洋环境(海风、海浪、海流)为起重船模型带来未知干扰。在海洋环境及模型参数不确定性作用下,起重船的定位精度将受到影响,起重船可能会在定位点附近振荡,引起起重物摆动,并可能会使起重物易与作业船或搭建平台上的建筑碰撞,造成安全事故。因此,起重船需要在动力定位系统的控制下高精度保持在作业工作点。

7.5.1 起重作业过程分析及建模

1. 起重作业过程分析

起重船在执行某起重作业任务时,其作业流程可简述如下。

(1) 空载定位过程:起重船由初始位置在动力定位系统控制下移动至工作点,负载由驳船拖运至工作点。

(2) 负载起吊过程:下放吊索,操纵起重机将负载吊离驳船。

(3) 驳船驶离工作区域。

(4) 负载旋转过程操纵起吊机旋转起重臂。

(5) 负载定位过程:吊载重物的起重船在动力定位系统作用下定位至预设点后,进行对接。

(6) 负载下放过程:起吊机下放吊钩,将重物下放至指定位置。

(7) 松开吊索,起重船在动力定位系统控制下离开作业点。

上述步骤是起重船起重作业典例过程,起重船在起重作业过程中,可能根据具体情况有所增减。

1) 空载定位过程

起重船在执行某起重任务时,起重船距离起重作业目标点会有一段距离。需要起重船在动力定位系统协助下定位至工作位置。起重船定位至起重作业工作位置后,起重物将由驳船运达到工作位置附近,然后通过缆绳慢慢将驳船与起重船靠近,最终将驳船与动力定位船捆绑在一起,至此空载定位过程结束。空载定位过程,起重船和驳船的运动示意图如图7-52所示。

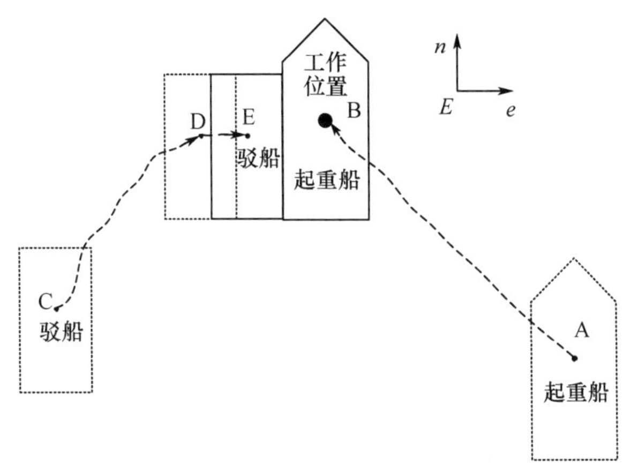

图7-52　空载定位过程

起重船在动力定位系统的协助下,由初始位置A运动至工作位置B,然后在B点定位。驳船通过其自身带的推进器系统由C运动至工作位置附近D,然后起重船上作业人员通过缆绳将驳船慢慢靠近起重船,最终到达E时,将驳船与起重船捆绑在一起。

2) 负载起吊过程

负载起吊过程中,为了给起重船起吊重物提供一个更加平稳的环境,需要通过缆绳将驳船与起重船捆绑在一起。为了简化问题，驳船与起重船捆绑后，忽略驳船与起重船之间的相互作用力。

“海洋石油 201”的最大起吊 4000t，排水量约为 59000t。起重物的质量占到排水量的约 1/17，起重物对起重船的影响不容忽视。在实际作业时，负载起吊之前先要通过压载系统调驳压载水进行预调载，以保证起重船的稳性，压载水的调驳也会影响到起重船。

3）负载旋转过程

重物被吊起一定高度后，驳船将与起重船解绑，然后驳船通过自带的动力系统驶离工作区域。此时，重物仍处于起重船的左侧或者右侧，为了保证船舶的稳性，应该操纵起重机，将重物旋转至起重船的船艉后方。与此同时，压载系统也应该配合该作业过程调驳压载水，保证船的稳性。

4）负载定位过程

将重物旋转至起重船船艉后方后，就可以将重物运送到规定的安装位置（平台）。负载定位过程需要借助起重船的动力定位系统实现精确定位。负载定位过程的作业示意图如图 7－53 所示。

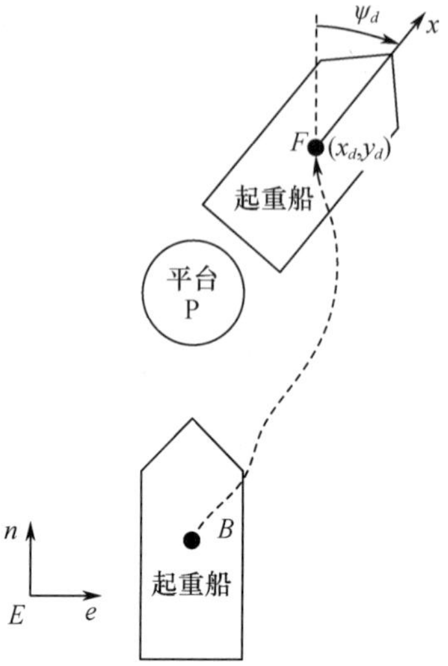

图 7－53　负载定位过程的作业示意图

起重船在 B 点将重物旋转到船艉正后方后，在动力定位系统的定位作用下，移动到距离平台 P 一定位置的 F 点（n_d，e_d），船艏向保持为 ψ_d。

负载定位过程中，起重船与平台近距离接触，定位过程中，不仅需要精确到达定位目标点，还应当考虑起重船与平台的相对位置关系，避免起重船碰撞到平台，而起重船和平台的形状会影响到定位过程中的避碰控制。

5）负载下放过程

负载下放过程中，通过操作起重机，下放吊钩，将重物下放到平台或者指定的位置。

2. 起重机、起重物模型

起重船甲板上装配了一台大型起重机，起重船装配位置为船艉中心位置。从图 7－54、图 7－55 所示的船侧向示意图和双甲板俯向示意图可以清晰地看到起重机的安装位置。

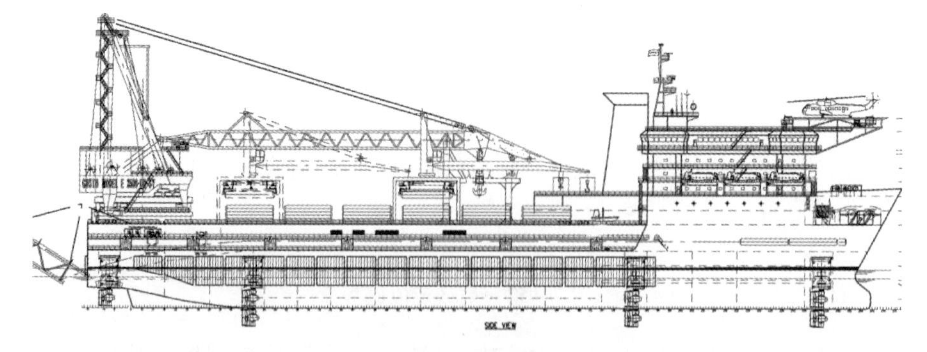

图 7－54　“海洋石油 201”船侧向示意图

这台大型起重机起重作业时可以按照起重物的质量及旋转半径选择主钩作业、辅钩作业和小钩作业。

主钩作业时设计的最大起重能力为：固定吊 4000t × 43m，回转吊 3500t × 33m。起吊机主

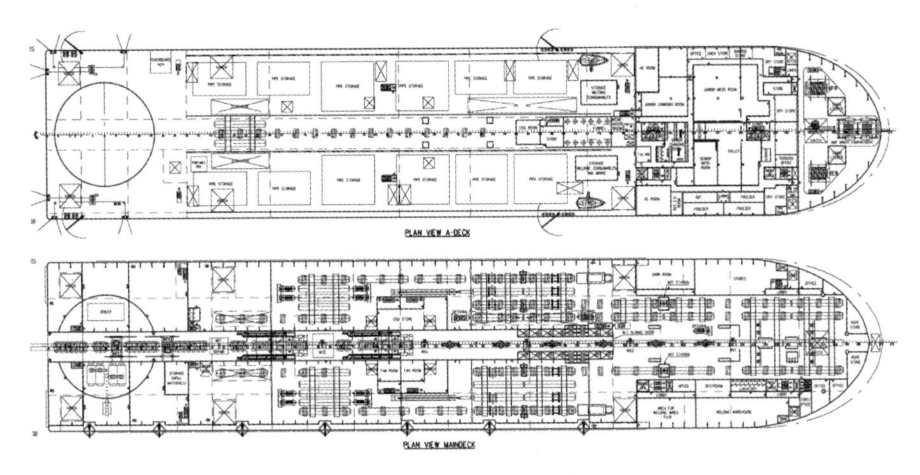

图7-55　“海洋石油201”船双甲板俯向示意图

钩安全负荷时的最大升降速度为2.2m/min,部分负荷时的最大升降速度可以达到6.0m/min。

辅钩作业时设计的最大起重能力为800t×90m。辅钩额定上升或者下降速度为12.0m/min。

小钩有1号小钩和2号小钩。1号小钩的起重能力为70t×105m,2号小钩的起重能力为50t。一号小钩额定上升或者下降速度可达70m/min,二号小钩额定上升或者下降速度达20m/min。

起重作业过程中,起重物和起重机对于船舶的影响不容忽视。为了建立用于控制方法研究的起重机、起重物数学模型,做如下假设:

(1) 转台支架结构强度较大,将其看作刚体。

(2) 不考虑吊臂自身的弹性形变,将其看过刚体。

(3) 忽略吊索弹性形变的影响及吊索自身的质量。

(4) 起重物看做集中质量点。

(5) 起重船做作业过程中,悬挂起吊物的吊索总是指向地心的。

根据上述假设,起重船可以划分为船体、吊臂系统和起重物系统、转台与支架4个部分。起重船简化侧视图和俯视图如图7-56和图7-57所示。

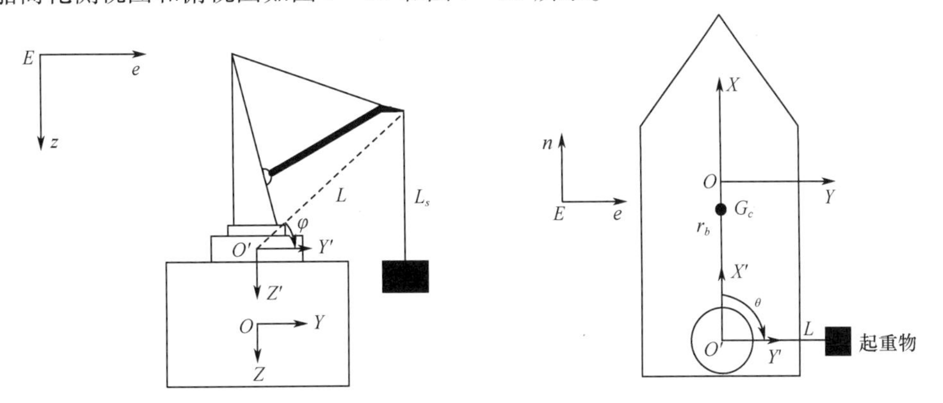

图7-56　起重船侧视图　　　图7-57　起重船俯视图

图中,$E-ned$为大地坐标系,$O-XYZ$为船体坐标系,$O'-X'Y'Z'$为起重机坐标系,纵轴$O'X'$一般取在纵中剖面内,平行于船舶横摇轴并指向船艏。横轴$O'Y'$垂直于纵中剖面,平行于纵摇轴,并以右舷为正。垂直轴 $O'Z'$ 选取在船体的纵向中剖面内并取正方向为指向船底。G_c 为船体重心,重心沿纵轴 OX 的偏移量为 x_{gc},起重机坐标系原点 O' 与船体坐标系原点 O 距离为 r_b,L 为起重物重心到起重机坐标系原点 O' 的距离。

从图中可以看出,在操纵起重机提升、下放和旋转起重物的过程中,随着起重机的俯仰角 φ,起重机的旋转角 θ 和吊索长度为 L_s 的变化,起重物的重心会变化,进而影响到整个系统的重心。

起重物在起重机坐标系下的位置关系如图 7-58 所示。

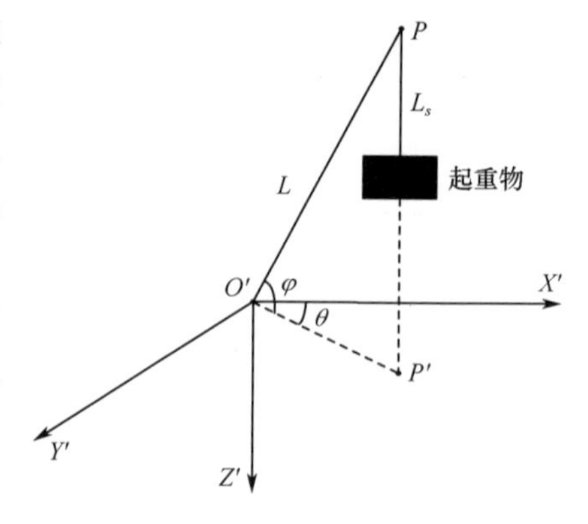

图 7-58 起重机坐标系

起重臂 $O'P$ 与 $X'O'Y'$ 平面的夹角(即起重臂的俯仰角)为 φ,起重臂在 $X'O'Y'$ 平面投影与 $O'X'$ 轴夹角(及起重臂的旋转角)为 θ,吊索长度为 L_s。起重物重心在船体运动坐标系下坐标(x_{gl},y_{gl},z_{gl})为

$$\begin{cases} x_{gl} = -r_b + L\cos\varphi\cos\theta \\ y_{gl} = L\cos\varphi\sin\theta \\ z_{gl} = L_s - L\sin\varphi \end{cases} \tag{7-236}$$

3. 压载系统模型

“海洋石油 201”船装备 30 个压载水舱,压载系统可满足在 6h 内将船舶从航行吃水压载到满载吃水状态,在起重机从左舷至右舷回转 180°及起重 3500t 全回转状态下,调载时间不大于 30min。“海洋石油 201”船上 30 个压载水舱。

在进行起重作业位置保持控制方法研究时,压载系统压载水总质量和重心在船体坐标系下的坐标值可由压载系统给出,压载水总质量为坐标为 m_b,重心坐为 G_b(x_{gb},y_{gb},z_{gb})。

4. 起重机、起重物和压载系统对起重船运动影响分析

为简化分析,本书不讨论起重机、起重物、压载系统和起重船之间的相互作用。而将起重机、起重物、压载系统和起重船看成一个整体。则起重船的重心如图 7-59 所示。

起重船的重心为 G_c,重物的重心为 G_l,压载系统的重心为 G_b。起重船、重物和压载系统重心在船体坐标系下的坐标值分别为(x_{gc},y_{gc},z_{gc}),(x_{gl},y_{gl},z_{gl})和(x_{gb},y_{gb},z_{gb}),起重船、重物和压载水总质量分别为 m_c、m_l 和 m_b,则起重船与重物的重心 G_t 在船体坐标系下的坐标值(x_{gt},y_{gt},z_{gt})可以描述为

$$\begin{cases} x_{gt} = \dfrac{m_c x_{gc} + m_l x_{gl} + m_b x_{gb}}{m + m_l + m_b} \\ y_{gt} = \dfrac{m_c y_{gc} + m_l y_{gl} + m_b y_{gb}}{m + m_l + m_b} \\ z_{gt} = \dfrac{m_c z_{gc} + m_l z_{gl} + m_b z_{gb}}{m + m_l + m_b} \end{cases} \tag{7-237}$$

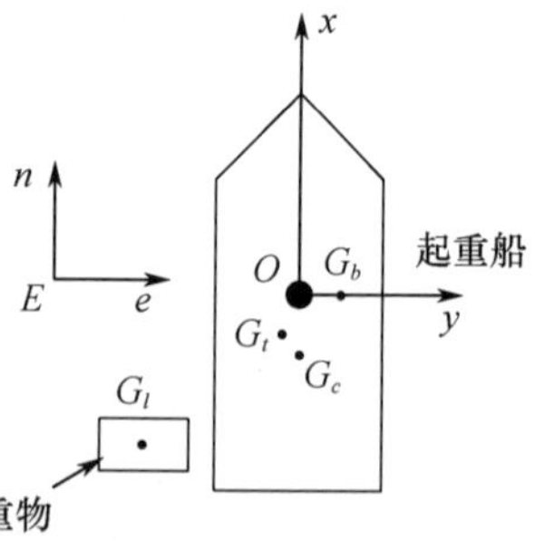

图 7-59 起重船重心图

假设起重船绕 z 轴的转动惯量为 I_{zc},则起重作业时,带起重物和压载水时绕 z 轴的转动惯量为

$$I_{zt}=I_{zc}+m_l(x_{gl}^2+y_{gl}^2)+m_b(x_{gb}^2+y_{gb}^2) \tag{7-238}$$

起重作业过程中，将压载系统简化为左右两个压载水舱，左右压载水舱压载水体积变化曲线如图 7-60 所示。

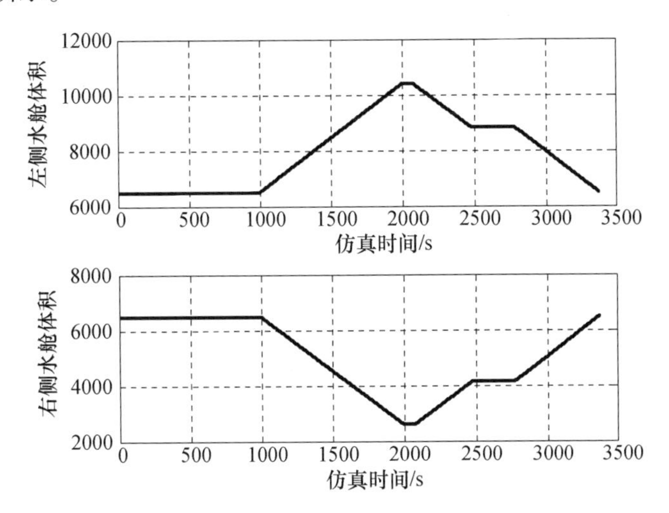

图 7-60　起重船左右侧压载水舱体积变化曲线

则得到起重船横纵轴重心动态曲线和转艏转动惯量动态曲线如图 7-61、图 7-62 所示。

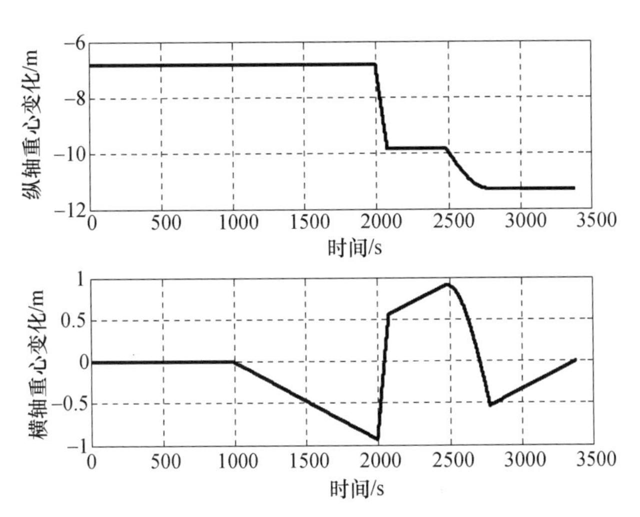

图 7-61　起重船横纵轴重心动态曲线

从图 7-61、图 7-62 中可以看出，起重船的重心和转动惯量在起重作业过程中会发生变化，即模型中参数 M, $C(v)$ 都会随之发生改变。因而，起重作业会影响起重船运动过程中的模型参数，为系统代入模型参数不确定性。从安全性角度分析，这些不确定性将降低起重船动力定位精度，增大起重船在定位点附近的高频振荡，引起起重物大幅度摆动，影响起重船作业过程中的安全性。因此，设计起重船位置保持控制器的过程中，应当充分考虑这些因素对于起重船的影响，设法降低其对起重船的不良影响，才能提高起重船作业过程的安全性。

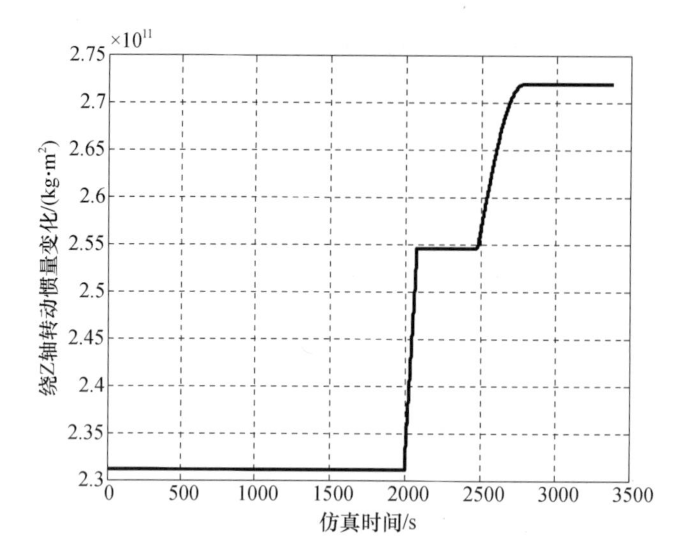

图 7－62 转艏转动惯量动态曲线

7.5.2 动态面自抗扰控制方法

动态面自抗扰控制方法（Dynamic Surface Control－Active Disturbances Rejection Controller，DSC－ADRC）由动态面控制算法（Dynamic Surface Control，DSC）和自抗扰控制技术（Active Disturbances Rejection Controller，ADRC）组合而成，综合了两种算法各自的优点，互相弥补了各自的缺点。对于存在模型参数不确定和未知扰动的非线性系统，设计的控制器具有很强的鲁棒性和抗扰动能力。

1. 动态面控制算法

动态面控制算法是一种典型的非线性控制算法，是在反步算法（Backstepping）的基础上改进发展而来的。

反步法是 Kokotovic 在 1991 年首次提出的。自提出后，就受到了学者的青睐，在航海、航空航天及工业控制等领域得到了广泛的应用。反步法的核心思想就是对一个 n 阶非线性系统分解成 n 个子系统，然后从控制目标出发，利用李雅普诺夫稳定性理论依次对每一个子系统设计虚拟控制律，保证分解后得到的每一个子系统的稳定性。由于在反步法的推导过程中，确保了每一个子系统都镇定，故而最终的系统也能够稳定；与此同时，反步法推导非线性控制律过程中，可以通过参数整定调节每一个子系统收敛的速度，从而得到满意的控制精度，可以满足绝大多数工程实际系统的控制需求。然而，反步法存在一个致命的缺陷："微分爆炸"现象。"微分爆炸"现象是指反步法在递推最终控制律的过程中，需要对上一个子系统推导出的虚拟控制律进行求导才能获得当前子系统的虚拟控制律，对一个高阶系统，这种反复求导会使最终控制律过于复杂，不利于工程实现。

Swaroop 针对反步法中的"微分爆炸"现象，提出了动态面控制算法。该控制算法核心思想是通过引入一个一阶低通滤波器对每一个子系统设计的虚拟控制律进行滤波，用滤波器的输出值、虚拟控制律、滤波器时间常数得到虚拟控制律的导数，避免了对每一个子系统设计虚拟控制律时对上一个子系统的虚拟控制律求导问题，从而大大简化了最终控制律的形式，避免了"微分爆炸"。动态面控制算法继承了反步法的所有优点，同时有效解决了"微分爆炸"问题，简化了最终控制律的形式，便于工程实现。

针对 n 阶非线性系统：

$$\begin{cases} \dot{x}_1 = x_2 + f_1(x_1) \\ \vdots \\ \dot{x}_i = x_{i+1} + f_i(x_1, \cdots, x_i) \\ \vdots \\ \dot{x}_n = u + f_n(x_1, \cdots, x_n) \\ y = x_1 \end{cases} \tag{7-239}$$

式中：$x_i, i = 1,2,\cdots,n$ 为系统的状态变量；$f_i(\cdot): R^i \to R, i = 1,2,\cdots,n$ 为光滑的非线性函数，表征系统中不确定性或者未建模部分；u 为系统的输入；y 为系统的输出。

系统期望控制目标为 y_d（y_d 是 n 阶可微且有界的时变函数），通过设计控制率 u 使系统的输出 y 能够实时跟踪期望控制目标 y_d。

式(7-239)描述的非线性系统，动态面控制器设计思路类似于反步设计思路。首先利用李雅普诺夫理论，构造李雅普诺夫函数，设计虚拟控制律镇定第1个子系统，然后依次递推得到最终的控制律。递推过程中，引入一阶低通滤波器对虚拟控制律进行滤波，用滤波器的输出值、虚拟控制律、滤波器时间常数，通过运算得到虚拟控制律的导数。具体的设计过程如下：

第1步：针对式(7-239)的第1个子系统方程：$\dot{x}_1 = x_2 + f_1(x_1)$。

根据系统期望控制目标 y_d，定义第1个误差动态面：

$$s_1 = x_1 - y_d \tag{7-240}$$

对定义的动态面求导，根据系统的第2个子系统得

$$\dot{s}_1 = \dot{x}_1 - \dot{y}_d = x_2 + f_1(x_1) - \dot{y}_d \tag{7-241}$$

构造第1个李雅普诺夫能量函数

$$V_1 = \frac{1}{2}s_1^2 \tag{7-242}$$

对 V_1 求导：

$$\dot{V}_1 = s_1\dot{s}_1 = s_1(x_2 + f_1(x_1) - \dot{y}_d) \tag{7-243}$$

选取 x_2 为虚拟控制量，由李雅普诺夫理论，$V_1 > 0$ 且 $\dot{V}_1 < 0$，针对第1个子系统，设计虚拟控制律为

$$\bar{\alpha}_2 = -\boldsymbol{k}_1 s_1 - f_1(x_1) + \dot{y}_d \tag{7-244}$$

虚拟控制律 $\bar{\alpha}_2$ 中，$\boldsymbol{k}_1$ 为待设定增益参数。为了近似获得 $\bar{\alpha}_2$ 的导数项 $\dot{\bar{\alpha}}_2$，引入一阶滤波器对 $\bar{\alpha}_2$ 进行滤波：

$$\tau_2\dot{\alpha}_2 + \alpha_2 = \bar{\alpha}_2, \alpha_2(0) = \bar{\alpha}_2(0) \tag{7-245}$$

式中：τ_2 为滤波器的时间常数，且有 $\tau_2 > 0$；α_2 为滤波器的输出。

第2步：针对式(7-239)的第2个子系统方程：$\dot{x}_2 = x_3 + f_2(x_1, x_2)$。

根据第1步中的滤波器输出 α_2，定义第2个误差动态面：

$$s_2 = x_2 - \alpha_2 \tag{7-246}$$

对定义的动态面求导，根据系统的第3个子系统得

$$\dot{s}_2 = \dot{x}_2 - \dot{\alpha}_2 = x_3 + f_2(x_1, x_2) - \dot{\alpha}_2 \tag{7-247}$$

构造第2个李雅普诺夫能量函数：

$$V_2 = \frac{1}{2}s_2^2 \tag{7-248}$$

对 V_2 求导：

$$V_2 = s_2 \dot{s}_2 = s_2(x_3 + f_2(x_1, x_2) - \dot{\alpha}_2) \tag{7-249}$$

选取 x_3 为虚拟控制量，由李雅普诺夫理论，$V_2 > 0$ 且 $\dot{V}_2 < 0$，针对第 2 个子系统，设计虚拟控制律为

$$\overline{\alpha}_3 = -k_2 s_2 - f_2(x_1, x_2) + \dot{\alpha}_2 \tag{7-250}$$

式中 $\dot{\alpha}_2$ 可以由式(7－245)中的滤波器输出 α_2、虚拟控制律 $\overline{\alpha}_2$ 和滤波器的时间常数 τ_2 进行运算得

$$\dot{\alpha}_2 = (\overline{\alpha}_2 - \alpha_2)/\tau_2 \tag{7-251}$$

虚拟控制律 $\overline{\alpha}_3$ 中，k_2 为待设定增益参数。为了近似获得 $\overline{\alpha}_3$ 的导数项 $\dot{\overline{\alpha}}_3$，再次引入一阶滤波器对 $\overline{\alpha}_3$ 滤波：

$$\tau_3 \dot{\alpha}_3 + \alpha_3 = \overline{\alpha}_3, \qquad \alpha_3(0) = \overline{\alpha}_3(0) \tag{7-252}$$

式中：τ_3 为滤波器的时间常数，且有 $\tau_3 > 0$；α_3 为滤波器的输出。

第 i 步：针对式(7－239)的第 i 个子系统方程：$\dot{x}_i = x_{i+1} + f_i(x_1, \cdots, x_i)$。

根据第 $i-1$ 步中的滤波器输出 α_i，定义第 i 个误差动态面：

$$s_i = x_i - \alpha_i \tag{7-253}$$

对定义的动态面求导，根据系统的第 $i+1$ 个子系统得

$$\dot{s}_i = \dot{x}_i - \dot{\alpha}_i = \dot{x}_{i+1} + f_i(x_1, \cdots, x_i) - \dot{\alpha}_i \tag{7-254}$$

构造第 i 个李雅普诺夫能量函数：

$$V_i = \frac{1}{2} s_i^2 \tag{7-255}$$

对 V_i 求导：

$$V_i = s_i \dot{s}_i = s_i(x_{i+1} + f_i(x_1, \cdots, x_i) - \dot{\alpha}_i) \tag{7-256}$$

选取 x_{i+1} 为虚拟控制量，由李雅普诺夫理论，$V_i > 0$ 且 $\dot{V}_i < 0$，针对第 i 个子系统，设计虚拟控制律为

$$\overline{\alpha}_{i+1} = -k_i s_i - f_i(x_1, \cdots, x_i) + \dot{\alpha}_i \tag{7-257}$$

式中 $\dot{\alpha}_i$ 可以由第 $i-1$ 步中的滤波器输出 α_i、虚拟控制律 $\overline{\alpha}_i$ 和滤波器的时间常数 τ_i 进行运算得

$$\dot{\alpha}_i = (\overline{\alpha}_i - \alpha_i)/\tau_i \tag{7-258}$$

虚拟控制律 $\overline{\alpha}_{i+1}$ 中，k_i 为待设定增益参数。为了近似获得 $\overline{\alpha}_{i+1}$ 的导数项 $\dot{\overline{\alpha}}_{i+1}$，再次引入低通滤波器对 $\overline{\alpha}_{i+1}$ 滤波：

$$\tau_{i+1}\dot{\alpha}_{i+1} + \alpha_{i+1} = \overline{\alpha}_{i+1}, \alpha_{i+1}(0) = \overline{\alpha}_{i+1}(0) \tag{7-259}$$

式中：τ_{i+1} 为滤波器的时间常数，且有 $\tau_{i+1} > 0$；α_{i+1} 为滤波器的输出。

第 n 步：针对式(7－239)系统的最后一个子系统方程：$\dot{x}_n = u + f_n(x_1, \cdots, x_n)$。

根据第 $n-1$ 步中的滤波器输出 α_n，定义第 n 个误差动态面：

$$s_n = x_n - \alpha_n \tag{7-260}$$

对定义的动态面求导，根据系统的最后一个子系统得

$$\dot{s}_n = \dot{x}_n - \dot{\alpha}_n = u + f_n(x_1, \cdots, x_n) - \dot{\alpha}_n \tag{7-261}$$

定义第 i 个李雅普诺夫函数：

$$V_n = \frac{1}{2}s_n^2 \tag{7-262}$$

对 V_n 求导:

$$\dot{V}_n = s_n \dot{s}_n = s_n(u + f_n(x_1, \cdots, x_n) - \dot{\alpha}_n) \tag{7-263}$$

由李雅普诺夫理论,$V_n > 0$ 且 $\dot{V}_n < 0$,得到最终控制律:

$$u = -k_n s_n - f_n(x_1, \cdots, x_n) + \dot{\alpha}_n \tag{7-264}$$

其中 $\dot{\alpha}_n$ 可以由第 $n-1$ 步中的滤波器输出 α_n、虚拟控制律 $\overline{\alpha}_n$ 和滤波器的时间常数 τ_n 进行简单四则运算得

$$\dot{\alpha}_n = (\overline{\alpha}_n - \alpha_n)/\tau_n \tag{7-265}$$

至此,针对式(7-239)非线性系统的动态面控制器设计过程结束。

下面分析动态面控制算法的稳定性:

定义误差变量

$$e_2 = \alpha_2 - \overline{\alpha}_2 \tag{7-266}$$

由式(7-244)和式(7-245)得

$$e_2 = -\tau_2 \dot{\alpha}_2 \tag{7-267}$$

对于第一个动态面 s_1:

$$\dot{s}_1 = s_2 + \alpha_2 + f_1(x_1) - \dot{y}_d \tag{7-268}$$

由式(7-244)~式(7-267),得

$$\begin{aligned}\dot{s}_1 &= s_2 + \alpha_2 + f_1(x_1) - \dot{y}_d = s_2 + \overline{\alpha}_2 - \tau_2 \dot{\alpha}_2 + f_1(x_1) - \dot{y}_d \\ &= s_2 + e_2 + \overline{\alpha}_2 + f_1(x_1) - \dot{y}_d = s_2 + e_2 - \boldsymbol{k}_1 s_1\end{aligned} \tag{7-269}$$

定义第 i 个误差变量

$$e_i = \alpha_i - \overline{\alpha}_i \tag{7-270}$$

由式(7-259)得

$$e_i = -\tau_i \dot{\alpha}_i, i = 2, 3, \cdots, n-1 \tag{7-271}$$

对于第 i 个动态面 s_i,同理可得

$$\dot{s}_i = s_{i+1} + e_{i+1} - k_i s_i \tag{7-272}$$

对于第 n 个动态面 s_n,有

$$\dot{s}_n = -k_n s_n \tag{7-273}$$

由式(7-254)、式(7-257)、式(7-259)得

$$\begin{cases}\dot{e}_2 = \dot{\alpha}_2 + k_1 \dot{s}_1 + \dot{f}_1 \dot{x}_1 - \ddot{y}_d \\ \quad = -\dfrac{e_2}{\tau_2} + g_1(s_1, s_2, e_2, k_1, y_d, \dot{y}_d, \ddot{y}_d) \\ \dot{e}_i = \dot{\alpha}_i + k_i \dot{s}_i + \displaystyle\sum_{k=1}^{i} \frac{\partial f_i}{\partial x_k} \dot{x}_k + \frac{e_{i-1}}{\tau_{i-1}} \\ \quad = -\dfrac{e_i}{\tau_i} + g_i(s_1, \cdots, s_{i+1}, e_2, \cdots, e_i, k_1, \cdots, k_i, \tau_2, \\ \quad \cdots, \tau_i, y_d, \dot{y}_d, \ddot{y}_d), i = 1, 2, 3, \cdots, n\end{cases} \tag{7-274}$$

式中:$g_1 = k_1 \dot{s}_1 + \dot{f}_1 \dot{x}_1 - \ddot{y}_d$;$g_i = k_i \dot{s}_i + \sum_{k=1}^{i} \frac{\partial f_i}{\partial x_k} \dot{x}_k + \frac{e_{i-1}}{\tau_{i-1}}$ 为连续光滑有界的函数。

定义正定函数：

$$\begin{cases} V_{is} = \dfrac{s_i^2}{2}, & i = 1, 2, \cdots, n \\ V_{ie} = \dfrac{e_i^2}{2}, & i = 2, 3, \cdots, n \end{cases} \tag{7-275}$$

由式(7－272)、式(7－273)得

$$\begin{cases} \dot{V}_{is} = s_i(s_{i+1} + e_{i+1} - k_i s_i) \\ \qquad = -k_i s_i^2 + s_i s_{i+1} + s_i e_{i+1}, \quad i = 1, 2, \cdots, n-1 \\ \dot{V}_{ns} = -k_n s_n^2 \end{cases} \tag{7-276}$$

根据式(7－274)有

$$\dot{V}_{ie} = -\frac{e_i^2}{\tau_i} + e_i g_i, \quad i = 2, 3, \cdots, n \tag{7-277}$$

构造李雅普诺夫能量函数：

$$V = \sum_{i=1}^{n} V_{is} + \sum_{j=2}^{n} V_{je} \tag{7-278}$$

根据式(7－276)和式(7－277)，必有

$$V > 0 \tag{7-279}$$

假设：

$$s_1^2 + e_2^2 + \cdots + s_{n-1}^2 + e_n^2 + s_n^2 \leqslant 2p \tag{7-280}$$

$$g_i \leqslant C \tag{7-281}$$

式中：$p > 0$；$C = \max\{g_i, i = 1, \cdots, n\}$。

取 $k_i = 2 + a$，低通滤波器时间常数 $\tau_i = 1 + (C^2/2\varepsilon) + a$，则

$$\dot{V} \leqslant -(2 + a)\sum_{i=1}^{n} s_i^2) + \sum_{i=1}^{n-1}\left[\frac{2s_i^2 + s_{i+1}^2 + e_{i+1}^2}{2} + \left(1 + \frac{C^2}{2\varepsilon} + a\right)e_{i+1}^2 + \frac{C^2 e_{i+1}^2}{2\varepsilon}\frac{g_i^2}{C^2}\right] + \frac{(n-1)\varepsilon}{2} \leqslant -2aV + \frac{(n-1)\varepsilon}{2} \tag{7-282}$$

当满足条件：$V = p$ 和 $a > ((n-1)\varepsilon)/2p$ 时，恒有

$$\dot{V} < 0 \tag{7-283}$$

根据式(7－279)和式(7－283)，由李雅普诺夫稳定性理论知系统是渐近稳定的。

在设计动态面控制器的过程中，如选取合适的增益参数 $k_i(i = 1, 2, \cdots, n)$ 和滤波器时间常数 $\tau_i(i = 2, 3, \cdots, n)$，能够很好地保证控制系统的收敛性。

2. 自抗扰控制技术

自抗扰控制器(ADRC)技术由韩京清在20世纪80年代首次提出，ADRC核心思想是设计扩张观测器估计被控系统的总的“未知扰动”，并将扰动估计值动态补偿入控制律中，从而消除未知扰动对系统的干扰。这种扰动估计加补偿的思想，避免了对控制对象数学模型的依赖，解决了外界扰动难以建模和观测的困难。

ADRC继承和发扬了经典PID算法“基于误差，消除误差”的控制思想，同时引入非线性控制理论的研究成果，通过合理选取非线性函数，补偿系统扰动的影响。ADRC通过引入微

分跟踪器优化控制指令，解决了超调和快速性不可协调的矛盾；利用扩张状态观测器估计系统的不确定性及未知扰动部分，并通过动态反馈实现扰动补偿。

自抗扰控制算法主要包括以下 4 个部分：

（1）利用微分跟踪器（Tracking Differentiator，TD）优化控制指令，获得控制目标的过渡过程值及其微分信号。

（2）利用扩张观测器（Extended State Observer，ESO），观测系统的状态变量及总扰动。

（3）根据控制目标的过渡过程值与当前值的误差设计，设计非线性误差反馈控制律（Nonlinear Error Feedback，NEF）。

（4）根据扩张观测器估计的总扰动，对状态误差反馈控制律进行动态补偿（Dynamic Compensation，DC），抵消系统总扰动的影响。

ADRC 结构框图如图 7－63 所示。

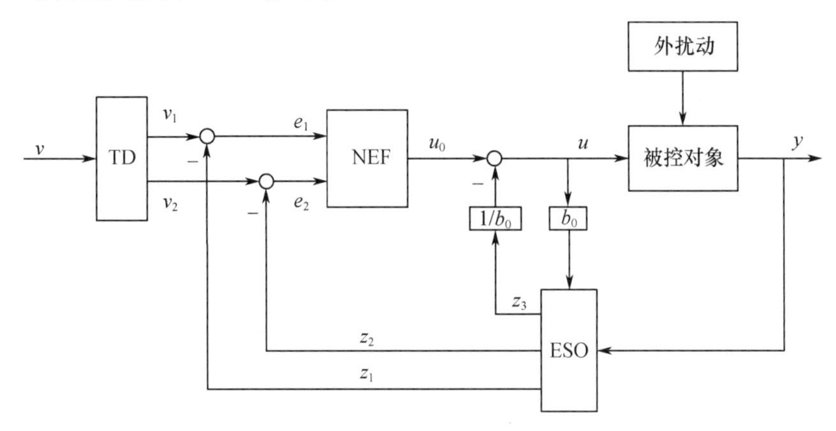

图 7－63　ADRC 结构框图

1）微分跟踪器设计

微分跟踪器（TD）根据控制目标合理设计过渡过程，调和了超调和快速性之间的矛盾。其设计思路是根据系统要求，通过一个惯性环节快速跟踪系统的输入，并获得系统输入信号的近似微分。设系统期望值输入为 v，微分跟踪器要求的过渡过程为 v_1，其微分为 v_2。微分跟踪器的框图如图 7－64 所示。

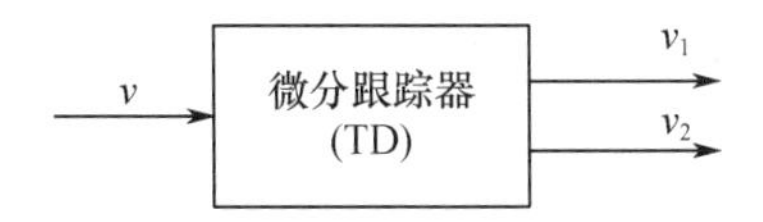

图 7－64　微分跟踪器框图

微分跟踪器可以将离散形式设计为

$$\begin{cases} fh = \mathrm{fhan}(v_1(k) - v(k), v_2(k), r, h) \\ v_1(k+1) = v_1(k) + h \cdot v_2(k) \\ v_2(k+1) = v_2(k) + h \cdot fh \end{cases} \tag{7-284}$$

式中：h 为微分跟踪器的积分步长；$\mathrm{fhan}(x_1, x_2, r, h)$ 为最优综合函数，其具体表达式描述如下：

$$\begin{cases} d = rh \\ d_0 = hd \\ y = x_1 + hx_2 \\ a_0 = \sqrt{d^2 + 8r|y|} \\ a = \begin{cases} x_2 + \dfrac{(a_0 - d)}{2}\mathrm{sign}(y), & |y| > d_0 \\ x_2 + \dfrac{y}{h}, & |y| \leqslant d_0 \end{cases} \\ \mathrm{fhan} = \begin{cases} -r\mathrm{sign}(a), & |a| > d \\ -r\dfrac{a}{d}, & |a| \leqslant d \end{cases} \end{cases} \tag{7-285}$$

其中,r 为可调节的速度因子,r 越大,过渡过程跟踪期望信号的速度就越快。

2）扩张状态观测器设计

扩张状态观测器(ESO)能够观测系统中不易于直接测量或者根本无法检测到的状态变量,使状态反馈成为可能。扩张状态观测器对状态观测器进行了改进:将系统的总扰动增设为一个系统的状态变量,并针对扩维后的系统,设计状态观测器进行观测。其结构框图如图 7-65所示。

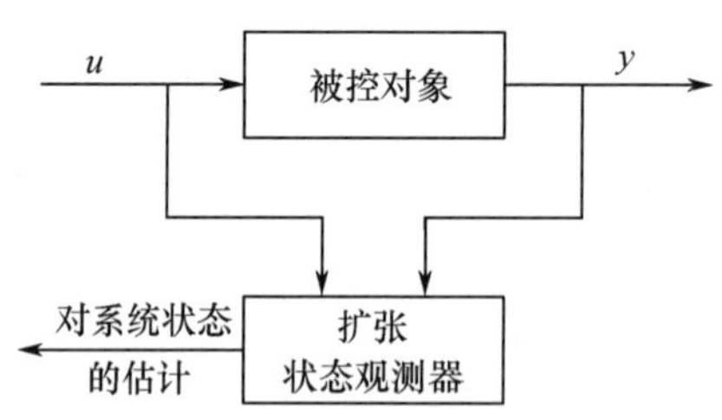

图 7-65　扩张观测器结构框图

从图 7-65 可知,扩张状态观测器不依赖被控对象的数学模型,只需要根据系统的输入信号 u 和输出信号 y 就可以估计出系统的所有状态变量(包括扩维得到的总扰动)。

考虑如下所示的含有参数不确定性及未知扰动的系统:

$$\begin{cases} \dot{x}_i = x_{i+1}, i = 1,2,\cdots,n-1 \\ \dot{x}_n = f(x_1,\cdots,x_n) + \Delta f(x_1,\cdots,x_n) + bu + w \\ y = x_1 \end{cases} \tag{7-286}$$

式中:$f(x_1,\cdots,x_n)$ 为已知的非线性项;$\Delta f(x_1,\cdots,x_n)$ 为未知非线性项;w 为未知扰动;b 为控制器增益;u 为输入;y 为输出。

将系统的未知非线性项和未知扰动当成总扰动,并扩张成新的状态变量 x_{n+1},设 $x_{n+1} = \Delta f(x_1,\cdots,x_n) + w$,式(7-286)系统可描述为

$$\begin{cases} \dot{x}_i = x_{i+1}, i = 1,2,\cdots,n-1 \\ \dot{x}_n = f(x_1,\cdots,x_n) + x_{n+1} + bu \\ \dot{x}_{n+1} = \varsigma(t) \\ y = x_1 \end{cases} \tag{7-287}$$

针对式(7-287)系统,建立状态观测器,设观测估计值为 $z_i(i = 1,2,\cdots,n+1)$,观测器

可描述为

$$
\begin{cases}
e(k)=z_1(k)-y(k)\\
z_1(k+1)=z_1(k)+h(z_2(k)-\beta_1 e(k))\\
z_2(k+1)=z_2(k)+h(z_3(k)-\beta_2 \mathrm{fal}(e(k),\frac{1}{2},\delta))\\
\qquad\vdots\\
z_n(k+1)=z_n(k)+h(z_{n+1}(k)-\beta_n \mathrm{fal}\left(e(k),\frac{1}{2^{n-1}},\delta\right)+f(x_1,\cdots,x_n)+bu(k))\\
z_{n+1}(k+1)=z_{n+1}(k)+h\left(-\beta_{n+1}\mathrm{fal}(e(k),\frac{1}{2^n},\delta)\right)
\end{cases}
\tag{7-288}
$$

式中:$\beta_i(i=1,2,\cdots,n+1)$为待设计的扩张观测器参数;$\mathrm{fal}(e,\alpha,\delta)$为在原点附近有线性段的连续非线性幂函数,其具体算法如下式所示:

$$
\mathrm{fal}(e,\alpha,\delta)=\begin{cases}\dfrac{e}{\delta^{1-\alpha}}, & |e|\leqslant\delta\\ |e|^{\alpha}\mathrm{sign}(e), & |e|>\delta\end{cases}
\tag{7-289}
$$

式中:δ 为原点附近线性段的长度。

3）非线性误差反馈控制律(NEF)

利用扩张观测器估计的状态变量、微分跟踪器要求的过渡过程,以及过渡过程的微分,可设计非线性误差反馈控制律。

例如,某二阶系统,设状态误差 $e_1=v_1-z_1,e_2=v_2-z_2$。非线性误差反馈控制律 u_0 主要有以下几种形式:

(1) $u_0=\beta_1 e_1+\beta_2 e_2$

(2) $u_0=\beta_1\mathrm{fal}(e_1,\alpha_1,\delta)+\beta_2\mathrm{fal}(e_2,\alpha_2,\delta),0<\alpha_1<1<\alpha_2$

(3) $u_0=-\mathrm{fhan}(e_1,e_2,r,h_1)$

(4) $u_0=-\mathrm{fhan}(e_1,ce_2,r,h_1)$

式中:fhan(·)、fal(·)在式(7-285)、式(7-289)中有描述。

4）动态补偿(DC)设计

将扩张观测器估计的系统总扰动值补偿到非线性误差反馈控制律中,保证系统在设计的控制律的作用下抵抗系统总扰动的干扰。例如二阶系统,将扩张观测器估计的扰动状态估计值 z_3 动态补偿到控制律 u_0 中得到最终的控制律 u:

$$
bu=(u_0-f(x_1,\cdots,x_n)-z_3)
\tag{7-290}
$$

3. 动态面自抗扰控制技术

动态面自抗扰控制技术(DSC-ADRC)将自抗扰控制技术中的非线性误差反馈控制律替换为动态面控制律。提高 ADRC 控制算法的控制效率,降低了 DCS 对模型参数精度的要求,弥补了两种算法各自的缺点。结合动态面控制算法和自抗扰控制技术的动态面自抗扰控制器的详细设计步骤如下所示:

(1) 利用跟踪微分器期望信号 v,得到过渡过程 v_1 及其一阶导 v_2。

(2) 通过扩张状态观测器观测系统状态变量和系统总扰动。

(3) 采用动态面控制算法计算控制器输入 u_0。

（4）将 ESO 估计的总扰动补偿到 u_0 中，得到最终控制律 u。

动态面自抗扰控制算法原理如图 7－66 所示。

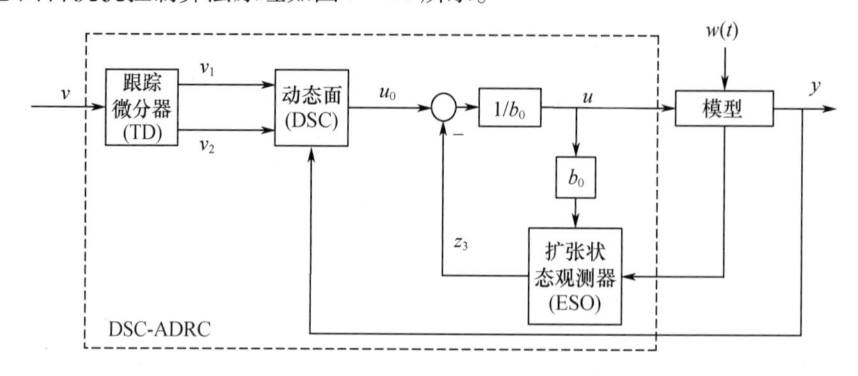

图 7－66　动态面自抗扰控制算法原理图

7.5.3　起重船位置保持动态面自抗扰控制器设计

1. 起重船运动数学模型

起重船定位时水平面三自由度运动数学模型可表述为

$$\begin{cases}\dot{\boldsymbol{\eta}}=\boldsymbol{J}(\boldsymbol{\eta})\boldsymbol{v}\\ \boldsymbol{M}\dot{\boldsymbol{v}}=-\boldsymbol{D}\boldsymbol{v}+\boldsymbol{\tau}+\boldsymbol{w}\end{cases}\tag{7-291}$$

需将上述模型进行适当变换，得到式（7－239）描述的模型形式。将运动数学模型变化到北东坐标系下，得

$$\ddot{\eta}=M^{*-1}(\eta)J^{-\mathrm{T}}(\eta)(\tau+w)-M^{*}(\eta)^{-1}D^{*}\dot{\eta}]\tag{7-292}$$

式中：

$$\begin{cases}M^{*}(\eta)=J^{-\mathrm{T}}(\eta)MJ^{-1}(\eta)\\ D^{*}=J^{-\mathrm{T}}(\eta)DJ^{-1}(\eta)\end{cases}\tag{7-293}$$

选取状态变量 $x_1=\boldsymbol{\eta},x_2=\dot{\boldsymbol{\eta}}$，则

$$\begin{cases}\dot{x}_1=x_2\\ \dot{x}_2=bu+f+w'\end{cases}\tag{7-294}$$

式中：

$$\begin{cases}u=\boldsymbol{\tau}\\ b=M^{*-1}(\eta)J^{-\mathrm{T}}(\eta)\\ w'=M^{*-1}(\eta)J^{-\mathrm{T}}(\eta)w\\ f=-M^{*-1}(\eta)D^{*}x_2\end{cases}\tag{7-295}$$

从上面分析可知，起重作业过程中，起重船在横纵轴的重心坐标值和转艏转动惯量会受到起重物、起重机和压载系统的影响，模型参数 $M^{*}(\eta)$ 和 $J^{-\mathrm{T}}(\eta)$ 时变且不确定。

将起重船数学模型分为不确定项、确定项及未知扰动项，即将控制器增益参数 b 分解为确定项 b_0 和不确定项 Δb，b_0 为模型的确定性部分导致的，Δb 为不确定部分导致的，则

$$b=b_0+\Delta b\tag{7-296}$$

具体定义如下：

$$b_0=M_0^{*}(\eta_0)^{-1}J^{-\mathrm{T}}(\eta_0)\tag{7-297}$$

$$\Delta b = b - b_0 \tag{7-298}$$

$$\eta_0 = \eta_d \tag{7-299}$$

$$M_0^*(\eta_0) = J^{-\mathrm{T}}(\eta_0) M_0 J^{-1}(\eta_0) \tag{7-300}$$

$$M_0 = \begin{bmatrix} m - X_{\dot{u}} & 0 & -X_{\dot{r}} \\ 0 & m - Y_{\dot{v}} & mx_g - Y_{\dot{r}} \\ -X_{\dot{r}} & mx_g - Y_{\dot{r}} & I_z - N_{\dot{r}} \end{bmatrix} \tag{7-301}$$

存在系统模型参数不确定项及未知环境扰动项的起重船运动模型则为

$$\begin{cases} \dot{x}_1 = x_2 \\ \dot{x}_2 = b_0 u + \Delta b u + f + w' \end{cases} \tag{7-302}$$

将内部不确定项 $\Delta bu + f$ 和由于外部环境产生的干扰项 w' 当成起重船系统的总扰动。

2. 微分跟踪器设计

设 $\eta_d = [n_d, e_d, \psi_d]^{\mathrm{T}}$ 为起重船作业的期望位置，T_0 为期望的过渡过程时间。系统输入期望值为 $v = \eta_d$，安排过渡过程 v_1 及过渡过程的导数项 v_2 为

$$v_1 = \begin{cases} \eta_d \left(\dfrac{t}{T_0} - \dfrac{1}{2\pi} \sin\left(\dfrac{2\pi}{T_0} t \right) \right), & t \leqslant T_0 \\ \eta_d, & t > T_0 \end{cases} \tag{7-303}$$

$$v_2 = \begin{cases} \eta_d \left(\dfrac{1}{T_0} - \dfrac{1}{T_0} \cos\left(\dfrac{2\pi}{T_0} t \right) \right), & t \leqslant T_0 \\ 0, & t > T_0 \end{cases} \tag{7-304}$$

3. 扩张观测器设计

针对二阶系统式(7-302)设计三阶扩张观测器。对系统的总扰动扩张为一个新的状态变量 $x_3 = \Delta bu + f + w'$，则系统扩张为

$$\begin{cases} \dot{x}_1 = x_2 \\ \dot{x}_2 = b_0 u + x_3 \\ \dot{x}_3 = \varsigma \end{cases} \tag{7-305}$$

定义估计误差变量 $e_1 \in R^3$ 为

$$e_1 = z_1 - x_1 \tag{7-306}$$

在此，选取扩张状态观测器观测量为 z_1、z_2、z_3，且 $z_i \in R^3 (i = 1, 2, 3)$，扩张状态观测器可以描述为

$$\begin{cases} \dot{z}_1 = z_2 - \beta_{01} e_1 \\ \dot{z}_2 = z_3 - \beta_{02} fe + b_0 u \\ \dot{z}_3 = -\beta_{03} fe_1 \end{cases} \tag{7-307}$$

式中：

$$\begin{cases} fe = \mathrm{fal}(e_1, 0.5, \delta) \\ fe_1 = \mathrm{fal}(e_1, 0.25, \delta) \end{cases} \tag{7-308}$$

式中 $\mathrm{fal}(e, \alpha, \delta)$ 在式(7-289)已定义，δ 为可调整的线性段区间长度参数。

通过整定参数β_{01}、β_{02}、β_{03}，设计的扩张状态观测器可以对式(7-305)中描述的3个状态变量进行观测估计。

4. 动态面控制器设计

针对式(7-302)描述的系统，取

$$u_0 = b_0 u + \Delta b u + f + w' \tag{7-309}$$

式(7-302)变为

$$\begin{cases} \dot{x}_1 = x_2 \\ \dot{x}_2 = u_0 \end{cases} \tag{7-310}$$

第1步：选取第一个误差动态面变量s_1为

$$s_1 = x_1 - v_1 \tag{7-311}$$

求取第一个动态面变量的一阶导数：

$$\dot{s}_1 = \dot{x}_1 - \dot{v}_1 = x_2 - v_2 \tag{7-312}$$

选取x_2为虚拟控制量，由李雅普诺夫理论，设计虚拟控制律为：

$$\bar{\alpha} = -K_{t1} s_1 + v_2 \tag{7-313}$$

其中K_{t1}是需要整定的反馈增益阵，且满足K_{t1}为正定的对角阵。利用一阶滤波器对虚拟控制律滤波，得到α：

$$\tau \dot{\alpha} + \alpha = \bar{\alpha}, \alpha(0) = \bar{\alpha}(0) \tag{7-314}$$

由式(7-314)，可得

$$\dot{\alpha} = \tau^{-1}(\bar{\alpha} - \alpha) \tag{7-315}$$

式中：τ为一阶滤波器中需要整定的时间矩阵。

第2步：选取第二个误差动态面变量为

$$s_2 = x_2 - \alpha \tag{7-316}$$

求取第二个动态面变量的一阶导数：

$$\dot{s}_2 = \dot{x}_2 - \dot{\alpha} = u_0 - \dot{\alpha} = u_0 - \tau^{-1}(\bar{\alpha} - \alpha) \tag{7-317}$$

取控制律为

$$u_0 = -\boldsymbol{K}_{t2} s_2 + (\bar{\alpha} - \alpha)/\tau \tag{7-318}$$

式中：$\boldsymbol{K}_{t2}$是需要进行整定的反馈增益阵，且满足$\boldsymbol{K}_{t2}$为正定的对角阵。

5. 动态补偿

利用扩张状态观测器估计到的系统的总扰动变量z_3，将其反馈输入到动态面控制律中，得到式(7-302)系统的控制律为

$$u = b_0^{-1}(u_0 - z_3) \tag{7-319}$$

根据式(7-295)，得到起重船位置保持控制律为

$$\tau = b_0^{-1}(u_0 - z_3) \tag{7-320}$$

7.5.4 仿真案例

设海洋环境为：风速V_w为20kn，风向角γ_w为60°；海流速度V_c为1.5kn，流向为γ_c为15°；海浪采用ITTC标准波浪谱，海浪有义波高H_s为1m，海浪初始遭遇角β_r为30°。

船舶初始位置η_0为$[0 \quad 0 \quad 0°]^T$，空载定位目标点η_d为$[200 \quad 200 \quad 45°]^T$，仿真案例模拟起重船起重作业空载定位、负载起吊和负载旋转过程的作业时间节点如表7-5所列。

表7-5　起重船起重作业节点

序号	时间/s	作业内容	序号	时间/s	作业内容
1	0~1000	空载定位	4	2080~2480	压载系统预调载
2	1000~2000	压载系统预调载	5	2480~2780	负载旋转
3	2000~2080	右舷负载起重	6	2780~3380	压载系统回复平衡

案例中仿真步长 $h=1$,整定动态面自抗扰控制器各模块参数如下:

微分跟踪器模块:过渡过程时间 $T_0=800\text{s}$

扩张观测器模块:线性区域参数 $\delta=h$,由仿真步长,整定 β_{01}、β_{02}、β_{03} 为

$$\beta_{01}=\begin{bmatrix}1&&\\&1&\\&&1\end{bmatrix},\beta_{02}=\begin{bmatrix}0.55&&\\&0.55&\\&&0.55\end{bmatrix},\beta_{03}=\begin{bmatrix}0.1&&\\&0.1&\\&&0.1\end{bmatrix}$$

动态面控制器模块:一阶滤波器中需要整定的时间参数矩阵 $\boldsymbol{\tau}$ 选取为

$$\boldsymbol{\tau}=\begin{bmatrix}100&&\\&100&\\&&100\end{bmatrix}$$

控制增益矩阵 $\boldsymbol{K}_{t1}$ 和 $\boldsymbol{K}_{t2}$ 为

$$\boldsymbol{K}_{t1}=\begin{bmatrix}10&&\\&10&\\&&10\end{bmatrix},\boldsymbol{K}_{t2}=\begin{bmatrix}1&&\\&1&\\&&1\end{bmatrix}$$

7个全回转推进器能够力(力矩)的约束范围如表7-6所列。

表7-6　起重船的推力约束范围

纵向力	-372.3 ~ +372.3tf
横向力	-372.3 ~ +372.3tf
艏摇力矩	-21758.85 ~ +21758.85(tf·m)

在上述整定参数及推力约束下,仿真结果如图7-67、图7-68所示。

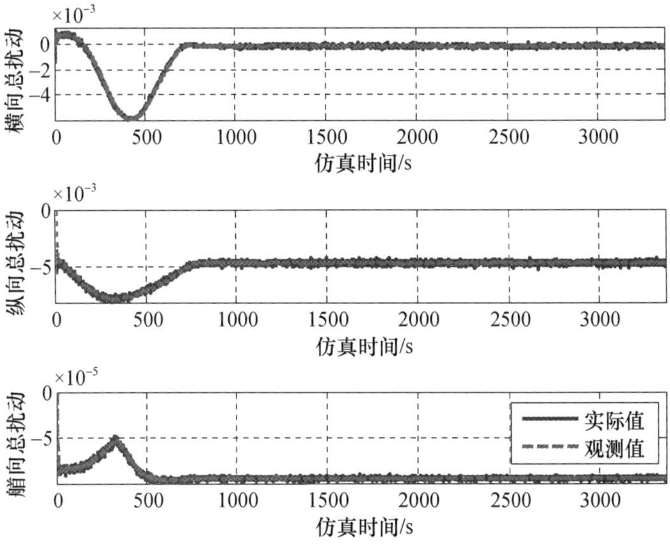

图7-67　系统总扰动与扩张观测器观测值

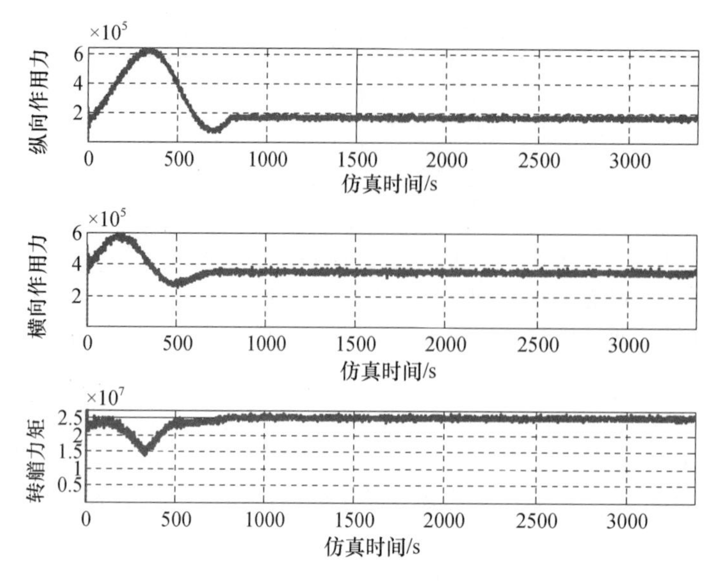

图 7－68 输出作用力变化曲线

图中实线为系统总扰动，虚线为扩张观测器观测到的总扰动值。从虚线（观测值）与实线（实际值）的拟合程度来看，虚线（观测值）较好的估计了实线（实际值）。扩张观测器的观测值能够用于动态补偿。

从图 7－68 作用力变化曲线可以看出，通过利用扩张观测器观测值进行动态补偿后，系统的高频扰动部分被扩张状态观测器过滤掉，因此输出作用力中高频振荡得到了抑制。然而，由于未知环境的干扰，输出作用力仍然存在一定范围内的抖动现象。

图 7－69 为起重船在仿真过程中的运动速度和位置变化曲线。

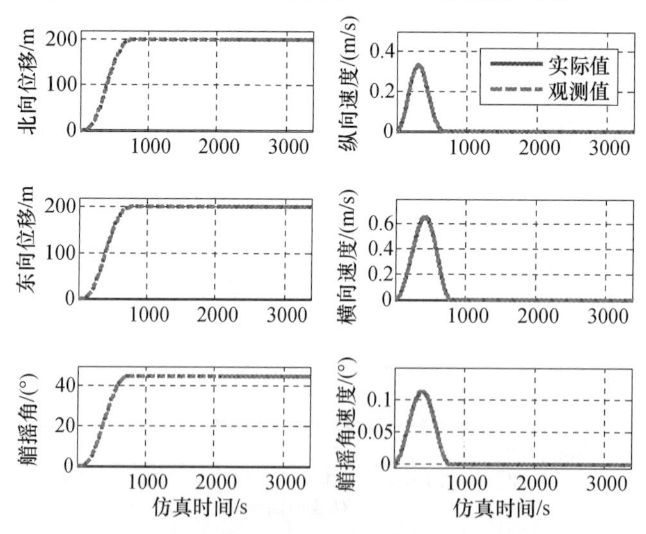

图 7－69 起重船的运动速度和位置变化曲线

图 7－69 中，实线为实际值，虚线为扩展观测器的观测值。从图中可以看出：实线（实际值）与虚线（观测值）吻合程度好，虚线（观测值）较好地估计了实线（实际值），扩张观测器观测效果优良。虽然起重船在起重作业过程中，受到海洋环境（海风、海浪、海流）及起重船自身模型参数的不确定性的影响，但是由于自抗扰控制技术中合理安排了过渡过程，且对

系统的总扰动进行估计补偿，故而起重船在动态面自抗扰控制器的作用下，能够无超调的实现位置保持。

7.6　系泊状态下的动力定位控制

7.6.1　内转塔式 FPSO 系泊动力定位系统

系泊定位是指依靠系泊缆张力提供反力来平衡环境力，达到使海洋结构物固定在一定区域内的方法，其基本原理是系泊浮体结构物由于外部环境作用使其偏离原来位置运动，导致系泊缆张力增大，提供回复力。动力定位是指通过推进器推力使船舶或者浮动平台能够自动地保持固定位置或预定轨迹。系泊状态下动力定位也可以叫做推进器辅助系泊定位，结合了系泊定位和动力定位的优点，避开了它们的缺点。在普通的天气状况下，系泊系统约束船舶，推进器只提供艏向控制。但是在恶劣的环境中，仅靠系泊系统已很难实现定位，需要推进器提供推力实现定位，同时有效避免恶劣环境对系泊缆的破坏。

7.6.2　FPSO 系泊缆模型

系泊缆一端固定在船上，一端固定在海底锚上，这样就形成了悬链线的形状，船舶工程上利用这种悬链线式结构进行系泊定位。所以很多学者对悬链线开展研究，得到悬链线的双曲余弦方程。下面进行悬链线方程推导，并应用于对系泊缆线的受力分析。

图 7－70 为系泊定位系统中一根系泊缆在海中的状态，锚固定在海底，水深为 h，缆线长为 S，T 为缆张力，T_v 和 T_h 为缆张力在垂向和水平方向上的分力，φ 为系泊缆微元与水流方向的夹角。

如图 7－71 为系泊缆上某一微元 $\mathrm{d}s$ 上的受力分析，D 为钢缆垂向流体作用力；F 为沿钢缆切向的流体作用力；T 为缆张力；φ 为系泊缆微元与水流方向的夹角；X 为系泊点到锚点的水平距离。$\mathrm{d}T$ 和 $\mathrm{d}\varphi$ 分别为系泊缆微元 $\mathrm{d}s$ 上张力 T 和角 φ 的变化量；w 为缆线在水中单位长度重量。由于系泊缆微元 $\mathrm{d}s$ 两端不受流体压力，但是在计算系泊缆微元浮力时是按排水体积计算，两端流体压力已被计算，所以在系泊缆微元两端张力分析中要分别减去 $\rho gA(h-z-\mathrm{d}z)$ 和 $\rho gA(h-z)$，A 为系泊缆的横截面积。

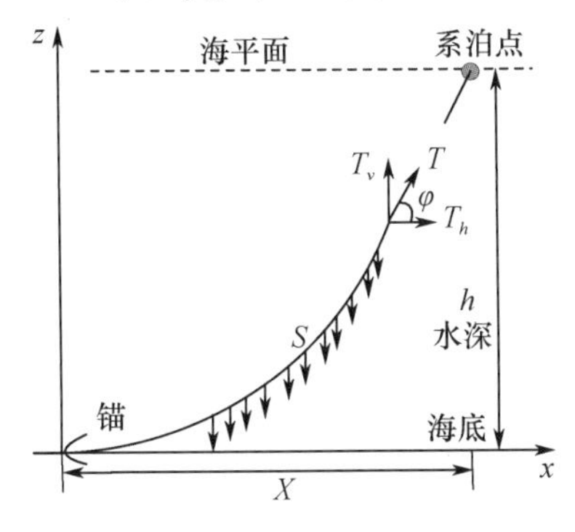

图 7－70　系泊缆水中形状图

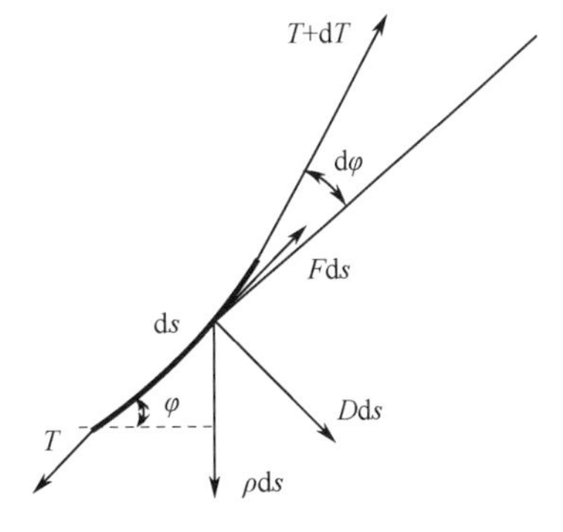

图 7－71　系泊缆微元受力分析

经过分析，系泊缆微元受力平衡时，得到如下关系式：

在系泊缆微元的法线方向上：

$$T\mathrm{d}\varphi-\rho gA(h-z)\mathrm{d}\varphi=(w\cos\varphi+D)\mathrm{d}s \tag{7-321}$$

在切线方向上：

$$\mathrm{d}T-\rho gA\mathrm{d}z=(w\sin\varphi-F)\mathrm{d}s \tag{7-322}$$

若 $\mathrm{d}T$、$\mathrm{d}\phi$ 都是小量，令 $T'=T-\rho gA(h-z)$，则推导出：

$$\begin{cases}T\mathrm{d}\varphi=(w\cos\varphi+D)\mathrm{d}s\\ \mathrm{d}T=(w\sin\varphi-F)\mathrm{d}s\end{cases} \tag{7-323}$$

为方便表示，T 省略撇号。因为系泊缆为钢材质的，重量较大，一般海流对其的作用并不明显，在本书的分析中忽略海流对系泊缆的影响，则式(7－323)可简化为

$$T\mathrm{d}\varphi=w\cos\varphi\mathrm{d}s \tag{7-324}$$

$$\mathrm{d}T=w\sin\varphi\mathrm{d}s \tag{7-325}$$

式(7－325)除式(7－324)，可得

$$\frac{\mathrm{d}T}{T}=\tan\varphi\mathrm{d}\varphi \tag{7-326}$$

对式(7－326)在(φ_0,φ)内积分，得

$$\ln\frac{T}{T_0}=\int_{\varphi_0}^{\varphi}\tan\varphi\mathrm{d}\varphi=\ln\sec\varphi-\ln\sec\varphi_0=\ln\frac{\cos\varphi_0}{\cos\varphi} \tag{7-327}$$

最终得到

$$T\cos\varphi=T_0\cos\varphi_0 \tag{7-328}$$

式中：T_0为系泊缆在角 φ_0处得张力。式(7－328)说明系泊缆上任意点的张力水平分量为常数，将式(7－328)代入到式(7－324)中，在(s_0,s)上积分，推出下式：

$$s-s_0=\frac{1}{w}\int_{\varphi_0}^{\varphi}\frac{T_0\cos\varphi_0}{\cos^2\varphi}\mathrm{d}\varphi=\frac{T_0\cos\varphi_0}{w}(\tan\varphi-\tan\varphi_0)=\frac{T_h}{w}(\tan\varphi-\tan\varphi_0) \tag{7-329}$$

沿系泊缆线有 $\mathrm{d}x=\cos\varphi\mathrm{d}s$，将其代入式(7－329)中得

$$x-x_0=\frac{1}{w}\int_{\varphi_0}^{\varphi}\frac{T_0\cos\varphi_0}{\cos^2\varphi}\mathrm{d}\varphi==\frac{T_h}{w}\left[\ln\left(\frac{1}{\cos\varphi}+\tan\varphi\right)-\ln\left(\frac{1}{\cos\varphi_0}+\tan\varphi_0\right)\right] \tag{7-330}$$

沿系泊缆线有 $\mathrm{d}s=\sin\varphi\mathrm{d}s$，代入式(7－329)中得

$$z-z_0=\frac{1}{w}\int_{\varphi_0}^{\varphi}\frac{T_0\cos\varphi_0\sin\varphi}{\cos^2\varphi}\mathrm{d}\varphi==\frac{T_h}{w}\left(\frac{1}{\cos\varphi}-\frac{1}{\cos\varphi_0}\right) \tag{7-331}$$

式(7－329)到式(7－331)取积分下限在原点处，即 $s_0=x_0=z_0=\varphi_0=0$，则

$$\frac{w}{T_h}x=\ln\left(\frac{1+\sin\varphi}{\cos\varphi}\right) \tag{7-332}$$

令 $a=T_h/w$，那么式(7－332)变为

$$\frac{x}{a}=\ln\left(\frac{1+\sin\varphi}{\cos\varphi}\right) \tag{7-333}$$

所以可得

$$\begin{aligned}\sinh\frac{x}{a}&=\frac{1}{2}\left(\frac{1+\sin\varphi}{\cos\varphi}-\frac{\cos\varphi}{1+\sin\varphi}\right)=\tan\varphi\\ \cosh\frac{x}{a}&=\frac{1}{2}\left(\frac{1+\sin\varphi}{\cos\varphi}+\frac{\cos^2\varphi}{1+\sin^2\varphi}\right)=\frac{1}{\cos\varphi}\end{aligned} \tag{7-334}$$

式(7－329)和式(7－331)可以写为

$$\begin{cases}s=a\sinh\dfrac{x}{a}\\ z=a\left(\cosh\dfrac{x}{a}-1\right)\end{cases} \tag{7-335}$$

式(7－325)即为系泊缆的悬链线方程。

将悬链线方程应用于系泊系统每根系泊缆的受力分析，按照式(7－328)，系泊缆的张力可以表示为

$$T=\frac{T_h}{\cos\varphi}=T_h\cosh\frac{x}{a}=T_h\left(\frac{z}{a}+1\right)=T_h+wz \tag{7-336}$$

另外，经过以上分析推导，就可以得到给定状态下求解系泊缆张力、系泊点到锚点的水平距离 X、系泊缆长 s 等参数的关系公式，如下：

$$\begin{cases}T_h=\dfrac{wh}{2}\left[\left(\dfrac{s}{h}\right)-1\right]\\ X=a\operatorname{arcosh}\left(1+\dfrac{h}{a}\right)\\ s=a\sinh\dfrac{X}{a}=h\sqrt{1+\dfrac{2a}{h}}\\ T=w(h+a)\\ \psi=\operatorname{arcos}\dfrac{T_h}{T}\\ s-X=h\sqrt{1+\dfrac{2a}{h}}-a\operatorname{arcosh}\left(1+\dfrac{h}{a}\right)\end{cases} \tag{7-337}$$

最终推导得到的式(7－337)即为求解系泊缆力的非线性方程，根据给定的系泊缆长度、水深就可以把非线性方程看成 a 是 X 的函数。

图7－72为系泊缆水平距离与系泊缆张力水平分力的关系。因为系泊锚点是固定的，这样就可以由船舶位置求出系泊点到锚点的水平距 X，进而得到系泊张力在水平方向上的分量 T_h，然后根据系泊系统系泊缆数，进行整个系泊系统的建模。

本节主要对内转塔式的FPSO系泊系统进行研究，系泊缆可以多种形式固定在船体与海底之间，如悬链式系泊、张紧索等。有的还通过添加浮筒，增加水中缆线长度以达到悬链线式系泊的目的。实际的系泊系统的缆线布置多为混合式系泊，即系泊缆通过多种形式固

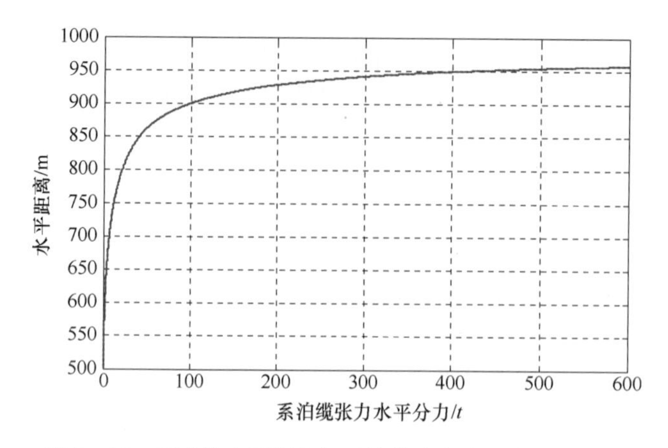

图 7-72　系泊缆水平距离与系泊缆张力水平分力的关系

定。本节中采用简化模型,同样可以达到仿真实验要求。

假设所有系泊缆以悬链线形式存在,且不通过浮筒增加长度,对 FPSO 系泊系统进行分析并建立其数学模型。本书中系泊系统包含 8 根系泊缆,其分布情况如图 7-73 所示。

每根系泊缆近似成一根悬垂的绳索,如图 7-74 所示,由悬链线方法分析系泊缆受力情况。采用上面悬链线方法推导出的公式,T_h/w 替换式(7-337)的 a 得到下式:

$$s - X = h\sqrt{1 + \frac{2T_h}{wh}} - \frac{T_h}{w}\mathrm{arcosh}\left(1 + \frac{wh}{T_h}\right) \tag{7-338}$$

式中:s 为系泊缆长度;X 为转塔系泊点到锚点的水平距离;h 为水深;T_v 和 T_h 为缆张力 T 在垂向和水平方向上的分力;w 为在水中单位长度系泊缆的重量。

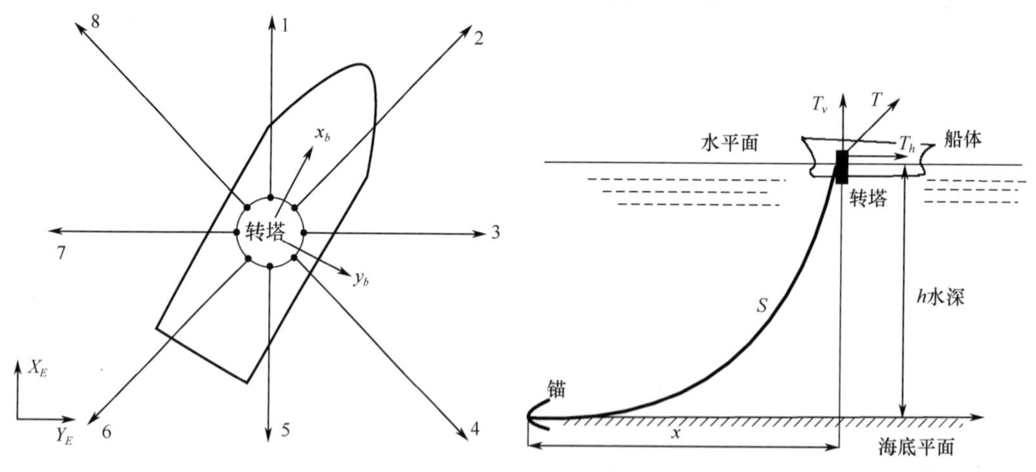

图 7-73　内转塔式系泊系统系泊缆平面分布情况

图 7-74　单条系泊缆系泊状态图

将式(7-338)应用于每一根系泊缆,求出每根系泊缆作用于 FPSO 船体上的力,即可得到系泊系统力学模型。这里假设 FPSO 系泊系统由均匀分布的钢缆构成,每条系泊缆的初始长度为 s_i,各系泊锚在海底平面的固定点坐标为 (x_i, y_i) $(i = 1, 2, \cdots, 8)$;转塔位置中心坐标为 (x_0, y_0)。为简单起见,所有系泊点近似看成固定在转塔的中心同一点,结合式(7-338)推导得到如下方程:

$$\begin{cases} X_i = \sqrt{(x_i - x_0)^2} + \sqrt{(y_i - y_0)^2} \\ s_i - X_i = h\sqrt{1 + \dfrac{2T_{hi}}{\omega h}} - \dfrac{T_{hi}}{\omega}\operatorname{arcosh}\left(1 + \dfrac{\omega h}{T_{hi}}\right) \\ \theta_i = \arctan\left(\dfrac{y_i - y_0}{x_i - x_0}\right) \\ i = 1,2,\cdots,8 \end{cases} \tag{7-339}$$

式中：X_i为各转塔系泊点到锚点的水平距离；θ_i为各系泊缆方位角；T_{hi}为各系泊缆作用在转塔上的水平张力。

因为 FPSO 内转塔的特殊结构，其船体可以绕转塔 360°旋转，所以内转塔式系泊系统不提供作用于船体的转矩。将各系泊缆作用在转塔上的水平张力 T_{hi}在北东坐标系下分解得到各坐标轴方向上的力，如下：

$$\begin{cases} X_{hi} = T_{hi}\cos(\theta_i) \\ Y_{hi} = T_{hi}\sin(\theta_i) \\ N_{hi} = 0 \end{cases} \tag{7-340}$$

将上面的各方向的力求矢量和，得到下面系泊系统的合力公式：

$$\begin{cases} X_{all} = \sum_{i=1}^{8} X_{hi} \\ Y_{all} = \sum_{i=1}^{8} Y_{hi} \\ N_{all} = 0 \end{cases} \tag{7-341}$$

式中：X_{all}、Y_{all}、N_{all}为所有系泊缆水平张力在北东坐标轴上的合力。将式(7-341)转换到船体坐标系下，可得到内转塔式 FPSO 系泊系统受力模型，如下：

$$\boldsymbol{\tau}_m = \begin{bmatrix} X_m \\ Y_m \\ N_m \end{bmatrix} = \boldsymbol{R}^{\mathrm{T}}(\psi)\begin{bmatrix} X_{all} \\ Y_{all} \\ N_{all} \end{bmatrix} \tag{7-342}$$

式中：$\boldsymbol{R}^{\mathrm{T}}(\psi)$为转移矩阵。

7.6.3 FPSO 系泊定位方法

在上述系泊系统作用在 FPSO 上的力学模型建立后，加入到 FPSO 动力学方程右端得到整个内转塔式 FPSO 系泊系统模型，考虑风、浪、流环境干扰的影响，所以 FPSO 动力学和运动学模型变为如下：

$$\begin{gathered} \boldsymbol{M}\dot{\boldsymbol{\nu}} + \boldsymbol{C}(\boldsymbol{\nu}_r)\boldsymbol{\nu}_r + \boldsymbol{D}(\boldsymbol{\nu}_r)\boldsymbol{\nu}_r = \boldsymbol{\tau}_w + \boldsymbol{\tau}_m \\ \dot{\boldsymbol{\eta}} = \boldsymbol{R}(\psi)\boldsymbol{\nu} \end{gathered} \tag{7-343}$$

其中，位置矢量 $\boldsymbol{\eta} = [x \quad y \quad \psi]^{\mathrm{T}}$，速度和角速度矢量 $\boldsymbol{\nu} = [u \quad v \quad r]^{\mathrm{T}}$，且

$$\boldsymbol{R}(\psi) = \begin{bmatrix} \cos\psi & -\sin\psi & 0 \\ \sin\psi & \cos\psi & 0 \\ 0 & 0 & 1 \end{bmatrix} \tag{7-344}$$

图7-75为内转塔式FPSO系泊定位仿真程序流程图。

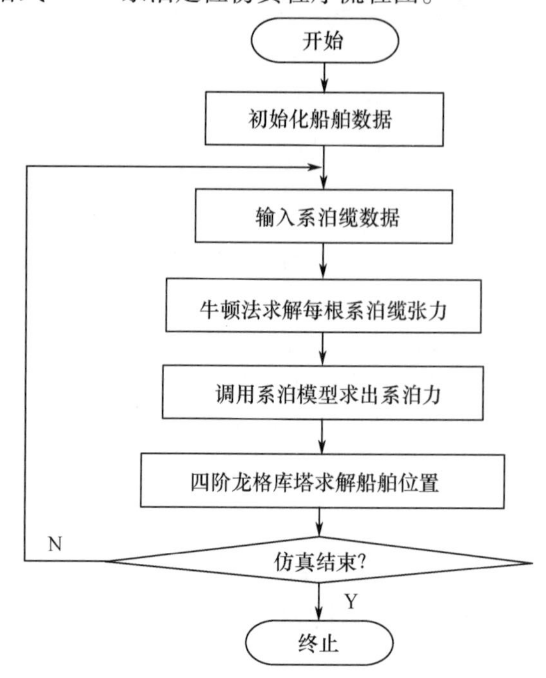

图7-75　内转塔式FPSO系泊定位仿真程序流程图

7.6.4　FPSO系泊定位仿真案例

FPSO船体参数如表7-7所列。

表7-7　FPSO船体系数

名称	数值	名称	数值
船舶总长	310.0m	排水量	240969t
水线长	296.0m	初稳心高	6.6m
船宽	47.2m	水线面系数	0.9164
设计吃水	18.9m	方形系数	0.85

系泊缆参数如表7-8所列。

表7-8　系泊缆参数

名称	数值	名称	数值
水深	500m	系泊缆数	8根
系泊缆长度	1000m	单位重量	380.6N/m
弹性模数·横截面积	1.868×10^8N	断裂强度	3500kN

如表7-9,设定了低海况、中等海况以及恶劣海况三种环境参数。在这三种海况下,对内转塔式FPSO进行了系泊定位仿真实验,仿真时间为1000s,分别给出FPSO的运动轨迹、艏向变化曲线、速度变化曲线、FPSO船体受到系泊系统的约束力情况以及各系泊缆上的张力曲线。

表7-9 海况参数设定值

海况	绝对风速/(m/s)	绝对风向	有义波高/m	周期/s	浪向	流速/(m/s)	流向
低海况	5.14	45°	1.1	6	45°	0.2	60°
中等海况	15	45°	6.0	10.2	45°	1.2	60°
恶劣海况	30	45°	12.3	13.1	45°	2.5	60°

图7-76和图7-77为在低海况下,FPSO运动轨迹和速度及艏向曲线。图7-78和图7-79为在中等海况下,FPSO运动轨迹和速度及艏向曲线。图7-80和图7-81为在恶劣海况下,FPSO运动轨迹和速度及艏向曲线。图7-82为在三种海况条件下,系泊系统作用在FPSO船体上的系泊力,图7-83为在三种海况条件下,各系泊缆的张力曲线。

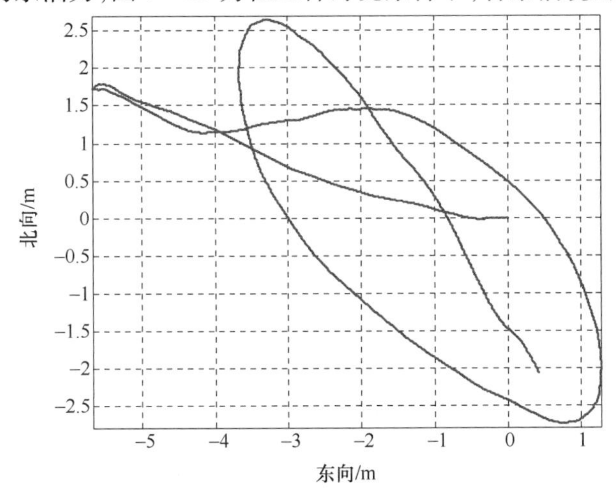

图7-76 低海况下FPSO的运动轨迹

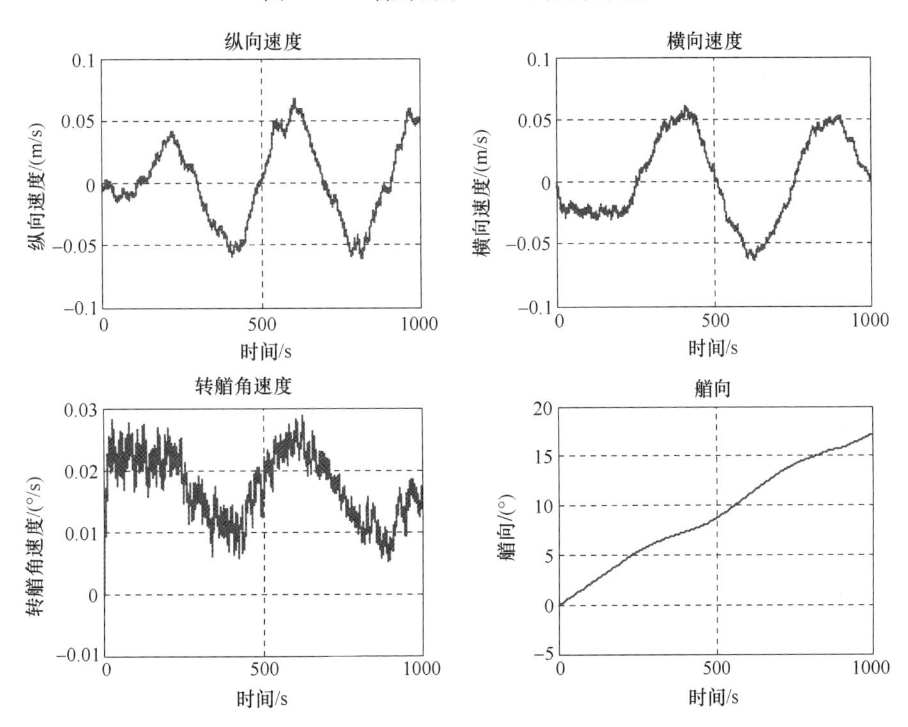

图7-77 低海况下FPSO的运动速度及艏向

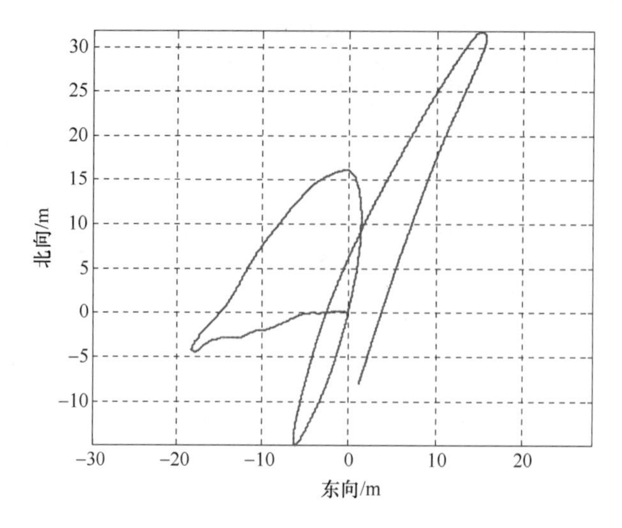

图 7－78　中等海况下 FPSO 的运动轨迹

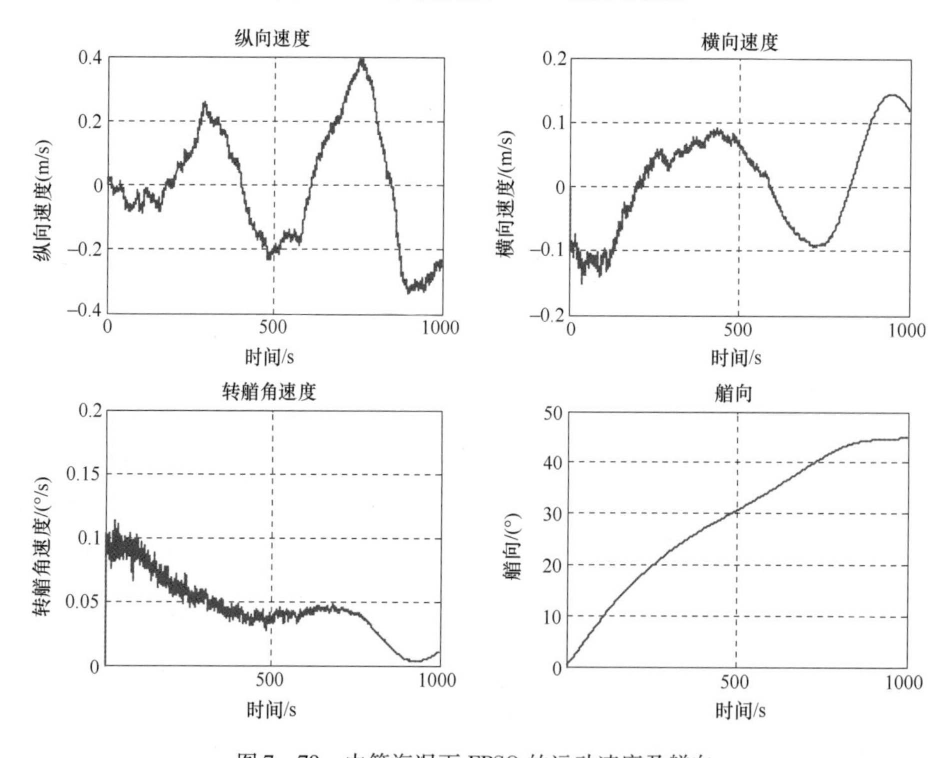

图 7－79　中等海况下 FPSO 的运动速度及艏向

由图 7－76～图 7－81 我们可以看到,在普通低海况条件下,FPSO 在一个很小区域内运动,南北最大位置偏差约为 5m,东西最大位置偏差约为 6m,FPSO 运动速度变化很小,FPSO 转艏角速度随环境干扰力作用缓慢变化。在中等海况条件下,FPSO 运动区域扩大,南北最大位置偏差约为 60m,东西最大位置偏差约为 35m,FPSO 运动速度最高达到 1kn 左右,FPSO 转艏角速度随环境干扰力作用转速变快。在恶劣海况条件下,FPSO 南北最大位置偏差达到 175m,东西最大位置偏差达到 400m,并且运动区域还在继续增大;FPSO 运动速度最高达到 2kn 左右,FPSO 转艏角速度随环境干扰力作用转速较快。在三种海况下,FPSO 艏向均趋向于环境干扰方向角。

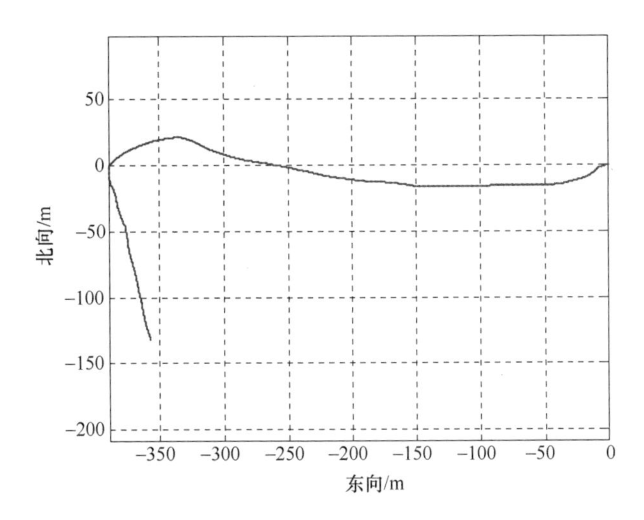

图7-80 恶劣海况下FPSO的运动轨迹

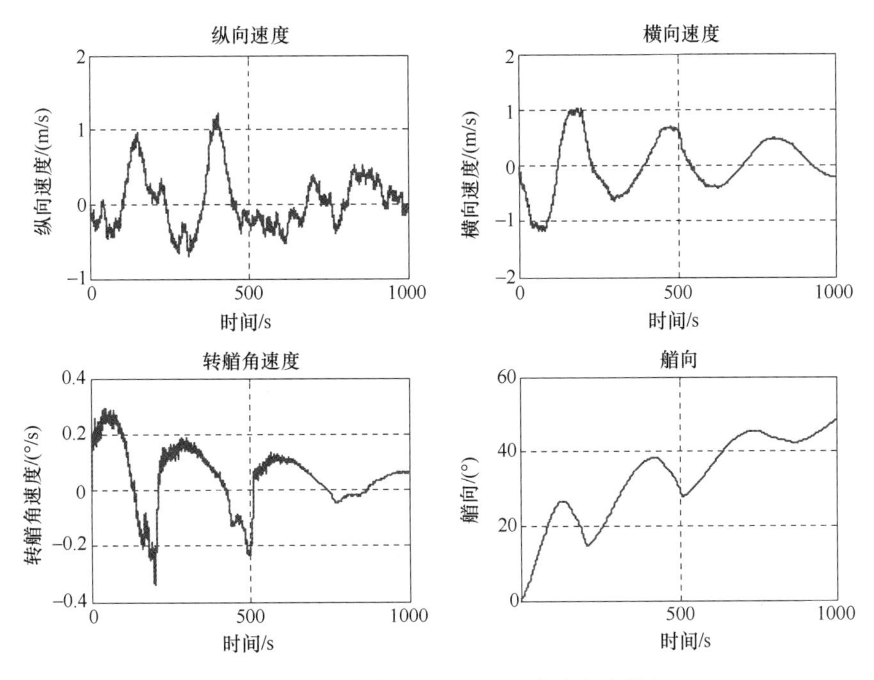

图7-81 恶劣海况下FPSO运动速度及艏向

系泊缆的断裂强度为3500kN,从图7-83可以看到,在低海况和中等海况下,系泊合力和各系泊缆张力随FPSO位置变化而平稳缓慢变化,中等海况下系泊缆承受比较大的张力,但也在断裂强度以下;在恶劣海况下,系泊合力出现突然增大,第2、3、4根系泊缆力已经超出断裂强度,说明此时系泊缆已经出现断裂或有极大断裂风险。

由上述仿真结果可知,在普通低海况和中等海况条件下,内转塔式FPSO系泊系统能够提供足够的约束力,控制船舶在某一合理区域内运动;但是在极端恶劣海况下,FPSO运动位置变大,系泊缆张力逐渐变大,最终几条系泊缆张力达到断裂强度,出现断裂或断裂风险,FPSO运动几乎不受系泊系统约束控制。

综上所述,恶劣海况下,发生断缆的危险和船舶不受控制是必须要避免的。另外,FPSO海洋作业时,要向穿梭油轮输送油气,艏向和位置需要保持稳定以免产生两船碰撞。在普通

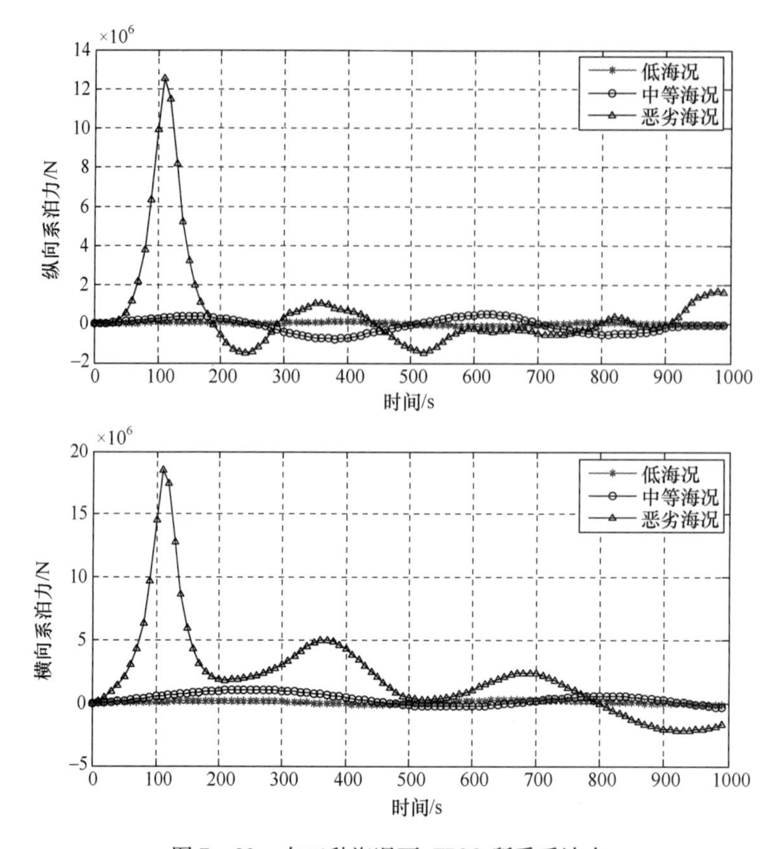

图 7-82　在三种海况下,FPSO 所受系泊力

低海况和中等海况下,内转塔式 FPSO 系泊系统虽能控制船舶位置,但不能控制稳定位置和艏向。因此,引入动力定位对船舶进行辅助定位控制是非常必要的。

另外,由仿真结果可以看到,艏向在接近设定的环境干扰角度范围内变化,验证了内转塔式 FPSO 运动存在"风向标效应"。在系泊状态下动力定位时,艏向控制的设定期望角度应该在环境干扰来向角度附近,此时 FPSO 受环境干扰力最小,易于定位,同时也可减少燃料的消耗。

7.6.5　基于结构可靠性的状态反馈反步控制器设计

1. 系泊缆线的结构可靠性

结构可靠性是在 1986 年由 H. Madsen 等人提出来的,在鲁棒性评估上得到相关应用,随后学者们提出了基于结构可靠性的控制器,应用就变得广泛。本书基于这种结构可靠性的控制器应用于 FPSO 定位过程中,下面首先介绍结构可靠性因子的获取。

结构可靠性因子定量表征了系泊缆断裂的可能性,被用于为每一根系泊缆线定义可靠性指数。其公式表示为

$$\delta_k(t)=\frac{T_{b,k}-k_{k,}\sigma_k-T_k(t)}{\sigma_{b,k}}\quad(k=1,2,\cdots,q)\tag{7-345}$$

式中:$T_{b,k}$为第 k 根系泊缆断裂强度的平均值;σ_k为时变张力(包括高频)的标准偏差;k_k为比例系数;$T_k(t)$为系泊缆张力的低频部分;$\sigma_{b,k}$为断裂强度的平均值的标准偏差。我们选择较低范围的δ_k表示为δ_s(所有系泊缆的值相等),定义其为可靠性因子的临界值。当$\delta_k<\delta_s$时,

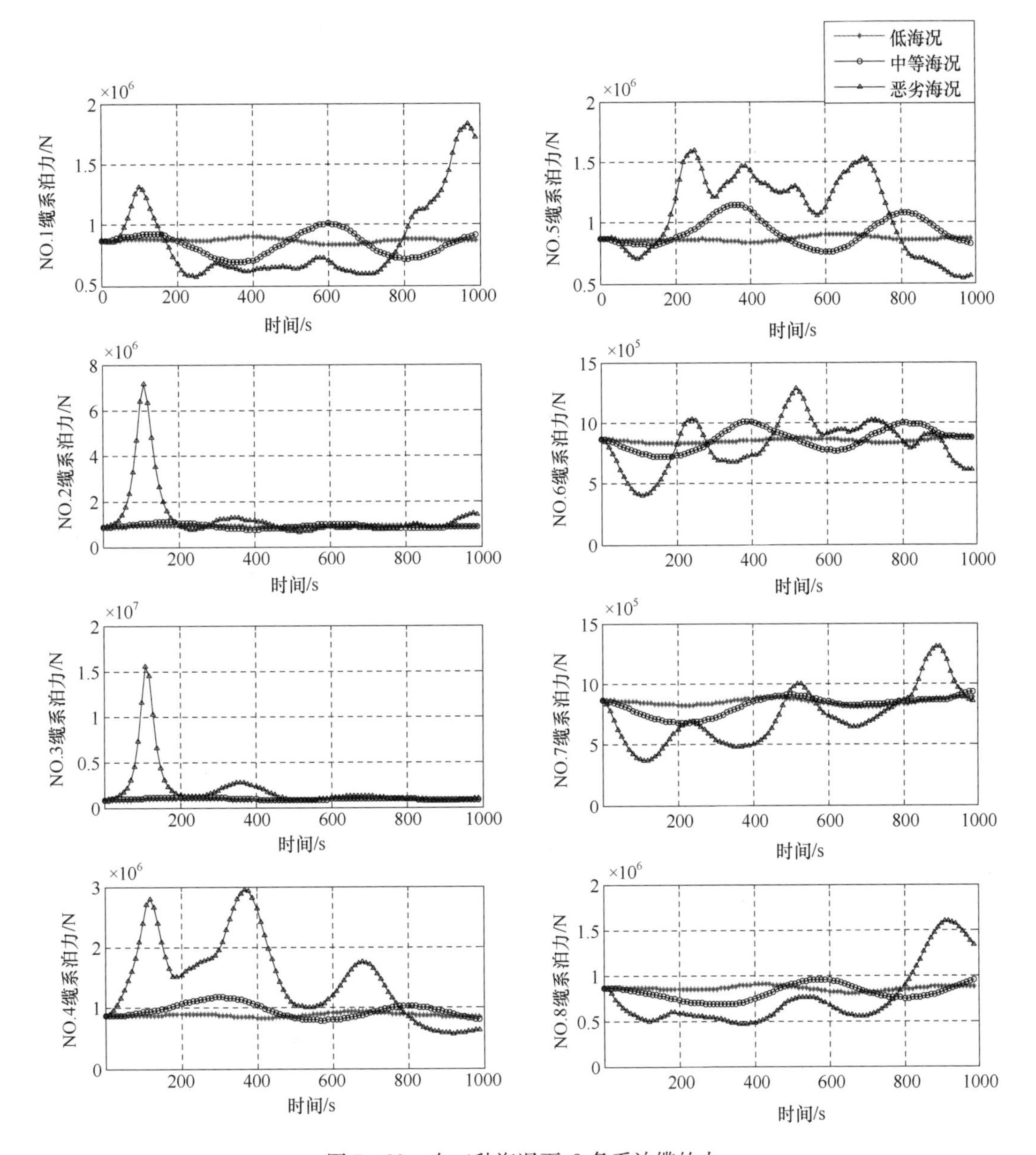

图 7－83　在三种海况下，8 条系泊缆的力

代表系泊缆断裂可能性的状况是很高的，到了无法控制的程度。

式(7－348)描述了系泊缆 k 的可靠性准则，这里需要说明，系泊缆张力仅仅考虑了低频部分。下文控制器设计的主要目的是保证系泊系统在恶劣的环境条件下不过载。为了达到这个目的，我们需要保证系泊缆线负载在它预期的忍耐范围之内。控制器基于最临界的可靠性指数起作用，所有我们用下标 j 来辨别表示最小可靠性指数，表示为

$$\delta_j(t) = \min_{k \in \{1,\cdots,q\}} \delta_k(t) \tag{7-346}$$

式中：q 为系泊系统有 q 根系泊缆。

2. 控制器设计过程

在设计控制器之前，我们先提出接下来在系泊系统容易满足的几个假设。

假设 1：存在常数 ε_1 和 ε_2

$$0 < \varepsilon_1 \leqslant T_j' \leqslant \varepsilon_2 \tag{7-347}$$

假设 2：存在常数 ρ

$$r_j \geqslant \rho > 0 \tag{7-348}$$

其中，r_j 表示系泊悬链线 j 的伸展系数，对最小可靠性因子微分得到

$$\dot{\delta}_j(t) = -\frac{\dot{T}_j(t)}{\sigma_{b,j}} \tag{7-349}$$

对所有的 $t \in \mathbf{R}_+$。

因此，

$$\dot{T}_j(t) = T_j' \dot{r}_j = \frac{T_j'}{r_j}(p - p_j)^{\mathrm{T}} \dot{p} \tag{7-350}$$

得到

$$\dot{\delta}_j(t) = -\frac{T_j'}{\sigma_{b,j} r_j}(p - p_j)^{\mathrm{T}} J_2(\psi) w \tag{7-351}$$

接着，提出了状态反馈控制器控制 $(\boldsymbol{\nu}, \psi, \delta_j)$ 到 $(0, \psi_s, \delta_s)$。条件比期望的更严格，我们希望 $\delta_j > \delta_s$。

使用反步法技术来推导状态反馈控制器，提出以下的定理。$\boldsymbol{\eta} = [\boldsymbol{P}^{\mathrm{T}}, \boldsymbol{\psi}]^{\mathrm{T}} = [x, y, \psi]^{\mathrm{T}}$ 是大地坐标系下的位置和艏向，$\boldsymbol{\nu} = [\boldsymbol{w}^{\mathrm{T}}, \boldsymbol{\rho}]^{\mathrm{T}} = [\boldsymbol{u}, \boldsymbol{v}, \boldsymbol{\rho}]^{\mathrm{T}}$ 是船体坐标系下平移和旋转的速度。$\boldsymbol{\tau}_{\mathrm{BSP}}$ 为状态反馈控制器输出的力和力矩。

【定理 7.3】λ、γ 和 κ 严格正定的常数。因此，控制律为

$$\boldsymbol{\tau}_{\mathrm{BSP}} = \boldsymbol{M}\boldsymbol{\varsigma} + \boldsymbol{D}\boldsymbol{\nu} + \boldsymbol{g}(\eta) - \boldsymbol{J}^{\mathrm{T}}(\psi) b \tag{7-352}$$

其中

$$\boldsymbol{\varsigma} = \begin{bmatrix} \left(-\lambda + \dfrac{\gamma}{r_j}(\delta_j - \delta_s)\right) & \\ & -(\lambda + \kappa) \end{bmatrix} \begin{bmatrix} \boldsymbol{w} \\ \boldsymbol{\rho} \end{bmatrix} +$$

$$\begin{bmatrix} \left(\left(-\left(\dfrac{T_j'\gamma}{\sigma_{b,j}} + \dfrac{\gamma}{r_j}(\delta_j - \delta_s)\right)\boldsymbol{\vartheta}^{\mathrm{T}}\boldsymbol{w} - \kappa\gamma(\psi - \psi_s) + \left(\lambda\gamma + \dfrac{T_j'}{\sigma_{b,j}}\right)(\delta_j - \delta_s)\boldsymbol{I}_2 + \right.\right. \\ \left. (\delta_j - \delta_s)\gamma\boldsymbol{\rho}\boldsymbol{S}_2\right)\boldsymbol{\vartheta} - (\psi - \psi_s) \end{bmatrix}$$

$$\boldsymbol{\vartheta} = \boldsymbol{J}_2^{\mathrm{T}} \frac{(p - p_j)}{r_j}, \quad \boldsymbol{S}_2 = \begin{pmatrix} 0 & 1 \\ -1 & 0 \end{pmatrix} \tag{7-353}$$

解船舶微分方程和方程(7-353)全局指数稳定(GES)得到结果 $(\nu, \delta_j, \psi) = (0, \delta_s, \psi_s)$。

证明：考虑接下来李雅普诺夫函数方程

$$V_1 = \frac{1}{2}(\delta_j - \delta_s)^2 + \frac{1}{2}(\psi - \psi_s)^2 \tag{7-354}$$

对时间微分得到方程

$$\begin{aligned} \dot{V}_1 &= (\delta_j - \delta_s)\dot{\boldsymbol{\delta}}_j + (\psi - \psi_s)\dot{\boldsymbol{\psi}} \\ &= -\frac{\boldsymbol{T}_j'(t)}{\sigma_b r_j(t)}(\delta_j - \delta_s)(p - p_j)^{\mathrm{T}} \boldsymbol{J}_2(\psi)\boldsymbol{w} + (\psi - \psi_s)\boldsymbol{\rho} \end{aligned} \tag{7-355}$$

选择 $\boldsymbol{w}$ 和 $\boldsymbol{\rho}$ 作为虚拟输入，得到

$$\begin{cases}\boldsymbol{w}=\boldsymbol{\alpha}_w \triangleq r_j(\delta_j-\delta_s)\gamma \boldsymbol{J}_2^{\mathrm{T}}(\psi)(p-p_j) \\ \boldsymbol{\rho}=\boldsymbol{\alpha}_\rho \triangleq -\kappa(\psi-\psi_s)\end{cases} \tag{7-356}$$

指数稳定性：$(\delta_j,\psi)=(\delta_s,\psi_s)$，把式(7-356)代入式(7-355)，得到

$$\dot{V}_1 \leqslant -\frac{\varepsilon_1\gamma}{\boldsymbol{\sigma}_b}(\delta_j-\delta_s)^2-\kappa(\psi-\psi_s)^2 \tag{7-357}$$

定义转换变量

$$\boldsymbol{z}=\begin{bmatrix} z_w \\ z_\rho \end{bmatrix} \triangleq \boldsymbol{\nu}-\boldsymbol{\alpha} \tag{7-358}$$

其中 $\boldsymbol{\alpha}=[\boldsymbol{\alpha}_w^{\mathrm{T}},\boldsymbol{\alpha}_\rho]^{\mathrm{T}}$，展开李雅普诺夫方程得到

$$V_2=V_1+\frac{1}{2}\boldsymbol{z}^{\mathrm{T}}\boldsymbol{z} \tag{7-359}$$

得到

$$\dot{V}_2 \leqslant -\frac{\varepsilon_1\gamma}{\boldsymbol{\sigma}_{b,j}}(\delta_j-\delta_s)^2-\kappa(\psi-\psi_s)^2+\boldsymbol{z}^{\mathrm{T}}(\theta+\dot{\boldsymbol{z}}) \tag{7-360}$$

其中

$$\theta=\left[-\frac{\boldsymbol{T}_j'}{\boldsymbol{\sigma}_{b,j}r_j}(\delta_j-\delta_s)\boldsymbol{J}_2^{\mathrm{T}}(\psi)(p-p_j)\right] \tag{7-361}$$

现在，控制律的目的是得到

$$\theta+\dot{\boldsymbol{z}}=-\lambda \boldsymbol{z} \tag{7-362}$$

其中，λ 为严格正定的常数，在条件

$$\dot{V}_2 \leqslant -\frac{\varepsilon_1\gamma}{\boldsymbol{\sigma}_{b,j}}(\delta_j-\delta_s)^2-\kappa(\psi-\psi_s)^2-\lambda\|\boldsymbol{z}\|^2 \tag{7-363}$$

可以从式(7-362)得到

$$\theta-\dot{\boldsymbol{\alpha}}-\boldsymbol{M}^{-1}(\boldsymbol{D}\boldsymbol{\nu}+\boldsymbol{g}(\eta)-\boldsymbol{\tau}-\boldsymbol{J}^{\mathrm{T}}(\psi)b)=-\lambda \boldsymbol{z} \tag{7-364}$$

所以得到

$$\boldsymbol{\tau}_{\mathrm{BSP}}=-\boldsymbol{M}(\lambda \boldsymbol{z}+\theta-\dot{\boldsymbol{\alpha}})+\boldsymbol{D}\boldsymbol{\nu}+\boldsymbol{g}(\eta)-\boldsymbol{J}^{\mathrm{T}}(\psi)b \tag{7-365}$$

$\boldsymbol{z}$、θ 和 $\dot{\boldsymbol{\alpha}}$ 代入(7-360)。因此 $\|(\delta_j-\delta_s,\psi-\psi_s,\boldsymbol{z})\|\to 0$ 指数方式收敛，$\|\boldsymbol{\alpha}\|\to 0$ 指数方式收敛，$\|\boldsymbol{\nu}\|\to 0$ 指数方式收敛。

将结构可靠性因子引入到控制器中，主要基于以下三方面的考虑：

(1) 在普通的天气状况下，靠系泊系统就可以实现船舶定位，由推进器产生推力控制船舶艏向。

(2) 在中等海况下，保证系泊缆安全同时又能节约燃料消耗，推进器不必频繁启动。

(3) 在恶劣的海洋环境中，仅靠系泊系统很难实现定位，而且恶劣的海洋环境会造成系泊缆断裂，需要推进器提供推力来实现辅助定位，同时有效避免系泊缆的损坏。

引入一个约束控制力的表达式来满足上述三方面的要求：

$$\bar{\boldsymbol{\tau}} = \boldsymbol{F}(\delta_j)\boldsymbol{\tau}_{\mathrm{BSP}} \tag{7-366}$$

这里约束函数 $F(\delta_j)$ 的定义如下：

$$\boldsymbol{F}(\delta_j) = \begin{bmatrix} f(\delta_j) & 0 & 0 \\ 0 & f(\delta_j) & 0 \\ 0 & 0 & 1 \end{bmatrix}$$

选择一个二阶多项式表示 $f(\delta_j)$：

$$f(\delta_j) = \begin{cases} 0, & \delta_j \geqslant \delta_{\max} \\ \dfrac{\delta_j}{\Delta\delta^2} - 2\dfrac{\delta_{\max}}{\Delta\delta^2}\delta_j + \dfrac{\delta^2}{\Delta\delta^2}, & \delta_{\min} < \delta_j < \delta_{\max} \\ 1, & \delta_j \leqslant \delta_{\min} \end{cases} \tag{7-367}$$

式(7-367)中 $\Delta\delta$ 表示如下：

$$\Delta\delta = \delta_{\max} - \delta_{\min} \tag{7-368}$$

$\delta_{\max}$和 $\delta_{\min}$的大小决定了控制器的作用区域。当 $\delta_j > \delta_{\max}$时，推进器不启动；当 δ_j介于 $\delta_{\min}$和 $\delta_{\max}$之间时，推进器低负荷工作；当 $\delta_j < \delta_{\min}$时，推进器高负荷工作。

7.6.6 仿真案例

下面进行上述控制器的仿真实验，FPSO 船体数据参数见表 7-7，系泊系统数据参数见表 7-8。环境海况设定为：流速为 2m/s，流向为 60°；风速为 20.14m/s，波浪有义波高为 6.0m，风向和浪向均为 45°。

仿真过程中，可靠性因子的临界值设定为 $\delta_s = 5, \delta_{\max} = 8, \delta_{\min} = 6$。

对内转塔式 FPSO 进行了系泊状态下动力定位仿真实验，仿真时间为 1500s，FPSO 存在风向标效应，将目标艏向设定为 60°。

图 7-84～图 7-87 为基于结构可靠性的状态反馈反步控制的 FPSO 运动轨迹和艏向、FPSO 运动速度和角速度、最小可靠性因子以及控制推进器输出的力实验曲线。

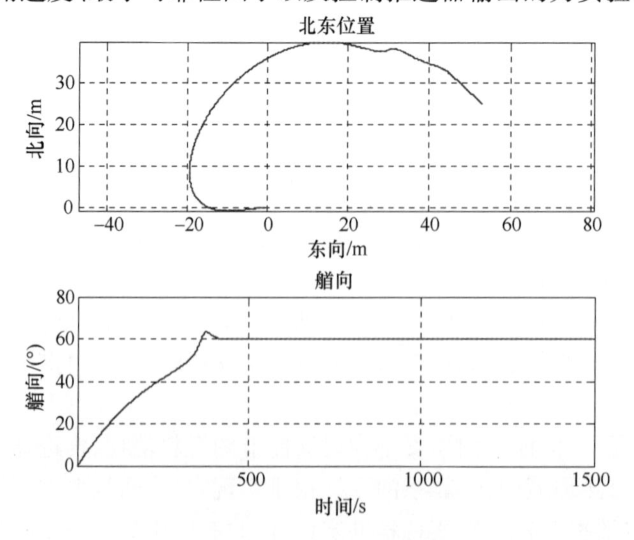

图 7-84 FPSO 运动轨迹和艏向

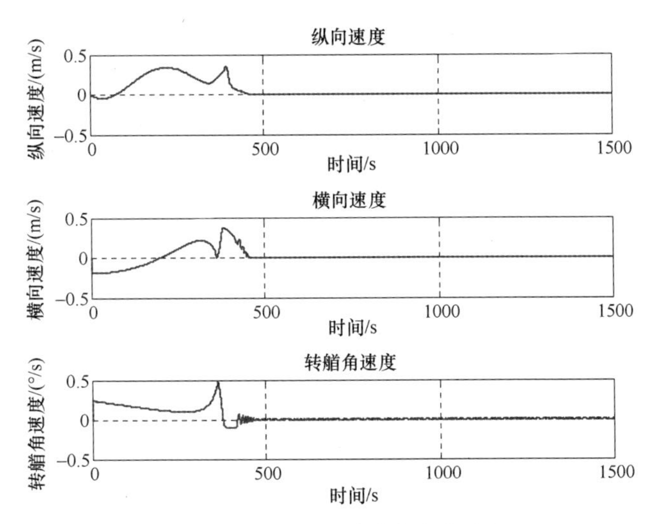

图 7－85　FPSO 运动速度和角速度

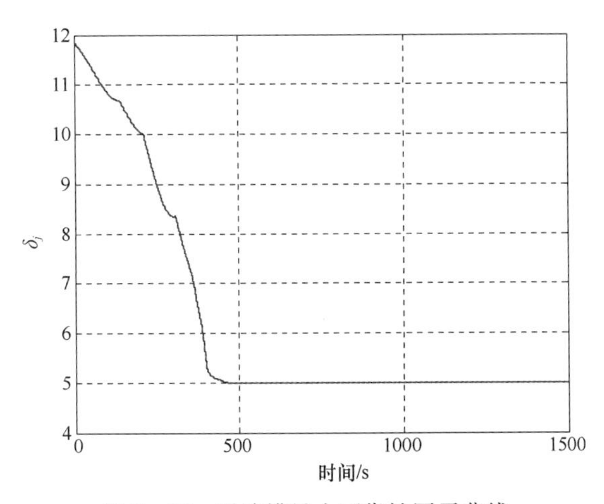

图 7－86　系泊缆最小可靠性因子曲线

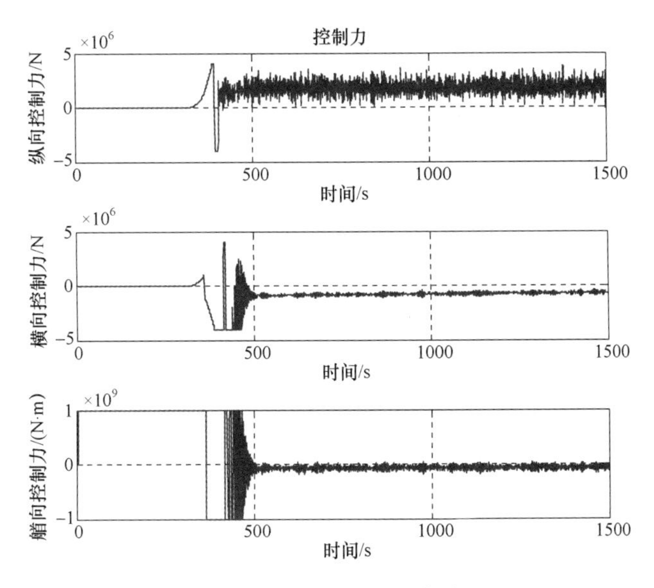

图 7－87　控制力输出曲线

由图7-84可知,FPSO运动位置稳定在某一值附近,艏向稳定在60°;从图7-85看到FPSO速度和角速度最终趋于零;由图7-86可知,最小可靠性因子稳定在设定值,说明所设计的控制器保证了系泊系统的安全。由图7-87可知,在艏向控制上,初始控制器提供了很大的控制力矩,当艏向稳定时,控制力矩趋于零;在横向和纵向上,初始最小可靠性因子较大,控制器不提供控制力,当最小可靠性因子达到控制区域时,控制力增大,最终趋于平稳。

结合仿真结果,总结出以下状态反馈反步控制器的优缺点:

(1)本控制器的设计保证了系泊系统的安全可靠。使δ_j稳定趋向δ_s,保证系泊缆安全的前提下,充分利用系泊系统的作用。另外,临界可靠性因子的设定比较灵活,可以留出更多的余量,本书控制临界可靠性因子稳定值为5。

(2)FPSO的定位位置稳定在某一合理范围内,艏向定位精度很高。在控制器的控制下,FPSO的定位位置由临界可靠性因子稳定控制值决定,不能设定确定的定位位置。从这一点也可看出系统首先发挥系泊系统作用。

(3)从控制力的结果可以知道,本控制器有一定的推进器磨损。由稳定条件$(\nu,\psi,\delta_j)\rightarrow(0,\psi_s,\delta_s)$,由于高频环境力的干扰,稳定时的值只能是在0值附近正负变化,导致推进器的力频繁变换方向,由此导致推进器磨损。

第8章

动力定位船的冗余设计和容错控制

8.1 概　　述

国际海事组织(IMO)及各国船级社(CCS、ABS、DNV、LR、BV、GL 等)都非常重视动力定位作业的安全性问题,针对船舶动力定位系统颁布了相关规范,目的是对设计要求、必须配备的设备、操作要求以及试验程序和文件要求做出建议,以减少动力定位作业中对人员、船舶、水下作业和海洋工程施工的风险。并为入级船舶的动力定位设备制定了3个等级,分为1、2、3级,其中DP-2和DP-3动力定位系统均为冗余动力定位系统。目的是对动力定位系统的设计标准、必须安装的设备、操作要求和试验程序及文档给出建议,以降低动力定位系统控制下的作业施工时,对人员、船舶、其他船舶和结构物、水下设备造成损害以及由海洋环境变化造成的风险。等级越高的DP设备应对故障事故的能力越强,其中3级动力定位的要求不仅包含了2级动力定位中的故障模式,而且加入了失火和浸水事故。

国际海洋工程承包商协会(International Marine Contractors Association, IMCA)也十分关注船舶动力定位的安全性问题,多年来一直致力于整理并分析船舶定位事故的工作,这些事故皆来自于会员提交的动力定位事故报告。IMCA每年都将发行一份作为独立报告的分析评论。全球海事机构受邀完成一份IMCA的动力定位事故数据分析,这些事故数据收集于1994年至2003年这10年间。这份分析报告的延续工作每年执行一次,以助于确定趋势并在根本原因方面提供更加详尽的分析。IMCA在2006年1月发布了《位置保持事故数据分析报告1994—2003》。

IMCA搜集的事故数据根据历史事件分为了两个严重级别:

(1) 位置丢失1(LOP1)——较大位置丢失。

(2) 位置丢失2(LOP2)——较小位置丢失。

事故原因事件根据历史事件分成了如下类型:

(1) 动力定位计算机——分为动力定位计算机硬件或软件故障。

(2) 测量系统——包括位置参考系统和传感器系统故障。

(3) 电力——包括发电机、功率管理、同步等故障。

（4）推力——包括推进器控制、机械、舵等故障。
（5）电气——包括配电盘、UPS、控制电压等故障。
（6）环境力——恶劣的风、浪和流环境力。
（7）操纵者失误——DPO、ERO、电工等故障。
（8）其他——其他船舶、第三方、外力等。
这些触发因素可从设备以及在船上的最终影响方面进一步分类为：
（1）动力定位设备
——动力定位计算机硬件；
——动力定位计算机软件；
——测量系统。
（2）电力/推力设备
——发电设备；
——推进器；
——电气设备。

根据报告显示，共统计了这10年间的371次事故，其中158次LOP1类型位置丢失事故，213次LOP2类型位置丢失事故。图8－1和图8－2所示的LOP1和LOP2事故模型表现出电气、环境、软件等故障类型的基本事件，以及到达顶事件所经过的路径。通过对比分析，在LOP1事故模型当中，操纵者失误所占触发因素的比例最大，远远超过了其他触发因素；而在LOP2事故模型当中，测量故障和推进器故障所占触发因素的比例是最大的两个。操纵者失误属人为因素，可通过规范操作流程和练习来降低触发事故的概率，不在控制系统讨论的范畴。而且，通过图8－3的对比可以看出，LOP1的发生率要小于LOP2，因此，提高对测量系统和推进系统故障的容错能力是提高动力定位作业安全性和可靠性研究的重中之

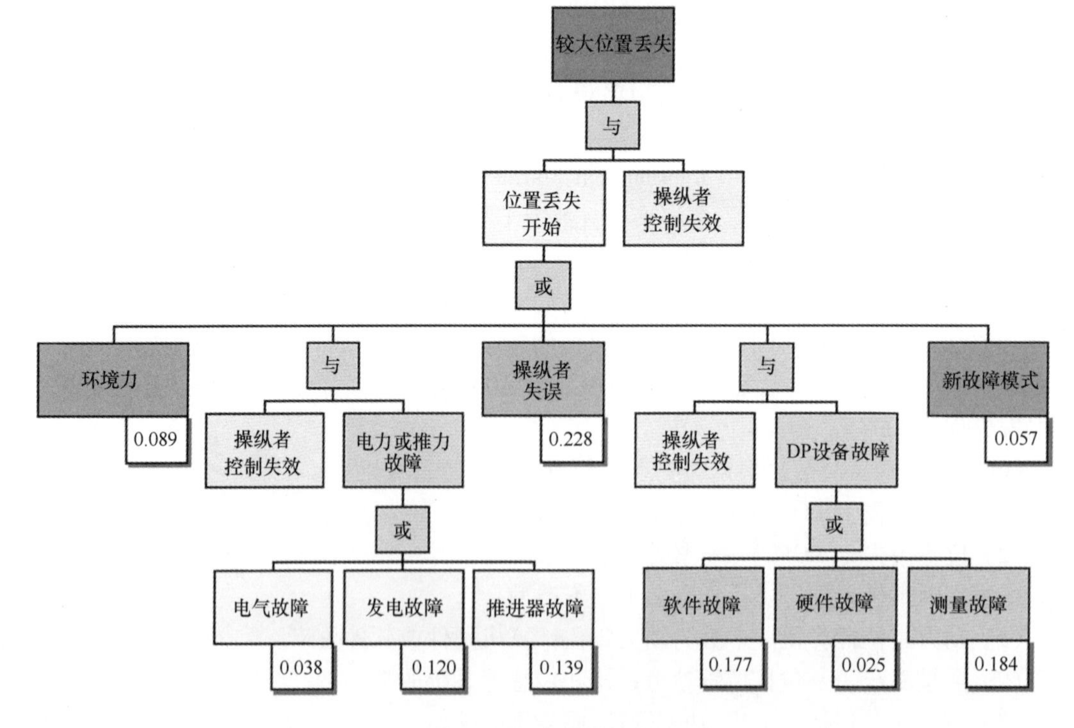

图8－1　LOP1事故模型

重,因此船舶动力定位的容错控制的研究对象为传感器和推进器故障。根据相关文献对国内外资料的调查统计,80%以上的控制系统失效都是由传感器和执行器故障引起的。

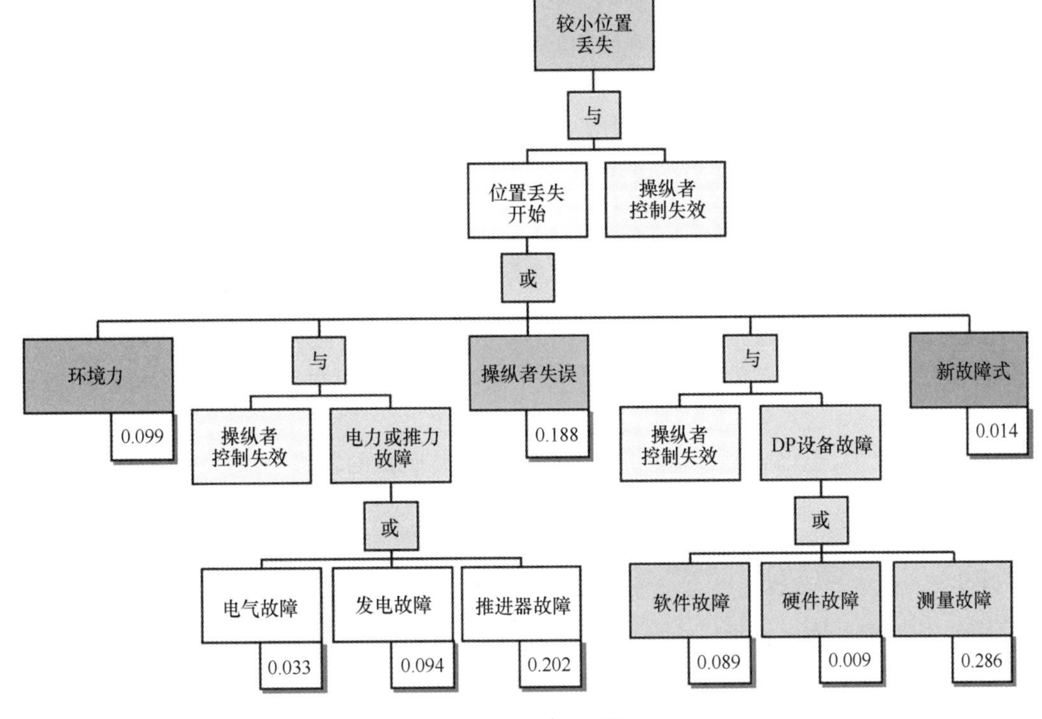

图8-2　LOP2事故模型

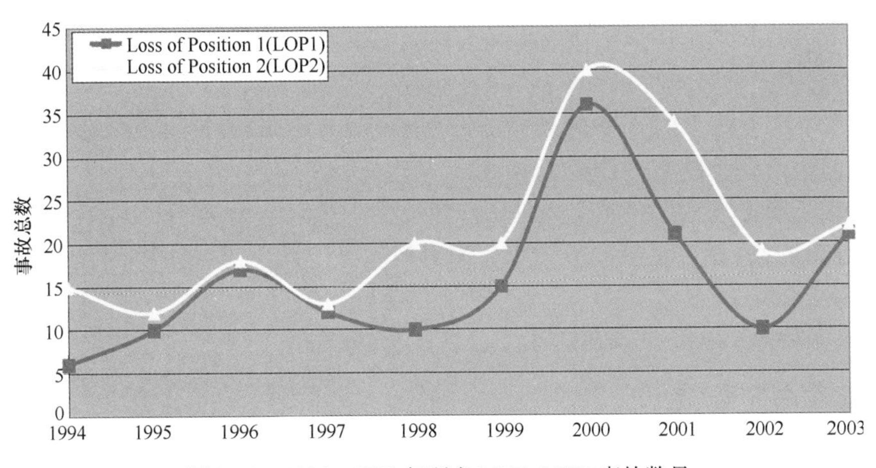

图8-3　1994—2003年所有LOP1、LOP2事故数量

船舶动力定位的控制方法都是基于测量系统(传感器)与推进系统(推进器)的正常工作情况而提出的,因此动力定位系统的可靠性依赖于对相应传感器和推进器故障的容错能力。一旦传感器或推进器发生故障,且得不到及时处理,轻则影响系统的控制效果,重则导致严重的工程事故。容错控制的目的就在于通过对控制器的调节使得故障系统仍能保持满意的性能或者至少达到可以接受的性能指标。

动力定位船舶作业的安全性和可靠性得到了国内外的高度重视,目前,各国际组织和船级社对船舶动力定位系统皆提出了物理冗余的要求,高等级船舶动力定位系统(如DP2和

DP3)都具有很高的硬件冗余度,要求所有的部件皆应具有冗余,冗余单元或系统是热备用的,即在出现故障后,冗余单元或系统能够立即自动投入运行,利用正常的设备替代受损的设备。而且为了避免失火和浸水的影响,DP3 甚至在冗余要求的基础上提出了隔离布置的规定。但是过度的物理冗余不但影响船舶的布局,更大大增加了经济成本。如何在具备了高物理冗余度(推进器和传感器)的背景下,利用系统内部存在的解析关系,通过软件冗余(解析冗余)达到容错的目的(如利用正常传感器的信号重构出故障传感器的信号),为动力定位提供软件层面的保障是十分必要的。

8.2 容错与冗余技术概念

容错控制思想产生的标志是 1971 年 Niederlinski 对完整性控制概念的提出。在系统发生故障时,除了进行修复外,可真正提高系统的安全性和可靠性的途径是容错控制技术。

在一个系统中,更多需要考虑的是针对执行器和传感器的容错控制,一个系统能够容错的必要条件是系统中存在着冗余,容错控制系统设计的关键是如何使用这些冗余来达到容错的目的,因此,容错控制器的设计方法也分为硬件冗余法和软件冗余法。

硬件冗余法主要依靠提高系统重要部件及易发生故障部件的数量达到容错的目的,故障发生后,利用正常的设备替代受损的设备,这种方式的设计较为容易,然而,由于关键设备均需要设置相应的冗余设备,系统的建造成本和维护成本会成倍增加,且占用了庞大的硬件空间。

软件冗余技术又称解析冗余,它主要利用系统内部存在的解析关系,达到容错的目的。例如,利用正常传感器的信号重构出发生故障的传感器的信号。软件冗余技术的主要优势在于节省成本,与此同时也给设计者带来了极大的挑战。

另外,由于系统模型存在非线性、不确定性及未知扰动等原因,鲁棒容错控制成为近年来容错控制领域的研究前沿。

容错控制结构如图 8-4 所示。

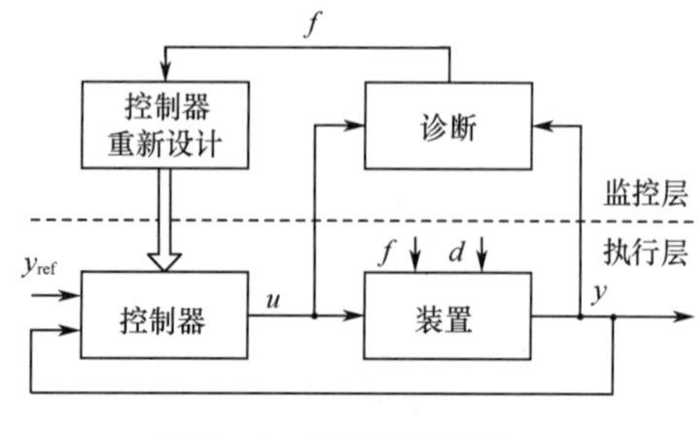

图 8-4 容错控制结构

8.2.1 容错与冗余

容错的概念是尝试着包容故障产生的影响而使得故障部件仍然发挥作用,这个目标可以借助于容错原理来实现。一般地,容错方法采用冗余技术,将平行模块作为冗余的容错系统基本方案如图 8-5 所示。

容错的两种基本方法是静态冗余和动态冗余,图 8-6 表示一个静态冗余方案,该方案应用了 3 个或更多的平行模块,具有共同的输入且都处于激活状态,其输出通过表决器决定正确的信号。静态冗余方法存在一些缺点,如高代价、更多能量消耗和额外负担,而且不能对共模故障进行容错。

动态冗余是以更多的信息处理代价换取需要更少的模块,包含两个模块的最小结构如图 8-7 和图 8-8 所示,其中图 8-7 为热备份动态冗余,图 8-8 为冷备份动态冗余。通常

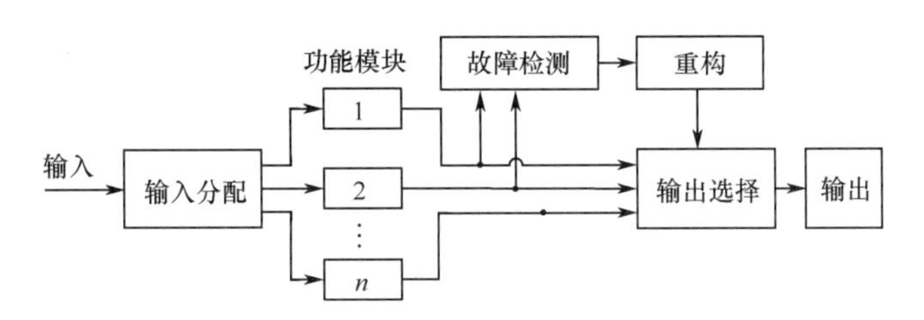

图 8－5　基于平行模块作为冗余的容错系统基本方案

情况下一个模块工作，如果这个模块出现故障，由在线备用或后备模块代替，这需要对工作模块进行故障检测，通过重构切换备用模块和隔离故障模块。

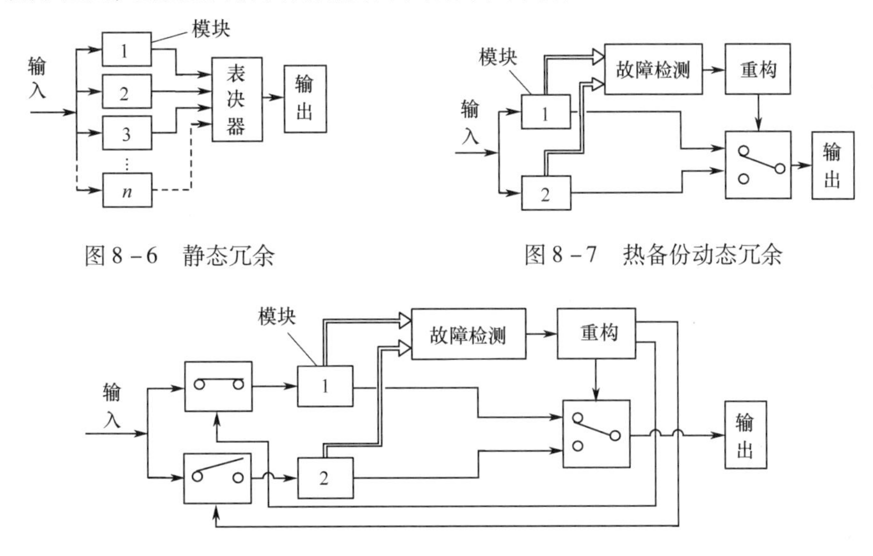

图 8－6　静态冗余

图 8－7　热备份动态冗余

图 8－8　冷备份动态冗余

8.2.2　被动容错控制

根据被动容错控制方法基于鲁棒控制思想设计使其对故障不敏感，不管故障发生与否，它都采用固定的控制器来确保闭环系统对特定的故障具有鲁棒性，因此，被动容错控制不需要故障诊断，针对不同的故障，被动容错控制大致可分为可靠镇定、联立镇定和完整性控制三种类型。

可靠镇定是针对控制器故障的容错控制。联立镇定是针对被控对象内部元件故障的容错控制，其主要是通过设计一个控制器来镇定一个动态系统的多模型。完整性控制是针对传感器和执行器故障的容错控制。

8.2.3　主动容错控制

主动容错控制是在故障发生后重新调整控制器的参数，必要时还需要改变结构。因此，尽管主动容错控制需要设计较多的控制算法，但却能够更大限度地提高控制系统的性能。它通常需要故障类型的先验知识，或者需要一个故障诊断单元。主动容错控制方法主要包括控制律重新调度、模型跟随重组控制和控制律重构三种方法。

控制律重新调度的基本思想是在获得故障信息后，从针对各种故障事先计算出的控制律中选择一个合适的控制律来进行容错控制。

模型跟随重组控制的基本思想是采用模型参考自适应控制思想，不论发生故障与否，其始终保持被控对象的输出自适应地跟踪参考模型的输出。

控制重构是近年来备受关注的主动容错控制方法，该方法一般需要故障诊断单元，利用其得到的故障信息，在线重组或重构控制律保证故障系统稳定性。Huber 等设计了一个飞行控制系统，该系统在诊断出机翼故障或受损后，将其作用重新分配到剩余的执行器中。

8.3 动力定位控制系统冗余设计

8.3.1 双模冗余系统

双模冗余系统需要两套软硬件设计的控制器，对系统采集的数据进行并行处理。系统初始化时，根据设定和自动检测结果生成一个主控制器和从控制器。在运行过程中，控制器在处理数据的同时，进行自检。若自检结果表明主控制器发生故障，则输出结果采用原从控制器，并向操作者发出原主控制器故障的指示。双模冗余优点是硬件投资适中，相较于三模冗余系统，在具有热备份的同时，降低了系统的复杂度和成本。缺点是，两套控制器其中一套发生偏差时，可能无法判断哪一套是故障方。双模冗余系统的原理结构框图如图 8－9 所示。

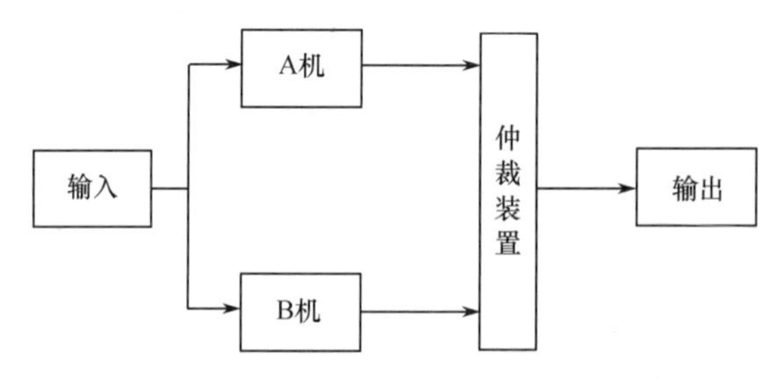

图 8－9　双模表决冗余基本模型

在双模冗余计算机系统中，2 台计算机以一定的周期向表决器发送计算完成的数据和本计算机的状态信息；默认只有 1 台计算机（主计算机，当前默认计算机 A）往外发送同步时钟，当主计算机发生问题时，由另 1 台计算机（计算机 B）接替工作。

1. 双模冗余计算机系统同步机制

双模冗余计算机中同步机制具体实现流程如下：

（1）各计算机上电启动完成后，向同步仲裁模块发送信息，同步仲裁模块向 2 台计算机发送缓存清零命令。

（2）2 台计算机接收传感器数据后，计算机 A 的仲裁模块向其他计算机发送同步时钟信号。

（3）各计算机将接收到的同步校验数据发送到同步仲裁模块，如果数据相同，仲裁模块命令各计算机继续解算处理，按同步时钟节拍将结果输出到表决器 A；如果数据不同，同步仲裁模块首先命令默认计算机 A 将缓存数据全部计算后发往表决器 A，表决器 A 默认全部接收，再命令 2 台计算机接收缓存。

（4）2 台计算机取规定间隔的接收到的帧数据，将数据帧的同步校验数据发送到同步仲裁模块，判断数据是否同步。

（5）通过不断重复查询，保证一帧一帧的数据同步计算，同步发往表决器。

2. 双模冗余计算机系统表决和冗余机制

（1）2 台计算机以相同的频率同步往表决器写传感器的数据和本计算机的状态信息。

（2）在 2 台计算机工作正常的前提下，表决器默认使用计算机 A 的数据。

（3）表决器通过读取 2 台计算机的状态信息，或通过判断 2 台计算机有没有周期性的状态信息发送出来，来判断 2 台计算机是否工作正常，并往 2 台计算机分别发送 2 台计算机的工作状态信息。

（4）如果计算机 A 故障：

① 如果计算机 A 部分接口故障，计算机 A 本机禁止各接口往外发送数据；

② 如果计算机 A CPU 故障，计算机 A 瘫痪，不会往外发送数据；

③ 计算机 B 接收到表决器发送的计算机 A 故障的信息，计算机 B 改变模式，单独工作；

④ 计算机系统由双模冗余转变为单机工作。

（5）如果计算机 B 故障：

① 如果计算机 B 部分接口故障，计算机 B 本机禁止各接口往外发送数据；

② 如果计算机 B CPU 故障，计算机 B 瘫痪，不会往外发送数据；

③ 计算机 A 接收到表决器发送的计算机 B 故障的信息，计算机 A 改变模式，单独工作，无须发送同步时钟；

④ 计算机系统由双模冗余转变为单机工作。

因为双模冗余系统要求较为简单，对于双模冗余系统的控制系统、位置参考系统、传感器系统等详细的配置方案，读者可以在三模冗余系统的基础上根据船级社的规范或指南简化得到。

8.3.2　三模冗余系统

1. 三模冗余的原理

要实现三模冗余需采用相同的软硬件设计，对系统承担的数据采集、处理、计算等任务进行并行处理并对每套设备输出的结果进行比较。若多套设备输出的结果完全相同，则认为系统无故障且结果正确，然后将此结果（可能是中间或最终结果）传送到下一阶段去执行。若比较的结果不同则以多数设备输出的结果为准，同时判定少数设备有故障，并向操作者发出某设备有故障的指示，待系统允许停下时对这些设备进行更换或检修，其缺点是需加大硬件投资。其次是当 1 台机器出现故障后在剩下的 2 台机器中进行表决下的系统不具备冗余有效性。因此，现在三机系统中则较多采用的是将双机备份和三机表决两者结合起来的方式，当三机中坏掉 1 台后就当作双机备份系统来用，不再进行表决了。但这又意味着在 3 台机器之间相互组成热备份模式，需要 3 组热备连接，这大大提高了系统的成本和复杂度，也在一定程度上降低系统自身的健壮度。三模冗余系统的原理结构框图如图 8－10 所示：

三模冗余计算机系统可以在单台发生故障时，可以从三冗余降级为二冗余，或者由二冗余降级为无冗余，从而将故障计算机从系统中隔离出去。在故障计算机恢复后可以进行系统的重构，在不停止系统运行的情况下，使其加入到冗余系统中。系统转换图如图 8－11 所示：

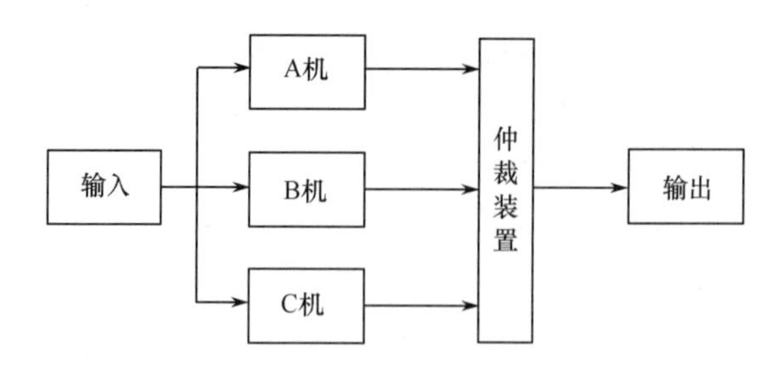

图 8 - 10　三模冗余系统的原理结构框图

详细的冗余切换流程见如下描述:

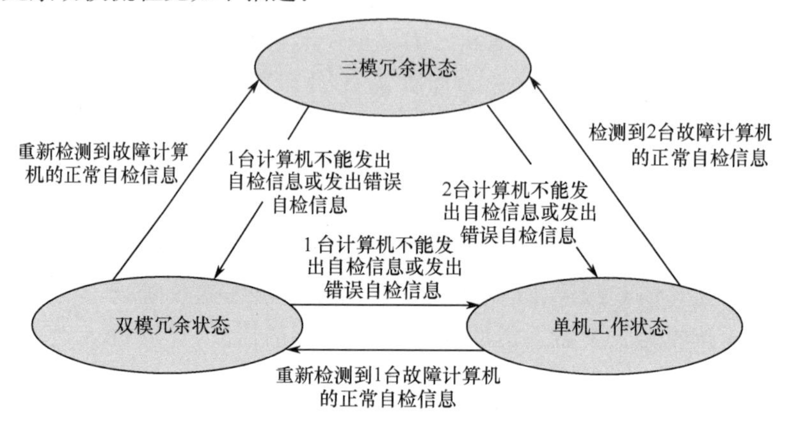

图 8 - 11　冗余切换流程

2. 三模冗余计算机系统研究

(1) 三模冗余计算机系统同步机制

在冗余计算机系统中,数据的匹配或是表决都必须基于同步信号,否则匹配或表决就没有意义。

同步机制在三模冗余计算机中实现原理为:3 台计算机接收来自于传感器数据,并将接收到的数据存储于缓冲区中;3 台计算机相互比较数据帧内容,在当前数据帧相同的情况下,按同步时钟节拍取数据帧计算处理,再按同步时钟节拍同时将结果送出给表决器 A。其中,同步时钟由计算机 A、B、C 中的默认计算机 A 中的同步仲裁模块发出。

三模冗余计算机中同步机制具体实现流程如下:

1) 各计算机上电启动完成后,向同步仲裁模块发送信息,表示启动完成,同步仲裁模块向 3 台计算机发送缓存清零命令,3 台计算机同时缓冲清零。

2) 3 台计算机接收到外部数据后自动存储于内部缓冲区中,与计算机 A 相连的同步仲裁模块向各计算机发送同步时钟信号。

3) 各计算机将接收到的第一帧数据中同步校验数据返回到同步仲裁模块,如果数据相同,仲裁模块命令各计算机继续解算处理,按同步时钟节拍将结果输出到表决器 A;如果数据不同,同步仲裁模块首先命令默认计算机 A 将缓存数据全部计算后发往表决器 A,表决器 A 默认全部接收,再命令 3 台计算机接收缓存再次全部清零。

4) 3 台计算机取规定间隔的接收到的帧数据,将数据帧的同步校验数据发送到同步仲裁模块,判断数据是否同步,按步骤 3) 中处理机制进行处理。

5) 如此轮询,保证一帧一帧的数据同步计算,同步发往表决器。

(2) 三模冗余计算机系统表决和冗余机制

1) 3 台计算机以相同的频率同步往表决器写计算完的数据和本计算机的状态信息。

2) 表决器 A 通过比对 3 组数据信息,通过表决选出相同的 2 组数据供本机使用;如果 3 组数据不同,取中间值计算机数据,并将选取的数据分发到其他推进器。

3) 表决器 A 通过读取 3 台计算机的状态信息,或通过判断 3 台计算机有没有周期性的状态信息发送出来,来判断 3 台计算机是否工作正常,并向 3 台计算机分别发送它们的工作状态信息。

4) 如果计算机 A 故障:

① 如果计算机 A 部分接口故障,计算机 A 本机禁止各接口往外发送数据;

② 如果计算机 A CPU 故障,计算机 A 瘫痪,不会往外发送数据;

③ 计算机 B 接收到表决器 A 发送的计算机 A 故障的信息,计算机 B 改变模式,接替计算机 A 的工作,往计算机 C 发送同步时钟信号;

④ 计算机 C 接收到表决器 A 发送的计算机 A 故障的信息,计算机 C 改变模式,接收计算机 B 送的同步时钟信号;

⑤ 计算机系统由三模冗余转变为双模冗余。

5) 如果计算机 B 或 C 故障:

① 如果计算机 B 或 C 部分接口故障,计算机 B 或 C 本机禁止各接口往外发送数据;

② 如果计算机 B 或 C CPU 故障,计算机 B 或 C 瘫痪,不会往外发送数据;

③ 计算机 A 接收到表决器 A 发送的计算机 B 或 C 故障的信息,计算机 A 改变模式,只往工作正常的计算机发送同步时钟信号;

④ 计算机系统由三模冗余转变为双模冗余(图 8-12)。

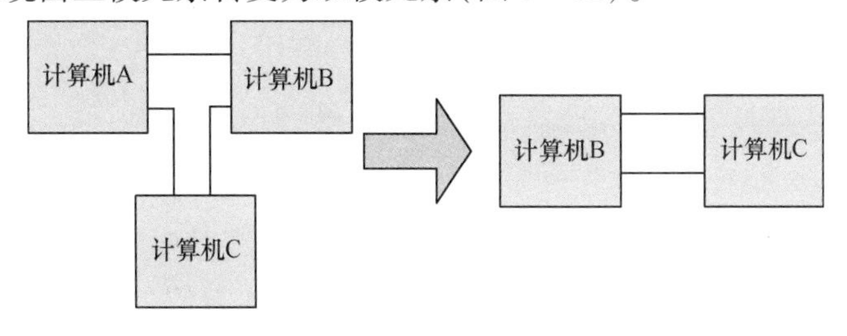

图 8-12　三模冗余到双模冗余切换

8.3.3　控制系统冗余配置方案

1. 设计依据

冗余动力定位控制系统应具有三重结构(3 个控制器)或双重结构(2 个控制器),包括操纵台、视频监视器、键盘和独立操纵杆系统。另外,DP3 动力定位控制系统还必须有 1 套完全独立的备用控制器(包括软件),并通过 A60 与主控制器隔离,主系统与备用系统间的控制切换必须由一个位于它们各自舱室的带有按钮操作的双重手动开关来完成,双重三重、备用在内的结构必须考虑到控制器间三重投票表决的设计中。

考虑到冗余增加了 DP 系统的有效性和可靠性,也确保了即使单一故障发生在控制系统或相连接的传感器和位置参考系统,仍然能够执行有效操作,三冗余与单一或双重系统相比,显然增加了系统的整体有效性,同时,三冗余不但检测误差、隔离故障数据或元件,而且在 DP 计算中滤去故障数据。投票表决概念用于传感器与控制系统本身的检测与隔离故障，一旦投票表决发生，出现错误的计算机将会基于其他计算机值自动更正，如果不能更正，将提醒操作者更换故障计算机，同时其他2台计算机会执行双冗余继续工作。因此，采用三冗余系统是动力定位控制系统冗余设计的最佳选择。

2. 布局关系

根据国际组织及船级社的相关要求，目标船配置方案分析研究，主流控制系统的特点，综合分析研究后，给出1套可供参考的DP－3级船舶控制系统冗余配置设计方案，其布局关系如图8－13所示。

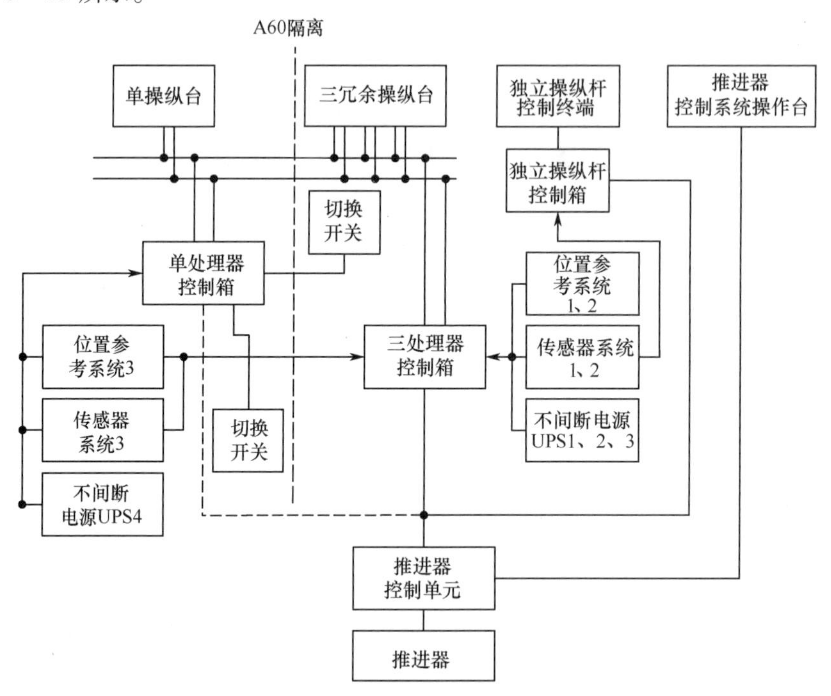

图8－13　目标船控制系统冗余配置布局关系图

主动力定位控制系统为三冗余集成系统，配有3个处理器和3重操纵台，主系统具有2套位置参考系统、2套传感器系统和3套UPS，备用系统为单一集成系统，配有单一处理器和单一操纵台，并装备有独立的一套位置参考系统、传感器系统和UPS，其中位置参考系统和传感器系统同时也作为主系统的输入，供主系统执行投票表决。备用DP系统与主DP系统进行A60隔离。主DP系统与主DP操纵台间、备用DP系统与备用DP操纵台间、主DP操纵台与备用DP操纵台间通过双局域网通信，备用DP系统独立于主DP系统操作。手动转换控制位于备用DP系统，附加手动转换控制以平行的方式连接，并安置在主操纵台面板上。不论主系统还是备用系统皆为集成系统，因此全部通过推进器控制单元对推进器进行控制。另外，系统还配有独立操纵杆系统控制系统，并与传感器系统、推进系统独立接线进行通信。推进器控制系统可对每个推进器进行单独控制，包括紧急关闭等功能。

8.4　基于鲁棒滑模虚拟传感器的容错控制方法

主动容错控制可利用前期的故障诊断结果在线自动重新设计控制律，调整控制器参数，使之适应于故障装置的参数。控制律重构可应用于较小故障的情况，但无法应用于一个传感器或执行器完全失效的情况，因为此时控制回路已被破坏，必须要重构控制回路，选择适当的控制器参数，甚至选择新的控制器软件以利用冗余的测量或控制信号来满足性能指标。

利用一个重构模块来根据标称控制器处理故障装置，而不是根据故障装置调整控制器。对于给定输入 $u(t)$，故障装置连同重构模块合起来产生与标称装置相同的（或近似的）输出 $y(t)$。因此，控制器"看到"的是与故障前相同的装置，且与故障前一样起作用。利用重构，将最小的改变应用于控制回路中，而标称控制器仍然是控制回路中不变的部分，保持控制器如故障前是因为存在的控制律包含关于进程的极有价值的内在信息和闭环系统的可靠性能，这些知识是在设计过程中获得的，且无法在进程模型中表现。

目前多数容错控制方法是基于线性状态空间形式的，或将非线性系统在工作点附近线性化为前提下实现的。而实际系统大多是非线性的，具有系统建模误差，处于不确定性扰动之中，且某些系统参数是未知的或是不确定的。这些都大大限制了该方法的应用和推广。

本节进行了动力定位系统虚拟传感器重构设计，并借助滑模观测器解决非线性和不确定项的优势来弥补虚拟传感器的不足，实现了对鲁棒滑模虚拟传感器的设计，并应用于传感器故障船舶动力定位容错控制。

8.4.1 重构问题描述

1. 标称系统、故障系统和重构系统

首先定义系统 S，定义包括系统行为、系统与外界的联系，即输入和输出。输入表示为 $u(t) \in \mathbf{R}^n$，输出表示为 $y(t) \in \mathbf{R}^n$。假设系统 S 的行为是确定且已知的，则数学模型是存在的。一旦输入 $u(t)$ 和系统初始状态是已知的，就能够确定 $y(t)$，如图 8-14 所示。

系统可能在某个时间点发生故障，故障 f 将改变系统行为，且故障可由故障检测与隔离系统识别出来，因此，假设在重构开始前，故障系统的模型是已知的，根据模型 s_f，可以分析故障的影响。

【假设 8.1】故障没有影响系统的输入 $u(t)$。

故障系统模型 S_f 的定义方式与标称系统相同，但是信号和矩阵的值不同，为了区别标称系统和故障系统，所有故障系统的符号用下标 f 表示如图 8-15 所示。由于假设 8.1，故障系统的输出为 $y_f(t)$。

图 8-14 标称系统　　　图 8-15 故障系统

重构的目标就是通过改变故障系统而使其在行为上等同于标称系统，重构可以根据故障来改变系统结构，得到重构系统 S_r，如图 8-16 所示，并使得重构系统仍可运行，且满足标称系统原存重要功能及主要性能指标。

2. 标称控制回路和重构控制回路

标称控制回路包括标称装置和标称控制器，装置和控制器通过测量输出 $\boldsymbol{y}(t)$ 和控制输入 $\boldsymbol{u}(t)$ 连接，装置的行为由状态空间模型来定义，装置具有控制输入 $\boldsymbol{u}(t)$ 和扰动输入 $\boldsymbol{d}(t)$，一个输出 $\boldsymbol{y}(t)$，如图 8-17 所示。

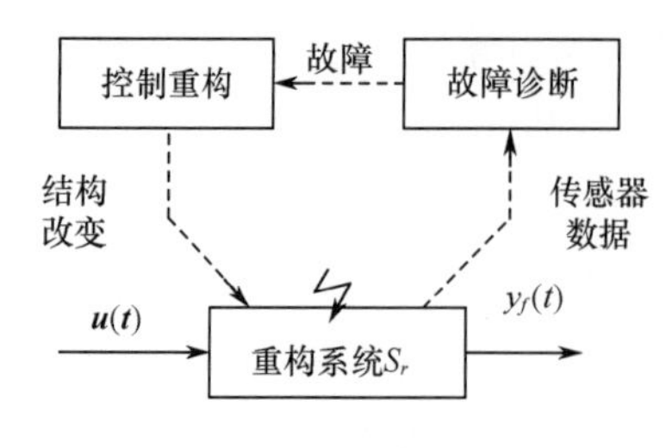

图 8-16 重构系统

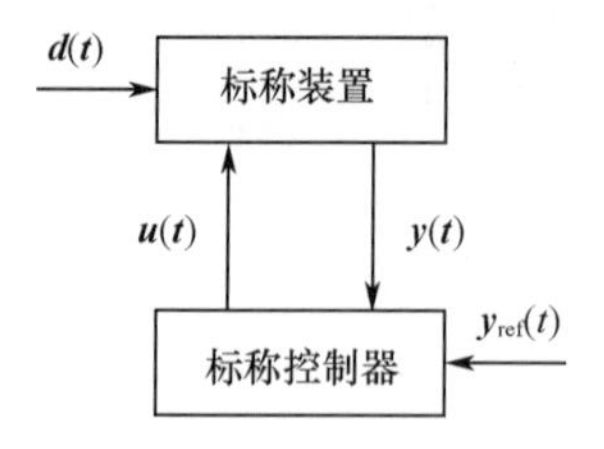

图 8-17 标称控制回路

在平衡点附近进行线性化,得到标称装置的线性化模型(图 8-18 所示)为:

$$S:\begin{cases}\dot{\boldsymbol{x}}(t)=\boldsymbol{A}\boldsymbol{x}(t)+\boldsymbol{B}\boldsymbol{u}(t)+\boldsymbol{E}\boldsymbol{d}(t)\\ \boldsymbol{y}(t)=\boldsymbol{C}\boldsymbol{x}(t)\\ \boldsymbol{x}(0)=\boldsymbol{x}_0\end{cases}\tag{8-1}$$

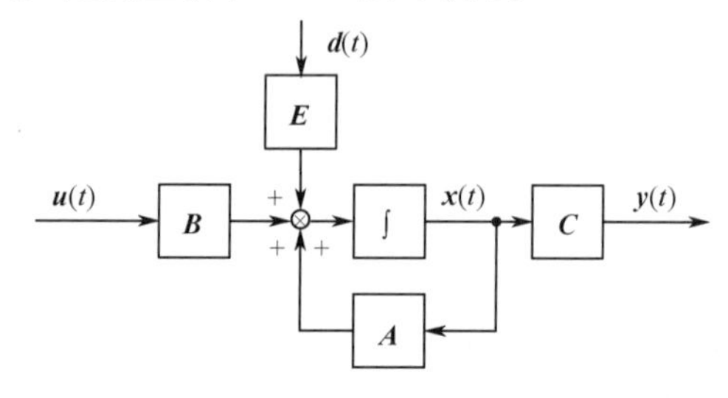

图 8-18 标称装置线性化模型

式中:$\boldsymbol{x}(t)\in\mathbf{R}^n$为状态矢量;$\boldsymbol{x}_0$为初始状态矢量;$\boldsymbol{u}(t)\in\mathbf{R}^n$为控制输入矢量;$\boldsymbol{y}(t)\in\mathbf{R}^n$为输出矢量;$\boldsymbol{d}(t)\in\mathbf{R}^n$为外界扰动矢量;$\boldsymbol{A}\in\mathbf{R}^{n\times n}$为装置状态矩阵;$\boldsymbol{B}\in\mathbf{R}^{n\times n}$为控制输入矩阵;$\boldsymbol{C}\in\mathbf{R}^{n\times n}$为输出矩阵;$\boldsymbol{E}\in\mathbf{R}^{n\times n}$为扰动分布矩阵。

标称控制器同样是动态系统,可得到如下状态空间模型:

$$\begin{cases}\dot{\boldsymbol{x}}_c(t)=f_c(\boldsymbol{x}_c(t),y(t),\boldsymbol{y}_{\text{ref}}(t))\\ \boldsymbol{u}(t)=g_c(\boldsymbol{x}_c(t),\boldsymbol{y}(t),\boldsymbol{y}_{\text{ref}}(t))\\ \boldsymbol{x}_c(0)=\boldsymbol{x}_{c0}\end{cases}\tag{8-2}$$

式中:$\boldsymbol{x}_c(t)\in\mathbf{R}^n$为控制器状态矢量;$\boldsymbol{x}_{c0}$为控制器初始状态矢量;$\boldsymbol{y}_{\text{ref}}(t)\in\mathbf{R}^n$为参考输入矢量,系统函数$f_c$和$g_c$具有相应维数。引入的参考输入$\boldsymbol{y}_{\text{ref}}(t)$作为回路的第二个外部输入。同时参考输入$\boldsymbol{y}_{\text{ref}}(t)$是已知的且会影响控制器;外界扰动$\boldsymbol{d}(t)$对于控制器来说是未知的,并会影响装置。

【假设 8.2】重构可改变控制器,但是无法改变故障装置的行为。

故障装置表现出与标称装置不同的行为,为了对重构建模,从控制回路中移除"标称控制器",并以新的"重构控制器"代替,如图 8-19 所示。

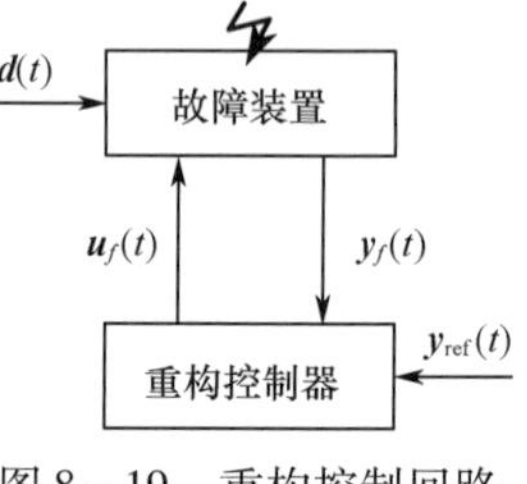

图 8-19 重构控制回路

执行器故障后装置模型为:

$$S_f:\begin{cases}\dot{\boldsymbol{x}}_f(t)=\boldsymbol{A}\boldsymbol{x}_f(t)+\boldsymbol{B}_f\boldsymbol{u}_f(t)+\boldsymbol{E}\boldsymbol{d}(t)\\ \boldsymbol{y}_f(t)=\boldsymbol{C}\boldsymbol{x}_f(t)\\ \boldsymbol{x}_f(0)=\boldsymbol{x}_0\end{cases}\tag{8-3}$$

传感器故障后装置模型为:

$$S_f:\begin{cases}\dot{\boldsymbol{x}}_f(t)=\boldsymbol{A}\boldsymbol{x}_f(t)+\boldsymbol{B}\boldsymbol{u}_f(t)+\boldsymbol{E}\boldsymbol{d}(t)\\ \boldsymbol{y}_f(t)=\boldsymbol{C}_f\boldsymbol{x}_f(t)\\ \boldsymbol{x}_f(0)=\boldsymbol{x}_0\end{cases}\tag{8-4}$$

设初始状态矢量 $\boldsymbol{x}_0$、外界扰动矢量 $\boldsymbol{d}(t)$ 和扰动分布矩阵 $\boldsymbol{E}$ 对于标称装置和故障装置是一样的,矢量下标符号没有变化。所有故障系统中的矩阵和矢量与标称系统中的矩阵和矢量具有相同的维数(值可能不同)。由于出现故障,矩阵 $\boldsymbol{B}_f$ 或 $\boldsymbol{C}_f$ 已经发生改变,如图 8－20 和图 8－21 所示。

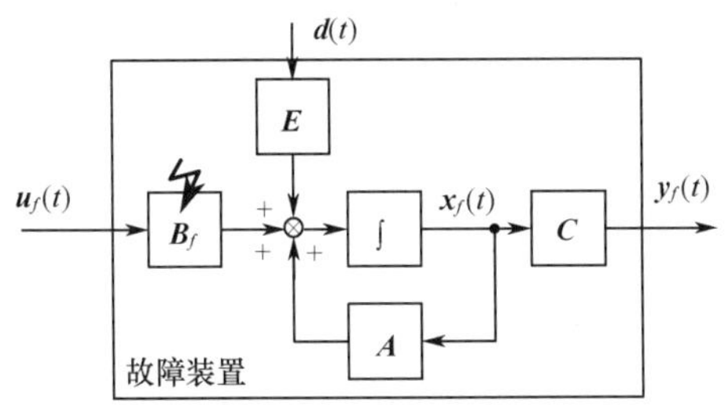

图 8－20　执行器故障模型

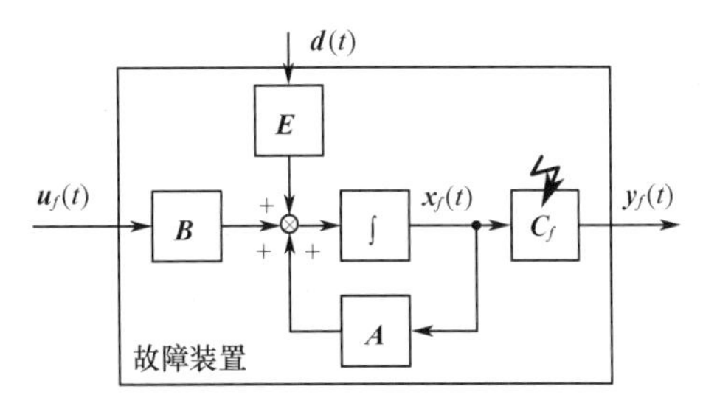

图 8－21　传感器故障模型

3. 重构模块

根据原控制目标的要求,可重新建立重构控制器,但是重构的思想是建立在已有控制结构之上,标称控制器可作为重构控制器的结构基础。

与标称控制器相比,在故障装置中使用的是不同的控制输入和输出变量,对于重构模块,控制信号不仅受到故障约束,而且还包含标称控制器未使用的控制信号,这意味着输入矢量 $\boldsymbol{u}(t)$ 包含所有的执行器信号,输出矢量 $\boldsymbol{y}(t)$ 包含所有可用的测量值。

控制回路结构如图 8－22 所示。标称控制器仍是重构控制回路中的一部分,只是“重构模块”加到标称控制器和故障装置之间与标称控制器共同组成重构控制器。

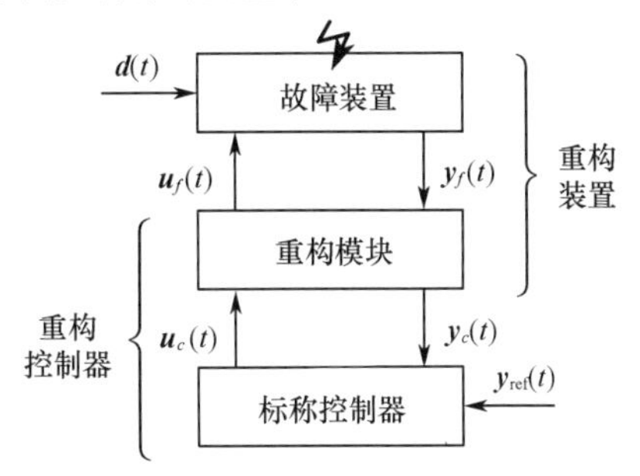

图 8－22　重构控制回路

标称控制器在重构回路中具有与标称控制回路中相同的行为,数字模型如下所示:

$$\begin{cases}\dot{\boldsymbol{x}}_c(t)=f_c(\boldsymbol{x}_c(t),\boldsymbol{y}_c(t),\boldsymbol{y}_{\mathrm{ref}}(t))\\ \boldsymbol{u}_c(t)=g_c(\boldsymbol{x}_c(t),\boldsymbol{y}_c(t),\boldsymbol{y}_{\mathrm{ref}}(t))\\ \boldsymbol{x}_c(0)=\boldsymbol{x}_{c0}\end{cases}\tag{8-5}$$

重构模块是具有两个输入 $\boldsymbol{y}_f(t)$ 和 $\boldsymbol{u}_c(t)$,两个输出 $\boldsymbol{y}_c(t)$ 和 $\boldsymbol{u}_f(t)$ 的动态系统,具有以下状态空间模型:

$$\begin{pmatrix}\dot{\boldsymbol{x}}_r(t)\\ \boldsymbol{y}_c(t)\\ \boldsymbol{u}_f(t)\end{pmatrix}=f_r(\boldsymbol{x}_r(t),\boldsymbol{u}_c(t),\boldsymbol{y}_f(t))\tag{8-6}$$

$$\boldsymbol{x}_r(0)=\boldsymbol{x}_{r0}\tag{8-7}$$

式中:$\boldsymbol{x}_r(t)\in\mathbf{R}^n$ 为重构状态矢量;$\boldsymbol{x}_{r0}$ 为重构初始状态矢量;系统函数 f_r 需通过重构算法来建立。

为了进一步分析,给出两个定义,定义 1:将重构模块作为标称控制器的扩展,两者共同组成“重构控制器”。定义 2:将重构模块与故障装置放在一起得到的子系统称作“重构装置”。

4. 重构目标

重构力争在故障情况下恢复系统的主要功能。为此,重构目标依赖于标称控制器的控制目标。通过比较重构控制回路与标称控制回路的行为来确定重构目标。标称控制回路由标称装置模型和标称控制器模型组成。重构控制回路由故障装置、重构模块和标称控制器组成。如图 8-23 所示。

重构控制回路的控制目标如下:

(1) 稳定目标:恢复控制回路的稳定性,是重构最基本目标。

(2) 弱重构目标:恢复平衡状态。

(3) 强重构目标:恢复系统的动态行为。

(4) 直接重构目标:恢复装置的状态轨迹。

(5) 故障隐藏目标:从控制器观点隐藏故障。

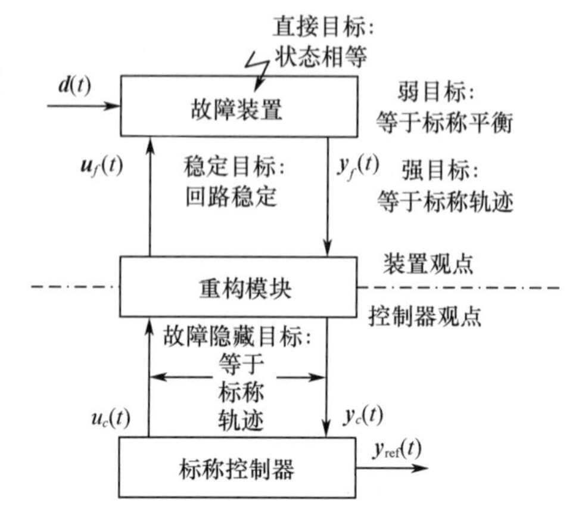

图 8-23 重构控制回路目标

【定义 8.1】稳定目标。

当且仅当重构回路中故障装置的所有状态变量是有界的,则重构控制回路是稳定的。若 $\boldsymbol{x}_f$ 表示装置的状态变量,定义

$$|\boldsymbol{x}_f|_\infty = \max_{i,t\geqslant 0}\boldsymbol{x}_{fi}(t) \tag{8-8}$$

要求

$$\forall \varepsilon\in\mathbf{R}^+, \exists\delta\in\mathbf{R}^+: |\boldsymbol{d}|_\infty, |\boldsymbol{y}_{\mathrm{ref}}|_\infty<\delta\rightarrow|\boldsymbol{x}_f|_\infty, |\boldsymbol{u}_f|_\infty<\varepsilon$$

【定义 8.2】弱重构目标。

对于 $\boldsymbol{d}(t)$、$\boldsymbol{y}_{\mathrm{ref}}(t)$ 以及初始状态 $\boldsymbol{x}_0$,当且仅当故障装置的外部输出 $\boldsymbol{y}_f(t)$ 收敛于标称装置的输出 $\boldsymbol{y}(t)$,即

$$\lim_{t\to\infty}\boldsymbol{y}(t)-\boldsymbol{y}_f(t)=0 \tag{8-9}$$

则重构控制回路满足弱重构目标。

【定义 8.3】强重构目标。

对于 $\boldsymbol{d}(t)$、$\boldsymbol{y}_{\mathrm{ref}}(t)$,以及初始状态 $\boldsymbol{x}_0$,当且仅当故障装置的外部输出 $\boldsymbol{y}_f(t)$ 等于标称装置的输出 $\boldsymbol{y}(t)$,即

$$\forall t\in\mathbf{R}^+:\boldsymbol{y}(t)=\boldsymbol{y}_f(t) \tag{8-10}$$

则重构控制回路满足强重构目标。

【定义 8.4】直接重构目标。

对于 $\boldsymbol{d}(t)$、$\boldsymbol{y}_{\mathrm{ref}}(t)$,以及初始状态 $\boldsymbol{x}_0$,当且仅当故障装置的状态 $\boldsymbol{x}_f(t)$ 等于标称控制回路中标称装置的状态轨迹,即

$$\forall t\in\mathbf{R}^+:\boldsymbol{x}(t)=\boldsymbol{x}_f(t) \tag{8-11}$$

则重构控制回路满足直接重构目标。

【定义 8.5】故障隐藏目标。

对于相同 $\boldsymbol{y}_{\mathrm{ref}}(t)$ 以及相同的初始状态 $\boldsymbol{x}_0$,当且仅当重构模块的输出 $\boldsymbol{y}_c(t)$ 与标称装置的输出 $\boldsymbol{y}(t)$ 相等,即

$$\forall t\in\mathbf{R}^+:\boldsymbol{y}(t)=\boldsymbol{y}_c(t) \tag{8-12}$$

则重构控制回路满足故障隐藏目标。

外界扰动 $\boldsymbol{d}(t)$ 在这个目标中假设为零，如果标称装置和重构装置具有相同的输入/输出行为，那么故障隐藏目标是满足的。目标一起提出。

如果故障隐藏目标是满足的，重构解决方案是独立于控制器的，重构装置具有与标称装置相同的行为，任何适合于标称装置的控制器都可镇定重构装置。因此，可在不了解原控制器信息的情况下进行重构。

5. 故障建模

（1）传感器故障。就传感器故障来说，故障装置 $\boldsymbol{S}_f(\boldsymbol{A},\boldsymbol{B},\boldsymbol{C}_f)$ 的输出矩阵 $\boldsymbol{C}_f$ 不同于标称装置 $\boldsymbol{S}(\boldsymbol{A},\boldsymbol{B},\boldsymbol{C})$ 的输出矩阵 $\boldsymbol{C}$。例如，对传感器失效的建模通过将矩阵 $\boldsymbol{C}_f$ 中对应“行”矢量设为零，使得对应输出变量独立于系统状态来实现。因此，$\boldsymbol{C}_f$ 的秩将小于 $\boldsymbol{C}$ 的秩。装置模型中的其他系统矩阵相同。故障装置模型为

$$\begin{cases}\dot{\boldsymbol{x}}_f(t)=\boldsymbol{A}\boldsymbol{x}_f(t)+\boldsymbol{B}\boldsymbol{u}_f(t)+\boldsymbol{E}\boldsymbol{d}(t)\\ \boldsymbol{y}_f(t)=\boldsymbol{C}_f\boldsymbol{x}_f(t)\\ \boldsymbol{x}_f(0)=\boldsymbol{x}_0\end{cases} \tag{8-13}$$

传感器故障可影响装置的可观性。为了排除不可重构的情况，假设 $(\boldsymbol{A}^{\mathrm{T}},\boldsymbol{C}_f^{\mathrm{T}})$ 的不可观极点在 C_g 内。这意味着故障装置通过 $\boldsymbol{y}_f(t)$ 是可检测的。

（2）执行器故障。在执行器故障的重构问题中受到故障影响的是输入矩阵 $\boldsymbol{B}$。例如，某个执行器卡住，将不再对装置有任何作用。故障通过将矩阵 $\boldsymbol{B}_f$ 中对应“列”矢量设为零来建模。这意味着输入变量可取任意值，但不再对系统有任何影响。故障装置定义为

$$\begin{cases}\dot{\boldsymbol{x}}_f(t)=\boldsymbol{A}\boldsymbol{x}_f(t)+\boldsymbol{B}_f\boldsymbol{u}_f(t)+\boldsymbol{E}\boldsymbol{d}(t)\\ \boldsymbol{y}_f(t)=\boldsymbol{C}\boldsymbol{x}_f(t)\\ \boldsymbol{x}_f(0)=\boldsymbol{x}_0\end{cases} \tag{8-14}$$

由于故障的原因，装置的可控性将受到影响。为了实现重构，假设 $(\boldsymbol{A},\boldsymbol{B}_f)$ 的不可控极点在 C_g 内。

8.4.2 虚拟传感器重构设计

1. 传感器故障重构原理

当传感器发生故障时，可用观测器估计系统状态，虚拟传感器可作为重构模块，使得重构后的系统等价于标称系统。如果故障系统是可观测的，那么就能够保证重构回路的稳定性。

由于 $\boldsymbol{y}_f(t)$ 不能被标称控制器使用，可通过 $\boldsymbol{y}_f(t)$ 和 $\boldsymbol{u}_f(t)$ 建立重构模块产生适合的信号 $\boldsymbol{y}_c(t)$ 输入到标称控制器中，如图 8－24 所示。通常要求设计的控制回路是稳定的，所有极点在设计集合 C_g 内，根据“故障隐藏目标”。要求，保证重构装置输出等于标称装置输出。

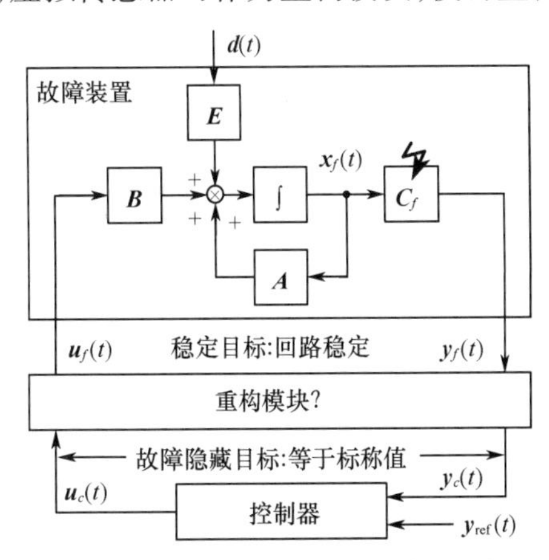

图 8－24　传感器故障的重构问题

2. 虚拟传感器设计

通过结合故障装置与标称装置的模型，可得到如下系统：

$$\begin{cases}\dot{\boldsymbol{x}}_f(t)=\boldsymbol{A}\boldsymbol{x}_f(t)+\boldsymbol{B}\boldsymbol{u}_f(t)+\boldsymbol{E}\boldsymbol{d}(t)\\ \dot{\boldsymbol{x}}(t)=\boldsymbol{A}\boldsymbol{x}(t)+\boldsymbol{B}\boldsymbol{u}_c(t)+\boldsymbol{E}\boldsymbol{d}(t)\\ \boldsymbol{y}_c(t)=\boldsymbol{C}\boldsymbol{x}(t)\\ \boldsymbol{x}_f(0)=\boldsymbol{x}(0)=\boldsymbol{x}_0\end{cases} \tag{8-15}$$

如果装置是稳定的，则这个模型是满足故障隐藏目标的，可是，对于不稳定装置，两个系统的状态轨迹将偏离，为了防止这种情况发生，在模型中增加反馈项以镇定 $\boldsymbol{x}(t)$ 与 $\boldsymbol{x}_f(t)$ 间的偏差。

状态 $\boldsymbol{x}_f(t)$ 是不可测量的，因此，通过估计值 $\hat{\boldsymbol{y}}_f(t)=\boldsymbol{C}_f\hat{\boldsymbol{x}}_f(t)$ 进行反馈，装置模型变为

$$\dot{\hat{\boldsymbol{x}}}_f(t)=\boldsymbol{A}\hat{\boldsymbol{x}}_f(t)+\boldsymbol{B}\boldsymbol{u}_c(t)+\boldsymbol{L}(\boldsymbol{y}_f(t)-\boldsymbol{C}_f\hat{\boldsymbol{x}}_f(t)) \tag{8-16}$$

式中：$\hat{\boldsymbol{x}}_f(t)\in\mathbf{R}^n$ 为状态估计值。

选取适当的参数 $\boldsymbol{L}^{\mathrm{T}}$ 用以稳定

$$(\boldsymbol{A}^{\mathrm{T}},\boldsymbol{C}_f^{\mathrm{T}}) \tag{8-17}$$

使得所有的极点在设计集合内：

$$\sigma(\boldsymbol{A}-\boldsymbol{L}\boldsymbol{C}_f)\subseteq C_g \tag{8-18}$$

得到的模块称为“虚拟传感器”，实现了满足稳定目标和故障隐藏目标的重构问题。如图8-25所示。

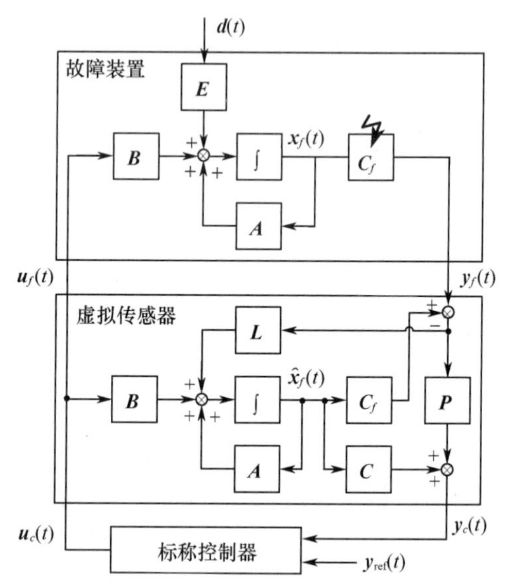

图8-25　利用虚拟传感器的重构

虚拟传感器由如下状态空间模型定义：

$$\begin{cases}\dot{\hat{\boldsymbol{x}}}_f(t)=\boldsymbol{A}_V\hat{\boldsymbol{x}}_f(t)+\boldsymbol{B}_V\boldsymbol{u}(t)+\boldsymbol{L}\boldsymbol{y}_f(t)\\ \boldsymbol{u}_f(t)=\boldsymbol{u}_c(t)\\ \boldsymbol{y}(t)=\boldsymbol{C}_V\hat{\boldsymbol{x}}_f(t)+\boldsymbol{P}\boldsymbol{y}_f(t)\\ \hat{\boldsymbol{x}}_f(0)=\boldsymbol{x}_{V0}\end{cases} \tag{8-19}$$

其中，

$$\boldsymbol{A}_V=\boldsymbol{A}-\boldsymbol{L}\boldsymbol{C}_f$$

$$\boldsymbol{B}_V=\boldsymbol{B}$$

$$\boldsymbol{C}_V=\boldsymbol{C}-\boldsymbol{P}\boldsymbol{C}_f$$

如果 $\sigma(\boldsymbol{A}-\boldsymbol{L}\boldsymbol{C}_f)\subseteq C_g$，则虚拟传感器满足传感器故障后的稳定目标，如果 $(\boldsymbol{A}^{\mathrm{T}},\boldsymbol{C}_f^{\mathrm{T}})$ 内所有不可观测极点在 C_g 内，则存在矩阵 L。

3. 虚拟传感器重构算法

根据上节的设计过程，可得到以下虚拟传感器重构算法：

已知标称装置 $\boldsymbol{S}(\boldsymbol{A},\boldsymbol{B},\boldsymbol{C})$ 模型和故障装置 $\boldsymbol{S}_f(\boldsymbol{A},\boldsymbol{B},\boldsymbol{C}_f)$ 模型，设计满足稳定目标的重构模块，且保证标称控制回路的极点与故障装置的不可观测极点在 C_g 内。

步骤1：建立等价控制问题式(8-17)；

步骤2：利用控制器设计方法找出满足式(8-18)的矩阵 $\boldsymbol{L}$；

步骤3：将重构模块式(8-19)加入控制回路。

虚拟传感器设计的基本思想是 $\hat{\boldsymbol{x}}_f(t)$ 设法跟踪 $\boldsymbol{x}_f(t)$。可通过确定观测误差

$e(t)=\hat{x}_f(t)-x_f(t)$，以检验跟踪是否成功。引入偏差状态 $e(t)$，得到重构装置的变换模型：

$$\begin{pmatrix}\dot{x}_f(t)\\ \dot{e}(t)\end{pmatrix}=\begin{pmatrix}A & 0\\ 0 & A-LC_f\end{pmatrix}\begin{pmatrix}x_f(t)\\ e(t)\end{pmatrix}+\begin{pmatrix}B\\ 0\end{pmatrix}u_c(t)+\begin{pmatrix}E\\ -E\end{pmatrix}d(t) \tag{8-20}$$

$$y_c(t)=(C \quad C-PC_f)\begin{pmatrix}x_f(t)\\ e(t)\end{pmatrix} \tag{8-21}$$

$$\begin{pmatrix}x_f(0)\\ e(0)\end{pmatrix}=\begin{pmatrix}x_0\\ 0\end{pmatrix} \tag{8-22}$$

系统矩阵结构说明模型由两个独立解耦的子系统组成，如图8-26所示。状态 $x_f(t)$ 描述子系统等于标称装置，与标称装置具有相同的极点；误差状态 $e(f)$ 描述的子系统是自治且可锁定的，具有极点为 $\sigma(A-LC_f)$，由于极点是可镇定系统的，因此观测误差趋于零，且重构装置的所有值都趋于标称装置的相应值。且控制器和观测器可分别设计。

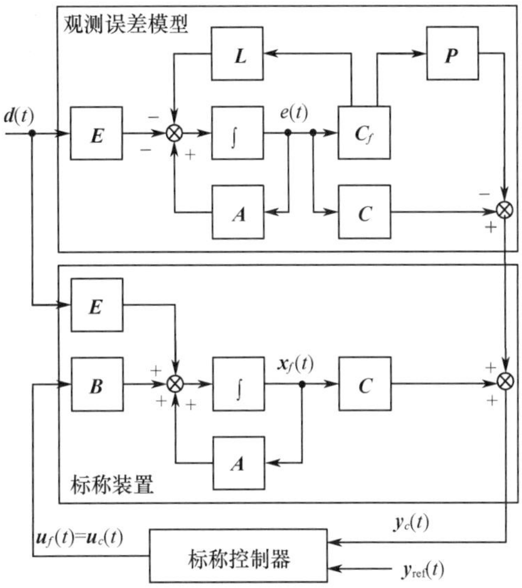

图8-26　带有虚拟传感器的重构系统分析

8.4.3　鲁棒滑模虚拟传感器设计

上节，针对线性系统给出了虚拟传感器重构设计方法，但在实际系统中，系统普遍存在非线性和不确定性，本节针对具有不确定的非线性系统进行虚拟传感器设计。

1. 鲁棒滑模虚拟传感器设计

不确定非线性系统如下：

$$\begin{cases}\dot{x}(t)=f(x,t)+Bu(t)+Ed(x,t)\\ y(t)=Cx(t)\\ x(0)=x_0\end{cases} \tag{8-23}$$

式中：$x(t)\in \mathbf{R}^{n_x}$、$u(t)\in \mathbf{R}^{n_u}$、$y(t)\in \mathbf{R}^{n_y}$ 和 x_0 分别为系统的状态矢量、输入矢量、输出矢量和初始状态矢量；$f(x,t)$ 为未知的非线性函数；$d(x,t)$ 为有界的非线性外界扰动矢量；B、C 和 E 为已知的输入矩阵、输出矩阵和扰动分布矩阵。

函数 $f(x,t)$ 可表示为：

$$f(x,t)=Ax(t)+\Delta f(x,t) \tag{8-24}$$

式中：A 为适当维数的实常数矩阵，描述了系统的名义模型，即忽略了模型不确定性和非线性后得到的系统模型；$\Delta f(x,t)$ 为系统模型中的非线性部分和未知的不确定部分，反映了模型不确定性的结构。

设所有的非线性和不确定部分以及外界扰动为：

$$F(x,t)=\Delta f(x,t)+Ed(x,t) \tag{8-25}$$

则

$$\dot{x}(t)=Ax(t)+Bu(t)+F(x,t) \tag{8-26}$$

设 $\rho(x,t)$ 为 $F(x,t)$ 的上界，则满足下式约束：

$$\| F(x,t) \| \leqslant \rho(x,t) \tag{8-27}$$

可得到传感器失效后的系统为

$$\begin{cases} \dot{\boldsymbol{x}}_f(t) = \boldsymbol{A}\boldsymbol{x}_f(t) + \boldsymbol{B}\boldsymbol{u}_f(t) + \boldsymbol{F}(x_f,t) \\ \boldsymbol{y}_f(t) = \boldsymbol{C}_f\boldsymbol{x}_f(t) \\ \boldsymbol{x}_f(0) = \boldsymbol{x}_{f0} \end{cases} \tag{8-28}$$

在虚拟传感器的设计基础上，加入滑模项，使系统具有鲁棒性，得到的鲁棒滑模虚拟传感器模型如下：

$$\begin{cases} \dot{\hat{\boldsymbol{x}}}_f(t) = \boldsymbol{A}_V\hat{\boldsymbol{x}}_f(t) + \boldsymbol{B}_V\boldsymbol{u}(t) + \boldsymbol{L}\boldsymbol{y}_f(t) + \boldsymbol{B}_V\boldsymbol{v} \\ \boldsymbol{u}_f(t) = \boldsymbol{u}(t) \\ \boldsymbol{y}(t) = \boldsymbol{C}_V\hat{\boldsymbol{x}}_f(t) + \boldsymbol{P}\boldsymbol{y}_f(t) \\ \hat{\boldsymbol{x}}_f(0) = \boldsymbol{x}_{V0} \end{cases} \tag{8-29}$$

式中：

$$\boldsymbol{A}_V = \boldsymbol{A} - \boldsymbol{L}\boldsymbol{C}_f$$

$$\boldsymbol{B}_V = \boldsymbol{B}$$

$$\boldsymbol{C}_V = \boldsymbol{C} - \boldsymbol{P}\boldsymbol{C}_f$$

令

$$e(f) = \hat{\boldsymbol{x}}_f(t) - x_f(t) \tag{8-30}$$

得到关于状态偏差方程：

$$\dot{\boldsymbol{e}}(t) = \boldsymbol{A}_V\boldsymbol{e}(t) - \boldsymbol{F}(x_f,t) + \boldsymbol{B}\boldsymbol{v} \tag{8-31}$$

采用如下的线性滑模：

$$\boldsymbol{s} = \boldsymbol{N}e = \boldsymbol{F}_e\boldsymbol{C}_f\, e = \boldsymbol{F}_e(\boldsymbol{C}_f\,\hat{\boldsymbol{x}}_f - \boldsymbol{y}_f) \tag{8-32}$$

式中，$\boldsymbol{N} \in \mathbf{R}^{n\times n}$，$\boldsymbol{F}_e \in \mathbf{R}^{n\times n}$。

滑动模块的设计归结为参数矩阵 $\boldsymbol{F}_e$的设计，鲁棒滑模虚拟传感器中的滑模策略 $\boldsymbol{v}$ 设计如下：

$$\boldsymbol{v} = \begin{cases} -\dfrac{(\boldsymbol{s}^{\mathrm{T}}\boldsymbol{N}\boldsymbol{B}_V)^{\mathrm{T}}}{\| \boldsymbol{s}^{\mathrm{T}}\boldsymbol{N}\boldsymbol{B}_V \|^2}\left(\boldsymbol{\rho} \| \boldsymbol{s} \| \; \| \boldsymbol{N} \| + \eta\left(\dfrac{1}{2}\right)^{\beta} \| \boldsymbol{s} \|^{2\beta}\right), & \| \boldsymbol{s}^{\mathrm{T}}\boldsymbol{N}\boldsymbol{B}_V \| \neq 0 \\ 0, & \| \boldsymbol{s}^{\mathrm{T}}\boldsymbol{N}\boldsymbol{B}_V \| = 0 \end{cases} \tag{8-33}$$

式中，$\beta > 0$，$0 < \eta < 1$。

鲁棒滑模虚拟传感器结构如图 8-27 所示。

为了便于分析，令 $\boldsymbol{e} = [\boldsymbol{e}_1, \boldsymbol{e}_2]^{\mathrm{T}}$，则

$$\begin{cases} \dot{\boldsymbol{e}}_1(t) = \boldsymbol{A}_{V11}\boldsymbol{e}_1(t) + \boldsymbol{A}_{V12}\boldsymbol{e}_2(t) \\ \dot{\boldsymbol{e}}_2(t) = \boldsymbol{A}_{V21}\boldsymbol{e}_1(t) + \boldsymbol{A}_{V22}\boldsymbol{e}_2(t) - \\ \qquad \boldsymbol{F}(x_f,t) + \boldsymbol{B}_2\boldsymbol{v} \end{cases} \tag{8-34}$$

式中

$$A_V=\begin{bmatrix}A_{V11} & A_{V12}\\ A_{V21} & A_{V22}\end{bmatrix},B=\begin{bmatrix}0\\ B_2\end{bmatrix},$$

$$A_{V11}\in\mathbf{R}^{(n_x-n_u)\times(n_x-n_u)},\quad A_{V12}\in\mathbf{R}^{(n_x-n_u)\times n_u}$$
$$A_{V21}\in\mathbf{R}^{n_u\times(n_x-n_u)},\quad A_{V22}\in\mathbf{R}^{n_u\times n_u}$$

将线性滑模写成如下形式：

$$s=N_1e_1+N_2e_2 \tag{8-35}$$

式中

$N=[N_1,N_2]$，$N_1\in\mathbf{R}^{n_u\times(n_x-n_u)}$，$N_2\in\mathbf{R}^{n_u\times n_u}$。

当状态偏差系统状态处于滑模面上时，有 $s=N_1e_1+N_2e_2=0$，由式(8-35)得

$$e_2=-N_2^{-1}N_1e_1 \tag{8-36}$$

将式(8-36)代入式(8-31)，得

$$\dot{e}_1=(A_{V11}-A_{V12}N_2^{-1}N_1)e_1 \tag{8-37}$$

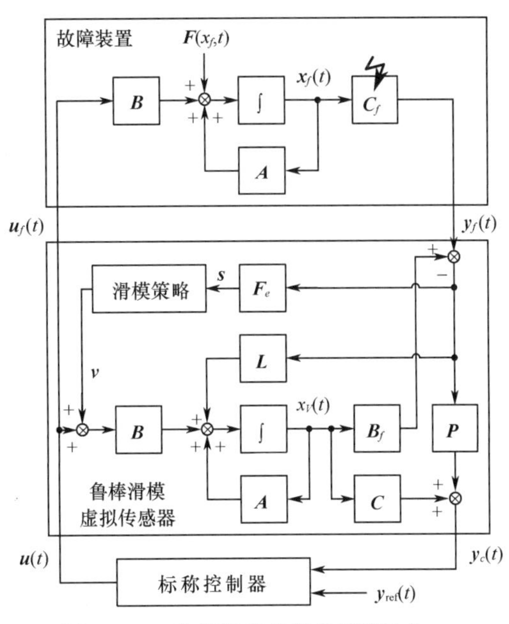

图 8-27　鲁棒滑模虚拟传感器结构

定义矩阵：

$$A_S=0.5(N^{\mathrm{T}}NA_V+A_V^{\mathrm{T}}N^{\mathrm{T}}N) \tag{8-38}$$

根据上一节虚拟传感器重构算法，可求解参数矩阵 L，使得 A_V 为 Hurwitz 矩阵（即 $\sigma(A_V)\subseteq C_g$）；设计滑模参数矩阵 N，使得 $(A_{V11}-A_{V12}N_2^{-1}N_1)$ 也为 Hurwitz 矩阵，即偏差在到达滑模 $s=0$ 后将渐近收敛至平衡点 $e=0$，且 A_S 的最大特征值非正（即 $\lambda_{\max}(A_S)\leqslant 0$），则鲁棒滑模虚拟传感器对故障系统的非线性不确定性部分具有鲁棒性，可以渐近估计出系统式(8-28)的状态。

2. 稳定性分析

如果滑模虚拟传感器的状态 $\hat{x}_f(t)$ 能很好地跟踪系统状态 $x_f(t)$，即关于跟踪误差 $e(t)$ 的偏差系统是可镇定的，那么根据虚拟传感器的设计原理，就可以得到整个重构回路的稳定性结论。

为了证明偏差系统的稳定性，提出李雅普诺夫函数：

$$V=\frac{1}{2}s^{\mathrm{T}}s=\frac{1}{2}e^{\mathrm{T}}N^{\mathrm{T}}Ne \tag{8-39}$$

因此得到 V 的一阶导数为

$$\begin{aligned}\dot{V}&=s^{\mathrm{T}}\dot{s}\\&=e^{\mathrm{T}}N^{\mathrm{T}}N\dot{e}\\&=e^{\mathrm{T}}N^{\mathrm{T}}N(A_Ve-F+Bv)\\&=2^{-1}e^{\mathrm{T}}(N^{\mathrm{T}}NA_V+A_V^{\mathrm{T}}N^{\mathrm{T}}N)e-s^{\mathrm{T}}NF+s^{\mathrm{T}}NBv\end{aligned} \tag{8-40}$$

根据滑模参数矩阵 N 的设计，可得

$$\begin{aligned}\dot{V}&\leqslant\lambda_{\max}(A_S)\|e\|^2-s^{\mathrm{T}}NF+s^{\mathrm{T}}NBv\\&\leqslant\|s\|\ \|N\|\ \|F\|-(\rho\|s\|\ \|N\|+\eta(2^{-1})^{\beta}\|s\|^{2\beta})\end{aligned} \tag{8-41}$$

由式(8-27),得

$$\dot{V}\leqslant -\eta 2^{-\beta}\|\boldsymbol{s}\|^{2\beta}\leqslant -\eta V^{\beta}<0 \tag{8-42}$$

综上所述,通过合理设计参数矩阵 $\boldsymbol{N}$,$\dot{V}<0$ 是始终满足的,根据李雅普诺夫稳定性理论,可证明关于跟踪误差 $\boldsymbol{e}(t)$ 的状态偏差系统是可镇定的,进而证明鲁棒滑模虚拟传感器是可以满足稳定目标的,且鲁棒滑模虚拟传感器对系统的非线性不确定部分具有鲁棒性。

8.4.4 基于鲁棒滑模虚拟传感器的容错控制设计

一阶马尔科夫模型来描述风、流、二阶波浪漂移力和未建模动态:

$$\dot{\boldsymbol{b}}=-\boldsymbol{T}_b^{-1}\boldsymbol{b}+\boldsymbol{E}_b\boldsymbol{\omega}_b \tag{8-43}$$

式中:$\boldsymbol{b}\in\mathbf{R}^3$ 为环境载荷作用力和力矩;$\boldsymbol{\omega}_b\in\mathbf{R}^3$ 为零均值高斯白噪声矢量;$\boldsymbol{T}_b\in\mathbf{R}^{3\times3}$ 为偏差时间常数的对角阵;$\boldsymbol{E}_b\in\mathbf{R}^{3\times3}$ 为 $\boldsymbol{\omega}_b$ 的幅值比例系数对角阵。

1. 动力定位船舶标称模型

根据前文给出的动力定位船高低频数学模型,可得到标称模型:

$$\begin{cases}\dot{\boldsymbol{\xi}}=\boldsymbol{A}_\omega\boldsymbol{\xi}\\ \boldsymbol{\eta}_\omega=\boldsymbol{C}_\omega\boldsymbol{\xi}\\ \dot{\boldsymbol{\eta}}=k(\psi)\\ \boldsymbol{M}\dot{\boldsymbol{v}}+\boldsymbol{D}\boldsymbol{v}=\boldsymbol{T}(\alpha)\boldsymbol{K}\boldsymbol{u}+R^{\mathrm{T}}(\psi)\\ \boldsymbol{y}=\boldsymbol{C}'(\boldsymbol{\eta}+\boldsymbol{\eta}_\omega)\end{cases} \tag{8-44}$$

式中:$\boldsymbol{C}'=\boldsymbol{I}_{3\times3}$。由于 ω_ω 相对 η_ω 可忽略,因此假设 $\omega_\omega=0$。

标称模型的状态空间形式可表示为

$$\begin{cases}\dot{\boldsymbol{x}}(t)=\boldsymbol{A}\boldsymbol{x}(t)+\boldsymbol{B}\boldsymbol{u}(t)+\boldsymbol{F}(x,t)\\ \boldsymbol{y}(t)=\boldsymbol{C}\boldsymbol{x}(t)\end{cases} \tag{8-45}$$

其中,状态变量 $\boldsymbol{x}=[\boldsymbol{\xi}^{\mathrm{T}},\boldsymbol{\eta}^{\mathrm{T}},\boldsymbol{v}^{\mathrm{T}}]^{\mathrm{T}}$;$\boldsymbol{F}(x,t)$ 表示标称模型中所有的不确定部分,以及外界扰动。

方程中的相应矩阵为

$$\boldsymbol{A}=\begin{bmatrix}\boldsymbol{A}_{11} & \boldsymbol{A}_{12}\\ \boldsymbol{A}_{21} & \boldsymbol{A}_{22}\end{bmatrix},\boldsymbol{A}_{11}=\boldsymbol{A}_\omega,\boldsymbol{A}_{22}=\begin{bmatrix}\boldsymbol{0} & \boldsymbol{J}(y_{f3})\\ \boldsymbol{0} & -\boldsymbol{M}^{-1}\boldsymbol{D}\end{bmatrix},\boldsymbol{A}_{12}=\boldsymbol{A}_{21}=\boldsymbol{0}_{6\times6};$$

$$\boldsymbol{B}=\begin{bmatrix}B_1\\ B_2\\ B_3\end{bmatrix},\boldsymbol{B}_1=\boldsymbol{0}_{6\times6},\boldsymbol{B}_2=\boldsymbol{0}_{3\times6},\boldsymbol{B}_3=\boldsymbol{M}^{-1}\boldsymbol{T}(\alpha)\boldsymbol{K};$$

$$\boldsymbol{C}=[\boldsymbol{C}_1\quad \boldsymbol{C}_2\quad \boldsymbol{C}_3],\boldsymbol{C}_1=\boldsymbol{C}_\omega,\boldsymbol{C}_2=\boldsymbol{I}_{3\times3},\boldsymbol{C}_3=\boldsymbol{0}_{3\times3}$$

2. 传感器故障动力定位船舶模型

根据动力定位船舶数学模型的描述以及传感器故障的装置模型命名形式,可得传感器故障船舶模型为

$$\begin{cases}\dot{\boldsymbol{\xi}}=\boldsymbol{A}_{\omega}\xi\\ \boldsymbol{\eta}_{\omega}=\boldsymbol{C}_{\omega}\boldsymbol{\xi}\\ \dot{\boldsymbol{\eta}}_{f}=R(\psi)\\ \boldsymbol{M}\dot{\boldsymbol{v}}_{f}+\boldsymbol{D}\boldsymbol{v}_{f}=\boldsymbol{T}(\alpha)\boldsymbol{K}\boldsymbol{u}_{f}+R^{\mathrm{T}}(\psi)\boldsymbol{b}\\ \boldsymbol{y}_{f}=\boldsymbol{C}_{f}'(\boldsymbol{\eta}_{f}+\boldsymbol{\eta}_{\omega f})\end{cases}\tag{8-46}$$

式中：$\boldsymbol{C}_f'$为故障传感器对应“行”为零的 $\boldsymbol{C}'$矩阵。

得到的传感器故障船舶模型的状态空间形式可表示为

$$\begin{cases}\dot{\boldsymbol{x}}_{f}(t)=\boldsymbol{A}\boldsymbol{x}_{f}(t)+\boldsymbol{B}\boldsymbol{u}_{f}(t)+\boldsymbol{F}(x_{f},t)\\ \boldsymbol{y}_{f}(t)=\boldsymbol{C}_{f}\boldsymbol{x}_{f}(t)\end{cases}\tag{8-47}$$

其中，状态变量 $\boldsymbol{x}_f=[\boldsymbol{\xi}^{\mathrm{T}},\boldsymbol{\eta}_f^{\mathrm{T}},\boldsymbol{v}_f^{\mathrm{T}}]^{\mathrm{T}}$；$\boldsymbol{F}(x_f,t)$表示故障模型中所有的非线性和不确定部分，以及外界扰动。

鲁棒滑模虚拟传感器设计如下：

$$\begin{cases}\dot{\hat{\boldsymbol{x}}}_{f}(t)=\boldsymbol{A}_{V}\hat{\boldsymbol{x}}_{f}(t)+\boldsymbol{B}_{V}\boldsymbol{u}(t)+\boldsymbol{L}\boldsymbol{y}_{f}(t)+\boldsymbol{B}_{V}\boldsymbol{v}\\ \boldsymbol{v}=\begin{cases}-\dfrac{(\boldsymbol{s}^{\mathrm{T}}\boldsymbol{N}\boldsymbol{B}_{V})^{\mathrm{T}}}{\|\boldsymbol{s}^{\mathrm{T}}\boldsymbol{N}\boldsymbol{B}_{V}\|^{2}}\left(\rho\|\boldsymbol{s}\|\ \|\boldsymbol{N}\|+\eta\left(\dfrac{1}{2}\right)^{\beta}\|\boldsymbol{s}\|^{2\beta}\right), & \|\boldsymbol{s}^{\mathrm{T}}\boldsymbol{N}\boldsymbol{B}_{V}\|\neq 0\\ 0, & \|\boldsymbol{s}^{\mathrm{T}}\boldsymbol{N}\boldsymbol{B}_{V}\|=0\end{cases}\\ \boldsymbol{s}=\boldsymbol{N}\boldsymbol{e}=\boldsymbol{F}_{e}\boldsymbol{C}_{f}\boldsymbol{e}=\boldsymbol{F}_{e}(\boldsymbol{C}_{f}\hat{\boldsymbol{x}}_{f}-\boldsymbol{y}_{f})\\ \boldsymbol{u}_{f}(t)=\boldsymbol{u}(t)\\ \boldsymbol{y}(t)=\boldsymbol{C}_{V}\hat{\boldsymbol{x}}_{f}(t)+\boldsymbol{P}\boldsymbol{y}_{f}(t)\\ \hat{\boldsymbol{x}}_{f}(0)=\boldsymbol{x}_{V0}\end{cases}\tag{8-48}$$

其中，虚拟传感器状态变量$\hat{\boldsymbol{x}}_f=[\boldsymbol{\xi}_f^{\mathrm{T}},\hat{\boldsymbol{\eta}}_f^{\mathrm{T}},\hat{\boldsymbol{v}}_f^{\mathrm{T}}]^{\mathrm{T}}$，方程中矩阵为

$$\boldsymbol{A}_V=\boldsymbol{A}-\boldsymbol{L}\boldsymbol{C}_f$$

$$\boldsymbol{B}_V=\boldsymbol{B}$$

$$\boldsymbol{C}_V=\boldsymbol{C}-\boldsymbol{P}\boldsymbol{C}_f$$

$$\boldsymbol{L}=\begin{bmatrix}\boldsymbol{L}_1\\ \boldsymbol{L}_2\\ \boldsymbol{L}_3\end{bmatrix},\boldsymbol{L}_1=\begin{bmatrix}\mathrm{diag}\{\boldsymbol{L}_{11},\boldsymbol{L}_{12},\boldsymbol{L}_{13}\}\\ \mathrm{diag}\{\boldsymbol{L}_{14},\boldsymbol{L}_{15},\boldsymbol{L}_{16}\}\end{bmatrix}$$

$$\boldsymbol{L}_2=\mathrm{diag}\{\boldsymbol{L}_{21},\boldsymbol{L}_{22},\boldsymbol{L}_{23}\},\boldsymbol{L}_3=\mathrm{diag}\{\boldsymbol{L}_{31},\boldsymbol{L}_{32},\boldsymbol{L}_{33}\}$$

具体结构如图 8－28 传感器故障动力定位船舶鲁棒滑模虚拟传感器所示。

8.4.5　仿真案例

仿真案例中船舶尺度参数如表 8－1 所列。

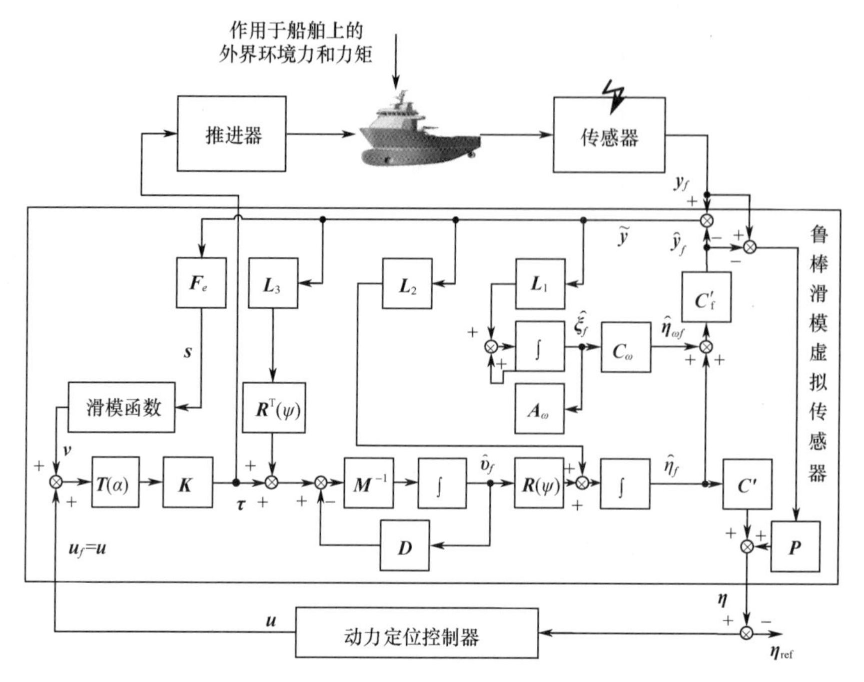

图 8－28 传感器故障动力定位船舶鲁棒滑模虚拟传感器

表 8－1 船体主尺度

船舶总长 L_{0a}/m	80.83	满载排水量/t	5533.00
船宽 B/m	17.90	空载排水量/t	3595.30
型深 D/m	8.00	横投影面积 A_x/m^2	330.90
设计吃水 d/m	6.90	侧投影面积 A_y/m^2	874.80

海况设定：风速 10m/s，风向 30°，流速 1kn，流向 15°，有义波高 2.2m。

起始位置：$\boldsymbol{\eta}_0=[0,0,0]^{\mathrm{T}}$。

目标位置：$\boldsymbol{\eta}_{\mathrm{ref}}=[10,10,5]^{\mathrm{T}}$。

仿真过程包括三个阶段：正常运行阶段、故障发生阶段和容错控制阶段。

传感器失效故障建模是通过将矩阵 $\boldsymbol{C}_f$ 中的对应“行”矢量设为零来实现的。本节以电罗经失效故障为例，进行仿真验证。

电罗经用于测量船舶位置中的艏向信息，电罗经失效故障可通过将矩阵 $\boldsymbol{C}_f$ 中的第三行矢量设为零来实现，即

$$\boldsymbol{C}_f=\begin{bmatrix}0&0&0&1&0&0&1&0&0&0&0&0\\0&0&0&0&1&0&0&1&0&0&0&0\\0&0&0&0&0&0&0&0&0&0&0&0\end{bmatrix}$$

电罗经失效故障的船舶动力定位仿真结果如图 8－29 和图 8－30 所示。

试验开始后，0～150s 为正常运行阶段，试验船完成从初始位置到目标位置的定位过程，并进行位置保持。电罗经传感器完全失效故障发生在 150s，根据故障诊断的结果，在 155s 时，控制回路采用鲁棒滑模虚拟传感器进行容错控制。图中虚线为未进行容错控制的仿真结果。

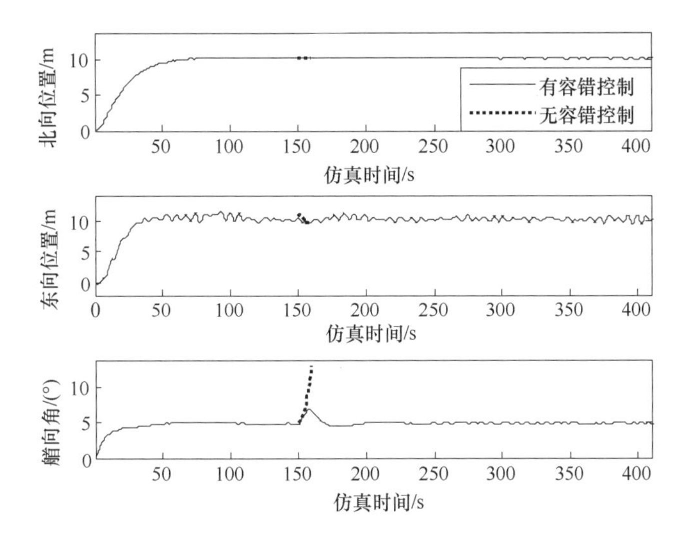

图 8-29　电罗经失效后三个自由度上的船舶位置

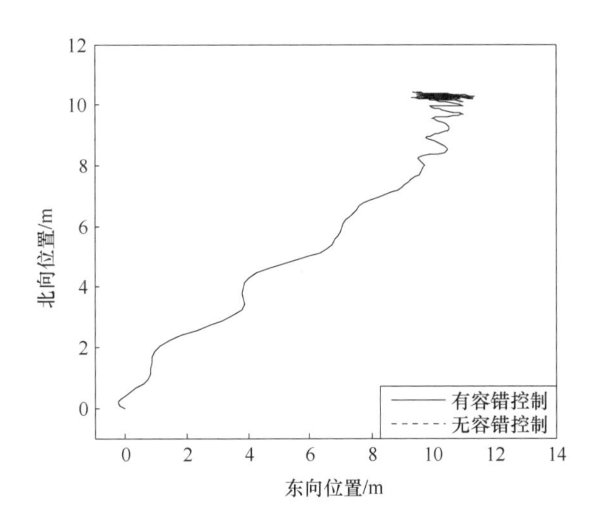

图 8-30　电罗经失效后北-东坐标系下的船舶位置

图 8-15～图 8-16 仿真结果表明，电罗经传感器失效故障主要影响船舶艏向位置，船舶根据错误测量值逐渐驶离目标艏向而跟踪错误的目标艏向，因此，船舶无法达到定位要求；而采用容错控制后，通过利用正常工作传感器（位置参考系统测量的位置信息）的信号重构出故障传感器的信号，在原控制器参数不变的前提下，保持故障下动力定位系统控制性能，在有限时间内达到定位的性能要求。

8.5　基于鲁棒自适应滑模虚拟执行器的容错控制方法

当系统发生严重故障，甚至是完全失效时，系统中标称控制器将无法保证系统的正常运行。为了恢复正常运行，必须采用一套不同的控制信号以完成控制任务。一旦选择了新的控制结构，就必须找到新的控制器参数，但是控制器的设计是一个长时间的调试、测试过程，因此在故障发生后，无法在线完成重新设计。

虚拟执行器控制重构的主要思想是针对执行器故障（甚至完全失效）情况，在故障到达装置输出前消除故障影响，在故障装置与标称控制器之间设置合适的模块重构被控对象，使得重构后的被控装置输出仍然保持正常装置的特征，而无须进行控制器的重新调整和重构，模块附加到标称控制器上组成重构后的容错控制器。由于该模块的作用与故障执行器一致，只是通过其他正常工作执行器的控制输入取代故障执行器的影响，因此该模块称为“虚拟执行器”。

8.5.1 虚拟执行器重构设计

1. 执行器故障重构原理

当执行器发生故障时，在标称控制器与故障装置之间设置一个重构模块，该模块的作用是利用标称控制器输出的控制信号，并将其转换为故障装置剩余执行器可用的控制信号，对故障装置进行控制。

根据稳定目标的要求，重构控制回路必须是稳定的，所有极点在指定的允许稳定界限 C_g 内。且根据“故障隐藏目标”要求标称控制器信号 $\boldsymbol{u}_c(t)$ 和 $\boldsymbol{y}_c(t)$ 不受故障影响，如图 8－31 所示目标。

2. 虚拟执行器设计

如图 8－32 所示，将故障隐藏目标应用于重构模块。如果重构装置与标称装置具有相同的输入/输出行为，则故障隐藏目标是满足的。此时，控制器没有受到故障影响。重构回路的稳定性依赖于重构装置的稳定性。

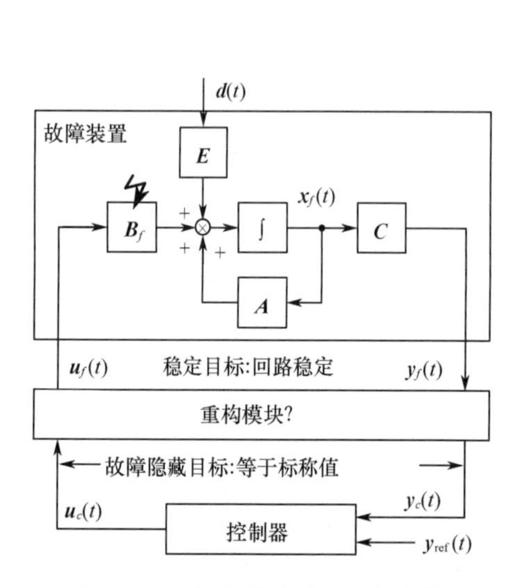

图 8－31 执行器故障的重构问题

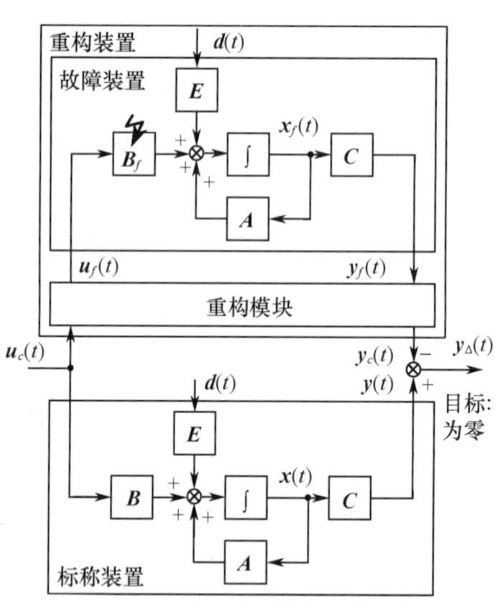

图 8－32 故障隐藏目标应用于重构模块

由于故障装置是未被镇定的，可加入基于 $\boldsymbol{x}_f(t)$ 的状态反馈来镇定故障装置。由于重构的思想是使故障装置像标称装置一样运行，将标称装置模型的状态作为参考。得到反馈控制律：

$$\boldsymbol{u}_f(t)=\boldsymbol{G}(\boldsymbol{x}(t)-\boldsymbol{x}_f(t))+\boldsymbol{H}\boldsymbol{u}_c(t) \tag{8-49}$$

式中：矩阵 $\boldsymbol{G}$ 用于稳定

$$(\boldsymbol{A},\boldsymbol{B}_f) \tag{8-50}$$

使得所有极点在设计集合内：

$$\sigma(\boldsymbol{A}-\boldsymbol{B}_f\boldsymbol{G})\in C_g \tag{8-51}$$

通过结合故障装置标称装置模型，及式(8-49)所显的控制律，可得到如下系统：

$$\begin{cases}\dot{\boldsymbol{x}}_f(t)=\boldsymbol{A}\boldsymbol{x}_f(t)+\boldsymbol{B}_f\boldsymbol{u}_f(t)+\boldsymbol{E}\boldsymbol{d}(t)\\ \dot{\boldsymbol{x}}(t)=\boldsymbol{A}\boldsymbol{x}(t)+\boldsymbol{B}\boldsymbol{u}_c(t)+\boldsymbol{E}\boldsymbol{d}(t)\\ \boldsymbol{y}_c(t)=\boldsymbol{C}\boldsymbol{x}(t)\\ \boldsymbol{u}_f(t)=\boldsymbol{G}(\boldsymbol{x}(t)-\boldsymbol{x}_f(t))+\boldsymbol{H}\boldsymbol{u}_c(t)\\ \boldsymbol{x}_f(0)=\boldsymbol{x}(0)=\boldsymbol{x}_0\end{cases} \tag{8-52}$$

由于反馈控制律同时依赖于标称模型状态 $x(t)$ 和故障装置状态 $x_f(t)$，且重构模块和故障装置具有相同的自治行为，因此引入状态偏差：

$$\boldsymbol{x}_\Delta(t)=\boldsymbol{x}(t)-\boldsymbol{x}_f(t) \tag{8-53}$$

得到系统如下（如图 8-33 利用虚拟执行器重构所示）：

$$\begin{cases}\dot{\boldsymbol{x}}_f(t)=\boldsymbol{A}\boldsymbol{x}_f(t)+\boldsymbol{B}_f\boldsymbol{u}_f(t)+\boldsymbol{E}\boldsymbol{d}(t)\\ \dot{\boldsymbol{x}}_\Delta(t)=\boldsymbol{A}\boldsymbol{x}_\Delta(t)+\boldsymbol{B}\boldsymbol{u}_c(t)-\boldsymbol{B}_f\boldsymbol{u}_f(t)\\ \boldsymbol{y}_c(t)=\boldsymbol{C}(x_f(t)+\boldsymbol{x}_\Delta(t))\\ \boldsymbol{u}_f(t)=\boldsymbol{G}\boldsymbol{x}_\Delta+\boldsymbol{H}\boldsymbol{u}_c(t)\\ \boldsymbol{x}_f(0)=\boldsymbol{x}_0\\ \boldsymbol{x}_\Delta(0)=0\end{cases} \tag{8-54}$$

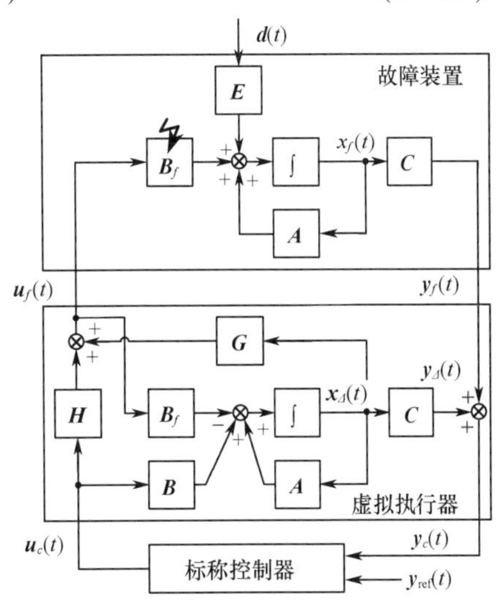

图 8-33　利用虚拟执行器重构

因为重构模块尝试创建与失效执行器一样的响应，因此，该重构模块称为“虚拟执行器”。虚拟执行器由如下状态空间模型定义：

$$\begin{cases}\dot{\boldsymbol{x}}_\Delta(t)=\boldsymbol{A}_\Delta\boldsymbol{x}_\Delta(t)+\boldsymbol{B}_\Delta\boldsymbol{u}_c(t)\\ \boldsymbol{u}_f(t)=\boldsymbol{G}\boldsymbol{x}_\Delta+\boldsymbol{H}\boldsymbol{u}_c(t)\\ \boldsymbol{y}_c(t)=\boldsymbol{C}\boldsymbol{x}_\Delta(t)+\boldsymbol{y}_f(t)\\ \boldsymbol{x}_\Delta(0)=0\end{cases} \tag{8-55}$$

其中

$$\boldsymbol{A}_\Delta=A-\boldsymbol{B}_f\boldsymbol{G}$$

$$\boldsymbol{B}_\Delta=\boldsymbol{B}-\boldsymbol{B}_f\boldsymbol{H}$$

如果 $\boldsymbol{G}$ 满足式(11-49)，则虚拟执行器满足执行器故障后的稳定目标，如果故障装置没有 C_g外的固定极点，则存在矩阵 $\boldsymbol{G}$。

3. 虚拟执行器重构算法

根据前面的设计过程，得到以下虚拟执行器重构算法：

已知标称装置 $\boldsymbol{S}(\boldsymbol{A},\boldsymbol{B},\boldsymbol{C})$ 模型和故障装置 $\boldsymbol{S}_f(\boldsymbol{A},\boldsymbol{B}_f,\boldsymbol{C})$ 模型，设计满足稳定目标的重构模块，且保证标称控制回路的极点与故障装置的固定极点在 C_g 内。

步骤 1：建立等价控制问题式(8-50)；

步骤 2：利用控制器设计方法找出满足式(8-51)的矩阵 $\boldsymbol{G}$；

步骤 3：将重构模块式(8-55)加入控制回路。

由于设计中用到了变换式(8－53)，虚拟执行器的状态表示故障装置状态与标称装置状态的偏差。基于此变换对重构装置与重构回路进行分析。由于只有标称装置的行为输入至控制器，故障装置的行为必须通过虚拟执行器以某种方式隐藏起来。为了进一步分析，通过状态变换将状态空间的可观测部分和不可观测部分分离开。新状态

$$\tilde{\boldsymbol{x}}(t)=\boldsymbol{x}_f(t)+\boldsymbol{x}_\Delta(t) \tag{8-56}$$

描述了可观测部分。根据式(8－52)，该变量应等于标称装置状态 $\boldsymbol{x}(t)$。但记作 $\tilde{\boldsymbol{x}}(t)$ 是为了通过以下分析证明其等于 $\boldsymbol{x}(t)$。

重构装置可由故障装置模型和虚拟执行器模型构成：

$$\begin{pmatrix}\dot{\tilde{\boldsymbol{x}}}(t)\\ \dot{\boldsymbol{x}}_\Delta(t)\end{pmatrix}=\begin{pmatrix}\boldsymbol{A} & \boldsymbol{0}\\ \boldsymbol{0} & \boldsymbol{A}-\boldsymbol{B}_f\boldsymbol{G}\end{pmatrix}\begin{pmatrix}\tilde{\boldsymbol{x}}(t)\\ \boldsymbol{x}_\Delta(t)\end{pmatrix}+\begin{pmatrix}\boldsymbol{B}\\ \boldsymbol{B}-\boldsymbol{B}_f\boldsymbol{H}\end{pmatrix}\boldsymbol{u}_c(t)+\begin{pmatrix}\boldsymbol{E}\\ \boldsymbol{0}\end{pmatrix}\boldsymbol{d}(t) \tag{8-57}$$

$$\boldsymbol{y}_c(t)=(\boldsymbol{C}\quad \boldsymbol{0})\begin{pmatrix}\tilde{\boldsymbol{x}}(t)\\ \boldsymbol{x}_\Delta(t)\end{pmatrix} \tag{8-58}$$

$$\begin{pmatrix}\tilde{\boldsymbol{x}}(0)\\ \boldsymbol{x}_\Delta(0)\end{pmatrix}=\begin{pmatrix}\boldsymbol{x}_0\\ \boldsymbol{0}\end{pmatrix} \tag{8-59}$$

由于变换的模型由两个未耦合的系统组成，可得到两个完全分开的子空间，如图 8－34 所示。

标称子系统：重构装置的新状态子矢量 $\tilde{\boldsymbol{x}}(t)$ 表现出与标称装置相同的行为。子系统中的极点由 $\boldsymbol{\sigma}(\boldsymbol{A})$ 确定，与标称装置一样，可由控制器改变。

偏差状态：另一个子矢量 $\boldsymbol{x}_\Delta(t)$ 等于标称状态 $\boldsymbol{x}(t)$ 与故障装置状态 $\boldsymbol{x}_f(t)$ 间的偏差。

虚拟执行器状态 $\boldsymbol{x}_\Delta(t)$ 保持跟踪故障装置状态 $\boldsymbol{x}_f(t)$ 与标称值 $\boldsymbol{x}(t)$ 的偏差。为了减小偏差 $\boldsymbol{x}_\Delta(t)$，引入反馈矩阵 $\boldsymbol{G}$。

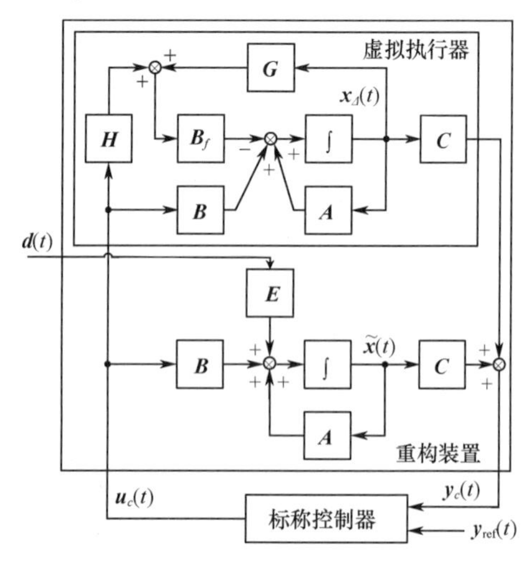

图 8－34 分离的重构装置

8.5.2 鲁棒自适应滑模虚拟执行器设计

已有的成果都是在以线性系统或是将非线性系统在工作点附近线性化为前提下实现的，而实际系统大多是非线性的，且系统模型中的某些系统参数是未知的或不确定的，有些系统甚至处于持续的未知的非线性扰动之中，因此已有线性系统的虚拟执行器重构方法难以满足实际工程需要。本节针对不确定非线性系统进行虚拟执行器设计。

1. 鲁棒自适应滑模虚拟执行器设计

不确定非线性系统如下：

$$\begin{cases}\dot{\boldsymbol{x}}(t)=f(\boldsymbol{x},t)+\boldsymbol{Bu}(t)+\boldsymbol{Ed}(x,t)\\ \boldsymbol{y}(t)=\boldsymbol{Cx}(t)\\ \boldsymbol{x}(0)=\boldsymbol{x}_0\end{cases} \tag{8-60}$$

式中:$\boldsymbol{x}(t)\in\mathbf{R}^{n_x}$、$\boldsymbol{u}(t)\in\mathbf{R}^{n_u}$、$\boldsymbol{y}(t)\in\mathbf{R}^{n_y}$和$\boldsymbol{x}_0$分别为系统的状态矢量、输入矢量、输出矢量和初始状态矢量;$f(x,t)$为未知的非线性函数;$\boldsymbol{d}(x,t)$为有界的非线性外界扰动矢量;$\boldsymbol{B}$、$\boldsymbol{C}$和$\boldsymbol{E}$为已知的输入矩阵、输出矩阵和扰动分布矩阵。

函数$f(x,t)$可表示为

$$f(x,t)=\boldsymbol{A}\boldsymbol{x}(t)+\Delta f(x,t) \tag{8-61}$$

式中:$\boldsymbol{A}$为适当维数的实常数矩阵,描述了系统的名义模型,即忽略了模型不确定性和非线性后得到的系统模型;$\Delta f(x,t)$为系统模型中的非线性部分和未知的不确定部分,反映了模型不确定性的结构。设所有的非线性和不确定部分以及外界扰动归结为

$$\boldsymbol{F}(x,t)=\Delta f(x,t)+\boldsymbol{E}\boldsymbol{d}(x,t) \tag{8-62}$$

则

$$\dot{\boldsymbol{x}}(t)=\boldsymbol{A}\boldsymbol{x}(t)+\boldsymbol{B}\boldsymbol{u}(t)+F(x,t) \tag{8-63}$$

可得到不确定非线性系统的虚拟执行器:

$$\begin{cases}\dot{\boldsymbol{x}}_\Delta(t)=\boldsymbol{A}\boldsymbol{x}_\Delta(t)+\boldsymbol{B}\boldsymbol{u}(t)-\boldsymbol{B}_f\boldsymbol{u}_f(t)+\boldsymbol{F}_\Delta(x,x_f,t)\\ \boldsymbol{y}_\Delta(t)=\boldsymbol{C}\boldsymbol{x}_\Delta(t)\\ \boldsymbol{x}_\Delta(0)=\boldsymbol{x}_{\Delta 0}\end{cases} \tag{8-64}$$

式中:$\boldsymbol{F}_\Delta(x,x_f,t)=\boldsymbol{F}(x,t)-\boldsymbol{F}(x_f,t)$表示故障前、后系统非线性、不确定性以及外界扰动的偏差矢量。设$\boldsymbol{\rho}(x,x_f,t)$为$\boldsymbol{F}_\Delta(x,x_f,t)$的上界,则满足下式约束:

$$|\boldsymbol{F}_\Delta(x,x_f,t)|\leqslant\boldsymbol{\rho}(x,x_f,t) \tag{8-65}$$

为了使得故障系统输出能够跟踪故障前系统输出,即$\boldsymbol{y}_\Delta=0$,并消除系统非线性、不确定性以及外界扰动的偏差矢量,可采用滑模控制方法将系统轨迹保持在滑动面$\boldsymbol{s}(t)=0$上。设计积分滑模面:

$$\boldsymbol{s}(t)=\boldsymbol{\lambda}\left(\boldsymbol{x}_\Delta(t)-\int_0^t(\boldsymbol{A}-\boldsymbol{B}_f\boldsymbol{G})\boldsymbol{x}_\Delta(t)\mathrm{d}t\right) \tag{8-66}$$

式中:$\boldsymbol{\lambda}$为正常数构成的矩阵。

当系统状态处于滑模面上时,有$\boldsymbol{s}(t)=\dot{\boldsymbol{s}}(t)=0$,即

$$\dot{\boldsymbol{x}}_\Delta(t)=(\boldsymbol{A}-\boldsymbol{B}_f\boldsymbol{G})\boldsymbol{x}_\Delta(t) \tag{8-67}$$

此时,通过合理设计状态反馈增益矩阵$\boldsymbol{G}$,即可达到理想的控制效果,且满足稳定目标。采用线性二次型调节器(LQR),最小化如下性能指标可得到矩阵$\boldsymbol{G}$。

$$J=\int_0^\infty(\boldsymbol{x}_\Delta^{\mathrm{T}}(t)\boldsymbol{Q}\boldsymbol{x}_\Delta(t)+\boldsymbol{u}_\Delta^{\mathrm{T}}(t)\boldsymbol{R}\boldsymbol{u}_\Delta(t))\mathrm{d}t \tag{8-68}$$

式中:$\boldsymbol{R}=\mathbf{R}^{\mathrm{T}}>0$和$\boldsymbol{Q}=\boldsymbol{Q}^{\mathrm{T}}>0$为权值矩阵。

最终得到最优解:

$$\boldsymbol{u}_\Delta(t)=-\boldsymbol{R}^{-1}\boldsymbol{B}_f^{\mathrm{T}}\boldsymbol{P}\boldsymbol{x}_\Delta(t) \tag{8-69}$$

即

$$\boldsymbol{G}=\boldsymbol{R}^{-1}\boldsymbol{B}_f^{\mathrm{T}}\boldsymbol{P} \tag{8-70}$$

其中,$\boldsymbol{P}$为对称正定矩阵,且满足:

$$\boldsymbol{P}\boldsymbol{A}+\boldsymbol{A}^{\mathrm{T}}\boldsymbol{P}-\boldsymbol{P}\boldsymbol{B}_f\mathbf{R}^{-1}\boldsymbol{B}_f^{\mathrm{T}}\boldsymbol{P}+\boldsymbol{Q}=0 \tag{8-71}$$

鲁棒滑模控制器设计如下：

$$\boldsymbol{u}_f(t)=\boldsymbol{G}\boldsymbol{x}_\Delta(t)+\boldsymbol{H}\boldsymbol{u}(t)+\boldsymbol{B}_f^+(k\boldsymbol{s}(t)+\boldsymbol{\rho}(x,x_f,t)\operatorname{sgn}(\boldsymbol{s}(t)))\tag{8-72}$$

根据前面反馈矩阵 $\boldsymbol{G}$ 的设计，可以满足稳定目标。下面通过设计前馈矩阵 $\boldsymbol{H}$，进一步满足强或弱重构目标。

利用虚拟执行器的可观测矩阵：

$$\boldsymbol{S}_O=\begin{pmatrix}\boldsymbol{C}\\ \boldsymbol{C}\boldsymbol{A}_\Delta\\ \vdots\\ \boldsymbol{C}\boldsymbol{A}_\Delta^{n-1}\end{pmatrix}\tag{8-73}$$

通过解如下最优问题确定矩阵 $\boldsymbol{H}$：

$$\boldsymbol{H}=\arg\min_{\boldsymbol{H}}\|\boldsymbol{S}_O\boldsymbol{B}_f\boldsymbol{H}-\boldsymbol{S}_O\boldsymbol{B}\|\tag{8-74}$$

得到解

$$\boldsymbol{H}=(\boldsymbol{S}_O\boldsymbol{B}_f)^+\boldsymbol{S}_O\boldsymbol{B}\tag{8-75}$$

该控制器利用了指数趋近律的概念，通过调整指数趋近律的参数 k 和 ρ，既可以保证滑动模态到达过程的动态品质（趋近速度从一较大值逐步减小到零，不仅缩短了趋近时间，而且使运动点到达切换面时的速度很小），又可以减弱控制信号的高频抖振（增大 k 的同时减小 $\boldsymbol{\rho}$）。

由于在实际控制中，总不确定部分 $\boldsymbol{F}_\Delta(x,x_f,t)$ 的上界 $\boldsymbol{\rho}(x,x_f,t)$ 很难得到。为此，需要采用自适应控制方法，实现对 $\boldsymbol{F}_\Delta(x,x_f,t)$ 的上界的自适应估计。

定义 $\hat{\boldsymbol{\rho}}(x,x_f,t)$ 为 $\boldsymbol{F}_\Delta(x,x_f,t)$ 上界 $\boldsymbol{\rho}(x,x_f,t)$ 的估计值，则鲁棒滑模控制器设计为

$$\boldsymbol{u}_f(t)=\boldsymbol{G}\boldsymbol{x}_\Delta(t)+\boldsymbol{H}\boldsymbol{u}(t)+\boldsymbol{B}_f^+(k\boldsymbol{s}(t)+\hat{\boldsymbol{\rho}}(x,x_f,t)\operatorname{sgn}(\boldsymbol{s}(t)))\tag{8-76}$$

为鲁棒滑模控制器设计如下自适应律：

$$\dot{\hat{\boldsymbol{\rho}}}(x,x_f,t)=\frac{1}{\boldsymbol{\alpha}}|\lambda\boldsymbol{s}(t)|\tag{8-77}$$

式中：$\boldsymbol{\alpha}$ 为自适应项的增益，且 $\boldsymbol{\alpha}>0$。

2. 稳定性分析

重构后的闭环系统由重构后的装置和控制器组成。由于装置在故障前是稳定的，如果滑模虚拟执行器的状态 $\boldsymbol{x}_\Delta(t)$ 是可镇定的，则整个重构回路的稳定性将会立即随着原控制回路的稳定性而得到。

为了证明提出的鲁棒自适应滑模虚拟执行器的稳定性和鲁棒性，提出李雅普诺夫函数：

$$V=\frac{1}{2}\boldsymbol{s}^2+\frac{1}{2}\boldsymbol{\alpha}\tilde{\boldsymbol{\rho}}^2\tag{8-78}$$

其中，$\tilde{\boldsymbol{\rho}}=\hat{\boldsymbol{\rho}}-\boldsymbol{\rho}$ 为上界的估计误差，V 的一阶导数为

$$\begin{aligned}\dot V&=\boldsymbol{s}\dot{\boldsymbol{s}}+\boldsymbol{\alpha}\tilde{\boldsymbol{\rho}}\dot{\tilde{\boldsymbol{\rho}}}\\&=\boldsymbol{s}\boldsymbol{\lambda}(\dot{\boldsymbol{x}}_\Delta-(\boldsymbol{A}-\boldsymbol{B}_f\boldsymbol{G})\boldsymbol{x}_\Delta)+\boldsymbol{\alpha}\tilde{\boldsymbol{\rho}}(\dot{\hat{\boldsymbol{\rho}}}-\dot{\boldsymbol{\rho}})\\&=\boldsymbol{s}\boldsymbol{\lambda}((\boldsymbol{B}-\boldsymbol{B}_f\boldsymbol{H})\boldsymbol{u}-k\boldsymbol{s}-\hat{\boldsymbol{\rho}}\operatorname{sgn}(s)+\boldsymbol{F}_\Delta)+\boldsymbol{\alpha}\tilde{\boldsymbol{\rho}}\left(\frac{1}{\boldsymbol{\alpha}}|\lambda\boldsymbol{s}|-\dot{\boldsymbol{\rho}}\right)\end{aligned}$$

$$=\lambda((\boldsymbol{B}-\boldsymbol{B}_f\boldsymbol{H})\boldsymbol{u}s-ks^2-\hat{\boldsymbol{\rho}}|s|+s\boldsymbol{F}_\Delta+\tilde{\boldsymbol{\rho}}|s|)-\boldsymbol{\alpha}\tilde{\boldsymbol{\rho}}\dot{\tilde{\boldsymbol{\rho}}}$$

$$=\lambda((\boldsymbol{B}-\boldsymbol{B}_f\boldsymbol{H})\boldsymbol{u}s-ks^2-\boldsymbol{\rho}|s|+s\boldsymbol{F}_\Delta)-\boldsymbol{\alpha}\tilde{\boldsymbol{\rho}}\dot{\boldsymbol{\rho}} \tag{8-79}$$

根据式(8-65)和式(8-75),可知 $\lambda((\boldsymbol{B}-\boldsymbol{B}_f\boldsymbol{H})\boldsymbol{u}s-ks^2-\boldsymbol{\rho}|s|+s\boldsymbol{F}_\Delta)<0$,因此稳定性分析将在两种不同的假设下进行:

(1) 慢时变的不确定性,可以保证渐进稳定性;

(2) 快时变的不确定性,可以实现在状态空间原点邻域内的有界性和收敛性。

【假设 8.3】不确定部分是任意大且随时间缓慢变化的。

该假设适用于大部分情况,即$\dot{\boldsymbol{\rho}}$为零或是可忽略的,那么

$$\dot{V}=\lambda((\boldsymbol{B}-\boldsymbol{B}_f\boldsymbol{H})\boldsymbol{u}s-ks^2-\boldsymbol{\rho}|s|+s\boldsymbol{F}_\Delta)<0$$

这说明系统轨迹可从任意非零初始偏差值逐渐收敛至面 $s(t)=0$ 上,且保证闭环系统的鲁棒稳定性。

【假设 8.4】不确定部分是任意大且随时间快速变化的,但仍是模有界的。

在这种情况下,$\dot{V}<0$ 的充分条件为 $\boldsymbol{\alpha}\tilde{\boldsymbol{\rho}}\dot{\boldsymbol{\rho}}\geqslant 0$,这将保证渐进稳定性,其可使得系统状态更快收敛至平衡点。可分为以下三种情况讨论:

(1) $\tilde{\boldsymbol{\rho}}>0$ 且$\dot{\boldsymbol{\rho}}>0$,也就是所有项都为正,那么估计误差和不确定性变化率都起到了对闭环系统的镇定作用。

(2) $\tilde{\boldsymbol{\rho}}\to 0$,这个假设对于精心设计的控制器来说是合理的,这也是本书研究的部分。

(3) $\boldsymbol{\alpha}\tilde{\boldsymbol{\rho}}\dot{\boldsymbol{\rho}}<0$,那么可以保证一致最终有界,且可通过设计参数 k 和 $\boldsymbol{\alpha}$ 任意减小跟踪误差。

综上所述,通过合理设计参数,$\dot{V}<0$ 是始终满足的,根据李雅普诺夫稳定性理论,可证明鲁棒自适应滑模控制器的渐进稳定性,从而满足稳定目标。

8.5.3　基于鲁棒自适应滑模虚拟执行器的容错控制设计

根据动力定位船舶数学模型,可知动力定位船舶在航行中受到环境扰动的影响会出现高频运动,高频运动会给传感器测量船舶输出位置带来不必要的影响。由于推进系统只需抵抗慢变环境作用力,且高频运动仅表现为周期性的震荡,不会改变船舶的平均位置,同时测量信息中的高频项会导致推进器不必要的能量损耗及磨损,因此,在涉及船舶运动控制时需要剔除传感器测量信息中的高频项。

1. 动力定位船舶标称模型

给出动力定位船舶标称模型,该模型是由高频模型和低频模型叠加得到的:

$$\begin{cases}\dot{\boldsymbol{\xi}}=\boldsymbol{A}_\omega\boldsymbol{\xi}\\ \boldsymbol{\eta}_\omega=\boldsymbol{C}_\omega\boldsymbol{\xi}\\ \dot{\boldsymbol{b}}=-\boldsymbol{T}_b^{-1}\boldsymbol{b}\\ \dot{\boldsymbol{\eta}}=R(\psi)\\ \boldsymbol{M}\dot{\boldsymbol{v}}+\boldsymbol{D}\boldsymbol{v}=\boldsymbol{T}(\alpha)\boldsymbol{K}\boldsymbol{u}+\boldsymbol{R}^{\mathrm{T}}(\psi)\boldsymbol{b}\\ \boldsymbol{y}=\boldsymbol{\eta}+\boldsymbol{\eta}_\omega\end{cases} \tag{8-80}$$

动力定位船舶标称观测模型：

$$\begin{cases}\dot{\hat{\boldsymbol{\xi}}}=\boldsymbol{A}_{\omega}\hat{\boldsymbol{\xi}}+\boldsymbol{L}_1\tilde{\boldsymbol{y}}\\ \dot{\hat{\boldsymbol{b}}}=-\boldsymbol{T}_b^{-1}\hat{\boldsymbol{b}}+\boldsymbol{L}_2\tilde{\boldsymbol{y}}\\ \dot{\hat{\boldsymbol{\eta}}}=R(\psi)\hat{\boldsymbol{v}}+\boldsymbol{L}_3\tilde{\boldsymbol{y}}\\ \boldsymbol{M}\dot{\hat{\boldsymbol{v}}}+\boldsymbol{D}\hat{\boldsymbol{v}}=\boldsymbol{T}(\alpha)\boldsymbol{K}\boldsymbol{u}+R^{\mathrm{T}}(\psi)\hat{\boldsymbol{b}}+\boldsymbol{J}^{\mathrm{T}}(y_3)\boldsymbol{L}_4\tilde{\boldsymbol{y}}\\ \hat{\boldsymbol{y}}=\hat{\boldsymbol{\eta}}+\boldsymbol{C}_{\omega}\hat{\boldsymbol{\xi}}\end{cases}\tag{8-81}$$

式中：$\tilde{\boldsymbol{y}}=\boldsymbol{y}-\hat{\boldsymbol{y}}$表示估计误差，$\boldsymbol{L}_1\in\mathbf{R}^{6\times3}$、$\boldsymbol{L}_2\in\mathbf{R}^{3\times3}$、$\boldsymbol{L}_3\in\mathbf{R}^{3\times3}$、$\boldsymbol{L}_4\in\mathbf{R}^{3\times3}$为观测器增益矩阵，选择结构如下：

$$\boldsymbol{L}_1=\begin{bmatrix}\mathrm{diag}\{\boldsymbol{L}_{11},\boldsymbol{L}_{12},\boldsymbol{L}_{13}\}\\ \mathrm{diag}\{\boldsymbol{L}_{14},\boldsymbol{L}_{15},\boldsymbol{L}_{16}\}\end{bmatrix};$$

$$\boldsymbol{L}_2=\mathrm{diag}\{\boldsymbol{L}_{21},\boldsymbol{L}_{22},\boldsymbol{L}_{23}\};$$

$$\boldsymbol{L}_3=\mathrm{diag}\{\boldsymbol{L}_{31},\boldsymbol{L}_{32},\boldsymbol{L}_{33}\};$$

$$\boldsymbol{L}_4=\mathrm{diag}\{\boldsymbol{L}_{41},\boldsymbol{L}_{42},\boldsymbol{L}_{43}\}。$$

船舶标称低频观测模型的状态空间形式为

$$\begin{cases}\dot{\boldsymbol{x}}(t)=\boldsymbol{A}\boldsymbol{x}(t)+\boldsymbol{B}\boldsymbol{u}(t)+\boldsymbol{E}\boldsymbol{d}(t)+\boldsymbol{L}\tilde{\boldsymbol{y}}\\ \boldsymbol{y}'(t)=\boldsymbol{C}\boldsymbol{x}(t)\end{cases}\tag{8-82}$$

其中，状态变量$\boldsymbol{x}=[\hat{\boldsymbol{\eta}}^{\mathrm{T}},\hat{\boldsymbol{v}}^{\mathrm{T}}]^{\mathrm{T}}$，输出量$\boldsymbol{y}'=\hat{\boldsymbol{\eta}}$，外界扰动项$\boldsymbol{d}=\hat{\boldsymbol{b}}$。方程中的相应矩阵为

$$\boldsymbol{A}=\begin{bmatrix}\boldsymbol{A}_{11}&\boldsymbol{A}_{12}\\ \boldsymbol{A}_{21}&\boldsymbol{A}_{22}\end{bmatrix},\boldsymbol{A}_{11}=\boldsymbol{A}_{21}=\boldsymbol{0}_{3\times3},\boldsymbol{A}_{12}=R(\psi),\boldsymbol{A}_{22}=-\boldsymbol{M}^{-1}\boldsymbol{D};$$

$$\boldsymbol{B}=\begin{bmatrix}\boldsymbol{B}_1\\ \boldsymbol{B}_2\end{bmatrix},\boldsymbol{B}_1=0_{3\times6},\boldsymbol{B}_2=\boldsymbol{M}^{-1}\boldsymbol{T}(\alpha)\boldsymbol{K};$$

$$\boldsymbol{E}=\begin{bmatrix}E_1\\ E_2\end{bmatrix},\boldsymbol{E}_1=\boldsymbol{0}_{3\times3},\boldsymbol{E}_2=R^{\mathrm{T}}(\psi);$$

$$\boldsymbol{L}=\begin{bmatrix}L_3\\ L_4\end{bmatrix};$$

$$\boldsymbol{C}=[\boldsymbol{C}_1\quad \boldsymbol{C}_2],\boldsymbol{C}_1=\boldsymbol{I}_{3\times3},\boldsymbol{C}_2=0_{3\times3}。$$

得到动力定位船舶标称观测模型的状态空间形式为

$$\begin{cases}\dot{\hat{\boldsymbol{\xi}}}=\boldsymbol{A}_{\omega}\hat{\boldsymbol{\xi}}+\boldsymbol{L}_1\tilde{\boldsymbol{y}}\\ \dot{\hat{\boldsymbol{b}}}=-\boldsymbol{T}_b^{-1}\hat{\boldsymbol{b}}+\boldsymbol{L}_2\tilde{\boldsymbol{y}}\\ \dot{\boldsymbol{x}}(t)=\boldsymbol{A}\boldsymbol{x}(t)+\boldsymbol{B}\boldsymbol{u}(t)+\boldsymbol{E}\boldsymbol{d}(t)+\boldsymbol{L}\tilde{\boldsymbol{y}}\\ \boldsymbol{y}'(t)=\boldsymbol{C}\boldsymbol{x}(t)\\ \hat{\boldsymbol{y}}=\boldsymbol{y}'+\boldsymbol{C}_{\omega}\hat{\boldsymbol{\xi}}\end{cases}\tag{8-83}$$

2. 执行器故障动力定位船舶模型

根据执行器故障的装置模型命名形式,可得执行器故障船舶模型为

$$\begin{cases}\dot{\boldsymbol{\xi}} = \boldsymbol{A}_{\omega}\boldsymbol{\xi} \\ \boldsymbol{\eta}_{\omega} = \boldsymbol{C}_{\omega}\boldsymbol{\xi} \\ \dot{\boldsymbol{b}} = -\boldsymbol{T}_{b}^{-1}\boldsymbol{b} \\ \dot{\boldsymbol{\eta}}_{f} = R(\psi)\boldsymbol{v}_{f} \\ \boldsymbol{M}\dot{\boldsymbol{v}}_{f} + \boldsymbol{D}\boldsymbol{v}_{f} = \boldsymbol{T}(\alpha)\boldsymbol{K}_{f}\boldsymbol{u}_{f} + R^{\mathrm{T}}(\psi)\boldsymbol{b} \\ \boldsymbol{y}_{f} = \boldsymbol{\eta}_{f} + \boldsymbol{\eta}_{\omega}\end{cases} \tag{8-84}$$

则执行器故障动力定位船舶观测模型的状态空间形式为

$$\begin{cases}\dot{\hat{\boldsymbol{\xi}}} = \boldsymbol{A}_{\omega}\hat{\boldsymbol{\xi}} + \boldsymbol{L}_{1}\tilde{\boldsymbol{y}}_{f} \\ \dot{\hat{\boldsymbol{b}}} = -\boldsymbol{T}_{b}^{-1}\hat{\boldsymbol{b}} + \boldsymbol{L}_{2}\tilde{\boldsymbol{y}}_{f} \\ \dot{\boldsymbol{x}}_{f}(t) = \boldsymbol{A}\boldsymbol{x}_{f}(t) + \boldsymbol{B}_{f}\boldsymbol{u}_{f}(t) + \boldsymbol{E}\boldsymbol{d}(t) + \boldsymbol{L}\tilde{\boldsymbol{y}}_{f} \\ \boldsymbol{y}_{f}'(t) = \boldsymbol{C}\boldsymbol{x}_{f}(t) \\ \hat{\boldsymbol{y}}_{f} = \boldsymbol{y}_{f}' + \boldsymbol{C}_{\omega}\hat{\boldsymbol{\xi}}\end{cases} \tag{8-85}$$

其中,状态变量 $\boldsymbol{x}_{f} = [\hat{\boldsymbol{\eta}}_{f}^{\mathrm{T}}, \hat{\boldsymbol{v}}_{f}^{\mathrm{T}}]^{\mathrm{T}}$,外界扰动项 $\boldsymbol{d} = \hat{\boldsymbol{b}}$,$\tilde{\boldsymbol{y}}_{f} = \boldsymbol{y}_{f} - \hat{\boldsymbol{y}}_{f}$表示估计误差。方程中的相应矩阵为

$$\boldsymbol{A} = \begin{bmatrix}\boldsymbol{A}_{11} & \boldsymbol{A}_{12} \\ \boldsymbol{A}_{21} & \boldsymbol{A}_{22}\end{bmatrix}, \boldsymbol{A}_{11} = \boldsymbol{A}_{21} = \boldsymbol{0}_{3\times3}, \boldsymbol{A}_{12} = R(\psi), A_{22} = -M^{-1}D;$$

$$\boldsymbol{B}_{f} = \begin{bmatrix}\boldsymbol{B}_{f1} \\ \boldsymbol{B}_{f2}\end{bmatrix}, \boldsymbol{B}_{f1} = \boldsymbol{0}_{3\times6}, \boldsymbol{B}_{f2} = \boldsymbol{M}^{-1}\boldsymbol{T}(\alpha)\boldsymbol{K}_{f};$$

$$\boldsymbol{E} = \begin{bmatrix}\boldsymbol{E}_{1} \\ \boldsymbol{E}_{2}\end{bmatrix}, \boldsymbol{E}_{1} = \boldsymbol{0}_{3\times3}, \boldsymbol{E}_{2} = R^{\mathrm{T}}(\psi);$$

$$\boldsymbol{C} = [\boldsymbol{C}_{1} \quad \boldsymbol{C}_{2}], \boldsymbol{C}_{1} = \boldsymbol{I}_{3\times3}, \boldsymbol{C}_{2} = 0_{3\times3}$$

鲁棒自适应滑模虚拟执行器设计如下:

$$\begin{cases}\dot{\boldsymbol{x}}_{\Delta}(t) = \boldsymbol{A}\boldsymbol{x}_{\Delta}(t) + \boldsymbol{B}\boldsymbol{u}(t) - \boldsymbol{B}_{f}\boldsymbol{u}_{f}(t) + \boldsymbol{F}_{\Delta}(x, x_{f}, t) \\ \boldsymbol{y}_{\Delta}(t) = \boldsymbol{C}\boldsymbol{x}_{\Delta}(t) \\ \boldsymbol{u}_{f}(t) = \boldsymbol{G}\boldsymbol{x}_{\Delta}(t) + \boldsymbol{H}\boldsymbol{u}(t) + \boldsymbol{B}_{f}^{+}(k\boldsymbol{s}(t) + \hat{\boldsymbol{\rho}}(x, x_{f}, t)\mathrm{sgn}(s(t))) \\ \boldsymbol{s}(t) = \lambda\left(\boldsymbol{x}_{\Delta}(t) - \int_{0}^{t}(\boldsymbol{A} - \boldsymbol{B}_{f}\boldsymbol{G})\boldsymbol{x}_{\Delta}(t)\mathrm{d}t\right) \\ \dot{\hat{\boldsymbol{\rho}}}(x, x_{f}, t) = \dfrac{1}{\alpha}|\lambda\boldsymbol{s}(t)| \\ \boldsymbol{y}'(t) = \boldsymbol{y}_{f}(t) + \boldsymbol{y}_{\Delta}(t) \\ \boldsymbol{x}_{\Delta}(0) = \boldsymbol{x}_{\Delta0}\end{cases} \tag{8-86}$$

式中：$\boldsymbol{F}_{\Delta}(x,x_f,t)=\boldsymbol{F}(x,t)-\boldsymbol{F}(x_f,t)$为故障前、后系统非线性、不确定性以及外界扰动的偏差矢量。

具体结构如图 8-35 所示。

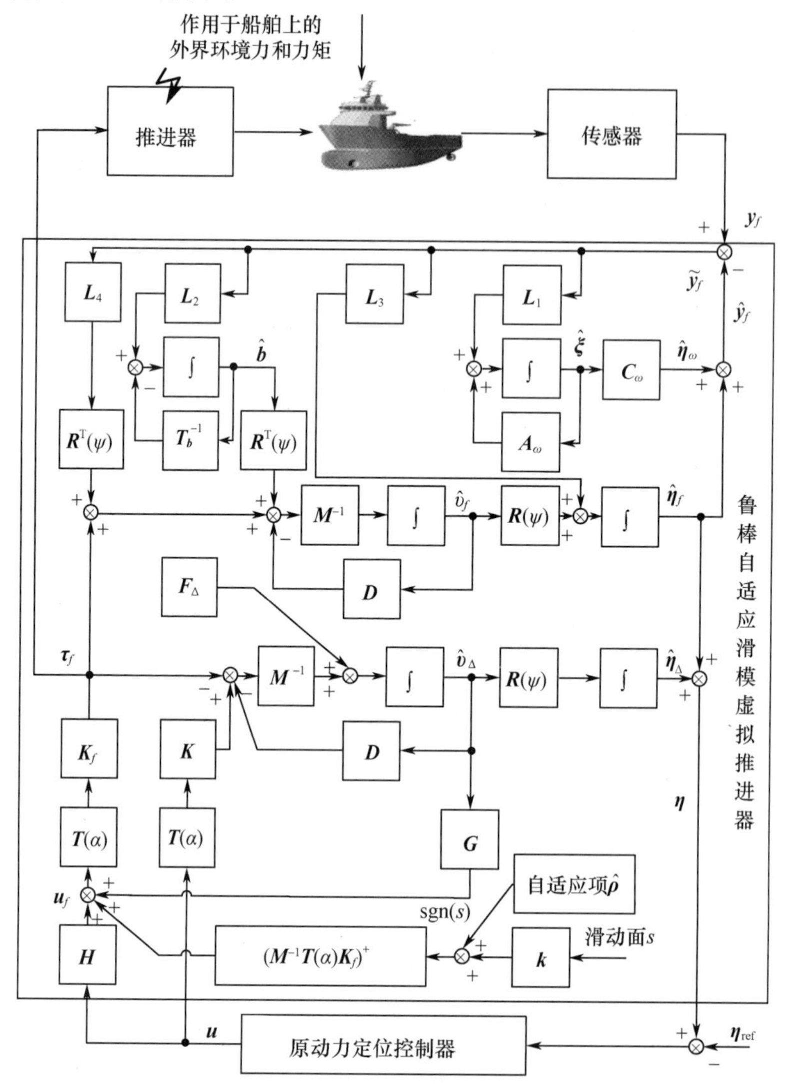

图 8-35 推进器故障动力定位船舶鲁棒自适应滑模虚拟推进器

8.5.4 仿真案例

仿真案例中船舶尺度参数不变，配有 2 个艏槽道推进器、2 个艉槽道推进器，2 个主推进器，如图 8-36 所示。

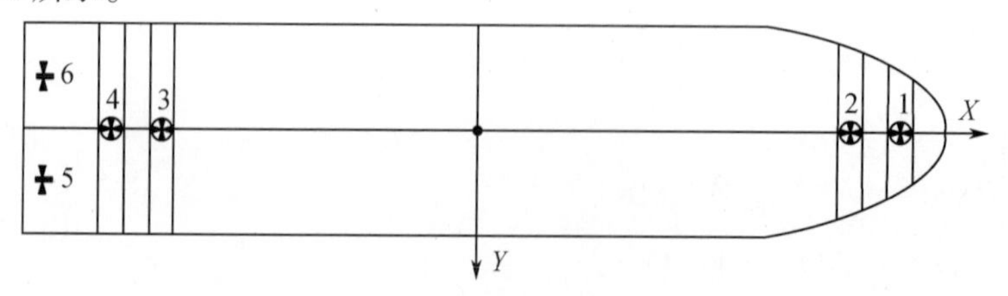

图 8-36 某海洋工程船推进器布局

各推进器布置矩阵 $\boldsymbol{T}$ 为

$$\boldsymbol{T}=\begin{bmatrix} 0 & 0 & 0 & 0 & 1 & 1 \\ 1 & 1 & 1 & 1 & 0 & 0 \\ 32.4 & 28.8 & -25.7 & -29 & 4.5 & -4.5 \end{bmatrix}$$

海况设定：风速 10m/s，风向 30°，流速 1kn，流向 15°，有义波高 2.2m。

起始位置：$\boldsymbol{\eta}_0=[0,0,0]^{\mathrm{T}}$。

目标位置：$\boldsymbol{\eta}_{\mathrm{ref}}=[10,10,5]^{\mathrm{T}}$。

仿真过程包括正常运行阶段、故障发生阶段和容错控制阶段三个阶段。

执行器失效故障建模是通过将矩阵 $\boldsymbol{B}_f$ 中的对应"列"矢量设为零来实现的。本节以全部推进器工作状态下，主推进器 5 的失效故障为例，进行仿真验证。

推进器无故障时，矩阵 $\boldsymbol{B}$ 为

$$\boldsymbol{B}=\begin{bmatrix} 0 & 0 & 0 & 0 & 1.024\times10^{-6} & 1.024\times10^{-6} \\ 4.9\times10^{-8} & 8.9\times10^{-8} & 6.8\times10^{-7} & 7.19\times10^{-7} & 4.9\times10^{-8} & 4.9\times10^{-8} \\ 4.9\times10^{-8} & 4.2\times10^{-8} & 5.8\times10^{-8} & 6.4\times10^{-8} & 8\times10^{-9} & 8\times10^{-9} \end{bmatrix}$$

主推进器 5 失效时，矩阵 $\boldsymbol{B}_f$ 为

$$\boldsymbol{B}_f=\begin{bmatrix} 0 & 0 & 0 & 0 & 0 & 1.024\times10^{-6} \\ 4.9\times10^{-8} & 8.9\times10^{-8} & 6.8\times10^{-7} & 7.19\times10^{-7} & 0 & 4.9\times10^{-8} \\ 4.9\times10^{-8} & 4.2\times10^{-8} & 5.8\times10^{-8} & 6.4\times10^{-8} & 0 & 8\times10^{-9} \end{bmatrix}$$

在全部推进器工作状态下，主推进器 5 失效故障的船舶动力定位仿真结果如图 8-37～图 8-39 所示。

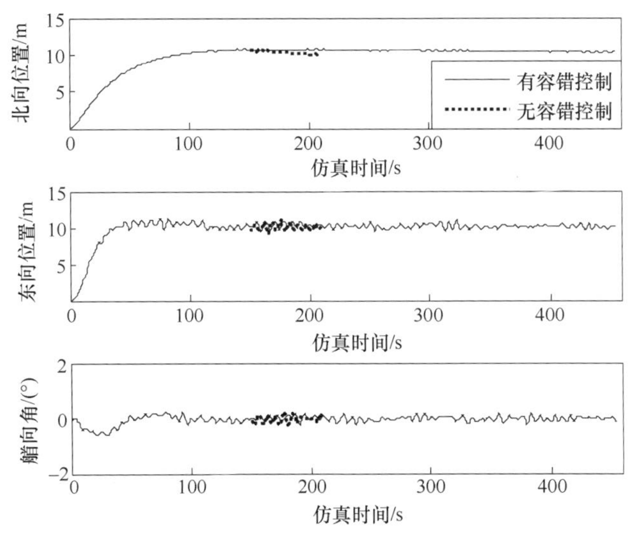

图 8-37　推进器 5 失效后北东坐标系下三个自由度上的船舶位置

试验开始后，0～150s 为正常运行阶段，试验船完成从初始位置到目标位置的定位过程，并进行位置保持。在 150s，主推进器 5 发生故障完全失效，推进器 5 的输出力为零，需要将所需推力分配到其他推进器。根据故障诊断结果，在 160s 时，控制回路采用基于鲁棒自

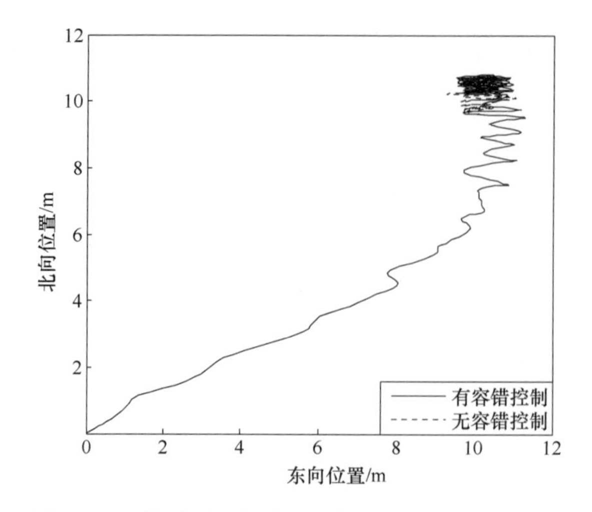

图 8－38　推进器 5 失效后北东坐标系下的船舶位置

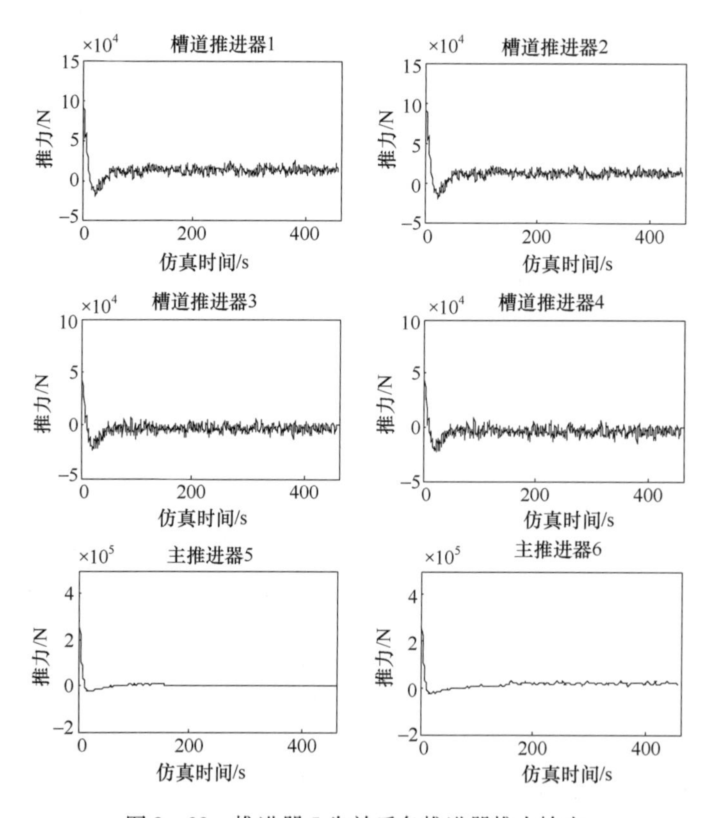

图 8－39　推进器 5 失效后各推进器推力输出

适应滑模虚拟推进器进行容错控制，图中虚线表示未进行容错控制的故障船舶位置和艏向变化。由于仿真验证船为 DP－2 动力定位船，船舶配置的推进器具有冗余要求，且要求在单一推进器发生故障后，船舶仍是可以保持定位能力的。因此，从仿真结果中可以明显看出，全部推进器工作状态下，发生单个推进器失效故障后，对于船舶的定位影响是很小的。但是通过推进器推力输出仿真结果，可以明显看出容错控制方法的作用和效果，在采用容错控制后，通过重构将控制器指令信号转换为剩余推进器可用的信号，使船舶仍然是稳定的，且可达到定位的性能要求，容错效果是令人满意的。

随着海洋资源开发的迅猛发展，与其相关的海洋工程作业日益增多，作为海洋开发装备的“利器”——动力定位系统的安全要求受到业界越来越多的重视，尤其对于钻井、起重、铺管及潜水等作业，动力定位系统的安全性将直接影响到工程的进展、质量、费用及工程人员的生命安全，因此对其各子系统及部件的可靠性、稳定性的要求越来越高。基于上述背景，动力定位船的容错控制技术已经成为了目前的研究热点问题，有着非常广阔的研究前景和应用空间。

第 9 章 推力分配

9.1 概　　述

作为动力定位系统的执行机构,推进器是系统中至关重要的组成部分,其性能和精度将直接影响动力定位船的控制精度和控制能力。实际应用中由于受到各种干扰因素的影响,推进器常发生推力损失,使输出推力偏离期望值,给船舶的控制,特别是推力分配造成很大困难。另外,推进器的推力指令来自控制推力分配单元,该模块是中层控制器的一部分,负责动力定位控制器的各自由度矢量力指令到各推进器的推力的映射,合理的分配方法不仅能降低功率消耗、减少推进器的磨损,还能提高动力定位系统的位置保持能力。

与以往动力定位领域只关注中层控制器的设计和滤波方法不同,目前国内外越来越重视对底层控制器和推力分配方法的研究。推力分配单元是连接动力定位控制器和推进器控制器的扭带,推力分配方法通常可以归结为最优化问题,即建立包含分配误差、功率消耗、推进器磨损等因素的优化目标函数,在满足控制器合力指令的同时寻找使目标函数值最小的推力解作为推进器的输出。但由于以安全为首要因素的实时系统对软件可靠性和实时性的严格要求,以及处理器的极限处理能力,在较高的采样频率下,应用数字迭代最优化软件很难解决推力分配引起的条件最优化问题,因此需要研究适合推力分配特点的快速优化算法。

推力分配是一个复杂的从控制器矢量合力到推进器指令的映射过程,需要考虑功率约束、推进器转速或螺距约束、推力禁区约束等一系列约束限制,且受海洋环境、操作工况以及推进器故障模式等诸多因素的影响。就目前技术发展水平而言,很难设计出一种在任何情况下都适用的推力分配方法。推力分配单元还需根据不同的工作条件改变其分配算法或分配策略,以便更好地完成动力定位船舶的运动控制。因此,针对推力分配问题的特点,设计适用范围更广的快速推力分配算法是非常具有挑战性的工作,它是动力定位船舶实现高精度控制的前提条件和基本要求。

推力分配是动力定位领域内的控制分配问题,基本思想是在满足执行机构的物理约束和使用约束的同时,依据设计的某种优化指标将中层运动控制器的指令转化为各冗余执行机构的控制输入,实现期望控制指令的最优化实施。目前,控制分配算法的应用范围已扩展至飞行器、航天器、卫星、船舶、海洋平台、水下航行器、汽车、移动机器人等许多工程领域，分配算法也经历了从简单到复杂、从静态优化到动态优化、从单目标优化到多目标优化的发展历程。

根据控制分配选用模型的不同将控制分配算法分为线性控制分配和非线性控制分配两大类，其中线性控制分配又分为无约束控制线性分配和有约束控制线性分配两个子类。

1. 线性控制分配

线性控制分配指中层控制器的控制指令与执行器的控制输入之间存在着线性映射关系，该线性关系通常由被称为控制效率矩阵(control effectiveness matrix)的转换矩阵来描述。控制效率矩阵为常矩阵，不随时间、状态和输入的变化而变化，因此线性控制分配为静态分配问题。采用线性的分配模型可避免复杂的非线性最优化求解，简化控制分配计算的难度，但在处理执行器约束上显得比较复杂。具体还可分为无约束线性控制分配与有约束线性控制分配。

无约束线性控制分配选用线性的分配模型且不考虑执行器约束(如执行器饱和、控制输入变化速率等)的影响，通常选用二次的目标函数，通过广义逆(generalized inverse)或伪逆(pseudo - inverse)的方法来求解。为了避免因奇点(singularity)或执行器故障而引起的秩亏(rank - deficient)现象，在广义逆和伪逆的基础上又衍生出了阻尼最小二乘逆(damped least - squares inverse)和奇异值分解(singular value decomposition)等无约束线性分配算法。

有约束线性控制分配仍然选用线性的分配模型，但分配结果考虑了执行器约束的影响，主要包括重新分配伪逆(redistributed pseudo - inverse)、串接链(daisy chaining)、直接分配(direct allocation)、线性规划(linear programming)、二次规划(quadratic programming)等算法。其中，重新分配伪逆、串接链和直接分配等算法主要应用于飞行器的控制分配问题，其思想是在广义逆的基础上对原算法进行改进，以处理执行器饱和问题。线性规划算法将寻优变量的1范数或无穷范数作为优化的目标函数，通过引入辅助变量的方式将优化问题转化为线性规划的标准形式，并由单纯形法、起作用集法或内点法等优化算法求解。线性规划算法不能保证在有限的迭代次数内搜索到最优解，因此迫于实时性的要求控制分配不得不接受次优解，且最优解为可行集的顶点时只有数目较少的执行器可获得控制输入。二次规划算法的优化目标函数为寻优变量的2范数，通常由起作用集法或内点法求解。起作用集法可将上一控制周期的最优解作为下一次优化的起始点，该做法通常可降低优化的迭代次数，而内点法通常需要将可行区域的中心点作为优化的起始点，总是需要一定数量的迭代。因此，起作用集法更适合控制分配的优化计算，而内点法对大范围优化问题更具优势。同线性规划一样，二次规划算法也不能保证在有限的迭代次数内搜索到最优解，因此在优化时间违背实时性要求时，控制分配也需要接受次优解。

2. 非线性控制分配

通常状况下控制分配的分配模型是非线性的，且具有非二次的目标函数和非凸约束集，此时为了达到期望的控制性能需要选用非线性控制分配。非线性控制分配采用的主要算法分为非线性规划法(nonlinear programming methods)、混合整数规划法(mixed - integer programming methods)、动态优选法(dynamic optimum - seeking methods)、非线性直接分配法(direct nonlinear allocation)等。

(1) 非线性规划法。非线性规划应用最多的一种做法是将目标函数在工作点泰勒展开，引入辅助变量将非线性规划转化线性约束的二次规划问题，采用类似序列二次规划

(SQP)的方法求解。但该算法在每个控制周期仅做一次线性或二次的近似,当控制输入在两个控制周期间需要大范围变化时则很难满足期望的精度,且该算法优化时间长,非凸的目标函数或约束条件还容易导致局部极小值,严重影响了系统的性能。与线性控制分配不同,很难找到非线性控制分配问题通用的非线性规划算法和计算软件。

(2) 混合整数规划法。混合整数规划适合解决分配模型和目标函数都可以进行分段线性化的系统,非凸的约束集可以描述为有限个凸约束组合的非线性控制分配问题。然而混合整数规划的计算软件非常复杂,很难应用于对安全要求较高的实时系统,不如将非凸约束分解为少量凸约束的组合,采用简单枚举,通过二次规划算法寻找最优解更为有效。

(3) 动态优选法。动态优选法将静态的非线性最优控制分配问题表示为控制李雅普诺夫函数,采用构造的李雅普诺夫设计法求解。该方法不需要直接的优化计算,只有中等的计算复杂度,但该方法与非线性规划类似,对于非凸的目标函数和约束可能存在不收敛的问题。

(4) 非线性直接分配法。非线性直接分配基于控制输入可达集构造的几何空间,通过搜索整个目标可达集的面,寻找期望目标矢量与目标可达集面的交点来确定最大可达矢量和对应的控制量。该算法几何意义直观,但算法设计复杂,非凸约束控制分配问题的目标可达集很难构造,且在线计算量大,很难应用于实时系统。

船舶动力定位系统推力分配单元的输入为来自动力定位控制器的矢量力控制指令,输出为各推进器的期望推力,对于全回转推进器还有其方位角。推力分配方法的设计一般需要考虑以下内容:

(1) 动力定位船舶的定位能力与艏向有较大关系,丢失艏向海洋环境的作用将变得更加无序,通常意味着无法保持船位,因此推力分配一般采用艏向优先原则。

(2) 推进器的推力容量约束。推进器的推力容量与其功率约束有关,若存在配电板可用功率约束,推力分配需综合考虑推进器和配电板的可用功率,对推进器的推力进行限制。

(3) 推进器的输出变化率约束。主要指全方位推进器的方位角和舵角的变化速率需满足实际设备的能力。

(4) 燃料消耗和推进器磨损。推进器是船舶燃料消耗的主体,船舶的高频运动引起的推力频繁变化不仅增加了燃料消耗还会加剧推进器的磨损。因此,除了必要的高频滤波处理外,推力分配也需要对二者进行充分考虑。

(5) 耗电量的大幅度变化。耗电量的大幅度变化可能会引起船舶弱电网过频或欠频保护的响应,从而造成断电。而推进器是电力系统的主要用户,推力分配需尽量降低各推进器的推力变化幅度,保证船舶的电力系统的安全。

(6) 全回转推进器的方位角约束。当一台推进器的排出流可能会影响到它附近的水下设备的工作、潜水员的安全或会造成临近推进器较大的推力损失时,推力分配需对其方位角做出限制,最大限度地降低不利影响。

(7) 推进器的在线禁用和启动。为了保证故障容错和操作的灵活性,推力分配需具备在线禁用和启动推进器的能力。

早期的动力定位船推进器数量较少,因此推力分配方法也比较简单,主要为基于各种分配逻辑的推力分配方程组求解方法。比较有代表性的有 M. J. 摩根在 1984 年分别针对固定方位角和可变方位角的推进器设计的不同的分配逻辑,以及 Johan Wicher 提出的推进器分组法。摩根设计分配逻辑的基本思想为采用不同方法首先对推进器的初始方位角进行设定,然后为避免推力分配方程组求解失败对推力的大小做相应的处理,优先满足力矩平衡方程。推进器分组法是将推进器分成几个独立的组,每个组负责发出特定大小和方向的推力,各推进器组的总合力需满足控制器的合力指令。

随着动力定位系统冗余度的不断提高,现代动力定位船通常为过驱动的,因此目前的推力分配方法主要归结为最优化问题,即在推进器约束范围内依据用户设定的某种最优化目标寻找最优推力解。近二十年来,推力分配已经成为动力定位研究领域内的一个热点问题,许多学者都致力于最优推力分配问题的研究。

最初的推力分配优化算法通常采用线性的分配模型,主要以广义逆算法和线性规划算法为主。对于方位角固定的线性推力分配问题,1991 年 Fossen 提出了广义逆推力分配算法,并成功应用于水下机器人自适应控制系统的设计。而装有全方位推进器或主推和舵的动力定位船,其分配模型通常为非线性的。针对该问题,在 1993 年 Lindfors 提出的线性规划推力分配算法中首次提出了扩展推力的概念,将推力矢量沿船体坐标系进行分解,以增加优化变量的方法去除模型中的非线性。1997 年,Sørdalen 和 Berge 沿用了 Lindfors 扩展推力的处理方法,分别提出了基于广义逆与 SVD 分解和低通滤波的推力分配算法和阻尼最小二乘推力分配算法。

考虑推进器约束的推力分配优化算法大多在作为等式约束的推力方程中引入松弛变量,避免由于推进器饱和导致的无可行解状况。松弛变量的物理意义为分配误差,即推进器系统实际输出合力与控制器合力指令间的差值。最优推力分配通常将推力误差作为最基本的优化指标,根据用户选择可在目标函数中附加一些其他的优化指标(如奇点避免、功率消耗、输出推力、燃料消耗等)。

功率消耗是当前推力分配算法选用最多的优化指标,通常用二次函数近似推进器推力与功率间的非线性关系,将功率最优推力分配表示为二次规划问题,寻求功率消耗最小的推力解。2009 年,Wit 分别应用二次规划算法和拉格朗日乘数法解决功率最优推力分配问题,并对两种算法进行对比,得出了二次规划算法更适合解决推力分配对应的约束最优化问题的结论。提出的二次规划推力分配算法不仅考虑了推进器最大推力约束和方位角旋转速率约束,还考虑了推力禁区和舵等因素导致的非凸约束的影响。Larsen 和 Ruth 同样将功率最优推力分配表示为二次规划问题,并采用监督控制处理推力禁区导致的非凸推力分配问题。Johansen 针对非线性分配模型提出的序列二次规划算法也将推进器推力与功率间的非线性关系近似为二次关系,通过泰勒展开转化为二次规划问题来解决。文献[168,169]还讨论了带有主推和舵的非凸推力分配问题,采用凸化技术和多参数二次规划算法有效地解决了该类问题。

推进器是电力系统的主要用户,推进器的输出功率须保证电力系统的安全运行。2006 年,Jenssen 将配电盘最大功率引入推力分配的约束条件,并提出了 3 种功率超出约束时的处理方法。2012 年,Veksler 将推力分配算法与功率管理系统(PMS)相结合,在优化目标函数中加入配电盘负载变化的惩罚项,并采用推进器偏置协助功率管理系统的快速负载下降,极大地降低了配电盘的负载和频率变化。2009 年,Realfsen 讨论了动力定位船在平静海况下工作时的功率使用、NO_x减排和柴油发电机的理想工况,提出了一种负载分布在同一配电盘的推力分配方法,该方法无须额外的推力(如推进器偏置)就可使发电机保持在触发界线之上,降低了 NO_x的释放量。2013 年,Rindarøy 将燃料消耗的惩罚项加入推力分配的优化目标函数中,提出了一种燃料消耗最优化的推力分配方法,与推力或功率最优推力分配方法相比,该方法有效降低了负载的变化,减小了系统燃料消耗。

9.2 推进器系统数学模型

定距调速螺旋桨结构如图9-1所示，由电机或柴油机通过传动轴和变速箱驱动螺旋桨旋转，产生需要的推力。

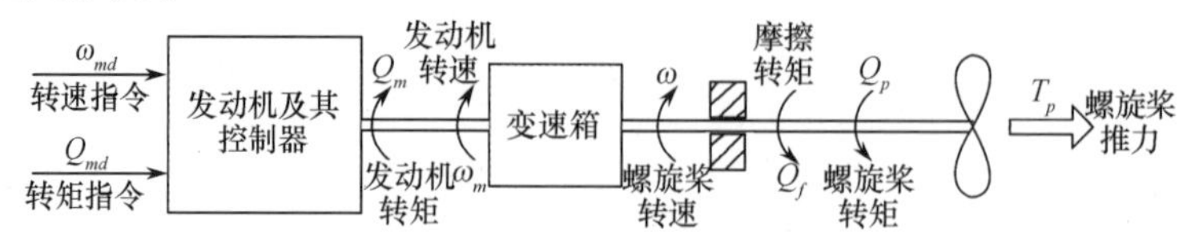

图9-1 推进器系统示意图

动力定位控制器和推力分配单元输出推进器的期望推力 T_d 给推进器控制器，由推进器控制器计算电机的转矩指令 Q_{m_d} 或转速指令 ω_{m_d}，通过内置的电机控制器使其输出作用在传动轴上的转矩 Q_m，驱动传动轴以角速度 ω_m 旋转，螺旋桨轴与传动轴通过变速箱相连，变速比为 $R_{gb}=\omega_m/\omega$，作用在轴上的摩擦转矩 Q_f 与负载转矩 Q_p 的大小与螺旋桨角速度 $\omega=2\pi n$ 有关，n 表示螺旋桨转速，系统输出的推进器推力 T_p 为转速 n 的函数，并受船舶运动、海浪、海流和浸没深度等推力损失因素的影响。推进器输出期望推力的过程如图9-2所示，该推进器控制系统由推进器控制器、电机动力学模型、轴动力学模型和螺旋桨水动力特性等模块组成，其中电机动力学模型、轴动力学模型和螺旋桨水动力特性构成了推进器数学模型的主要部分。

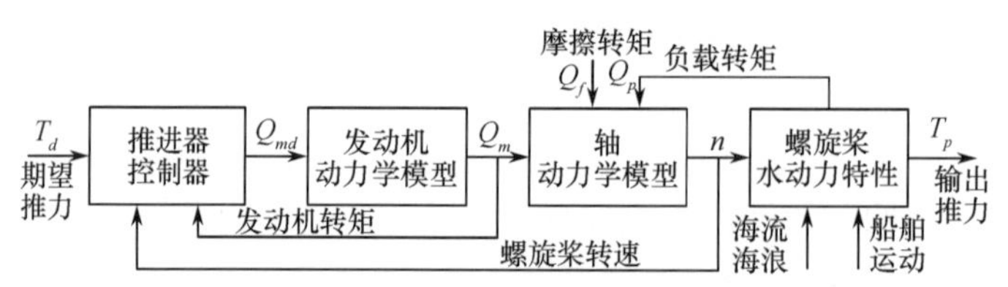

图9-2 推进器控制系统结构框图

9.2.1 螺旋桨轴动力学模型

螺旋桨轴通过变速比为 R_{gb} 的变速箱连接着电机和螺旋桨，工作过程中电机输出转矩 Q_m 驱动螺旋桨旋转，使螺旋桨输出转矩 Q_p，旋转时，轴受摩擦的影响产生摩擦转矩 Q_f，摩擦转矩为螺旋桨角速度 ω 的函数。螺旋桨轴动力学模型可由下式表示：

$$I_s\dot{\omega}=R_{gb}Q_m-Q_p-Q_f(\omega) \tag{9-1}$$

式中：I_s 为包含轴、变速箱和螺旋桨的总转动惯量，通常 I_s 还包含螺旋桨水动力附加质量的影响，该项与 $\dot{\omega}$ 成正比，为时变的转动惯量。该附加质量也受螺旋桨浸没深度的影响，当螺旋桨靠近水面旋转时，桨叶周围水的体积比浸没较深时显著减少。但螺旋桨附加质量的影响一般较小且很难建模，因此本节忽略了该项的影响。

摩擦转矩 $Q_f(\omega)$ 可看作静态摩擦项和线性摩擦转矩的和：

$$Q_f(\omega)=\mathrm{sign}(\omega)Q_s+K_\omega\omega \tag{9-2}$$

式中：K_ω 为线性摩擦系数；静态摩擦转矩项 $\mathrm{sign}(\omega)Q_s$ 为启动转矩，常表示为 $\mathrm{sign}(\omega)$ 的函数。

但该表示方法在 $\omega=0$ 点不连续，通常采用光滑的切换函数替代 $\text{sign}(\omega)$，将式(9-2)重新表示为

$$Q_f(\omega)=Q_s\arctan\left(\frac{\varepsilon_f\omega}{\omega_f}\right)+K_\omega\omega \tag{9-3}$$

式中：Q_s、ε_f和 ω_f均为常数。

选择恰当的 ε_f值，可使 $\omega\in[-\omega_f,\omega_f]$时启动转矩在 $-Q_s$和 Q_s间平滑地变化，而在 $|\omega|>\omega_f$时启动转矩等于 $\text{sign}(\omega)Q_s$，且当 $\omega=0$ 时启动转矩值为0。

9.2.2 电机动力学模型

变速驱动电机一般内置有转矩控制系统，根据电机类型不同，电机转矩可由电流或磁通量控制，并具有很高的控制精度和带宽。电机驱动的推进器常采用级联控制的方法，内环控制为电机的转矩控制系统，外环控制（如转速控制系统）负责输出内环控制的转矩设定点。因此，内环控制需要具有比外环控制更高的带宽。在设计外环控制系统时，电动机及其控制器可等价为如下的一阶系统：

$$\dot{Q}_m=\frac{1}{T_m}(Q_{md}-Q_m) \tag{9-4}$$

式中：Q_m为电机转矩；T_m为时间常数；Q_{md}为推进器控制器输出的期望电机转矩。

电机的功率 P_m可由下式计算：

$$P_m=Q_m2\pi n_m \tag{9-5}$$

其中：n_m为电机转速。

定义电机的名义转矩和名义功率分别为 Q_{mN}和 P_{mN}，相应的名义转速 n_{mN}为

$$n_{mN}=\frac{P_{mN}}{2\pi Q_{mN}} \tag{9-6}$$

电机的最大转矩和最大功率与名义值间通常有如下关系：

$$Q_{m,\max}=k_mQ_{mN},\quad P_{m,\max}=k_mP_{mN} \tag{9-7}$$

式中：$Q_{m,\max}$为电机最大输出转矩；$P_{m,\max}$为电机最大输出功率；k_m为比例常数，通常取值为1.1~1.2。

9.3 螺旋桨水动力特性

推进器的实际推力和转矩受很多因素的影响，通常可表示为螺旋桨转速 n、时变参数 x_p（如螺距比、进速比、浸没深度等）和固定参数 θ_p（如螺旋桨直径、叶片数、叶片形状等）的函数。定义推进器实际推力和转矩分别为 T_p和 Q_p，则其数学表达为

$$\begin{cases}T_p=f_T(n,x_p,\theta_p)\\Q_p=f_Q(n,x_p,\theta_p)\end{cases} \tag{9-8}$$

除槽道式螺旋桨外，推进器在两个方向上的推力输出能力通常是不对称的，输出推力和转矩的大小与螺旋桨的旋转方向和入流方向有关。螺旋桨工作的四象限范围定义如表9-1所列，其中 n 和 V_a分别表示螺旋桨转速和入流速度（进速），β 为进速角。船舶正常

航行时,推进器输出与船舶运动方向一致的正向推力,其转速与进速均为正,推进器工作在第一象限。

表 9-1 螺旋桨工作的四象限范围

	1st	2nd	3rd	4th
n	≥0	<0	<0	≥0
V_a	≥0	≥0	<0	<0
β	$0°<\beta\leqslant 90°$	$90°<\beta\leqslant 180°$	$180°<\beta\leqslant 270°$	$270°<\beta\leqslant 360°$

以速度可调的定螺距螺旋桨为例。当推进器工作在第一象限时,其推力 T_p 和转矩 Q_p 可表示为

$$\begin{cases}T_p=f_T(\cdot)=K_T\rho D^4n^2\\Q_p=f_Q(\cdot)=K_Q\rho D^5n^2\end{cases}\tag{9-9}$$

式中:K_T 和 K_Q 分别为推力系数和转矩系数。

螺旋桨的功率消耗 P_p 可表示为

$$P_p=2\pi nQ_p=2\pi K_Q\rho\boldsymbol{D}^5n^3\tag{9-10}$$

设推力和转矩损失因子用 β_T 和 β_Q 表示:

$$\beta_T=\beta_T(n,x_p,\theta_p)=\frac{T_p}{T_n}=\frac{K_T}{K_{T_0}}\tag{9-11}$$

$$\beta_Q=\beta_Q(n,x_p,\theta_p)=\frac{Q_p}{Q_n}=\frac{K_Q}{K_{Q_0}}\tag{9-12}$$

则,实际推力、转矩和功率可表示为

$$\begin{cases}T_p=f_T(\cdot)=K_T\rho D^4n^2\beta_T(n,x_p,\theta_p)\\Q_p=f_Q(\cdot)=K_Q\rho D^5n^2\beta_Q(n,x_p,\theta_p)\\P_p=2\pi nQ_p=2\pi K_Q\rho\boldsymbol{D}^5n^3\beta_Q(n,x_p,\theta_p)\end{cases}\tag{9-13}$$

推力和转矩损失因子 β_T 和 β_Q 的大小表示干扰的影响程度。

9.3.1 螺旋桨敞水特性

仅受同轴入流影响的深浸没螺旋桨的推力系数和转矩系数定义为 K_{TJ} 和 K_{QJ},由在空泡水筒或拖拽水池中进行的敞水试验获得。通常将 K_T 和 $\boldsymbol{K}_Q$ 表示为关于进速比、螺距比、叶片数和其他几何参数的函数:

$$K_T=f_1\left(J,\frac{P}{D},\frac{A_e}{A_0},Z\right),\quad K_Q=f_2\left(J,\frac{P}{D},\frac{A_e}{A_0},Z,R_n,\frac{t}{c}\right)\tag{9-14}$$

式中:P/D 为螺距比;A_e/A_0 为叶面比;Z 为叶片数;R_n 为雷诺数;t 为叶片的最大厚度;c 为叶片切面弦长;J_a 为进速比,定义如下:

$$J=\frac{V_a}{nD}=\frac{2\pi V_a}{\omega D}\tag{9-15}$$

式中:V_a 为螺旋桨的进流速度;$\omega=2\pi n$ 为螺旋桨角速度。

螺旋桨产生和消耗功率的比值称为敞水效率 η_0,定义如下:

$$\eta_0=\frac{V_aT_p}{2\pi nQ_p}=\frac{V_aK_T}{2\pi nK_QD}=\frac{JK_T}{2\pi K_Q} \tag{9-16}$$

对于给定的定距调速螺旋桨其敞水特性可以由K_T和K_Q与J的关系描述，图9－3为某螺旋桨的敞水特性，因此在敞水试验条件下不考虑推力损失，推进器的推力与转矩仅与螺旋桨进速和转速有关，其关系如图9－4所示。

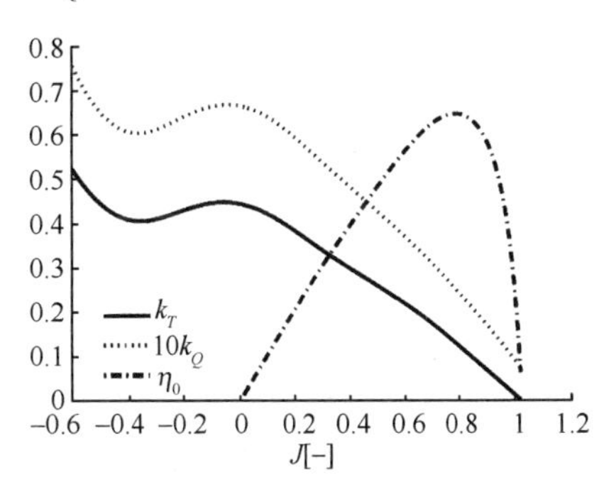

图9－3 某螺旋桨敞水特性

船舶正常航行时推进器通常工作在第一象限，此时K_T和K_Q可拟合为关于进速比J的二次多项式函数的形式：

$$\begin{cases}K_T=K_{T_0}+\alpha_{T_1}\boldsymbol{J}+\alpha_{T_2}J|J|\\K_Q=K_{Q_0}+\alpha_{Q_1}J+\alpha_{Q_2}J|J|\end{cases} \tag{9-17}$$

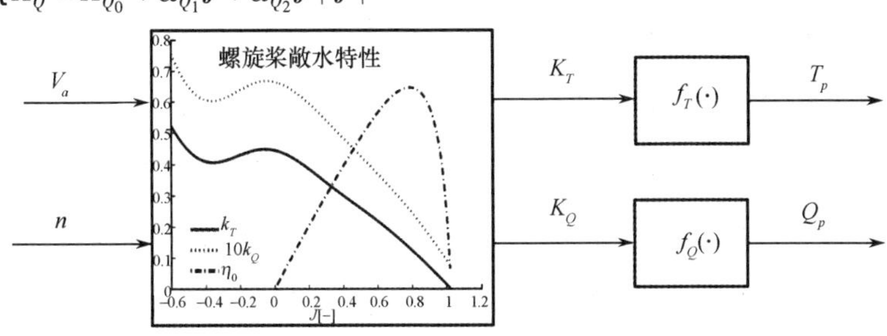

图9－4 应用敞水特性计算螺旋桨推力和转矩

式中：α_{T_1}、α_{T_2}、α_{Q_1}、α_{Q_2}均为常量。因此，T_p和Q_p可表示为V_a和n的函数：

$$\begin{cases}T_p=T_{nn}n|n|+T_{nv}|n|V_a+T_{vv}V_a|V_a|\\Q_p=Q_{nn}n|n|+Q_{nv}|n|V_a+Q_{vv}V_a|V_a|\end{cases} \tag{9-18}$$

其中

$$\begin{cases}T_{nn}=\rho D^4K_T,\quad Q_{nn}=\rho D^5K_Q\\T_{nv}=\rho D^3\alpha_{T_1},\quad Q_{nv}=\rho D^4\alpha_{Q_1}\\T_{vv}=\rho D^2\alpha_{T_2},\quad Q_{vv}=\rho D^3\alpha_{Q_2}\end{cases} \tag{9-19}$$

应用于控制时，通常对K_T和K_Q采用线性拟合，即令式(9－17)中的$\alpha_{T_2}=0$，$\alpha_{Q_2}=0$：

$$\begin{cases}K_T=K_{T_0}+\alpha_{T_1}\boldsymbol{J}\\K_Q=K_{Q_0}+\alpha_{Q_1}J\end{cases} \tag{9-20}$$

所以T_p和Q_p也简化为

$$\begin{cases}T_p=T_{nn}n|n|+T_{nv}|n|V_a\\Q_p=Q_{nn}n|n|+Q_{nv}|n|V_a\end{cases} \tag{9-21}$$

动力定位船舶工作时，推进器工作范围覆盖了全部的四个象限，因此必须应用四象限敞水特性。

9.3.2 螺旋桨的四象限敞水特性

螺旋桨的敞水特性是螺旋桨模型在实验水池中通过实测得到的。在进行螺旋桨模型的敞水试验时,雷诺数要求超过临界雷诺数,进速系数 J 满足相等条件。推力系数和转矩系数可表示为

$$\begin{cases} K_T = f_1(J) \\ K_Q = f_2(J) \end{cases} \tag{9-22}$$

这样,式(9-22)给出的桨模水池实验得到的推力系数 K_T、转矩系数 K_Q 可直接用于实船螺旋桨,由螺旋桨推力和转矩公式即求出实船螺旋桨的推力和转矩。

图9-5给出了螺旋桨的四象限敞水工作特性 $k_T(J)$ 曲线,其中 J 取值为 $-2\sim2$。图中 P/D_p 为螺旋桨螺距和直径比。

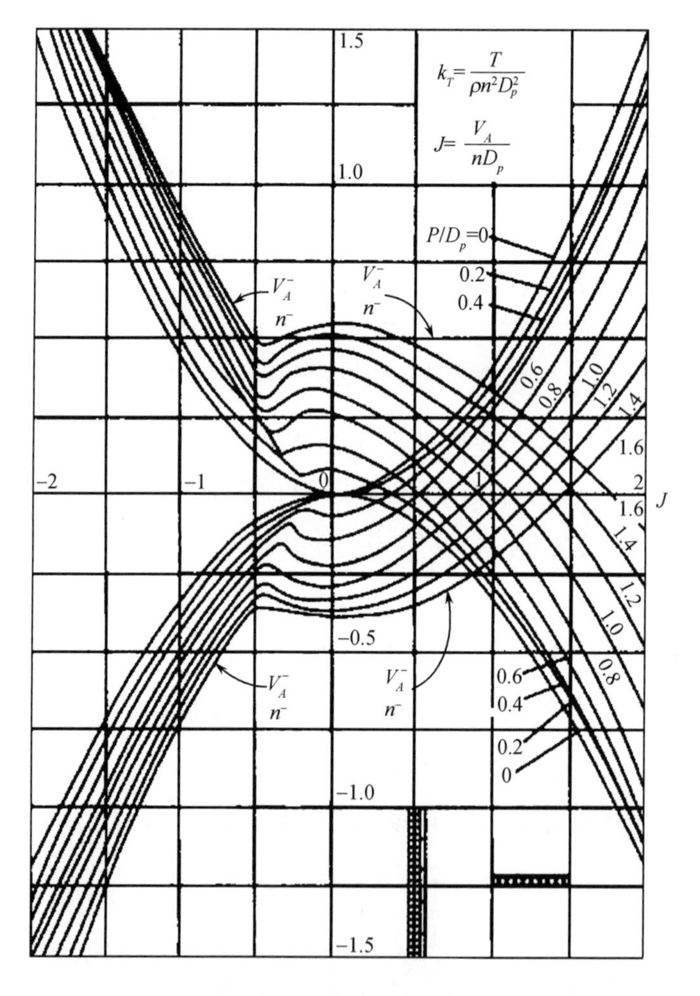

图9-5 四象限敞水特性(推力系数—进速比特性)

图中走向为左上至右下的曲线族是螺旋桨转速 n 为正转的特性。第一象限对应向前推进状态,螺旋桨正转向前推进。第二象限是螺旋桨正转,但船作倒退运动时的特性。第四象限是螺旋桨正转,并设想有船拖着桨向前航行,推进器成水轮机状态所对应的特性。

图中另一族走向为右上至左下的曲线族是螺旋桨转速 n 为反转时的特性。第四象限对

应向后推进状态，螺旋桨反转倒车，船倒退。第三象限部分是螺旋桨反转，但船向前运动时的特性。第一象限是螺旋桨反转，并设想有船拖着桨向后倒退，桨成水轮机状态时的特性。由图可见，螺旋桨在向后倒车时比向前推进时特性要差一些，这是因为向后推进时桨叶用叶背推水，而非用叶面推水造成的。

此外，图中两族曲线在 $J=-0.2\sim-0.5$ 范围内表现出剧烈改变。这是因为此时船工作在前进状态而螺旋桨反转，或船工作在后退状态而螺旋桨正转。这两种工作状态下，螺旋桨的水流冲角最大，在叶片上有漩涡和空泡出现，导致 k_T 有较大下降。

9.3.3 螺旋桨有效推力与效率

船体运动会对螺旋桨周围水流产生干扰，导致螺旋桨进速 V_a不等于船体相对于水的速度 U。实际工作中的螺旋桨进速很难测量，通常由伴流系数 w 对其进行估计：

$$V_a=(1-w)U \tag{9-23}$$

式中，伴流系数 w 需要通过试验获得，通常范围为 $0<w<0.4$。

式(9-23)描述的 V_a与 U 间的稳态关系仅在螺旋桨转速与船速取得相同符号时有效，而在螺旋桨转速与船速符号相反，产生制动作用时无效。

另外，推进器可以改变船身周围的水流速度场，从而改变船身的压力分布，使船舶的航行阻力增加。这是因为推进器加速螺旋桨内水流速度的行为会导致入流一侧的压力降低，船艏艉间的压力差会增加船舶航行的阻力。增加的阻力可表示为

$$d_s=T_at_d \tag{9-24}$$

式中：t_d为推力减额系数，通常范围为 $0<t_d<0.2$。

稳定状态下，推进器的有效推力 T 与船总的航行阻力 R 相等：

$$T=R=T_p(1-t_d)=(1-t_d)k_T(J)\rho D^4n^2 \tag{9-25}$$

$$J=\frac{(1-\omega)V}{nD} \tag{9-26}$$

船上推进器的推力系数通常认为与敞水试验时相同，而转矩系数受入流的影响会变为 $\boldsymbol{K}_{QB}$，若推进器有效转矩为 Q_B，则相对旋转效率 η_r定义为

$$\eta_r=\frac{Q_p}{Q_B}=\frac{K_Q}{K_{QB}} \tag{9-27}$$

总的推进效率 η 为克服船舶阻力 R 使船以速度 U 航行时的有用功与推进器有效输出功率的比值，定义推进器传动装置和轴的摩擦引起机械效率为 η_m，则 η 可表示为

$$\begin{aligned}\eta&=\frac{RU}{2\pi nQ_B/\eta_m}=\frac{T_a(1-t_d)V_a}{(2\pi nQ_a/\eta_r)(1-w)}\eta_m\\&=\frac{T_aV_a}{2\pi nQ_a}\frac{(1-t_d)}{(1-w)}\eta_r\eta_m=\eta_0\eta_h\eta_r\eta_m\end{aligned} \tag{9-28}$$

式中：η_0为敞水效率，按式(9-16)计算，η_h为船身效率，定义为

$$\eta_h=\frac{1-t_d}{1-w} \tag{9-29}$$

其取值范围通常为 $1.0<\eta_h<1.2$，机械效率的取值范围通常为 $0.8<\eta_m<0.9$。

9.4 推力分配影响因素分析

推力分配任务是实时地分配控制器的三自由度(纵荡、横荡和艏摇)矢量力和力矩指令,输出每个推进器输出推力的大小和方向。

推力分配是一个复杂的控制器合力到推进器指令的映射过程,传统的推力分配方法通常只适用于推进器配置不变的情况,没有考虑推进器故障或部分推进器效率降低,以及船舶负载情况改变对推力分配方法的影响。

然而动力定位控制系统是过驱动的,出于降低消耗的目的,即使没有推进器发生故障,也不是所有的推进器都始终处于工作状态,推进器的变化会导致位置信息和推力约束发生改变,直接影响了推力分配算法的变量信息和约束条件,可能发生原分配方法性能下降甚至无法继续适用的问题。

动力定位船舶的负载情况除特殊的作业力外(如铺管力、起重力等),主要与海洋环境和操作工况有关。较低的海洋环境可能使得推进器的输出推力过低,发生推进器在零推力左右往复变化的状况,造成不必要的推进器磨损;而过高的海洋环境常发生螺旋桨空泡或露出水面的状况,造成大的推力损失,降低推进器的效率。操作工况对推进器的使用也有较大影响,定位或低速工作时推进器的推力变化较为频繁,而在迁移工作地点的航行过程和与航行类似的工作模式推进器的推力变化较为平稳。不同的海洋环境和操作工况对推进器的使用有不同的特点和问题,这些也间接影响推力分配方法的设计。为了提高推力分配方法的鲁棒性和适应性,本小节将从海洋环境、操作工况和推进器约束三个方面分析它们对推力分配的影响。

9.4.1 海洋环境对推力分配的影响

通常根据浪高和风力将海洋环境分为0~9级,海况等级越高对应的浪高和风力越大。对于海况等级较低的平静海况(一般为2级以下),船舶作业过程中所受的环境载荷也相对较低,推力分配单元往往可以选用较少的推进器来完成作业。在船舶执行位置保持时,由于环境载荷很小功率最优推力分配输出的各推力指令也很小,均在零推力左右变化,而推进器在零推力区域普遍效率较低,有的甚至无法输出零推力,这会严重影响动力定位船的定位精度,在零推力左右正负推力的往复变化也会加剧推进器的磨损和噪声。固定推进器的方位角是较好解决该问题的一个方式,方位角的固定可避免全方位推进器推力正负变化时导致的方位角的大范围变化,但该方式仅适用于海况较低的情况,当海况较高时该方法无法发挥推进器的最大能力。

另外,当海况较低环境载荷比较平稳时,功率最优推力分配采用最优化方法得到的推力解容易导致奇点现象,使推进器都转向总负载的方向。此时若出现垂直于负载方向的瞬时干扰力,就可能使动力定位船无法继续保持位置,严重影响船舶的动态性能和操纵性,甚至会使船舶暂时失去操纵性。解决该问题需要平衡功率消耗和操纵性的关系,若在推力分配方法中考虑奇点避免须解一个复杂的非凸的非线性规划问题,取而代之的是可采用本节提出的分组偏置的推力分配方法。分组偏置是指为一组全回转推进器设定内部相互作用的推力,这些作用力相互抵消,对于整组推进器来说,总的作用合力为零。与固定推进器方位角的方法相比,这样做的好处在于不仅解决了最优推力分配方法常出现的奇点问题,还避免了推进器工作在推力较小的低效率区，同时还可以减少方位角的变化幅度，解决了推进器无法输出零推力的问题，使船舶平衡了操纵性与动态性能和定位精度的关系。

对于海况等级较高的高海况（一般为 6 级以上），由于环境载荷较大导致参与推力分配的推进器也较多，且海浪的波动常引起船产生大幅度移动，使螺旋桨发生空泡或露出水面的状况。螺旋桨空泡是指螺旋桨靠近水平面时，空气被吸入螺旋桨内，使推进器的推力快速下降的现象。螺旋桨空泡造成的推力损失非常严重，它可使推进器推力在几秒钟内下降到标称值的 20% ~30% 左右，而螺旋桨露出水面时推进器几乎不产生推力。严重的推力损失使推进器的实际推力偏离推力指令，从而使动力定位船舶逐渐漂离期望位置，而补偿该位置偏差，系统又会增大控制器的矢量力响应，推力分配方法将分配更大的推力给各推进器。这不仅不会使实际合力显著增加，还会造成推进器严重的机械磨损和噪声，大大降低船舶整体的控制性能和精度。空泡状态的变化还会导致推进器在推力、转矩、功率和轴速等方面的快速变化，这不仅增加了船舶的控制难度，还会导致严重的机械磨损和电网负荷的瞬变，从而降低系统的安全性。

9.4.2 操作工况对推力分配的影响

动力定位系统具有很多的工作模式，比较常用的有自动定位、目标跟踪、自动循迹、自动航行、手动和手自动混合等，不同工作模式的控制目标不同，通常采用不同的控制和推力分配方法。按船速快慢不同可以将这些工作模式分为两类：低速操作工况和高速操作工况。

低速操作工况对应的工作模式主要有自动定位、目标跟踪、低速自动循迹等，其中目标跟踪和低速自动循迹实质就是目标位置慢速变化的自动定位过程，在这些工作模式下船舶距离目标位置较近，因此控制器合力不大，主要反映的是环境载荷，船舶随自身位置与目标位置关系的不断变化反复调整控制器合力的输出，使船舶不断逼近目标位置。为了保证船舶的控制精度，推力分配可采用最优化的方法（如本节提出的二次规划推力分配算法），通过优化目标函数的合理设置，不仅能使推进器推力快速且高效地跟踪控制器合力的变化，同时还可以降低系统的功率消耗。

高速自动循迹、自动航行等模式，以及航速较高的迁移作业地点的航行过程，都属于高速操作工况。在高速操作工况，船舶的推力与负载长期处于动态平衡状态，当船速稳定时推进器的推力也较为稳定，只有在改变航迹或航向时推进器的推力才需要进行一定的调整。而且控制器合力的较小变化也可能引起各推进器推力的大范围调整，而推力的频繁动态变化，特别是方位角的变化，会引起不必要的推力损失和推进器磨损。Kongsberg 设计图 9 -6 给出的高速模式推力分配方法是最优推力分配的补充，适用于动力定位船在高速操作工况下的控制。如图 9 -6 所示，高速模式推力分配方法将推进器分为两组，航行组和转向组。航行组只产生纵向推力，负责船速的控制；转向组主要提供需要的转矩。转向组，又可以分为固定方位、同步和非同步三种方式。高速模式推力分配方法简单实用，一旦确定了转向方式，由推力与力矩的两自由度等式关系，很容易计算各推进器的推力，该方法可弥补最优推力分配算法在高速操作工况下的不足，避免了合力较小的变化可能引起的各推进器方位角的变化。

手动和手自动混合模式即可属于低速操作工况，也可属于高速操作工况，但大多情况下属于低速操作工况。在该模式下，三自由度合力指令的分配通常设有一定的优先级顺序，一般来说自动的优先级高于手动的优先级，艏向的优先级高于位置的优先级。优先级的设置

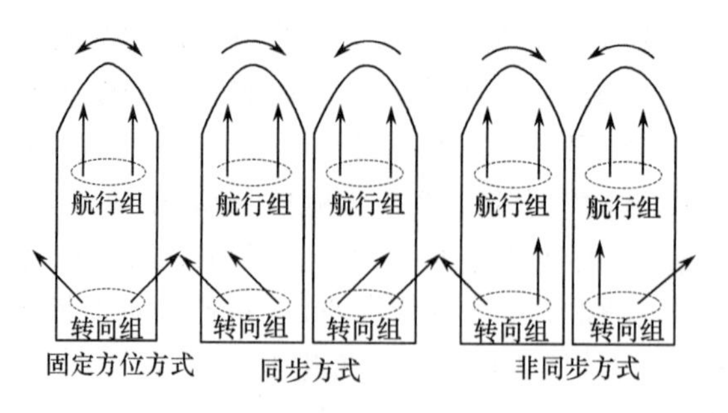

图 9-6　高速模式推力分配方法

保证了自动控制的精度和系统对船舶艏向的控制，提高了系统的性能和安全性。

9.4.3　推进器约束对推力分配的影响

动力定位船常用的推进器类型主要有固定方位推进器、全回转推进器和舵桨装置等。固定方位推进器主要指槽道推进参数和主推进器，其方位角不变，可以输出正负两个方向的推力，且推力容量在两个方向上基本相同，推力分配单元只需负责计算推力的大小。全回转推进器的方位角能在0°~360°范围内变化，可以输出水平面内任意方向的推力，推力分配单元需计算推力的大小和方向。全回转推进器广泛地应用于新型的动力定位船舶，但其推力容量不对称，反转效率较低，通常只输出正向推力不反转使用。舵桨装置是主推和舵的组合，推力分配单元负责计算主推的推力和舵角的大小，主推仅提供 X 方向推力，通过改变舵角的位置可使舵产生升力和阻力，从而改变舵桨装置总合力的方向，使船获得需要的转矩。舵桨装置主要应用于传统的动力定位船舶，主推的推力容量也是不对称的。

考虑桨船干扰、桨间干扰以及推力容量的影响，推进器的推力和方位角有一定的限制，推力约束包括推力的大小和方向两方面的约束。推进器的最大推力取决于其最大功率，若最大功率为 $P_{\max}$，则它与推进器的最大推力的关系可表示为

$$P_{\max}=2\pi nQ_{\max}=\frac{2\pi K_{Q_0}}{\sqrt{\rho}DK_{T_0}^{3/2}}T_{\max}^{3/2}=HT_{\max}^{3/2} \tag{9-30}$$

式中：$Q_{\max}$ 和 $T_{\max}$ 分别为推进器的最大转矩和最大推力；

$$P_{\max}=\min\{2\pi nR_{gb}Q_{m,\max},P_{m,\max}\}$$

推进器的推力系数 K_{T_0} 和转矩系数 K_{Q_0} 通常是未知的，而实船上推进器输出功率的最大值和最小值确可被测量，因此可将推进器的消耗功率 P 表示为关于推力 T 的非线性函数：

$$P(T)=(P_{\max}-P_{\min})\left(\frac{|T|}{T_{\max}}\right)^{\eta}+P_{\min} \tag{9-31}$$

式中：$1.3<\eta<1.7$ 为常数；$P_{\max}$ 和 $P_{\min}$ 分别表示推进器输出功率的最大值和最小值。

由测量的推进器实际功率和推力估计值通过式(9-31)可计算推进器的最大推力 $T_{\max}$。

螺旋桨推进器的排出水流以一定角度从推进器向外扩展，一般为8°~10°。排出水流的最大速度起初并不在中心线上，而是分布在螺旋桨的外径，形成环形的最大速度分布线。随排出流与螺旋桨距离的增加，该环形分布线直径逐渐变小，在距离大于4~6倍螺旋桨直径时，其最大流速开始分布在螺旋桨中心线上。开放水域中螺旋桨推进器的排出水流分布如图9-7所示，最大流速下降较快，离开螺旋桨1~2倍桨直径后，最大流速将下降50%

左右。

全回转推进器的排出水流可能会直接冲击干扰后面的推进器或临近推进器，会给被干扰推进器带来较大的推力损失，影响推进器的实际总推力。为避免推进器间的干扰，推力分配单元需要对全方位推进器的方位角做出一些限制，设置方位角禁区，避免输出方位角禁区内的控制指令。图 9-8 为平板下两全回转推进器的位置关系，方位角禁区的大小可以用两螺旋桨轴线的夹角 ϕ 表示，其取值与桨间距离 x 和螺旋桨直径 D 有关。一般而言，方位角禁区的大小一般在 10°～15°之内。对方位角禁区的计算主要参考 Dang 等总结的经验公式：

$$\begin{cases} t_{\phi} = t + (1-t)\dfrac{\phi^3}{130/t^3 + \phi^3} \\ t = 1 - 0.75^{(x/D)\frac{2}{3}} \end{cases} \tag{9-32}$$

式中：t_{ϕ}为推力减额因数；t 为 $\phi = 0$ 时的推力减额因数。

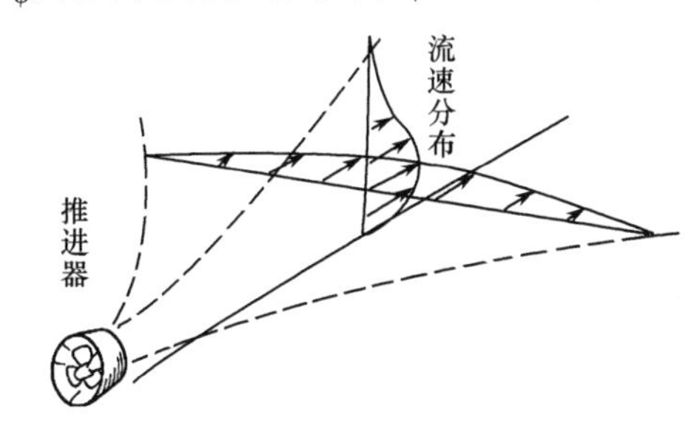

图 9-7　开放水域中螺旋桨推进器的排出流分布

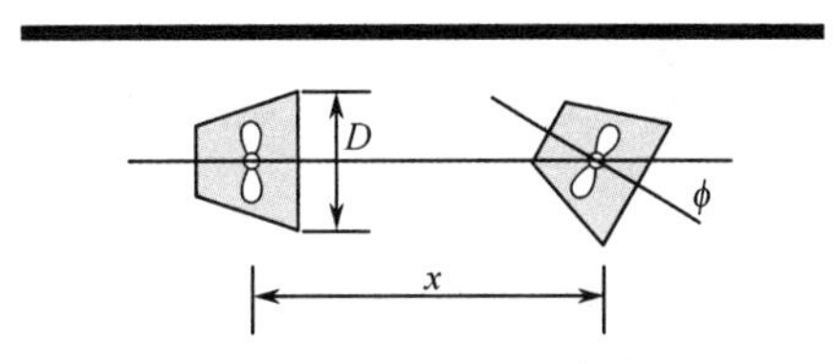

图 9-8　全方位推进器间干扰

受方位角、螺旋桨转速或螺距变化速度的限制，推进器不可能在短时间内旋转太大的角度和进行过大的推力变化。因此，推力分配过程中每个推进器的推力在每个控制周期内都只能在一定范围内变化，而不是整个推力可行区，该变化范围被称为动态推力区，这是由推进器的物理约束决定的。典型的全回转推进器动态推力区如图 9-9 所示，可近似为 5 顶点的凸多边形，T_t和 α_t分别为推进器在 t 时刻的推力值和方位角，动态推力区的大小由推力和方位角的最大变化量 ΔT 和 $\Delta\alpha$ 决定，推力分配单元必须在动态推力区内搜索可行推力解，使得推进器在 $t+1$ 时刻的推力严格限制在动态推力区域范围内。动态推力区随时间动态变化，每个控制周期都对应一个用凸多边形表示的推力范围，在推力分配数学模型中可将其描述为与凸多边形边数相对应的若干个线性不等式约束。

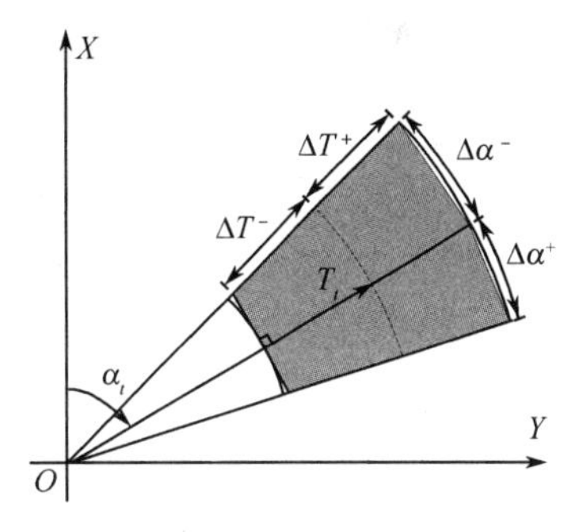

图 9-9　全方位推进器动态推力区

推力分配的布置矩阵与推进器的类型和布置位置有关，改变推进器的布置位置将会影响船舶转矩的输出。推进器故障分为推力故障和方位角故障。推力故障可导致推进器推力输出能力的降低，从而改变推进器的最大推力和最小推力。严重的推力故障会导致推力输出能力完全丧失。若沿用改变推力的最大值和最小值方法，将最大推力和最小推力都置零，则故障推进器的可行推力区域已经缩减为一个点，这时的推力不等式约束可能会导致推力分配的数值问题，很难得到最优解。一种替代的方法是不改变推力的最大值和最小值，而是将故障推进器对应布置矩阵中的列置零，来达到使故障推进器不输出推力的目的。方位角故障会对推进器方位角变化产生影响，导致方位角变化速度降低，若推进器完全丧失了方位角旋转能力，则可将该推进器看做固定方位推进器使用，以避免复杂的推力分配数值问题。

9.5 推力分配问题数学描述

动力定位控制器通过状态反馈 η 和 υ 计算船舶所需的控制推力 $\boldsymbol{\tau}_c$，推力分配单元负责将 $\boldsymbol{\tau}_c$ 转化为各推进器的控制输入 $\boldsymbol{\alpha}$ 和 $\boldsymbol{u}$，满足如下关系：

$$\boldsymbol{\tau}_c = \boldsymbol{B}(\boldsymbol{\alpha})\boldsymbol{T}, \quad \boldsymbol{T} = \boldsymbol{K}\boldsymbol{u} \tag{9-33}$$

式中：$\boldsymbol{\tau}_c \in \mathbf{R}^3$，$\boldsymbol{T} \in \mathbf{R}^r$ 为推进器推力；$\boldsymbol{\alpha} \in \mathbf{R}^p$ 和 $\boldsymbol{u} \in \mathbf{R}^r$ 为控制输入，表示为

$$\boldsymbol{\alpha} = [\alpha_1, \cdots, \alpha_p]^{\mathrm{T}}, \quad \boldsymbol{u} = [u_1, \cdots, u_r]^{\mathrm{T}} \tag{9-34}$$

推力系数矩阵 $\boldsymbol{K} \in \mathbf{R}^{r \times r}$ 为对角阵，其表示形式为

$$\boldsymbol{K} = \mathrm{diag}\{\boldsymbol{K}_1, \cdots, \boldsymbol{K}_r\}, \quad \boldsymbol{K}^{-1} = \mathrm{diag}\left\{\frac{1}{\boldsymbol{K}_1}, \cdots, \frac{1}{\boldsymbol{K}_r}\right\} \tag{9-35}$$

$\boldsymbol{B}(\boldsymbol{\alpha}) \in \mathbf{R}^{3 \times r}$ 为推进器布置矩阵，可表示为 r 个列矢量 $\boldsymbol{t}_i \in \mathbf{R}^3$ 的形式：

$$\boldsymbol{B}(\boldsymbol{\alpha}) = [\boldsymbol{b}_1, \cdots, \boldsymbol{b}_r] \tag{9-36}$$

每一台推进器对应一个列矢量，三自由度（横荡、纵荡和艏摇）运动控制下，不同类型推进器对应 $\boldsymbol{b}_i$ 的表示为

$$\text{主推：}\boldsymbol{b}_i = \begin{bmatrix} 1 \\ 0 \\ l_{y_i} \end{bmatrix}；\text{侧推：}\boldsymbol{b}_i = \begin{bmatrix} 0 \\ 1 \\ l_{x_i} \end{bmatrix}；\text{全回转推进器：}\boldsymbol{b}_i = \begin{bmatrix} \cos(\alpha_i) \\ \sin(\alpha_i) \\ l_{x_i}\sin(\alpha_i) - l_{y_i}\cos(\alpha_i) \end{bmatrix}$$

式中：(l_{x_i}, l_{y_i}) 为第 i 个推进器在船体坐标系的位置；X 为纵轴方向，艏向为正；Y 为横轴方向，右舷为正。

全回转推进器可以任意旋转方向，如图 9-10 所示。任一全回转推进器输出推力可以按船体坐标轴分解为纵向分力和横向分力，若推力不变，当方位角 α 指向 0°时纵向分力达到正向最大值，方位角 α 指向 90°时横向分力达到正向最大值。

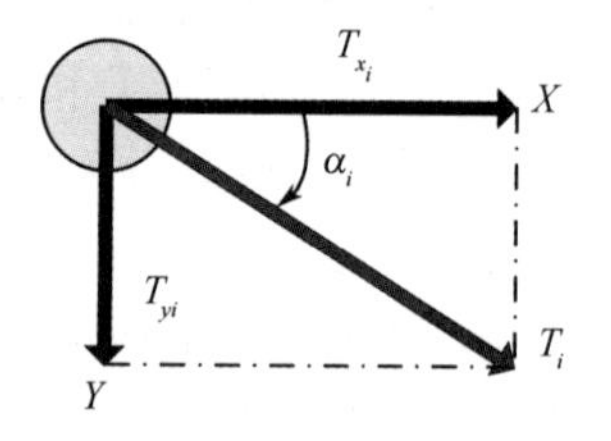

图 9-10 全方位推进器推力分解

$$\begin{cases} T_{x_i} = T_i\cos(\alpha_i) = K_i u_i \cos(\alpha_i) \\ T_{y_i} = T_i\sin(\alpha_i) = K_i u_i \sin(\alpha_i) \end{cases} \tag{9-37}$$

式中：T_{x_i} 和 T_{y_i} 分别为全方位推进器纵向分力和横向分力。

对于配置全方位推进器的动力定位船，推力分配模型式(9-33)为关于 $\boldsymbol{\alpha}$ 和 $\boldsymbol{u}$ 的非线性函数，为消掉非线性项，获得输入、输出的线性关系，沿用 Lindfors 扩展推力的概念，定义扩展推力 $\boldsymbol{T}_e \in \mathbf{R}^{2r}$ 为包含纵向分力和横向分力的矢量，表示为

$$\boldsymbol{T}_{e_i} = [\boldsymbol{T}_{x_i}, \boldsymbol{T}_{y_i}]^{\mathrm{T}} = \boldsymbol{K}_{e_i}\boldsymbol{u}_{e_i} \tag{9-38}$$

因此，推力分配模型可线性地表示为

$$\boldsymbol{\tau}_c = \boldsymbol{B}_e\boldsymbol{T}_e = \boldsymbol{B}_e\boldsymbol{K}_e\boldsymbol{u}_e \tag{9-39}$$

式中，$\boldsymbol{B}_e$ 和 $\boldsymbol{K}_e$ 为扩展后的推进器布置矩阵和推力系数矩阵，可表示为

$$
\boldsymbol{B}_e=\left[\begin{array}{cc:cc:c:cc}1 & 0 & 1 & 0 & \cdots & 1 & 0\\ 0 & 1 & 0 & 1 & \cdots & 0 & 1\\ l_{y_1} & l_{x_1} & l_{y_2} & l_{x_2} & \cdots & l_{y_r} & l_{x_r}\end{array}\right] \tag{9-40}
$$

$\boldsymbol{u}_e$为扩展控制输入：

$$
\boldsymbol{u}_{e_i}=\begin{bmatrix}u_{x_i}\\ u_{y_i}\end{bmatrix}=\begin{bmatrix}u_i\cos(\alpha_i)\\ u_i\sin(\alpha_i)\end{bmatrix} \tag{9-41}
$$

采用推力分配线性模型，获得扩展推力 $\boldsymbol{T}_e$后，推进器的推力和方位角可由下式计算：

$$
\begin{cases}\boldsymbol{T}_i=\sqrt{T_{x_i}^2+T_{y_i}^2}\\ \boldsymbol{\alpha}_i=\arctan(T_{y_i}/T_{x_i})\end{cases} \tag{9-42}
$$

9.6　二次规划推力分配

动力定位船对系统的安全性要求很高，推力分配单元必须保证在每个控制周期内都能输出控制指令，使推进器的总推力输出逼近控制器的期望合力，否则将造成位置丢失，带来非常严重的后果。功率最优推力分配为非线性约束最优化问题，采用复杂的非线性最优化方法常导致局部最优解，计算时间较长，有时甚至无法获得最优解，无法保证系统的安全。二次规划(Quadratic Programming)是解决约束最优化问题的有效方法，能够在有限的优化次数内获得全局最优解，能保证系统对于实时性的要求，且简单易行，非常适合推力分配的优化计算。但二次规划为凸优化，要求目标函数为二次函数，约束条件为线性约束，需要对推力分配的优化指标和约束条件进行针对性处理。

9.6.1　功率惩罚函数

设推进器的期望推力为 T_d，则由式(9-11)推进器期望转矩 Q_d可表示为 T_d的函数：

$$
Q_d=\frac{K_{Q_0}D}{K_{T_0}}T_d \tag{9-43}
$$

式中：K_{T_0}，K_{Q_0}分别为额定功率下，推进器的推力系数和扭矩系数。

推进器的期望功率消耗可表示为期望推力的函数：

$$
P_d=2\pi nQ_d=\frac{2\pi K_{Q_0}}{\sqrt{\rho}DK_{T_0}^{3/2}}T_d^{3/2}=HT_d^{3/2} \tag{9-44}
$$

式中：
$$
n=\frac{T_d}{\sqrt{K_{T_0}\rho D^2}},\quad H=\frac{2\pi K_{Q_0}}{\sqrt{\rho}DK_{T_0}^{3/2}}
$$

功率消耗函数中推力的最高幂次为3/2，不满足二次规划对于目标函数的要求，无法直接使用。一种更为精确的近似方法：

$$
P_d\approx\frac{H}{\sqrt{T_{d-1}}}T_d^2 \tag{9-45}
$$

式中：T_{d-1}为上一时刻推进器的期望推力值。当T_d趋近于T_{d-1}时，有

$$\lim_{T_d \to T_{d-1}} \frac{T_d^2}{\sqrt{T_{d-1}}} = T_d^{3/2} \tag{9-46}$$

在推力分配算法运行过程中，推进器两相邻推力指令间的偏差通常是较小的，因此式(9-46)是功率消耗的一个合理的近似。

因此，将推力分配的功率惩罚项J_T表示为如下形式：

$$J_T = T^{\mathrm{T}} \frac{\boldsymbol{W}_T}{\sqrt{T_{-1}} + \varepsilon_T} T \tag{9-47}$$

式中：T为功率最优推力分配问题的推力解；T_{-1}为上一时刻的推力解；$\varepsilon_T > 0$为非常小的正数，避免$T_{-1}=0$时的奇异问题。

$\boldsymbol{W}_T$为正定对角阵，对角元素$\boldsymbol{W}_T(i,i)$定义为

$$\boldsymbol{W}_T(i,i) = \frac{\dfrac{2\pi K_{Q_0,i}}{\sqrt{\rho} D_i K_{T_0,i}^{3/2}}}{\dfrac{1}{r}\sum\limits_{j=1}^{r} \dfrac{2\pi K_{Q_0,j}}{\sqrt{\rho} D_j K_{T_0,j}^{3/2}}} = \frac{H_i}{\dfrac{1}{r}\sum\limits_{j=1}^{r} H_j} \tag{9-48}$$

式中：r为推进器的数目；下标i和j都为推进器的序号。

9.6.2 推进器约束

1. 固定方位推进器

固定方位推进器方位角固定不变，总推力被限定在一线形区域。如图9-11所示，推力范围可表示为一条线段，最大和最小推力分别用T_{max}和T_{min}表示。

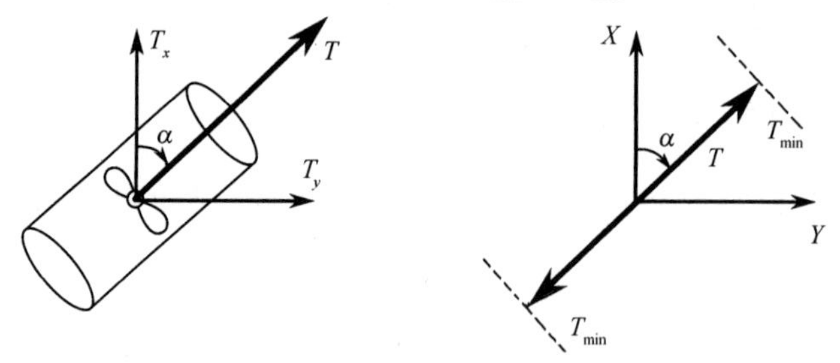

图9-11 固定方位推进器推力范围

固定方位推进器的推力约束可数学表示为

$$[\sin(\alpha) \quad -\cos(\alpha)] \begin{pmatrix} T_x \\ T_y \end{pmatrix} = 0 \tag{9-49}$$

$$\begin{bmatrix} \cos(\alpha) & \sin(\alpha) \\ -\cos(\alpha) & -\sin(\alpha) \end{bmatrix} \begin{pmatrix} T_x \\ T_y \end{pmatrix} \leqslant \begin{bmatrix} T_{max} \\ -T_{min} \end{bmatrix} \tag{9-50}$$

对于槽道推进器，其方位角$\alpha=90°$且有$T_{max} = -T_{min} = T_{lim}$，式(12-49)可转化为如下的线性形式：

$$T_x = 0 \tag{9-51}$$

$$T_{\min} \leqslant T_y \leqslant T_{\max} \Leftrightarrow |T_y| \leqslant T_{\lim} \tag{9-52}$$

2. 全回转推进器

全回转推进器是可旋转的执行机构，方位角 α 可以在 0°～360°范围内变化，因此它可以很容易地产生任意方向的推力，具有灵活机动的特点，非常适用于动力定位系统，如图 9－12(a)所示。大部分全方位推进器反转效率较低，通常不反转使用。若最大推力为 $T_{\max}$，其推力范围可表示为半径为 $R = T_{\max}$ 的圆形区域，形状如图 9－12 所示。当设置有方位角推力禁区时，推进器在一定方位角范围内不允许产生推力，则该圆形区域会产生缺口，转变为一些扇形区域的和。

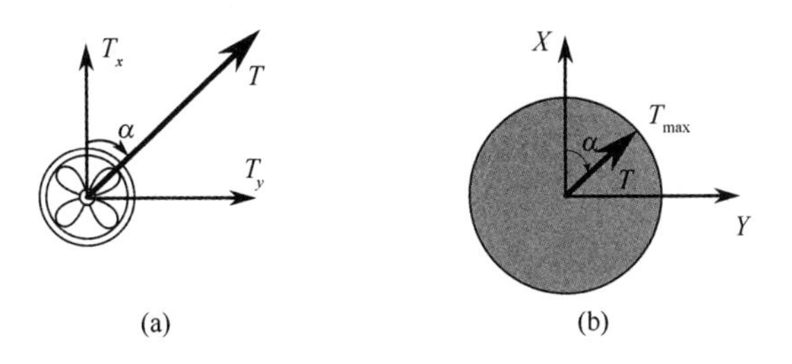

图 9－12 全方位推进器推力范围

无方位角禁区的全方位推进器的推力范围可表示为

$$\sqrt{T_x^2 + T_y^2} \leqslant T_{\max} \tag{9-53}$$

$$\| (T_x, T_y)^{\mathrm{T}} \|_2 \leqslant T_{\max} \tag{9-54}$$

该式为非线性不等式约束，不满足二次规划求解对于约束条件的要求，需要进行线性化处理。

本节采用多边形近似该圆形区域，将非线性约束转化为线性约束，以适应二次规划算法对约束条件要求。近似多边形应完全包含在圆形区域范围内，否则系统会过高估计船舶的定位能力，输出的推力指令有可能超出推进器的最大能力。如图 9－13(a)所示，通常选用圆的内接正 N 边形($N \geqslant 3$)作为近似的凸多边形。

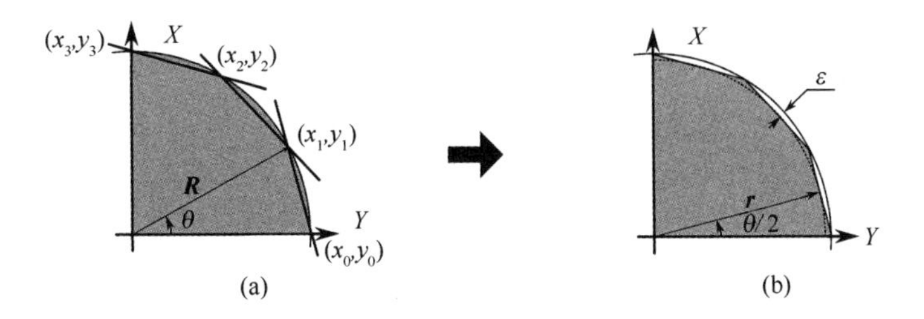

图 9－13 全方位推进器推力范围的近似

正 N 边形将圆弧平均分为 N 段，每段对应一个扇形区域，每个扇形的圆心角为 $\theta = 2\pi/N$。推进器推力近似误差取决于正多边形的边数 N，只要边数足够多，正多边形可以无限趋近于圆形区域。但是随着多边形边数的增多，约束方程的数目也会相应地增加，这会增大优化计算的复杂程度，需要更长的优化时间。所以，实际应用中需要平衡近似误差与约束方程数目之间的关系，使近似多边形边数的选择更加合理。

若正 N 边形的内切圆半径为 r，如图 9－13(b)所示，最大近似误差 ε，可表示为

$$r = R\cos\left(\frac{\theta}{2}\right) = R\cos\left(\frac{\pi}{N}\right) \tag{9-55}$$

$$\varepsilon = R - r = R\left(1 - \cos\left(\frac{\pi}{N}\right)\right) \tag{9-56}$$

因此,给定圆的半径 R 和最大近似误差 ε,近似正多边形的最少边数 N 可以由下式计算:

$$N = \frac{\pi}{\arccos\left(1 - \frac{\varepsilon}{R}\right)} \tag{9-57}$$

定义 N 边形的顶点为 $(x_k, y_k)(k = 0, 1, \cdots, N)$,其中 $(x_N, y_N) = (x_0, y_0)$。若这些顶点按逆时针方向排列,则过任意相邻两点的直线可表示为

$$(y - y_{k-1}) = \frac{(y_k - y_{k-1})}{x_k - x_{k-1}}(x - x_{k-1}), \quad k > 0 \tag{9-58}$$

因此,N 边形围成的区域可表示为

$$\begin{bmatrix} a_{i,11} & a_{i,12} \\ a_{i,21} & a_{i,22} \\ \vdots & \vdots \\ a_{i,N1} & a_{i,N2} \end{bmatrix} \begin{pmatrix} T_{i,x} \\ T_{i,y} \end{pmatrix} \leqslant \begin{bmatrix} b_{i,1} \\ b_{i,2} \\ \vdots \\ b_{i,N} \end{bmatrix} \tag{9-59}$$

$$A_i f_i \leqslant b_i \tag{9-60}$$

$$\begin{gathered} a_{k1} = y_k - y_{k-1} \\ a_{k2} = x_{k-1} - x_k \\ b_k = x_{k-1} y_k - x_k y_{k-1} \\ k > 0 \end{gathered} \tag{9-61}$$

式中:i 为推进器的序号。

3. 舵桨装置

传统的动力定位船通常配置主推和舵,它们安装在船的尾部,推力分配中可将其作为一个整体处理。主推为固定方位推进器,仅提供 X 方向推力,通过改变舵角的位置可使舵产生升力和阻力,从而改变舵桨装置总合力的方向,使船获得需要的转矩。舵桨装置产生的推力为

$$\begin{cases} T_x = T_{\text{main}} - T_{\text{drag}} \\ T_y = T_{\text{lift}} \end{cases} \tag{9-62}$$

式中:T_{main} 为主推推力;T_{lift} 和 T_{drag} 分别为舵的升力和阻力。

舵的升力和阻力随主推进器推力增大而增大,最大升力和最大阻力在主推进器取得正向最大推力(系桩拉力 T_0)时取得,用系桩拉力的百分比表示,它是关于舵角的函数。舵桨装置的最大推力与舵角的关系如图 9-14 所示,当舵角达到某一角度之后,升力会突然变化缓慢,继续增加舵角,升力会下降或出现不稳定状态,这是由于舵上的水流发生分离现象所引起的,这个角度称为失举角,一般不大于 35°。设计最大舵角时,应使舵的最大偏移量小于失举角。

舵桨装置的总合力方向与舵角不同,这与升力与阻力的大小有关。舵桨装置的推力范围如图 9 - 15 所示,主推正转时,旋转舵角可获得类似扇形的推力区域,为非线性推力约束;反转时,由于排出流为远离舵的方向,这时舵不能产生升力,推力范围转变为一线形区域,为线性推力约束,但是主推反转的效率较低,最大推力 T_{min} 一般只有正转推力的一半左右。

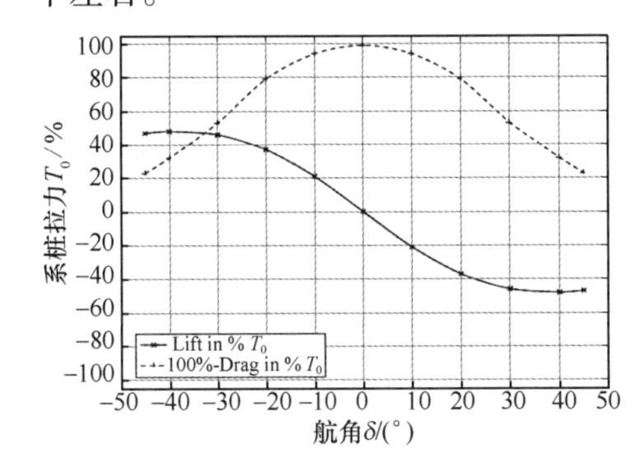

图 9 - 14 舵桨装置的最大推力与舵角的关系

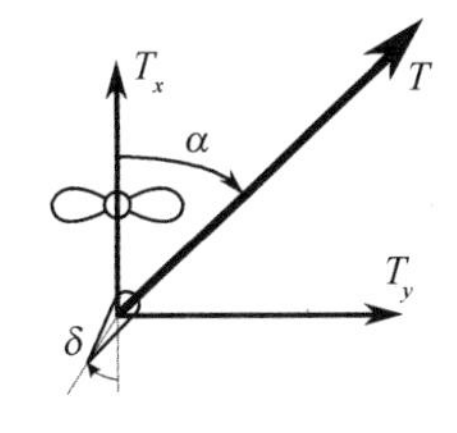

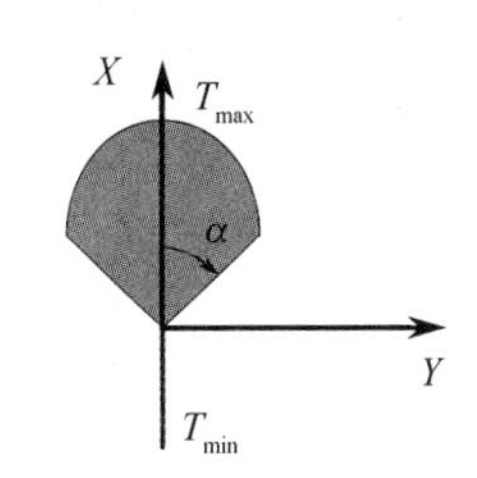

图 9 - 15 舵桨装置舵角和推力范围

舵桨装置的类扇形的非线性约束区域的线性化处理与全回转推进器类似,在舵角活动范围内平均地选取一些舵角对应的推力值作为近似多边形的顶点,如图 9 - 16 所示构建凸多边形。

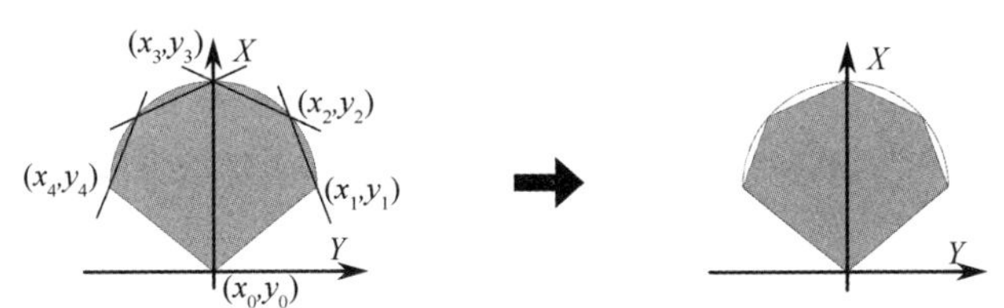

图 9 - 16 舵桨装置推力范围的近似

4. 非凸推力区域处理

二次规划为凸优化,要求约束条件为凸约束,即所有的推力区域都应该是凸的。但实际的推力区域往往是非凸的,如舵桨装置,设置有方位角禁区的全方位推进器等。因此,需要进行特殊处理,一种简单的做法是将非凸推力区域分解为多个凸区域的组合,如将舵桨装置的推力区域分解为类扇形区和线形区,将全方位推进器带有缺口的圆形分解为几个凸的扇形区域。分解的凸区域可以有重合,不影响推力分配的结果,但不能有覆盖不到的区域。

在求解最优推力时,首先为每台推进器选取一个凸区域作为寻优的可行区,由于一台推进器可能对应多个凸推力区域,因此需列举所有可能的推力区域组合;然后遍历每一种组合,分别应用二次规划求解最优推力,并记忆目标函数值;最后比较各组合的目标值大小,选取目标值最小的推力解作为最终的控制输出。总组合数等于各推进器对应凸推力区域数量的乘积,组合方式越多,优化过程越复杂,需要的计算时间也越长。所以,分解非凸推力区域时,应优先选取凸推力区域数目较少的分解方法。

分解非凸推力区域的作法虽然需要多次重复的计算,但由于动力定位船的推进器数是有限的,方位角禁区也很少,且并不复杂,因此额外的优化时间也比较有限,不会对实时控制造成大的影响。

9.6.3 二次规划推力分配算法

1. 功率最优二次规划推力分配模型

功率最优推力分配的主要目的是在众多可行推力解中搜索功率消耗最小的推力解,将其作为推力指令输出给各推进器。除此之外,为了保证系统安全,推力分配必须能时刻输出推力解,即使负载超出了动力定位船的最大能力,无法保持期望船位时,推力分配单元还应能提供推力解,尽最大可能地把船拉回目标位置。另外,为了使推力的分配更加均衡,避免各推力出现大的偏差,推力分配单元还应对推力解的最大推力进行比较,优先选择推力较小的可行解。

目标函数是优化目标与影响因素之间的函数关系,其值是可行解优劣的评价标准。本节设计的功率最优二次规划推力分配算法的目标函数主要包括功率惩罚项、分配误差惩罚项和最大推力惩罚项,并考虑推进器约束,建立推力分配的数学模型为

$$J=\min_{\boldsymbol{T},\boldsymbol{s},\bar{\boldsymbol{T}}}\left\{\boldsymbol{T}^{\mathrm{T}}\frac{\boldsymbol{W}_T}{\sqrt{\boldsymbol{T}_{-1}}+\varepsilon_T}\boldsymbol{T}+\boldsymbol{s}^{\mathrm{T}}\boldsymbol{Q}\boldsymbol{s}+\boldsymbol{\lambda}\bar{\boldsymbol{T}}\right\} \tag{9-63}$$

$$\begin{aligned}\text{s.t.}\quad &\boldsymbol{\tau}_c=\boldsymbol{B}\boldsymbol{T}-\boldsymbol{s}\\ &\boldsymbol{A}\boldsymbol{T}\leqslant\boldsymbol{b}\\ &-\infty\leqslant\boldsymbol{s}\leqslant+\infty\\ &-\bar{\boldsymbol{T}}\leqslant\boldsymbol{T}\leqslant\bar{\boldsymbol{T}}\end{aligned}$$

式中:J为目标函数;$\boldsymbol{T}\in\mathbf{R}^r$为推进器推力;$\boldsymbol{s}\in\mathbf{R}^3$为松弛变量;$\bar{\boldsymbol{T}}\in\mathbf{R}$为推力解中的最大推力,定义为

$$\bar{\boldsymbol{T}}=\max_i|\boldsymbol{T}_i| \tag{9-64}$$

目标函数的第一项为功率消耗惩罚项,定义见式(9-47),$\boldsymbol{W}_T>0$为权值矩阵定义见式(9-48)。目标函数的第二项为分配误差惩罚项,其中对角阵$\boldsymbol{Q}$为权值矩阵,一般选择$Q\gg\boldsymbol{W}_T$,目的是在二次规划时可优先选择松弛变量$\boldsymbol{s}$较小的最优解,最大可能地满足等式约束。目标函数的第三项为最大推力惩罚项,其中λ为最大推力的惩罚系数。

将式(9-63)整理为二次规划的标准形式为

$$\min_{\boldsymbol{T},\boldsymbol{s},\bar{\boldsymbol{T}}}\begin{bmatrix}\boldsymbol{T}\\ \boldsymbol{s}\\ \bar{\boldsymbol{T}}\end{bmatrix}^{\mathrm{T}}\begin{bmatrix}\dfrac{\boldsymbol{W}_T}{\sqrt{\boldsymbol{T}_{-1}}+\varepsilon_T} & 0 & 0\\ 0 & \boldsymbol{Q} & 0\\ 0 & 0 & 0\end{bmatrix}\begin{bmatrix}\boldsymbol{T}\\ \boldsymbol{s}\\ \bar{\boldsymbol{T}}\end{bmatrix}+[0\quad 0\quad \lambda]\begin{bmatrix}\boldsymbol{T}\\ \boldsymbol{s}\\ \bar{\boldsymbol{T}}\end{bmatrix} \tag{9-65}$$

$$\text{s.t.}\quad[\boldsymbol{B}\quad -\boldsymbol{I}\quad 0]\begin{bmatrix}\boldsymbol{T}\\ \boldsymbol{s}\\ \bar{\boldsymbol{T}}\end{bmatrix}=\boldsymbol{\tau}_c$$

$$\begin{bmatrix}\boldsymbol{A} & 0 & 0\\ -\boldsymbol{I} & 0 & -1\\ \boldsymbol{I} & 0 & -1\end{bmatrix}\begin{bmatrix}\boldsymbol{T}\\ \boldsymbol{s}\\ \bar{\boldsymbol{T}}\end{bmatrix}\leqslant\begin{bmatrix}b\\ 0\\ 0\end{bmatrix}\quad\begin{bmatrix}-\infty\\ -\infty\end{bmatrix}\leqslant\begin{bmatrix}\boldsymbol{s}\\ \bar{\boldsymbol{T}}\end{bmatrix}\leqslant\begin{bmatrix}+\infty\\ +\infty\end{bmatrix}$$

2. 二次规划问题求解方法

二次规划是最简单的非线性规划,其一般形式为

$$\min\left\{\frac{1}{2}\boldsymbol{x}^{\mathrm{T}}\boldsymbol{W}\boldsymbol{x}+\boldsymbol{c}^{\mathrm{T}}\boldsymbol{x}\right\}$$

$$\text{s. t.}\quad \boldsymbol{B}_E+\boldsymbol{A}_E\boldsymbol{x}=0$$

$$\boldsymbol{B}_I+\boldsymbol{A}_I x\geqslant 0 \tag{9-66}$$

式中:$\boldsymbol{W}>0$ 为 n 阶对称阵。

定义汉密尔顿函数:

$$H_0=\frac{1}{2}\boldsymbol{x}^{\mathrm{T}}\boldsymbol{W}\boldsymbol{x}+\boldsymbol{c}^{\mathrm{T}}x-\mu(\boldsymbol{B}_E+\boldsymbol{A}_E x)-\lambda(\boldsymbol{B}_I+\boldsymbol{A}_I x) \tag{9-67}$$

定义 $H_1(x,\mu,\lambda)$ 和 $H_2(x,\mu,\lambda)$ 为其一阶偏导数:

$$\begin{cases}H_1(x,\mu,\lambda)=\dfrac{\partial H_0}{\partial x}\\ H_2(x,\mu,\lambda)=\dfrac{\partial H_0}{\partial \mu}\end{cases} \tag{9-68}$$

则根据规划问题的最优性一阶必要条件 KT 条件,式(9-66)的最优解满足如下3个必要条件:

$$H_1(x,\mu,\lambda)=\boldsymbol{W}\boldsymbol{x}-(\boldsymbol{A}_E)^{\mathrm{T}}\mu-(\boldsymbol{A}_I)^{\mathrm{T}}\boldsymbol{\lambda}+\boldsymbol{c}=0 \tag{9-69}$$

$$H_2(x,\mu,\lambda)=\boldsymbol{B}_E+(\boldsymbol{A}_E)^{\mathrm{T}}x=0 \tag{9-70}$$

$$\lambda\geqslant 0,\quad \boldsymbol{B}_I+\boldsymbol{A}_I x\geqslant 0,\quad \boldsymbol{\lambda}^{\mathrm{T}}[\boldsymbol{B}_I+\boldsymbol{A}_I x]=0 \tag{9-71}$$

式(9-71)是一个 m 维的线性互补问题。由于含有不等式无法直接求解,因此定义一个光滑的 FB 函数对该条件进行转化:

$$\phi(\varepsilon,a,b)=a+b-\sqrt{a^2+b^2+2\varepsilon^2} \tag{9-72}$$

式中:ε 为光滑参数。

令

$$\begin{cases}\phi(\varepsilon,x,\lambda)=[\phi_1\quad \phi_2\quad \cdots\quad \phi_m]^{\mathrm{T}}\\ \phi_i(\varepsilon,x,\lambda)=\lambda_i+[B_i+A_i x]-\sqrt{\lambda_i^2+[B_i+A_i x]^2+2\varepsilon^2}\end{cases} \tag{9-73}$$

式中:A_i 和 B_i 分别为矩阵 $\boldsymbol{A}_I$ 和 $\boldsymbol{B}_I$ 的第 i 行。

式(9-71)可以转化为

$$[\varepsilon\quad \phi(\varepsilon,x,\lambda)]^{\mathrm{T}}=0 \tag{9-74}$$

记 $z=(\varepsilon,x,\mu,\lambda)$,则3个必要条件可转化为

$$H(z)=H(\varepsilon,x,\mu,\lambda)=\begin{bmatrix}\varepsilon\\ H_1(x,\mu,\lambda)\\ H_2(x,\mu,\lambda)\\ \phi(\varepsilon,x,\lambda)\end{bmatrix}=0 \tag{9-75}$$

计算其雅可比矩阵为

$$
\boldsymbol{H}'(z)=\begin{bmatrix}1 & 0 & 0 & 0\\ 0 & \boldsymbol{W} & -(\boldsymbol{A}_E)^{\mathrm{T}} & -(\boldsymbol{A}_I)^{\mathrm{T}}\\ 0 & \boldsymbol{A}_E & 0 & 0\\ v & \boldsymbol{D}_2(z)A_I & 0 & \boldsymbol{D}_1(z)\end{bmatrix} \tag{9-76}
$$

式中：

$$
\begin{cases} v=\nabla_{\varepsilon}\phi(\varepsilon,x,\lambda)=[v_1, \quad v_2, \quad \cdots, \quad v_m]^{\mathrm{T}} \\ v_i=-\dfrac{2\varepsilon}{\sqrt{\lambda_i^2+[B_i+A_ix]^2+2\varepsilon^2}} \end{cases} \tag{9-77}
$$

$$
\boldsymbol{D}_1(z)=\begin{bmatrix}a_1(z) & & & \\ & a_2(z) & & \\ & & \ddots & \\ & & & a_m(z)\end{bmatrix} \tag{9-78}
$$

$$
\boldsymbol{D}_2(z)=\begin{bmatrix}b_1(z) & & & \\ & b_2(z) & & \\ & & \ddots & \\ & & & b_m(z)\end{bmatrix} \tag{9-79}
$$

式中：$a_i(z)$、$b_i(z)$由下式确定

$$
\begin{cases} a_i(z)=1-\dfrac{\lambda_i}{\sqrt{\lambda_i^2+[B_i+A_ix]^2+2\varepsilon^2}} \\ b_i(z)=1-\dfrac{B_i+A_ix_i}{\sqrt{\lambda_i^2+[B_i+A_ix]^2+2\varepsilon^2}} \end{cases} \tag{9-80}
$$

定义参数 $\gamma\in(0,1)$，非负函数 $\beta(z)=\gamma\|H(z)\|\min\{1,\|H(z)\|\}$，采取光滑牛顿法即可解决该二次规划问题。具体计算方法为：

步骤0：选取初始点。选取 ρ、$\eta\in(0,1)$，$\varepsilon_0>0$，置 $z_0=(\varepsilon_0,x_0,\mu_0,\lambda_0)$，$\bar{z}=(\varepsilon_0,0,0,0)$，选取 $\gamma\in(0,1)$，使得 $\gamma\mu_0<1$ 且 $\gamma\|H(z)\|<1$，令 $j=1$。

步骤1：判断计算终止条件。如果 $\|H(z)\|=0$，算法中止；否则，计算 $\beta_j=\beta(z_j)$。

步骤2：寻找合适的步长。求解方程 $H(z_j)+H'(z_j)\Delta z_j=\beta_j\bar{z}$，得到 $\Delta z_j=(\Delta\varepsilon_j,\Delta x_j,\Delta\mu_j,\Delta\lambda_j)$。

步骤3：确定搜索方向。若 m_j 为满足式

$$
\|H(z_j+\rho^{m_j}\Delta z_j)\|\leqslant[1-\sigma(1-\beta\mu_0)\rho^{m_j}]\|H(z_j)\|
$$

的最小非负整数，令 $\alpha_j=\rho^{m_j}$，$z_{j+1}=z_j+\alpha_j\Delta z_j$。

步骤4：迭代重复计算。令 $j=j+1$，转步骤1。

9.7 分组偏置推力分配

环境载荷较平稳时，采用最优化方法得到的推力解容易导致奇点现象，使推进器都转向总负载的方向。此时若出现垂直于负载方向的干扰力，就可能使动力定位船无法高精度继续保持位置，严重影响船舶的动态性能和操纵性，甚至会使船舶暂时失去继续作业的能力。

另外,推进器的输出推力较小时,其工作效率较低,推力精度较差,有的推进器甚至无法输出零推力,给动力定位船舶的高精度定位带来很大的困难。为了解决以上问题,本节引入了分组偏置的概念,基于二次规划算法提出了一种偏置量可自适应变化的推力分配算法。

9.7.1 推进器偏置的定义

推进器偏置是指为一组全回转推进器设定内部相互作用的推力,这些作用力相互抵消,对于整组推进器来说,总的作用合力为0。每组通常包括2~3台全方位推进器,组内相互抵消的推力称为偏置量。推进器偏置原理如图9-17所示。

推进器偏置的引入,改变了推进器输出,与原推力相比,在推力的大小和方向上都有很大的变化。这样做的好处在于避免了推进器工作在推力较小的低效率区,同时还可以减少方位角的变化幅度,解决了推进器无法输出零推力的问题,在方位角不变情况,推力能很快地从正最大值变到负最大值,改善了船舶的操纵性动态性能和定位精度。对于最优推力分配方法常出现的奇点问题,推进器偏置也是非常有效的方法。推进器偏置不会降低推进器的最大能力,偏置量可以自适应地调节其大小,随着推力指令的增加,偏置量会逐渐降低或取消。

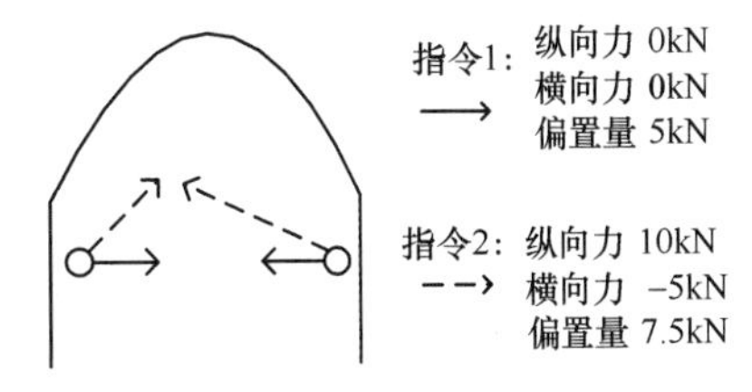

图9-17 推进器偏置原理示意图

如果把位置相邻的两个推进器作为一个组合等效为一个独立的推进器,那么,推进器偏置的概念不仅可以应用于组内的推进器,还可以扩展到两个推进器组之间以及推进器组和推进器之间,被称为组合偏置。参加组合偏置的推进器为偏置推进器,推进器组为偏置组。

9.7.2 分组偏置推力分配算法

考虑船舶任意相邻的两个推进器构成的组合,在船体坐标系下其位置布置如图9-18所示。图中,(l_{x_1},l_{y_1})和(l_{x_2},l_{y_2})分别表示序号为NO.1和NO.2的两推进器的坐标。

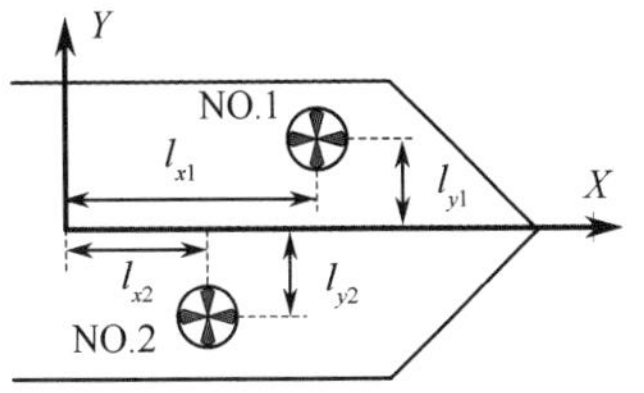

图9-18 船体坐标系下推进器的位置布置

两推进器在X轴方向的作用力及产生力矩可表示为

$$\begin{cases} T_x = T_{x_1} + T_{x_2} \\ T_x l_y = T_{x_1} l_{y_1} + T_{x_2} l_2 \end{cases} \tag{9-81}$$

式中:T_{x_1}和T_{x_2}分别为两推进器在X轴方向的分力;T_x为推进器组在X轴方向的分力;l_y为整个推进器组的推力作用点在Y轴方向的坐标值。

定义权值系数λ_{x_1}和λ_{x_2}为

$$\begin{cases} \lambda_{x_1} = T_{x_1}/T_x \\ \lambda_{x_2} = T_{x_2}/T_x \end{cases} \tag{9-82}$$

将式(9-82)代入式(9-81),得

$$\begin{cases} \lambda_{x_1} + \lambda_{x_2} = 1 \\ \lambda_{x_1} l_{y_1} + \lambda_{x_2} l_{y_2} = l_y \end{cases} \tag{9-83}$$

同理,在Y轴方向同样有

$$\begin{cases} \lambda_{y_1} + \lambda_{y_2} = 1 \\ \lambda_{y_1} l_{x_1} + \lambda_{y_2} l_{x_2} = l_x \end{cases} \tag{9-84}$$

权值系数的取值可由推进器的推力容量决定,推力容量较大的推进器权值系数相对较高,定义为

$$\begin{cases}\lambda_{x_1}=\lambda_{y_1}=\dfrac{T_{1,\max}}{T_{1,\max}+T_{2,\max}}\\ \lambda_{x_2}=\lambda_{y_2}=\dfrac{T_{2,\max}}{T_{1,\max}+T_{2,\max}}\end{cases} \tag{9-85}$$

式中:$T_{1,\max}$和 $T_{2,\max}$分别为两推进器的最大推力。

推力分配单元可将该推进器组等效为位于坐标点(l_x,l_y)的独立推进器,采用二次规划算法计算该推进器组的推力,其最大推力为 $T_{\max}=T_{1,\max}+T_{2,\max}$,两台推进器按权值系数分配推力。

但采用该处理方法,会使同组的两推进器方位角相同,经常导致推进器进入方位角禁区。一种简单有效的解决方法就是在两推进器间引入推进器偏置,改变方位角的方向,使推进器转出方位角禁区范围。船舶的推进器通常关于 X 轴对称布置,这样的一组偏置推进器只会产生相互抵消的横向偏置力。当出现方向频繁变化的纵向力指令时,由于推进器的方位角变化比较缓慢,并存在滞后现象,这会严重影响船舶的动态性能和定位精度。因此,可以继续应用该组合方法使该组与相邻的推进器或推进器组构成新的组,以引入纵向偏置力。这不仅可以解决推力分配的奇点问题,同时还能减少参与计算的推进器数量,降低优化计算的复杂程度。

9.7.3 自适应偏置量设计

过大的偏置量会带来不必要的功率消耗,甚至会使输出推力超出推进器的能力范围。因此,偏置量的设置需兼顾推进器的工作效率和功率消耗,根据推力指令的变化能够自适应地做出调整。

对于任意一对偏置推进器或偏置组,偏置量 Δ 可由下式确定:

$$\begin{cases}0\leqslant\mu\leqslant1\\ T_\Delta=\min(T_{1,\max},T_{2,\max})\\ |\Delta|=\mu T_\Delta\\ \arg(\Delta)=\arctan\left(\dfrac{l_{y_2}-l_{y_1}}{l_{x_2}-l_{x_1}}\right)\end{cases} \tag{9-86}$$

式中:μ 为偏置量系数。

为了保证引入的推进器偏置不影响推进器的最大推力能力,提高系统的鲁棒性和自适应性,引入了自适应偏置因子 σ,其变化规律为

$$\sigma(t+1)=\begin{cases}1, & T(t+1)/T_\Delta\leqslant\beta_1\\ \sigma(t), & \beta_1<T(t+1)/T_\Delta\leqslant\beta_2\\ 0, & \beta_2<T(t+1)/T_\Delta\end{cases} \tag{9-87}$$

式中:t 为相应的采样时刻;T 为 T_{Δ} 对应推进器的推力;β_1 和 β_2 为阈值,且有 $0 \leqslant \beta_1 < \beta_2 \leqslant 1$。

实际引入的偏置量为 $\sigma\Delta$,偏置量的大小可通过偏置量系数 μ 进行调节,引入的自适应偏置因子 σ 实现了偏置量随着推力的变化的自适应调整。

9.8　仿真案例

仿真案例中推进器安装配置如图9－19所示,具体参数如表9－2所示。各推进器的推力可行区域如表9－3所列。

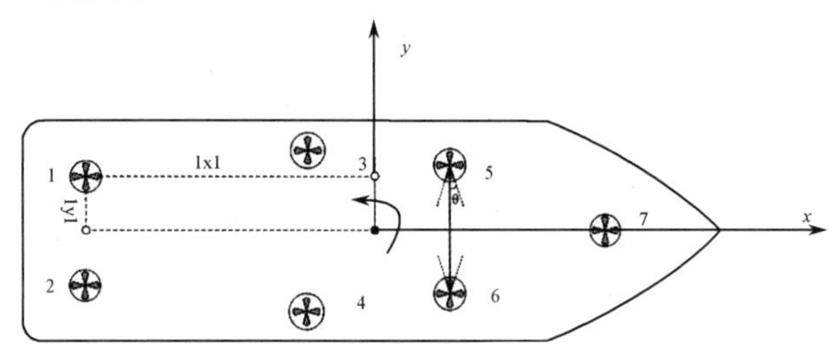

图9－19　船舶模型推进器安装位置

表9－2　推进器具体参数

	型号	类型	功率/kW	直径/m	最大推力/kN	X/m	Y/m
1#推进器	FS3500/MN	主推	4500	4.5	680	－93.8	9.45
2#推进器	FS3500/MN	主推	4500	4.5	680	－93.8	－9.45
3#推进器	FS2510/2500MNR	可伸缩	3200	4	540	－12.55	15.4
4#推进器	FS2510/2500MNR	可伸缩	3200	4	540	－12.55	－15.4
5#推进器	FS2510/2500MNR	可伸缩	3200	4	540	37.85	14
6#推进器	FS2510/2500MNR	可伸缩	3200	4	540	37.85	－14
7#推进器	FS2510/2500MNR	可伸缩	3200	4	540	82.65	0

表9－3　推力可行区域

推进器序号	方位角范围/(°)	最大推力值/kN
1#	－180～0	680
2#	0～180	680
3#	－180～0	540
4#	0～180	540
5#	－180～0	540
6#	0～180	540
7#	0～180	540

仿真中海况仿真设置如表9－4所列。

表9－4　海况仿真设置

风速	11.4m/s	风向	30°
浪高	0.6m	浪向	30°
流速	1.0kn	流向	15°

初始位置和艏向:(0m,0m,0°)

目标位置和艏向:(50m,50m,10°)

仿真过程中动力定位船舶执行定位控制,由初始位置向目标位置移动。

9.8.1 二次规划推力分配仿真

二次规划算法可以解决带有推力禁区的凸约束推力分配问题,动力定位船配置的全部为全方位推进器,每台推进器的推力区域为半径为其最大推力的半圆形,将半圆平均分为 $N=10$ 个扇形区域,因此各推进器的推力区域被近似为边数为 12 的多边形。

选取权值系数为 $\boldsymbol{Q}=\mathrm{diag}\{100,\quad 100,\quad 200000\}$,$\lambda=1$。

船舶运动过程中各推进器的推力和方位角响应曲线如图 9-20 所示,船舶的运动响应曲线如图 9-21 所示。

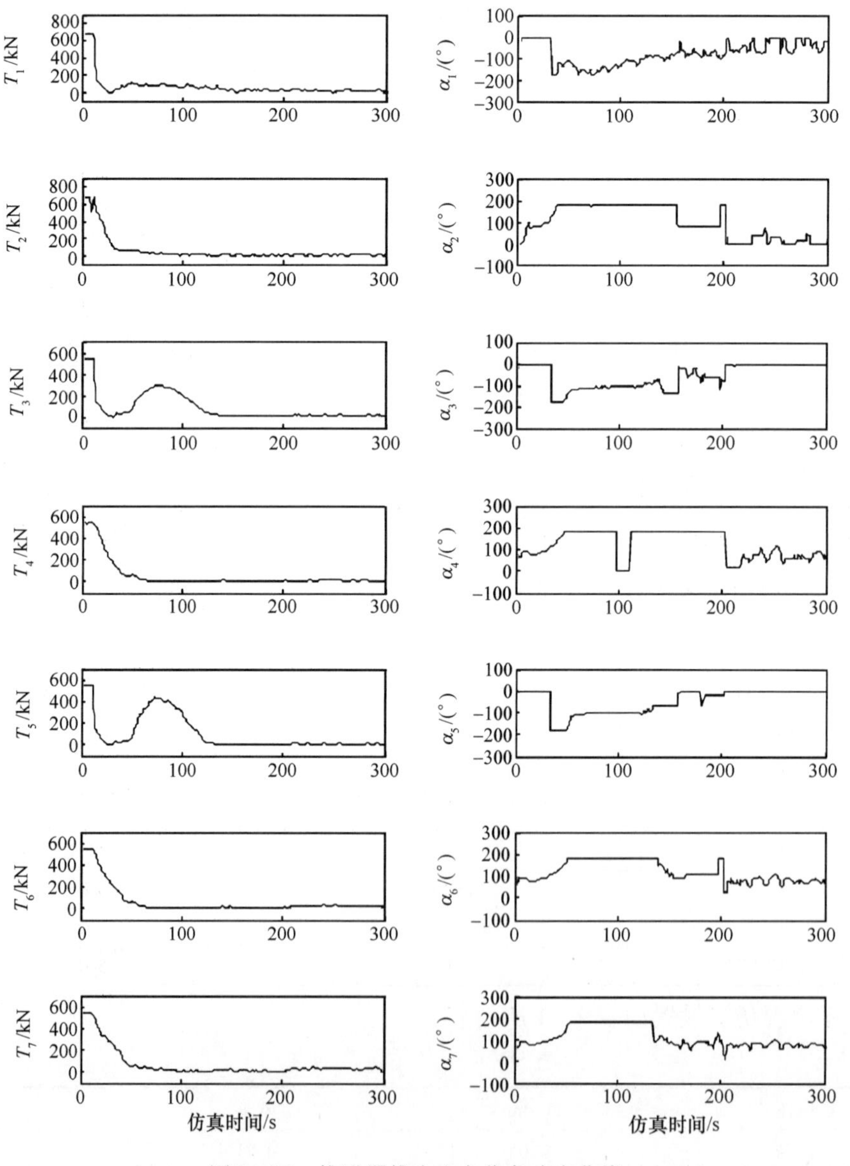

图 9-20 推进器推力和方位角响应曲线

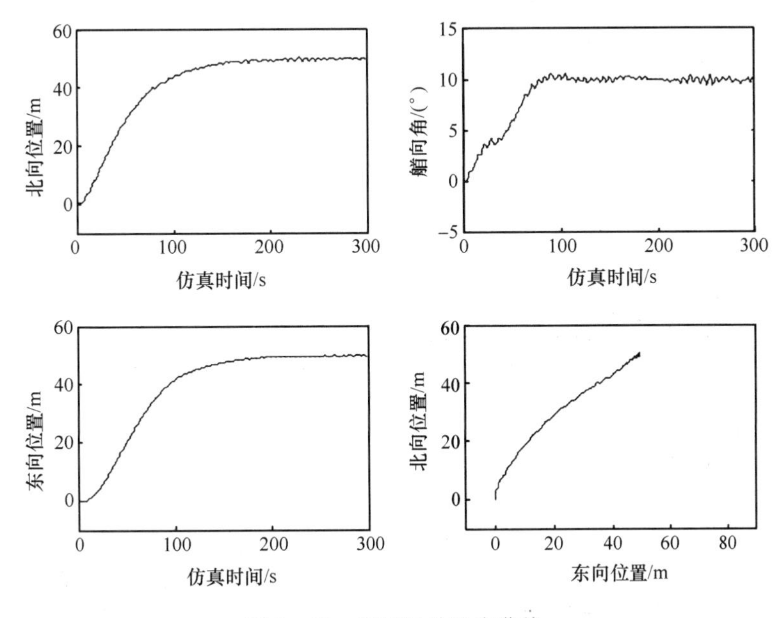

图9－21 船舶运动响应曲线

由图可知,仿真开始时各推进器推力较大,之后逐渐降低并趋于稳定。

当推进器方位角受限时,二次规划算法可有效地将输出推力的方位角严格限制在设定范围内,且各推力分配均衡,偏差较小。

9.8.2 分组偏置推力分配仿真

仿真环境如上,仿真船舶的推进器分组情况如图9－22所示,各组的偏置系数取值为$\mu=0.3$。各推进器动态约束范围为$|\Delta T|\leqslant 10\text{kN}$,$|\Delta\alpha|\leqslant 5°$。

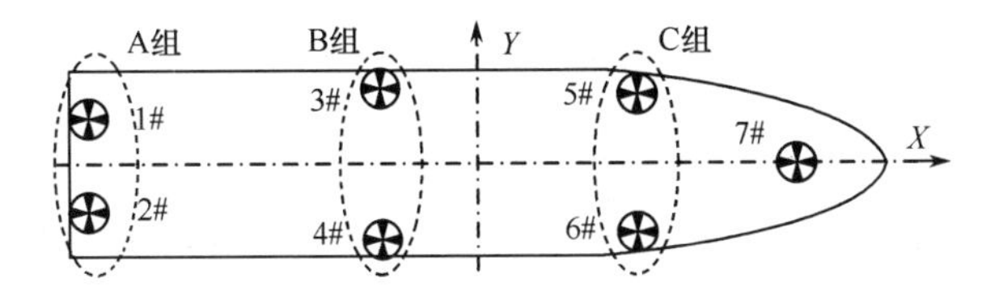

图9－22 海洋石油201船推进器分组情况

图9－23和图9－24分别为仿真过程中各推进器的推力和方位角响应曲线和船舶的运动响应曲线,其中虚线和实线分别对应推力分配算法采用二次规划算法(QP)和分组偏置推力分配算法(GB)时的仿真结果。

由图可知,采用分组偏置推力分配算法时,A组、B组和C组的推进器推力较采用二次规划算法时要高,避免了推进器工作在效率较低的零推力区域,且推力和方位角变化幅度大大小于采用二次规划算法时的情况,降低了推进器的磨损。且采用分组偏置推力分配算法时,推进器方位角在4个象限内都有分布,有效避免了奇点问题的发生。采用分组偏置推力分配算法时,船舶的北向位置、东向位置和艏向角的响应都比二次规划算法更加平稳,这是因为分组偏置推力分配算法减少了方位角的变化幅度,加速了推力响应的速度,使推进器的输出能更快地跟踪控制器的合力。

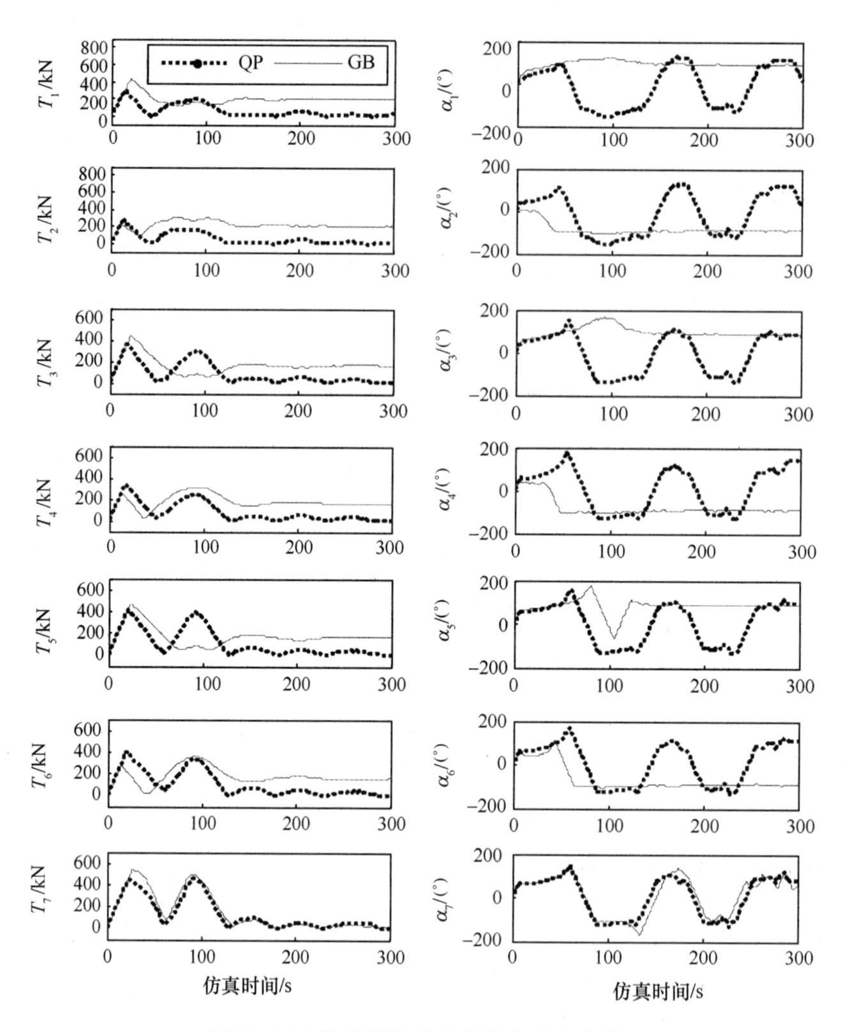

图 9－23　推进器推力和方位角响应曲线

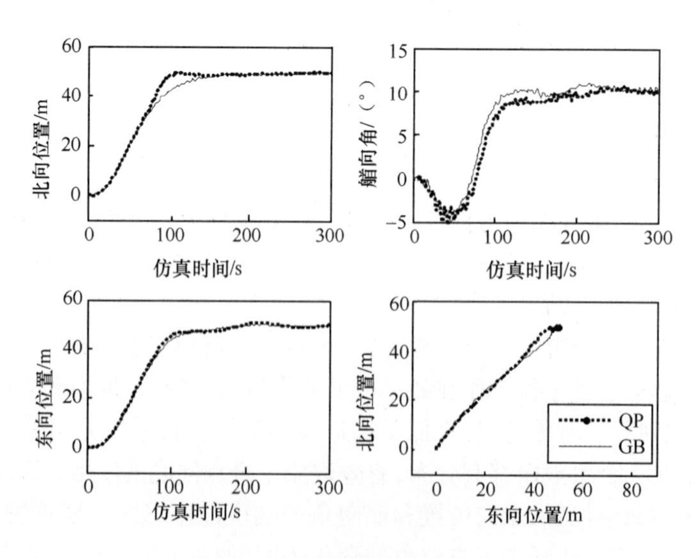

图 9－24　船舶运动响应曲线

第10章

故障诊断和报警

10.1 故障诊断基本概念

一般情况下,故障是指在系统中出现的任何异常现象或动态系统中部分器件功能失效而导致整个系统性能下降的事件。

系统发生故障后,系统中参数或变量的特性将会与无故障时不同,这种差异包含了丰富的故障信息。故障诊断的任务就是描述系统中的故障特征,并利用其检测隔离故障。传统的故障诊断一般分为基于硬件冗余和基于软件(解析)冗余的故障诊断方法,由于前者大大增加了经济和空间成本,因此,后者受到了更多的关注和青睐。

容错控制是故障诊断、鲁棒控制和可重构控制三个研究领域的紧密结合。典型的容错控制方案是,当传感器或执行器故障发生时,故障诊断方案检测并隔离故障源,然后开始进行重构控制,可重构控制器进行调整以适应故障,使得闭环控制系统仍然是稳定的,且被控系统可保持较理想的控制特性,故障诊断与可重构控制器需对不确定性和干扰具有一定的鲁棒性。因此,故障诊断与容错控制技术可对现代复杂系统的可靠性和安全性提供切实保障,具有十分重要的意义。

故障诊断技术大致可分为基于解析模型的故障诊断、基于信号处理的故障诊断和基于知识的故障诊断。

10.1.1 基于解析模型的故障诊断

基于解析模型的故障诊断方法最早提出于20世纪70年代,该方法需要建立被诊断对象的精确数学模型,其充分利用了系统内部的深层知识来进行故障诊断。该方法的指导思想是用解析冗余取代硬件冗余,将被诊断对象的数学模型输出估计值与系统的实际测量值作比较得到残差信号,由于残差信号中包含着丰富的故障信息,因此通过持续观测得到的残差信号可以达到故障诊断的目的。基于解析模型的故障诊断方法一般可分为状态估计法和参数估计法。

目前,国内外学者对基于解析模型的故障诊断方法的研究已取得了大量成果。周东华对基于解析模型的多种非线性系统故障诊断方法进行了对比分析。Saif 为了降低未知扰动和系统建模不准确对故障诊断机构的影响,设计了基于未知输入观测器的故障诊断方法。Chen、Larson 等利用卡尔曼滤波器解决了随机噪声、残差耦合对系统故障诊断的影响,成功地将卡尔曼滤波器应用于传感器及执行器故障诊断。Persis 根据非线性观测器理论,基于微分几何方法,将一类非线性系统划分为可观测和不可观测部分,从而实现了对非线性系统的故障诊断。Juricic 提出的参数故障诊断方法结合了数理统计思想,提高了参数估计精度。

10.1.2 基于信号处理的故障诊断

在很多情况下,要建立被诊断对象的数学模型是十分困难的。基于信号处理的故障诊断方法,不依赖于系统的数学模型,直接对信号中的特征值加以分析来完成故障诊断。由于这种方法不需要精确的数学模型,能挖掘出系统信号中包含的故障信息,因此具有良好的发展前景。

很多学者对基于信号处理的故障诊断方法进行了大量研究。胡昌华和 Zhang 等充分发挥了小波变换的分析特点,可有效地检测信号的奇异性,增强了系统对噪声的抑制能力,提出了一种比较新颖的故障诊断方法。吕柏权为了降低对输入信号的要求,减小计算量,提出了利用小波神经网络辨识非线性系统,实现了对突变故障信号的检测。Kumamaru 等利用 kullback 信息检测(KDI)准则,针对系统未知部分设计了动态系统的故障检测方法,并在 KDI 中引入新指标来评价未建模部分。

10.1.3 基于知识的故障诊断

基于知识的故障诊断方法,也不需要建立被诊断对象的精确数学模型,通过引入诊断对象的信息,以使其具有某些“智能”的特性,大大提高了决策水平,是一种很有“生命力”的故障诊断方法。该方法需要大量的系统数据和信息进行学习和判别。基于知识的故障诊断方法主要有:基于神经网络的故障诊断方法、基于定性模型的故障诊断方法和基于模糊逻辑的故障诊断方法等。

很多学者对基于知识的故障诊断方法进行了大量研究。Pazzani 针对专家系统知识难以获取的问题,利用失误驱动策略设计了故障诊断专家系统。黄洪钟、Sauter 和 Vachkov 等利用集合论中的隶属度函数和模糊关系矩阵概念,建立故障与征兆间的模糊规则库,解决了故障与征兆间的不确定关系。闻新、Wang、Polycarpou 等分别利用神经网络产生残差,并进行残差分析,从而对故障进行检测。

10.2 传感器故障检测方法研究

故障有多种分类方法,在本节中,将故障分为突变型和渐变型。突变型故障是指传感器测量值突然出现很大的偏差,渐变型故障是指传感器测量值的误差随着时间的推移和环境的变化而发生缓慢变化。

近几十年来,故障检测与诊断技术得到了快速发展,小波变换、非线性理论等一些新的理论与方法都在故障检测领域得到了成功应用,形成了基于经验知识、基于信号处理、基于模型的故障诊断法和硬件冗余投票表决故障诊断法。

传感器故障容错包含了故障检测、故障隔离和故障恢复,是通过对系统运行状态的实时监控,及时发现并隔离传感器故障,再对正常的部件进行系统重构,使整个系统在内部有故障时通过降低性能继续安全地工作。

10.2.1　基于滤波残差的传感器突变型故障检测

系统故障检测是故障隔离和系统重构的前提和依据,在现有的许多故障检测方法中,Brumback 提出的状态χ^2检测法和残差检测法具备实时地检测测量数据的有效性以及不确定具体的故障原因等特征,非常适合于系统级的故障检测及隔离。

判断并排除突变型故障所引起的测量值一般有两种方法:一种是物理方法,在测量中根据常识或经验判断由于震动、误读等原因造成的错误测量,随时发现随时剔除,直到重新进行测试;另一种是统计方法,设定一个置信概率并确定一个置信区间上下限,凡超过这个限的误差,就认为它不属于随机误差,系属异常数据而应予剔除。统计判别法剔除异常数据主要有拉依达准则、肖维勒准则、格拉布斯准则、t 检验准则和狄克逊准则等。

1. 基于滤波残差的传感器突变型故障检测算法

基于线性系统的卡尔曼滤波,说明传感器的突变型故障检测与容错算法。考虑带故障的离散时间线性系统模型:

$$\boldsymbol{X}_k=\boldsymbol{F}_{k|k-1}\boldsymbol{X}_{k-1}+\boldsymbol{G}_{k-1}\boldsymbol{W}_{k-1} \tag{10-1}$$

$$\boldsymbol{Z}_k=\boldsymbol{H}_k\boldsymbol{X}_k+V_k+f_{k,\varphi}\boldsymbol{\Upsilon} \tag{10-2}$$

式中:$\boldsymbol{Z}_k\in\mathbf{R}^m$为系统测量值;$\boldsymbol{X}_k\in\mathbf{R}^n$为系统状态;$\boldsymbol{F}_{k|k-1}\in\mathbf{R}^{n\times n}$为系统状态转移矩阵;$\boldsymbol{G}_{k-1}\in\mathbf{R}^{n\times r}$为系统噪声矩阵,$\boldsymbol{H}_k$ 是系统的测量矩阵,$\boldsymbol{W}_k\in\mathbf{R}^r$和 $\boldsymbol{V}_k\in\mathbf{R}^m$分别为过程噪声和测量噪声矩阵,是相互独立的高斯白噪声序列,且有

$$E[\boldsymbol{W}_k]=0,\quad E[\boldsymbol{W}_k\boldsymbol{W}_j^{\mathrm{T}}]=\boldsymbol{Q}_k\delta_{kj}$$
$$E[\boldsymbol{V}_k]=0,\quad E[\boldsymbol{V}_k\boldsymbol{V}_j^{\mathrm{T}}]=\boldsymbol{R}_k\delta_{kj}$$

式中:δ_{kj}为克罗尼克 δ 函数。

在式(10-2)中,$\boldsymbol{\Upsilon}$是随机向量,它表示故障的大小;$f_{k,\varphi}$是分段函数:

$$f_{k,\varphi}=\begin{cases}1, & k\geqslant\varphi\\0, & k<\varphi\end{cases}$$

式中:φ 为故障发生的时间。

初始状态 $\boldsymbol{X}_0$是独立于噪声 $\boldsymbol{W}_k$和 $\boldsymbol{V}_k$的高斯随机向量,且:

$$E[\boldsymbol{X}_0]=\boldsymbol{X}_0,\quad E[\boldsymbol{X}_0\boldsymbol{X}_0^{\mathrm{T}}]=\boldsymbol{P}_0$$

残差χ^2检测法的理论基础是:若第 $k-1$ 步以前系统无故障,则经过卡尔曼滤波估计得到的第 $k-1$ 步估计值$\hat{\boldsymbol{X}}_{k-1}$应该是正确的。

在传感器子系统的卡尔曼滤波中,滤波残差为

$$\boldsymbol{e}_k=\boldsymbol{Z}_k-\boldsymbol{H}_k\hat{\boldsymbol{X}}_{k|k-1} \tag{10-3}$$

其中状态预测值$\hat{\boldsymbol{X}}_{k|k-1}$为

$$\hat{\boldsymbol{X}}_{k|k-1}=\boldsymbol{F}_{k|k-1}\hat{\boldsymbol{X}}_{k-1} \tag{10-4}$$

可以证明,系统正常时滤波残差 $\boldsymbol{e}_k$是零均值的高斯白噪声,其协方差阵为

$$\boldsymbol{A}_k = \boldsymbol{H}_k \boldsymbol{P}_{k|k-1} \boldsymbol{H}_k^{\mathrm{T}} + \boldsymbol{R}_k \tag{10-5}$$

当系统发生故障时,残差 $\boldsymbol{e}_k$ 的均值不再为 0,因此,通过对残差 $\boldsymbol{e}_k$ 的均值检查即可确定系统是否发生了故障。对残差 $\boldsymbol{e}_k$ 可作以下二元假设:

H_0:无故障　　$E[\boldsymbol{e}_k]=0$, $E[\boldsymbol{e}_k \boldsymbol{e}_j^{\mathrm{T}}]=\boldsymbol{A}_k$

H_1:有故障　　$E[\boldsymbol{e}_k]=\mu$, $E[(\boldsymbol{e}_k-\mu)(\boldsymbol{e}_k-\mu)^{\mathrm{T}}]=\boldsymbol{A}_k$

由于 $\boldsymbol{e}_k \in \mathbf{R}^n$ 是高斯随机矢量,故有以下条件概率密度:

$$p_e(\boldsymbol{e}/H_0) = \frac{1}{\sqrt{2\pi}\,|\boldsymbol{A}_k|^{\frac{1}{2}}} \exp\left[-\frac{1}{2}\boldsymbol{e}_k^{\mathrm{T}} \boldsymbol{A}_k^{-1} \boldsymbol{e}_k\right] \tag{10-6}$$

$$p_e(\boldsymbol{e}/H_1) = \frac{1}{\sqrt{2\pi}\,|\boldsymbol{A}_k|^{\frac{1}{2}}} \exp\left[-\frac{1}{2}(\boldsymbol{e}_k-\boldsymbol{\mu})^{\mathrm{T}} \boldsymbol{A}_k^{-1} (\boldsymbol{e}_k-\boldsymbol{\mu})\right] \tag{10-7}$$

式中:$|\cdot|$ 表示行列式值。

$p_e(\boldsymbol{e}/H_0)$ 和 $p_e(\boldsymbol{e}/H_1)$ 的对数似然比为

$$\Lambda_k = \ln \frac{p_e(\boldsymbol{e}/\boldsymbol{H}_0)}{p_e(\boldsymbol{e}/\boldsymbol{H}_1)} = \frac{1}{2}[\boldsymbol{e}_k^{\mathrm{T}} \boldsymbol{A}_k^{-1} \boldsymbol{e}_k - (\boldsymbol{e}_k-\boldsymbol{\mu})^{\mathrm{T}} \boldsymbol{A}_k^{-1} (\boldsymbol{e}_k-\mu)] \tag{10-8}$$

由于式(10-8)中的 $\boldsymbol{\mu}$ 是未知的,故用其极大似然估计 $\hat{\boldsymbol{\mu}}$ 代替。求 $\hat{\boldsymbol{\mu}}$ 使 Λ_k 达到极大,得

$$\hat{\boldsymbol{\mu}}_k = \boldsymbol{e}_k \tag{10-9}$$

将其代入式(10-8),并不考虑系数 1/2,得到以下故障检测函数:

$$\lambda_k = \boldsymbol{e}_k^{\mathrm{T}} \boldsymbol{A}_k^{-1} \boldsymbol{e}_k \tag{10-10}$$

可以证明 λ_k 是服从自由度为 m 的 χ^2 分布,即 $\lambda_k \sim \chi^2(m)$,具体证明过程参见文献[183,184]。

当系统发生故障时,残差 $\boldsymbol{e}_k$ 将不再是零均值的白噪声过程,此时 λ_k 将会发生较大的变化。如果取 λ_k 大于某一门限阈值 β 的概率为 α,即 $p\{\lambda_k > \beta\} = \alpha$,其中 α 为允许的虚警率,则子系统的故障判定准则为:

若 $\lambda_k > \beta$, 判定子系统有故障

若 $\lambda_k \leqslant \beta$, 判定子系统无故障

在传感器发生测量信号冻结故障或野值时,故障检测函数式(10-10)能够及时反映传感器子系统的故障情况,通过设置不同的阈值,可以检测传感器子系统的不同故障。

在实际中,由于系统模型的不确定性,系统滤波的残差将偏离零值甚至不能反映故障,此时采用预设的阈值不能有效地检测故障,可以考虑自适应阈值方法,文献[185]利用一阶高通滤波器扩大阈值,实现阈值的自适应调节,文献[186]提出了模糊自适应阈值法,从而提高了传感器故障检测的准确性。

2. 传感器的容错方法

在剔除异常测量数据后,需要采用当前时刻前的有限时间内信息来填补测量数据的被剔除点,以保证测量数据及其趋势的实时性。

若系统在时刻 k 检测到异常测量数据,可用前 m 个时刻信息序列的平滑值来代替 k 时刻的残差,即

$$\bar{\boldsymbol{e}}_k = \frac{1}{m}\sum_{i=1}^{m}\boldsymbol{e}_{k-i} \tag{10-11}$$

此时的系统卡尔曼滤波方程为

$$\hat{\boldsymbol{X}}_{k|k-1} = \boldsymbol{F}_{k|k-1}\hat{\boldsymbol{X}}_{k-1} \tag{10-12}$$

$$\boldsymbol{P}_{k|k-1} = \boldsymbol{F}_{k|k-1}\boldsymbol{P}_{k-1}\boldsymbol{F}_{k|k-1}^{\mathrm{T}} + \boldsymbol{G}_{k-1}\boldsymbol{Q}_{k-1}\boldsymbol{G}_{k-1}^{\mathrm{T}} \tag{10-13}$$

$$\boldsymbol{K}_k = \boldsymbol{P}_{k|k-1}\boldsymbol{H}_k^{\mathrm{T}}(\boldsymbol{H}_k\boldsymbol{P}_{k|k-1}\boldsymbol{H}_k^{\mathrm{T}} + \boldsymbol{R}_k)^{-1} \tag{10-14}$$

$$\boldsymbol{P}_k = (\boldsymbol{I} - \boldsymbol{K}_k\boldsymbol{H}_k)\boldsymbol{P}_{k|k-1}(\boldsymbol{I} - \boldsymbol{K}_k\boldsymbol{H}_k)^{\mathrm{T}} + \boldsymbol{K}_k\boldsymbol{R}_k\boldsymbol{K}_k^{\mathrm{T}} \tag{10-15}$$

$$\bar{\boldsymbol{e}}_k = \frac{1}{m}\sum_{i=1}^{m}\boldsymbol{e}_{k-i} \tag{10-16}$$

$$\hat{\boldsymbol{X}}_k = \hat{\boldsymbol{X}}_{k|k-1} + \boldsymbol{K}_k\bar{\boldsymbol{e}}_k \tag{10-17}$$

通过上述的故障检测与容错算法，实现了传感器子系统突变型故障的检测与容错，保证了传感器子系统的滤波性能，该算法可与非线性系统滤波相结合，构建非线性系统的传感器突变型故障检测与容错算法。

10.2.2　基于信息融合的传感器渐变型故障检测

在滤波及其他数据处理中，对渐变漂移性故障的检测较为困难，许多学者为此做了大量工作，利用粗糙集和神经网络技术、最小二乘支持向量机、多元统计技术及改进的滤波残差方法等，建立了许多渐变型故障检测算法。

残差 χ^2 检测法非常适合于检测传感器测量系统的突变型故障，但对缓慢变化的渐变型故障检测不灵敏，存在较大的延迟性问题。在传感器出现软故障的初始阶段，软故障很小而不易检测出来，发生故障的滤波系统输出及状态预测值 $\hat{\boldsymbol{X}}_{k|k-1}$ 都被故障“污染”，输出值与状态预测值将“跟踪”故障变化，导致残差 $\boldsymbol{e}_i$ 一直比较小，使得一般的残差 χ^2 故障检测法难以及时发现传感器的渐变型故障。文献[187]采用一种被故障污染较小的伪正常滤波状态 $\hat{\boldsymbol{X}}_{k|k-N}$ 代替已经被故障污染的滤波状态 $\hat{\boldsymbol{X}}_{k|k-1}$，构建一个较为合理的观测量预测值用于残差 χ^2 检测法，实现对传感器的渐变型故障检测。

本节将残差 χ^2 检测法与多传感器融合相结合，利用系统状态融合估计值作为子系统滤波的伪状态估计值进行递推，得到相应的观测量预测值，由此构建故障信息明显的残差。同时，利用系统融合的状态估计误差协方差阵作为子系统的估计误差协方差阵进行递推，由此建立改进的残差 χ^2 检测函数。

考虑式(10－1)和式(10－2)表示的离散线性系统，建立渐变型故障检测算法，用于渐变型故障检测的变量加上标 l 以区别于正常子系统滤波信息。

若取 $k-n$ 时刻系统融合的状态估计 $\hat{\boldsymbol{X}}(k-n)$ 作为子系统状态预测的先验值，适当选取 n，则 $\hat{\boldsymbol{X}}(k-n)$ 未被故障污染或污染很小，由此状态融合估计值 $\hat{\boldsymbol{X}}(k-n)$ 递推出子系统在 k 时刻的状态预测值 $\hat{\boldsymbol{X}}_i^l(k)$，有

$$\hat{X}_i^l(k) = \prod_{j=1}^{n}\boldsymbol{F}_i(k-n+j|k-n+j-1)\,\hat{\boldsymbol{X}}(k-n) = \boldsymbol{A}_i(k)\,\hat{\boldsymbol{X}}(k-n) \tag{10-18}$$

其中，$A_i(k)=\prod_{j=1}^{n}F_i(k-n+j\mid k+j-n-1)$。

递推得到的子系统状态预测值$\hat{X}_i^l(k)$未受故障污染或者被故障污染较小，由此构建含有明显故障信息的子系统观测量预测值。

设k时刻的传感器i的子系统滤波观测量预测值为$\hat{Z}_i^l(k)$，有

$$\begin{aligned}\hat{\boldsymbol{Z}}_i^l(k)&=\boldsymbol{H}_i(k)\prod_{j=1}^{n}\boldsymbol{F}_i(k-n+j\mid k-n+j-1)\hat{\boldsymbol{X}}(k-n)\\&=\boldsymbol{H}_i(k)\boldsymbol{A}_i(k)\hat{\boldsymbol{X}}(k-n)\end{aligned}\tag{10-19}$$

系统融合的状态估计误差协方差阵$\boldsymbol{P}(k-n)$也作为相应的先验值，递推得到的子系统i的估计误差协方差阵预测值为

$$\begin{aligned}\boldsymbol{P}_i^l(k\mid k-1)=&\boldsymbol{F}_i(k\mid k-1)\boldsymbol{P}_i^l(k-1\mid k-2)\boldsymbol{F}_i^{\mathrm{T}}(k\mid k-1)+\\&\boldsymbol{G}_i(k-1)\boldsymbol{Q}_i(k-1)\boldsymbol{G}_i^{\mathrm{T}}(k-1)\end{aligned}\tag{10-20}$$

式中：$\boldsymbol{P}_i^l(0)=\boldsymbol{P}(k-n)$。

设k时刻子系统i的滤波残差为$\boldsymbol{e}_i(k)$，则有

$$\boldsymbol{e}_i(k)=\boldsymbol{Z}_i(k)-\boldsymbol{H}_i(k)\boldsymbol{A}_i(k)\hat{\boldsymbol{X}}(k-n)\tag{10-21}$$

显然$E[\boldsymbol{e}_i(k)]=0$。现在记$\Lambda_i(k)=E[\boldsymbol{e}_i(k)\boldsymbol{e}_i^{\mathrm{T}}(k)]$，则

$$\Lambda_i(k)=E[\boldsymbol{e}_i(k)\boldsymbol{e}_i^{\mathrm{T}}(k)]=\boldsymbol{H}_i(k)[\boldsymbol{P}_i(k\mid k-1)-\boldsymbol{P}_i^l(k\mid k-1)]\boldsymbol{H}_i^{\mathrm{T}}(k-1)+\boldsymbol{R}_i(k)\tag{10-22}$$

所以，残差$\boldsymbol{e}_i(k)$服从均值为0、方差为$\boldsymbol{\Lambda}_i(k)$的高斯分布，即$\boldsymbol{e}_i(k)\sim\mathcal{N}(0,\boldsymbol{\Lambda}_i(k))$。当系统发生故障时，$\boldsymbol{e}_i(k)$不再是高斯分布，可以根据$\boldsymbol{e}_i(k)$的这一特征进行故障检测。

构建传感器的渐变型故障检测函数：

$$\lambda_i(k)=\boldsymbol{e}_i^{\mathrm{T}}(k)\boldsymbol{\Lambda}_i^{-1}(k)\boldsymbol{e}_i(k)\tag{10-23}$$

式中：$\lambda_i(k)$为服从自由度为m的χ^2分布，即$\lambda_i(k)\sim\chi^2(m)$；$m$为测量值$\boldsymbol{Z}_i(k)$的维数。

设子系统i的故障检测阈值为β_i，则渐变型故障判定准则为：

若$\lambda_i(k)>\beta_i$，　判定子系统i有渐变型故障

若$\lambda_i(k)\leqslant\beta_i$，　判定子系统$i$无渐变型故障

适当选取n即可使得子系统i的观测量预测值基本不受故障影响，这样，利用故障检测函数$\lambda_i(k)$就能及时有效地检测出传感器i的渐变型故障。由于多传感器融合的特点，融合信息所受故障污染较子系统估计要小很多，容易建立相对干净的观测量预测值，而且经过几个融合循环即可清除故障的污染，但是为了避免递推造成的估计误差协方差矩阵的不断增大，通过递推一段时间后，需要采用当前的融合信息进行递推初始值的更新。

为了避免传感器渐变型故障对系统的影响，需要对存在故障的子系统进行隔离。定义传感器子系统i的故障系数为$M_i(k)$：故障时$M_i(k)=0$，无故障时$M_i(k)=1$，将故障系数$M_i(k)$引入多传感器融合算法中，由此完成对故障子系统的隔离。

10.3　基于支持向量机的船舶动力定位传感器故障诊断方法

船舶动力定位系统中的测量系统（传感器）可分为位置参考系统和外部传感器。位置

参考系统负责确定船舶的自身位置;外部传感器系统包括陀螺罗经、垂直面参考系统和风传感器,负责确定船舶艏向、船舶运动和风速风向。中国船级社对位置参考系统和外部传感器做出了如下规范要求:

(1) 位置参考系统——“应对位置参考系统进行监测,当提供的信号不正确或明显衰减时,应发出报警。”

(2) 外部传感器——“为了发现可能的故障,应对来自传感器的输入信号进行监测,尤其是信号的暂时变化。”

考虑到位置和艏向信息对船舶动力定位的重要性,以及传感器故障对船舶动力定位的影响(甚至可能造成严重事故),因此,本章将研究船舶动力定位传感器故障诊断问题,主要包括位置参考系统和电罗经的故障诊断。

在船舶动力定位作业过程中,传感器可能出现多种类型故障,且每种类型故障特征不同,在定位过程中,故障特征不明显或难以辨别,容易造成漏报。目前,在传感器故障诊断领域存在着多种故障诊断方法,这些方法大多致力于通过处理传感器测量数据,构造残差,然后设定阈值,最后观察处理后的数据,如果数据超过设定阈值,说明发生故障。但是,这类故障诊断方法只能判断出是否发生故障,不能诊断出具体的故障类型。本书为了准确判断故障发生及故障类型,考虑到支持向量机在解决分类问题方面的优势,将支持向量机应用于船舶动力定位的传感器故障诊断。

支持向量机方法是 20 世纪 90 年代发展起来的一种机器学习方法。该方法以统计学习理论中的结构风险最小化原则为基础,通过“核函数”将低维非线性空间映射到高维特征空间,然后在高维特征空间中构造出最优分类超平面,可以利用小样本进行学习。支持向量机出色的分类能力使其可以很好地判断故障的发生,辨别出故障的类型,应用于船舶动力定位传感器故障诊断。

10.3.1　支持向量机分类原理

1. 线性支持向量机分类

考虑训练集:$T=\{(\boldsymbol{x}_1,\boldsymbol{y}_1),\cdots,(\boldsymbol{x}_l,\boldsymbol{y}_l)\}\in(R^n\times Y)^l$,其中 $\boldsymbol{x}_i\in\mathbf{R}^n,\boldsymbol{y}_i\in\boldsymbol{Y}=\{-1,+1\}$ $(i=1,\cdots,l)$。若 $\exists\,\boldsymbol{w}\in\mathbf{R}^n,\boldsymbol{b}\in\mathbf{R},\boldsymbol{\varepsilon}>0$,使得对所有使 $\boldsymbol{y}_i=+1$ 的下标 i,有 $(\boldsymbol{w}\cdot\boldsymbol{x}_i)+\boldsymbol{b}\geqslant\boldsymbol{\varepsilon}$;而对所有使求 $\boldsymbol{y}_i=-1$ 的下标 i,有 $(\boldsymbol{w}\cdot\boldsymbol{x}_i)+\boldsymbol{b}\leqslant-\boldsymbol{\varepsilon}$,则称训练集 S 线性可分,同时也称相应的分类问题是线性可分的。

对于上述训练集,构造并求解最大分类间隔法中的凸二次规划问题:

$$\begin{aligned}&\min_{\boldsymbol{w},\boldsymbol{b}}\quad \frac{1}{2}\|\boldsymbol{w}\|^2\\&\text{s.t.}\quad \boldsymbol{y}_i((\boldsymbol{w}\cdot\boldsymbol{x}_i)+\boldsymbol{b})\geqslant1\quad(i=1,2,\cdots,l)\end{aligned}\tag{10-24}$$

得解 $\boldsymbol{w}^*$、$\boldsymbol{b}^*$。

构造分划超平面 $(\boldsymbol{w}^*\cdot\boldsymbol{x})+\boldsymbol{b}^*=0$,由此求得决策函数 $f(x)=\mathrm{sgn}((\boldsymbol{w}^*\cdot\boldsymbol{x})+\boldsymbol{b}^*)$,同时具备如下性质:

(1) $\boldsymbol{w}^*\neq0$;

(2) 存在 $j\in\{i\mid\boldsymbol{y}_i=+1\}$,使得 $(\boldsymbol{w}^*\cdot\boldsymbol{x}_j)+\boldsymbol{b}^*=1$;

(3) 存在 $k\in\{i\mid\boldsymbol{y}_i=-1\}$,使得 $(\boldsymbol{w}^*\cdot\boldsymbol{x}_j)+\boldsymbol{b}^*=-1$。

在实际应用时,并不直接求解最优化问题式(10-24),而是通过寻求它的对偶问题的解而间接获得式(10-24)的解。引入拉格朗日函数:

$$L(\boldsymbol{w},\boldsymbol{b},\boldsymbol{\alpha}) = \frac{1}{2}\|\boldsymbol{w}\|^2 - \sum_{i=1}^{l}\boldsymbol{\alpha}_i(\boldsymbol{y}_i((\boldsymbol{w}\cdot\boldsymbol{x}_i)+\boldsymbol{b})-1) \tag{10-25}$$

其中,$\boldsymbol{\alpha}=(\alpha_1,\cdots,\alpha_l)^{\mathrm{T}}$为拉格朗日乘子向量。得到式(10-24)的对偶问题:

$$\begin{aligned}&\min_{\alpha}\quad \frac{1}{2}\sum_{i=1}^{l}\sum_{j=1}^{l}\boldsymbol{y}_i\boldsymbol{y}_l(\boldsymbol{x}_i\cdot\boldsymbol{x}_j)\boldsymbol{\alpha}_i\boldsymbol{\alpha}_j-\sum_{j=1}^{l}\boldsymbol{\alpha}_j\\&\text{s. t.}\quad \sum_{i=1}^{l}\boldsymbol{y}_i\boldsymbol{\alpha}_i=0\\&\qquad\quad \boldsymbol{\alpha}_i\geqslant 0\quad(i=1,\cdots,l)\end{aligned} \tag{10-26}$$

设$\boldsymbol{\alpha}^*=(\alpha_1^*,\cdots,\alpha_l^*)^{\mathrm{T}}$是问题式(10-26)的任意解,则$\boldsymbol{\alpha}^*\neq 0$,即存在$\boldsymbol{\alpha}^*$的分量$\boldsymbol{\alpha}_j^*>0$,而且可按下列方式计算出原始问题式(10-24)的唯一解$(\boldsymbol{w}^*,\boldsymbol{b}^*)$:

$$\begin{cases}\boldsymbol{w}^*=\sum_{i=1}^{l}\boldsymbol{\alpha}_i^*\boldsymbol{y}_i\boldsymbol{x}_i\\ \boldsymbol{b}^*=-\left(\boldsymbol{w}^*\cdot\sum_{i=1}^{l}\boldsymbol{\alpha}_i^*\boldsymbol{x}_i\right)\Big/\left(2\sum_{y_i=1}\alpha_i^*\right)\end{cases} \tag{10-27}$$

构造分划超平面$(\boldsymbol{w}^*\cdot\boldsymbol{x})+\boldsymbol{b}^*=0$,得到线性可分支持向量机的决策函数:

$$f(x)=\mathrm{sign}(g(x)) \tag{10-28}$$

其中,

$$g(x)=(\boldsymbol{w}^*\cdot\boldsymbol{x})+\boldsymbol{b}^*=\sum_{i=1}^{l}\boldsymbol{y}_i\boldsymbol{\alpha}_i^*(\boldsymbol{x}_i\cdot\boldsymbol{x})+\boldsymbol{b}^* \tag{10-29}$$

对于一般分类问题的线性规划,设训练集为$T=\{(x_1,y_1),\cdots,(x_l,y_l)\}\in(\mathbf{R}^n\times\mathbf{Y})^l$,其中$\boldsymbol{x}_i\in\mathbf{R}^n,\boldsymbol{y}_i\in\boldsymbol{Y}=\{-1,+1\}(i=1,2,\cdots,l)$。此处不再限定它是线性可分的。如果继续坚持用超平面进行分划,必须软化超平面的要求。通过引入松弛变量$\boldsymbol{\xi}_i\geqslant 0(i=1,2,\cdots,l)$,得到软化了的约束条件

$$\boldsymbol{y}_i((\boldsymbol{w}\cdot\boldsymbol{x}_i)+\boldsymbol{b})\geqslant 1-\boldsymbol{\xi}_i\quad(i=1,2,\cdots,l)$$

显然,当$\boldsymbol{\xi}_i$足够大时,训练点$(\boldsymbol{x}_i,\boldsymbol{y}_i)$总可以满足上述约束条件。但是,显然应该设法避免$\boldsymbol{\xi}_i$取太大的值。为此,在目标函数里面对其进行惩罚。这里,把原始问题式(10-24)改为原始最优化问题:

$$\begin{aligned}&\min_{\boldsymbol{w},\boldsymbol{b}}\quad \frac{1}{2}\|\boldsymbol{w}\|^2+\boldsymbol{C}\sum_{i=1}^{l}\boldsymbol{\xi}_i\\&\text{s. t.}\quad \boldsymbol{y}_i((\boldsymbol{w}\cdot\boldsymbol{x}_i)+\boldsymbol{b})\geqslant 1-\boldsymbol{\xi}_i\quad(i=1,2,\cdots,l)\\&\qquad\quad \boldsymbol{\xi}_i\geqslant 0\quad(i=1,2,\cdots,l)\end{aligned} \tag{10-30}$$

其中,$\boldsymbol{\xi}^*=(\xi_1^*,\cdots,\xi_l^*)^{\mathrm{T}}$,$C>0$是一个惩罚参数。从而,问题式(10-30)的对偶问题为

$$\begin{aligned}&\min_{\alpha}\frac{1}{2}\sum_{i=1}^{l}\sum_{j=1}^{l}\boldsymbol{y}_i\boldsymbol{y}_j(\boldsymbol{x}_i\cdot\boldsymbol{x}_j)\boldsymbol{\alpha}_i\boldsymbol{\alpha}_j-\sum_{j=1}^{l}\boldsymbol{\alpha}_j\\&\text{s. t.}\quad \sum_{i=1}^{l}\boldsymbol{y}_i\boldsymbol{\alpha}_i=0\end{aligned} \tag{10-31}$$

$$0 \leqslant \boldsymbol{\alpha}_i \leqslant C \quad (i = 1,2,\cdots,l)$$

求得其解 $\boldsymbol{\alpha}^* = (\boldsymbol{\alpha}_1^*,\cdots,\boldsymbol{\alpha}_l^*)^{\mathrm{T}}$，选取开区间$(0,C)$中的 $\boldsymbol{\alpha}^*$ 的分量 $\boldsymbol{\alpha}_j^*$，有

$$\boldsymbol{b}^* = \boldsymbol{y}_j - \sum_{i=1}^{l} \boldsymbol{y}_i \boldsymbol{\alpha}_i^* (\boldsymbol{x}_i \cdot \boldsymbol{x}_j)$$

得到同样形式的决策函数式(10－28)和式(10－29)。

2. 非线性支持向量机分类

将线性规划推广为非线性规划，只需引进一个适当的变换 Φ。确切地说，设原来的训练集为 $T = \{(x_1,y_1),\cdots,(x_l,y_l)\} \in (\mathbf{R}^n \times Y)^l$，其中 $\boldsymbol{x}_i \in \mathbf{R}^n, \boldsymbol{y}_i \in Y = \{-1,+1\}(i=1,2,\cdots,l)$。引进从空间 $\mathbf{R}^n$到希尔伯特空间 $\boldsymbol{H}$ 的变换 $\boldsymbol{x} = \Phi(\boldsymbol{x})$：

$$\Phi: \begin{array}{c} \mathbf{R}^n \to \boldsymbol{H} \\ \boldsymbol{x} \to \boldsymbol{x} = \boldsymbol{\Phi}(\boldsymbol{x}) \end{array} \tag{10-32}$$

训练集 T 经变换式(10－32)后变为

$$\boldsymbol{T}_{\Phi} = \{(\boldsymbol{x}_i,\boldsymbol{x}_j), i=1,2,\cdots,l\} \in (\boldsymbol{H} \times \boldsymbol{Y})^l \tag{10-33}$$

其中，$\boldsymbol{x}_i = \boldsymbol{\Phi}(\boldsymbol{x}_i) \in \boldsymbol{H}, \boldsymbol{y}_i \in \boldsymbol{Y} = \{-1,+1\}(i=1,2,\cdots,l)$。此时需要求出此空间中的线性分划超平面$(\boldsymbol{w}^* \cdot \boldsymbol{x}) + \boldsymbol{b}^* = 0$，从而导出原空间 $\mathbf{R}^n$ 上的规划超平面$(\boldsymbol{w}^* \cdot \boldsymbol{\Phi}(x)) + \boldsymbol{b}^* = 0$ 和决策函数$f(\boldsymbol{x}) = \mathrm{sign}((\boldsymbol{w}^* \cdot \boldsymbol{\Phi}(x)) + \boldsymbol{b}^*)$。注意到希尔伯特空间中的两个超平面$(\boldsymbol{w} \cdot \boldsymbol{x}) + \boldsymbol{b} = 1$和$(\boldsymbol{w} \cdot \boldsymbol{x}) + \boldsymbol{b} = -1$ 之间的距离仍是 $2/\|\boldsymbol{w}\|$，得到与线性规划相对应的原始问题：

$$\min_{\boldsymbol{w},\boldsymbol{b}} \quad \frac{1}{2}\|\boldsymbol{w}\|^2 + \boldsymbol{C}\sum_{i=1}^{l}\boldsymbol{\xi}_i \tag{10-34}$$

$$\text{s. t.} \quad \boldsymbol{y}_i((\boldsymbol{w} \cdot \boldsymbol{\Phi}(\boldsymbol{x}_i)) + \boldsymbol{b}) \geqslant 1 - \boldsymbol{\xi}_i \quad (i = 1,2,\cdots,l)$$

$$\boldsymbol{\xi}_i \geqslant 0 \quad (i = 1,2,\cdots,l)$$

引入拉格朗日函数：

$$L(\boldsymbol{w},\boldsymbol{b},\boldsymbol{\xi},\boldsymbol{\alpha},\boldsymbol{\beta}) = \frac{1}{2}\|\boldsymbol{w}\|^2 + \boldsymbol{C}\sum_{i=1}^{l}\boldsymbol{\xi}_i - \sum_{i=1}^{l}\boldsymbol{\alpha}_i(\boldsymbol{y}_i((\boldsymbol{w} \cdot \boldsymbol{\Phi}(\boldsymbol{x}_i)) + \boldsymbol{b}) - 1 + \boldsymbol{\xi}_i) - \sum_{i=1}^{l}\boldsymbol{\beta}_i\boldsymbol{\xi}_i \tag{10-35}$$

其中，$\boldsymbol{\alpha} = (\boldsymbol{\alpha}_1,\cdots,\boldsymbol{\alpha}_l)^{\mathrm{T}}$ 和 $\boldsymbol{\beta} = (\boldsymbol{\beta}_1,\cdots,\boldsymbol{\beta}_l)^{\mathrm{T}}$ 均为拉格朗日乘子向量。由此可以得到式(10－34)的对偶问题：

$$\min_{\alpha} \quad -\frac{1}{2}\sum_{i=1}^{l}\sum_{j=1}^{l}\boldsymbol{y}_i\boldsymbol{y}_j\boldsymbol{\alpha}_i\boldsymbol{\alpha}_j(\boldsymbol{\Phi}(\boldsymbol{x}_i) \cdot \boldsymbol{\Phi}(\boldsymbol{x}_j)) + \sum_{j=1}^{l}\boldsymbol{\alpha}_j \tag{10-36}$$

$$\text{s. t.} \quad \sum_{i=1}^{l}\boldsymbol{y}_i\boldsymbol{\alpha}_i = 0$$

$$\boldsymbol{C} - \boldsymbol{\alpha}_i - \boldsymbol{\beta}_i = 0 \quad (i = 1,2,\cdots,l)$$

$$\boldsymbol{\alpha}_i \geqslant 0 \quad (i = 1,2,\cdots,l)$$

$$\boldsymbol{\beta}_i \geqslant 0 \quad (i = 1,2,\cdots,l)$$

此问题必有解 $\boldsymbol{\alpha}^* = (\boldsymbol{\alpha}_1^*,\cdots,\boldsymbol{\alpha}_l^*)^{\mathrm{T}}$和 $\boldsymbol{\beta}^* = (\boldsymbol{\beta}_1^*,\cdots,\boldsymbol{\beta}_l^*)^{\mathrm{T}}$。不难看出，式(10－36)关于 $\boldsymbol{\alpha}$ 的解集与下列欧式空间 R^l 上的凸二次规划问题的解集相同：

$$\min_{\alpha} \quad \frac{1}{2}\sum_{i=1}^{l}\sum_{j=1}^{l}\boldsymbol{y}_i\boldsymbol{y}_j\boldsymbol{\alpha}_i\boldsymbol{\alpha}_j(\boldsymbol{\Phi}(\boldsymbol{x}_i) \cdot \boldsymbol{\Phi}(\boldsymbol{x}_j)) - \sum_{j=1}^{l}\boldsymbol{\alpha}_j \tag{10-37}$$

$$\text{s. t.}\quad \sum_{i=1}^{l} \boldsymbol{y}_i \boldsymbol{\alpha}_i = 0$$

$$0 \leqslant \boldsymbol{\alpha}_i \leqslant C \quad (i = 1,2,\cdots,l)$$

通过选取核函数 K 替代变换 $\boldsymbol{\Phi}$,并且用 $\boldsymbol{K}(\cdot,\cdot)$ 替代内积$(\boldsymbol{\Phi}(\cdot)\cdot\boldsymbol{\Phi}(\cdot))$,便得到了如下标准的凸二次规划问题:

$$\min_{\alpha} \frac{1}{2} \sum_{i=1}^{l} \sum_{j=1}^{l} \boldsymbol{y}_i \boldsymbol{y}_j \boldsymbol{\alpha}_i \boldsymbol{\alpha}_j K(\boldsymbol{x}_i,\boldsymbol{x}_j) - \sum_{j=1}^{l} \boldsymbol{\alpha}_j \tag{10-38}$$

$$\text{s. t.}\quad \sum_{i=1}^{l} \boldsymbol{y}_i \boldsymbol{\alpha}_i = 0$$

$$0 \leqslant \boldsymbol{\alpha}_i \leqslant C \quad (i = 1,2,\cdots,l)$$

并得到解 $\boldsymbol{\alpha}^* = (\boldsymbol{\alpha}_1^*,\cdots,\boldsymbol{\alpha}_l^*)^{\mathrm{T}}$。选取位于开区间$(0,C)$中的 $\boldsymbol{\alpha}^*$ 的分量 $\boldsymbol{\alpha}_j^*$,据此计算出

$$\boldsymbol{b}^* = \boldsymbol{y}_j - \sum_{i=1}^{l} \boldsymbol{y}_i \boldsymbol{\alpha}_i^* \boldsymbol{K}(\boldsymbol{x}_i \cdot \boldsymbol{x}_j)$$

最终构造决策函数:

$$f(x) = \mathrm{sign}(g(x)) \tag{10-39}$$

其中

$$g(x) = \sum_{i=1}^{l} \boldsymbol{y}_i \boldsymbol{\alpha}_i^* K(\boldsymbol{x}_i \cdot \boldsymbol{x}) + \boldsymbol{b}^* \tag{10-40}$$

在式(10-38)中,通过对核函数 $K(\cdot,\cdot)$ 的选择,会相应产生不同的支持向量机算法。目前,常用的核函数有以下几类:

(1) 线性核函数:

$$K(\boldsymbol{x}_i,\boldsymbol{x}_j) = \boldsymbol{x}_i \cdot \boldsymbol{x}_j \tag{10-41}$$

(2) 多项式核函数:

$$K(\boldsymbol{x}_i,\boldsymbol{x}_j) = (\boldsymbol{x}_i \cdot \boldsymbol{x}_j + 1)^q \tag{10-42}$$

(3) 径向基函数(RBF)核函数:

$$K(\boldsymbol{x}_i,\boldsymbol{x}_j) = \exp(-\|\boldsymbol{x} - \boldsymbol{z}\|^2/\boldsymbol{\sigma}^2) \tag{10-43}$$

(4) 神经网络函数(Sigmoid)核函数

$$K(\boldsymbol{x}_i,\boldsymbol{x}_j) = \tanh(s(\boldsymbol{x}_i \cdot \boldsymbol{x}_j) + \boldsymbol{c}) \tag{10-44}$$

10.3.2 基于支持向量机的船舶动力定位传感器故障诊断

1. 传感器故障类型

传感器的故障类型一般可分为 3 种,分别是冲击、偏差和输出值恒定。

(1) 冲击故障:传感器的输出出现野值。

(2) 偏差故障:传感器实际信号与测量信号间存在恒定偏移或误差。

(3) 输出值恒定:传感器输出表现为某一恒定值,但不是实际值。

具体表现形式如图 10-1 所示。

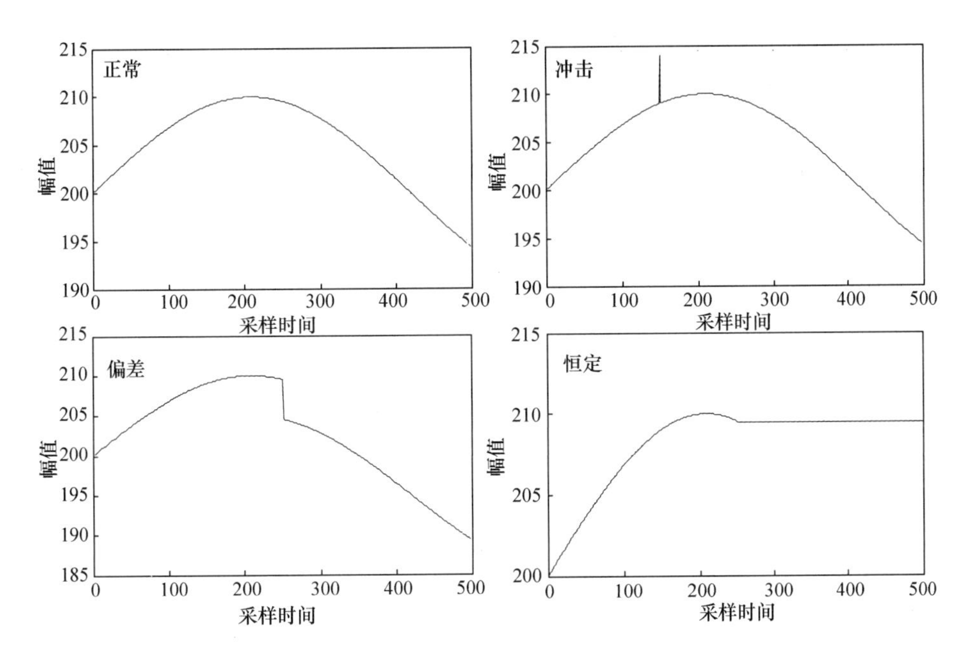

图 10-1　常见传感器故障类型

2. 基于支持向量机的船舶动力定位传感器故障诊断设计

根据传感器故障类型的介绍,很显然,如果要对传感器的每种故障类型进行诊断,则要面对一个多分类的问题。针对多分类问题,有两种解决办法:一种是在支持向量机理论基础上直接建立多类的支持向量机目标函数,即输出值 $y_i=(1,2,\cdots,n)$,用这种方法进行处理时复杂程度高、计算量大,难以应用;另一种方法是二叉树方法,即将多分类问题转换为多个二分类问题再进行分类。

二叉树方法是根据二分类算法,针对 k 个类别构造出 $k-1$ 个二类分类器,在构造第 m 个分类器时,将第 m 类的训练样本作为一类,类别标号是 $y_i^m=+1$,将除去 m 类之外的其余所有类别的训练样本作为一类,类别标号是 $y_i^m=-1$。优化后可建立第 m 个分类器的分类输出函数为

$$f^m(x)=\operatorname{sign}\left\{\sum_{\text{支持向量}}\boldsymbol{\alpha}_i^m\boldsymbol{y}_i^m K(\boldsymbol{x}_i,\boldsymbol{x})+\boldsymbol{b}^m\right\} \tag{10-45}$$

如图 10-2 所示,图中有 $k-1$ 个二分类支持向量机。第一个 SVM_1 分类器是对类别 1 样本与其余所有类别样本进行分类,将类别 1 样本作为一类,类别标号为 +1,将其余所有类别样本作为一类,类别标号为 -1;第二个 SVM_2 分类器是对类别 2 样本与剩余类别样本进行分类,将类别 2 样本作为一类,类别标号为 +1,将剩余类别样本作为一类,类别标号为 -1。依此类推,直至最后一个 SVM_{k-1} 分类器对类别 $k-1$ 样本与类别 k 样本进行分类。在对测试数据样本进行分类过程中,先将测试数据样本输入 SVM_1 分类器,若判别式输出为 +1,则判定为类别 1,测试结束;否则即输出为 -1,自动输入给 SVM_2 分类器。若判别式输出为 +1,则判定为类别 2,测试结束;否则即输出为 -1,自动输入给 SVM_3 分类器。依此类推,直至 SVM_{k-1} 分类器,若判别式输出为 +1,则判定为类别 $k-1$,否则即输出为 -1,判定为类别 k。

该方法将多分类问题转换为多个二分类问题,大大提高了分类效率。

1）利用二叉树法设计故障诊断流程

为了诊断出3种传感器故障，需对传感器正常数据和故障数据进行分类，采用二叉树法需要建立3个支持向量机分类器。SVM_1 分类器是对冲击故障与其余所有类别进行分类；SVM_2 分类器是对偏差故障与其余所有类别进行分类；SVM_3 分类器是对输出值恒定故障与正常数据进行分类，如图10－3所示。

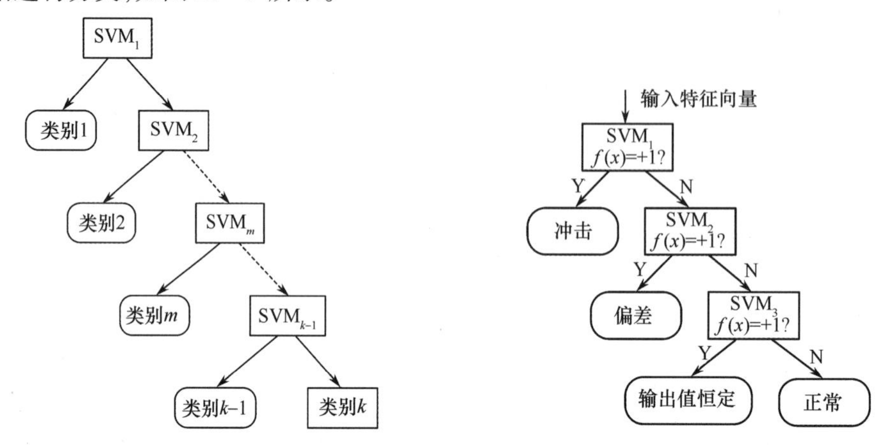

图10－2 二叉树支持向量机多类分类工作流程　　图10－3 支持向量机故障诊断流程设计

2）数据预处理

为了避免支持向量机输入数据空间中数据偏差过大影响分类结果，同时也为了避免引入过大的数据或特征而增加计算复杂度，可对输入数据进行预处理：

$$\boldsymbol{X}' = \left(\frac{\boldsymbol{X} - \boldsymbol{X}_{\min}}{\boldsymbol{X}_{\max} - \boldsymbol{X}_{\min}}\right) \times (\boldsymbol{B}_{\text{upper}} - \boldsymbol{B}_{\text{lower}}) + \boldsymbol{B}_{\text{lower}} \tag{10-46}$$

式中：$\boldsymbol{X}$ 和 $\boldsymbol{X}'$ 分别为原始训练数据和预处理后的数据；$\boldsymbol{X}_{\max}$ 和 $\boldsymbol{X}_{\min}$ 分别为原始数据中的最大值和最小值；$\boldsymbol{B}_{\text{upper}}$ 和 $\boldsymbol{B}_{\text{lower}}$ 分别为期望预处理结果的上界值和下界值。

需要对训练数据和测试数据采用相同的预处理方法，才能保证分类结果的一致性，从而提高可信度。

3）数据特征提取

为了提高支持向量机的诊断准确率，根据3种传感器故障类型的特点，用于训练和测试的传感器数据特征将不再是单纯的原始属性值，而是对数据进行如下处理：

假定

$$\boldsymbol{X} = [x_1, x_2, \cdots, x_m] = [x(t_0), x(t_0+\tau), \cdots, x(t_0+(m-1)\tau)]$$

为传感器在 t_0 到 $t_0+(m-1)\tau$ 时间段内测得的原始数据，其中 τ 为采样时间；

$$\boldsymbol{X}' = [x'_1, x'_2, \cdots, x'_m] = [x'(t_0), x'(t_0+\tau), \cdots, x'(t_0+(m-1)\tau)]$$

为 X 数据经过预处理后得到的数据。

令

$$\boldsymbol{Z} = [z_1, z_2, \cdots, z_{m-1}] = [x'(t_0+\tau) - x'(t_0), \cdots, x'(t_0+(m-1)\tau) - x'(t_0+(m-2)\tau)]$$

为从原始属性提取的特征向量。$\boldsymbol{Z}$ 的维数比 $\boldsymbol{X}$ 和 $\boldsymbol{X}'$ 的维数少1，$\boldsymbol{Z}$ 向量的每一个特征值代表了相邻两个数据之间的差值，这个差值的大小和数量特征决定了传感器是否出现冲击、偏差和输出值恒定故障。在不同故障情况下，经过差值处理的传感器数据特征差异非常明显，所以用差值处理后的特征数据作为支持向量机的输入特征向量，将会大大增强支持向量机的诊断正确率。

为了进一步提高支持向量机的诊断正确率,可进一步提取特征。采用平移窗方法采集差值数据,即将得到的差值数据中的每 10 个作为一组,每新增一个采样数据则剔除最早的一个采样数据,并将每组数据的方差作为新的提取特征,重新构造出特征向量:

$$\boldsymbol{Z}' = [z_1', z_2', \cdots, z_{m-11}']$$

其中,

$$z_1' = \mathrm{var}(z_1, z_2, \cdots, z_{10})$$

$$z_2' = \mathrm{var}(z_2, z_3, \cdots, z_{11})$$

$$\vdots$$

$$z_{m-11}' = \mathrm{var}(z_{m-11}, z_{m-10}, \cdots, z_{m-1})$$

将最终得到的特征向量 $\boldsymbol{Z}'$ 作为用于训练或测试的输入特征。

4) 建立训练集

建立训练集 $T = \{(z_1', y_1), \cdots, (z_{m-11}', y_{m-11})\}$,其中 z_i' 为经过数据处理并进行特征提取后的输入特征向量,$y_i \in \{-1, +1\}$ $(i = 1, 2, \cdots, m-11)$。在建立支持向量机的训练集时,应根据不同的传感器和其实际应用环境特点选取合理的标签,在偏差阈值允许范围内的对应传感器训练特征数据标签为 -1;超出偏差阈值允许范围的对应特征数据标签为 +1。

5) 选择核函数

支持向量机算法都面临选择核函数的问题,本书中选择径向基(RBF)核函数,其可将数据从低维特征空间映射到高维特征空间,特别适合于具有非线性关系的数据分布和分类问题。

6) 训练与测试

根据训练集求解最优化问题,找出支持向量,求解超平面系数,建立最优分类超平面,获得分类模型,训练结束。将采集到的数据经过同样的数据处理和特征处理之后输入到支持向量机,通过得到的分类决策值判断是否发生故障,发生哪种类型故障,实现传感器的故障诊断。

10.3.3 仿真案例

以船舶动力定位作业过程中的电罗经冲击故障为例进行仿真。设定动力定位船舶的艏向角从 0°转到 25°,在该过程中发生电罗经冲击故障,进行基于支持向量机的船舶动力定位传感器故障诊断仿真。船舶定位过程艏向数据如图 10 - 4 所示。

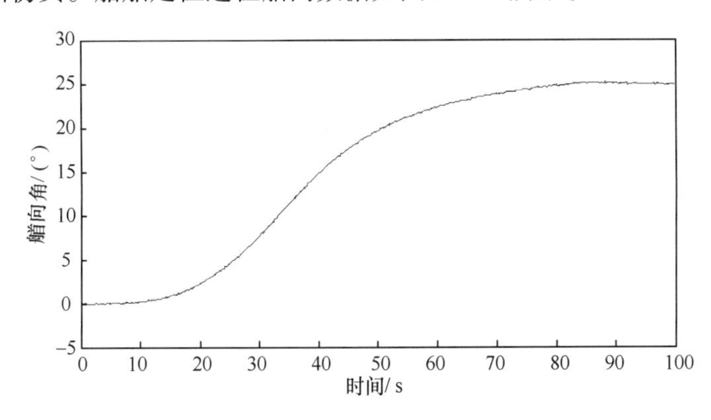

图 10 - 4　船舶定位过程艏向数据

根据前面设计的故障诊断方法,建立支持向量机分类器,对原始数据进行预处理和特征提取后,建立支持向量机训练集(由于差值处理后的数据特征已经十分明显,故此处采用差值特征即可)。在建立支持向量机的训练集时,SVM_1 和 SVM_2 中的偏差阈值为2°,即偏差数据大于2°时特征数据标签为+1,否则为-1;SVM_3 中的偏差阈值为0.1°。训练数据采样时间 τ 为0.1s,再利用RBF核函数进行映射,求解最优化问题后,获得分类模型。训练完成后,对电罗经测试数据中的冲击故障进行支持向量机故障诊断。

电罗经冲击故障发生在62s时,幅值为3°,诊断仿真结果如图10-5所示。从图中可以看到,在发生冲击故障时,利用支持向量机分类方法能够快速准确地诊断出故障,正常数据经过 SVM_1、SVM_2 和 SVM_3 诊断过后判定为正常数据,冲击数据在 SVM_2 中瞬间被认定为偏

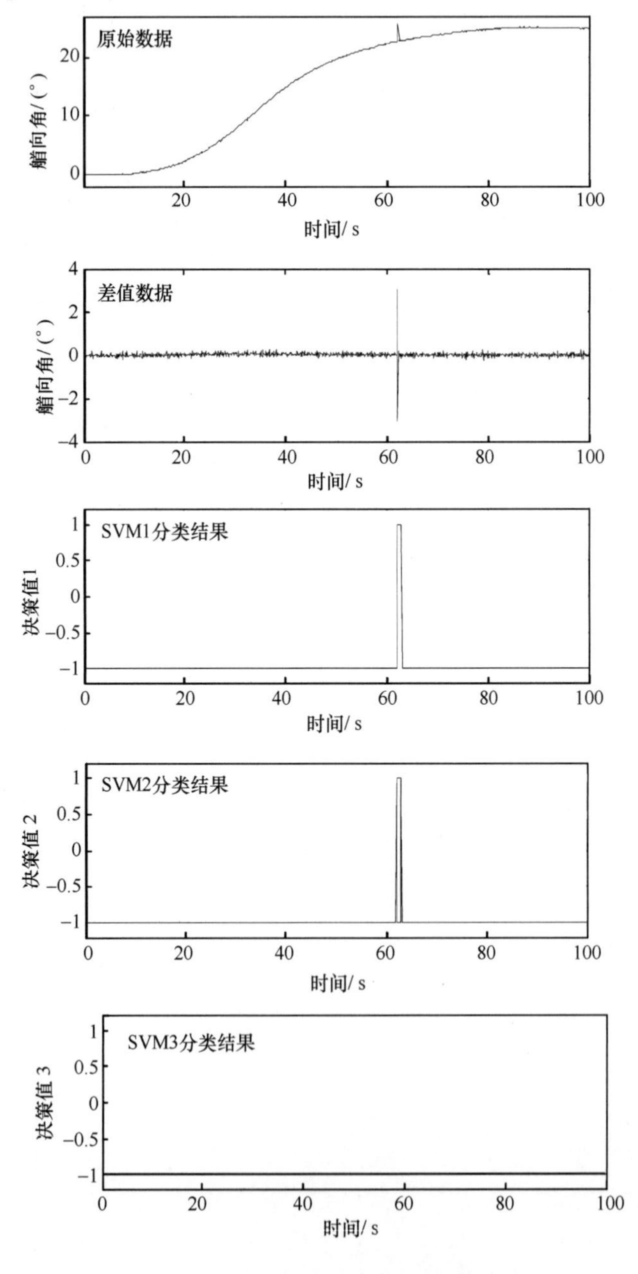

图10-5 电罗经冲击故障诊断仿真

差故障,这是由于在采样得到冲击故障数据时刻,冲击故障表现出和偏差一样的特征,但这并不影响最终诊断结果,最后综合 SVM_1、SVM_2 和 SVM_3 三个分类支持向量机的结果就能对冲击故障作出准确的诊断。

由故障诊断仿真结果可以看出,支持向量机分类方法能够对传感器故障进行在线诊断,并具有能够识别故障类型和快速、准确性较高的特点。

10.4　基于有向图和支持向量机的船舶动力定位推进器故障诊断方法

本节通过分析动态系统的结构图来研究其结构特性。系统结构图是行为模型的抽象,即考虑的是变量与参数之间存在的联系,而不是约束本身,这种联系可通过二分图来表示。二分图与约束和变量的类型、参数值无关,表示的是一个定性的系统行为模型。结构图可提供许多用于故障诊断和容错控制设计的信息,因为结构分析能够识别出系统中可监控或不可监控的系统元件,为基于残差的解析冗余提供设计方法。

结构图能够清楚地反映变量与约束间的连接作用关系,以及变量与变量间的定性因果关系,诊断结果的完备性好。针对不同的系统元件设计不同的解析冗余,通过检测不同解析冗余的残差来检测对应的系统元件是否发生故障,并进行故障隔离。该方法应用的难点在于,通过持续观测解析冗余的残差信号来诊断故障,在理想情况下,无故障发生时残差信号应为零,当系统出现故障时,残差值应显著偏离零点。但在实际应用中,精确的数学模型很难得到,由于系统建模误差、不确定性扰动和测量噪声的存在,即使无故障发生时残差信号也很难为零。这就需要设定阈值,阈值是用来判断残差是否偏离正常状态的界限值。阈值的大小将直接影响到故障诊断的分辨率,阈值过大会导致漏报,过小则导致误报,且阈值大多经过反复试验和调试获得,很难根据系统运行状态在线实时调整。利用支持向量机在信号故障诊断方面的优势来检测残差可以很好地解决问题。基于有向图和支持向量机的方法可以很好地将定性和定量的方法相结合,弥补彼此的不足,使得故障诊断兼顾两者的优点。

10.4.1　基于系统结构的故障诊断问题描述

1. 系统结构模型

1）二分图系统结构

以表示变量与约束间联系的二分图的形式介绍系统的结构模型,该模型是行为模型的抽象,因为它描述了变量与约束的联系。但是没有具体描述约束。因此,结构模型表示与系统参数无关的系统特征和性能。

系统行为模型由$(\mathcal{C},Z)$来定义,其中 Z 为一组变量和参数;$\mathcal{C}=\{c_1,c_2,\cdots,c_M\}$为一组约束。根据变量和时间的粒度,约束可表示为一些不同的形式、如代数和微分方程、差分方程等。

【定义 10.1】结构模型。

系统$(\mathcal{C},\mathcal{Z})$的结构模型(或结构)可由二分图$(\mathcal{C},\mathcal{Z},\mathcal{E})$来表示,其中 $\mathcal{E}\subset\mathcal{C}\times\mathcal{Z}$ 为边集。如果变量 z_j 出现在约束 c_i 中,那么$(c_i,z_j)\in\mathcal{E}$。

二分图是无向图,因为所有变量和参数与关联约束顶点连接,且必须满足方程。二分图的关联矩阵是一个行和列分别表示约束或变量集合的矩阵。每个边$(c_i,z_j)\in\mathcal{E}$在行 c_i 和列

z_j的交叉点用“1”来表示，其他的用“0”表示，如表 10－1 所列。在二分图中，$\mathcal{Z}$顶点用“圆圈”表示，$\mathcal{C}$顶点用“粗实线”表示，如图 10－6 所示。另外，边是没有方向的。

表 10－1 关联矩阵

	z_1	z_2	z_3	z_4	z_5		z_1	z_2	z_3	z_4	z_5
c_1	1	1	0	0	0	c_3	0	0	1	1	0
c_2	1	0	0	1	0	c_4	0	1	1	1	1

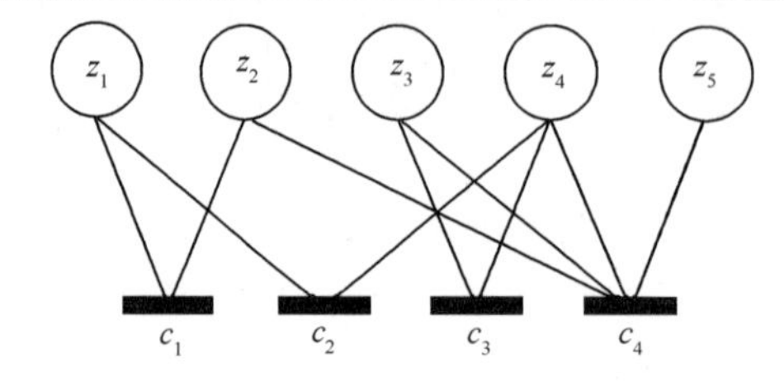

图 10－6 二分图

2）已知与未知变量

系统变量和参数可分为已知和未知两类。系统的输入和输出是已知变量，同样的，模型中的固有参数也是已知的。已知变量是始终可用的，且可直接用于故障诊断或容错控制算法；未知变量是不可直接测量的，但可根据已知变量计算。

变量集可分为

$$\mathcal{Z}=\mathcal{K}\cup\mathcal{X} \tag{10-47}$$

式中：$\mathcal{K}$为已知变量和参数的子集；$\mathcal{X}$为未知变量的子集。

约束集也可分为

$$\mathcal{C}=\mathcal{C}_{\mathcal{K}}\cup\mathcal{C}_{\mathcal{X}} \tag{10-48}$$

式中：$\mathcal{C}_{\mathcal{K}}$为仅连接已知变量的约束子集；$\mathcal{C}_{\mathcal{X}}$为至少包含一个未知变量的约束子集。

2. 匹配

进行结构分析的基本方法是利用二分图的匹配思想。匹配就是联系未知系统变量与系统约束的因果分配，通过它可计算出未知系统变量。因此，不能匹配的未知变量是无法计算的。能够匹配的变量可以通过不同的方式（冗余）来确定，这为故障诊断提供了方法，并为重构提供了可能性。

1）匹配定义

设$(C,\mathcal{Z},\mathcal{E})$为二分图，$e\in\mathcal{E},e=(\alpha,\beta)$为连接约束 α 和变量 β 的边，且 $p_{\mathcal{C}}$和 $p_{\mathcal{Z}}$为投影：

$$\begin{aligned} p_{\mathcal{C}}:\quad & \mathcal{E}\to C \\ & e\mapsto p_{\mathcal{C}}(e)=\alpha \end{aligned} \tag{10-49}$$

$$\begin{aligned} p_{\mathcal{Z}}:\quad & \mathcal{E}\to\mathcal{Z} \\ & e\mapsto p_{\mathcal{Z}}(e)=\beta \end{aligned} \tag{10-50}$$

【定义 10.2】匹配。

匹配 $\mathcal{M}$为 $\mathcal{E}$的子集，使得 $p_{\mathcal{C}}$和 $p_{\mathcal{Z}}$到 $\mathcal{M}$是单射的，即

$$\forall e_1,e_2\in\mathcal{M}:e_1\neq e_2\Rightarrow p_C(e_1)\neq p_C(e_2)\hat{\ }p_{\mathcal{Z}}(e_1)\neq p_{\mathcal{Z}}(e_2)$$

这意味着匹配是边的子集，以使得在 $\mathcal{C}$ 或 $\mathcal{Z}$ 中的任意两个边没有公共顶点。一般来说，在一个给定的二分图上可定义不同的匹配。

【定义 10.3】最大匹配。

若 $\forall \mathcal{N} \in \mathcal{E}, \mathcal{N}$ 不是匹配，且 $\mathcal{M} \subset \mathcal{N}$，则匹配 $\mathcal{M}$ 为最大匹配。

因此，最大匹配是在不违背没有公共顶点属性的情况下，再没有边可以添加的匹配。一般最大匹配不止一个。

令 $\mathcal{M}^* \subseteq \mathcal{M}$ 为最大匹配集合，每个匹配 $\mathcal{M}$ 中匹配的约束子集为 $\pi_C(\mathcal{M})$，匹配的变量子集为 $\pi_{\mathcal{Z}}(\mathcal{M})$，则有如下性质：

$$\forall \mathcal{M} \in \mathcal{M}^* \quad \pi_C(\mathcal{M}) \subseteq \mathcal{C} \quad \pi_{\mathcal{Z}}(\mathcal{M}) \subseteq \mathcal{X}$$

那么满足如下关系：

$$|\mathcal{M}| \leqslant \min\{|\mathcal{C}|, |\mathcal{Z}|\}$$

其中，$|\cdot|$表示集的基数。

【定义 10.4】完全匹配。

如果 $|\mathcal{M}| = |\mathcal{C}|$，则称 $\mathcal{M}$ 是关于 $\mathcal{C}$ 的完全匹配；如果 $|\mathcal{M}| = |\mathcal{Z}|$，则称 $\mathcal{M}$ 是关于 $\mathcal{Z}$ 的完全匹配。

匹配可表示为在二分图关联矩阵的每行和每列最多选择一个"1"，将其表示为"①"。如表 10－2 和图 10－7 所示，图中粗实线表示匹配。

出现在系统描述中的约束没有方向，是因为所有变量具有相同的状态。可是，一旦匹配被选定，那么这种对称性就被破坏了，因为此时每个匹配约束与一个匹配变量和若干未匹配变量相关。对于给定的约束，匹配和未匹配变量在图的关联矩阵中分别被关联为"①"和"1"。

表 10－2　匹配

	z_1	z_2	z_3	z_4	z_5		z_1	z_2	z_3	z_4	z_5
c_1	1	①	0	0	0	c_3	0	0	①	1	0
c_2	①	0	0	1	0	c_4	0	1	1	1	①

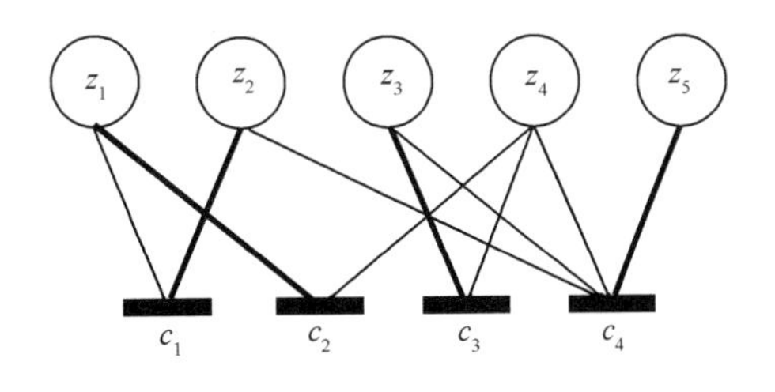

图 10－7　匹配

2）匹配的有向图

由于某些约束没有匹配，因此有向图采用如下法则：

（1）与某匹配约束相连的边的方向为：

① 从未匹配（输入）变量到约束；

② 从约束到匹配（输出）变量。

（2）未匹配约束中所有变量被当作输入，因此所有边的方向为从变量到约束。

3）因果解释

选择属于匹配的一组(c,z)来说明因果分配。假设其他变量是已知的，可通过因果分配约束c来计算变量z。通过因果分配得到的有向图叫做因果图。

微分约束经常表示为

$$d:x_2(t)-\frac{\mathrm{d}}{\mathrm{d}t}x_1(t)=0 \tag{10-51}$$

且函数$x_1(t)$和$x_2(t)$无法独立于彼此来选择。当$x_1(t)$的轨迹已知时，它的导数始终是可求的。因此，约束始终可匹配$x_2(t)$，且是唯一确定的，这称为导数因果关系。当$x_2(t)$已知时，将约束匹配$x_1(t)$，这称为积分因果关系，且$x_1(t)$不是唯一确定的，除非初始条件$x_1(0)$是已知的。但在故障诊断过程中，初始值一般是不准确的，因此在微分约束中要禁止出现积分因果关系。

4）匹配算法

从定义来看，可在二分图关联矩阵中通过在每行和每列最多选择一个“1”来表示匹配。每个选择的“1”表示匹配的边，不会有其他匹配的边包含相同的变量或约束，因此在每行或每列仅有一个被匹配。在任何图中可定义匹配与最大匹配，这在图论中已被广泛地提出，因为它们可为许多应用问题提供解决方案。最常用的三种匹配算法为基本匹配算法、最大流算法和排序算法。基本匹配算法需要建立关于根v的交替树，且不断转移直至图中不再包含增广路径，则得到最大匹配；最大流算法中最常用到的是经典的Ford和Fulkerson算法，该算法假设一个给定匹配是已知的，试图通过增广路径来扩展该匹配，最终得到最大匹配；排序算法是不断寻找仅有一个未标记变量的约束，并进行排序，最终由排序结果确定最大匹配。通过对比三种方法，本书选择计算量小，结构简单的排序算法寻找最大匹配。

从因果解释得知，未知变量的完全因果匹配等同于完成了用已知变量的函数表示未知变量的计算。如果关于约束的匹配不是完全的，未匹配的约束是存在的，那么在这些约束中用匹配变量值替换未知变量就得到了冗余关系。如果实际约束与模型约束是相同的，那么一定是满足冗余关系的。这是以下可用于寻找匹配的约束传播（排序）算法的基础。该算法的主要思想是开始于某一变量（通常应用中开始点为已知变量），然后通过匹配一步步传播信息。在每一步中，包含所涉及变量的约束中，其他变量是已匹配的或是已知的。

算法10.1　约束排序

已知关联矩阵或结构图。

步骤1：标记所有已知变量，$i=0$。

步骤2：找到当前表格中仅含有一个未标记变量的所有约束。将序号i与这些约束关联，并标记这些约束和相应变量。

步骤3：设定$i=i+1$。

步骤4：如果有其中变量已全部标记的未标记约束，那么将它们与序号i关联，标记它们并令它们等于伪变量“零”。

步骤5：如果有未标记的变量和约束，则继续步骤2。

步骤6：得到约束排序。

所有已知变量$\mathcal{K}$是被标记的，所有未知变量仍未被标记。每个最多包含一个未被标记变量的约束被指定为序号“0”。为未标记变量匹配约束，且标记该变量。在增加序号数的情况下重复该步骤，直至没有可匹配的新变量。由于每个匹配的变量也给出了序号，因此该方法称为排序算法。序号可解释为需要通过已知变量计算未知变量的步骤数。

3. 解析冗余关系

基于解析冗余关系（Analytical Redundancy Relations，ARRs）的故障诊断尝试通过比较已知变量观测出的系统实际行为与系统约束的理论行为来识别故障，这种比较只能进行于存在冗余的系统中。

ARRs 是在运行系统满足标称模型时连接已知变量的静态或动态约束。一旦设计了 ARRs，故障检测程序在每个时刻检测它们是否满足，当不满足时，故障隔离程序识别出怀疑的系统环节。因此，ARRs 的存在成为故障诊断程序设计的先决条件。此外，为了故障诊断程序的正确工作，ARRs 应当具备以下性质：

（1）鲁棒性，也就是对未知输入和未知参数不敏感：这确保了当没有故障发生时，ARRs 是满足的，以使得故障诊断算法不会误报。

（2）故障敏感性：可确保故障发生时，ARRs 是不满足的，以使得故障诊断算法没有漏报。

（3）结构性：这确保了故障发生时，仅有 ARRs 的子集是不满足的，因此能够识别发生的故障。

ARRs 一般可分为直接冗余和推导冗余。

1）直接冗余

考虑任意约束 $\varphi \in \mathcal{C}_{\mathcal{K}}$，该约束仅连接已知变量，且可将已知变量数值带入约束 φ 来实时检测是否满足结果“零”，因此约束 φ 是一个 ARR。当约束不满足时，可以断定系统没有正常运行，当约束满足时，说明系统未发生故障。

在实际情况下，变量是无法精确得知的，测量受到噪声的影响，模型仅仅是近似系统的实际行为，因此，获得的值不会精确的为“零”，甚至在正常运行时也不会。令 $r_{\varphi}(\mathcal{K})$ 为获得的值，$r_{\varphi}(\mathcal{K})$ 称作关于 ARRs 的残差，故障检测归结为决定 $r_{\varphi}(\mathcal{K})$ 是否足够小，以使得“零”假设是可以接受的。故障隔离显然在故障检测之后，因为只有元件中的故障能够使得约束 φ 不成立。

在所有系统中，控制算法是直接 ARRs，因为子集 $\mathcal{C}_K$ 包含了描述算法的约束。下面的目标就是在包含未知变量的子系统（$\mathcal{C}_{\mathcal{X}}, \mathcal{Z}$）中找到 ARRs。

2）推导冗余

考虑约束 $\varphi \in \mathcal{C}_{\mathcal{X}}$，令 $\mathcal{X}_{\varphi} = Q(\varphi) \cap \mathcal{X}$ 为出现在约束 φ 中的未知变量子集，且假设

$$\mathcal{X}_{\varphi} \subseteq \mathcal{X}_{obs} \tag{10-52}$$

式中：$Q(\varphi)$ 为从约束集到变量集的映射；$\mathcal{X}_{obs}$ 为可观测变量子集。那么，任何变量 $x \in \mathcal{X}_{\varphi}$ 可利用正常运行系统模型表示成关于已知变量的函数形式。假设至少存在一个对象 x 的交替链，且 x 不属于约束 φ。这意味着即使去掉约束 φ，仍可以已知变量的函数形式匹配并计算 x。当假设成立时，该交替链可用于以已知变量的函数形式计算 x，且可将获得的表达形式带入约束 φ，即可产生 ARRs。当系统正常运行时，相应残差 $r_{\varphi}(\mathcal{K})$ 应为“零”。

10.4.2 基于有向图和支持向量机的故障诊断设计

如上文所述，ARRs 是结构图的子图，该结构图与二分图子系统中未知变量的因果关系

匹配相关。冗余关系由交替链组成,该链开始于已知变量,结束于输出标记为“零”的未匹配约束。设计一组残差需在给定结构图上寻找最大匹配,并以未匹配约束的形式得到冗余关系。该未匹配约束中的未知变量均已经得到匹配。

即使在无故障情况下,获得的 ARRs 的残差值也不会精确的为“零”,故障检测归结为决定 $r_\varphi(\mathcal{K})$ 是否足够小,以使得“零”假设是可以接受的。针对这种情况,通常的做法是加入阈值来判断残差值是否超出了正常状态的界限值。阈值的确定需要经过反复的试验和调试,但不能满足所有的运行状态,很难同时满足 ARRs 设计要求中鲁棒性和故障敏感性的要求,且无法根据系统运行状态实时调整,这些都将很大程度上影响故障诊断的分辨率。支持向量机具有泛化能力强、计算量小等一系列优点,根据前文介绍的故障诊断方法,可以对设计的 ARRs 残差正常与异常样本数据进行分类训练,然后根据训练得到的分类模型对系统运行状态在线分类判断。将有向图和支持向量机方法相结合,得到半定性半定量的故障诊断方法,实现 ARRs 故障检测的设计要求。

针对非线性系统

$$\begin{cases}\dot{x}_1=\sigma(x_2-x_1)\\ \dot{x}_2=\rho x_1-x_2-x_1x_3\\ \dot{x}_3=-\beta x_3+x_1x_2+bu\\ y=x_1\end{cases} \tag{10-53}$$

设计基于有向图和支持向量机的故障诊断方法:

步骤 1:根据系统描述,定义系统的变量和参数集合如下:

$$\mathcal{X}=\{x_1,x_2,x_3,\dot{x}_1,\dot{x}_2,\dot{x}_3\}$$

$$K=\{u,y,\sigma,\rho,\beta,b\}$$

式中:K 表示已知变量和参数集合;$\mathcal{X}$ 表示未知变量和参数集合。

定义系统的约束集合如下:

$$\begin{cases}c_1:\dot{x}_1=\sigma(x_2-x_1)\\ c_2:\dot{x}_2=\rho x_1-x_2-x_1x_3\\ c_3:\dot{x}_3=-\beta x_3+x_1x_2+bu\\ c_4:y=x_1\\ d_1:\dot{x}_1=\dfrac{\mathrm{d}}{\mathrm{d}t}x_1\\ d_2:\dot{x}_2=\dfrac{\mathrm{d}}{\mathrm{d}t}x_2\\ d_3:\dot{x}_3=\dfrac{\mathrm{d}}{\mathrm{d}t}x_3\end{cases} \tag{10-54}$$

式中:$c_i(i=1,2,\cdots,4)$ 表示系统约束;$d_i(i=1,2,\cdots,3)$ 表示微分约束。

步骤 2:根据约束集合,得到如表 10-3 所列的系统关联矩阵,并利用排序算法可得到最终约束排序。

表 10-3　系统关联矩阵

	x_1	$\dot{x}_1$	x_2	$\dot{x}_2$	x_3	$\dot{x}_3$	u	y	排序 i
c_1	1	1	①	0	0	0	0	0	3
c_2	1	0	1	1	①	0	0	0	5
c_3	1	0	1	0	1	1	1	0	“零”
c_4	1	0	0	0	0	0	0	1	1
d_1	1	①	0	0	0	0	0	0	2
d_2	0	0	1	①	0	0	0	0	4
d_3	0	0	0	0	1	①	0	0	6

步骤 3：根据系统关联矩阵，设计系统有向图（图 10-8）。

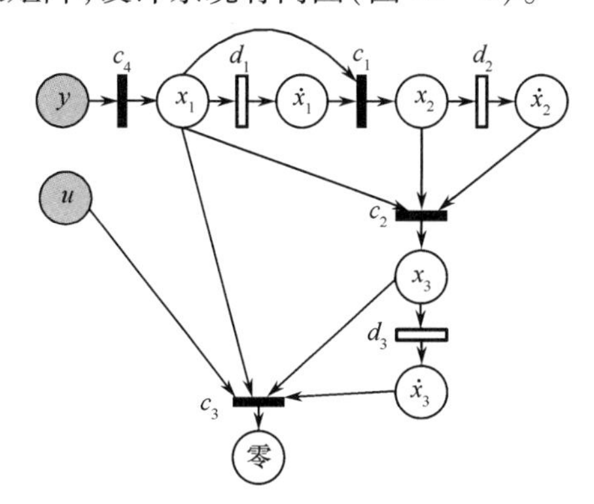

图 10-8　系统有向图

步骤 4：通过系统关联矩阵和系统有向图，构造用于故障诊断的解析冗余关系。

$$r = c_3(u, c_4(y), c_2(c_4(y), c_1(c_4(y), d_1(c_4(y))), d_2(c_1(c_4(y), d_1(c_4(y))))), d_3(c_2(c_4(y), c_1(c_4(y), d_1(c_4(y))), d_2(c_1(c_4(y), d_1(c_4(y)))))))$$

步骤 5：通过解析冗余关系得到其残差，根据第 10.3 节中设计的支持向量机故障诊断方法，将一组残差值作为支持向量机训练集，经过求解最优化问题后获得分类模型，将实时得到的残差值作为分类模型的输入，根据分类结果进行故障诊断。

上述基于有向图和支持向量机的故障诊断方法流程如图 10-9 所示。

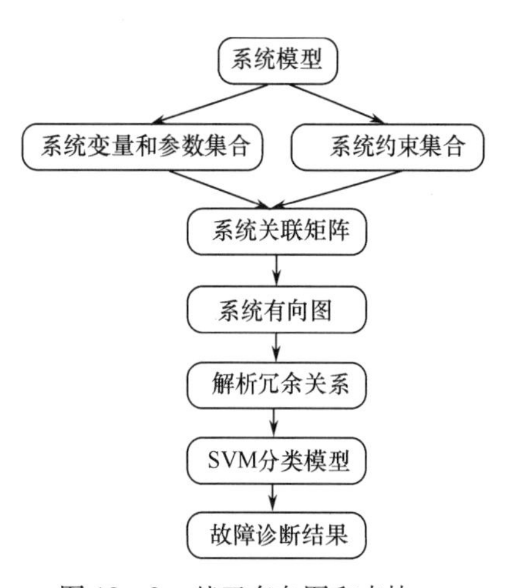

图 10-9　基于有向图和支持向量机的故障诊断方法流程

10.4.3　基于有向图和支持向量机的船舶动力定位推进器故障诊断

1. 推进器故障类型

推进器故障通常分为螺距故障和转速故障，根据 FMEA 中关于推进器故障的分析描述，关于推进器的现实故障需要考虑以下方面。

1）有关螺旋桨螺距的故障

（1）泄漏：由于液压系统的泄漏而导致的螺旋桨螺距缓慢地漂移（$\Delta\dot{\theta}_{inc}$）。该故障在模

拟程序中可作为加法故障来生成。则螺距角控制系统方程式中变化项为

$$\dot{\theta}_p = \max(\dot{\theta}_{p,\min}, \min(u_{\dot{\theta}_p}, \dot{\theta}_{p,\max})) + \Delta\dot{\theta}_{inc} \tag{10-55}$$

(2) 卡死:由于螺旋桨桨叶驱动机构卡死而导致的螺旋桨螺距无法控制。

(3) 控制指令丢失:由于控制指令丢失或断线引起反馈信号丢失,最终导致螺旋桨螺距冻结。

后两项导致的螺距角控制系统方程式中变化项为

$$\dot{\theta}_p = 0 \tag{10-56}$$

2) 有关螺旋桨转速的故障

断电:由于推进器轴发动机断电而导致的轴转速故障。则转速控制系统方程变化项为

$$n_{p,m} = n_p = 0 \tag{10-57}$$

2. 基于有向图和支持向量机的船舶动力定位推进器故障诊断设计

本节将 10.4.2 节设计的基于有向图和支持向量机的故障诊断方法应用于一般动力定位船舶,由于没有具体指定对象,因此不考虑推进器的数量。

首先,确定变量和参数集合。根据前文动力定位船舶数学模型的介绍,得到变量和参数集合 $\mathcal{Z}$ 为

$$\mathcal{X} = \{\boldsymbol{\eta}, J(\psi), \boldsymbol{\upsilon}, \boldsymbol{\tau}_{thr}, T_p, n_p, J_p, K_T(J_p), \boldsymbol{Q}_p, K_Q(J_p), \theta_p, \boldsymbol{Q}_m, \dot{\boldsymbol{\eta}}, \dot{\boldsymbol{\upsilon}}, \dot{\theta}_p, \dot{n}_p, \dot{Q}_m\}$$

$$\mathcal{K} = \{\boldsymbol{M}, \boldsymbol{D}, \boldsymbol{\tau}_{env}, \boldsymbol{T}(\alpha), \boldsymbol{K}, t_p, \rho, D_p, \omega_p, a_0, a_1, a_2, b_0, b_1, b_2, k_t, \theta_{p,ref}, \theta_{p,m}, J_m, \boldsymbol{Q}_f, T_m, n_{p,ref}, n_{p,m}, \boldsymbol{\eta}_m\}$$

得到约束集合 $\mathcal{C}$ 为

$$\begin{cases}
c_1: \dot{\boldsymbol{\eta}} = J(\psi)\boldsymbol{\upsilon} \\
c_2: \dot{\boldsymbol{\upsilon}} = \boldsymbol{M}^{-1}(-\boldsymbol{D}\boldsymbol{\upsilon} + \boldsymbol{\tau}_{thr} + \boldsymbol{\tau}_{env}) \\
c_3: \boldsymbol{\tau}_{thr} = \boldsymbol{T}(\alpha)\boldsymbol{K}T_p \\
c_4: T_p = \mathrm{sign}(n_p)(1-t_p)K_T(J_p)\rho D_p^4 n_p^2 \theta_p \\
c_5: \boldsymbol{Q}_p = \mathrm{sign}(n_p)(1-t_p)K_Q(J_p)\rho D_p^5 n_p^2 \theta_p \\
c_6: J_p = \dfrac{u(1-\omega_p)}{n_p D_p} \\
c_7: K_T(J_p) = a_0 + a_1\boldsymbol{J}_p + a_2 J_p^2 \\
c_8: K_Q(J_p) = b_0 + b_1\boldsymbol{J}_p + b_2 J_p^2 \\
c_9: \dot{\theta}_p = k_t(\theta_{p,ref} - \theta_{p,m}) \\
c_{10}: J_m \dot{n}_p = \boldsymbol{Q}_m - \boldsymbol{Q}_p - \boldsymbol{Q}_f \\
c_{11}: \dot{Q}_m = \dfrac{1}{T_m}(f_Q(n_{p,ref}) - f_Q(n_{p,m})) \\
d_1: \dot{\boldsymbol{\eta}} = \dfrac{\mathrm{d}}{\mathrm{d}t}\boldsymbol{\eta} \\
d_2: \dot{\boldsymbol{\upsilon}} = \dfrac{\mathrm{d}}{\mathrm{d}t}\boldsymbol{\upsilon} \\
d_3: \dot{\theta}_p = \dfrac{\mathrm{d}}{\mathrm{d}t}\theta_p \\
d_4: \dot{n}_p = \dfrac{\mathrm{d}}{\mathrm{d}t}n_p \\
d_5: \dot{Q}_m = \dfrac{\mathrm{d}}{\mathrm{d}t}\boldsymbol{Q}_m \\
m_1: \boldsymbol{\eta}_m = \boldsymbol{\eta} \\
m_2: \theta_{p,m} = \theta_p \\
m_3: n_{p,m} = n_p
\end{cases} \tag{10-58}$$

得到关联矩阵如表 10-4 所列,并利用排序算法得到最终约束排序。

表10-4 动力定位船舶关联矩阵

	η	$\dot{\eta}$	v	$\dot{v}$	θ_p	$\dot{\theta}_p$	n_p	$\dot{n}_p$	Q_m	$\dot{Q}_m$	τ_{thr}	T_p	K_T	Q_p	K_Q	J_p	η_m	$\theta_{p,m}$	$n_{p,m}$	$\theta_{p,ref}$	$n_{p,ref}$	排序 i
c_1	0	1	①	0	0	0	0	0	0	0	0	0	0	0	0	0	0	0	0	0	0	2
c_2	0	0	1	1	0	0	0	0	0	0	1	0	0	0	0	0	0	0	0	0	0	“零”
c_3	0	0	0	0	0	0	0	0	0	0	①	1	0	0	0	0	0	0	0	0	0	6
c_4	0	0	0	0	1	0	1	0	0	0	0	①	1	0	0	0	0	0	0	0	0	5
c_5	0	0	0	0	1	0	1	0	0	0	0	0	0	①	1	0	0	0	0	0	0	5
c_6	0	0	1	0	0	0	1	0	0	0	0	0	0	0	0	①	0	0	0	0	0	3
c_7	0	0	0	0	0	0	0	0	0	0	0	0	①	0	0	1	0	0	0	0	0	4
c_8	0	0	0	0	0	0	0	0	0	0	0	0	0	0	①	1	0	0	0	0	0	4
c_9	0	0	0	0	0	1	0	0	0	0	0	0	0	0	0	0	0	1	0	1	0	“零”
c_{10}	0	0	0	0	0	0	0	1	①	0	0	0	0	1	0	0	0	0	0	0	0	6
c_{11}	0	0	0	0	1	0	0	0	0	1	0	0	0	0	1	0	0	0	1	0	1	“零”
d_1	1	①	0	0	0	0	0	0	0	0	0	0	0	0	0	0	0	0	0	0	0	1
d_2	0	0	1	①	0	0	0	0	0	0	0	0	0	0	0	0	0	0	0	0	0	3
d_3	0	0	0	0	1	①	0	0	0	0	0	0	0	0	0	0	0	0	0	0	0	1
d_4	0	0	0	0	0	0	1	①	0	0	0	0	0	0	0	0	0	0	0	0	0	1
d_5	0	0	0	0	0	0	0	0	1	①	0	0	0	0	0	0	0	0	0	0	0	7
m_1	①	0	0	0	0	0	0	0	0	0	0	0	0	0	0	0	1	0	0	0	0	0
m_2	0	0	0	0	①	0	0	0	0	0	0	0	0	0	0	0	0	1	0	0	0	0
m_3	0	0	0	0	0	0	①	0	0	0	0	0	0	0	0	0	0	0	1	0	0	0

根据排序后的关联矩阵完成动力定位船舶的有向图，如图 10－10 所示。

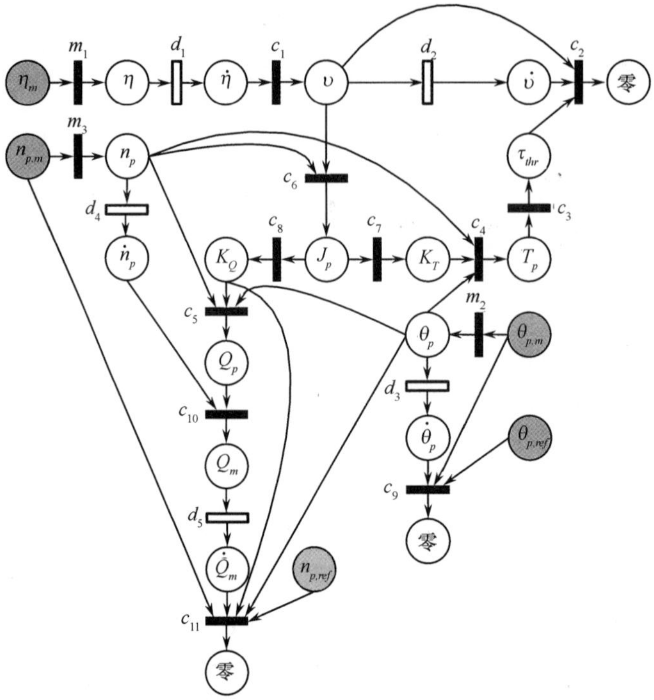

图 10－10　动力定位系统有向图

通过关联矩阵可看出，动力定位船舶（不考虑推进器数量）的冗余度为 3（即 3 个"零"），因此，得到 3 个用于故障诊断的解析冗余关系如下：

$$
\begin{aligned}
r &= c_2(c_1(d_1(m_1(\boldsymbol{\eta}_m))), d_2(c_1(d_1(m_1(\boldsymbol{\eta}_m)))), c_3(c_4(m_3(n_{p,m}),\\
&\quad c_7(c_6(c_1(d_1(m_1(\boldsymbol{\eta}_m))), m_3(n_{p,m}))), m_2(\theta_{p,m})))) = \mathbf{0}_{3\times 1}\\
r_1 &= c_9(d_3(m_2(\theta_{p,m})), \theta_{p,m}, \theta_{p,ref}) = 0\\
r_2 &= c_{11}(n_{p,m}, d_5(c_{10}(d_4(m_3(n_{p,m})), c_5(m_3(n_{p,m}), c_8(c_6(m_3(n_{p,m}),\\
&\quad c_1(d_1(m_1(\boldsymbol{\eta}_m))))), m_2(\theta_{p,m})))), c_8(c_6(m_3(n_{p,m}), c_1(d_1(m_1(\boldsymbol{\eta}_m))))),\\
&\quad m_2(\theta_{p,m}), n_{p,ref}) = 0
\end{aligned}
$$

通过对动力定位船舶解析冗余关系的结构分析可以看出，冗余关系 r 包含船舶位置的测量值 $\boldsymbol{\eta}_m$、推进器转速的测量值 $n_{p,m}$ 和推进器螺距的测量值 $\theta_{p,m}$，作为冗余关系 r 的约束 c_2 涉及船舶的动力学，由于推进器的故障（螺距故障或转速故障）最终将导致船舶位置的丢失，从而影响该冗余关系，因此冗余关系 r 可用于检验船舶是否发生推进器故障；冗余关系 r_1 仅包含推进器螺距的测量值 $\theta_{p,m}$ 和设定参考值 $\theta_{p,ref}$，作为冗余关系 r_1 的约束 c_9 涉及推进器螺距的动力学，由于仅有推进器的螺距故障可影响该冗余关系，因此冗余关系 r_1 可用于检验推进器是否发生螺距故障；冗余关系 r_2 包含船舶位置的测量值 $\boldsymbol{\eta}_m$、推进器螺距的测量值 $\theta_{p,m}$、推进器转速的测量值 $n_{p,m}$ 和设定参考值 $n_{p,ref}$，作为冗余关系 r_2 的约束 c_{11} 涉及推进器转速的动力学，由于推进器转速的故障可直接影响该冗余关系，因此冗余关系 r_2 可用于检验推进器是否发生转速故障。综上所述，冗余关系 r 可判断船舶是否发生推进器故障，实现了故障检测。冗余关系 r_1 和冗余关系 r_2 与具体推进器关联，可判断该推进器是否发生故障，且可分别判断推进器的螺距故障和转速故障，实现了故障辨识。同时，推进器与推进器间的故障诊断是相互独立的，为检测出推进器发生故障后的故障隔离操作提供了可能。

10.4.4　仿真案例

以某动力定位船模型为对象进行仿真试验，根据该船的相关数据，且考虑到该船的推进器控制为定转速调螺距形式，得到目标船的变量和参数集合 $\mathcal{Z}$ 为

$$\begin{aligned}\mathcal{X}=\{&\boldsymbol{\eta},J(\psi),\boldsymbol{v},X_{thr},Y_{thr},N_{thr},T_{p1},T_{p2},T_{p3},T_{p4},T_{p5},T_{p6},\boldsymbol{J}_{p1},J_{p2},J_{p3},J_{p4},\\&J_{p5},J_{p6},K_{T_1}(J_{p1}),K_{T_2}(J_{p2}),K_{T_3}(J_{p3}),K_{T_4}(J_{p4}),K_{T_5}(J_{p5}),\boldsymbol{K}_{T_6}(J_{p6}),\\&\theta_{p1},\theta_{p2},\theta_{p3},\theta_{p4},\theta_{p5},\theta_{p6},\dot{\boldsymbol{\eta}},\dot{\boldsymbol{v}},\dot{\theta}_{p1},\dot{\theta}_{p2},\dot{\theta}_{p3},\dot{\theta}_{p4},\dot{\theta}_{p5},\dot{\theta}_{p6}\}\end{aligned}$$

$$\begin{aligned}\mathcal{K}=\{&M,D,\boldsymbol{\tau}_{env},l_{x1},l_{x2},l_{x3},l_{x4},l_{y1},l_{y2},\boldsymbol{K}_1,K_2,K_3,K_4,K_5,K_6,t_{p12},t_{p34},t_{p56},\rho,D_{p12},\\&D_{p34},D_{p56},\omega_{p12},\omega_{p34},\omega_{p56},a_{0_{12}},a_{1_{12}},a_{2_{12}},a_{0_{34}},a_{1_{34}},a_{2_{34}},a_{0_{56}},a_{1_{56}},a_{2_{56}},k_{t_{12}},k_{t_{34}},\\&k_{t_{56}},\theta_{p12,ref},\theta_{p34,ref},\theta_{p56,ref},\theta_{p1,m},\theta_{p2,m},\theta_{p3,m},\theta_{p4,m},\theta_{p5,m},\theta_{p6,m},J_{m12},J_{m34},J_{m56},\\&n_{p12,ref},n_{p34,ref},n_{p56,ref},\boldsymbol{\eta}_m\}\end{aligned}$$

得到的约束集合 $\mathcal{C}$ 为

$$\begin{cases}c_1:\dot{\boldsymbol{\eta}}=J(\psi)\boldsymbol{v}\\c_2:\dot{\boldsymbol{v}}=M^{-1}(-D\boldsymbol{v}+[X_{thr},Y_{thr},N_{thr}]^{\mathrm{T}}+\boldsymbol{\tau}_{env})\\c_3:X_{thr}=K_5T_{p5}+K_6T_{p6}\\c_4:Y_{thr}=K_1T_{p1}+K_2T_{p2}+K_3T_{p3}+K_4T_{p4}\\c_5:N_{thr}=l_{x_1}K_1T_{p1}+l_{x_2}K_2T_{p2}+l_{x_3}K_3T_{p3}+l_{x_4}K_4T_{p4}\\\qquad+l_{y_1}K_5T_{p5}+l_{y_2}K_6T_{p6}\\c_6:T_{p1}=\mathrm{sign}(n_{p1})(1-t_{p12})K_{T_1}(J_{p1})\rho D_{p12}^4n_{p1}^2\theta_{p1}\\\qquad\vdots\\c_{11}:T_{p6}=\mathrm{sign}(n_{p6})(1-t_{p56})K_{T_6}(J_{p6})\rho D_{p56}^4n_{p6}^2\theta_{p6}\\c_{12}:J_{p1}=\dfrac{v(1-\omega_{p12})}{n_{p1}D_{p12}}\\\qquad\vdots\\c_{17}:J_{p6}=\dfrac{u(1-\omega_{p56})}{n_{p6}D_{p56}}\\c_{18}:K_{T_1}(J_{p1})=a_{0_{12}}+a_{1_{12}}J_{p1}+a_{2_{12}}J_{p1}^2\\\qquad\vdots\\c_{23}:K_{T_6}(J_{p6})=a_{0_{56}}+a_{1_{56}}J_{p6}+a_{2_{56}}J_{p6}^2\\c_{24}:\dot{\theta}_{p1}=k_{t_{12}}(\theta_{p12,ref}-\theta_{p1,m})\\\qquad\vdots\\c_{29}:\dot{\theta}_{p6}=k_{t_{56}}(\theta_{p56,ref}-\theta_{p6,m})\\d_1:\dot{\boldsymbol{\eta}}=\dfrac{\mathrm{d}}{\mathrm{d}t}\boldsymbol{\eta}\end{cases}\tag{10-59}$$

$$
\begin{cases}
d_2: \dot{\upsilon} = \dfrac{\mathrm{d}}{\mathrm{d}t}\upsilon \\
d_3: \dot{\theta}_{p1} = \dfrac{\mathrm{d}}{\mathrm{d}t}\theta_{p1} \\
\qquad\vdots \\
d_8: \dot{\theta}_{p6} = \dfrac{\mathrm{d}}{\mathrm{d}t}\theta_{p6} \\
m_1: \boldsymbol{\eta}_m = \boldsymbol{\eta} \\
m_2: \theta_{p1,m} = \theta_{p1} \\
\qquad\vdots \\
m_7: \theta_{p6,m} = \theta_{p6}
\end{cases}
$$

由于动力定位船涉及的变量和参数集合 $\mathcal{Z}$ 与约束集合 C 十分庞大，其基本原理与 10.4.3 节中介绍的相似，因此，在这里不再赘述试验船的关联矩阵。

得到的动力定位船有向图如图 10－11 所示。

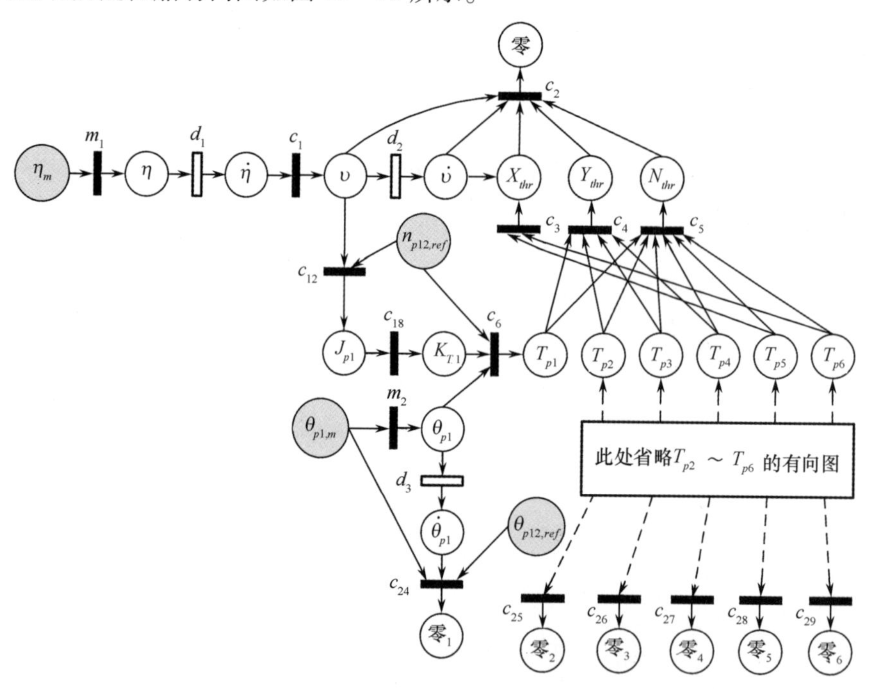

图 10－11　某动力定位船有向图

得到用于故障诊断的解析冗余关系如下：

$$
\begin{aligned}
r = {} & c_2(c_1(d_1(m_1(\boldsymbol{\eta}_m))), d_2(c_1(d_1(m_1(\boldsymbol{\eta}_m))))), c_3(c_{10}(c_{22}(c_{16}(c_1(d_1(m_1(\boldsymbol{\eta}_m))), \\
& n_{p56,ref})), m_6(\theta_{p5,m}), n_{p56,ref}), c_{11}(c_{23}(c_{17}(c_1(d_1(m_1(\boldsymbol{\eta}_m))), n_{p56,ref})), m_7(\theta_{p6,m}), \\
& n_{p56,ref})), c_4(c_6(c_{18}(c_{12}(c_1(d_1(m_1(\boldsymbol{\eta}_m))), n_{p12,ref})), m_2(\theta_{p1,m}), n_{p12,ref}), c_7(c_{19} \\
& (c_{13}(c_1(d_1(m_1(\boldsymbol{\eta}_m))), n_{p12,ref})), m_3(\theta_{p2,m}), n_{p12,ref}), c_8(c_{20}(c_{14}(c_1(d_1(m_1(\boldsymbol{\eta}_m))), \\
& n_{p34,ref})), m_4(\theta_{p3,m}), n_{p34,ref}), c_9(c_{21}(c_{15}(c_1(d_1(m_1(\boldsymbol{\eta}_m))), n_{p34,ref})), m_5(\theta_{p4,m}), \\
& n_{p34,ref})), c_5(c_6(c_{18}(c_{12}(c_1(d_1(m_1(\boldsymbol{\eta}_m))), n_{p12,ref})), m_2(\theta_{p1,m}), n_{p12,ref}), c_7(c_{19}
\end{aligned}
$$

$(c_{13}(c_1(d_1(m_1(\eta_m)))), n_{p12,ref})), m_3(\theta_{p2,m}), n_{p12,ref}), c_8(c_{20}(c_{14}(c_1(d_1(m_1(\eta_m)))),$
$n_{p34,ref})), m_4(\theta_{p3,m}), n_{p34,ref}), c_9(c_{21}(c_{15}(c_1(d_1(m_1(\eta_m)))), n_{p34,ref})), m_5(\theta_{p4,m}),$
$n_{p34,ref}), c_{10}(c_{22}(c_{16}(c_1(d_1(m_1(\eta_m)))), n_{p56,ref})), m_6(\theta_{p5,m}), n_{p56,ref}), c_{11}(c_{23}(c_{17}$
$(c_1(d_1(m_1(\eta_m)))), n_{p56,ref})), m_7(\theta_{p6,m}), n_{p56,ref})))$

$$r_1 = c_{24}(d_3(m_2(\theta_{p1,m})), \theta_{p1,m}, \theta_{p12,ref})$$
$$r_2 = c_{25}(d_4(m_3(\theta_{p2,m})), \theta_{p2,m}, \theta_{p12,ref})$$
$$r_3 = c_{26}(d_5(m_4(\theta_{p3,m})), \theta_{p3,m}, \theta_{p34,ref})$$
$$r_4 = c_{27}(d_6(m_5(\theta_{p4,m})), \theta_{p4,m}, \theta_{p34,ref})$$
$$r_5 = c_{28}(d_7(m_6(\theta_{p5,m})), \theta_{p5,m}, \theta_{p56,ref})$$
$$r_6 = c_{29}(d_8(m_7(\theta_{p6,m})), \theta_{p6,m}, \theta_{p56,ref})$$

根据前面解析冗余关系结构的分析结论，可得到船舶的解析冗余关系分析如下：冗余关系 r 可判断目标船是否发生推进器故障；冗余关系 r_1 与艏槽道推进器 1 关联，可判断艏槽道推进器 1 是否发生螺距故障且进行故障隔离，依此类推，冗余关系 r_2 与艏槽道推进器 2 关联，可判断艏槽道推进器 2 是否发生螺距故障且进行故障隔离；冗余关系 r_3 与艉槽道推进器 3 关联，可判断艉槽道推进器 3 是否发生螺距故障且进行故障隔离；冗余关系 r_4 与艉槽道推进器 4 关联，可判断艉槽道推进器 4 是否发生螺距故障且进行故障隔离；冗余关系 r_5 与主推进器 5 关联，可判断主推推进器 5 是否发生螺距故障且进行故障隔离；冗余关系 r_6 与主推进器 6 关联，可判断主推 6 是否发生螺距故障且进行故障隔离。

将得到的解析冗余关系 r 至 r_6 中的残差数据分别按 10.3 节介绍的支持向量机数据处理方式进行数据预处理，然后提取数据特征，利用特征数据中的正常和故障数据样本训练支持向量机分类模型，再利用训练得到的模型检验测试数据，根据支持向量机的决策值判断船舶是否发生推进器故障，如果发生了故障，根据冗余关系 r_1 至 r_6 的决策值判断发生故障的推进器并进行隔离。

本节以主推进器 5 卡死导致的螺距故障为例进行仿真验证，如图 10－12 所示，其中故障设置如下：

$$\dot{\theta}_p = \begin{cases} k_t(\theta_{p,\mathrm{ref}} - \theta_{p,m}), & 0\mathrm{s} < t < 40\mathrm{s} \\ 0, & 40\mathrm{s} < t < 45\mathrm{s} \end{cases}$$

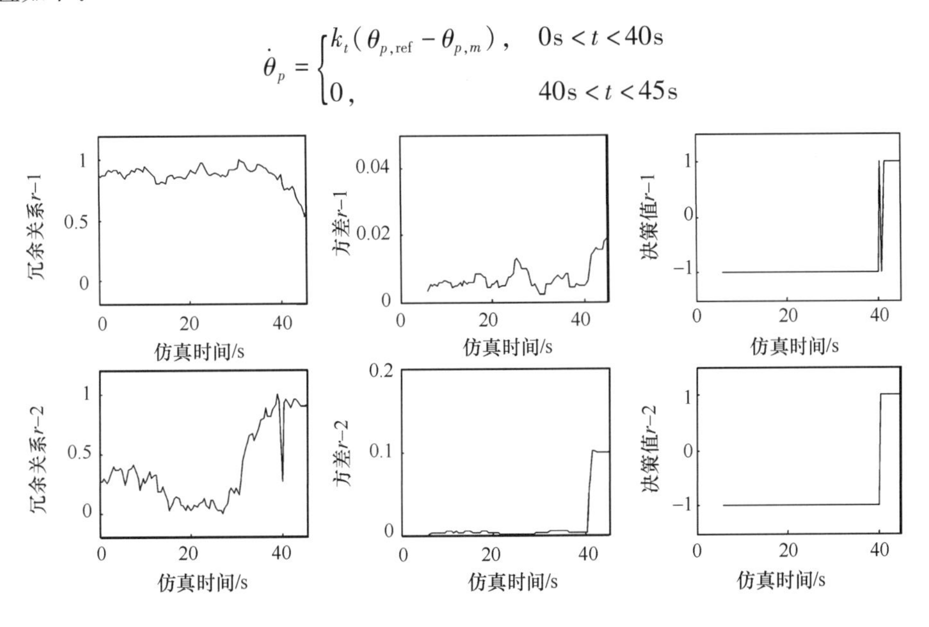

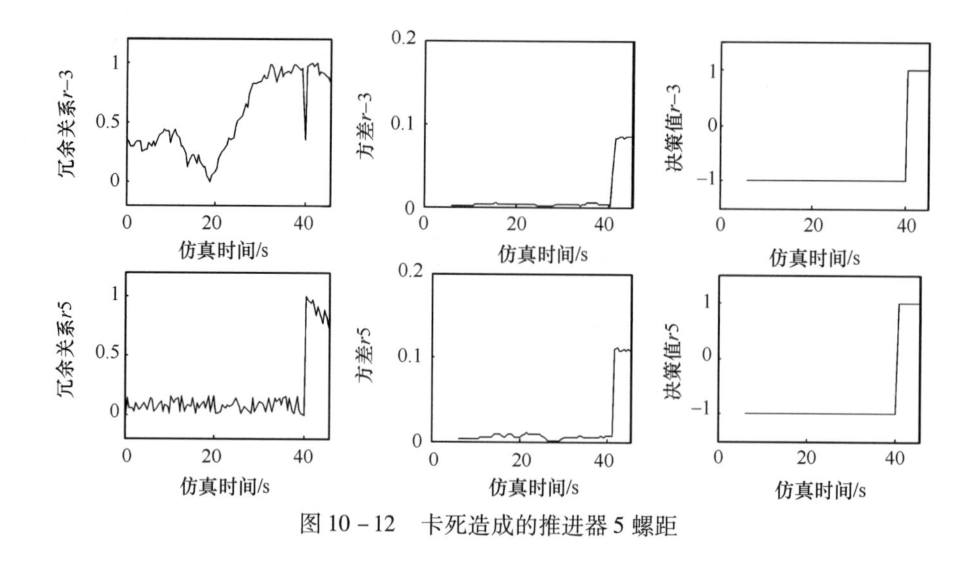

图 10-12 卡死造成的推进器 5 螺距

10.5 故障报警的实现

10.5.1 故障报警系统的设计

故障报警系统是实现 DP3 系统的故障检测、报警显示和报警打印,即实现完整的 DP3 故障检测报警功能。使得 DP3 系统操纵台以报警的形式显示系统中出现的故障、故障源、故障时间范围等信息,DP 操纵员可对系统中产生的故障准确定位,有助于采取正确的解决措施。而国内外有关 DP3 系统的文献中,未有对 DP3 系统故障报警系统详细的描述。

DP3 冗余动力定位系统故障报警系统应具备如下模块。

1. 报警信息数据库初始化模块

该模块是 DP3 控制系统以外的辅助功能模块。根据 DP 专家、工程师的工程经验,结合历史出现的 DP 系统的故障事件,总结整理成故障信息表。利用该模块将故障信息表导入报警信息数据库,初始化为原始报警信息表 。报警信息数据库中包括三个表、一个原始报警信息表、一个空的动态报警表和一个空的历史报警表 。原始报警信息表是由故障信息表直接得到的,为显示报警信息提供搜索内容;动态报警表用于存放 DP3 系统运行过程中检测到的当前故障;历史报警表用于存放 DP3 系统运行过程中检测到的已消除的故障信息。原始报警信息表如表 10-5 所列。

表 10-5 报警信息

编号	名称	来源	级别	内容
1	C-Nav3050	传感器系统	报警	DPC[#]接收 C-Nav3050 数据中断
2	DPS232	传感器系统	报警	DPC[#]接收 DPS232 数据中断
3	HiPAP351	传感器系统	报警	DPC[#]接收 HiPAP351 数据中断
4	MRU1	传感器系统	报警	DPC[#]接收 MRU1 数据中断
5	MRU2	传感器系统	报警	DPC[#]接收 MRU2 数据中断
6	MRU3	传感器系统	报警	DPC[#]接收 MRU3 数据中断
7	RADius	传感器系统	报警	DPC[#]接收 RADius 数据中断

（续）

编号	名称	来源	级别	内容
8	UPS1	传感器系统	报警	UPS1 通信中断
9	UPS1	传感器系统	报警	UPS1 故障
10	UPS1	传感器系统	报警	UPS1 电压异常
…	…	…	…	…

2. DP3 控制系统 FS 故障检测模块

FS 称为就地工作站，是推进器（或舵）的直接控制计算机，是控制器与推进器（或舵）之间的桥梁，其控制量与反馈量均为模拟信号。FS 故障检测模块包括各 FS 计算机（配有具有 AD/DA 转换功能的板卡、网卡、串口卡等）与其相应推进器（或舵）以及 FS 计算机内的程序。FS 计算机内程序根据预设的故障诊断规则对传感器、UPS 数据进行故障判断。

FS 检测故障过程中，FS 通过串口接收到的推进器（或舵）信息，判断推进器（或舵）是否允控、通信回路是否中断、串口数据是否中断；判断柴油机、轴带发电机是否在线、是否超负载等故障。FS 检测故障后，将故障信息通过网络发送到 DP3 控制系统的控制器中。若 FS 处于关闭状态或者自身出现故障，则 DP3 控制器接收不到 FS 信息，控制器判断出 FS 故障，而不会有 FS 检测的故障信息。

3. DP3 控制系统控制器故障检测模块

DP3 控制系统中的控制器是该系统的核心部分，其具有数据处理、控制计算、推力分配和故障检测等功能。控制器故障检测模块，是包括各控制器计算机、所有传感器、UPS 以及控制器内的程序，各种传感器、UPS 通过网络与控制器连接。控制器内程序根据预设的故障诊断规则对传感器、UPS 数据进行故障判断。

在检测故障过程中，控制器①接收到各传感器信息并对其进行数据处理，判断某传感器数据中断、数据冻结、数据超出量程等故障；②接收到各 UPS 的信息，判断 UPS 的通信中断、电压异常等故障；③接收到各 FS 判断的故障信息。控制器将检测出的各种故障整合在一起，形成统一的故障标志，通过网络将其发送到操纵台。若 DP3 控制器处于关闭状态或者自身出现故障，则 DP3 操纵台接收不到控制器信息，操纵台判断出控制器故障，而不会有该控制器检测的故障信息。

4. DP3 控制系统操纵台故障检测模块

DP3 控制系统操纵台是 DP3 控制系统与 DP 操作人员之间的交互平台。操纵台软件功能中可以设置艏向偏差、速度偏差等故障的限值，DP 操纵人员可以设置各数据的报警限值。操纵台接收到控制器发送的各种数据信息，根据设置的报警限值，进行故障判断，形成相应的数据库索引条件。

DP3 控制系统操纵台软件菜单中设有距离偏差、艏向偏差、航迹偏差、速度偏差、回转率偏差、纵倾、横摇的报警限值以及冗余传感器相对偏差（包括纵倾、横摇和艏向）报警限值（其中冗余传感器相对偏差指 DP3 控制系统中有三冗余传感器，如罗经、MRU 等都有三个相同型号的传感器，若罗经 1 与罗经 2 测得艏向值基本一致，而罗经 3 的艏向值与其他两个罗经的艏向值相差超过报警限值，则罗经 3 可能出现故障，需要报警），DP 操纵人员可以在软件界面中设置各数据的报警限值。操纵台接收到控制器发送的各种数据信息，根据设置的报警限值，进行故障判断，形成索引条件，可在报警信息数据库中索引相应的报警信息。

5. DP3 控制系统报警信息显示模块

DP3 控制系统报警信息显示模块利用故障标志,从报警信息数据库中索引出相应报警信息,并将其显示到报警信息列表中。报警信息列表分为动态报警和历史报警两个表,分别显示当前正处于故障的报警信息和曾经故障过而当前已恢复的报警信息。由于历史报警列表中报警内容非常多,在历史报警列表中设有报警信息的时间范围查询。

DP3 控制系统报警信息显示模块根据①接收到控制器传来的故障标志和②操纵台故障判断得出的故障标志,从报警信息数据库的原始报警信息表中索引出相应报警信息,将报警信息插入相应的动态报警表和历史报警表中,并将其显示到报警信息列表的动态报警标签页或历史报警标签页中。若计算机硬盘足够大,数据库中最多可以存储 2TB(这是由所用数据库)的历史报警。由于历史报警列表中报警内容多,在历史报警列表中设有报警信息的时间范围查询。当设定一定时间范围后,历史报警列表中显示的报警信息为该时间范围内的报警信息。DP3 冗余动力定位系统设计报警事件列表的界面,如图 10-13 所示。

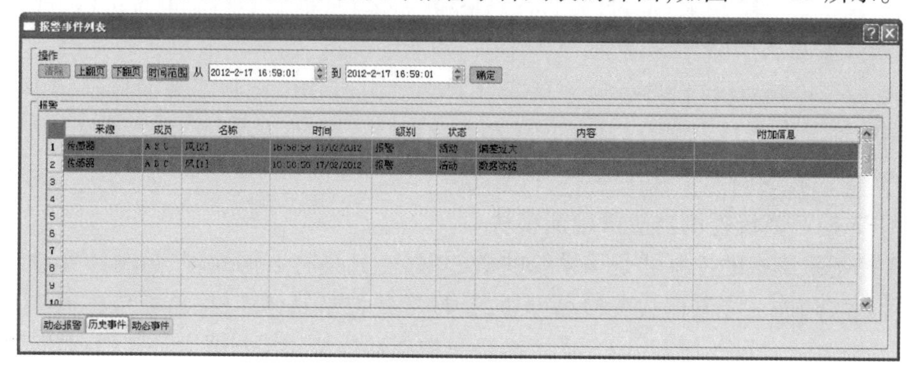

图 10-13　报警事件列表

6. DP3 控制系统操纵台报警信息打印模块

操纵台报警信息打印模块由操纵台、打印机和操纵台软件组成。该模块通过打印机将报警信息列表中的报警信息按一定的要求打印到纸上。

在报警信息列表中,打印报警信息时,若当前标签页为动态报警标签页,则打印报警信息为所有动态报警信息;若当前标签页为历史报警标签页,则打印报警信息为所有报警信息或者指定时间范围内的报警信息。报警信息打印样式如图 10-14 所示。

DP3 报警信息

2014-12-05 18:38:07 至 2014-12-05 19:49:59

编号	名称	来源	报警时间	消警时间	级别	报警内容
1	GPS1	传感器系统	2014-12-05 19:48:09	2014-12-05 19:48:10	报警	DPC[C]接收GPS1数据中断
2	MRU1	传感器系统	2014-12-05 19:48:09	2014-12-05 19:48:10	报警	DPC[C]接收MRU1数据中断
3	MRU2	传感器系统	2014-12-05 19:48:09	2014-12-05 19:48:10	报警	DPC[C]接收MRU2数据中断
4	MRU3	传感器系统	2014-12-05 19:48:09	2014-12-05 19:48:10	报警	DPC[C]接收MRU3数据中断
5	风传感器1	传感器系统	2014-12-05 19:48:07	2014-12-05 19:48:09	报警	DPC[C]接收风传感器1数据中断
6	风传感器2	传感器系统	2014-12-05 19:48:07	2014-12-05 19:48:09	报警	DPC[C]接收风传感器2数据中断
7	风传感器3	传感器系统	2014-12-05 19:48:07	2014-12-05 19:48:09	报警	DPC[C]接收风传感器3数据中断
8	风传感器1	传感器系统	2014-12-05 19:43:46	2014-12-05 19:43:48	报警	DPC[C]接收风传感器1数据中断
9	风传感器2	传感器系统	2014-12-05 19:43:46	2014-12-05 19:43:48	报警	DPC[C]接收风传感器2数据中断

图 10-14　报警信息打印样式

10.5.2　故障报警实现流程

图 10-15 是 DP3 控制系统结构示意图,图中详细反映了通过网络 A 或 B 将各传感器、

推进器、FS、控制器、操纵台相互连接成整个控制系统。图 10－16 是故障报警总体关系示意图,该图中上层出现故障报警,影响下层故障报警的判断及显示。最上层故障报警是 DP3 控制柜至操纵台实船网络 A、B 通信中断,该报警是操纵台检测网络数据判断出网络 A、B 都中断,则在其以下各层故障信息及各种数据都不能由控制器发送到操纵台,因此操纵台报警信息列表不会显示出下面各层故障报警信息。按 DP3 的系统分类,DP3 级动力定位故障报警分为以下几大类:MRU 报警、风传感器报警、电罗经报警、位置参考系统报警、UPS1 报警、UPS2 报警、UPS3 报警和 FS 报警。

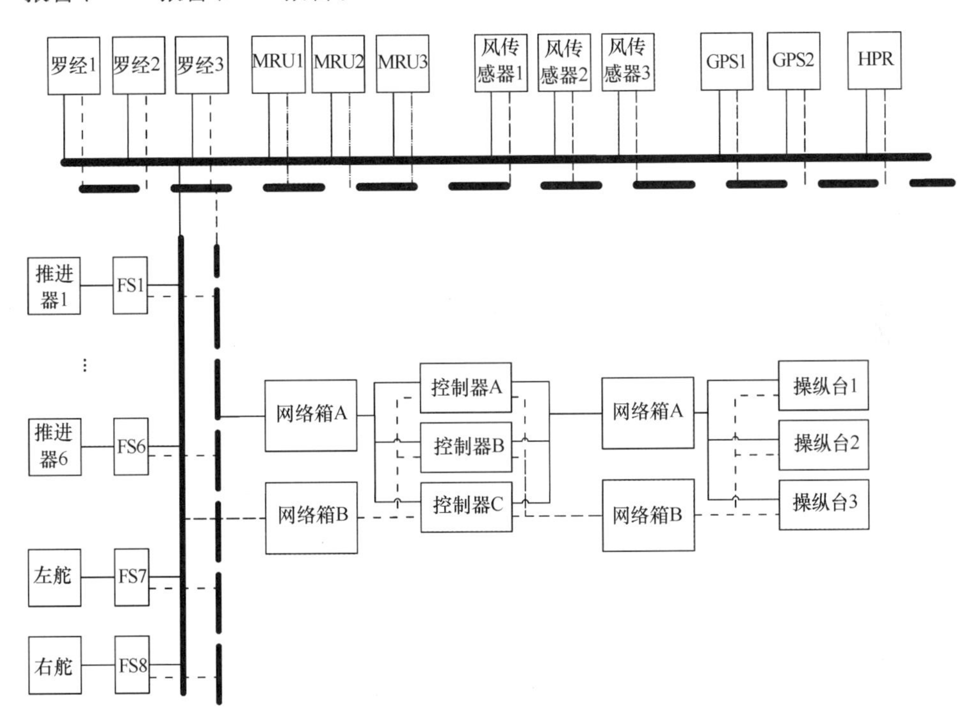

图 10－15　DP3 控制系统结构示意图

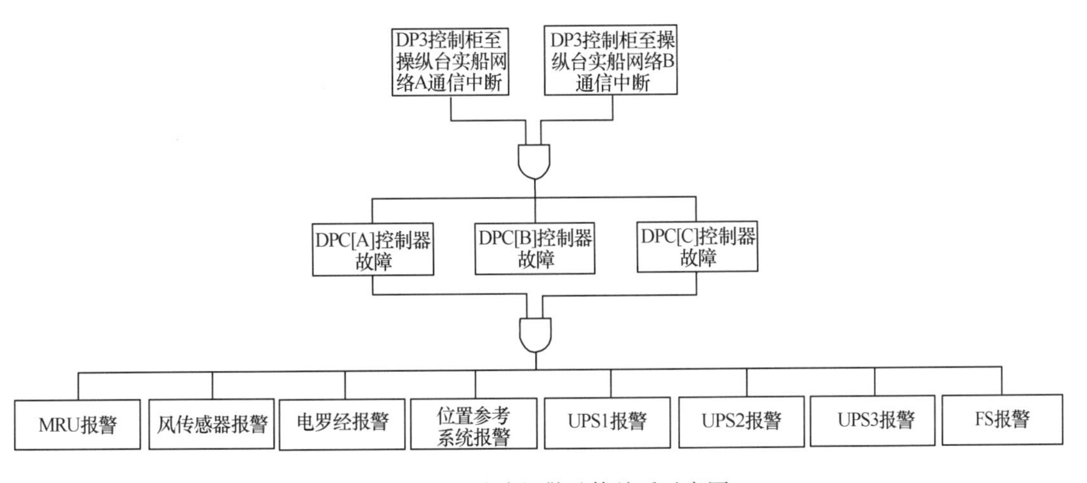

图 10－16　故障报警总体关系示意图

图 10－17 是 MRU 故障报警关系示意图,图 10－18 是故障报警实现流程图。各类传感器、UPS 报警与此相似,下面仅以 MRU 报警为例介绍故障报警的检测、显示方法。

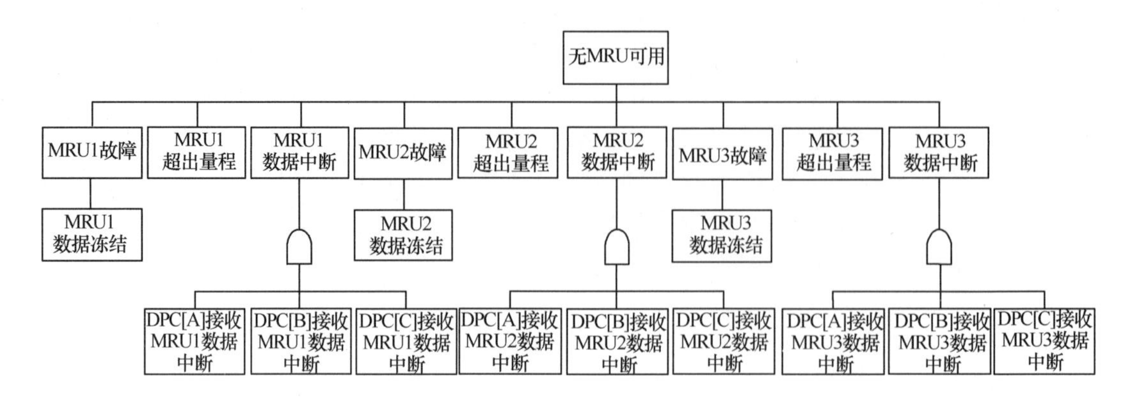

图 10-17　MRU 故障报警关系示意图

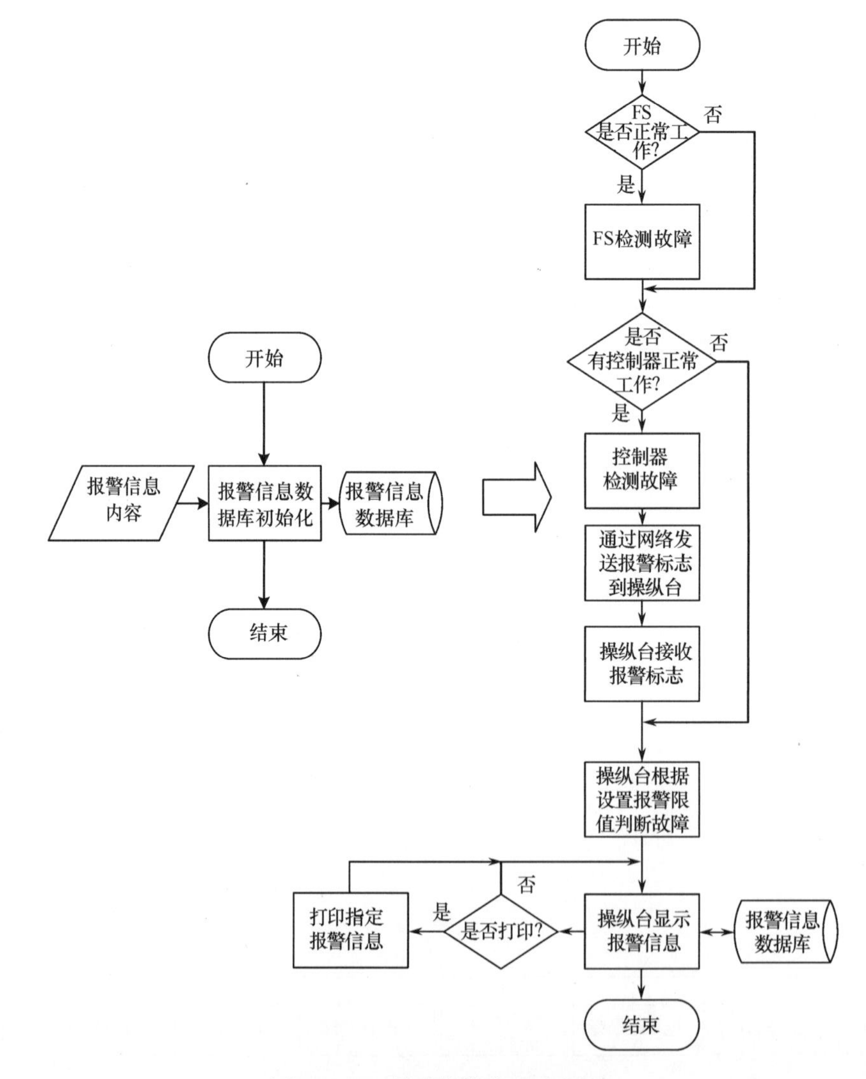

图 10-18　故障报警实现流程图

DP3 级动力定位系统中,有 3 个型号一致的 MRU,每个 MRU 故障报警内容相同。MRU1 的故障报警有:MRU1 数据冻结、MRU1 故障、MRU1 数据中断、MRU1 超出量程。①主控制器接收 MRU1 数据时，一段时间内一直接收到某一恒定值，则判断出 MRU1 数据冻结；②主控制器检测到 MRU1 数据冻结超过一定时间则判断得出 MRU1 故障；③单个控制器接收不到 MRU1 数据，则判断出相应控制器接收 MRU1 数据中断；④操纵台检测到 DPC[A]、DPC[B]、DPC[C]都接收到 MRU1 数据中断而判断得出 MRU1 数据中断；⑤接收到的 MRU1 数据超过其量程，主控制器判断出 MRU1 超出量程。其中检测出 MRU1 故障后，MRU1 数据冻结这一故障报警同步在动态报警列表中出现消除，减少信息的冗余；三个控制器都判断出 MRU1 数据中断，则单个控制器接收 MRU1 数据中断这一故障报警也在动态报警列表中出现消除。

可以得到如图 10 - 12 所示的卡死导致的螺距故障仿真图。图中显示了冗余关系 r(由于 r 是 3 维列向量，因此分别表示为 $r-1$、$r-2$ 和 $r-3$)及推进器冗余关系 r_5所对应的处理后的数据方差，支持向量机决策值。从仿真图可以看出，在 40s 之前，虽然推进器未发生故障，但是各冗余关系产生的残差值都不为零，且由于噪声的影响，振荡很严重，通过设定单一的阈值来检验残差值是否发生故障是十分困难的。在 40s 时，推进器发生故障，此时残差值的数据变化特征并不明显，甚至没有超出无故障时的残差数值，更进一步说明，针对复杂系统结构关系时，通过阈值检测故障是难于实现的。推进器发生故障后，通过观察各冗余关系提取特征后的方差数据，可以明显看出故障发生时的数据特征变化。通过对应的支持向量机决策值可以看出，提出的方法可以迅速检测出发生故障，且冗余关系与各推进器对应，可以对故障推进器进行隔离。

第11章 动力定位在现代舰船中的应用

11.1 概　述

动力定位是一项高新而成熟的技术，是20世纪60～70年代石油和天然气勘探工业快速发展的必然结果。当前，近海石油和天然气工业的需求对动力定位提出了新的要求，再加上近来需要在更深的海域和更恶劣的环境定位，以及需要考虑环保和友好的控制方式，这都推动了动力定位技术和新产品的快速发展。

世界上第一艘满足动力定位概念的船舶是Eureka，由Howard Shatto于1961年设计制造。该船配有一个最基本的模拟控制系统，位置基准系统采用的是张紧索。除主推外，从船头到船尾配有多个可控推进器。船长130ft（1ft＝0.3048m），排水量450t。20世纪70年代末期，动力定位系统已发展成为很完善的技术。1980年，具有动力定位能力的船舶数量为65个，到1985年时，该数量增长到150个，2002年这一数量更是超过了1000个，而且还有快速增加的趋势。采用动力定位系统的船舶是多种多样的。动力定位不只是应用于近海石油和天然气工业的相关领域，在其他很多领域同样发挥着重要作用。例如，钻岩、钻探、潜水支持、敷缆、敷管、水道测量、挖泥采砂、平台支持、反雷措施等，都要用到动力定位系统。

11.2 潜水支持作业

许多的动力定位船是专门为支持潜器而设计的，而有些船舶具有多种功能，潜器支持只是其中的一项。潜器所执行的工作多种多样，包括水下检查和测量工作、设备的安装布置、作业监控、丢失或遗弃设备的回收等。到目前为止，这些工作中有很多已经逐步地由ROV来执行了，但是仍然有些工作是不能完全遥控，还需要人工干涉。潜水技术如图11－1所示。

在配有推进器和螺旋桨的船舶上潜水，其危险性是显而易见的。动力定位船潜水的必要条件是：为确保潜水器不被卷入推进器或螺旋桨，潜水员携带的脐带长度比连接点与距其最近的推进器的距离至少短5m。

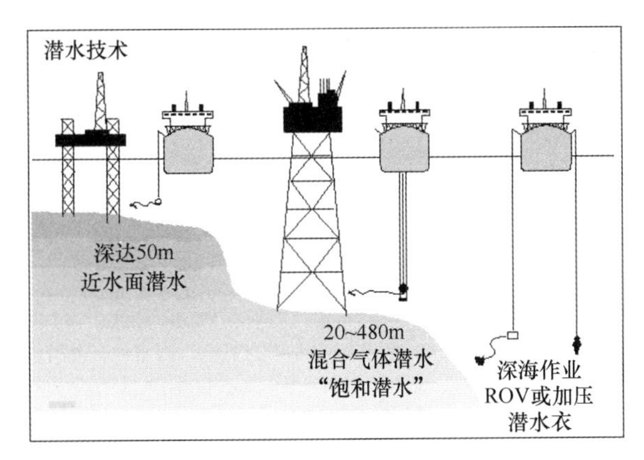

图 11－1　潜水技术

在低于 50m 的潜水中，潜水员必须借助于潜水钟，携带的气体为氦/氧混合气体。潜水钟与母船上的加压设备配合，使潜水员能够下潜到工作深度。潜水员在高压舱活动时间可高达 28 天，以完成在潜水钟中的作业，该技术被称为饱和潜水。潜水钟通过母船的月池(母船中间的一个开口)下放到水中。通常潜水钟作业配有 3 名潜水员，工作时长为 8h。

潜水钟实际的极限下潜深度约为 300m，如果作业深度超过这一极限，将由深水 ROV 或穿有深海潜水衣(ADS)的潜水员执行。随着 ROV 或者无人潜水器的装备、传感器和仪表越来越完善，它们所从事的工作也将越来越广泛。

11.3　勘察和 ROV 支持

这种类型的支持船通常从事大量的水道测量、沉船侦查、水下回收、现场勘测、安装检查及维护等任务。尽管任务本身可能相对的无危险，但其工作点可能存在危险，尤其是当其工作点十分靠近平台结构时。

ROV 可以直接从位于母船一侧或船艉的吊架或者“A”形架下放入水，或者由中继器与箱笼联合下放到水中，如图 11－2 所示。如果从船侧将 ROV 下放入水，那么必须十分小心，确保脐带不会与推进器或螺旋桨发生缠绕，如图 11－3 所示。为完成该作业，可以将动力定

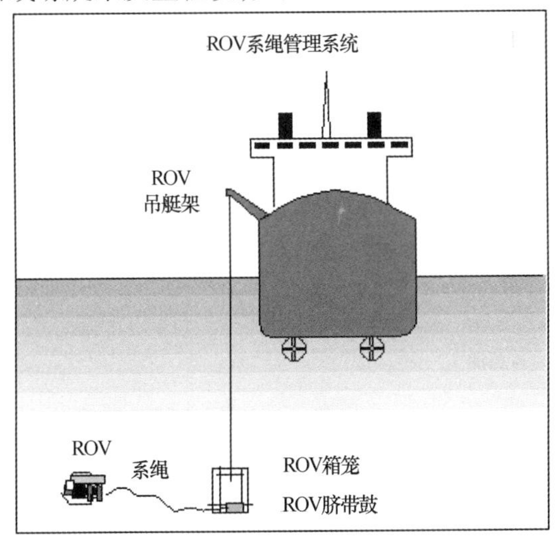

图 11－2　ROV 系链操纵系统

位系统设为“follow sub”或者“follow target”模式此时船上的水声应答器则成为位置基准，如图 11－4 所示。

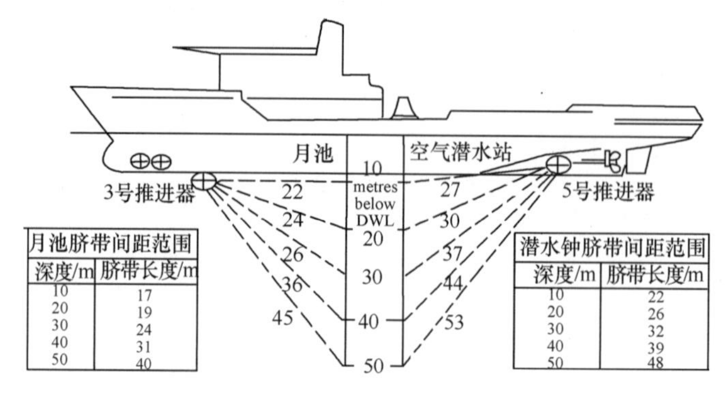

图 11－3　脐带长度约束

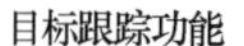

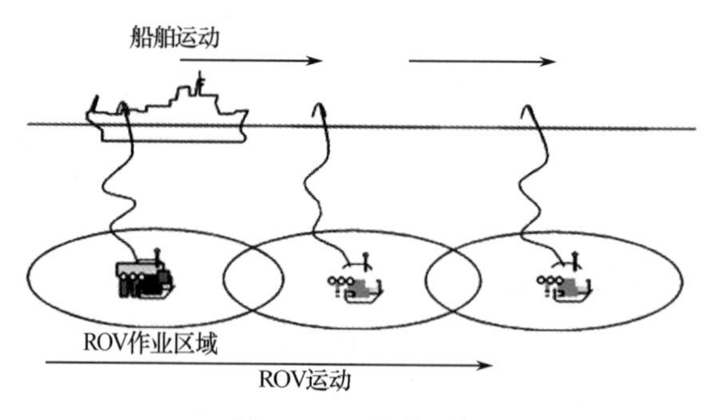

图 11－4　跟随目标

11.4　海床开沟机作业

完成铺设和掩埋电缆时会用到海床牵引机或开沟机，如图 11－5 所示。这时母船需要遵循着一定的轨迹航行。开沟机由船上操作员控制，就像它们在船上一样。由于海底土壤状况原因，它们运动的很慢。有些情况下需要独立部署 ROV，用以记录作业进展和表现。用以管道埋设的开沟机更大、更重一些，它们着陆于海床，位于管道上方动力定位控制系统能够设定它的旋转中心。

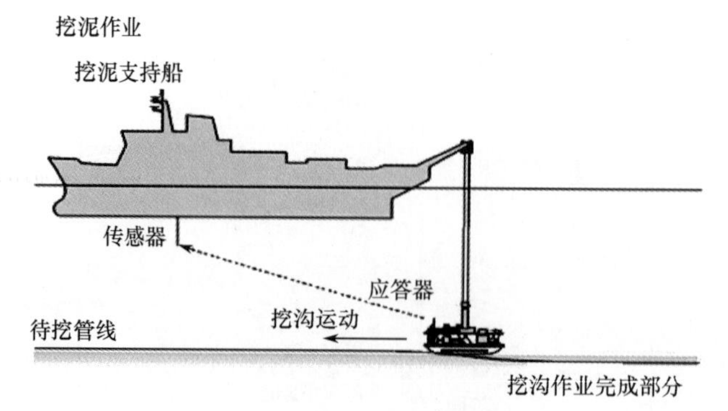

图 11－5　开沟作业

11.5 铺管作业

许多铺管作业都是由动力定位铺管船执行的,如图 11－6 所示。

在典型的 S 型铺管船上,所有的管均由一个线性管装配设备完成焊接。每项作业都在特定的站完成。较远的站对焊接点、防蚀层进行 X 光和无损检验,动力定位操作员会不时地向前航行一段距离,正好为一段管子的长度。一旦完成一次向前航行,管子焊接作业会继续进行。

管子保持的张力是很重要的。在线性管装配装备的后端,管子由许多张紧装置夹着,由履带卡撑着管子。张紧装置控制着管子的运动,保持一定的管道张力。管子由托管架固定在线性管装配设备尾部,托管架是伸出船艉的一个开放式格子吊架,并向下倾斜。管子需要张力预防由于弯曲造成的损坏。张力可以确保光滑的悬链锁到达海床,如果没有了张力,管子就会在接触海床的位置损坏。

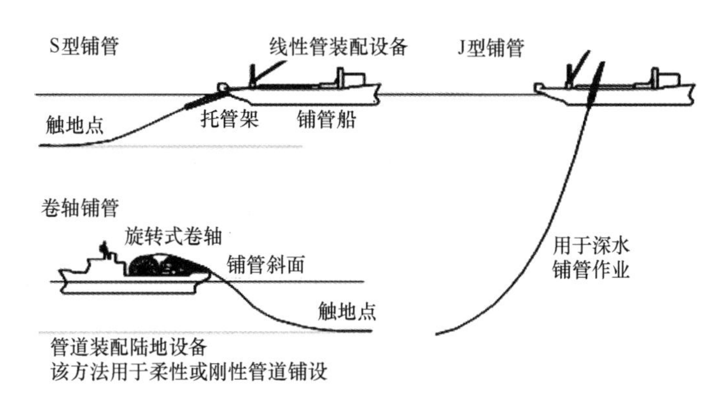

图 11－6　铺管方式

管子的张力值传送给动力定位系统,而动力定位系统不断地提供推力指令以维持张力,位置和艏向。铺管作业尤其依赖于环境状况。船舶必须能够有效地应付各个方向的潮汐、海流和海风。

1. J 型铺管作业

在深水中,S 型铺管是不可行的,而 J 型铺管是很常见的。在 J 型铺管作业中,托管架设置为一个塔架,高达 20°之间。管子在焊接成管子串之前可能要垂直向上抬升 3 ~4 信管长和垂直面偏移。

2. 卷筒铺管作业

该种作业不同于其他的铺管作业,管道支架是在陆上工厂提前预制的统一长度。船舶直接从工厂装载管子,将其绕在卷轴上或传送带里。船舶可以将管子运送到工作地点,通过调直机和张力机将其脱离卷筒/传送带,然后进行铺设。

11.6 倾倒岩石作业

倾倒岩石船配备有动力定位系统是为了将岩石准确地倾倒在指定的海床,如图 11－7

所示。从微型载体(能够通过下水直管完成埋设作业)到更小的甲板装载导管,大部分均要用于侵蚀矫正项目。所有这些近海工业船舶均配有动力定位系统,因为良好的航迹速度控制,使得统一、经济的岩石倾倒成为可能。对于岩石倾倒最普遍的需要就是对没有沟槽保护的管道提供保护。

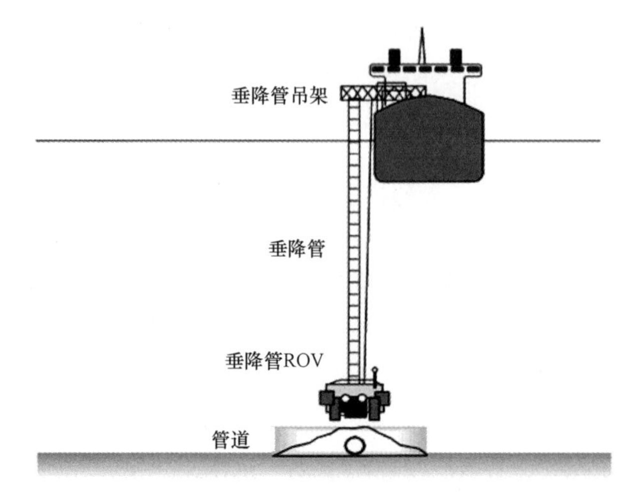

图 11-7　岩石倾倒作业

动力定位系统最常用的一个功能是自动跟踪功能,如图 11-8 所示。这一功能能够使船舶精确地沿着设定的一条航线航行。该航线可以是预先勘测管道时设定的路径点。

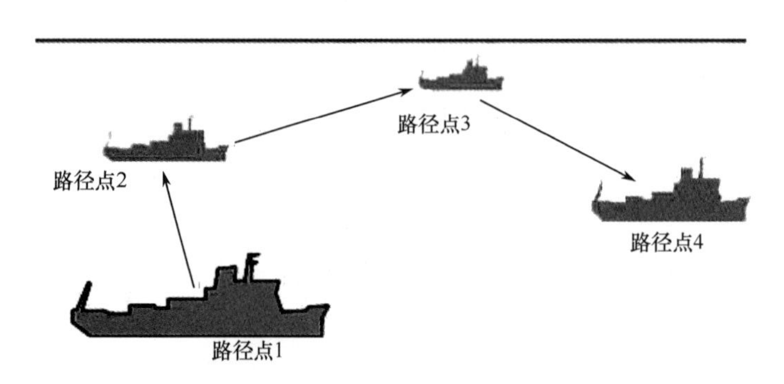

图 11-8　自动跟踪或循迹

该类型船舶也被用于防止潮汐严重区域的管道受潮水冲刷或腐蚀。例如,自升式钻井平台支架周围的沉积物能够腐蚀支架,使得支架变得不再稳定。

11.7　采砂挖泥作业

现在,大部分新的挖泥船都有动力定位能力,因为希望挖泥船能够沿着平行航迹航行。例如对于拖尾吸扬式挖泥船来说,相邻航迹必须紧挨在一起并有最小的重叠。这正是动力定位系统循迹能力的理想状况。挖泥船需要精确地定位以确保挖泥船在授权区域挖泥采砂,并帮助寻找特定类型的材料。

11.8　铺缆与维修作业

现代纤维光缆与传统的电缆相比更为脆弱，所以它们在装载和弯曲半径上有更严格的限制。因此，目前用动力定位船进行铺缆和维修相当普遍，如图 11 -9 所示。

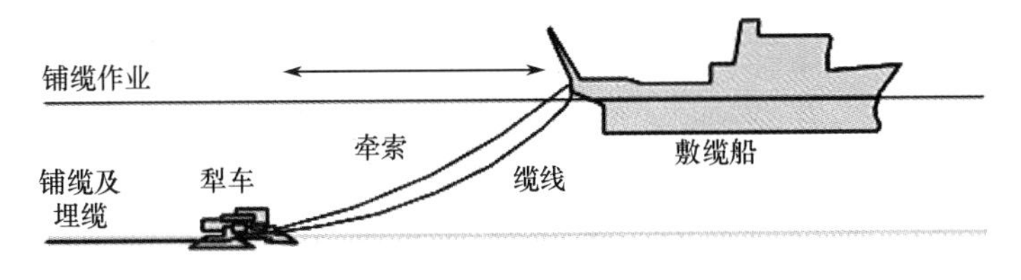

图 11 -9　敷缆方式

近海或其他浅水区的铺缆作业，常常需要将电缆埋设起来，防止打捞装置对电缆造成损坏。当用到犁的时候，需要船舶对其进行拖曳，就像田地里拖拉机拉犁耕地一样。这就降低了位置保持所可用的动力。动力定位能力在作业的这一阶段是非常有用的，尤其是近海岸的连接作业——当船舶的敷缆作业接近尾声，距离海滩只有一小段距离完成连接时，这需要船保持一个固定的位置——靠近海岸的浅水区域潮汐和海流可能很强烈。

11.9　起重船作业

与石油和天然气工业相关的海上拆建工程，几乎都配有起重船，甚至于城市建设项目中，有时都有它的身影。海上救援和沉船移除作业也要用到起重船。许多的起重船和建筑用船舶都具有动力定位能力，较大的船舶甚至配有符合国际海事组织规范的 DP3 系统。动力定位对于这些船舶的最大好处是能够在很短的时间内完成任务，因为节省了施放和回收系泊工具的时间，同时也解决了系泊工具对附近管道和其他建筑物造成损坏的风险。

11.10　移动式海底钻井平台作业

墨西哥湾、巴西、西非、英国西部等处深海业的发展，使得动力定位成为唯一的选择，因为系泊工具受到水深的限制。即使在浅水区当锚可用时，动力定位在钻井设备的定位应用也越来越多。动力定位钻井装置或动力定位浮式钻井船可能要保持在工作点不动，与采用锚固定位置相比，要更早地进入钻井作业，这就是动力定位的优势，尤其是当只进行 1 ~2 个钻井作业时，这一优势更为明显。

动力定位控制系统应用的旋转中心为钻台转台的中心——通常为单体船和半潜式钻机的中心。

对于钻井作业来说，船舶在油井上方定点是很重要的，这使得船与油井相连接的立管能够保持垂直。然而，立管的垂直与否取决于海流力和张力，同时还有船舶的位置。主立管偏离角是需要一直监测的，如果该角超过了 3°，就应该采取相应的措施以防止情况变得更糟甚至出现断裂的情况。

每一口井或每一个定位点，都有明确的操作指南，其中规定了什么时候给出警报和采取何种正当措施。有时可能会采用并设定监控圈，如图 11 -10 所示。

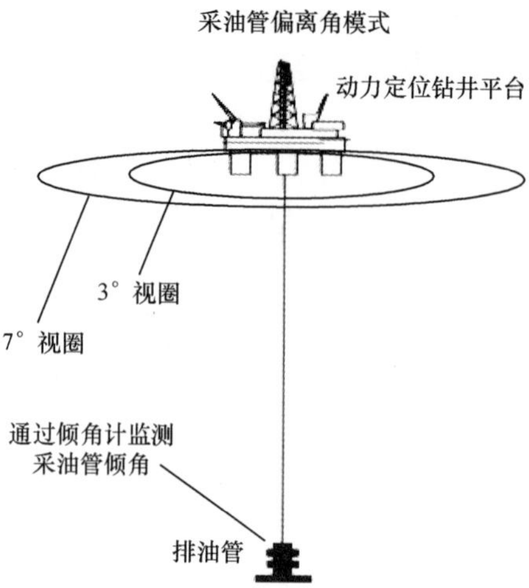

图 11－10　深海钻井——立管偏离角模式

一些动力定位系统有立管偏离角模式功能。当选择该功能时,设定某一位置为位置基准(油井正上方),使得船舶向其移动时可以减小立管的偏离角。动力定位的参考基准为立管的角度,可以由立管和较低的船底采油管(LMRP)上的传感器测得。这些传感器可以是电子倾斜仪,与立管硬件连接;或者是微分倾斜仪应答器装置,通过水声定位系统将角度和位置信息传递给动力定位系统。

动力定位系统有专门的页面显示立管偏离角,作为定位点显示页面的一部分。

目前的动力定位系统可以在水深高达 3000m 的海域工作。这些海域主要依靠的位置基准系统是 DGPS。2 或 3 个完全分离的 DGPS 系统提供冗余信息,并采用不同的差分修正方法。此外,采用的位置基准系统还有深水长基线声学系统。

11.11　油轮作业

计划到近岸装载站装载的油轮配有与其他动力定位船十分相似的系统,但是该系统特别配有近岸装载功能,如图 11－11 所示。

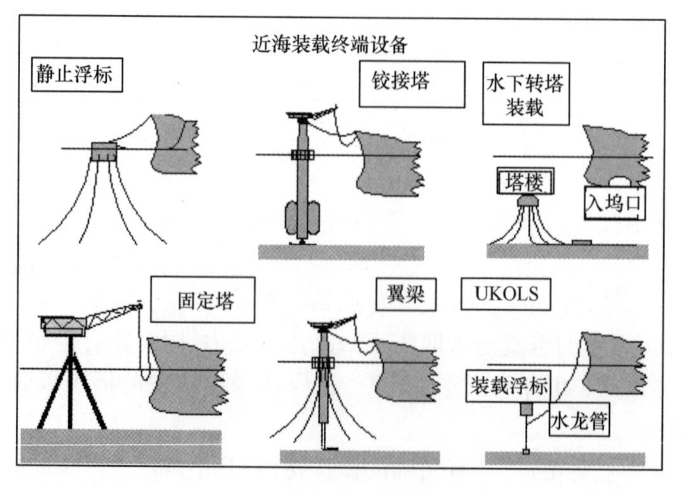

图 11－11　OLT 结构

随着地域的不同,设备也会有所不同。典型的设备为柱形浮标,由多点系泊系泊的大型浮塔结构。柱形浮标顶部通常带有一个旋转转台,用以连接船舶的系泊装置和软管装卸设备。

UKOLS 设备有一个输油软管与水中浮标相连。该浮标浮力很大并系泊在固定深度。采用该设备的船舶不需要系泊缆索,与浮标连接的只有输油软管。最近的发展出现了水下转台装载(Submerged Turret Loading,STL)系统,装载连接位于水下浮标。一旦连接完毕,船舶就可以利用锚链转环绕 STL 中心随意飘浮,如图 11 - 12 所示。

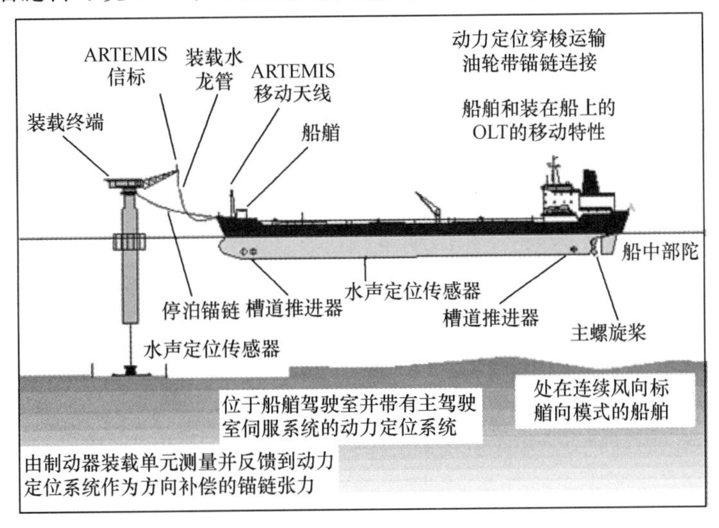

图 11 - 12　动力定位穿梭油轮

11.12　浮式生产储存装载作业

浮式生产储存装载(FPSO)在世界很多地方都开始普及。许多的 FPSO 能够绕转台和飘浮,并且保持艏向与环境力方向一致,如图 11 - 13 所示。

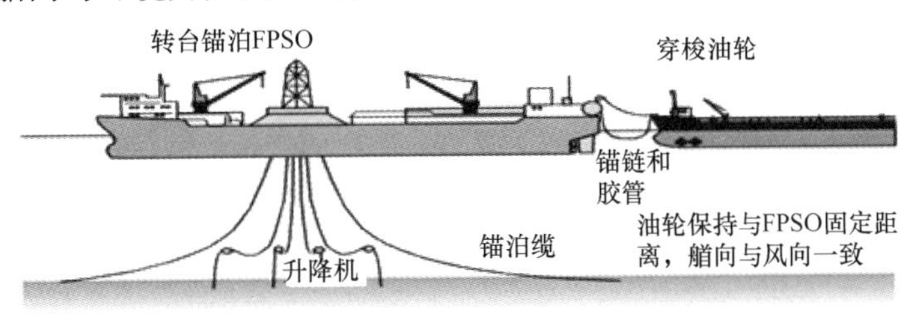

图 11 - 13　FPSO/穿梭油轮外运布置

大部分的 FPSO 利用油轮出口石油,这些油轮通常都具有动力定位能力。船舶将位置保持在一个圆里,该圆半径由输油软管的长度决定。参考位置是位于 FPSO 艉部的输油软管末端。FPSO 的系泊动力定位系统允许船舶进行一定程度的运动,尤其是在深水中,因此 FPSO 可能不断地随波飘浮,使得穿梭油轮的参考点移动。穿梭油轮能够尽量地跟随这一运动或位置。

在 FPSO 外运作业中,相对位置基准是十分必要的。一种位置基准是相对 GPS(DARPS)系统,从 FPSO 终端位置获取位置信息和方位数据。另一个位置基准为 Artemis,在 FPSO 上有固定站,而且移动站在油轮上。首先需要考虑的是从 FPSO 到油轮的距离,以降低碰撞的风险。

11.13 游 轮

现代的游轮吃水浅,能够允许其超过最大航程范围,增大干舷。吃水浅,高干舷导致了船舶在拥挤的停泊区的操纵问题。这些游轮装配动力定位设备后,可以增加其灵活性,不用在敏感海域锚泊。

11.14 专用半潜式重货船

计划远程运输大型、重型设备的船舶通常经历艰难的装载和卸载货物。一些船舶是半潜式单体船,满载时全部浸入水中,允许货物浮于甲板上。典型的货物是自升式钻井装置,往往需要运输半个地球的距离。动力定位设备能够保证其在装载作业期间正常使用。

11.15 军事作业及军舰

动力定位系统于 20 世纪 70 年代后期由美国海军研制成功,起初主要应用于潜水艇支持船、军用海底电缆铺设等作业。从 20 世纪 80 年代初开始,随着北海油田、墨西哥湾油田的大规模开发,动力定位系统被广泛应用于油田守护、平台避碰、水下工程施工、海底管线检修、水下机器人(ROV)跟踪等作业。现在许多发达国家在军队、海岸警卫队和辅助舰队大量应用动力定位技术。本章主要介绍了动力定位船的几种典型的作业。DP 系统变得越来越完善和复杂,同时也更加可靠。随着计算机技术的快速发展,动力定位控制系统已经升级更新了两次。位置基准系统和其他外设也在完善,同时系统的设计加入了冗余技术,为高危作业的执行提供了安全保障。

1. 猎扫雷艇

霍邱舰(舷号 804),是我国自行研制的新型猎扫雷舰的首制舰,如图 11 - 14 所示。该舰舰长 55.15m,满载 500 多吨,装备某型猎雷作战系统和动力定位系统,配备新型遥控扫雷艇 3 艘,是海军反水雷的一艘明星舰。2005 年 4 月 23 日,霍邱舰正式列编东海舰队某扫雷舰大队。

图 11 - 14　中国海军新型扫雷舰霍邱舰

1983年中期,英国国防部签订猎雷艇的设计合同,要求新艇比前两级具有更好的探测设备和操纵性,并能对付有探测系统的水雷。1989年3月首艇"桑当"号入役。"桑当"级配有2台直翼推进器和2台首推器,具有非常好的操纵性和动力定位能力,定位精度在9m以内。"桑当"级猎雷艇被认为是当今世界上最先进的4级反水雷舰艇之一,如图11-15所示。

图11-15 "桑当"级猎雷艇

2. 海基X波段雷达

由波音公司和雷西昂公司为美军研制的海基X波段雷达由一个安装在海上平台的先进雷达系统所构成,主要用于监视近太空空间,辨别来袭的各种弹道导弹分弹头及假目标,可以对来袭的远程弹道导弹进行跟踪、识别和评估。海基X波段雷达最大的特点是能够在水面上航行,将不用拖船,自动驶往部署基地,航速可达到13km/h,共有65名工作人员。海基X波段雷达成功的航行于北太平洋的冬季风暴中,在50英尺高的海浪和狂风中以每小时100n mile的速度行驶,如图11-16所示。

图11-16 海基X波段雷达

3. 潜艇救援舰

"千代田"号潜艇救援舰隶属于日本海上自卫队,是集潜艇救援舰和潜艇支援舰的功能于一身的多功能舰艇,如图11-17所示。为了在搜救时精确地移动船位,除了2个主推进器,舰艏和舰艉还装有4个辅助推进器。"千代田"号拥有一具无动力潜水钟和一具深海救难潜艇搭配精密的导航设备和声纳设备,并携带多种潜艇所需的物资,包括粮食、淡水、鱼雷、导弹以及其他物资,还能为潜艇的电池提供充电服务。舰上也设有维修工厂,能为潜艇提供维修与检查,使得“千代田”号几乎拥有历来所有种类的潜艇辅助船舶的功能。

图 11－17 “千代田”号潜艇救援舰

参 考 文 献

[1] 边信黔,付明玉,王元慧. 船舶动力定位[M]. 北京:科学出版社,2011.

[2] 付明玉,王元慧,王成龙. 海洋运载器运动建模[M]. 哈尔滨:哈尔滨工程大学出版社,2017.

[3] Det Norske Veritas(DNV). Rules For Classification Of Ships Newbuildings - Dynamic Positioning System,2008[R].

[4] 中国船级社. 钢质海船入级规范——动力定位系统(第8篇第11章),2014[R].

[5] Fossen,Jens G. Balchen. Marine Control Systems - Guidance, Navigation and Control of Ships, Rigs and Underwater Vehicles [M]. Chiahester:John Wiley & Sons, Ltd,2003.

[6] Fossen T I. Handbook of marine craft hydrodynamics and motion control [M]. Chichester: John Wiley & Sons, Ltd, 2011.

[7] Asgeir J. Sørensen. Marine Control Systems [M]. Norway: Lecture Notes,2011.

[8] Kongsberg Maritime AS. Product description - Kongsberg K - Pos DP dynamic positioning system[M]. Norway:Lecture Notes,2006.

[9] Kongsberg Maritime AS. Kongsberg K - PosDP(OS) dynamic positioning system - operator manual[M]. Norway:Lecture Notes, 2007.

[10] 张文霞. 船舶动力定位系统控位能力计算算法研究与实现[D]. 哈尔滨:哈尔滨工程大学, 2008.

[11] Fu Mingyu,et al. The Ship Capability Calculation of a Dynamic Poisoning System Based on Generic Algorithms[C]. IEEE International Conference on Control and Automation 2010:920 - 925.

[12] 李江军. 船舶动力定位多位置参考系统信息融合方法研究[D]. 哈尔滨:哈尔滨工程大学,2015.

[13] 徐树生. 船舶动力定位系统多传感器信息融合方法研究[D]. 哈尔滨:哈尔滨工程大学, 2013.

[14] 谢笑颖. 环境最优船舶区域动力定位方法研究[D]. 哈尔滨:哈尔滨工程大学,2010.

[15] 刘佳. 动力定位船铺管路径跟踪控制方法研究[D]. 哈尔滨:哈尔滨工程大学,2015.

[16] 吴宝奇. 动力定位船铺管路径跟踪控制方法研究[D]. 哈尔滨:哈尔滨工程大学,2015.

[17] 谢文博. 船舶铺管作业动力定位控制方法研究[D]. 哈尔滨:哈尔滨工程大学,2013.

[18] 张爱华. 动力定位船任务驱动的跟踪控制方法研究[D]. 哈尔滨:哈尔滨工程大学,2014.

[19] 杨丽丽. S - 型铺管船动力定位鲁棒控制方法研究[D]. 哈尔滨:哈尔滨工程大学,2013.

[20] 张爱华. 铺缆船作业过程中的循迹控制方法的研究[D]. 哈尔滨:哈尔滨工程大学,2011.

[21] 彭军海. 起重船安全作业动力定位控制方法研究[D]. 哈尔滨:哈尔滨工程大学,2016.

[22] 刘扬. 船舶装卸作业时动力定位控制方法研究[D]. 哈尔滨:哈尔滨工程大学,2013.

[23] 窦向会. 内转塔式 FPSO 系泊动力定位控制方法研究[D]. 哈尔滨:哈尔滨工程大学,2015.

[24] 邹春太. 系泊状态下船舶动力定位控制研究[D]. 哈尔滨:哈尔滨工程大学,2014.

[25] 宁继鹏. 船舶动力定位容错控制方法研究[D]哈尔滨:哈尔滨工程大学,2013.

[26] 陈善瑶. 传感器失效船舶定位控制重构容错方法研究[D]. 哈尔滨:哈尔滨工程大学, 2012.

[27] 魏玉石. 船舶动力定位系统推力估计与推力分配研究[D]. 哈尔滨:哈尔滨工程大学, 2014.

[28] 夏俊明. 动力定位船推进器过载保护及其功率管理研究[D]. 哈尔滨:哈尔滨工程大学, 2012.

[29] 郭峰. 铺管起重船动力定位系统推力分配方法研究[D]. 哈尔滨:哈尔滨工程大学, 2012.

[30] 付明玉,刘佳,吴宝奇. 基于扰动观测器的动力定位船终端滑模航迹跟踪控制[J]. 中国造船,2015,56(4).

[31] 付明玉, 徐玉杰, 刘佳. S - 型铺管船一体化建模及管道形态控制方法研究[J]. 中国造船, 2015(3):135 - 145.

[32] 付明玉,李鸣阳,宁继鹏,等. 基于鲁棒滑模虚拟传感器的船舶动力定位容错控制[J]. 中国造船, 2014(4): 112 - 121.

[33] 付明玉, 宁继鹏, 魏玉石, 等. 鲁棒自适应滑模虚拟执行器设计[J]. 控制理论与应用, 2013, 30(4).

[34] 付明玉, 张爱华, 徐金龙. 船舶轨迹跟踪半全局一致指数稳定观测控制器[J]. 控制与决策,2013,28(6),920 - 924,929.

[35] 孙行衍，付明玉，施小成，等．基于 UKF 联邦滤波的动力定位船舶运动状态估计[J]．中国造船，2013 (1)：114 – 128.

[36] 谢文博，付明玉，张健，等．动力定位船舶自适应反步逆最优循迹控制[J]．中国造船，2013，54(3)：58 – 69.

[37] 谢文博，付明玉，施小成．动力定位船舶自适应滑模无源观测器设计[J]．控制理论与应用，2013，1：019.

[38] 谢文博，付明玉，丁福光，等．带有输入时滞的动力定位船鲁棒滑模控制[J]．哈尔滨工程大学学报，2013(10).

[39] 付明玉，宁继鹏，谢笑颖．环境最优区域动力定位控制方法的研究[J]．中国造船，2011，52(4)：1 – 12.

[40] 付明玉，刘菊娥，李琳，等．船舶起重作业时定位控制方法研究[J]．中国造船，2011，52(4)：46 – 55.

[41] 谢文博，付明玉，陈翠和，等．铺管船定位作业时的建模与分析[J]．中国造船，2011，52(3)：101 – 108.

[42] 付明玉，张爱华，徐金龙．边敷边埋作业敷缆船路径控制方法研究．哈尔滨工程大学学报，2012，33(10)：1254 – 1258.

[43] 付明玉，张爱华，徐金龙．船舶轨迹跟踪半全局一致指数稳定观测控制器[J]．控制与决策，2013，28(6)：920 – 924.

[44] 付明玉，宁继鹏．鲁棒自适应滑膜虚拟执行器设计[J]．控制理论与应用，2013，30(4)：520 – 525.

[45] 谢文博，付明玉．动力定位船舶自适应滑模无源观测器设计[J]．控制理论与应用，2013，30(1)：131 – 136.

[46] 谢文博，付明玉．一类非线性系统的加速度规划输出跟踪动态控制[J]．控制理论与应用，2012，29(12)：1633 – 1638.

[47] 付明玉，宁继鹏，魏玉石，等．FMEA 和 FCE 方法在动力定位控制系统中的应用[J]．中国造船，2012，53(2)：138 – 148.

[48] Fu Mingyu, XuYujie. Bioinspired Coordinated Path Following for Vessels with Speed Saturation Based on Virtual Leader [J]. COMPUTATIONAL INTELLIGENCE AND NEUROSCIENCE, 2016.

[49] Fu Mingyu, GaoShuang, Wang Chenlong, et al. Sideslip control method of air cushion vehicle based on nonsingular fast terminal slide mode[C]. IEEE International Conference on Mechatronics and Automation. IEEE ICMA 2016.

[50] Fu Mingyu, Xu Yujie. Bio – inspired trajectory tracking algorithm for Dynamic Positioning ship with system uncertainties [C]. Proceedings of the 35th Chinese Control Conference. CCC 2016.

[51] FuMingyu, Liu Tong, Liu Jia, et al. Neural network – based adaptive fast terminal sliding mode control for a class of SISO uncertain nonlinear systems[C]. 13th IEEE International Conference on Mechatronics and Automation. IEEE ICMA 2016.

[52] Fu Mingyu, Liu Tong, Xu Yujie, et al. A neurodynamics – based dynamic surface control algorithm for tracking control of dynamic positioning vehicles[C]. Proceedings of the 35th Chinese Control Conference, CCC 2016.

[53] Fu Mingyu, Peng Junhai, Xu Yujie. A novel dynamic surface controller for dynamic positioning of a crane vessel[J]. Journal of Computational Information Systems, 2015, 11(10): 3649 – 3656.

[54] Fu Mingyu, Xu Yujie, Wang Yuanhui. Cooperation and collision avoidance for multiple DP ships with disturbances[C]. Chinese Control Conference, CCC 2015: 4208 – 4213.

[55] Fu Mingyu, Li Mingyang, Yu Lingling, et al. Reconfigurable control of pipe – laying vessels after sensor faults[C]. IEEE International Conference on Mechatronics and Automation. IEEE, 2015: 1817 – 1821.

[56] Fu Mingyu, Yu Lingling, Li Mingyang, et al. Nonlinear extended state observer for path following control of underactuated marine surface vessel[C]. Chinese Control Conference, CCC 2015: 453 – 458.

[57] Fu Mingyu, Yu Lingling, Li Mingyang. Synchronization control of multiple surface vessels without velocity measurements [C]. IEEE International Conference on Mechatronics and Automation. IEEE ICMA 2015: 643 – 648.

[58] Fu Mingyu, Xu Yujie. Non – collision coordination for surface vessels with elliptical shape[C]. IEEE International Conference on Mechatronics and Automation. IEEE ICMA 2015: 637 – 642.

[59] Jiao Jianfang, Fu Mingyu. Finite – time Cooperative Tracking Control Algorithm for Multiple Surface Vessels[J]. Abstract and Applied Analysis, 2014.

[60] Mingyu FU, Lingling YU, Zhaohui WU, et al. Target Tracking of Unmanned Surface Vessel with Parameter Uncertainties [J]. Journal of Computational Information Systems, 10: 20(2014) 8627 – 8635.

[61] Mingyu Fu, Baoqi Wu, Xiaohuan Zhu. Trajectory Tracking During Offshore Marine Pipelay Operation Based on Back – steeping Sliding Mode Method[C]. IEEE Interational Conference on Mechatronics and Automation. IEEE ICMA 2014: 1209 – 1213.

[62] Sun Xingyan, Fu Mingyu, Shi Xiaocheng, et al. A simulation platform for dynamic positioning ship with guidance, navigation and control function[J]. Applied Mechanics and Materials, v 303 – 306, p 1158 – 1161, 2013.

[63] Wei Yushi, Fu Mingyu, Ning Jipeng, et al. Thrust allocation and management for dynamic positioning ship with azimuth

thrusters[J]. Applied Mechanics and Materials, v 303 - 306, p 1224 - 1227, 2013.

[64] Wang Shiming, Fu Mingyu, Xu Yujie. Consensus analysis of high - order singular multi - agent discrete - time systems [C]. Chinese Control Conference, CCC 2013: 7136 - 7141.

[65] Fu M, Jiao J, Liu J. Coordinated formation control of nonlinear marine vessels under directed communication topology[C]. OCEANS - Bergen, 2013 MTS/IEEE2013: 1 - 7.

[66] Fu M, Jiao J, Xu Y, et al. Synchronization trajectory tracking algorithm for multiple dynamic positioning vessels[C]. Chinese Control Conference,CCC 2013: 5544 - 5548.

[67] Xie Wenbo, Fu Mingyu, Ding Fuguang, et al. Optimal output tracking control with parameterized path for a class of nonlinear systems[C]. Chinese Control Conference,CCC 2013: 453 - 458.

[68] Fu M, Zhang A, Liu J, et al. The optimal control based on vector guidance for dynamic positioning vessel rotating around a fixed point[C]. Chinese Control Conference,CCC 2013: 4370 - 4375.

[69] FU M, ZHANG A, XU J, et al. The Vector Guided Optimal Control Algorithm for DP Vessel in Positioning Rotary Mode [J]. Journal of Computational Information Systems,2013, 9(22): 9073 - 9081.

[70] We Yushi, Fu Mingyu, Ning Jipeng, et al. Thrust allocation and management for dynamic positioning ship with azimuth thrusters[J]. Applied Mechanics and Materials, v 303 - 306, p 1224 - 1227, 2013.

[71] Sun Xingyan, Fu Mingyu, Shi Xiaocheng, Wei Yushi. A simulation platform for dynamic positioning ship with guidance, navigation and control function[J]. Applied Mechanics and Materials, v 303 - 306, p 1158 - 1161, 2013.

[72] Fu M, Jiao J, Yin S. Robust Coordinated Formation for Multiple Surface Vessels Based on Backstepping Sliding Mode Control [J]. Abstract and Applied Analysis. Hindawi Publishing Corporation, 2013.

[73] Fu M, Jiao J. A Hybrid Approach for Coordinated Formation Control of Multiple Surface Vessels [J]. Mathematical Problems in Engineering, 2013.

[74] Fu M, Wang S, Cong Y. Swarm Stability Analysis of High - Order Linear Time - Invariant Singular Multiagent Systems[J]. Mathematical Problems in Engineering, 2013.

[75] Fu Mingyu, Zhang Lina, Wang Jianqin, et al. Expert system for trace direction control of the amphibious air cushion vehicle [C]. IEEE International Conference on Mechatronics and Automation, IEEE ICMA 2012:2558 - 2563.

[76] Fu Mingyu, Zhang Aihua, Xu Jinlong. Robust adaptive backstepping path tracking control for cable laying vessel based on guidance strategy[C]. IEEE International Conference on Mechatronics and Automation, IEEE ICMA2012:1056 - 1061.

[77] Fu Mingyu, Zhang Aihua, Xu Jinlong, et al. Adaptive dynamic surface tracking control for dynamic positioning cable laying vessel[C]. IEEE International Conference on Automation and Logistics, IEEE ICAL2012:266 - 271.

[78] Fu Mingyu, Jiao, Jianfang, Hao, Lifei. A coordinated dynamic positioning control algorithm based on active disturbance rejection control[C]. 2012 5th International Joint Conference on Computational Sciences and Optimization, CSO 2012:67 - 71.

[79] Fu Mingyu, Jiao Jianfang, ZhangAihua, et al. A synchronization motion control algorithm for multiple dynamic positioning vessels[C]. IEEE International Conference on Automation and Logistics, IEEE ICAL2012:260 - 265.

[80] Fu Mingyu, et al. A nonlinear estimate filter designed for Ship Dynamic Poisoning System [C]. IEEE International Conference on Control and Automation 2010:914 - 919.

[81] WANG Yuanhui, TUO Yulong, Simon X. et al. Nonlinear Model Predictive Control of Dynamic Positioning of Deep - sea Ships with a Unified Model[J]. INTERNATIONAL JOURNAL OF ROBOTICS & AUTOMATION, 31(6),2016.

[82] WANG Yuan Hui, DOU Xiang Hui, DING Fu Guang. Ensuring Mooring Line Safety for Deepwater Turret - Moored FPSO in Extreme Seas[J]. JOURNAL OF COASTAL RESEARCH, Special Issue NO,2015,73:22 - 27.

[83] Wang Yuanhui, Zou Chuntai, Ding Fuguang, et al. Structural Reliability based Dynamic Positioning of a Turret - Moored FPSO in Extreme Seas [J]. MATHEMATICAL PROBLEMS IN ENGINEERING, vol. 2014, 2014.

[84] Wang Yuanhui, Zhang Bo, Zhao Qiang. Dynamic data outliers eliminating and filtering Method for motion information of hovercraft[C]. 2016 IEEE International Conference on Mechatronics and Automation, IEEE ICMA 2016:1931 - 1936, 7 - 10.

[85] Wang Yuanhui, Chi Cen. Research on optimal planning method of USV for complex obstacles[C]. 2016 IEEE International Conference on Mechatronics and Automation, IEEE ICMA 2016:2507 - 2511.

[86] Wang Yuanhui, Tuo Yulong, Chi Cen, et al. Improved strong tracking filter algorithm for dynamic positioning vessels[C]. Chinese Control Conference, CCC2015:4624 - 4628.

[87] WANG Yuan Hui, DOU Xiang Hui, et al. Research on modeling and control of thruster – assisted position mooring system for deepwater turret – moored FPSO[C]. Chinese Control Conference, CCC2014:845 – 852.

[88] Wang Yuanhui, Zhang Fang, Wang Chenglong. Research on Optimization Control of the Hovercraft – Engine – Propeller Matching[C]. The 29th Chinese Control and Decision Conference. CCDC2017:2818 – 2823.

[89] Wang Yuanhui, Yang Yunlong, Ding Fuguang. Improved ADRC control strategy in FPSO dynamic positioning control application[C]. 2016 IEEE International Conference on Mechatronics and Automation, IEEE ICMA 2016:789 – 793.

[90] Yuanhui Wang, Chuntai Zou. Research on six degree of freedom motion modeling and simulation of single point moored ship [C]. Proceedings of IEEE Oceans 2013.

[91] Yuanhui Wang, Jiaojiao Gu, Chuntai Zou. Thrust Allocation for Dynamic Positioning Vessel based on Particle Swarm Optimization Algorithm[C]. OCEANS 2013 MTS/IEEE.

[92] Wang Yuanhui, Sui Yufeng, Wu Jing et al. Research on Nonlinear Model Predictive Control Technology for Ship Dynamic Positioning System[C]. IEEE International Conference on Automation and Logistics. IEEE ICAL 2012:348 – 351.

[93] 邢家伟. 动力定位船运动数学模型参数辨识方法研究[D]. 哈尔滨:哈尔滨工程大学,2012.

[94] 汤灵. 动力定位独立操纵杆终端功能半实物仿真研究[D]. 哈尔滨:哈尔滨工程大学,2012.

[95] 王会丽. 单点系泊下船舶动力定位控制方法研究[D]. 哈尔滨:哈尔滨工程大学,2013.

[96] 陈幼珍. 基于联邦位置参考系统信息融合研究[D]. 哈尔滨:哈尔滨工程大学, 2012.

[97] 李琳. 船舶起重作业时动力定位控制方法研究[D]. 哈尔滨:哈尔滨工程大学,2012.

[98] 李萌. 船舶动力定位系统非线性估计滤波器的研究[D]. 哈尔滨:哈尔滨工程大学, 2009.

[99] Kim M H, Inman D J. Development of a robust nonlinear observer for dynamic positioning of ships[J]. Journal of Systems and Control Engineering, 2004, 218 (1):1 – 12.

[100] Fossen T I, Strand J P. Passive nonlinear observer design for ships using Lyapunov methods: full – scale experiments with a supply vessel[J]. Automatica, 1999(35):3 – 16.

[101] Do K D. Global robust and adaptive output feedback dynamic positioning of surface ships[J]. Journal of Marine Science and Application, 2011, 3: 325 – 332.

[102] Breivik M. Topics in Guided Motion Control of Marine Vehicles[D]. Doctor Dissertation of Norway University of Science and Technology, 2010: 29 – 56.

[103] Tannuri E A, Agostinho A C. Higher order sliding mode control applied to dynamic positioning systems, 2010[C]. 8th IFAC Conference on Control Application in Marine Systems, 2010: 132 – 137.

[104] 刘朕. 冗余动力定位系统同步切换技术研究[D]. 哈尔滨:哈尔滨工程大学,2011.

[105] 袁瑞琴. 嵌入式动力定位控制器的设计与实现[D]. 哈尔滨:哈尔滨工程大学,2010.

[106] 刘杨. 动力定位控制系统故障模式与影响分析[D]. 哈尔滨:哈尔滨工程大学,2011.

[107] Edwards C, Chee Pin Tan. Sensor fault tolerant control using sliding mode observers[J]. Control Engineering Practice, 2006, 14: 897 – 908.

[108] Lunze J, Steffen T. Control reconfiguration by means of a virtual actuator[J]. International Federation of Automatic Control, 2003: 131 – 136.

[109] Jan Lunze, Thomas S. Control reconfiguration after actuator failures using disturbance decoupling methods[J]. Automatic Control, 2006, 51: 1590 – 1600.

[110] Johansen T A, Fossen T I. Control allocation – A survey[J]. Automatica, 2013, 49(5):1087 – 1103.

[111] Rindaroy M. Fuel Optimal Thrust Allocation in Dynamic Positioning[D]. Norwegian University of Science and Technology, 2013.

[112] Veksler A, Johansen T A, Skjetne R. Transient power control in dynamic positioning – governor feedforward and dynamic thrust allocation[C]. 9th IFAC Conference on Manoeuvring and Control of Marine Craft, Arenzo, 2012.

[113] Veksler A, Johansen T A, Skjetne R. Thrust allocation with power management functionality on dynamically positioned vessels[C]. IEEE American Control Conference (ACC), 2012:1468 – 1475.

[114] Larsen K E. Fuel – Efficient Control Allocation for Supply Vessels[D]. Norwegian University of Science and Technology, 2012.